창·의·력·과·학

I&I 아이앤아이

개정2판

생명과학(하)

무한상상

바야흐로 창의력의 시대입니다.

과학창의력 향상은 단순한 과학적 흥미만으로는 부족합니다. 과제 집착력, 자신감을 바탕으로 한 체계적인 훈련이 필요합니다. 창의력 과학 아이앤아이 (I&I,Imagine Infinite)는 개정 교육 과정에 따라서 창의적 문제해결력의 극대화에 중점을 둔 새로운 개념의 과학 창의력 통합 학습서입니다.

과학을 공부한다는 것은

1. 과학 개념을 정밀히 다듬어 이해하고
2. 탐구력을 기르는 연습(과학 실험 등)을 꾸준히 하여 각종 과학 관련 문제에 대한 이해와 분석과 상상이 가능하도록 하며
3. 각종 문제 상황에서 창의적 문제 해결을 하는 과정을 뜻합니다.

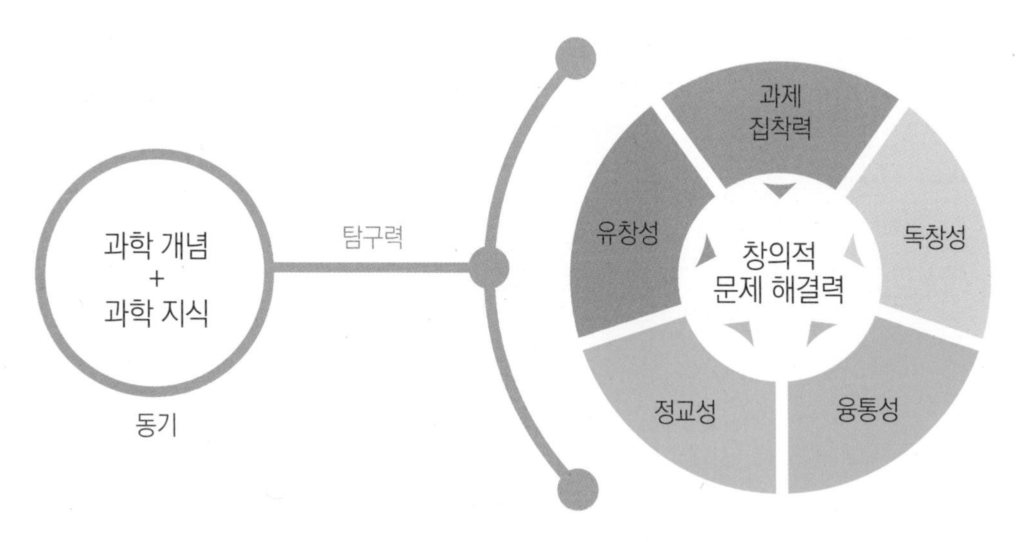

창의적 문제 해결력이 길러지는 과정

이 책의 특징은

1. 각종 그림을 활용하여 과학 개념을 명확히 하였습니다.
2. 교과서의 실험 등을 통하여 탐구과정 능력을 향상시켰습니다.
3. 창의력을 키우는 문제, Imagine Infinitely 에서 스스로의 창의력을 기반으로 하여 창의적 문제해결력을 향상할 수 있도록 하였습니다.
6. 영재학교, 과학고, 각종 과학 대회 기출 문제 또는 기출 유형 문제를 종합적으로 수록하여 실전 대비 연습에 만전을 기했습니다.
7. 해설을 풍부하게 하여 문제풀이를 정확하게 할 수 있도록 하였습니다.

이 책은

과학고, 영재학교 및 특목고의 탐구력, 창의력 구술 검사 및 면접을 준비하는 학생에게 창의적 문제와 그 해결 방법을 제공하며 각종 경시 대회나 중등 영재교육원을 준비하는 학생에게 심화 문제를 제공하고 있습니다. 고교 과학에서 필요한 문제해결 방법을 제공합니다.

영재학교 · 과학고 진학

현황

과학영재학교(영재고)의 경우 전국에 8개교로 서울, 경기, 대전, 세종, 인천, 광주, 대구, 부산에 각 1개씩 있으며, 과학고는 총 20개교로 서울2, 부산2, 인천2, 대구1, 울산1, 대전1, 경기1, 강원1, 충남1, 충북1, 경북2, 경남2, 전북1 ,전남1, 제주1개교가 있습니다. 두 학교가 비슷한 것처럼 보이기도 하지만 설립 취지, 법적 근거, 교육 과정 등 여러 면에서 서로 다른 교육기관입니다.

모집 방법

과학영재학교는 전국 단위로 신입생을 선발하지만, 과학고의 경우 광역(지역)단위로 신입생을 선발합니다. 과학영재학교는 학생이 거주하는 지역과 상관없이 어떤 지역이든 응시가 가능하고, 1단계 지원의 경우 중복 지원할 수 있지만 2단계 전형 일자가 전국 8개교 모두 동일해서 2단계 전형 중복 응시는 불가능합니다. 과학고의 경우 학생이 거주하는 지역에 과학고가 있을 경우 타 지역 과학고에는 응시할 수 없으며, 과학고가 없다면 타지역 과학고에 응시 가능합니다.

모집 시기

과학영재학교는 3월말~4월경에 모집하고, 과학고의 경우 8월초~8월말에 모집합니다.

지원 자격

과학영재학교는 전국 소재 중학교 1, 2, 3학년 재학생, 졸업생이 지원할 수 있으며, 과학고는 해당 지역 소재 중학교 3학년 재학생, 졸업생이 지원할 수 있습니다. 과학고의 경우 학생이 거주하는 지역 소재 중학교 졸업자 또는 졸업 예정자가 지원할 수 있습니다. 즉, 과학영재학교의 경우 중학교 각 학년마다 1번씩 총 3번, 과학고의 경우 중학교 3학년때 1번만 지원할 수 있는 것입니다.

전형 방법

과학영재학교는 1단계(학생기록물 평가), 2단계(창의적 문제해결력 평가, 영재성 검사), 3단계(영재성 다면평가, 1박2일 캠프) 전형이며, 과학고는 1단계(서류평가 및 출석면담), 2단계(소집 면접) 전형으로 학생을 선발합니다. 과학영재학교의 경우 1단계에서 학생이 제출한 서류(자기소개서, 수학/과학 지도교원 추천서, 담임교원 추천서, 학교생활기록부 등)를 토대로 1단계 합격자를 선발하고, 2단계는 수학/과학/융합/에세이 등의 지필 평가로 합격자를 선발하며, 3단계는 1박2일 캠프를 통하여 글로벌 과학자로서의 자질과 잠재성을 평가하여 최종 합격자를 선발합니다. 과학고의 경우 1단계에서 지원자 전원을 지정한 날짜에 학교로 출석시켜 제출 서류(학교생활기록부, 자기소개서, 교사추천서)와 관련된 내용을 검증 평가해 1.5~2 배수 내외의 인원을 선발하고, 2단계 소집 면접을 통해 수학 과학에 대한 창의성 및 잠재 역량과 인성 등을 종합 평가해 최종 합격자를 선발합니다.

준비 과정

과학은 창의력과 밀접한 관계가 있습니다. 문제를 푸는 과정, 실험을 설계하고 결론을 찾아가는 과정 등에서 창의력의 요소인 독창성, 유창성, 융통성, 정교성, 민감성의 자질이 개발되기 때문입니다. 이러한 자질이 개발되면 열정적이고 창의적이 되어 즐겁게 자기 주도적 학습을 할 수 있습니다. 어릴 때부터 이러한 자질을 개발하는 것도 중요하지만 호기심 많은 학생이라면 초등 고학년~중등 때부터 시작하여도 늦지 않습니다. 일단 과학 관련 도서를 많이 접하고, 과학 탐구 대회 등의 과학 활동에 많이 참여하여 과학이 재미있어지는 과정을 거치는 것이 좋습니다. 이후에 중학교 내신 관리를 하면서 문제해결력을 길러 각종 지필대회를 준비하는 것이 좋을 것입니다.

창의적 사고를 위한 요소

유익하고 새로운 것을 생각해 내는 능력을 창의력이라고 합니다.
사고를 원활하고 민첩하게 하여 많은 양의 산출 결과를 내는 유창성, 고정적인 사고의 틀에서 벗어나 다양한 각도에서 다양한 해결책을 찾아내는 융통성, 새롭고 독특한 아이디어를 산출해 내는 독창성, 기존의 아이디어를 치밀하고 정밀하게 다듬어 더욱 복잡하게 발전시키는 정교성 등이 대표적인 요소입니다.

아이앤아이는 창의력을 향상시킵니다.

창의력을 키우는 문제 에서는 문제의 유형을 단계적 문제 해결력, 추리 단답형, 실생활 관련형, 논리 서술형으로 나눠 놓았습니다.
창의적 사고의 요소들은 문제 해결 과정에 포함됩니다.

단계적 문제 해결력 유형의 문제

이 유형의 문제를 해결하기 위해서 기본적으로 유창성과 융통성이 필요합니다. 문제의 한 단계 한 단계의 논리 구조를 따라잡아야 유창하게 답을 쓸 수 있을 것이기 때문입니다. 또 각 단계마다 창의적 사고의 정교성과 독창성이 요구됩니다.

추리단답형 유형 문제

독창적인 사고의 영역입니다. 알고 있는 개념을 바탕으로 주어진 자료와 상황을 명확하게 해석하여 창의적으로 문제를 해결해야 합니다.

실생활 관련형 문제

우리 생활 속에 미처 생각하지 못하고 지나쳤던 부분에 숨겨진 과학적 현상을 일깨워줍니다. 과학이 현실과 동떨어진 것이 아니라 신기하고 친숙한 것임을 이해시켜 과학적 동기부여를 해줍니다.

논리서술형의 문제

대학 입시에서도 비중이 높아진 논술 부분을 대비하기 위해 필수적인 부분입니다. 이 문제를 풀기 위해서는 창의적 사고 요소의 골고루 필요합니다. 현재 과학의 핫 이슈를 자신만의 이야기로 풀어나갈 수 있어야 하며, 과학 관련 문제의 해결책을 창의적으로 제시할 수 있어야 할 것입니다. 이 문제들을 통하여 한층 정교해지는 과학 개념과 탐구 과정 능력, 창의력을 느낄 수 있을 것입니다.

실험에서의 탐구 과정 요소

과학에서 빼놓을 수 없는 것이 과학적인 탐구 능력입니다.

탐구 능력 또는 탐구 과정 능력이란 자연 현상이나 사물에 관한 문제를 연관시켜 해결하는 능력을 말합니다. 과학 관련 문제를 해결하기 위해서는 몇 가지 단계가 필요한데, 이 단계에서 필요한 요소를 탐구 과정 요소라고 합니다. 탐구 과정 요소에는 기초 탐구 과정 요소인 관찰, 분류, 측정, 예상, 추리와 통합 탐구 과정 요소인 문제 인식, 가설 설정, 실험 설계(변인 통제), 자료 변환 및 자료 해석, 결론 도출 등이 있습니다.

기초 탐구 과정 중 분류의 예

우리 주위의 여러 가지 물체나 현상 등을 관찰하여 특징과 용도에 따라 나눔으로서 질서를 정하는 과정을 말합니다. 분류를 하기 위해서는 모둠의 공통된 특징을 가려서 분류 기준을 정해야 합니다.

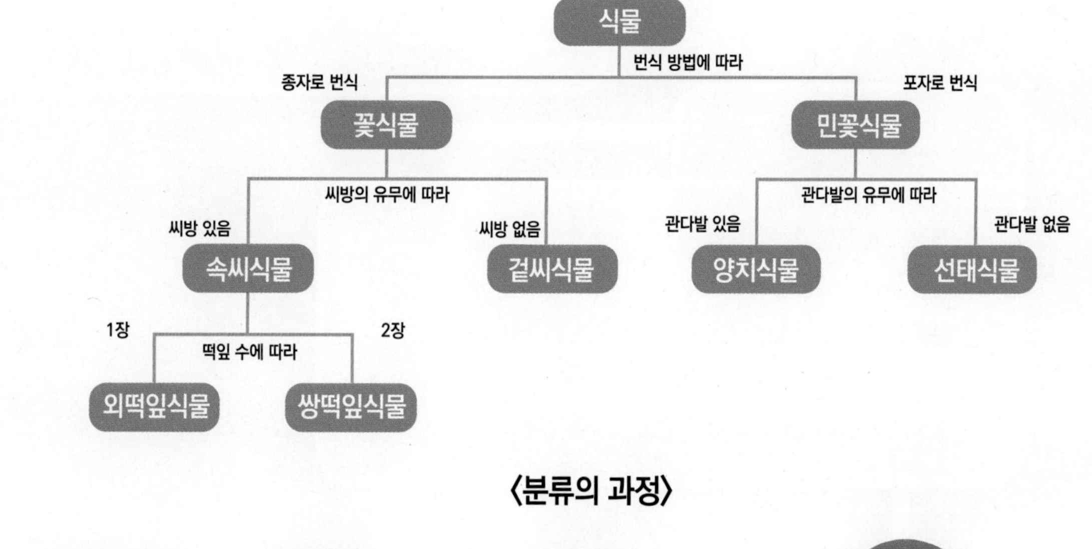

〈분류의 과정〉

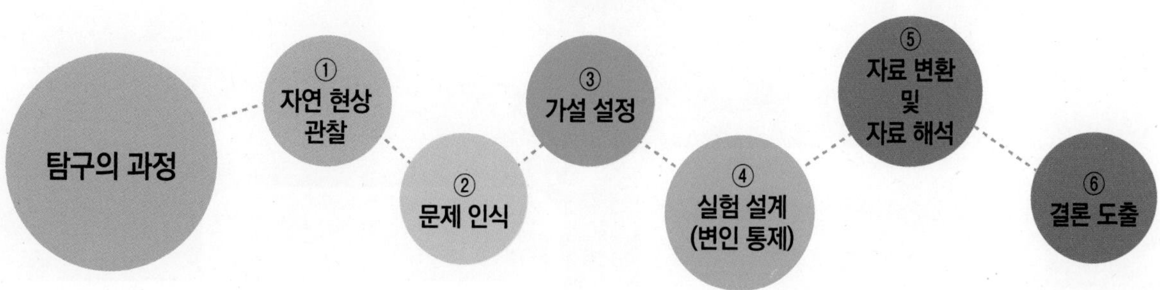

① 뉴턴 : 내가 자고 있는데 누가 날 깨우는 거야? 어라? 사과가 떨어져 나를 깨운 것이구나!

② 그런데 사과는 왜 아래로만 떨어지는 것일까? 사과뿐만 아니라 다른 물체도 아래로 떨어지는구나.

③ 우리가 알고 있는 힘 외에 어떤 다른 힘이 있다는 가설을 세워 보자.

④ 두 물체 사이의 잡아당기는 힘이 얼마인지 실험해 보자. 다른 힘들이 있으면 안되니까 전기적으로 중성이어야 하고, 거리를 재고, 질량을 재고, 힘을 측정해야 하겠지?

⑤ 여러 번 실험을 해서 자료를 종합해 보니

⑥ 새로운 힘이 존재하는데, 그 힘의 크기는 두 물체 사이의 거리의 제곱에 반비례하고, 질량의 곱에 비례하는구나! 이 힘을 만유인력이라고 해야지.

창·의·력·과·학

아이앤아이

단원별 내용 구성

도입

· **아이앤아이**의 특징을 설명하였습니다.
· 창의적 사고를 위한 요소, 탐구 과정 요소를 요약하였습니다.
· 각 단원마다 소단원을 소개하였습니다.

개념 보기

· 개정 교육 과정 순서입니다.
· 중고등 심화 내용을 모두 다루었습니다.
· 본문의 내용을 보조단 내용과 유기적으로 연관시켰습니다.
· 개념을 간략하고 명확하게 서술하되, 각종 그림 등을 이용하여 창의력이 발휘되도록 하였습니다.

교과 탐구(교과 실험)

· 학교 교과 과정의 실험 중 필수적인 것을 실었습니다.
· '실험과정 이해하기'에서 실험에 대한 이해도를 질문하였습니다.
· 탐구 과정 능력을 발휘할 수 있도록 하였습니다.

개념 확인 문제

· 시험에 잘 출제되는 문제와 함께 다양한 문제를 제시하였습니다.
· 심화 단계로 넘어가는 중간 과정 문제를 많이 해결해 보도록 하였습니다.
· 기초 개념을 공고히 하는 문제를 제시하였습니다.

개념 심화 문제

- 한번 더 생각해야 해결할 수 있는 문제를 실었습니다.
- 고급 문제 해결을 위한 다리 역할을 하는 문제로 구성하였습니다.

창의력을 키우는 문제

- 창의적 문제 해결력을 향상할 수 있도록 하였습니다.
- 단계적 문제 해결형, 추리단답형, 논리서술형, 실생활 관련형으로 나누어서 창의적 문제 해결을 극대화하도록 하였습니다.
- 구술, 심층면접, 논술 능력 향상에도 도움이 될 것입니다.

대회 기출 문제

- 각종 창의력 대회, 경시 대회 문제, 수능 문제를 단원별로 분류하여 실었습니다.
- 영재학교, 과학고를 비롯한 특목고 입시 문제를 각 단원별로 분류하여 실었습니다.

Imagine Infinitely (I&I)

- 각 단원 관련 흥미로운 주제의 읽기 자료입니다.
- 말미에 서술형 문제를 통해 글쓰기 연습이 가능할 것입니다.

정답 및 해설

- 상세한 설명을 통해 문제를 해결할 길잡이가 되도록 하였습니다.

Contents 목차

창·의·력·과·학
아이앤아이
생명과학(상)

프롤로그

I 생물의 구성과 다양성

II 식물의 영양

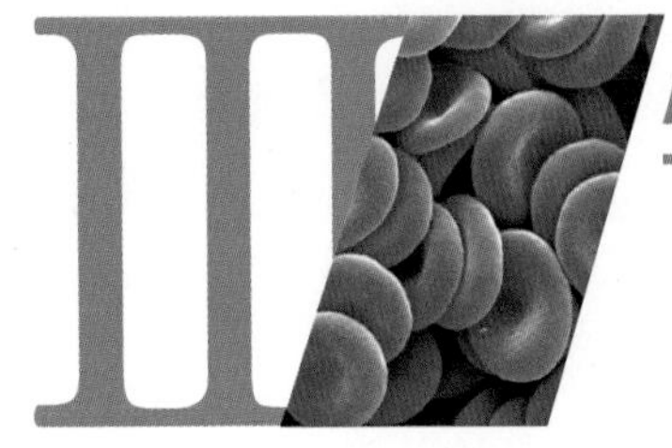

III 소화와 순환

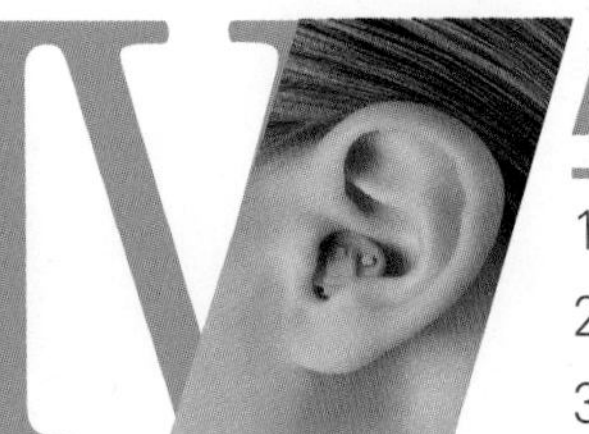

IV 자극과 반응

창·의·력·과·학

아이앤아이

생명과학(하)

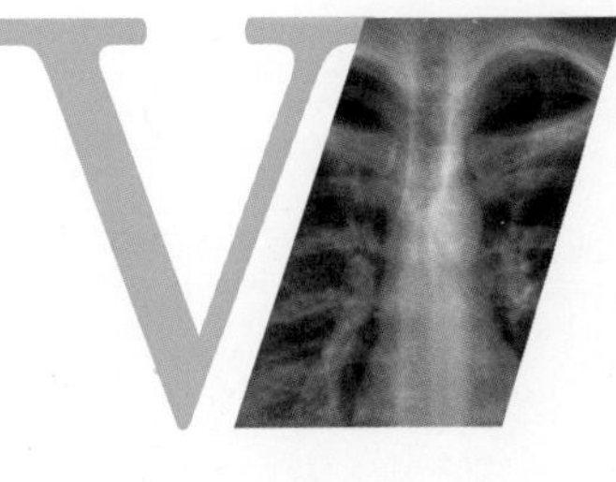

V 호흡과 배설

VI 생식과 발생

VII 유전과 진화

VIII 생태계와 상호 작용

Biology

V

05
호흡과 배설

호흡은 우리 몸에서 에너지를 만드는 작용이다. 호흡은 어떤 과정으로 일어나며, 호흡 결과 생성된 노폐물은 어떻게 처리되는 것일까?

V 호흡과 배설 (1)

❶ **동물의 호흡 기관**

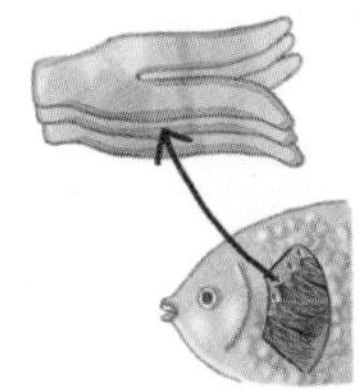

▲ 어류

아가미가 빗살 모양으로 갈라져 있어 물과 접촉 면적이 넓어 물속에 녹아 있는 산소를 효율적으로 받아들일 수 있다.

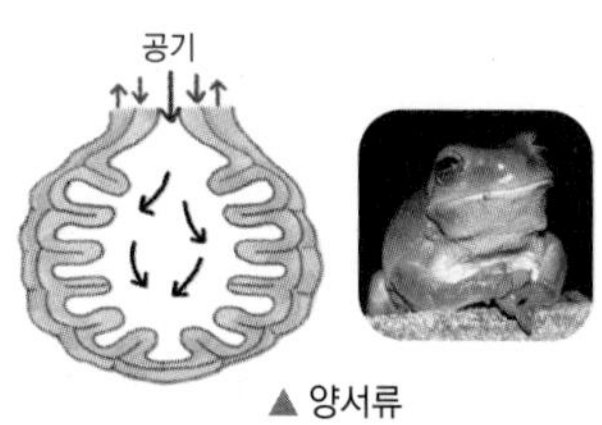

▲ 양서류

한 쌍의 폐가 있으며 그 구조가 간단하여 폐 뿐만 아니라 피부로도 호흡을 한다.

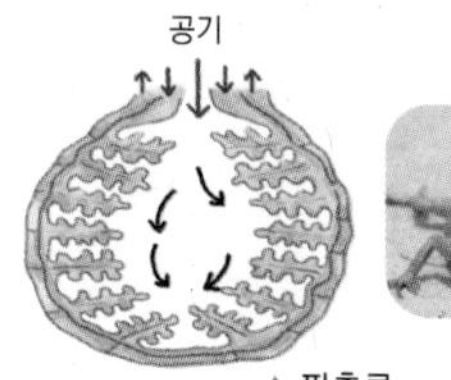

▲ 파충류

한 쌍의 폐가 있으나 가로막이 없어 갈비뼈를 이용해 호흡을 한다.

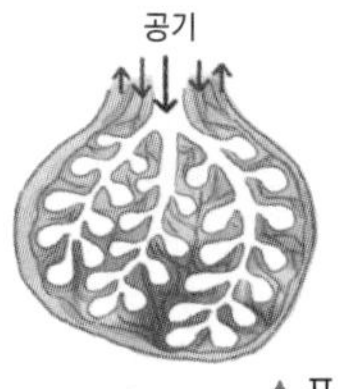

▲ 포유류

가장 발달된 구조의 폐를 한 쌍가지고 있다.

❷ **딸꾹질**

딸꾹질은 가로막을 조절하는 신경의 이상으로 발생한다. 외부의 갑작스런 자극에 의해 가로막이 일시적으로 수축하면서 성대가 열리게 되고 결국 소리가 나는 현상이다.

미니사전

갈비뼈(늑골) 등뼈와 가슴뼈에 붙은 활모양의 뼈

가로막(횡격막) 흉강 밑 부분에 가로로 아치 모양으로 생겨 있으며, 몸을 가슴과 배로 나누는 얇은 막

1. 호흡과 호흡 기관

(1) 호흡

영양소를 분해하여 생물이 살아가는 데 필요한 에너지를 얻는 과정이다.

(2) 사람의 호흡 기관 ❶

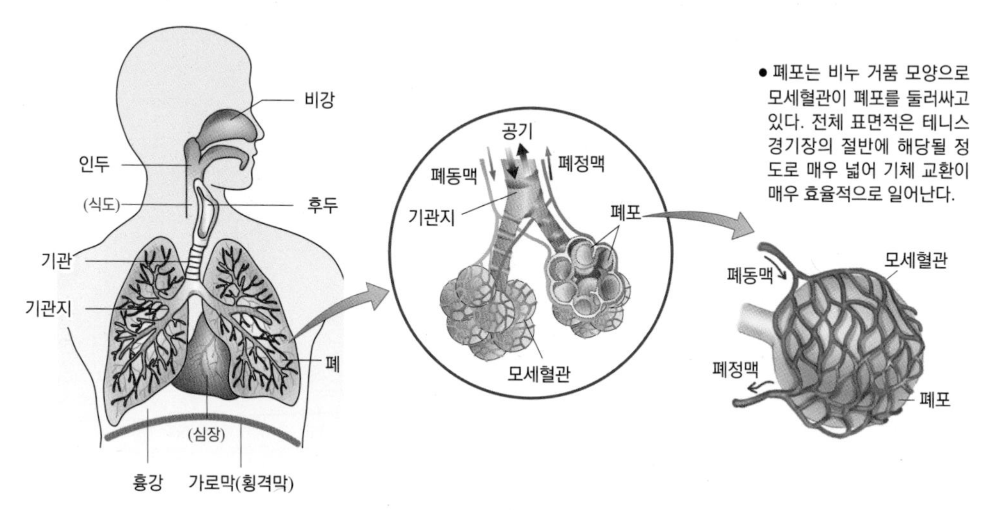

▲ 사람의 호흡 기관

호흡 기관	기능 및 특징
비강(콧속)	• 콧털이 나 있어 외부 이물질이 콧속으로 들어오는 것을 방지한다. • 점액질이 있어 외부에서 들어온 공기를 일정한 온도와 습도를 갖게 해준다.
인두	• 입 안의 끝부터 식도의 첫 머리 사이의 근육으로 된 부분으로 음식물이 이동하는 소화계의 역할과 기체가 이동하는 호흡계의 역할을 동시에 한다.
후두	• 인두와 기관 사이에 있는 부분으로 성대가 있어 발성의 기능을 하며, 음식물이 기도로 들어가지 않도록 차단하는 역할도 한다.
기관	• 후두를 거쳐 들어온 공기가 드나드는 통로이다. • 내벽은 섬모와 점액질로 덮여 있어 공기 중의 먼지와 세균을 걸러준다.
기관지	• 기관의 말단에서 좌우로 갈라진 부분으로, 무수히 많은 세기관지로 갈라지며 그 끝은 폐포와 연결되어 있다. ▲ 기관지의 섬모
폐	• 갈비뼈와 가로막으로 둘러싸인 흉강의 안쪽 가슴 부위 좌우에 하나씩 존재하는 기관으로 수많은 폐포로 이루어져 있다. • 갈비뼈에 의해 외부 충격으로부터 보호 받는다.
폐포	• 폐의 기능적 단위로 폐포의 표면에는 모세혈관이 둘러싸고 있어 기체 교환이 일어난다. • 한 층의 세포로 되어 있어 기체 교환이 용이하게 일어난다. • 폐는 약 3억 ~ 4억 개의 폐포로 구성되어 있어 공기와 접촉할 수 있는 표면적을 넓게하여 기체 교환이 효율적으로 일어난다.
가로막(횡격막)❷	• 수축과 이완을 하면서 흉강의 부피를 조절하여 폐에 공기가 드나들게 한다.

(3) 공기의 이동 경로

콧속 → 인두 → 후두 → 기관 → 기관지 → 세기관지 →폐포

p. 02

01 사람의 호흡 기관 중 수많은 폐포로 이루어져 있고, 산소와 이산화 탄소가 교환되는 기관은 무엇인가?

2. 호흡 운동

(1) 호흡 운동의 원리[1] 폐는 근육이 없어 스스로 운동하지 못한다. 따라서 갈비뼈와 가로막의 상하 운동에 의해 흉강의 부피 조절을 통해 압력의 변화를 일으킴으로써 공기의 출입이 이루어지도록 한다.

① **흡기(숨을 들어마실 때 ; 들숨)**[2,3] : 외늑간근 수축, 내늑간근 이완 → 갈비뼈 상승 → 가로막 수축으로 인한 가로막 하강 → 흉강 내 부피 증가 → 흉강 내 압력 감소 → 폐의 팽창으로 폐의 압력이 대기압보다 낮아짐 → 공기가 외부에서 폐로 들어옴

② **호기(숨을 내쉴 때 ; 날숨)**[2] : 외늑간근 이완, 내늑간근 수축 → 갈비뼈 하강 → 가로막 이완으로 인한 가로막 상승 → 흉강 내 부피 감소 → 흉강 내 압력 증가 → 폐의 수축으로 폐의 압력이 대기압보다 높아짐 → 공기가 폐에서 외부로 나감

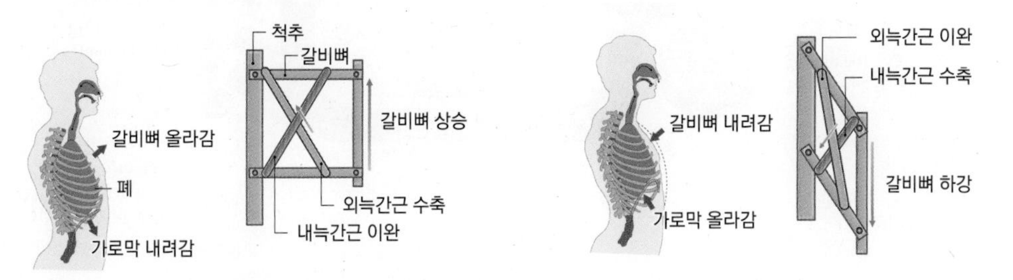

▲ 들숨(흡기) ▲ 날숨(호기)

구분	늑간근(갈비사이근)	갈비뼈	가로막	흉강 내 부피	흉강 내 압력	폐	폐 압력	공기의 이동
흡기(들숨)	외늑간근 수축 내늑간관 이완	상승	수축 → 하강	증가	감소	팽창	대기압보다 감소	외부 → 폐
날숨(호기)	외늑간근 이완 내늑간관 이수축	하강	이완 → 상승	감소	증가	수축	대기압보다 증가	폐 → 외부

(2) 호흡 운동 시 압력의 변화 흉강의 부피가 변하여 압력이 변하면 흉강 압력은 폐포 압력에 영향을 주며, 폐포 내압이 대기압보다 낮으면 들숨, 대기압보다 높으면 날숨이 일어난다.

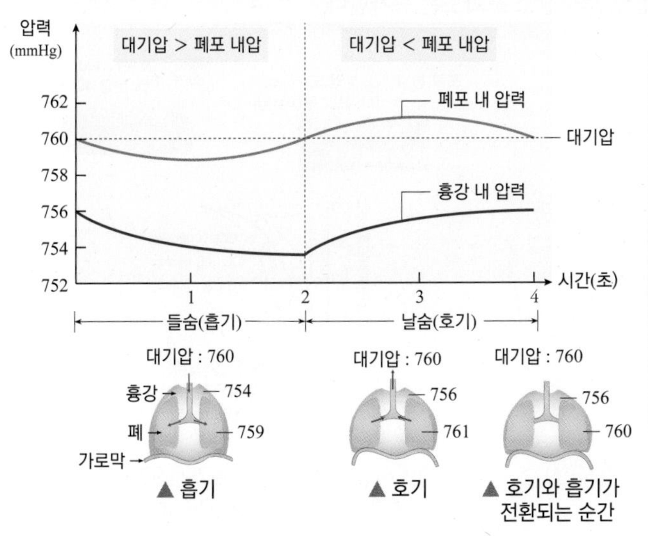

▲ 흡기 ▲ 호기 ▲ 호기와 흡기가 전환되는 순간

- 흉강 내 압력은 항상 대기압보다 낮다.
- 공기는 압력이 높은 곳에서 낮은 곳으로 이동한다.
- 들숨 때는 흉강 내 압력이 754 mmHg 로 낮아지면 그 영향으로 폐가 팽창되어 폐포 내 압력이 대기압보다 낮아지고 공기가 폐로 들어오며, 날숨 때는 그 반대이다.

p. 02

Q2 폐는 근육이 없어 스스로 운동할 수 없기 때문에 (㉠)와(과) (㉡)의 상하 운동으로 호흡이 이루어진다.

❶ 호흡 운동의 원리

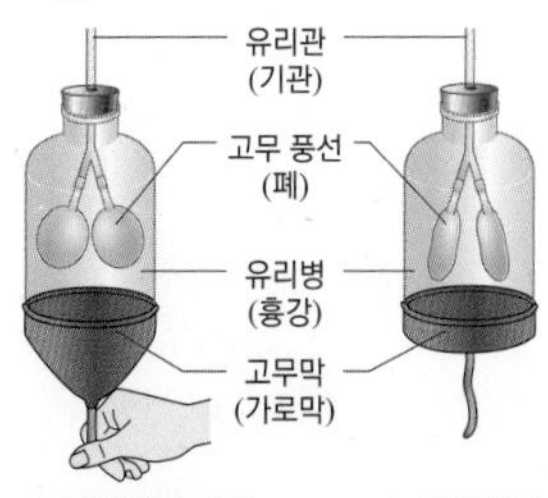

▲ 고무막을 잡아 당겼을 때 ▲ 고무막을 놓았을 때

- 고무막을 잡아당겼을 때 : 유리병 속의 부피 증가로 압력이 감소하였으므로 외부 공기가 들어와 고무 풍선이 부풀어 오른다.
  → 들숨에 해당
- 고무막을 놓았을 때 : 유리병 속의 부피 감소로 압력이 증가하므로 외부로 공기가 나가 고무 풍선이 오므라든다. → 날숨에 해당

❷ 흡기와 호기의 성분비

기체의 조성	흡기(%)	호기(%)
질소	78.0	78.0
산소	20.9	7.0
이산화 탄소	0.03	4.0

❸ 폐의 X-ray 촬영 모습

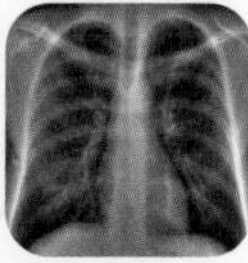

병원에서 X-ray를 촬영할 때 숨을 들이마시고 멈춘 후에 사진을 찍는 이유는 숨을 들이마실 때 가슴이 열리면서 폐의 모습을 좀더 명확하게 촬영할 수 있기 때문이다.

호흡 운동의 조절

- 혈액 속 CO_2 농도 증가 → 연수 → 교감 신경 → 아드레날린 분비 → 호흡 운동 촉진
- 혈액 속 CO_2 농도 감소 → 연수 → 부교감 신경 → 아세틸콜린 분비 → 호흡 운동 억제

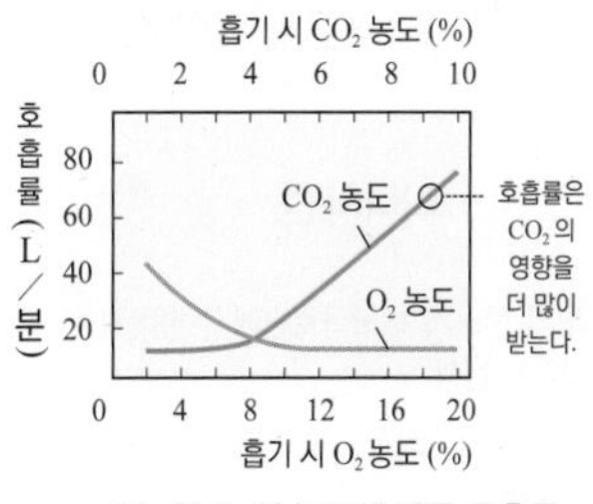

▲ CO_2와 O_2의 농도에 따른 호흡률

미니사전

늑간근 갈비뼈와 갈비뼈 사이의 근육으로 갈비뼈는 늑간근의 수축과 이완에 의해 움직인다.

3. 기체 교환 및 운반

(1) 기체 교환의 원리 기체의 분압차(농도 차이)에 의한 확산 현상에 의해 산소와 이산화 탄소가 각각 농도가 높은 곳에서 낮은 곳으로 이동한다.

(2) 외호흡과 내호흡

① **외호흡**[1] : 폐포와 모세혈관 사이에서 이루어지는 기체 교환[2]이다.

② **내호흡**[1] : 모세혈관과 조직 세포 사이에서 이루어지는 기체 교환이다.

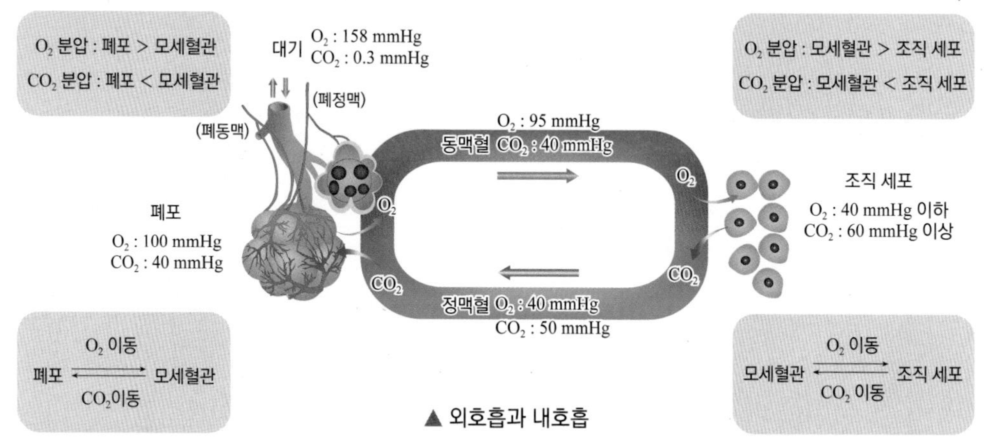

▲ 외호흡과 내호흡

(3) 기체 운반

① **산소의 운반** : 적혈구 속의 헤모글로빈(Hb)[3]에 결합되어 운반되고, 일부는 혈장에 녹아 운반된다.

- 1분자의 헤모글로빈은 4분자의 산소(O_2)를 운반한다.
- 폐포에서는 산소 분압이 높으므로 헤모글로빈은 산소와 결합하여 산소 헤모글로빈이 된다.
- 조직 세포에서는 산소 분압이 낮으므로 헤모글로빈은 산소와 해리하여 조직 세포에 산소를 공급한다.

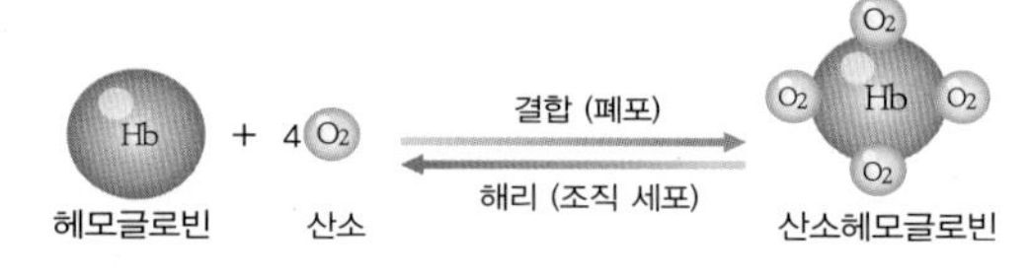

- **산소 해리 곡선** : 산소 분압에 따라 헤모글로빈과 산소의 결합 정도를 나타낸 S자형의 곡선 그래프로서 산소 분압이 커질수록 헤모글로빈의 산소 포화도는 증가한다.

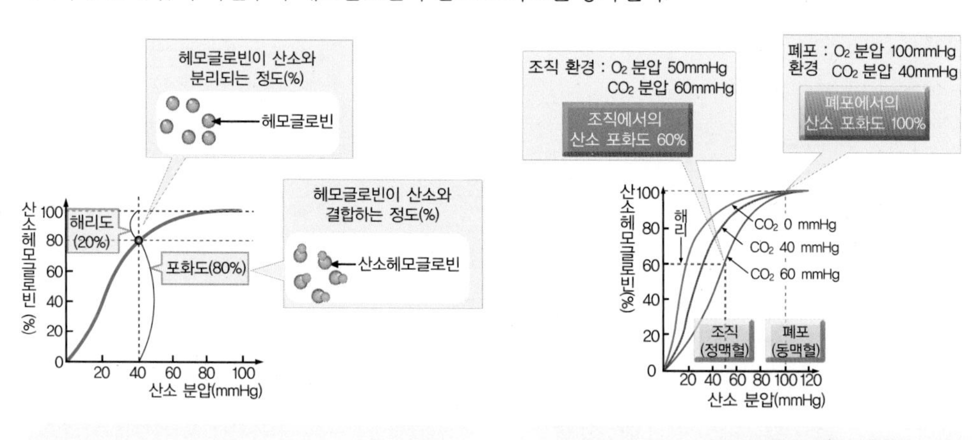

산소 해리도(%) = 100 - 산소 포화도(%)

조직에서 산소 해리도가 40%(100-60)이므로 조직에 공급되는 산소는 40% 이다.

p. 02

Q3 폐포와 모세 혈관 사이의 기체 교환 과정은 (㉠)이라 하고, 모세 혈관과 조직 세포 사이의 기체 교환 과정은 (㉡)이라 한다.

---

❶ 외호흡과 내호흡

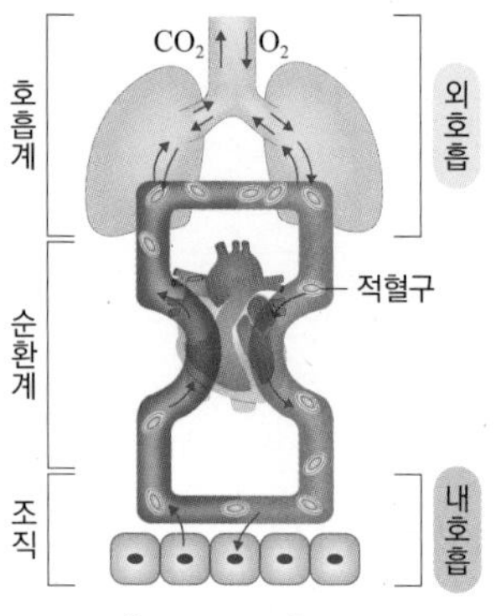

❷ 폐포와 모세혈관 사이의 기체 교환

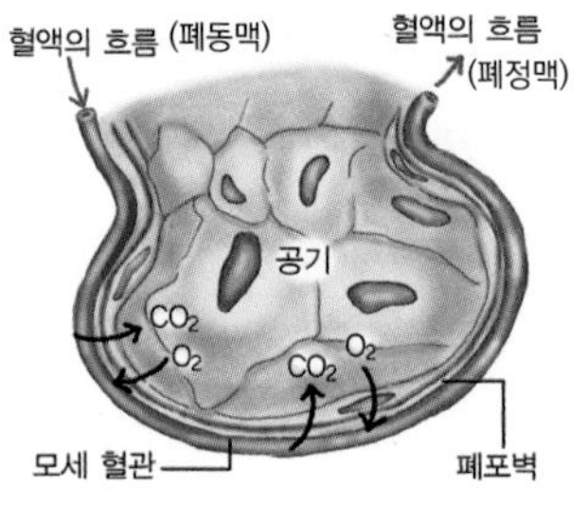

❸ 헤모글로빈(Hemoglobin)

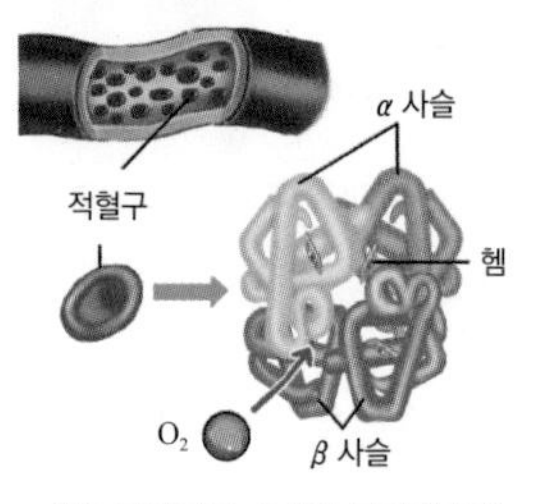

- 색소 단백질로 4개의 폴리펩타이드 사슬(2개의 α사슬과 2개의 β사슬)에 철을 포함한 헴(heme) 색소가 각각 결합되어 있다.
- 헤모글로빈 한 분자에는 4개의 헴이 있으며, 헴은 산소 분자와 결합을 할 수 있는 철(Fe)을 가지고 있다.

미니사전

해리 산소가 헤모글로빈에서 떨어져 나오는 현상

분압 혼합 기체에서 각 기체가 차지하는 압력

확산 물질이 퍼져 나가는 현상으로 압력이나 농도가 높은 곳에서 낮은 곳으로 물질이 이동하는 현상

헤모글로빈 적혈구 속에 포함되어 있는 색소 단백질로서 산소와 이산화 탄소 운반

② **이산화 탄소의 운반** : 적혈구와 혈장에 의해 운반된다.

비율	운반 방법
약 23%	헤모글로빈과 직접 결합하여 $HbCO_2$의 형태로 운반 ($Hb + CO_2 \rightarrow HbCO_2$)
약 7%	혈장에 직접 용해되어 운반
약 70%	탄산수소 이온(HCO_3^-) 또는 탄산수소나트륨($NaHCO_3$)의 형태로 운반

4. 세포 호흡과 연소

(1) 세포 호흡

조직 세포가 혈액으로부터 전달 받은 산소를 이용하여 영양소를 이산화 탄소와 물로 분해시켜 에너지(ATP)를 생성하는 과정으로 미토콘드리아에서 일어난다.

$$\underset{C_6H_{12}O_6}{\text{영양소}} + \underset{6O_2}{\text{산소}} + \underset{6H_2O}{\text{물}} \longrightarrow \underset{12H_2O}{\text{물}} + \underset{6CO_2}{\text{이산화 탄소}} + \underset{ATP}{\text{에너지}}$$

(2) 에너지 이용

① 대부분의 에너지는 열에너지로 방출되어 체온 유지에 사용된다.

② 이 밖에 근육 운동, 물질 합성, 발성, 생장, 물질 운반, 정신 활동 등에 사용된다.

(3) 세포 호흡과 연소의 비교 ❶

	세포 호흡	연소 ❷
공통점	• 산소와 결합(산화 반응) • 에너지 방출 • 생성물(CO_2, H_2O) 형성	
반응식	영양소 + 산소 + 물 → 물 + 이산화 탄소 + 에너지 $C_6H_{12}O_6$ $6O_2$ $6H_2O$ $12H_2O$ $6CO_2$ ATP	영양소(연료) + 산소 → 물 + 이산화 탄소 + 에너지 $C_6H_{12}O_6$ $6O_2$ $6H_2O$ $6CO_2$ 에너지
반응 온도	37 ℃	400 ℃ 이상
반응 속도	느림	빠름
반응 단계	여러 단계에 걸쳐 진행	한 번에 진행
효소	효소(촉매) 필요	효소 불필요
반응 과정	(에너지 높음) 소량의 에너지를 단계적으로 방출 세포 호흡 → 에너지 → 에너지 → 에너지 → 에너지 → 에너지 CO_2 + H_2O	(에너지 높음) 열과 빛의 형태로 에너지를 한꺼번에 방출 연소 → 에너지 CO_2 + H_2O

(4) 유기 호흡과 무기 호흡

구분	산소 필요 여부	영양소 분해 정도	생성 물질	에너지 발생량	예
유기 호흡	필요	완전 분해	CO_2, H_2O	많음	세포 호흡
무기 호흡 ❸	불필요	불완전 분해	중간산물, CO_2	적음	발효, 부패 등

p. 02

Q4 호흡과 연소 과정은 물, 이산화 탄소, (㉠)를 발생시키는 공통점을 가지고 있다. 호흡 결과 발생된 (㉠)는 체내에서 대부분 (㉡)에 이용된다.

산소 해리도가 증가하는 경우

- 조직 세포에서 물질대사 결과 생긴 CO_2 의 분압이 높을수록 증가
- CO_2가 혈액에 많이 녹을수록 pH가 낮아지며, 산소 해리도는 증가
- 온도가 높을수록 증가

❶ 자동차와 사람 비교

자동차는 연료를 산화시켜 에너지를 얻는 반면, 세포 호흡에서는 영양소(탄수화물, 단백질, 지방)를 산화시켜 에너지를 얻는다.

❷ 연소

연료가 공기 중의 산소와 결합하여 에너지와 함께 빛과 열을 내는 과정

❸ 무기 호흡의 종류

- 알코올 발효 : 효모에 의해 일어나며 술이나 빵을 만드는데 사용
- 젖산 발효 : 젖산균에 의해 일어나며 김치나 요구르트를 만들 때 사용

- 아세트산 발효 : 아세트산균에 의해 일어나며 식초를 만들 때 사용

미니사전

발효 미생물의 무산소 호흡에 의해 유기물이 분해되어 인간에게 유용한 물질이 생성되는 현상

부패 유기물이 세균에 의해 불완전하게 분해되어 인간에게 해로운 물질이 생성되는 현상

산화 물질이 산소와 결합하는 현상

느린 산화 유기호흡, 못이 녹스는 작용

빠른 산화 연소

개념 확인 문제

호흡과 호흡 기관

01 **다음 중 호흡을 하는 가장 근본적인 이유는 무엇인가?**

① 폐포에서 산소와 이산화 탄소를 교환하기 위해서
② 영양소를 분해하고 흡수하여 조직 세포에 전달하기 위해서
③ 온몸을 돌고 난 후 혈액을 깨끗한 혈액으로 바꾸어 주기 위해서
④ 조직 세포에서 영양소를 산화시켜 생활에 필요한 에너지를 얻기 위해서
⑤ 조직 세포에 산소를 공급하고 이산화 탄소를 받아서 밖으로 배출하기 위해서

02 **오른쪽 그림은 사람의 호흡 기관의 구조를 나타낸 것이다. 각 기관에 대한 설명으로 옳은 것만을 있는 대로 고르시오.**

① A는 공기가 드나드는 출입구이다.
② 공기의 이동 경로는 A → B → C 이다.
③ C는 흉강 내에 있는 호흡 기관으로 좌우에 2개씩 모두 2쌍이 있다.
④ D는 가슴과 배를 구분하는 막이고 갈비뼈와 B의 상하 운동으로 호흡 운동이 일어난다.
⑤ B는 코와 이어진 긴 관으로 내벽에서는 점액이 분비되고, 섬모가 있어 폐로 들어오는 먼지와 세균을 막아준다.

03 **다음 그림은 사람의 호흡 기관의 일부를 나타낸 것이다. 각 부분의 명칭을 바르게 쓰시오.**

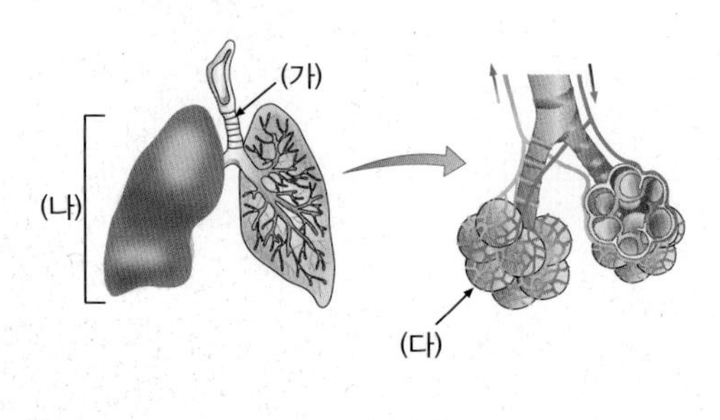

(가) : (　　　　　　　　)
(나) : (　　　　　　　　)
(다) : (　　　　　　　　)

04 **다음 중 사람이 호흡할 때 공기가 지나가는 기관을 순서대로 바르게 나열한 것은?**

① 코 → 기관 → 기관지 → 세기관지 → 비강 → 폐포
② 코 → 비강 → 기관 → 기관지 → 세기관지 → 폐포
③ 코 → 비강 → 기관지 → 세기관지 → 기관 → 폐포
④ 코 → 비강 → 기관지 → 기관 → 세기관지 → 폐포
⑤ 코 → 기관 → 기관지 → 비강 → 세기관지 → 폐포

05 **사람의 호흡 기관인 폐는 하나의 큰 덩어리가 아닌 매우 작은 수많은 폐포로 이루어져 있다.**

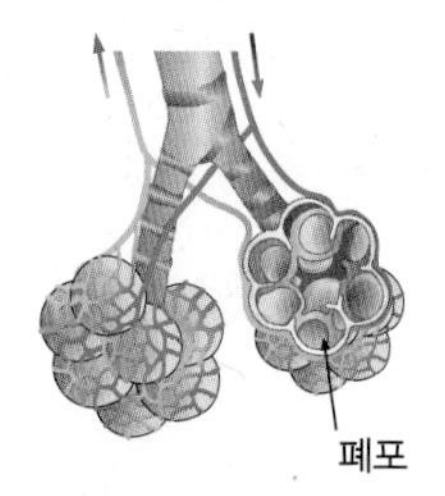

이와 같은 구조가 호흡에 유리한 점을 바르게 설명한 것은?

① 폐의 근육 운동을 돕는다.
② 폐로 들어오는 산소의 농도를 증가시킨다.
③ 이산화 탄소가 몸속으로 들어오는 것을 차단한다.
④ 표면적을 넓혀 기체 교환이 효율적으로 일어나도록 한다.
⑤ 폐로 들어오는 이물질이 제거될 수 있도록 필터 역할을 한다.

호흡 운동

06 **호흡 운동에 대한 설명으로 옳지 않은 것은?**

① 폐 자체의 근육에 의해 이루어진다.
② 갈비뼈의 상하 운동에 의해 이루어진다.
③ 가로막의 상하 운동에 의해 이루어진다.
④ 늑간근의 수축과 이완에 의해 이루어진다.
⑤ 흉강 내 부피 변화에 따른 압력의 변화에 의해 폐로 공기가 드나든다.

07 **다음은 사람의 호흡 운동을 나타낸 것이다. 그 내용이 올바르게 짝지어진 것은?**

	구조	들숨	날숨
①	갈비뼈	내려감	올라감
②	가로막	올라감	내려감
③	흉강 내 압력	작아짐	커짐
④	폐의 크기	작아짐	커짐
⑤	공기 흐름	폐 → 외부	외부 → 폐

08 **그림은 사람의 호흡 기관을 나타낸 것이다.**

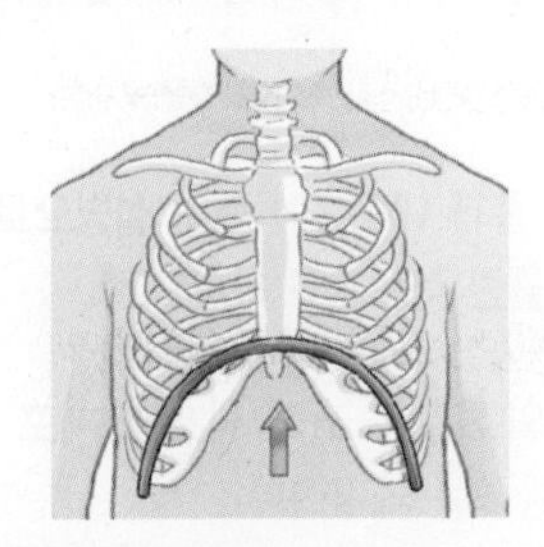

가로막이 그림과 같을 때 나타나는 변화로 옳은 것은?

① 늑골이 위로 올라간다.
② 폐 속의 부피가 커진다.
③ 흉강 내 압력이 높아진다.
④ 외부에서 폐로 공기가 들어온다.
⑤ 폐의 근육 운동에 의해 공기가 몸 밖으로 밀려나간다.

09 **호흡 운동에 따른 근육의 변화가 옳게 설명된 것만을 〈보기〉에서 있는 대로 고르시오.**

보기

ㄱ. 들숨이 일어날 때 외늑간근이 이완한다.
ㄴ. 흉강 내 압력이 낮아질 때 내늑간근은 이완한다.
ㄷ. 날숨이 일어나기 위해서는 가로막은 위로 올라가야 한다.
ㄹ. 폐포 내압이 대기압보다 낮아지면 외부의 공기가 몸 안으로 들어온다.

10 **다음 그림은 호흡 운동의 원리를 설명하기 위한 모형이다.**

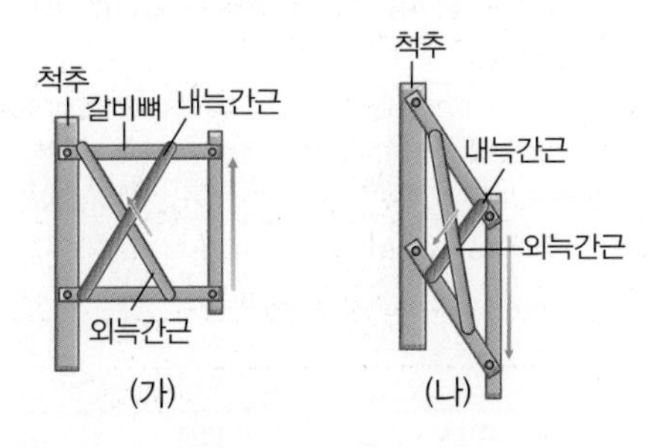

위 그림에 대한 설명으로 옳은 것은?

① (가)에서는 갈비뼈가 내려간다.
② (가)는 들숨 때 나타나는 모습이다.
③ (가)는 외늑간근이 이완한 상태이다.
④ (나)는 내늑간근이 이완한 상태이다.
⑤ (나)에서는 흉강 내 부피가 증가한다.

11 **그림은 폐의 호흡 운동 원리를 알아보기 위한 실험 장치를 나타낸 것이다.**

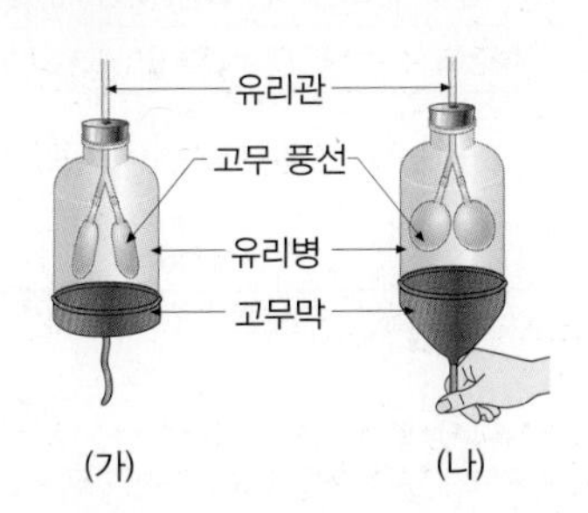

이에 대한 설명으로 옳지 않은 것은?

① (가)의 상태는 날숨에 해당한다.
② 고무막은 사람의 가로막에 해당한다.
③ 잡아당긴 고무막을 놓으면 병속의 압력은 높아진다.
④ 고무풍선에 해당하는 우리 몸의 기관은 두꺼운 근육으로 되어 있다.
⑤ (나)는 가로막은 아래로, 갈비뼈는 위로 운동하고 있는 상태에 해당한다.

12 그림과 같이 비커에 석회수를 넣은 다음 공기 펌프로 공기를 주입시켰을 때와 빨대로 입김을 불어 넣었을 때의 결과이다.

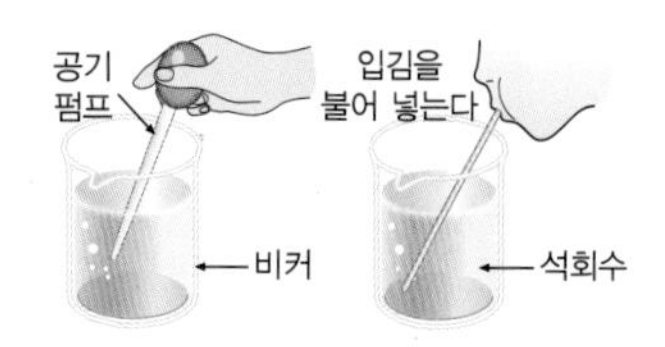

구분	공기 펌프	빨대
결과	변화 없음	뿌옇게 흐려짐

이 실험 결과 알 수 있는 호기(날숨) 속에 포함된 기체는 무엇인가?

13 그림과 같이 장치한 후 (가)는 숨을 내쉬고, (나)는 들이 마셨더니 (가)의 석회수만 뿌옇게 흐려졌다.

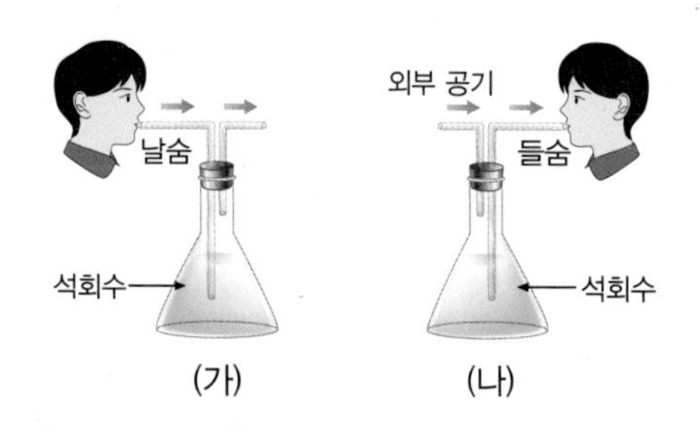

위 실험의 결과가 나타나게 한 원인이 되는 기체를 다음 표에서 찾아 기호와 이름을 쓰시오.

기체	날숨(%)	들숨(%)
A	78.0	78.0
B	17.0	20.9
C	4.0	0.03
D	1.0	1.07

기체 교환 및 운반

14 다음 중 폐포와 모세혈관 사이, 온몸의 조직 세포와 모세혈관 사이에서 기체 교환이 이루어지는 원리로 옳은 것은?

① 능동 수송
② 혈압 차이에 의한 여과 현상
③ 혈액 농도 차이에 의한 삼투 현상
④ 기체의 분압 차이에 의한 확산 현상
⑤ 혈액 속 영양소 농도 차에 의한 확산 현상

15 다음 그림은 몸에서 일어나는 기체 교환을 나타낸 것이다.

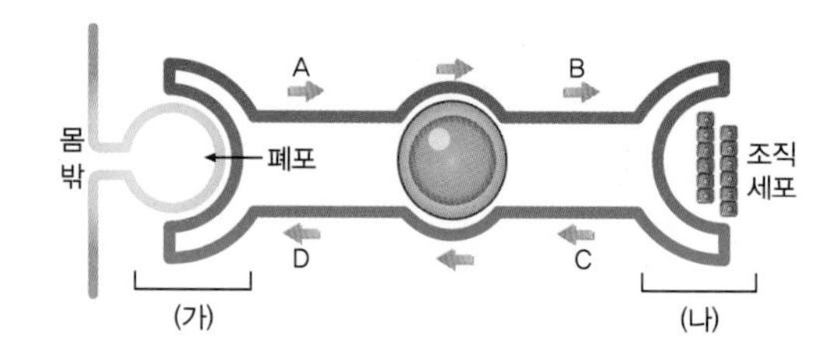

위 그림에 대한 설명으로 옳은 것은?

① (가)는 내호흡 과정이다.
② (나)는 외호흡 과정이다.
③ A 와 B 에 흐르는 혈액은 동맥혈이다.
④ A, B 로 이동하는 기체는 조직 세포에서 형성되어 심장으로 이동한다.
⑤ C, D 로 이동하는 기체는 산소이다.

16 외호흡과 내호흡에 대한 설명으로 설명으로 옳은 것은 ○, 틀린 것은 ×표 하시오.

(1) 외호흡은 조직 세포와 폐포 사이에서 기체를 교환하는 과정이다. ( )
(2) 내호흡 결과 모세혈관 속의 이산화 탄소가 조직 세포로 이동하게 된다. ( )
(3) 내호흡은 조직 세포와 모세혈관 사이에서 일어나는 기체 교환 과정이다. ( )
(4) 외호흡 결과 모세혈관으로 들어온 산소는 적혈구에 의해 조직 세포로 이동한다. ( )
(5) 외호흡은 에너지를 만드는 과정이고, 내호흡은 세포에서 물질을 합성하는 과정이다. ( )

17 다음 그림은 폐포에서 기체 교환이 일어나는 과정을 나타낸 것이다.

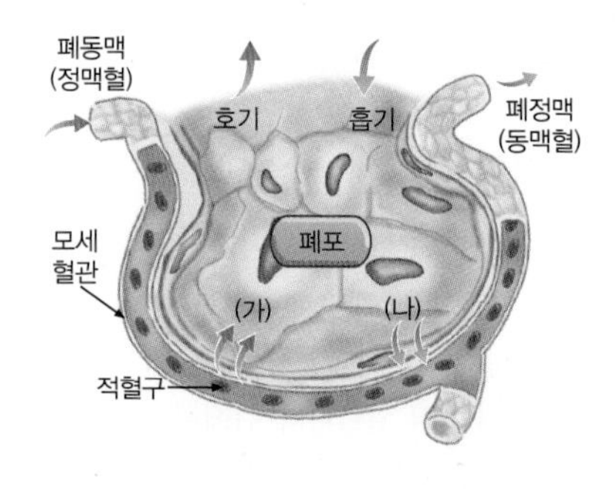

(1) (가)와 (나)에 해당하는 기체의 이름을 쓰시오.
(2) 폐포와 모세혈관 중 (나)의 분압이 높은 곳은 어디인가?

기체 운반

18 **다음의 헤모글로빈의 산소 해리 곡선에 대한 설명으로 옳지 않은 것은?**

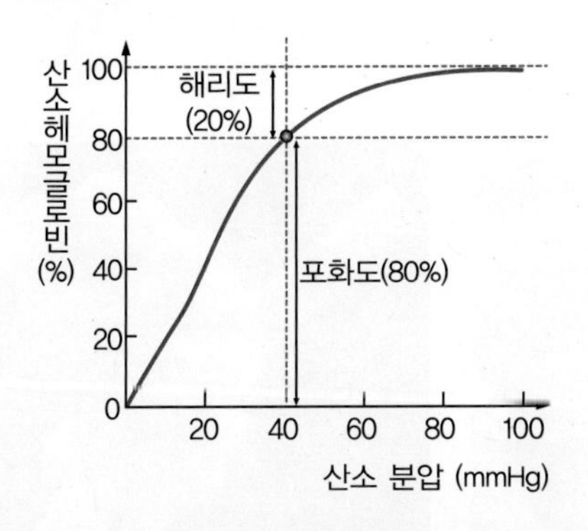

① 폐포 근처에서 산소 포화도는 100% 가 된다.
② pH 가 높아질수록 산소 해리도가 증가한다.
③ 온도가 낮아질수록 산소 포화도는 증가한다.
④ 산소 분압이 높아질수록 산소 포화도는 증가한다.
⑤ 이산화 탄소 분압이 높아질수록 산소 해리도는 증가한다.

19 **그림은 산소 해리 곡선을 나타낸 것이다.**

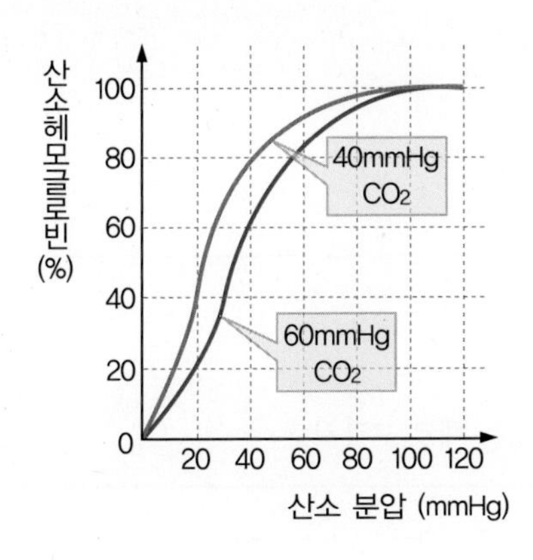

이산화 탄소 분압이 40mmHg 인 상태에서 헤모글로빈의 산소 포화도가 80% 였다면, 그 곳의 산소 분압은 몇 mmHg 인가?

① 20mmHg ② 40mmHg ③ 60mmHg
④ 80mmHg ⑤ 100mmHg

세포 호흡과 연소

20 **세포 호흡에 대한 설명으로 설명으로 옳은 것은 ○, 틀린 것은 ×표 하시오.**

(1) 세포 호흡은 미토콘드리아에서 일어난다. ( )
(2) 조직 세포에서 필요한 산소는 내호흡 과정을 통해 얻게 된다. ( )
(3) 세포 호흡은 세포에서 영양소를 산소와 결합시켜 분해시키기 위해 에너지를 소비하는 과정이다. ( )

21 **영양소가 세포 내에서 산소에 의해 산화될 때 생성되는 것만을 〈보기〉에서 있는 대로 고르시오.**

보기		
ㄱ. 산소	ㄴ. 물	ㄷ. 이산화 탄소
ㄹ. 에너지	ㅁ. 수소	ㅂ. 질소

22 **세포 호흡을 통해 얻은 에너지는 여러 형태의 생활 에너지로 이용된다. 다음 중 가장 많은 에너지를 사용하는 경우는 무엇인가?**

① 운동할 때 ② 큰 목소리로 발표할 때
③ 공부할 때 ④ 생장할 때
⑤ 체온을 유지할 때

23 **다음 중 세포 호흡과 연소에 대한 비교 설명으로 옳지 않은 것은?**

① 연소와 호흡은 모두 산소를 이용한다.
② 호흡은 연소보다 더 빠른 속도로 일어난다.
③ 호흡은 연소에 비해 낮은 온도에서도 일어난다.
④ 물, 이산화 탄소, 에너지를 공통적으로 발생시킨다.
⑤ 세포 호흡 과정에서는 효소(촉매)가 반드시 필요하지만 연소에서는 필요하지 않다.

개념 심화 문제

01 **다음 (가)는 사람 호흡 기관의 전체적인 모습, (나)는 기관의 내벽 모습, (다)는 폐포의 모습을 각각 나타낸 것이다.**

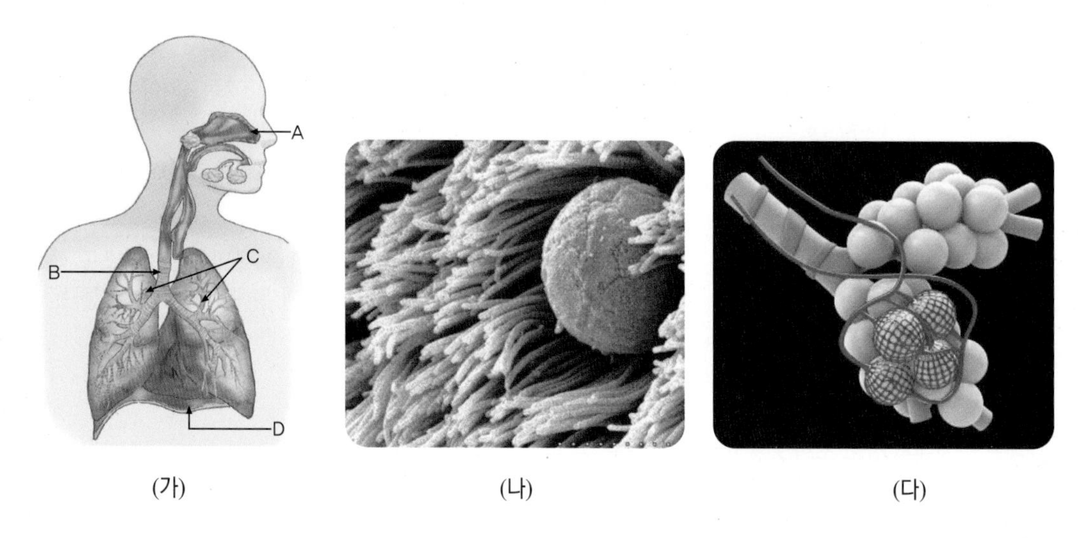

(가) (나) (다)

(1) (나)와 (다)에 해당하는 기관을 (가)에서 찾아 기호를 쓰시오.

(나) : (　　　　　)　　　　(다) : (　　　　　)

(2) (나)와 같은 구조의 역할은 무엇인지 〈보기〉에서 있는 대로 고르시오.

보기

ㄱ. 들숨 속의 먼지와 세균을 걸러준다.
ㄴ. 외부 충격으로부터 기관을 보호한다.
ㄷ. 폐의 표면적을 넓혀주는 역할을 한다.
ㄹ. 기관을 확장하여 기도를 열어 공기가 드나들 수 있도록 한다.
ㅁ. 내벽에 있는 먼지와 뭉쳐진 점액을 목구멍 쪽으로 이동시킨다.

(3) (다)의 구조와 같은 원리로 설명할 수 있는 것만을 〈보기〉에서 있는 대로 고르시오.

보기

ㄱ. 소장의 안쪽 벽에는 많은 융털이 있다.
ㄴ. 추운 겨울날 창문의 안쪽에 성에가 생긴다.
ㄷ. 손가락 장갑보다 벙어리 장갑이 더 따뜻하다.
ㄹ. 물고기의 아가미는 무수히 많은 갈래로 빗살처럼 갈라져 있다.
ㅁ. 반투과성 막을 경계로 농도가 낮은 쪽의 물이 높은 쪽으로 이동한다.
ㅂ. 기계적 소화는 음식물을 잘게 부수는 과정으로 효율적인 소화가 되도록 돕는다.

02 다음 그림은 사람의 호흡 운동의 원리를 보여 주기 위한 실험 장치이다.

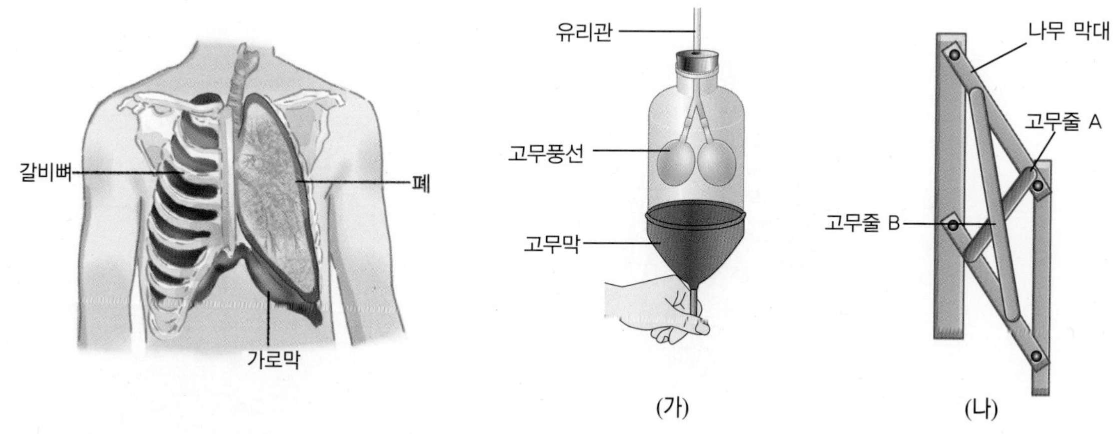

(1) (가)와 같은 상태에서 일어나는 몸의 변화로 옳지 않은 것은?

① 가로막은 하강한다.
② 갈비뼈는 상승한다.
③ 폐의 부피는 증가한다.
④ 흉강의 부피는 감소한다.
⑤ 흉강 내 압력은 감소한다.

(2) (가)와 (나)에 대한 설명으로 옳지 않은 것은?

① (가)에서 고무 풍선은 폐에 해당한다.
② (가)에서 고무막은 가로막에 해당한다.
③ (나)에서 나무 막대는 갈비뼈에 해당한다.
④ (나)에서 고무줄 A 와 B 는 각각 내늑간근과 외늑간근에 해당된다.
⑤ (가)에서 고무막을 잡아당기는 것과 (나)에서 고무줄 A 가 수축하는 것은 들숨에 해당된다.

개념 돋보기

호흡 운동의 원리

유리관 (기관)
고무풍선 (폐)
유리병 (흉강)
고무막 (가로막)
폐 (팽창)
폐 (수축)
갈비뼈 위로 이동
갈비뼈 아래로 이동
내극간근 이완
가로막 수축 (아래로 이동)
외늑간근 수축
내극간근 수축
외늑간근 이완
가로막 이완 (위로 이동)
들숨(흡기)
날숨(호기)

개념 심화 문제

03 **〈그림 1〉는 호흡 기관의 일부를 모식적으로 나타낸 것이며, 〈그림 2〉는 호흡 운동 시 흉강과 폐의 압력 변화를 나타낸 것이다.**

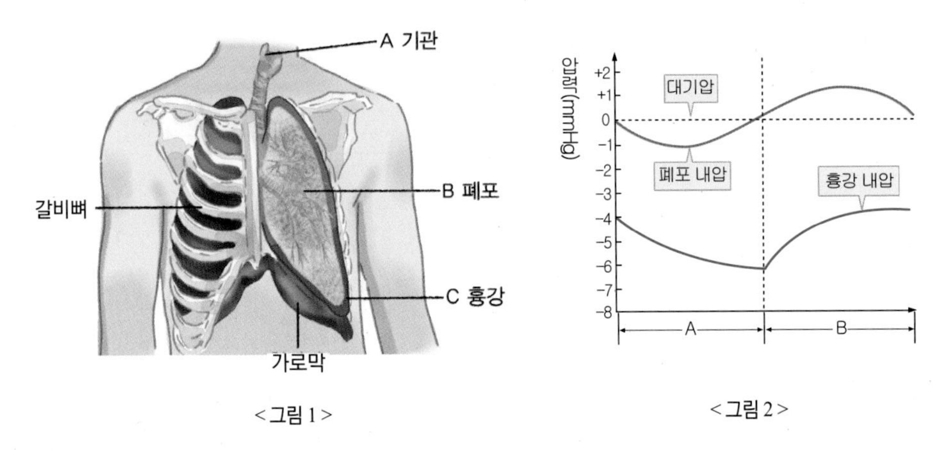

<그림 1>　　　　<그림 2>

(1) 정상적으로 호흡 운동이 일어날 때 들숨과 날숨의 상태에서 〈그림 1〉의 A, B, C 의 압력의 크기를 바르게 비교한 것은?

	들숨	날숨
①	A > B > C	C > B > A
②	A > B > C	B > A > C
③	A > C > B	A > B > C
④	B > A > C	A > B > C
⑤	A > C > B	B > A > C

(2) 〈그림 2〉에 대한 설명으로 옳은 것만을 〈보기〉에서 있는 대로 고르시오.

보기

ㄱ. 흉강 내압은 항상 대기압보다 낮다.
ㄴ. A 시기에는 폐에서 외부로 공기가 나간다.
ㄷ. B 시기에는 갈비뼈는 하강하고 가로막은 상승한다.
ㄹ. A 와 B 시기에 모두 외부에서 폐로 공기가 들어온다.

개념 돋보기

호흡 시 폐포 내 압력과 흉강 내 압력의 변화

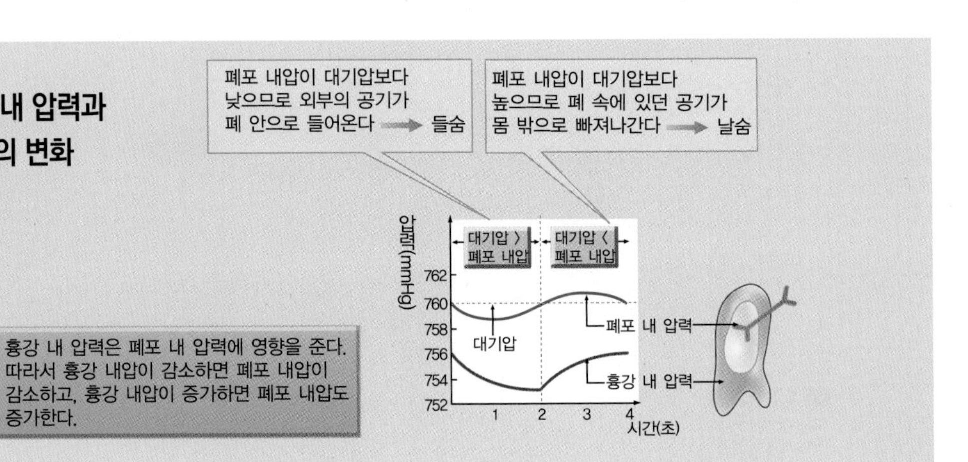

04 다음 그림은 호흡에 따른 흉강과 폐포의 부피 및 압력 변화를 나타낸 것이다. (단, 압력의 단위는 mmHg이다.)

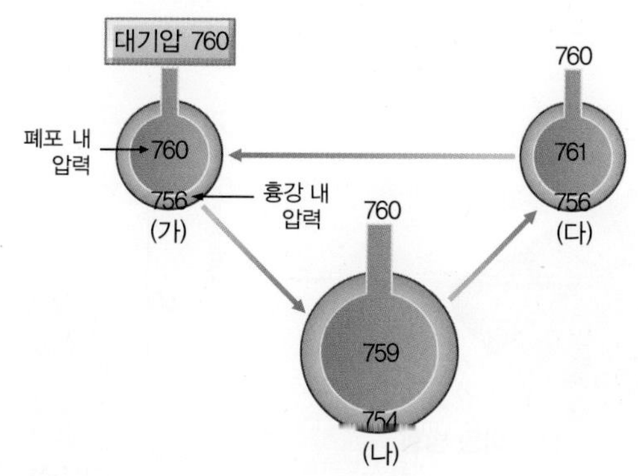

이에 대한 해석으로 옳은 것만을 〈보기〉에서 있는 대로 고르시오.

보기

ㄱ. (나)는 들숨, (다)는 날숨이 일어난다.
ㄴ. 흉강의 압력이 폐포의 부피 변화를 유도한다.
ㄷ. 폐포 내의 압력이 대기압보다 낮아지면 날숨이 일어난다.
ㄹ. (나)에서 (다)로 될 때 폐포의 내압이 높아지므로 흉강의 내압도 증가한다.
ㅁ. (가)에서 (나)로 될 때 갈비뼈은 상승하고, 가로막은 수축하여 하강한다.
ㅂ. (다)에서 (가)로 될 때 폐포의 부피가 감소하므로 폐포 내의 기체가 밖으로 이동한다.

05 (가)는 폐포에서의 외호흡, (나)는 폐포의 모세 혈관에 있어 A 지점에서 B 지점에 이르기까지 O_2와 CO_2의 분압 변화를 나타낸 것이다.

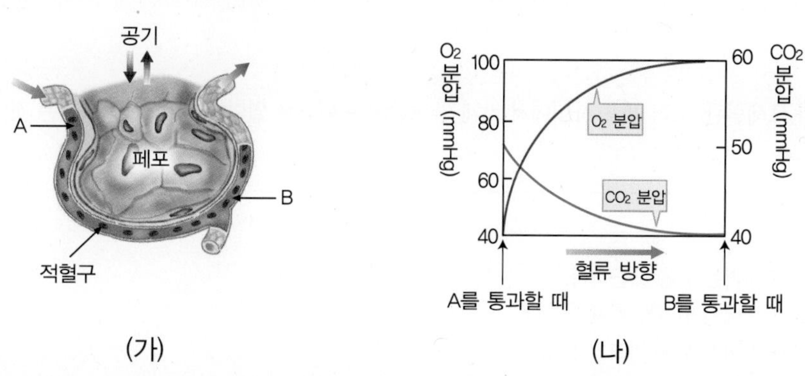

(가) (나)

위 자료에 대한 설명으로 옳은 것만을 〈보기〉에서 있는 대로 고르시오.

보기

ㄱ. A는 폐정맥, B는 폐동맥과 연결된다.
ㄴ. 폐포의 모세혈관은 B 지점이 A 지점보다 산소 분압이 높다.
ㄷ. A에는 동맥혈이 흐르고, B에는 정맥혈이 흐른다.
ㄹ. 폐포에서의 가스 교환은 분압차에 의한 확산 현상으로 일어난다.
ㅁ. 혈액의 CO_2 분압은 A에서 B로 이동하는 동안 10mmHg 정도 감소된다.
ㅂ. A에서 B로 이동하는 동안 폐포와 모세혈관 사이에서 이동하는 기체의 양은 산소가 이산화 탄소보다 많다.

06 **다음 그림은 모세혈관과 조직 세포 사이의 기체 교환을, 그래프는 (가), (나)지점에서 기체 A, B의 분압을 나타낸 것이다.**

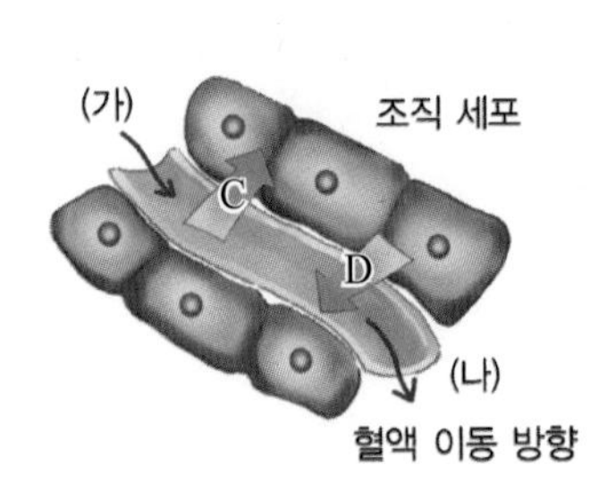

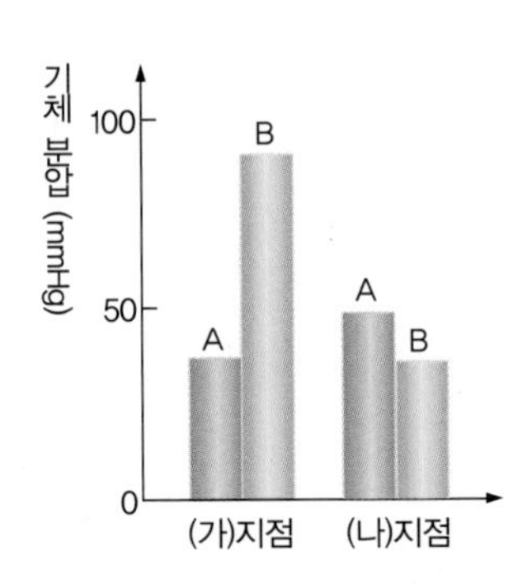

(1) 위 자료에 대한 설명으로 옳은 것만을 〈보기〉에서 있는 대로 고르시오.

보기

ㄱ. A는 B보다 기체 분압의 변화가 작다.
ㄴ. 기체 C는 기체 B와 같은 종류의 기체이다.
ㄷ. (가)에서 (나)로 갈수록 산소 포화도는 증가한다.
ㄹ. 모세혈관의 C 기체의 분압은 조직 세포보다 작다.
ㅁ. 조직 세포에서 모세혈관으로 이동하는 기체 D는 이산화 탄소이다.
ㅂ. 운동을 격렬하게 하면 조직 세포에서 소비하는 기체 B의 양이 증가한다.
ㅅ. (가)에서 (나)로 혈액이 이동하는 동안 혈액은 검붉은 색에서 점차 선홍색으로 변한다.

(2) 폐포와 모세혈관, 조직 세포 사이에서 기체가 교환되는 원리로 일어나는 현상으로 옳은 것만을 〈보기〉에서 있는 대로 고르시오.

보기

ㄱ. 눈이 내리는 날은 포근하다.
ㄴ. 공기 중에서 연기가 퍼져 나간다.
ㄷ. 물에 떨어진 붉은 잉크가 퍼져 나간다.
ㄹ. 알코올을 손에 바르면 시원하게 느껴진다.
ㅁ. 짠 음식을 많이 먹으면 갈증이 나서 물을 많이 섭취하게 된다.
ㅂ. 빙판 위에서 스케이트날이 잘 미끄러지는 것은 얼음이 녹아 물이 되었기 때문이다.

07 **다음 그래프는 정상인이 평상시 호흡을 하다가 최대로 숨을 들이마신 후 내쉬었을 때의 폐의 부피 변화를 나타낸 것이다. (단, 폐활량은 숨을 최대로 들이마신 후 최대로 내쉴 수 있는 공기의 양이다.)**

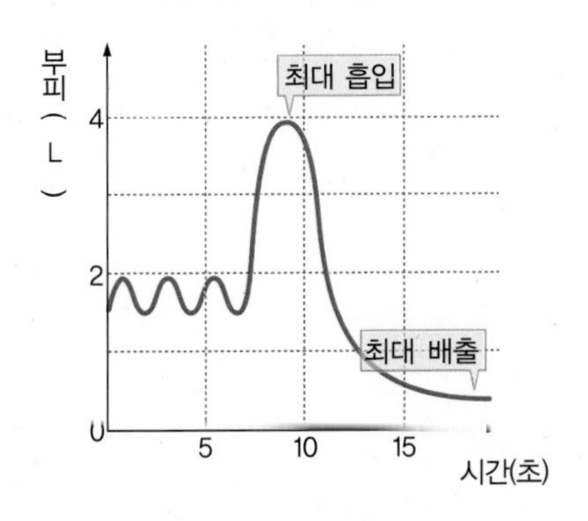

(1) 위 그래프에 대한 설명으로 옳은 것은 ○, 틀린 것은 ×표 하시오.

① 최대로 숨을 들이마시면 약 2 L 의 공기를 더 흡입할 수 있다. ( )

② 휴식 시 날숨에 의해 방출되는 기체의 부피는 약 1.5 L 이다. ( )

③ 날숨을 통해 최대로 방출할 수 있는 기체의 부피는 약 3.5 L 이다. ( )

(2) 위 사람의 폐활량(㉠)과 평상시 공기 잔류량(㉡)은 각각 약 몇 L 인가?

(3) 위 자료에 대한 설명으로 옳은 것만을 〈보기〉에서 있는 대로 고르시오.

보기

ㄱ. 이 사람이 쉬고 있을 때 호흡량은 0.5 L 이다.
ㄴ. 최대로 숨을 내쉬더라도 폐 속에는 약간의 공기가 남는다.
ㄷ. 폐의 부피 변화를 통해 폐 속으로 드나드는 공기의 양을 측정할 수 있다.
ㄹ. 최대로 들이마셨을 때 폐의 부피와 평상 시 들숨 상태의 폐의 부피 차는 2 L 정도이다.

개념 돋보기

폐활량 측정하기

- 호흡량 : 평상시에 폐로 출입하는 공기의 양
  → 일반적으로 공기의 양이 1.5 L ~ 2 L 사이를 반복하므로 호흡량은 약 0.5 L 정도이다.
- 폐활량 : 최대한 들이마셨다가 내쉴 수 있는 공기의 최대량 → (최대로 흡입한 공기의 양 - 최대로 방출할 수 있는 공기의 양) 따라서 폐활량은 3.5 L (4 L - 0.5 L)이다.
- 폐의 공기 잔류량 : 호흡이 일어나는 과정에서 폐에 남아있는 공기량 → 평상시 : 약 1.5 L, 최대 방출했을 때 : 약 0.5 L

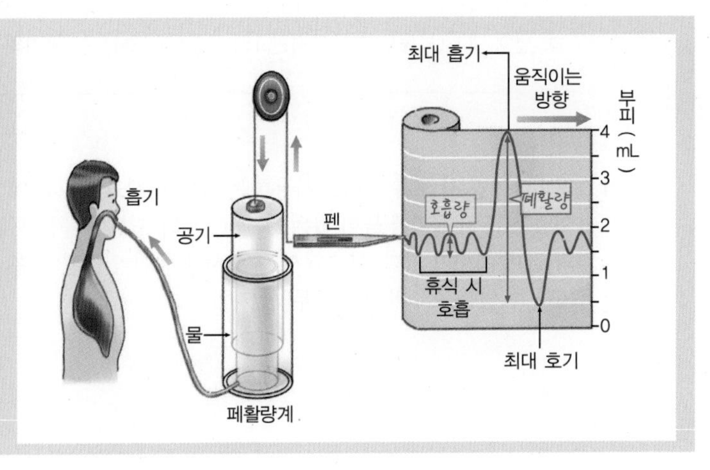

08 **다음은 무한이가 여러 가지 활동을 하는 동안 호흡할 때 폐에 들어 있는 기체의 양을 측정한 것이다.**

구분	수면	수영	축구	농구	달리기	평상시
	들숨			날숨		
폐 속의 기체 양	2 L	4.5 L	4 L	1 L	0.5 L	1.5 L

무한이의 폐활량을 구하시오.

09 **다음 (가), (나)는 산소와 이산화 탄소의 농도를 다르게 했을 때 호흡 속도와 폐활량의 변화를 나타낸 것이다.**

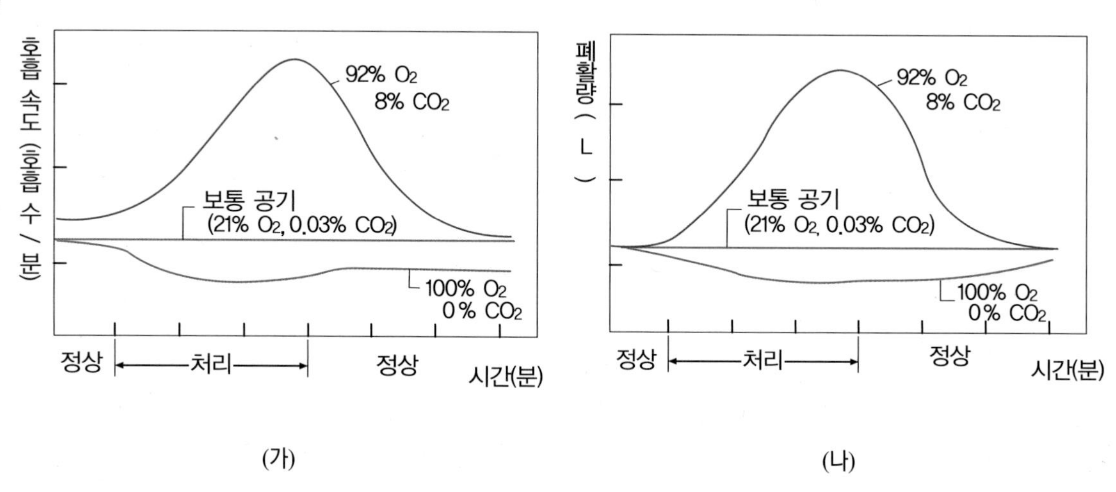

(1) 위 자료에 대한 설명으로 옳은 것만을 〈보기〉에서 있는 대로 고르시오.

보기

ㄱ. 호흡 속도가 빨라지면 숨을 깊이 쉬지 않는다.
ㄴ. 산소의 농도가 높을수록 호흡 속도가 빨라진다.
ㄷ. 이산화 탄소의 농도가 높을수록 호흡의 속도는 빨라진다.
ㄹ. 호흡 속도는 산소보다 이산화 탄소의 영향을 더 많이 받는다.
ㅁ. 혈액 내 CO_2 농도가 높아지면 1회 호흡 시 드나드는 공기의 양이 증가한다.

(2) 스쿠버다이빙 시 호흡 장비로 사용하는 스쿠버 탱크 A ~ C 에 공기가 들어있는데, 각 공기에 들어 있는 O_2와 CO_2의 조성 비율은 오른쪽 그림과 같이 차이가 났다. 물속에서 오랜 시간 동안 안정된 호흡 상태를 유지할 수 있는 스쿠버 탱크는 무엇인가?

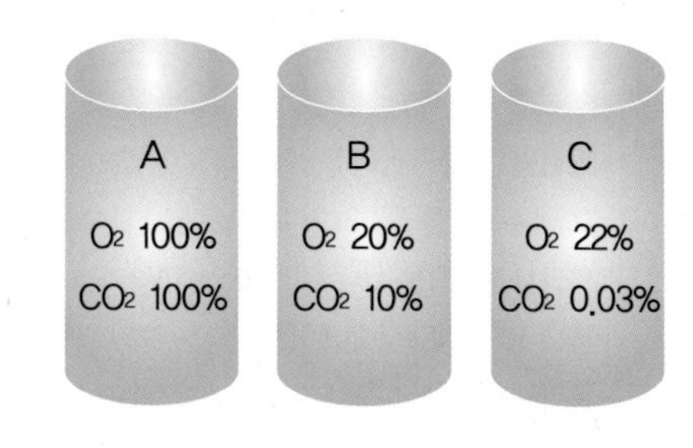

10 다음은 산소 해리 곡선을 나타낸 그래프이다.

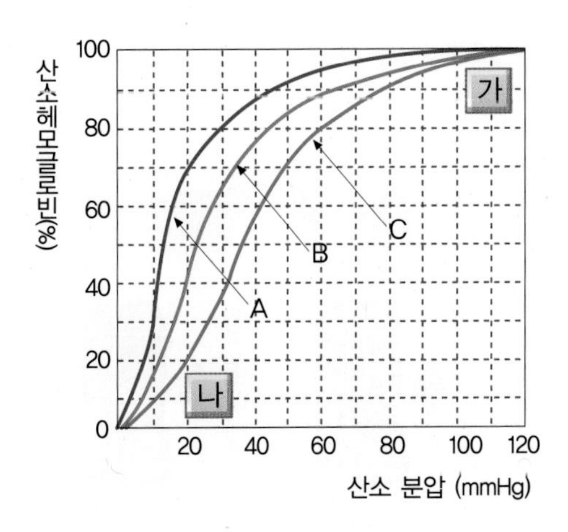

(1) 산소 해리도가 가장 높은 그래프의 기호를 쓰시오.

(2) (가)와 (나)는 폐포와 조직 중에 각각 어느 부분에 해당하는지 쓰시오.

(가) : ( ) (나) : ( )

(3) A → C 로 이동하는 조건을 〈보기〉에서 찾아 있는 대로 고르시오.

보기

ㄱ. pH 가 낮아질수록
ㄴ. 온도가 높아질수록
ㄷ. 산소의 분압이 높아질수록
ㄹ. CO_2 의 분압이 낮아질수록
ㅁ. 혈관의 굵기가 굵어질수록
ㅂ. 혈액 내 수분의 양이 많아질수록

개념 돋보기

산소 해리 곡선에 영향을 주는 요인

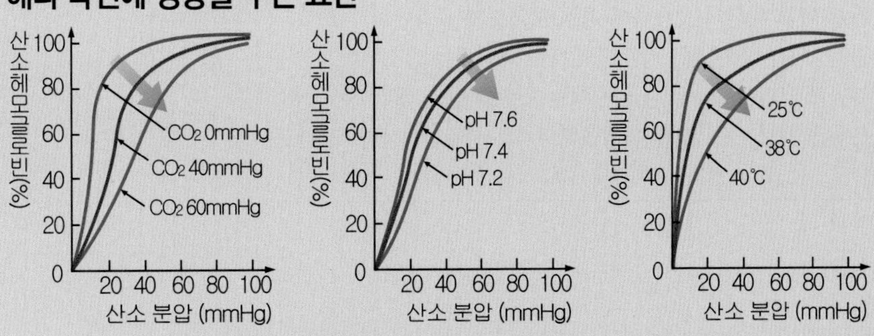

개념	산소 해리도 증가 = 산소 포화도 감소 : 산소 헤모글로빈의 비율이 감소
산소 해리도 증가 조건	O_2 분압↓ CO_2 분압↑ pH↓ 온도↑
그래프 해석	그래프가 왼쪽 → 오른쪽으로 이동할수록 산소 해리도 증가, 산소 포화도 감소

11 그림 (가)는 대사 활동에 따른 이산화 탄소의 생성량을, (나)는 조직의 CO_2 농도, pH, 온도에 따른 산소 해리 곡선을 나타낸 것이다.

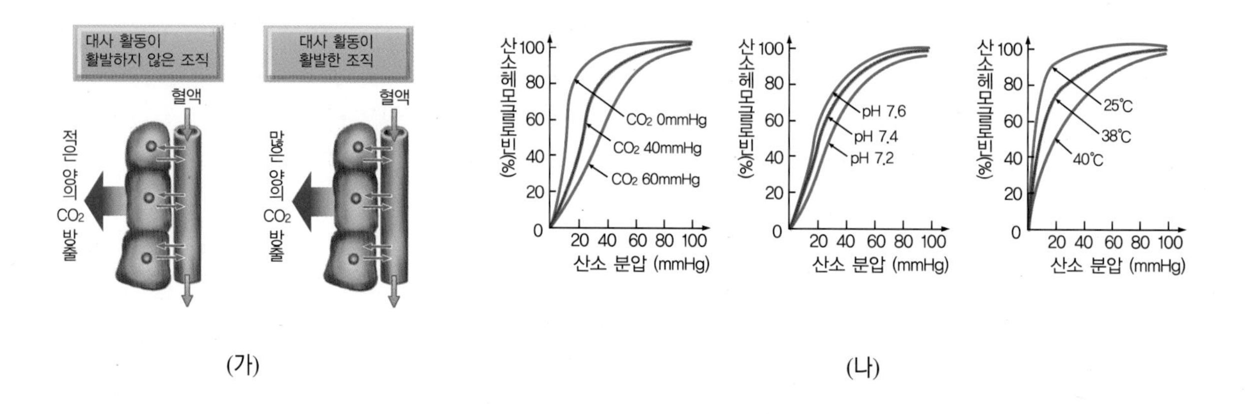

(가)

(나)

(1) 그래프의 곡선 중 심한 운동을 하였을 때 조직이 충분한 산소를 공급 받을 수 있는 최적의 상태를 쓰시오.

㉠ CO_2 분압 : mmHg

㉡ pH :

㉢ 온도 : ℃

(2) 그림 (가)에 대한 그래프 (나)의 해석으로 옳은 것만을 〈보기〉에서 있는 대로 고르시오.

보기

ㄱ. 물질 대사 활동이 활발할수록 혈액의 pH 는 낮아진다.
ㄴ. 심한 운동 이후 체온이 상승하여 산소 포화도가 증가한다.
ㄷ. 대사 활동이 활발하면 헤모글로빈의 산소 해리도는 감소한다.
ㄹ. 산소 분압이 40mmHg 일 때 pH 가 높을수록 산소 해리도는 낮아진다.
ㅁ. 심한 운동을 하면 CO_2 가 많이 방출되어 헤모글로빈의 산소 포화도는 낮아진다.

12 그래프 (가)는 산소 분압에 따른 미오글로빈과 헤모글로빈의 산소 포화도를 나타낸 것이며, 그래프 (나)는 모체와, 태아, 라마의 산소 포화도를 나타낸 것이다. (단, 라마는 낙타과 동물이며, 미오글로빈은 체내의 근육 속에 존재하고, 헤모글로빈은 혈액 속에 존재한다.)

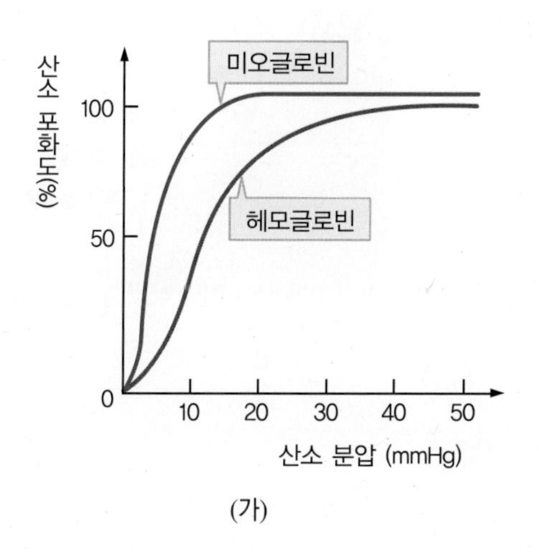

(가)

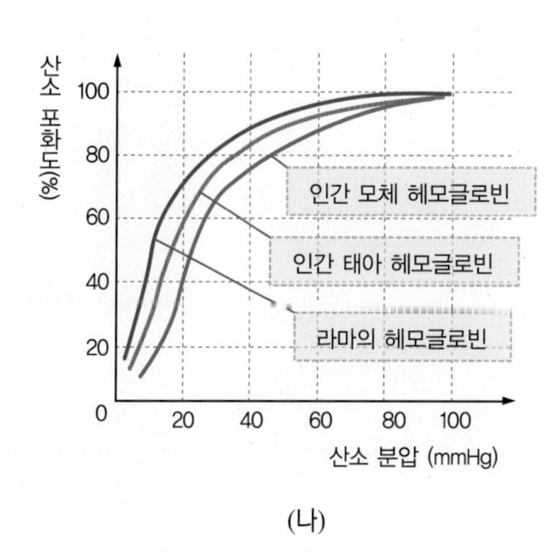

(나)

위 자료에 대한 설명으로 옳지 않은 것은?

① 산소는 모체에서 태아로 전달된다.
② 미오글로빈이 헤모글로빈보다 산소와의 결합력이 더 크다.
③ 산소와의 결합력은 모체보다 태아의 헤모글로빈이 더 크다.
④ 라마는 산소가 희박한 고산 지대에서 인간보다 더 잘 살아갈 수 있다.
⑤ 미오글로빈과 헤모글로빈은 산소 분압에 따라 산소와 결합되거나 분리될 수 있다.
⑥ 산소 분압이 높아질수록 모체와 태아 헤모글로빈의 산소 포화도의 차이는 계속 증가한다.

13 다음 그림은 여러 산화 반응을 비교하기 위한 실험 장치이다. 일정 시간이 지난 후 시험관의 물의 높이는 모두 상승하였다.

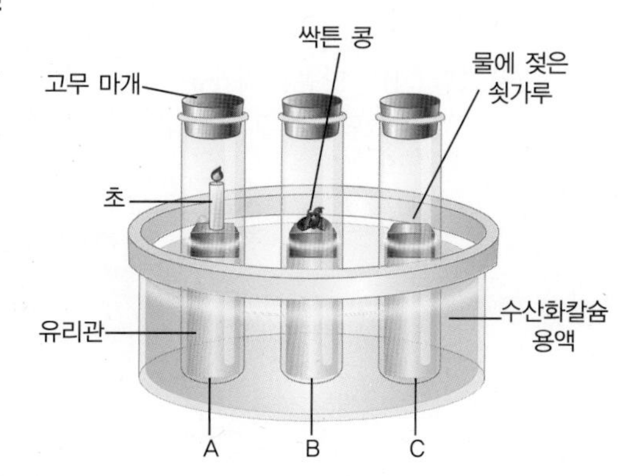

(1) 세 개의 시험관의 물이 모두 상승한 이유는 무엇인가?

(2) 시험관의 물이 빨리 올라간 순서를 부등호로 나타내시오.

(3) 위 실험의 결과를 통하여 연소와 호흡의 반응 속도를 비교 설명하시오.

개념 심화 문제

14 다음 그림 A, B는 영양소가 분해되는 두 가지 과정을 나타낸 것이다.

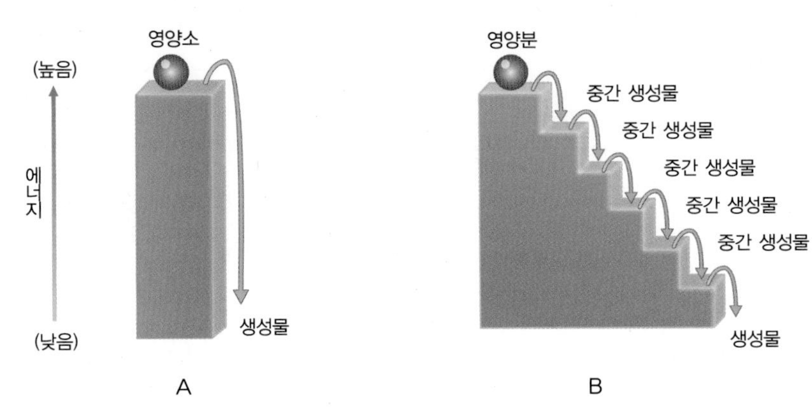

(1) 다음의 각 과정에 해당하는 영양소 분해 과정을 기호로 쓰시오.

구분	기호
세포 호흡	
연소	

(2) 위 그림에 대한 설명으로 옳은 것은?

① A보다 B의 반응이 더 빠르게 일어난다.
② A 반응은 B에 비해 낮은 온도에서 일어난다.
③ A와 B에서 모두 O_2가 소비되고, CO_2가 생성된다.
④ A에서는 에너지가 조금씩 단계적으로 방출된다.
⑤ A와 B 모두 반응 과정에서 주변의 열을 흡수하는 흡열 반응이다.

(3) 그림 (가)는 땅콩을 차가운 물 가까이에서 태워 시험관 표면을 관찰하는 것을 나타내고, 그림 (나)는 땅콩을 맛있게 먹고 있는 그림이다. 두 과정의 공통점을 한 문장으로 정리하시오.

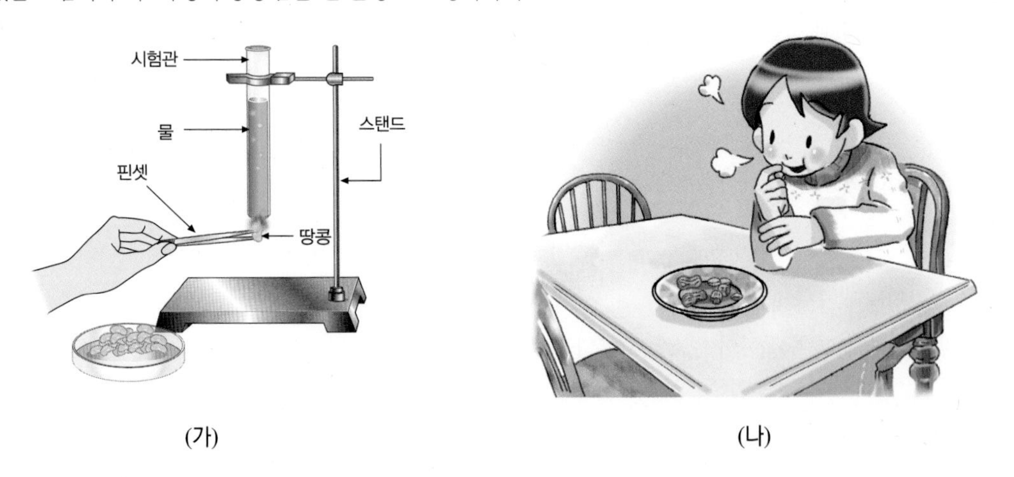

(가) (나)

15 다음은 들숨과 날숨의 차이를 알아보기 위한 실험이다.

[실험 과정]

(1) 두 개의 석회수가 들어있는 플라스크를 그림과 같이 장치한다.

(2) Y 자 유리관을 통해서만 숨을 쉬었을 때, 들숨은 플라스크 A 를 통해서 폐로 들어오고, 날숨은 플라스크 B를 통해서 배출된다.

(3) 플라스크 A 와 B 에서 일어나는 변화를 관찰한다.

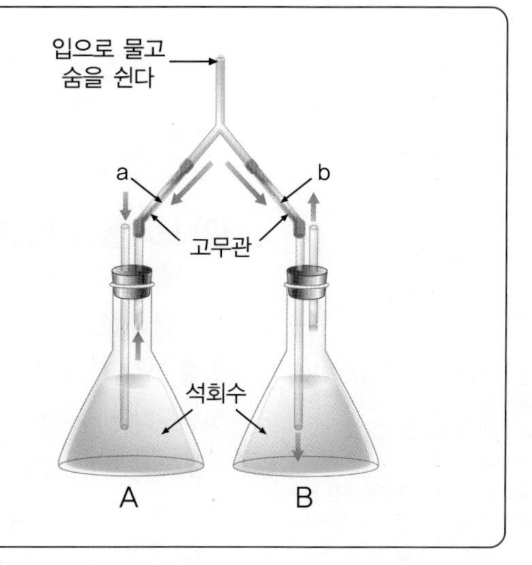

(1) 일정 시간이 지난 후 플라스크 A 와 B 의 석회수를 비교했을 때 더 뿌옇게 흐려지는 것에 ○표 하시오.

플라스크 A , 플라스크 B

(2) 들숨 시 A 내부와 날숨 시 B 내부의 산소 분압을 비교했을 때 산소 분압이 높은 곳에 ○표 하시오.

들숨 시 A , 날숨 시 B

(3) 들숨 상태에서 A 플라스크 내부 기압과 외부 대기압, 날숨 상태에서 B 플라스크 내부 기압과 외부 대기압의 크기를 부등호로 비교하고, 공기의 이동 방향을 화살표로 표시하시오.

들숨 상태	압력의 크기 비교	A 플라스크 내부 기압 ( ) 외부 대기압
	공기의 이동 방향	A 플라스크 내부 ( ) 외부 대기
날숨 상태	압력의 크기 비교	B 플라스크 내부 기압 ( ) 외부 대기압
	공기의 이동 방향	B 플라스크 내부 ( ) 외부 대기

5. 노폐물의 생성과 배설

(1) 노폐물의 생성 소화 과정을 통해 체내에 흡수된 3대 영양소(탄수화물, 지방, 단백질)가 세포 호흡을 통해 분해되는 과정에서 이산화 탄소, 물, 암모니아 등의 노폐물이 생성된다.

영양소	구성 원소	생성되는 노폐물
탄수화물, 지방	탄소(C), 수소(H), 산소(O)	이산화 탄소(CO_2), 물(H_2O)
단백질	탄소(C), 수소(H), 산소(O), 질소(N)	이산화 탄소(CO_2), 물(H_2O), 암모니아(NH_3)[1]

(2) 노폐물의 배설[2] 체내 영양소의 분해 과정(세포 호흡)에서 생성되는 노폐물을 혈액을 통해 폐, 콩팥, 땀샘을 통해 이산화 탄소, 오줌, 땀의 형태로 몸 밖으로 내보내는 작용이다.

① **이산화 탄소** : 날숨을 통해 몸 밖으로 배출된다.

② **물** : 날숨을 통해 배출되거나, 오줌이나 땀을 통해 배출된다.

③ **암모니아** : 독성이 강해 체내에 축적되면 세포에 손상을 주므로 간[3]에서 독성이 거의 없는 요소로 전환되어 오줌과 땀을 통해 몸 밖으로 배출된다.

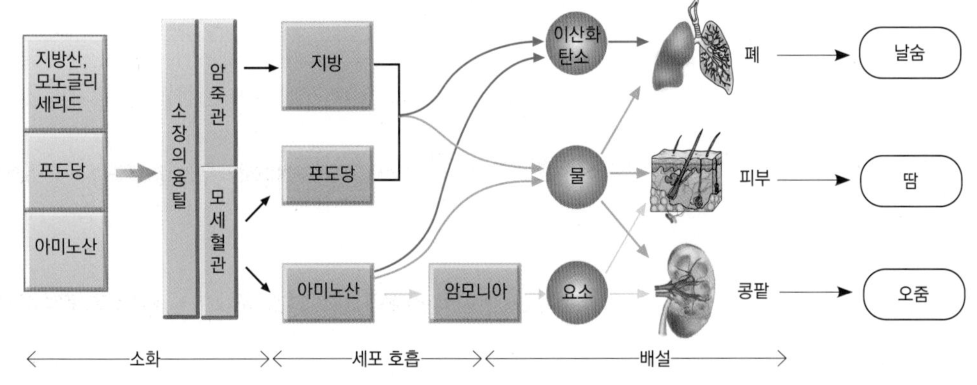

▲ 노폐물의 생성과 배설

(3) 노폐물의 생성과 배설의 필요성

① 세포 호흡 결과 생성된 노폐물을 체외로 내보낸다.

② **항상성 유지** : 체내 수분과 무기염류의 양을 조절하여 체액의 삼투압, pH 등을 일정하게 유지한다.

ⓔ 섭취한 물의 양에 따른 오줌의 양 : 물을 많이 마시면 몸속의 물이 많아지므로 오줌량이 늘어나고, 반대로 물을 거의 마시지 않으면 오줌량이 줄어진다. → 체내의 물질의 농도를 일정하게 유지한다.

p. 07

Q5 단백질의 분해 과정에서 생성된 (㉠)는 독성이 강한 노폐물이므로 (㉡) 에서(㉢)로 전환되어 오줌이나 땀으로 배설된다.

6. 배설 기관

(1) 구성 콩팥, 오줌관, 방광, 요도로 구성되어 있다.

① **콩팥** : 주먹만한 크기의 암적색의 강낭콩 모양이며, 혈액 속의 노폐물을 걸러 내어 오줌을 생성하는 기관이다.

② **오줌관** : 콩팥에서 만들어진 오줌을 방광으로 보내는 통로이다.

③ **방광** : 오줌관 끝에 있으며, 오줌을 저장하는 주머니이다.

④ **요도** : 방광에 모인 오줌이 몸 밖으로 나가는 통로이다.

---

❶ 질소 노폐물의 종류

질소 노폐물 종류	특징	동물의 예
암모니아	수용성, 독성 강함	수중생물
요소	수용성, 독성 거의 없음	양서류, 포유류
요산	불용성, 독성 거의 없음	조류, 파충류, 곤충류

❷ 배설과 배출

- 배설 : 생명의 물질대사 결과로 신장과 땀샘에서 걸러진 노폐물을 오줌과 땀의 형태로 몸 밖으로 내보내는 과정
- 배출 : 소화 과정에서 만들어진 음식물 찌꺼기를 대장을 지나 항문으로 통해 몸 밖으로 내보내는 과정 → 대변(똥)은 배출물

❸ 간의 기능

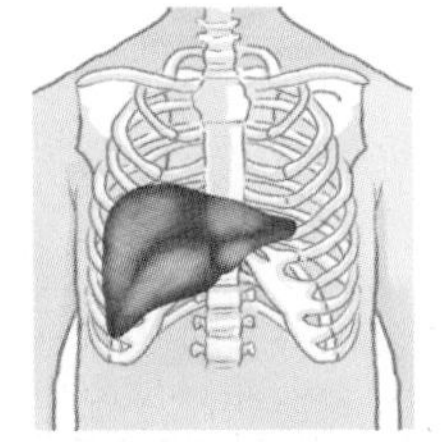

- 쓸개즙 생성
- 해독 작용 : 암모니아, 알코올, 약물 등 독성 물질 해독
- 여분의 포도당을 글리코젠 형태로 전환하여 저장

미니사전

노폐물 영양소가 호흡에 의해 분해되어 생성된 찌꺼기와 사용하고 남은 여분의 물질

항상성 외부의 환경 변화에 관계없이 체내의 상태를 항상 일정하게 유지하려는 성질

암모니아 질소를 포함한 영양소가 분해될 때 만들어지는 물에 잘 녹는 독성이 있는 물질

요소 동물체 내에서 단백질의 분해에 의해 생성되어 오줌 형태로 배설되는 질소 노폐물로 단백질의 분해 과정에서 생성된 암모니아가 간에서 요소로 전환된다.

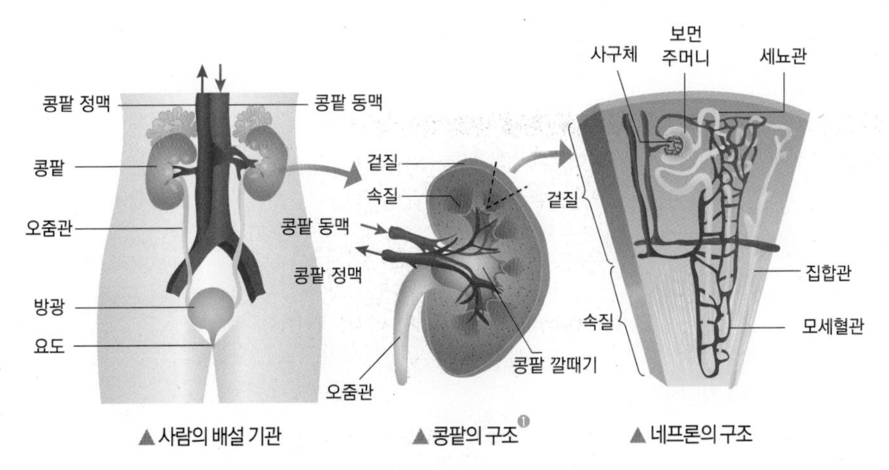

▲사람의 배설 기관 ▲콩팥의 구조[1] ▲네프론의 구조

(2) 콩팥의 구조

① **모양 및 크기** : 주먹만한 크기의 암적색의 강낭콩 모양이며, 길이는 약 10cm 정도로 가로막 아래의 등쪽에 좌우 한 쌍 존재한다.

② **구성** : 겉질, 속질, 콩팥 깔때기로 구성된다.

③ **기능적 · 구조적 기본 단위** : 네프론[2] = 말피기 소체[3](사구체[4][5] + 보먼주머니) + 세뇨관

④ **구조**

구조	기능
겉질	콩팥의 겉부분으로 사구체, 보먼주머니, 세뇨관이 분포한다. • 사구체 : 모세혈관이 실타래처럼 얽혀있는 덩어리로서 압력이 높아 보먼주머니 쪽으로 혈액의 여과가 일어난다. • 보먼주머니 : 한 층의 세포로 사구체를 둘러싸고 있는 주머니로서 세뇨관과 연결된다. • 세뇨관 : 보먼주머니로부터 연결된 가늘고 긴 관으로 물질의 재흡수와 분비가 일어나며, 겉질과 속질에 걸쳐 분포한다.
속질	콩팥의 안쪽 부분으로 세뇨관과 집합관이 분포한다. • 집합관 : 세뇨관이 모여 형성된 관으로 콩팥 깔대기로 연결된다.
콩팥 깔대기	• 콩팥 속질의 안쪽 빈 공간으로, 집합관을 통해 이동한 오줌을 일시적으로 저장하였다가 오줌관을 통해 방광으로 보낸다.

p. 07

Q6 콩팥의 기본 단위인 네프론을 구성하는 부분의 이름을 모두 쓰시오.

7. 오줌의 생성과 배설

(1) 오줌의 생성 과정 콩팥에서 여과, 재흡수, 분비 과정을 거쳐 오줌이 생성된다.

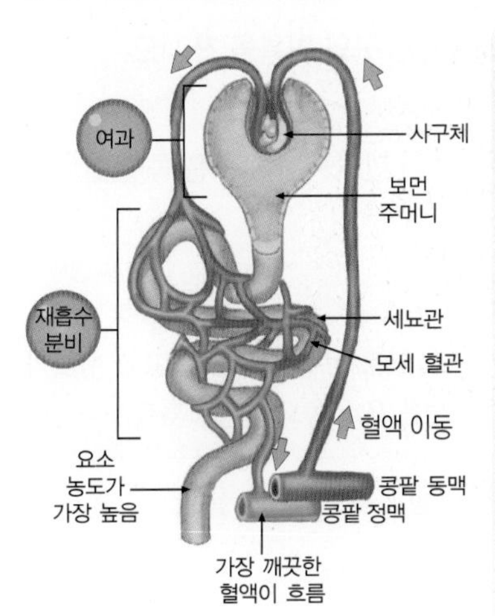

- 콩팥 동맥을 통해 콩팥으로 혈액이 들어온다.
- 사구체에서 혈액 속에 있던 여러 물질 중 일부가 보먼주머니로 보내진다. → 〈 여과 〉
- 여과되지 않은 물질은 혈관을 따라 이동하고, 여과된 물질은 세뇨관을 따라 이동한다.
- 세뇨관을 따라 이동하는 물질 중 몸에 필요한 물질은 다시 모세혈관으로 흡수된다. → 〈 재흡수 〉
- 사구체에서 미처 여과되지 못한 노폐물은 모세혈관에서 세뇨관으로 분비된다. → 〈 분비 〉
- 여과, 재흡수, 분비 과정을 거쳐 요소의 농도가 높은 오줌이 형성된다.
- 오줌은 오줌관을 거쳐 방광에 저장되었다가 몸 밖으로 배설된다.

❶ **신장(콩팥)의 단면 모습**

❷ **네프론(nephron)**

- 네프(neph)는 콩팥(kidney)을 의미하므로 nephron은 콩팥을 구성하는 기능적 단위라는 뜻이다.
- 보통 콩팥 한 쪽에 100 만 개 이상의 네프론이 존재한다

❸ **현미경으로 관찰한 말피기 소체 모습**

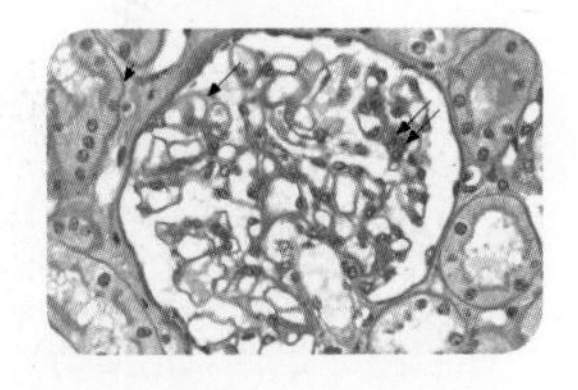

❹ **현미경으로 관찰한 사구체 모습**

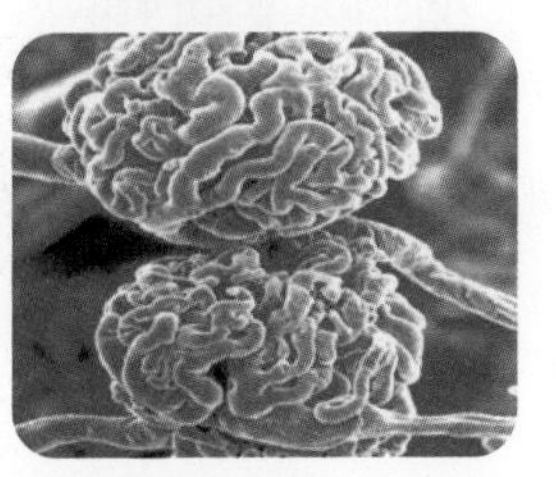

사구체는 콩팥 동맥에서 갈라진 모세혈관이 실뭉치처럼 뭉쳐 공모양의 덩어리를 이룬 것이다.

❺ **사구체의 구조**

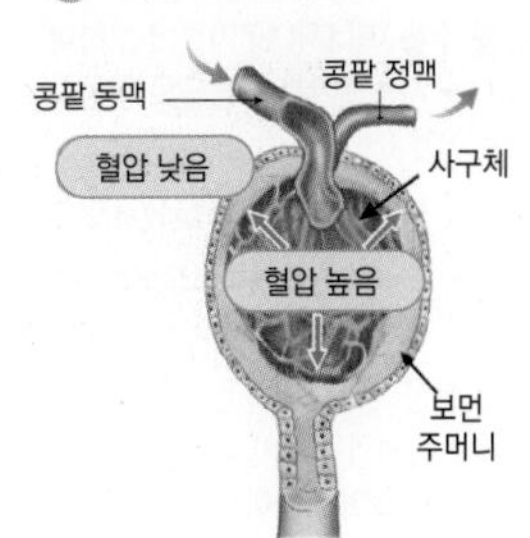

사구체의 혈압이 높은 이유는 사구체로 들어가는 혈관보다 나가는 혈관이 더 가늘기 때문이다.

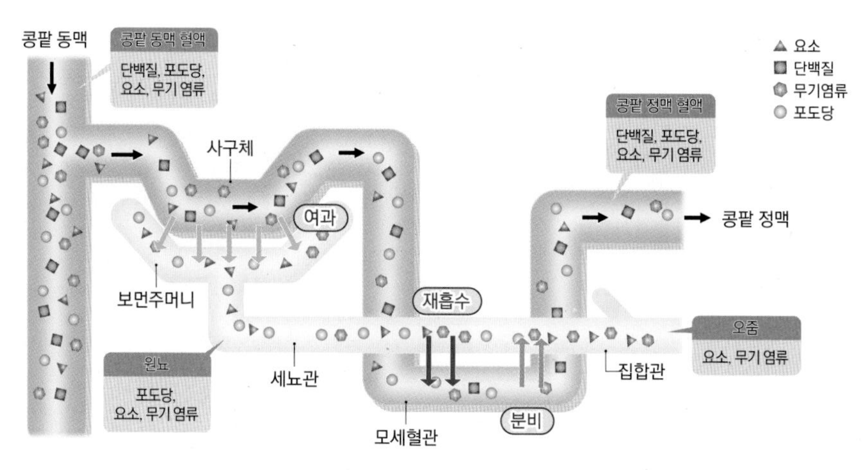

▲ 오줌의 생성 과정

과정	일어나는 장소	이동하는 물질	특징
여과	사구체 ↓ 보먼주머니	크기가 작은 물질 예 포도당, 아미노산, 물, 무기염류, 요소	• 사구체에서 보먼주머니로 여과된 성분을 **원뇨**라고 함 • 혈구, 단백질, 지방과 같은 크기가 큰 물질은 여과되지 않음 • 이동 원리 : 혈압 차에 의한 이동(사구체로 들어가는 혈관이 나오는 혈관보다 굵기 때문에 사구체 내부의 혈압이 높아 혈액 성분의 일부가 보먼주머니로 여과됨)
재흡수	세뇨관 ↓ 모세혈관	몸에 필요한 물질 예 포도당, 아미노산, 물, 무기염류, 요소 일부분 흡수	• 우리 몸에 필요한 영양소는 대부분 재흡수(포도당, 아미노산은 100% 재흡수) • 물과 무기염류는 혈액의 농도에 따라 필요한 만큼 재흡수 • 이동 원리 - 포도당, 아미노산, 무기염류 → 능동 수송 - 물 → 삼투 - 요소 → 확산(원뇨에서의 요소 농도보다 낮아지게 함으로써 확산 현상에 의해 세뇨관에서 모세혈관으로 이동이 가능하게 함)
분비	모세혈관 ↓ 세뇨관	몸에 불필요한 물질 예 요소, 요산	• 사구체에서 보먼주머니로 여과되지 않고 모세혈관에 남아 있던 노폐물이 세뇨관으로 이동하는 과정 • 이동 원리 : 능동 수송

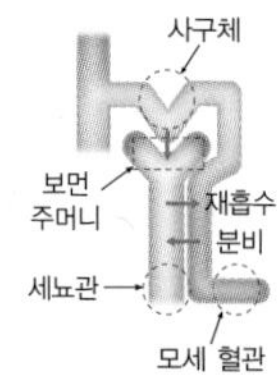

[여과 안됨]

단백질, 지방 등 큰 물질

[완전 재흡수] (100%)

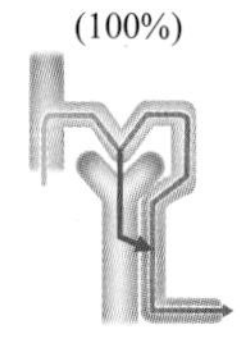

포도당, 아미노산

[일부 재흡수]

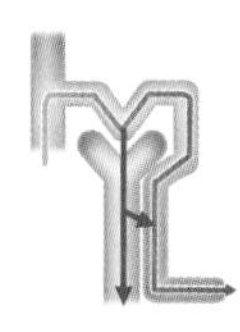

물, 무기염류, 요소

p. 07

Q7 높은 압력에 의해 혈장 속의 물질을 보먼주머니로 여과시키는 곳의 이름을 쓰시오.

(2) 오줌의 이동 경로 콩팥에서 여과, 재흡수, 분비 과정을 거쳐 만들어진 오줌은 콩팥 깔때기와 오줌관을 거쳐 방광에 모였다가 요도를 통해 몸 밖으로 나간다.

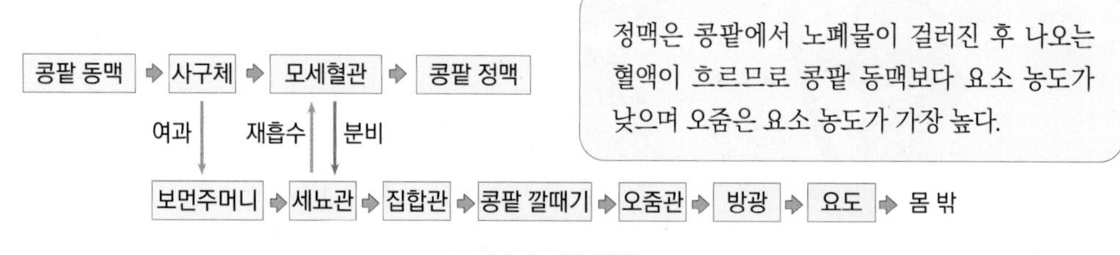

▲ 오줌의 이동 경로

각 부분에서의 성분 비교

혈액 성분	혈구, 단백질, 지방, 물, 포도당, 아미노산, 무기염류, 요소
여과액 성분	물, 포도당, 아미노산, 무기 염류, 요소
오줌 성분	물, 무기염류, 요소

윌리암 보먼(William Bowman, 1816.7.20 ~ 1892.3.29)

영국의 생리학자로 눈과 신장, 가로무늬근의 미세 구조를 연구하였으며, 신장의 말피기 소체를 이루는 보먼주머니는 그의 이름을 딴 것이다.

신장(콩팥)병

● 신장염 : 사구체가 손상되어 혈액에 노폐물이 축적되거나(요독증) 사구체의 투과성이 너무 커서 단백질이 오줌으로 배출(단백뇨 현상)되는 증상이 나타난다.

● 신부전증 : 신장염이 심해져 결국 신장이 제기능을 하지 못하는 상태로 혈액 속의 노폐물을 제거하기 위해 인공 신장을 이용해야 한다.

미니사전

여과 거름종이나 여과기를 사용하여 액체나 기체 속에 들어 있는 먼지나 이물질을 걸러 내는 일

능동 수송 에너지(ATP)를 소모하여 물질을 저농도에서 고농도로 이동시키는 작용

확산 물질의 농도가 높은 쪽에서 낮은 쪽으로 물질이 이동하는 현상이며, 에너지가 소모되지 않는다.

삼투 현상 세포막이나 반투과성 막을 경계로 용액의 농도가 낮은 쪽에서 높은 쪽으로 물이 이동하는 현상

원뇨 혈액의 성분 중 사구체에서 보먼주머니로 여과된 여과액

8. 땀의 생성

(1) 땀샘의 구조와 분포

① 땀샘의 끝은 실타래 모양으로 꼬아져 있으며, 그 주변을 모세혈관이 둘러싸고 있다.

② 땀을 분비하는 관은 피부 표면의 땀구멍까지 연결되어 있다.

③ 땀샘은 피부의 진피층에 묻혀 있으며, 온 몸에 200 만 ~ 400 만 개 분포한다.

(2) 땀의 생성 모세혈관에서 땀샘으로 혈액의 수분과 노폐물이 여과되어 땀이 생성된다. 오줌의 생성과 달리 재흡수, 분비 작용이 일어나지 않는다.

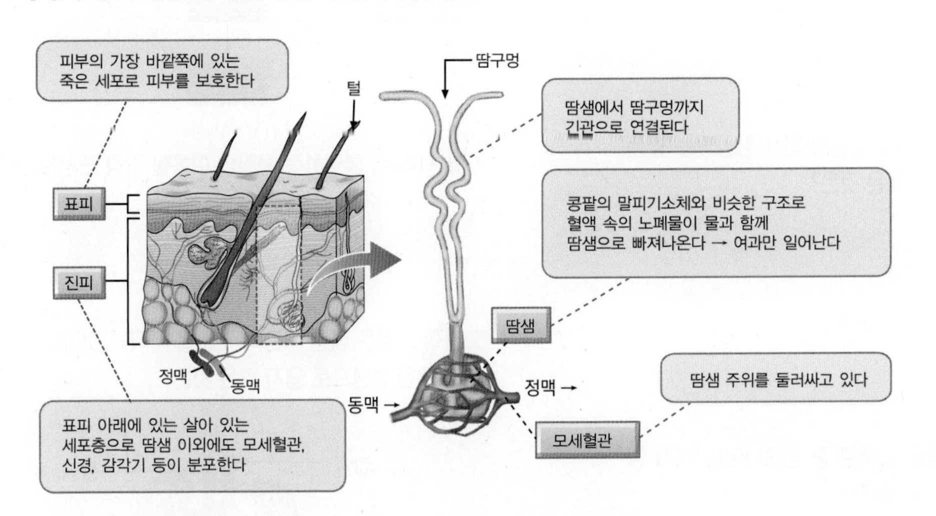

▲ 땀샘의 구조와 분포 및 땀의 생성 과정

(3) 땀의 성분 땀의 99 % 는 물이고, 요소, 염분 등이 녹아 있어 오줌의 성분과 비슷하다.

	물	요소	염분	기타	특징
오줌(%)❶	96.0	1.7	1.5	0.8	땀 속의 요소, 염분 등의 농도는 오줌에 비해 낮다. • 이유 : 땀 생성 시에는 오줌의 생성과 달리 재흡수와 분비가 일어나지 않기 때문에
땀(%)❷	99.0	0.1	0.8	0.1	

(4) 땀샘의 기능

① **노폐물의 배설** : 혈액 속의 수분과 요소 등의 노폐물을 체외로 배출한다.

② **체온 조절** : 땀이 증발할 때 기화열로 몸의 열을 빼앗아 체온을 낮추게 된다.

p. 07

Q8 땀이 사람의 몸에 작용하는 중요한 기능 2가지를 쓰시오.

❶ 계절에 따른 오줌의 양

우리 몸의 배설물은 오줌과 땀의 형태로 배설된다.

- 더운 여름에는 흘리는 땀의 양이 많기 때문에 땀을 통해 배출되는 배설물의 양도 많아진다. 따라서 날씨가 더울 때나 운동을 하여 땀을 많이 흘리는 경우 상대적으로 오줌의 양은 줄어들게 된다.
- 추운 겨울에는 땀으로 배설되는 양이 적기 때문에 오줌의 양이 많아지게 된다.

❷ 땀을 흘리는 경우

- 온열성 발한 : 더울 때 체온을 낮추기 위해 흘리는 땀
- 정신적 발한 : 불안하거나 긴장할 때 흘리는 땀

미니사전

땀샘 신체 표면으로 땀을 분비하는 피부 분비선

표피 피부 가장 바깥쪽에 있는 죽은 세포 층

진피 표피 아래의 살아 있는 세포층

기화열 액체가 기체로 바뀔 때 필요한 열로서 물이 수증기로 기화할 때 주위에서 열을 흡수하여 주위의 온도가 낮아진다.

노폐물의 생성과 배설

24 **다음 중 배설의 의미를 설명한 것으로 옳지 않은 것은?**

① 몸속의 항상성을 유지시킨다.
② 몸속의 수분의 양을 조절해준다.
③ 조직 세포에 필요한 산소를 공급해 준다.
④ 땀을 흘려서 체온이 상승하는 것을 방지한다.
⑤ 몸속에서 생성된 해로운 물질을 몸 밖으로 배출한다.

25 **다음 중 3대 영양소가 호흡 과정에 의해 생성되는 공통적인 노폐물을 바르게 짝지은 것은?**

① 물 ② 물 + 산소
③ 물 + 이산화 탄소 ④ 물 + 요소
⑤ 물 + 이산화 탄소 + 암모니아

26 **사람의 체내에서 생성된 노폐물 중 암모니아는 어떤 영양소가 분해되어 만들어지는가?**

① 엿당 ② 녹말 ③ 탄수화물
④ 단백질 ⑤ 지방

27 **다음 중 체내에서 생성되는 노폐물 중 독성이 있는 암모니아를 독성이 없는 요소로 바꾸어 주는 신체 기관은 무엇인가?**

① 쓸개 ② 이자 ③ 콩팥
④ 간 ⑤ 심장

28 **노폐물의 배설에 대한 설명으로 설명으로 옳은 것은 ○, 틀린 것은 ×표 하시오.**

(1) 요소는 땀과 오줌으로 배설된다. ( )
(2) 물은 콩팥을 거쳐 오줌으로만 배설된다. ( )
(3) 이산화 탄소는 호흡을 통해 몸 밖으로 배출된다. ( )
(4) 노폐물이 배설될 때는 항문을 통해 몸 밖으로 빠져나간다. ( )
(5) 암모니아는 독성이 매우 강하기 때문에 간에서 독성이 약한 요소로 전환되어 배설된다. ( )

29 **다음은 영양소의 산화 결과 생성된 노폐물의 이동 경로를 나타낸 것이다.**

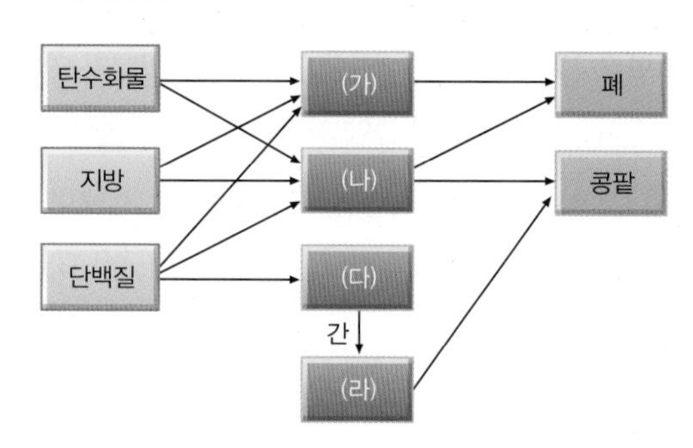

(가) ~ (라)에 해당하는 물질의 이름을 각각 쓰시오.

30 **오른쪽 그림은 배설 기관의 구조를 나타낸 것이다. 각 부분에 대한 설명으로 옳지 않은 것은?**

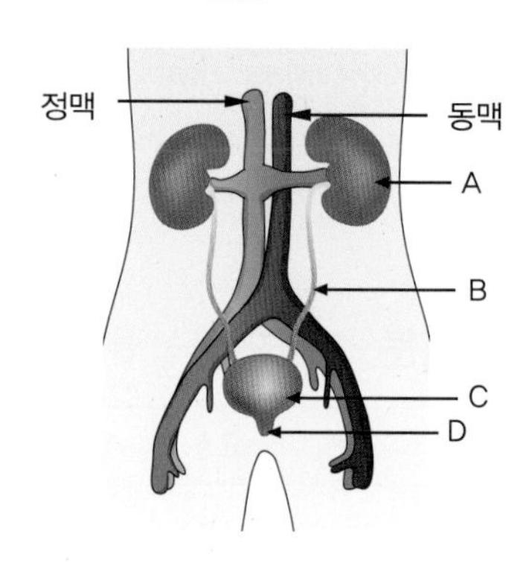

① A 는 콩팥으로 심장에서 나온 혈관이 A 와 연결되어 있다.
② A 는 콩팥으로 혈액 속의 노폐물을 걸러 오줌을 생성한다.
③ B 는 세뇨관으로 가늘고 긴 관이며, 콩팥에서 만들어진 물질을 방광으로 보낸다.
④ C 는 방광으로 오줌을 저장한다.
⑤ D 는 요도로 오줌을 몸 밖으로 내보내는 관이다.

31 **다음 중 콩팥의 기능을 바르게 설명한 것은?**

① 요소를 합성하는 기관이다.
② 오줌을 모아 두는 장소이다.
③ 오줌이 체외로 배설되는 통로이다.
④ 오줌의 양을 조절하는 물질을 분비한다.
⑤ 혈액 속의 노폐물을 걸러 오줌을 생성한다.

정답 및 해설 07쪽

32 다음에서 설명하는 배설의 기능으로 옳은 것은?

> 우리 몸은 배설 작용을 통해 혈액 속에 들어 있는 물질의 농도를 일정하게 유지할 수 있다.

① 항상성 유지 ② 호흡 촉진 ③ 소화 촉진
④ 확산 촉진 ⑤ 해독 작용

33 다음은 콩팥의 단면 모습이다.

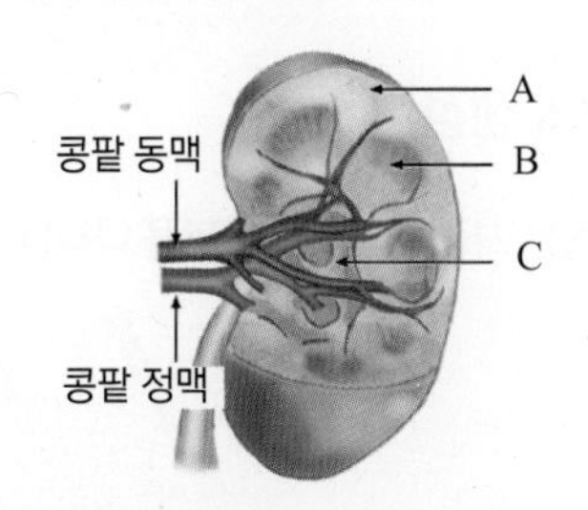

이에 대한 설명으로 옳지 않은 것은?

① A에는 신장의 구조적, 기능적 기본 단위인 네프론이 밀집되어 있다.
② A에서 혈액의 여과 작용이 일어난다.
③ B에서는 재흡수 작용이 일어난다.
④ C는 오줌이 일시적으로 모이는 곳이다.
⑤ 콩팥 정맥에는 콩팥 동맥에 비해 많은 양의 노폐물이 들어 있다.

34 다음은 콩팥의 구조를 모식화한 것이다. ㉠ ~ ㉢에 들어갈 알맞은 말을 각각 쓰시오.

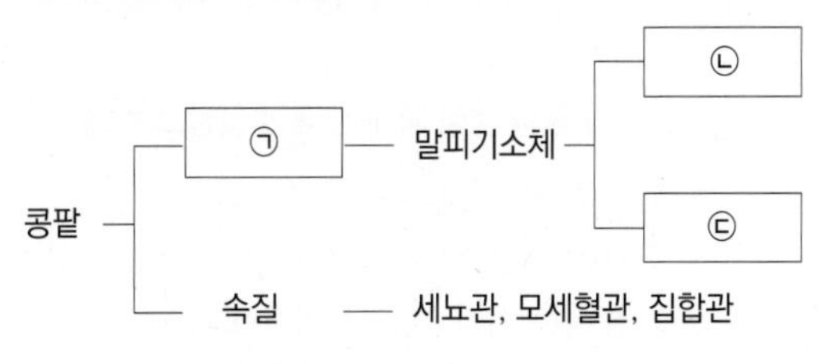

오줌의 생성과 배설

35~36 다음은 콩팥의 일부를 나타낸 것이다.

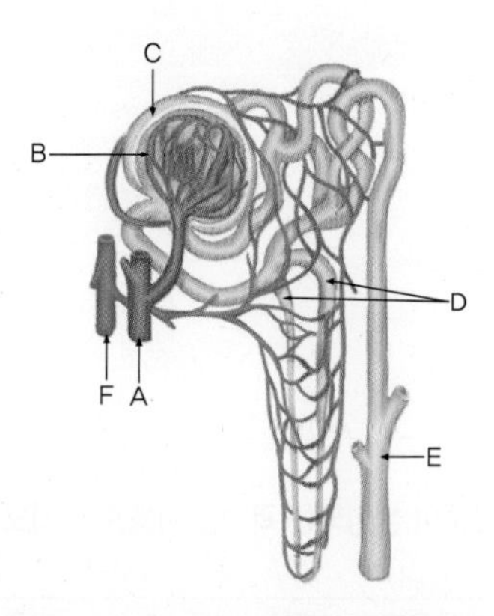

35 콩팥의 구조적, 기능적 기본 단위는 네프론이다. 네프론을 구성하는 구조의 기호와 이름을 모두 쓰시오.

36 각 부분에 대한 설명으로 옳은 것만을 <보기>에서 있는 대로 고르시오.

> **보기**
> ㄱ. C 보다 B 의 압력이 크다.
> ㄴ. 말피기소체는 B + D 이다.
> ㄷ. E 보다 F 의 요소 농도가 더 높다.
> ㄹ. D 에서 E 로 포도당, 아미노산이 재흡수된다.
> ㅁ. A는 콩팥 정맥이며, 콩팥으로 혈액을 공급한다.
> ㅂ. 혈액 속의 작은 물질이 혈압 차에 의해 B 와 C 사이에서 여과가 일어난다.

37 다음 중 몸에서 생긴 노폐물이 걸러져 몸 밖으로 배설되는 경로를 바르게 나열한 것은?

① 사구체 → 보먼주머니 → 세뇨관 → 콩팥 깔때기 → 오줌관 → 방광 → 요도
② 사구체 → 보먼주머니 → 콩팥 깔때기 → 오줌관 → 세뇨관 → 방광 → 요도
③ 사구체 → 보먼주머니 → 세뇨관 → 오줌관→ 콩팥 깔때기 → 방광 → 요도
④ 보먼주머니 → 사구체 → 세뇨관 → 콩팥 깔때기 → 오줌관 → 방광 → 요도
⑤ 보먼주머니 → 사구체 → 오줌관 → 콩팥 깔때기 → 세뇨관 → 방광 → 요도

38~40 다음 그림은 오줌이 생성되는 과정을 모식도로 나타낸 것이다.

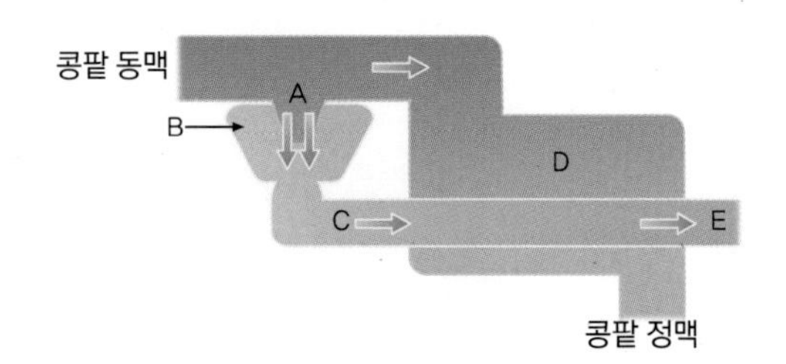

38 오줌이 생성되는 과정을 기호로 쓰시오.

		기호
(1)	여과	(　　　) → (　　　)
(2)	재흡수	(　　　) → (　　　)
(3)	분비	(　　　) → (　　　)

39 오줌이 생성되는 각 과정에서 이동하는 물질들만을 <보기>에서 있는 대로 고르시오.

> **보기**
> ㄱ. 포도당　ㄴ. 물　ㄷ. 단백질
> ㄹ. 지방　ㅁ. 무기염류　ㅂ. 아미노산
> ㅅ. 요소

(1) 여과　: (　　　　　　)
(2) 재흡수 : (　　　　　　)
(3) 분비　: (　　　　　　)

40 정상적인 사람의 경우 E 에서 생성된 오줌에 포함되지 않는 성분은 무엇인가?

① 물　② 요소　③ 비타민　④ 무기염류　⑤ 포도당

41 다음 물질들은 콩팥(신장)에서 여과되지 않는다. 그 이유를 바르게 설명한 것은?

혈구	단백질	지방

① 물에 잘 녹는 물질이기 때문에
② 물에 잘 녹지 않는 물질이기 때문에
③ 체액의 농도를 높이는 물질이기 때문에
④ 분자의 크기가 너무 작은 물질이기 때문에
⑤ 크기가 커서 혈관 밖으로 이동하지 못하기 때문에

땀의 생성

42 다음은 사람의 피부의 단면을 나타낸 것이다.

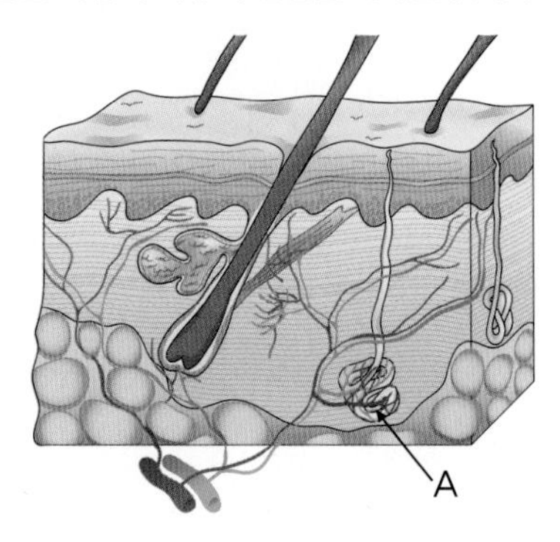

A에 대한 설명으로 옳지 않은 것은?

① A는 손바닥, 이마에 많이 분포한다.
② A 주변에는 모세혈관이 둘러싸고 있다.
③ A의 기능은 체온 유지, 노폐물 배설이다.
④ A에서는 콩팥과 같이 여과 작용이 일어난다.
⑤ A는 죽어 있는 세포층인 피부의 표피층에 분포한다.

43 땀과 오줌의 생성 과정에 대한 설명으로 옳은 것은?

① 땀은 배출, 오줌은 배설이다.
② 땀에는 오줌에는 없는 포도당이 들어 있다.
③ 땀에는 여과 작용에 의한 요소가 전혀 없다.
④ 땀은 오줌에 비해 암모니아의 농도가 더 높다.
⑤ 땀샘에서는 콩팥에서와 같은 재흡수 과정이 일어나지 않는다.

16 다음 그림은 소화된 영양소의 흡수와 세포 호흡에서 생성된 노폐물의 배출을 나타낸 것이다.

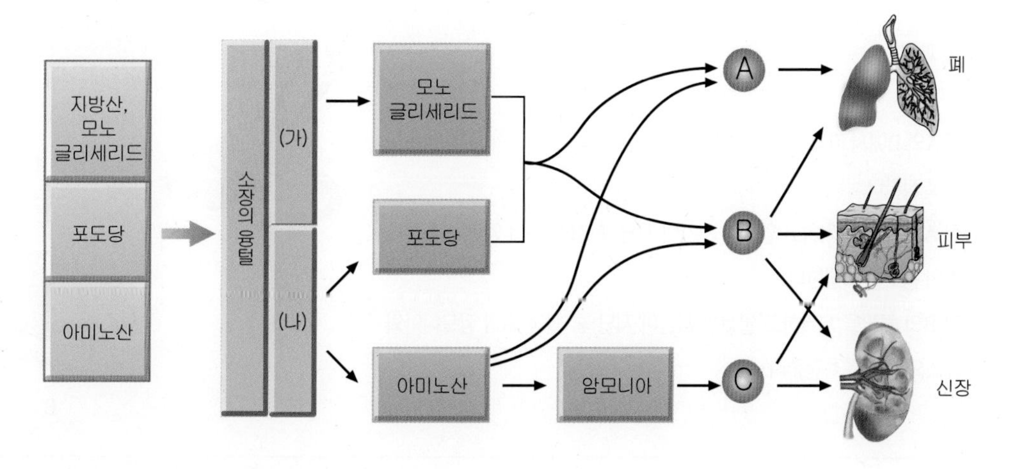

위 자료에 대한 설명으로 옳은 것만을 〈보기〉에서 있는 대로 고르시오.

> **보기**
>
> ㄱ. (가)는 모세혈관이고, (나)는 암죽관이다.
> ㄴ. A는 폐에서 내호흡에 의해 몸 밖으로 배설된다.
> ㄷ. A가 과도하게 생성되면 세포 내 pH 가 높아진다.
> ㄹ. B와 C는 땀과 오줌으로 주로 배출된다.
> ㅁ. C를 생성하는 기관은 지방의 소화를 돕는 물질인 쓸개즙을 생성한다.

17 다음은 여러 가지 질소성 노폐물의 특성과 여러 동물들의 질소성 노폐물의 종류 및 비율을 나타낸 것이다.

종류	성질	노폐물 1g 배설시 필요한 수분량(mL)	붕어	올챙이	개구리 (성체)	뱀	닭	사람
암모니아	수용성	500	73.3	75.0	3.2	8.7	3.0	4.8
요소	수용성	50	9.9	10.0	91.4	-	10.0	86.9
요산	불용성	10	-	-	-	89.0	87.0	0.65

위 자료에 대한 해석으로 옳지 <u>않은</u> 것은?

① 수중 환경에서는 질소 노폐물을 암모니아 형태로 배출하는 것이 유리하다.
② 건조한 환경에 사는 동물은 요산 형태로 질소 노폐물을 배출하는 것이 유리하다.
③ 질소 노폐물을 암모니아 형태로 배출하게 되면 배설시 수분 손실량을 줄일 수 있다.
④ 생물마다 질소 노폐물의 종류가 다른 것은 생물의 생활 환경에 적응하기 위한 것이다.
⑤ 파충류와 조류는 다른 동물에 비해 질소 노폐물을 배설하는 과정에서 수분 손실이 적다.

개념 심화 문제

18 **다음은 쥐를 이용하여 간과 신장의 기능을 알아보기 위한 실험 과정이다.**

[실험 과정]

(1) 쥐 A와 B에서 각각 혈액을 채취하여 혈액 속의 암모니아와 요소의 농도를 측정한다.

(2) 쥐 A의 간을 제거하고 일정한 시간이 지난 후 혈액 속의 암모니아와 요소의 농도를 측정한다.

(3) 쥐 B의 콩팥을 제거하고 일정한 시간이 지난 후 혈액 속의 암모니아와 요소의 농도를 측정한다.

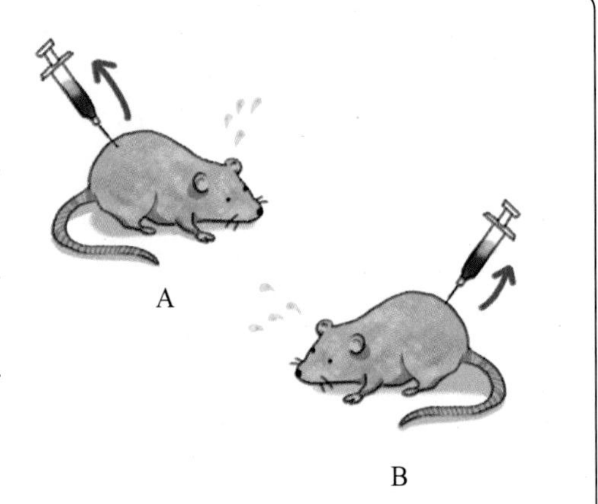

(1) 실험 결과 쥐 A 와 B 의 혈액 속의 암모니아와 요소의 농도가 각각 어떻게 변화하였을지 알맞은 상태에 ○표 하시오.

	암모니아 농도	요소의 농도
쥐 A	(증가 , 변화 없다 , 감소)	(증가 , 변화 없다 , 감소)
쥐 B	(증가 , 변화 없다 , 감소)	(증가 , 변화 없다 , 감소)

(2) 위의 실험 결과가 나타난 이유를 간과 콩팥의 기능을 이용하여 설명하시오.

19 **다음 그림은 어떤 사람의 신장에서 하루 동안 여과되는 물의 양과 배설하는 오줌의 양이다.**

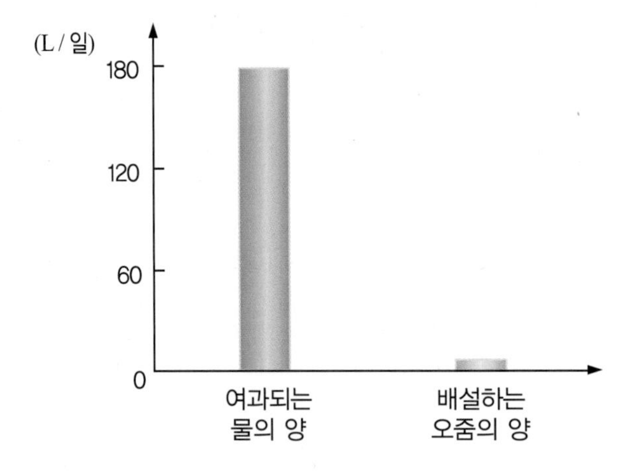

여과되는 물의 양에 비해 배설하는 오줌의 양이 적은 이유는 무엇인지 설명하시오.

20 그림은 신장의 일부분을 네프론 중심으로 나타낸 것이다.

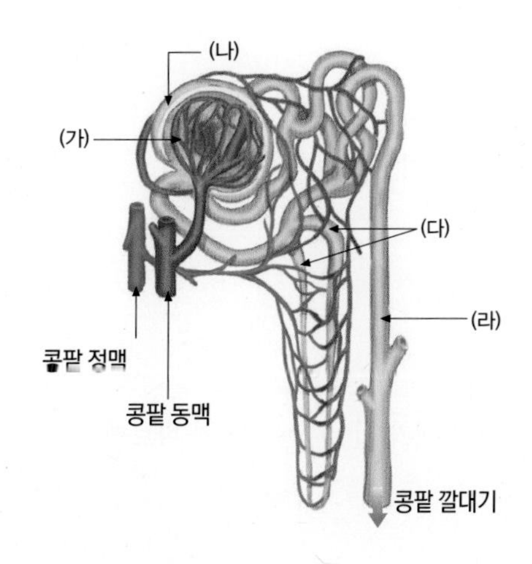

(1) 상상이와 알탐이의 (가) ~ (라) 부위에서 채취한 물질을 검사한 결과이다. 자료를 바르게 해석한 것으로 가장 타당한 것은? (+는 검출됨, - 는 검출되지 않음)

	상상이				알탐이			
	(가)	(나)	(다)	(라)	(가)	(나)	(다)	(라)
단백질	+	-	-	-	+	+	+	+
포도당	+	+	+	+	+	+	+	-
요소	+	+	+	+	+	+	+	+

① 오줌의 요소 농도는 상상이가 알탐이보다 높다.
② 알탐이의 오줌에서는 뷰렛 반응이 나타나지 않는다.
③ 상상이는 (가)에 염증이 있어 혈장 단백질이 여과된다.
④ 상상이는 모세혈관에서 (다)로 포도당의 분비가 일어난다.
⑤ (다)에서의 포도당 재흡수율은 알탐이가 상상이보다 더 높다.

(2) 다음 네 사람 A ~ D 를 대상으로 (가) ~ (라) 부위에서 채취한 물질을 검사한 결과이다. 신장 기능에 이상이 있는 사람을 있는 대로 고르시오

	검사 결과
A	(가)에서 단백질, 지방, 포도당, 아미노산이 모두 검출됨
B	(나)에서 포도당과 아미노산이 검출됨
C	(다)에서 다량의 단백질과 요산이 검출됨
D	(라)에서 아미노산과 포도당이 다량 검출됨

21 다음은 건강한 사람의 네프론을 나타낸 것이다.

(1) 각 지점에서 시료를 채취하여 영양소 검출 반응을 시켰을 때 시약에 따른 검출 반응이 일어나는 부위의 기호를 모두 쓰시오.

① 베네딕트 용액 : (　　　　　)
② 뷰렛 용액　　 : (　　　　　)
③ 수단 Ⅲ 용액　: (　　　　　)

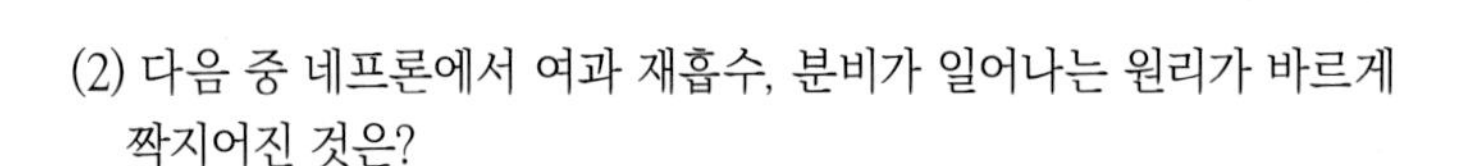

(2) 다음 중 네프론에서 여과 재흡수, 분비가 일어나는 원리가 바르게 짝지어진 것은?

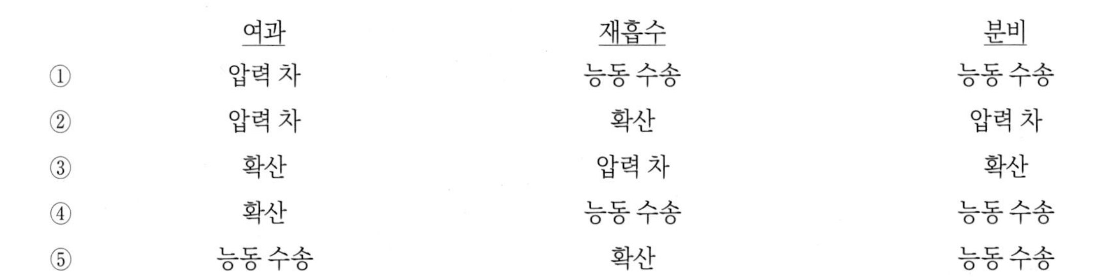

	여과	재흡수	분비
①	압력 차	능동 수송	능동 수송
②	압력 차	확산	압력 차
③	확산	압력 차	확산
④	확산	능동 수송	능동 수송
⑤	능동 수송	확산	능동 수송

22 다음은 네프론에서 오줌이 만들어지는 과정에서 혈관 (가) ~ (나)를 지나는 혈액의 양의 변화를 나타낸 것이다.

	(가)	(나)	(다)
1 분 동안 지나는 혈액의 양(mL/분)	1200	1075	1199

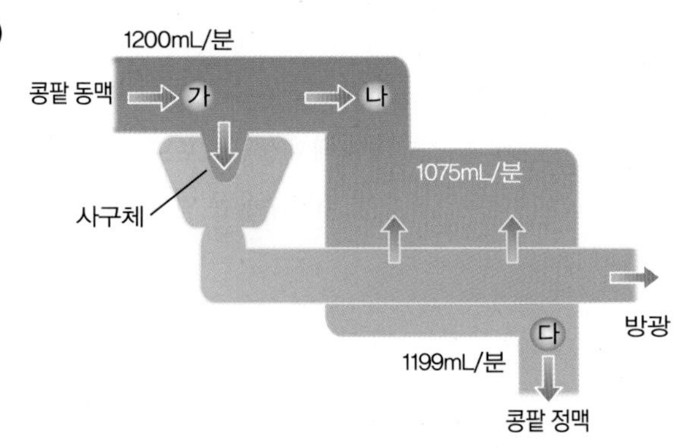

(1) 1 분 동안 여과되는 원뇨의 양은?

(2) 1 시간 동안 생성되는 오줌의 양은?

(3) 방광에 오줌이 150 mL 만들어지는데 걸리는 시간(분)은?

23

다음 그림은 네프론의 구조를 모식적으로 나타낸 것이며, 표는 콩팥의 세 지점(A ~ C)에서 용액을 채취하여 성분의 조성을 조사한 것이다. (단위 : %)

구분	(가)	(나)	(다)	(라)	물
A	0.03	8.00	0.10	0.90	91
B	0.03	0.00	0.10	0.90	97
C	2.00	0.00	0.00	0.90	96

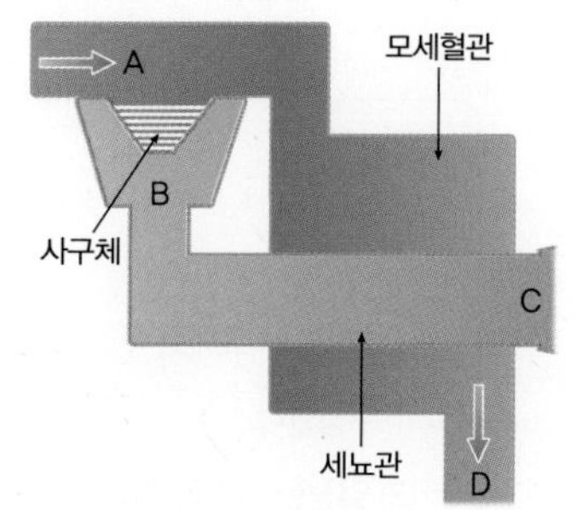

(1) 위 자료에 대한 설명으로 옳은 것만을 〈보기〉에서 있는 대로 고르시오.

보기

ㄱ. A 에서 (가)의 이동에는 에너지가 소모되지 않는다.
ㄴ. (나)는 단백질 대사 결과 만들어진 노폐물이다.
ㄷ. (다) 물질은 재흡수, 분비 과정을 거치며 이동한다.
ㄹ. (라)는 재흡수된다.

(2) 신장의 세 지점에서 각 성분의 농도가 위 표와 같이 나타난 이유를 〈보기〉에서 골라 넣으시오.

보기

ㄱ. 원뇨를 구성하는 대부분의 물이 재흡수되어 농축되었기 때문이다.
ㄴ. 여과되지 않기 때문이다.
ㄷ. 100% 모세혈관으로 재흡수되기 때문이다.
ㄹ. (라)의 재흡수율과 물의 재흡수율이 같기 때문이다.

① (나)가 A 에는 있으나 B 에는 없는 이유 :
② (다)가 B 에는 있으나 C 에는 없는 이유 :
③ (가)가 B 보다 C 에서 농도가 높은 이유 :
④ (라)가 항상 농도가 일정한 이유 :

(3) (가) ~ (라)에 예상되는 물질을 각각 〈보기〉에서 골라 써 보시요.

보기

무기염류 아미노산 포도당 요소 단백질

(가) : (　　　) (나) : (　　　) (다) : (　　　) (라) : (　　　)

개념 심화 문제

24 **다음은 두 마리의 건강한 쥐를 이용하여 에너지 생성 여부에 따른 포도당 재흡수 과정을 알아보기 위한 실험 과정과 그 결과를 그래프로 나타낸 것이다.**

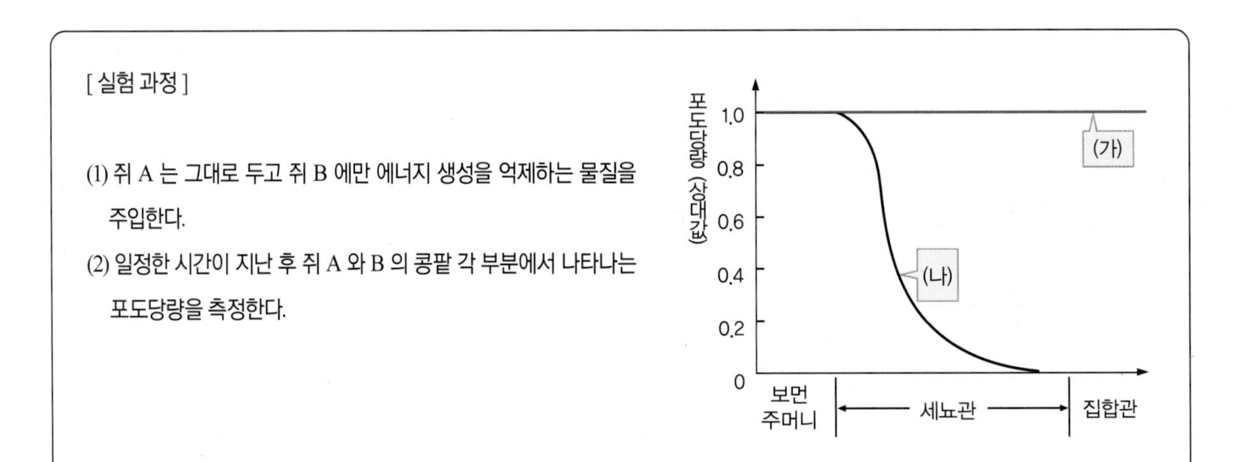

(1) 위 실험 결과 그래프에 나타난 (가)와 (나)에 해당하는 쥐의 기호를 쓰시오.

구분	기호
그래프 (가)	
그래프 (나)	

(2) 두 동물에서 채취한 오줌을 베네딕트 검출 반응을 하였을 때 반응이 나타나는 쥐의 기호를 쓰시오.

(3) 이 실험을 통해 알 수 있는 사실을 바르게 설명한 것은?

① 포도당의 재흡수에는 에너지가 필요하다.
② 포도당과 같은 원리로 재흡수가 일어나는 물질은 물이다.
③ 포도당은 농도 차에 의해 세뇨관으로 재흡수 과정이 일어난다.
④ 네프론에서 모든 물질의 이동은 능동 수송에 의해서 일어난다.
⑤ 포도당은 분자의 크기가 작기 때문에 물질의 이동이 자유롭다.

(4) 세뇨관에서 쥐 A 와 쥐 B 의 혈당량의 차이는 매우 큰 반면 보먼주머니에서는 쥐 A와 쥐 B의 포도당량이 같은 이유가 무엇인지 설명하시오.

25

다음 〈그림 1〉은 사구체와 보먼주머니에 작용하는 압력의 크기와 작용 방향을 나타낸 것이며, 〈그림 2〉는 네프론에서 오줌이 만들어지는 과정을 나타낸 것이다.

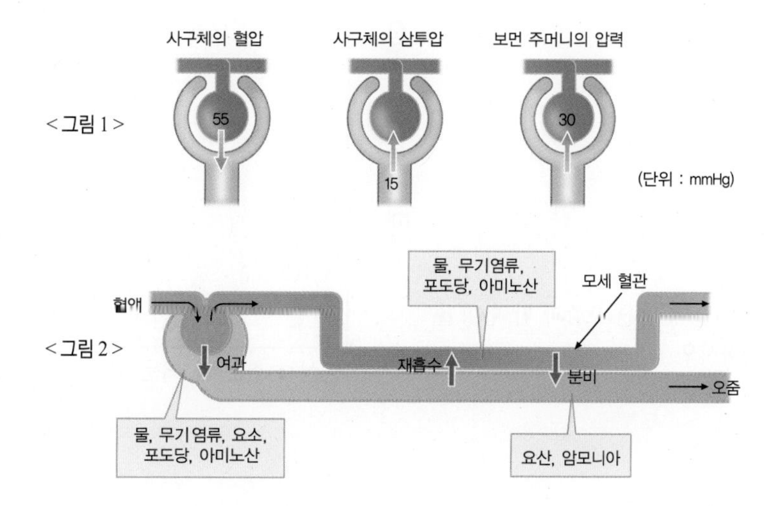

(1) 사구체에서 여과 작용이 일어날 때의 순여과 압력은 몇 mmHg 인가?

(2) 위 자료에 대한 설명으로 옳은 것은?

① 사구체의 삼투압이 낮아지면 여과량은 감소한다.

② 사구체로 들어가는 혈관의 굵기가 얇을수록 여과량은 증가한다.

③ 사구체의 혈압과 보먼 주머니의 압력이 높을수록 여과량이 증가한다.

④ 사구체의 혈액에 포함된 모든 성분은 여과되어 보먼주머니로 이동한다.

⑤ 여과되는 포도당의 양과 재흡수되는 포도당의 양이 같으면 오줌에서 포도당이 검출되지 않는다.

개념 돋보기

사구체에서 보먼주머니로의 여과 작용

• 여과 압력 : 사구체에서 보먼주머니로 물질을 이동시키는 여과 압력은 사구체의 혈압에서 여과를 방해하는 압력인 혈장의 삼투압과 보먼주머니의 압력을 빼야 한다.

• 순여과 압력

= 사구체의 혈압 - (혈장의 삼투압 + 보먼주머니의 압력)

60mmHg - (10mmHg + 30mmHg)

= 20mmHg

굵다
가늘다
사구체
내부의 압력이 크다
보먼 주머니

사구체와 보먼 주머니 사이에서 작용하는 압력

사구체에서 보먼 주머니로 작용하는 압력

주머니 모양의 구조적 특성으로 인해 발생하는 압력

사구체의 혈압 60 | 사구체의 삼투압 10 | 보먼 주머니의 압력 30 (단위 : mmHg)

혈액 성분 중 일부가 여과되지 않으므로 여과액보다 혈액의 삼투 농도가 더 높다. 따라서 여과액의 물이 사구체로 이동하려는 압력이 생긴다.

26 **다음 그래프는 건강한 사람이 기온에 따라 배출하는 오줌과 땀의 양이며, 오줌과 땀에 포함되어 있는 염분의 변화량을 나타낸 것이다.**

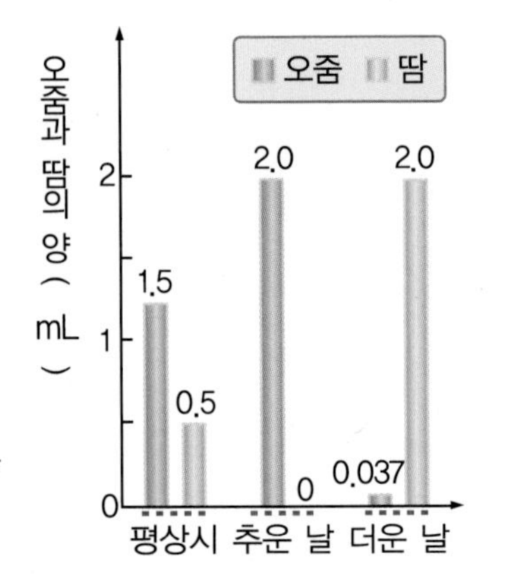

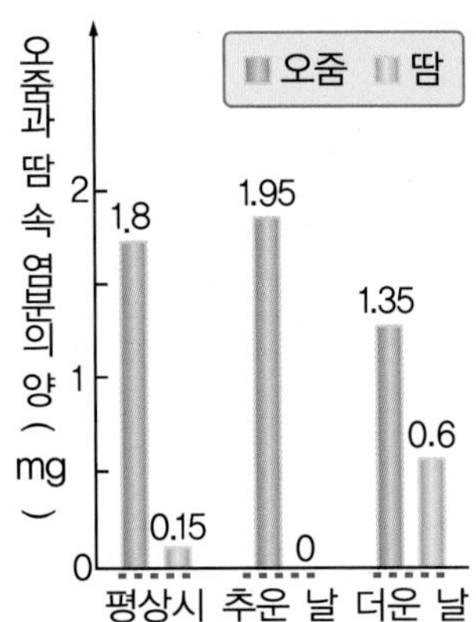

(1) 추운 날과 더운 날에 따른 오줌과 땀의 양을 비교하여 설명하시오.

(2) 위 그래프에 대한 설명으로 옳은 것은?

① 온도에 따라 배설하는 염분의 양이 달라진다.
② 추운 날에는 신장에서 물의 재흡수 과정이 촉진된다.
③ 더운 날에는 땀으로 분비되는 염분의 양이 오줌보다 많다.
④ 기온이 높아져도 땀을 통해 배설되는 염분의 양은 일정하다.
⑤ 기온이 달라짐에 따라 오줌의 양이 조절됨으로써 체내 삼투압이 유지된다.
⑥ 땀 분비량이 많아진다는 것은 체내의 수분의 양이 많은 상태이므로 오줌의 양도 증가한다.

27 **다음 표는 신장에서 물질의 여과량과 재흡수량, 배설량을 나타낸 것이고, 그림은 네프론에서 오줌 형성 시 물질의 이동 경로를 나타낸 것이다.**

구분	여과량	재흡수량	배설량
물 (L/일)	180.0	178.2	1.8
포도당 (g/일)	180.0	180.0	0
아미노산 (g/일)	56.0	86.0	0
요소 (g/일)	52.2	26.1	26.1
단백질(g/일)	0	0	0

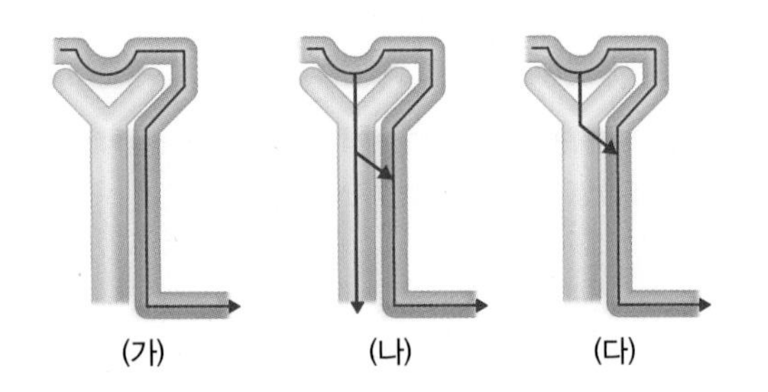

위 표를 참고하여 (가) ~ (다)의 이동 경로에 해당하는 물질을 바르게 쓰시오. (단, 같은 경로로 이동하는 물질은 함께 쓰도록 한다.)

28 다음 그래프 (가)는 혈당량에 따른 포도당의 여과량과 재흡수량, 배설량을 나타낸 것이며, 그래프 (나)는 혈액 내 물질 X 의 농도에 따른 여과량, 분비량, 배실량을 나타낸 것이다.

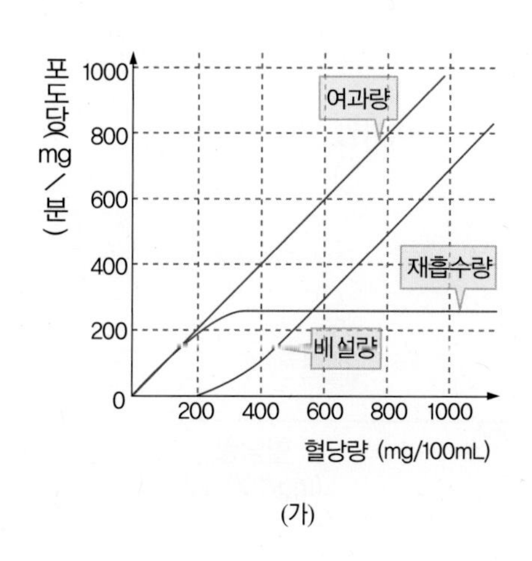

(가)

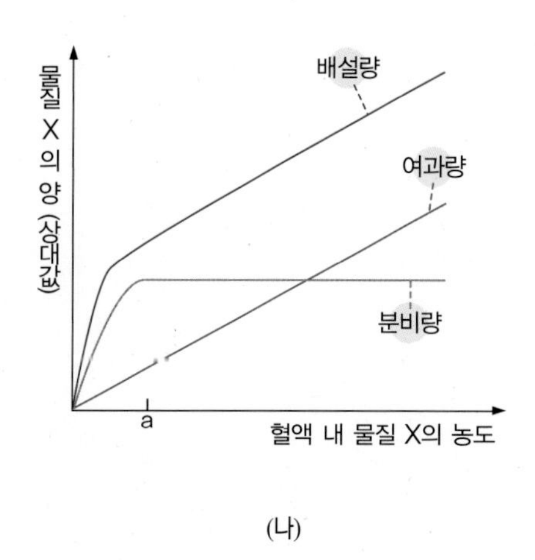

(나)

(1) 위 그래프 (가)에 대한 설명으로 옳은 것을 있는 대로 고르시오.

① 배설량은 (여과량 - 재흡수량) 이다.
② 혈당량이 100mg/100mL 인 사람은 정상이다.
③ 혈당량이 300mg/100mL 인 사람은 당뇨 증상을 나타낸다.
④ 정상인의 경우 여과된 포도당의 양이 증가할수록 배설량도 증가한다.
⑤ 혈당량이 높아질수록 포도당의 재흡수량도 증가하기 때문에 오줌에서는 포도당이 검출되지 않는다.

(2) 그래프 (나)를 참고로 하여 주어진 조건에서 물질 X 가 어떤 경로로 이동할지 그림 A ~ D에서 골라 기호를 쓰시오.

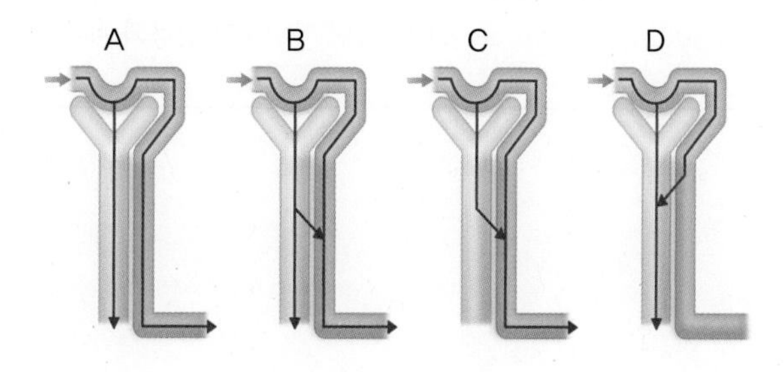

① 물질 X 가 분비되는 경우 : (　　　　)
② 물질 X 가 분비되지 않는 경우 : (　　　　)

개념 심화 문제

29 **그래프는 네프론에서 혈당량에 따른 포도당의 여과량과 재흡수량을, 표는 어떤 사람의 몸에서 채취한 물질의 영양소 검출 결과를 나타낸 것이다.**

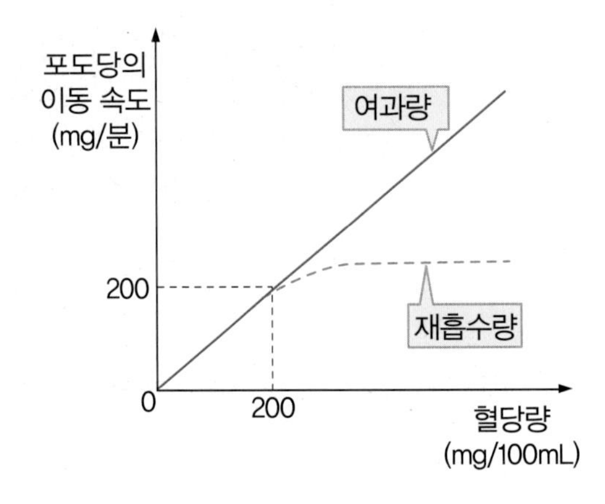

검출 반응	혈장	여과액	오줌
아이오딘 반응	-	-	-
베네딕트 반응	+	+	-

이 사람에 대한 설명으로 옳은 것만을 〈보기〉에서 있는 대로 고르시오.

보기

ㄱ. 혈당량이 200mg/100mL 보다 낮다.
ㄴ. 사구체의 이상으로 녹말이 여과되었다.
ㄷ. 녹말과 포도당은 여과된 후 100% 재흡수된다.
ㄹ. 이 사람의 혈당량이 300mg/100mL 로 높아진다면 아이오딘 반응과 베네딕트 반응이 나타날 것이다.

30 다음 그림은 혈액 투석 장치와 정상인의 네프론을 나타낸 모식도이다.

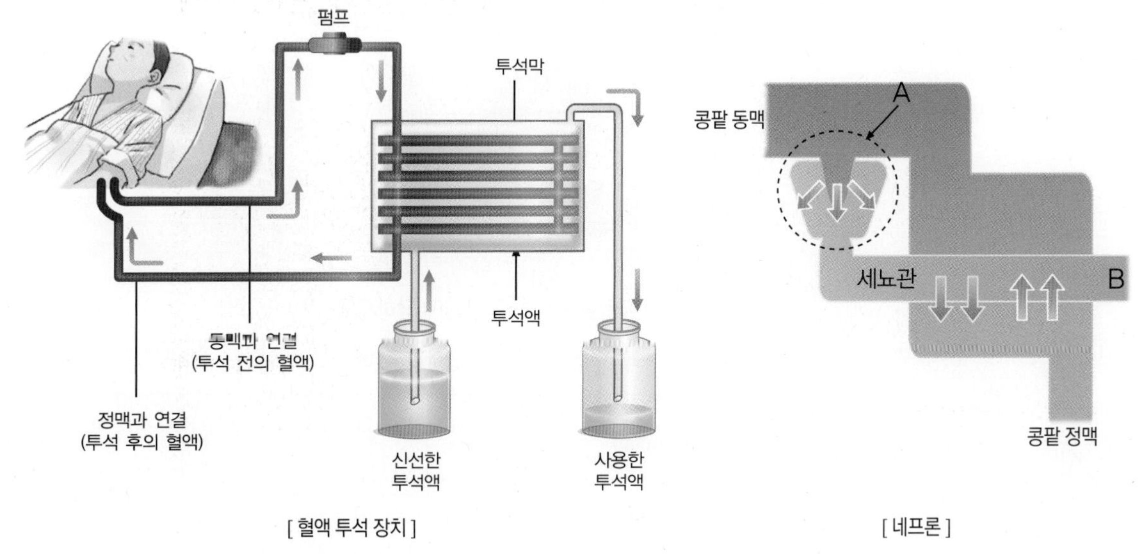

[혈액 투석 장치] [네프론]

위 자료에 대한 설명으로 옳은 것만을 〈보기〉에서 있는 대로 고르시오.

보기

ㄱ. 투석막은 반투과성 막이다.
ㄴ. 요소는 반투과성 막을 통과할 수 없다.
ㄷ. 신선한 투석액에 단백질을 넣을 필요는 없다.
ㄹ. A 기능에 이상이 있는 경우 투석 장치를 이용한다.
ㅁ. 투석 장치의 투석막을 통해 혈구들이 투석액으로 여과된다.
ㅂ. 투석 장치의 원리는 세뇨관에서 포도당의 이동 원리와 같다.
ㅅ. 사용된 투석액과 네프론의 B 에는 요소가 포함되어 있지 않다.
ㅇ. 신선한 투석액에는 노폐물을 제외하고 혈액의 성분과 농도가 비슷하다.
ㅈ. 동맥에서 나온 혈액의 요소의 농도는 정맥으로 들어가는 혈액의 요소의 농도보다 낮다.

개념 돋보기

인공 신장의 원리

• 인공신장기
투석 원리(농도 차에 의한 확산 현상)를 이용하여 환자 혈액 속 노폐물과 여분의 물을 제거한 후 환자의 몸 안으로 깨끗한 혈액을 넣어 주는 장치
• 신선한 투석액 성분
- 물, 포도당, 아미노산, 무기염류 : 혈액과 같은 농도로 넣어 줌
- 혈구, 단백질 : 투석막을 통과하지 못하므로 넣을 필요 없음
- 요소 : 제거해야 할 성분이므로 넣지 않음
• 요소 농도 비교 : 동맥에 연결된 관 > 정맥에 연결된 관
신선한 투석액 < 사용한 투석액

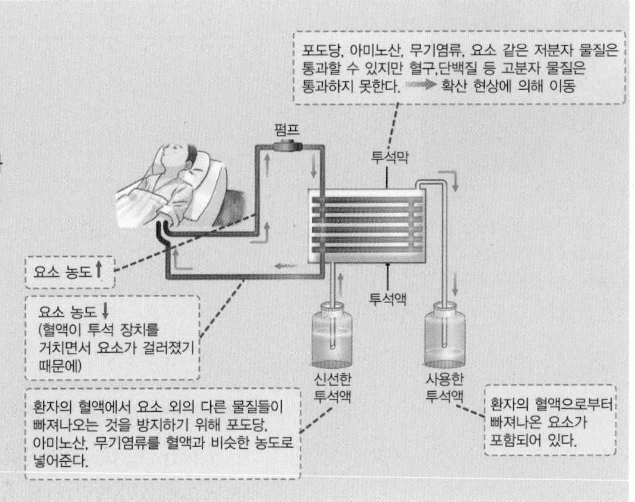

산소 포화도

혈액의 O_2 는 적혈구의 헤모글로빈과 결합하여 운반되는데, 이때 전체 헤모글로빈 중 O_2 와 결합한 산소헤모글로빈의 비율을 산소 포화도라고 한다. 반대로 산소헤모글로빈이 산소와 헤모글로빈으로 분리되는 정도(%)를 산소 해리도라고 한다.

산소 해리 곡선

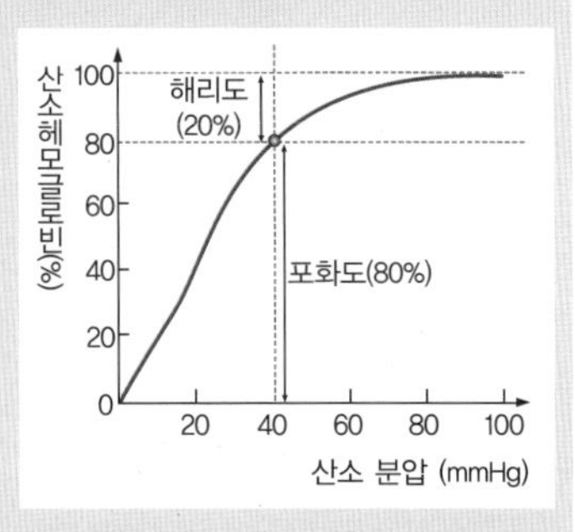

산소 분압에 따라 헤모글로빈이 산소와 결합한 정도를 나타낸 그래프로 S자형 곡선을 나타낸다. S자형 곡선은 같은 산소 분압에서도 이산화 탄소의 분압이 커지면 산소헤모글로빈의 해리도가 높아져 효과적으로 조직에 산소를 공급할 수 있다.

산소 포화도 측정기

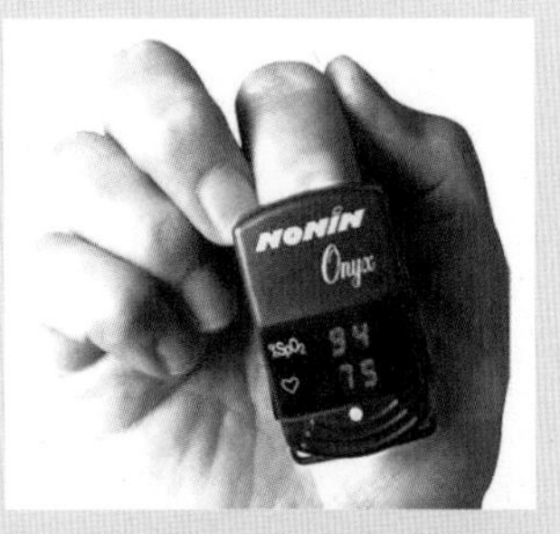

산소 포화도 측정기는 환자의 동맥혈 중의 산소 포화도(SpO_2)를 피를 뽑지 않고 측정하여 호흡 상태를 파악하는 기기이다.

단계적 문제 해결형

01

우리 몸의 혈액은 폐에서 산소를 공급받아 조직 세포에 전달한다.

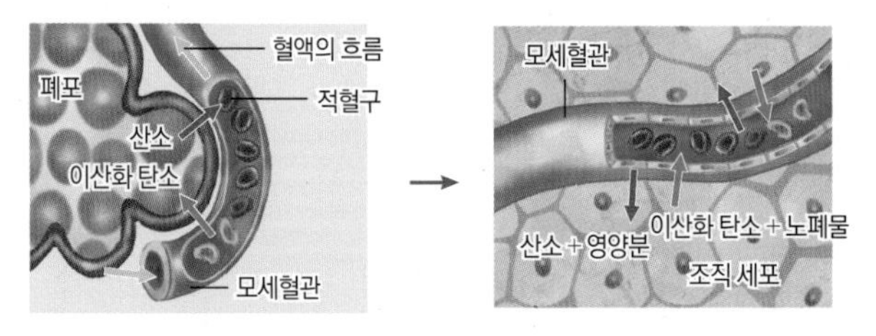

다음에 제시된 자료를 이용하여 물음에 답하시오.

[자료 1] 혈액의 O_2 분압과 CO_2 분압에 따른 헤모글로빈의 산소 포화도(%)를 측정한 값

O_2 분압(mmHg) / CO_2 분압(mmHg)	0	10	18	21	23	26	30	36	40	45	61	80	100
40	0	14	30	35	40	50	60	70	75	80	90	95	97
45	0	13	27	31	36	44	55	65	71	76	87	94	97
60	0	8	15	21	24	40	40	51	53	60	78	91	96

[자료 2] 우리 몸이 안정 상태일 때 O_2 와 CO_2 분압을 측정한 값

안정 상태	동맥혈		정맥혈	
	O_2 분압	CO_2 분압	O_2 분압	CO_2 분압
	100 mmHg	40 mmHg	40 mmHg	45 mmHg

[자료 3] 심한 운동을 하고 난 후 O_2와 CO_2 분압을 측정한 값

심한 운동 이후	동맥혈		정맥혈	
	O_2 분압	CO_2 분압	O_2 분압	CO_2 분압
	100 mmHg	40 mmHg	18 mmHg	60 mmHg

(1) 안정 상태일 때 폐에서 결합한 산소의 몇 %가 조직 세포로 공급되는가?

(2) 심한 운동을 하고 난 후 우리 몸의 상태는 어떻게 변화하는지 해당되는 칸에 ○ 표시하고 그 이유를 쓰시오.

	증가	감소	변화 없음	이유
산소 분압				
이산화 탄소 분압				
혈액의 pH				
체온				

(3) 심한 운동 이후에는 폐에서 결합한 산소의 몇 % 가 조직 세포로 공급되는가?

(4) 해발 3000m 이상의 고산지대에 가면 동맥혈의 산소 분압은 100mmHg 에서 67mmHg 로 낮아진다. 그럼에도 불구하고 호흡을 통해 산소 공급이 가능한 이유를 헤모글로빈이 산소와 결합하는 특성과 연관시켜 설명하시오.

정답 및 해설 12쪽

단계적 문제 해결형

02 다음 제시된 자료를 이용하여 물음에 답하시오.

[인공 호흡 방법(구강 대 구강법)]

① 처치자는 환자의 머리를 뒤로 젖혀 기도를 확보한 후 엄지와 검지로 환자의 코를 잡는다.

② 숨을 깊이 들이마신 다음 입을 크게 벌려 환자의 입 둘레에 덮어 씌워 가슴이 약간 불룩해질 때까지 숨을 불어 넣는다. (1분에 12회 정도)

③ 처치자는 환자의 입에서 입을 뗀 후 환자의 가슴을 보거나 공기의 흐름을 느껴 효과를 확인한다.

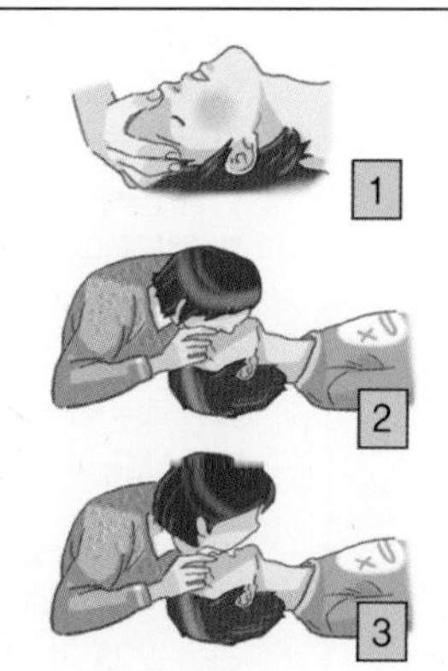

[정상인이 호흡할 때 흉강과 폐포의 부피 및 압력의 변화]

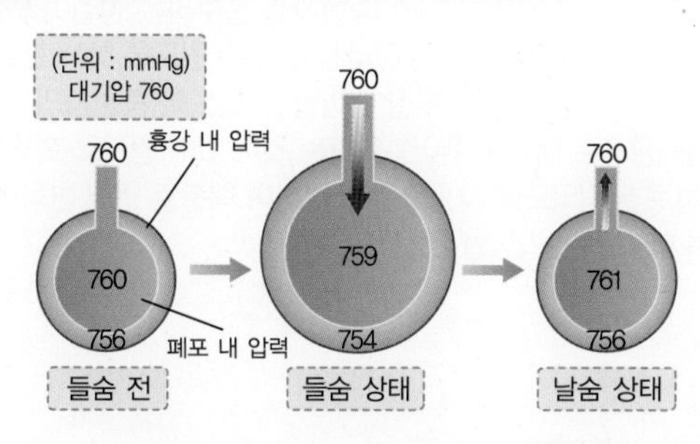

[인공 호흡(구강 대 구강법)할 때 흉강과 폐포의 부피 및 압력의 변화]

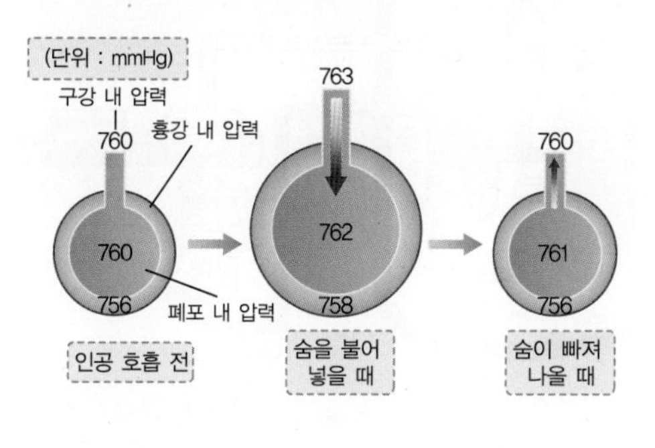

(1) 인공 호흡(구강 대 구강법)을 할 때 환자의 코를 막는 이유는 무엇인가?

(2) 정상적인 호흡과 인공 호흡에서 흉강과 폐포의 압력 변화 순서가 어떻게 다른지 들숨과 날숨 시의 변화를 각각 비교하여 설명하시오.

- 날숨 :
- 들숨 :

(3) 사고로 호흡을 멈춘 사람에게 가장 기본적인 응급 처치로 인공 호흡을 실시하는 이유를 설명하시오.

수동식 인공 호흡기

실리콘 공기 주머니를 손으로 누르면 주머니 속의 공기 압력이 높아져 환자의 폐 속으로 공기가 들어가게 되어 호흡을 부활시킨다.

호흡 시 폐포와 흉강 내 압력 변화

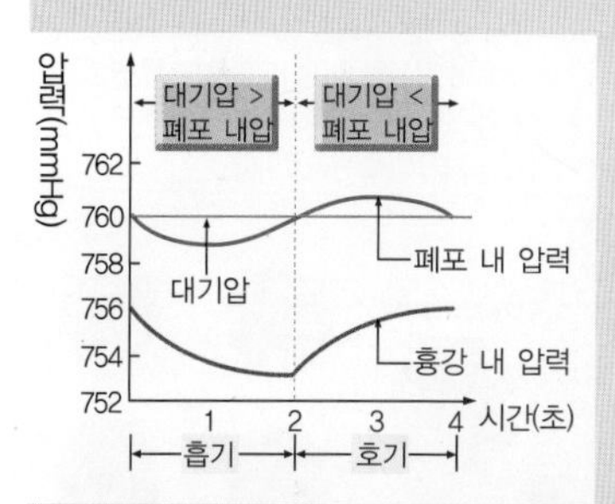

흉강 부피가 변하여 압력이 변하면 흉강 압력은 폐포 압력에 영향을 준다. 이때 폐포 내압이 대기압보다 낮으면 들숨, 대기압보다 높으면 날숨이 일어난다.

인공 호흡이 필요한 경우

- 물에 빠져서 호흡이 중단되었을 때
- 감전으로 호흡이 중단되었을 때
- 가스 중독 등으로 인하여 호흡이 중단되었을 때
- 알콜, 수면제, 아편 등 마약에 의하여 호흡 신경이 마비되어 호흡이 중단되었을 때
- 폐가 눌려서 숨을 쉬지 못하여 호흡이 중단되었을 때
- 목을 조르든가 또는 그밖의 이유로 공기가 폐에 들어가는 길이 막혀서 호흡이 중단되었을 때
- 공기 중의 산소 함유량이 희박하여 호흡이 곤란할 때
- 머리 부상으로 호흡 중추 신경에 타격을 받아 호흡이 중단되었을 때

원자력 에너지

우라늄(U-235)과 같은 무거운 원자핵이 중성자를 흡수하게 되면 원자핵이 쪼개지는데 이를 핵분열이라고 하며 이때 많은 에너지가 나온다.

1g 의 우라늄-235 가 전부 핵분열 될 때에 나오는 에너지는 석유 9드럼 또는 석탄 3톤이 탈 때 내는 에너지와 맞먹는다.

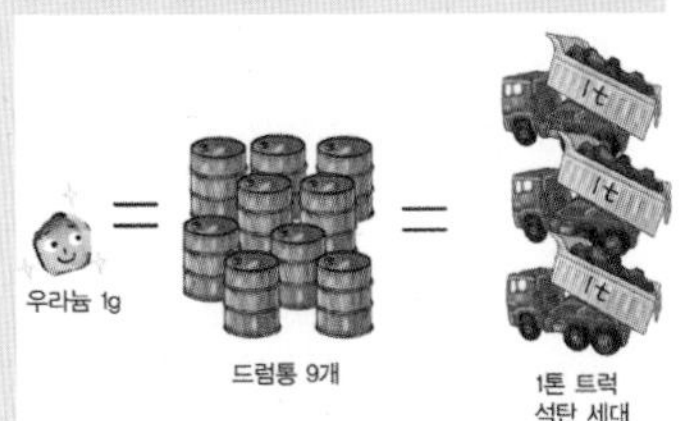

핵분열이 일어날 때에는 많은 에너지와 함께 2~3개의 중성자도 함께 나오는데, 그 중성자가 다른 원자핵에 흡수되면 또 다시 핵분열이 일어나고, 이런 식으로 연속적으로 핵분열이 일어나는 현상을 핵분열 연쇄 반응이라고 한다. 핵에너지란 바로 핵분열이 연쇄적으로 일어나면서 생기는 막대한 에너지이다. 핵분열 연쇄 반응이 서서히 일어나도록 하면서 필요한 만큼의 에너지를 안전하게 뽑아 쓸 수 있도록 하는 장치가 바로 원자로이다.

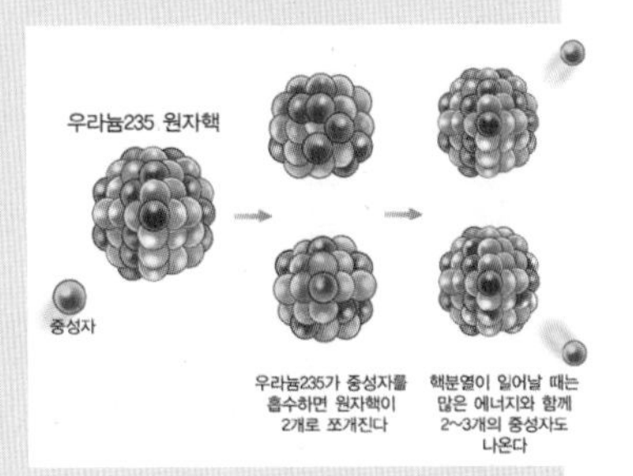

울진 원자력 발전소

창의적 문제 해결형

03 다음은 원자폭탄과 원자력 발전에 대한 설명이다.

원자폭탄은 핵분열이 잘 일어나는 우라늄-235 를 90% 이상 고농축한 것을 사용한다. 하나의 중성자가 우라늄-235 에 충돌하면 원자핵이 2개로 쪼개짐과 동시에 평균 2.5개의 중성자가 나온다. 이렇게 핵분열에 의하여 나온 중성자가 다시 다른 우라늄-235에 부딪쳐서 핵분열을 일으키면 다시 2.5개의 중성자가 나온다. 이렇게 한꺼번에 연쇄적으로 확산되는 핵분열 반응의 원리를 이용한 것이 원자폭탄이다.

반면 원자력 발전의 경우에는 에너지를 장기간 조금씩 발생시켜야 하므로 여기에 쓰이는 연료는 우라늄-235 가 겨우 2% 에서 4% 정도 밖에 포함되어 있지 않으며, 나머지는 우라늄-238 이 차지하고 있다. 우라늄-238 은 핵분열 반응을 일으키지 않을 뿐만 아니라 중성자를 흡수하는 성질이 있다. 원자력 발전에서는 원자로가 우라늄이 핵분열하여 에너지를 낼 수 있도록 하는 보일러 역할을 하며 중성자를 쉽게 흡수하여 연쇄 반응이 잘 일어날 수 있도록 중성자의 속도를 늦춰주는 역할을 한다. 또한 원자로 내에는 제어봉이라는 것이 있어 원자로 속에 있는 중성자가 항상 일정한 수치로 유지되도록 자동으로 조절하여 핵분열 연쇄 반응이 너무 급격하게 일어나지 않도록 하는 제어 기능을 가진다.

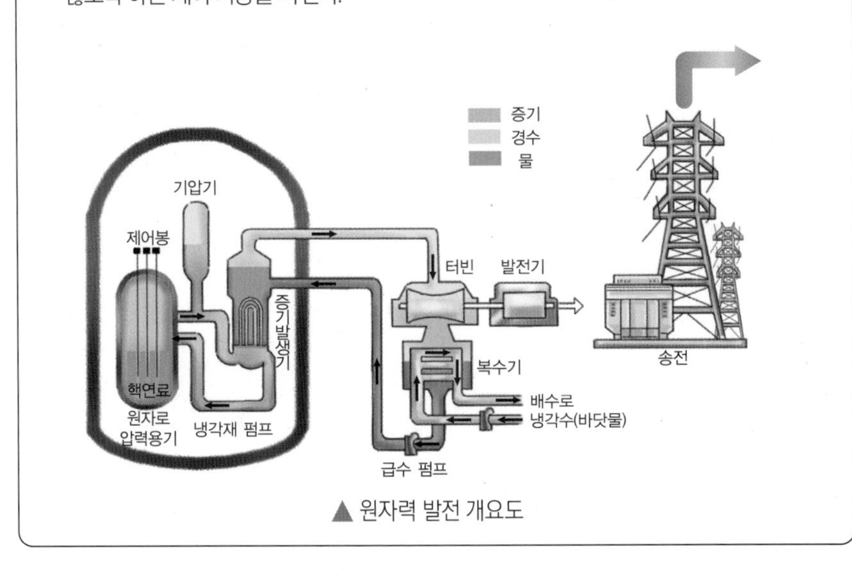

▲ 원자력 발전 개요도

연소와 세포 호흡을 원자력 발전과 원자 폭탄에 비교하여 설명할 때 비유할 수 있는 근거를 찾고 그 이유를 설명하시오.

논리 서술형

04 다음 제시문을 읽고 물음에 답하시오.

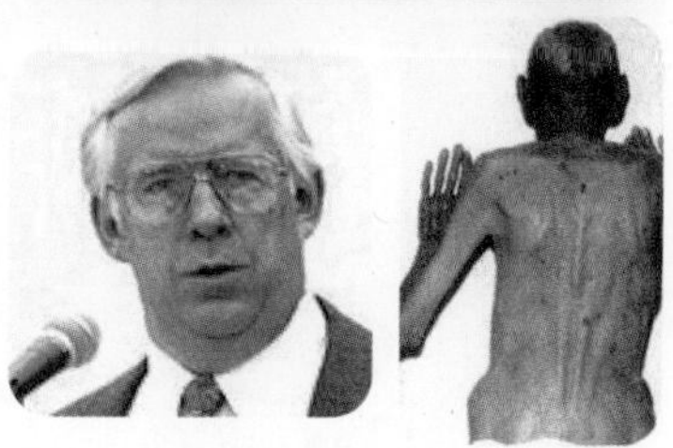

이들은 '스머프 가족' 혹은 '청색 인종 가족'이라는 닉네임이 붙은 퓌가트 가족이다.

1820년 경 프랑스 출신의 남자 마르탱 퓌가트는 그의 아내 엘리자베스 스미스와 함께 미국 켄터키주 애팔래치아 산맥의 오지에 정착했다. 그런데 퓌가트 부부의 일곱 명 자녀 중 네 명이 푸른색 피부를 갖고 태어났다. 그들 자손들 역시 파란 피부로 태어났고 이는 150년 이상 지속되었다. 푸른 피부의 자손들이 태어난 것은 마르탱 퓌가트와 엘리바베스 스미스 모두가 유전성 메트헤모글로빈혈증이라는 질환을 앓고 있었기 때문이다.

- 정상 헤모글로빈의 구조 : 적혈구의 헤모글로빈이 산소와 결합되려면 환원된 상태이어야 한다. 다양한 유기 촉매나 효소가 헤모글로빈을 환원된 상태로 유지시켜 산소와 결합이 잘 일어나도록 한다. 유전성 메트헤모글로빈혈증은 태어나면서부터 효소 체계의 결함으로 헤모글로빈 분자가 지속적으로 산화된 상태를 유지하는 메트헤모글로빈의 농도가 높아질 때 발생한다.

- 건강한 사람은 혈색도 좋다 : 최근 영국 세인트앤드루스대 연구팀은 "건강하게 보이려면 혈액에 산소를 많이 포함하고 있어야 한다는 사실을 알아냈다" 고 밝혔다. 연구팀은 혈액 내 산소량에 따른 피부색 변화를 측정한 결과 피부색은 혈류량과 혈액에 포함된 산소량이 적으면 혈액의 색은 갈색을 띠게 되며 피부와 점막은 청색으로 변하게 되며 산소량이 많을 때는 피부색이 붉고 밝은 빛을 띠어 건강하게 보이는 것으로 나타났다고 하였다.

출처 : KISTI의 과학 향기

(1) 혈중 메트헤모글로빈의 수치와 산소 포화도의 관계를 조사한 결과 오른쪽 그래프와 같은 결과를 얻었다. 이와 같은 결과가 나온 이유를 추리하여 보시오.

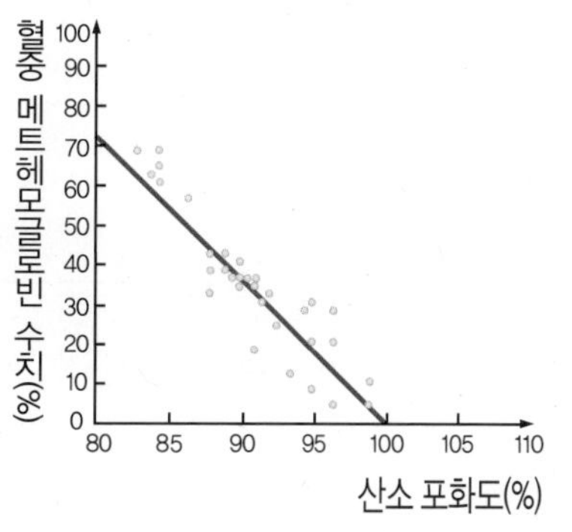

(2) 위의 제시글을 참고하여 메트헤모글로빈혈증에 의해 푸른색 피부가 나타나는 이유를 설명하시오.

(3) 혈액에 메트헤모글로빈의 농도가 높아지면 어떤 신체적 증상들이 나타날지 예상하시오.

혈액 내 헤모글로빈 함량

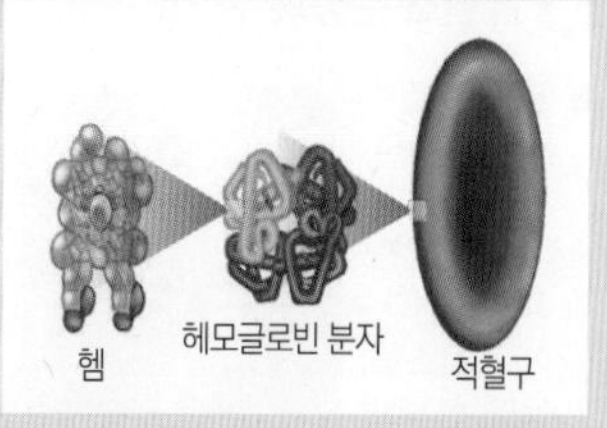

일반적으로 혈액 100mL 속에 약 15 ~ 16g의 헤모글로빈이 들어 있다. 한 개의 적혈구에는 2 ~ 3 억 개의 헤모글로빈 분자가 있으며 1개의 헤모글로빈은 중심에 철(Fe)을 함유한 화합물인 헴이 4개 있어 철이 직접 산소 분자와 결합한다. 따라서 1분자의 헤모글로빈은 최대 4분자까지의 산소를 운반할 수 있다.

산화 VS 환원

산소와 결합하여(산화되어) 산화 헤모글로빈($Hb(O_2)_4$)이 되며, 산화 헤모글로빈이 산소와 분리되어(환원되어) 헤모글로빈과 산소로 나누어진다.

$$Hb + 4O_2 \rightarrow Hb(O_2)_4$$

청색증

입술이나 피부 점막이 암청색을 띠는 상태를 청색증이라고 한다. 이 증상은 동맥혈의 산소 포화도의 저하로 일어난다. 원인은 심장 질환이나 호흡기 질환으로 폐에서 가스 교환이 제대로 이루어지지 않는 경우가 있으며, 이 밖에도 헤모글로빈의 이상으로 산소 포화도가 낮아지게 되는 선천성·후천성 메트헤모글로빈혈증(methhemoglobinemia)에 의해서 나타나기도 한다. 건강한 사람이라도 추운 상태이거나 정신적으로 긴장했을 때 일시적으로 청색증이 나타나는 경우가 있다.

창의력을 키우는 문제

유산소 운동과 무산소 운동

- 유산소 운동 : 운동을 하면 체내 지방이나 글리코젠이 분해된다. 이때 산소를 많이 섭취하게 되면 에너지원을 산소를 이용하여 분해시켜 이산화 탄소와 물을 생성하여 체외로 배출한다. 노폐물이 체내에 축적되지 않기 때문에 잘 피로해지지 않는다. 즉 유산소 운동은 우리가 운동할 때 필요한 에너지를 만들기 위해 산소가 필요한 운동이다. 따라서 체지방을 감소시켜야 하는 다이어트 시에는 유산소 운동이 필수이다.
  예 걷기, 수영, 에어로빅, 등산 등

- 무산소 운동 : 운동을 할 때 근육 중에 축적 되어 있던 글리코젠이 분해되는데, 글리코젠은 산소 없이도 에너지로 전환되는 특성이 있다. 그러나 분해 과정에서 젖산이라고 하는 피로 물질이 축적되기 때문에 짧은 시간밖에 운동을 지속할 수 없다.
  예 100m 달리기(전력 질주), 근력 트레이닝(아령 운동) 등

공기 정화 식물의 생활 공간 배치

장소	특징	예
침실	밤에 공기 정화 기능이 우수한 식물	선인장
화장실	냄새 특히 암모니아 가스 제거 기능이 우수한 식물	관음죽
공부방	음이온 방출 및 이산화 탄소 흡수 기능이 우수한 식물	팔손이나무(음이온) 파키라(이산화 탄소)
베란다	빛이 있어야 잘 자라는 식물	허브류
주방	요리 시 발생하는 일산화 탄소 제거 기능이 우수한 식물	스킨답서스

논리 서술형

05 **다음은 유산소 운동과 무산소 운동의 에너지 대사 과정과 젖산에 대한 설명이다. 이를 이용하여 다음의 문제를 해결하시오.**

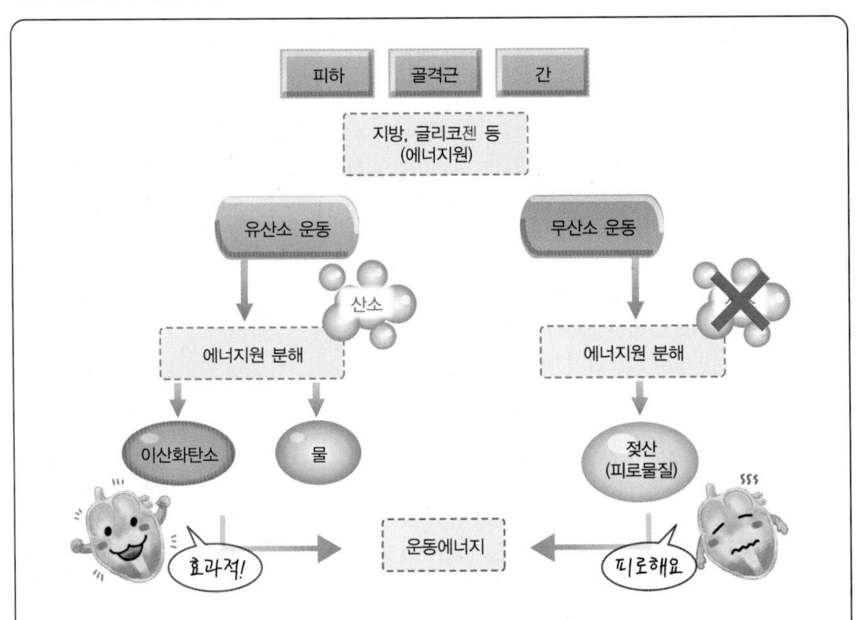

피로 물질 젖산(lactic acid)은 심한 운동 시 발생하는 물질이다. 신체의 피로 증상이 나타나는 것은 글리코젠(에너지원)이 분해되면서, 젖산의 양이 증가되어 축적되기 때문이다. 이러한 젖산은 소변과 땀으로 배출되거나 자동 소멸되거나 단백질로 전환되기도 하지만 대부분은 에너지원으로 재사용된다.

어느날 밤 갑자기 날씨가 추워진다고 하여 무한이는 밖에 두었던 식물들을 모두 방 안으로 들여 놓았다. 그리고 찬 바람이 문 사이로 들어오는 것을 방지하기 위해 모든 빈 틈을 차단하고 잠자리에 들었다. 다음 날 아침 잠에서 깬 무한이는 잠을 잤음에도 불구하고 몸의 피로가 오히려 더 많이 쌓인 것처럼 느껴졌다.

(1) 무한이가 잠을 나고 난 후 오히려 피로를 느끼는 이유는 무엇인지 설명하시오.

(2) 식물과 함께 밀폐된 방에서 잠을 자더라도 피로가 쌓이지 않게 할 수 있는 다양한 방법을 쓰시오.

논리 서술형

06 다음의 제시문을 읽고 물음에 답하시오.

담배의 유해 성분

① 일산화 탄소 : 헤모글로빈과의 결합력이 산소보다 강하여 혈액의 산소 운반 능력을 떨어뜨린다. 따라서 저산소증에 의해 어지러움을 느끼기도 한다. 또한 중추 신경계의 기능이 둔해지고, 기억력이 없어지는 증상이 나타난다.

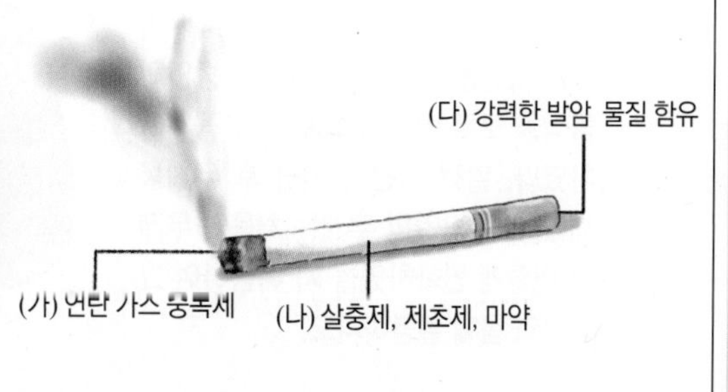

② 니코틴 : 신경계를 흥분시키기도 하며, 반면에 진정시키는 효과도 있다. 하지만 습관성 중독을 일으키는 마약성 약물이다.

③ 타르 : 담배가 탈 때 필터를 검게 변화시키는 담뱃진이다. 이 물질은 입자의 크기가 작아 호흡기를 통과하며 폐 속으로 그대로 들어가기 때문에 폐암의 원인이 된다.

[주류연과 부류연]

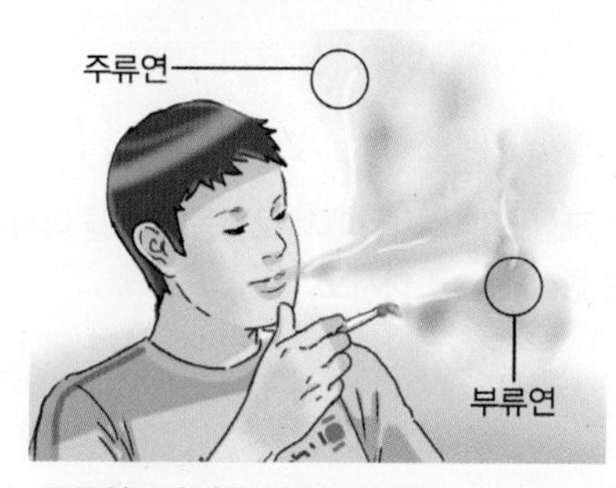

[담배로 인한 여러 가지 질병 발생률]

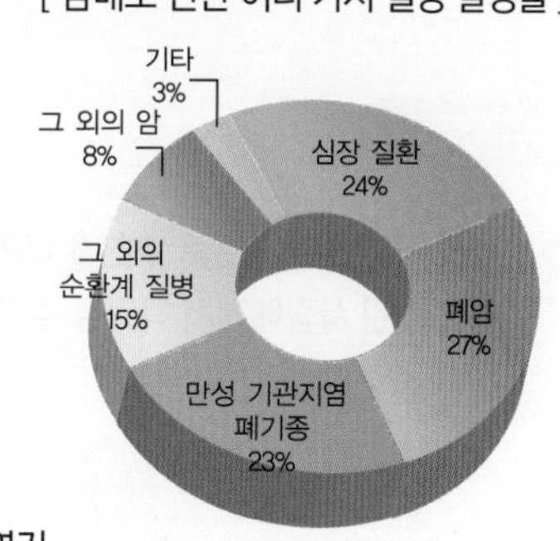

- 주류연 : 담배를 피우는 사람이 뿜어낸 담배 연기
- 부류연 : 타고 있는 담배 끝에서 나오는 연기

성분	CO(일산화 탄소)	암모니아	타르
주류연	1	1	1
부류연	8	73	1.7

(1) 주류연과 부류연의 포함되어 있는 성분에 차이가 나타나는 이유를 추리하여 설명하시오.

(2) 오른쪽 그래프는 남편 흡연 상태에 따른 부인의 폐암 발병 비율을 나타낸 것이다. 남편이 비흡연자일 때보다 흡연자일 때 더 폐암 발생 비율이 높고, 특히 30년 이상 흡연자일 때 부인의 폐암 발생 비율이 높다. 이와 같은 결과가 나타나는 이유를 설명하시오.

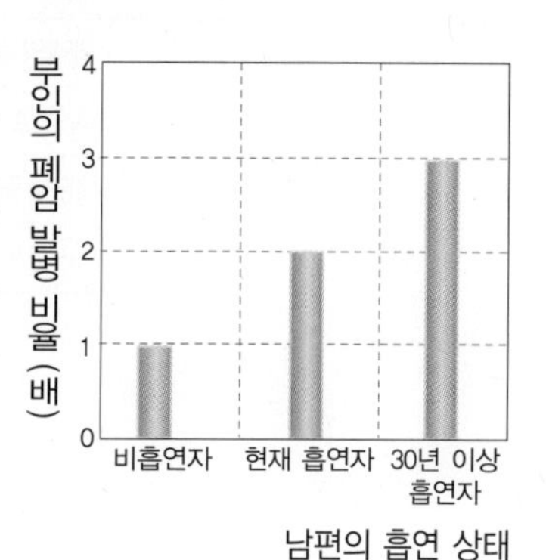

타르

담배 한 개비 속에 들어 있는 타르의 양은 약 10mg 정도로서 일 년 동안 계속 하루 한 갑씩 담배를 피우게 되면 유리컵에 힌진 가득히 채워질 정도의 많은 양이 된다.

청소년의 흡연율 변화

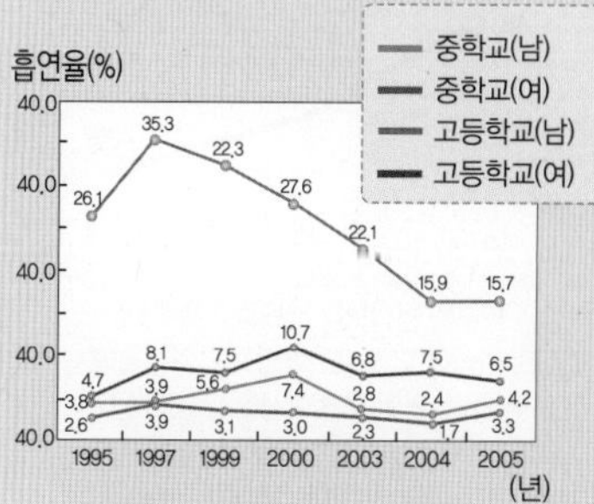

고등 학생의 흡연율은 대체로 감소 추세이지만, 중학생의 흡연율은 다소 증가하였다.

청소년의 흡연 폐해

성인의 폐 용적에 비하여 청소년의 폐는 작으며 성장이 끝나지 않았기 때문에 아주 민감하다. 따라서 청소년기에는 체내에 들어온 담배 연기를 비롯한 각종 유해 물질의 해독이 성인에 비해 제대로 이루어지지 않는다. 그 결과 담배의 독성 물질로 인해 세포 분열이 저하되어 결국 성장이 제대로 이루어지지 않으며, 일산화 탄소에 의한 산소 부족 현상으로 두뇌 활동이 저하되고 집중력 암기력 등이 떨어지게 된다.

건강한 폐

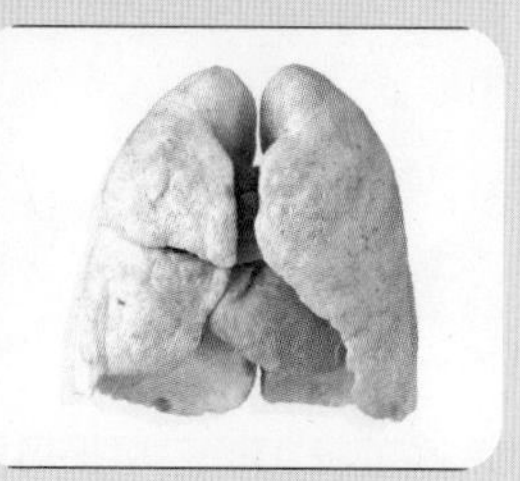

폐암 환자의 폐

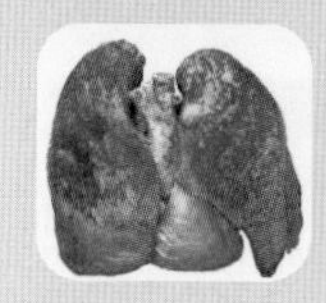
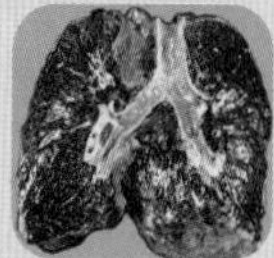

창의력을 키우는 문제

나이 · 성별에 따른 수분 비중

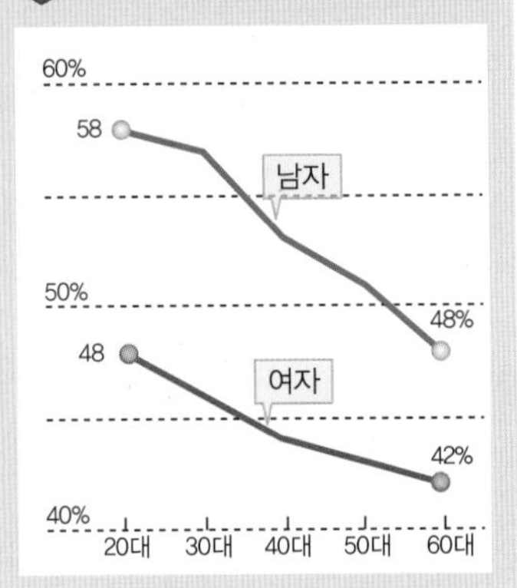

여성의 피부는 남성보다 부드럽고 촉촉하다. 눈물도 여성이 더 많고, 화장실도 여성들이 더 자주 간다. 언뜻 보면 여성이 남성보다 더 수분이 많을 것 같지만 엄밀하게 따져 보면 여성들이 더 메말라 있다. 20대를 기준으로 남성의 체내 수분은 60% 로 여성의 50% 보다 10% 나 높다. 남성은 여성보다 지방은 적은 반면 근육이 많아 수분의 양도 더 많기 때문인데 이는 근육의 75% 가 물이기 때문이다.

해양 생물과 담수 생물의 체내 삼투압 변화

- 해양 생물 : 바닷물에 비해 체액의 농도가 낮은 상태이므로 아가미, 혀 등과 같은 부드러운 피부에서는 지속적으로 물의 배출이 일어난다. 따라서 부족한 물을 섭취하기 위해 많은 양의 먹이를 통해 물을 흡수하고, 필요한 물을 콩팥에서 재흡수하여 농축된 소량의 오줌을 배출한다.

- 담수 생물 : 주변 환경에 비해 체액의 염분이 높은 상태이므로 물이 피부와 아가미를 통해 체내로 들어 온다. 따라서 담수어는 입으로 물을 많이 섭취하지 않으며, 콩팥을 통해 다량의 묽은 오줌을 배출한다.

논리 서술형

07 다음 그림과 같이 사람이 일상 생활을 하는데 필요한 가구와 음식, 그리고 화장실이 달려 있는 방을 정밀한 저울에 매달아 무게를 잴 수 있다고 가정해 보자. 오로지 공기만이 방 내부와 외부를 자유롭게 이동할 수 있다. 방안의 음식을 모두 먹고 소화시킨 후 공부를 하였다. 일정 시간이 지난 후 무게를 재었을 때 방안의 무게는 처음의 무게와 어떻게 변화하였을 지 예상하여 그 이유와 함께 설명하시오.

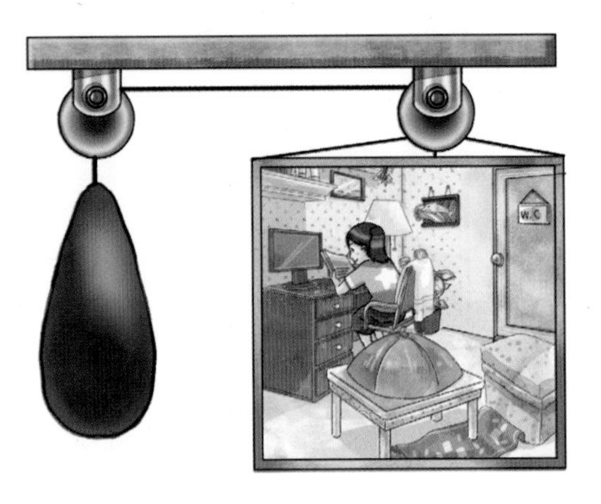

추리 단답형

08 다음은 콩팥의 네프론 구조를 나타낸 모식도이다. 사막에서 오랫동안 물을 마시지 못하여 탈수증에 걸린 사람에게서 나타날 수 있는 증상에 ○표 하시오.

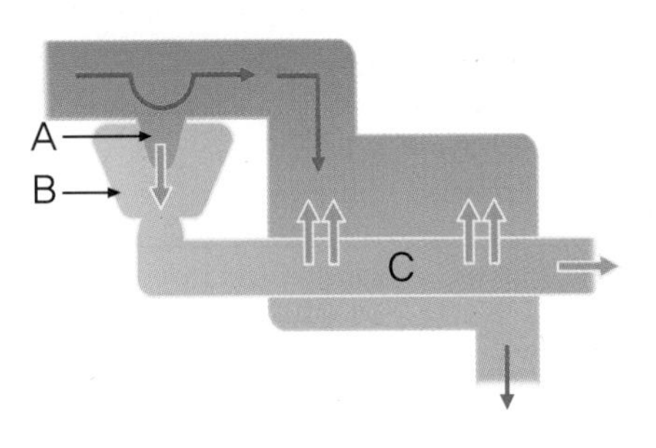

구분	변화
혈액의 양	감소 , 증가
체액의 농도	감소 , 증가
여과량(A → B)	감소 , 증가
재흡수량(C)	감소 , 증가
오줌의 양	감소 , 증가

논리 서술형

09 다음의 제시문을 읽고 물음에 답하시오.

이뇨제는 고혈압 환자의 혈압을 낮추거나 간 또는 신장의 이상으로 생긴 몸의 부종을 치료하기 위해 사용되는 약이다. 아래는 이뇨제 중독 사례 중 하나이다.

Laxis 중독 사례

(1) 인적사항: 22세, 여, 커피전문점 서빙

(2) 입원이유: "이뇨제(Laxis) 과다 사용에 의한 후유증으로 온 몸이 붓고, 폐까지 부으며 물이 차서 숨을 쉴 수가 없어서"

(3) 현병력: 살 빼기 위해서 Laxis 먹기 시작 → 약 안 먹으면 다시 부니까 약을 안 먹을 수 없었다 → 5~6년 전 아버지에게 들키고 나서 약을 안 먹자 금단증상(숨 쉴 수가 없고, 온 몸이 팅팅 붓고, 폐에 물이 차고, 호흡이 가빠져서 종합병원 중환자실에 15일 입원) → 최근 자살 목적으로 약국 수면제 200개 먹고 → 동네 개인 종합병원에 입원 → Laxis 금단증상(숨쉬기 힘들어져, X-Ray에 물이 차 있어) → 초음파 검사에서 콩팥의 관부위가 썩어간다며 대학병원에 입원 → 경제적 이유로 후송 → 약물치료센터에 입원 재활 치료 → 회복 → 약을 끊고 커피 전문점 다시 취업

달걀 다이어트식

완전 식품 달걀이 주 메뉴인 화학적 다이어트 방법을 이용하면 달걀에 모든 영양소가 들어 있으므로 하루 평균 700 ~ 900 kcal의 열량을 효율적으로 섭취할 수 있다. 단, 달걀은 삶아서 소금을 치지 않고 간을 전혀 하지 않은 상태로 달걀과 야채만 섭취해야 한다. 이 다이어트 방식은 처음에는 체중이 감소하지만, 다시 염분이 든 음식과 탄수화물을 섭취하게 되면 체중이 증가하며 몸이 붓는다.

성분부종(붓는 증상)

붓는다는 것은 혈관 안에 있는 수분이 혈관 밖으로 빠져나와 세포 조직 사이에 스며드는 현상이다. 특히 고혈압 환자는 혈관 내 압력이 높아져 수분이 혈관 바깥쪽 세포에 축적되기 때문에 전신 부종 증상을 보인다. 결국 오줌의 양은 감소하게 된다.

이뇨제를 복용한 여성은 일시적으로 체중이 감소하는 효과를 보이지만 약을 끊으면 다시 살이 찐다. 결국 약에 중독이 되고, 약을 끊으려 하지만 또 다른 부작용을 겪게 된다.

(1) 위 자료를 통해 이뇨제가 콩팥에 미치는 영향을 추리하여 보시오.

(2) 달걀 다이어트식 이후 일반식을 하게 되면 체중이 증가하는 이유를 설명하시오.

이뇨제

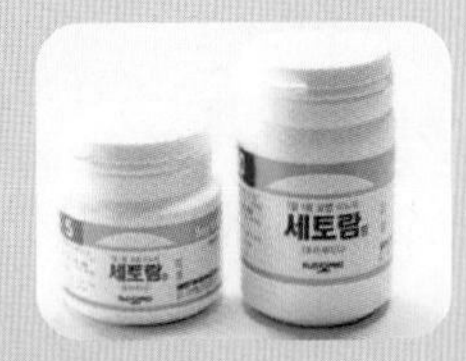

이뇨제는 체내의 물과 나트륨, 염소의 배설을 촉진시켜 순환되는 체액의 양을 줄여줌으로써 혈압을 낮추어 준다.

하루 동안 생성되는 오줌의 양

성인의 경우 하루동안 신장을 거치게 되는 혈액의 양은 1100 ~ 2000 L 정도이고, 사구체에서 보먼주머니로 여과되어 만들어지는 원뇨의 양은 170 ~ 180 L 이다. 하지만 원뇨의 대부분이 세뇨관에서 재흡수되므로 결국 배설되는 오줌의 양은 1.5 ~ 1.7 L 정도이다.

항이뇨 호르몬(ADH)

체액의 삼투압에 따라 세뇨관에서 물의 재흡수를 조절해 주는 호르몬이다.

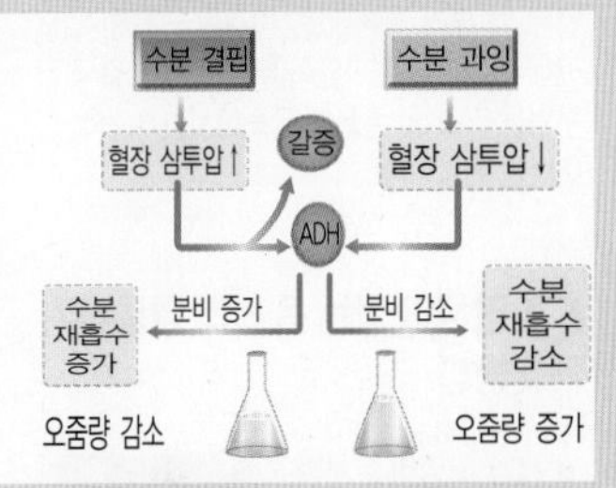

체내 수분이 부족하여 체내 삼투압이 증가하면 갈증을 느끼게 된다. 이때 항이뇨호르몬의 분비량이 증가하여 신장에서 수분의 재흡수량이 증가하게 되며, 결국 오줌량이 감소하여 체내 수분량이 증가하게 된다.
따라서 짠 음식을 먹으면 몸속의 염분량이 증가하여 체내 삼투압이 증가하므로 항이뇨호르몬의 분비가 촉진된다.

커피

커피는 이뇨를 촉진시키는 음식으로 신장을 통한 혈액 순환을 증가시킴으로써 신장에서의 수분 재흡수량을 감소시켜 소변을 많이 만들도록 한다.

땀의 생성

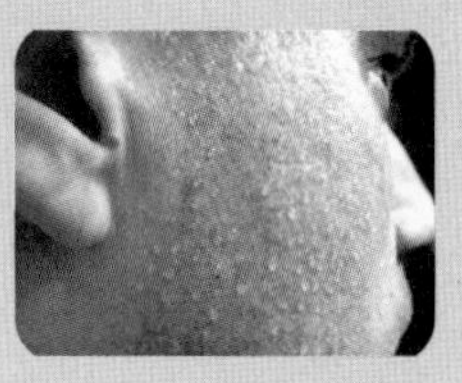

땀은 땀샘 주변의 모세혈관에서 땀샘으로 혈액 성분 중 일부가 여과 작용을 거쳐 확산되어 체외로 배출되는 용액이다. 일반 성인의 경우 평상 시 흘리는 땀의 양은 하루에 0.5L 정도 된다.

닭살(소름) 돋는다.

주위의 온도가 갑자기 내려가거나 추워졌을 때 피부가 닭살처럼 도톨도톨하게 돋아나는 현상을 닭살(소름)돋는다 라고 표현한다. 이것은 털 뿌리 쪽에 있는 미세한 근육인 입모근이 수축하여 털구멍이 부풀게 되고 결국 땀구멍을 막아 열 손실을 극소화시키기 위해 일어나는 현상이다.

땀샘이 없는 동물의 여름나기 방법

- 개나 고양이 : 혓바닥을 내밀고 헐떡임을 통해 기화열로 열을 발산한다. 이때 혓바닥에는 땀방울이 많이 맺히게 된다.

- 쥐 : 환경 온도가 증가하면 타액의 분비가 증가하는데 쥐는 가슴과 배, 옆구리에 이 타액을 바른 다음 다리를 이용해 몸 전체로 타액을 분산시킨다. 타액이 증발할 때 체열이 발산되도록 하는 것이다.

- 코끼리 긴코를 이용하여 물을 머금고 머리, 등 옆구리 등에 뿜는다. 물을 이용할 수 없는 경우에는 긴코를 입 안에 넣어 타액을 머금어 자신의 몸에 뿜는다.

단계적 문제 해결형

10 **다음은 땀의 역할에 대해 알아보기 위한 실험 과정과 관련된 제시문이다.**

[실험 과정]

(1) 온도계로 손의 온도를 측정한다.

(2) 손에 투명한 비닐 장갑을 씌우고 공기가 드나들지 않도록 묶는다.

(3) 비닐 장갑 안에 나타나는 현상을 관찰한다.

(4) 비닐 장갑 내부의 온도 변화를 측정한다.

(5) 비닐 장갑을 벗어내며 느낌을 알아본다.

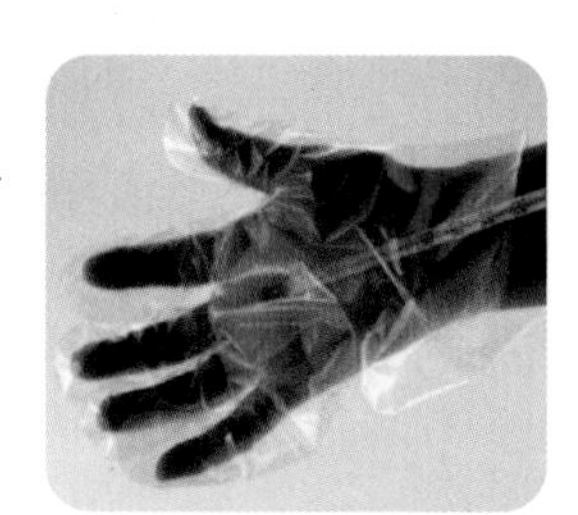

[제시문]

프레데릭(Frederick)이라는 아이는 태어날 때부터 땀샘이 없었다. 땀샘이 없는 프레데릭은 밖에서 활동하기가 매우 힘들었는데, 여름철에는 특히 더했다. 운동을 할 수도 없었다. 그래서 프레데릭은 찬 용액이 돌 수 있도록 만들어진 특수한 장치를 착용하게 되었다. 프레데릭은 이 장치 덕분에 밖에서 오래 지낼 수 있게 되었고, 운동도 할 수 있게 되었다.

(1) 실험에서 시간이 경과한 후 비닐 장갑 안에서 나타나는 변화와 그 이유를 쓰시오.

관찰 대상	변화 내용	이유
비닐 장갑 내부		
비닐 장갑 내부 온도		

(2) 실험 후 비닐 봉지를 벗어 내면 손의 느낌은 어떠할지 그 이유를 설명하시오.

(3) 땀샘이 없는 아이가 활동하기 어려운 이유는 무엇인지 설명하시오.

(4) 프레데릭이 가진 문제점을 해결하기 위한 다양한 방법을 쓰시오. (단, 위에서 제시된 방법은 제외한다.)

정답 및 해설 14쪽

논리 서술형

11 다음 제시글을 읽고 물음에 답하시오.

땀의 성분

99%는 물이며, 나머지는 나트륨, 염소, 칼륨, 마그네슘 이온들로 구성된다. 지구 최초의 생물인 단세포 생물의 체액은 바닷물이 체내에 들어가서 생긴 것인데, 이러한 단세포 생물의 체액이 다세포 생물의 혈액으로 진화되었다. 따라서 인간의 혈액도 바닷물의 성분과 비슷한 성분으로 이루어져 있다. 즉, 바닷물의 주요 성분은 나트륨 이온 (Na^+), 칼슘 이온 (Ca^{2+}), 칼륨 이온 (K^+), 마그네슘 이온 (Mg^{2+}) 등인데 우리 몸의 혈액도 주로 이러한 원소들로 이루어져 있다.

체내 삼투압 조절

체액과 세포 내에 포함된 무기 염류의 농도가 같게 유지되어야 세포가 정상적인 활동을 할 수 있다. 따라서 신체는 체내 삼투압을 항상 일정하게 조절하기 위해 무기질 코르티코이드(알도스테론)이라는 호르몬이 분비된다. 이 호르몬은 세뇨관에서 Na^+ 의 재흡수와 K^+ 의 분비를 촉진하는 역할을 한다.

이온 음료

흔히 알려져 있는 이온 음료의 정확한 명칭은 아이소토닉 음료(Isotonic Drink)로 체액의 성분과 비슷한 음료를 말한다. 이온 음료는 90% 이상이 물로 구성되어 있다. 그리고 무기 염류 성분인 나트륨 이온, 칼륨 이온, 칼슘 이온, 마그네슘 이온 등이 들어 있으며 포도당이 함유되어 있다. 이온 음료는 체액의 성분과 비슷하기 때문에 섭취할 경우 혈관 속으로 흡수 된 후 농도를 조절할 필요 없이 바로 체액과 섞이기 때문에 흡수 속도가 빠르다.

(1) 여름철 땀을 지나치게 지속적으로 많이 흘리게 되면 건강에 해로운 이유를 설명하시오.

(2) 심한 운동을 할 때 많은 양의 땀을 흘리게 된다. 운동 중 마시는 이온 음료는 어떠한 효과를 가지는지 쓰시오.

좋은 땀과 나쁜 땀

운동은 땀샘 기능을 활성화시킨다. 운동한지 30 ~ 40 분이 지나면 몸속에 축적된 노폐물이 땀을 통해 배출되는 이것이 바로 '좋은 땀'이다. 그러나 사우나 등으로 빼는 땀은 나트륨, 칼슘, 마그네슘 등의 이온이 함께 빠져나가 체내 전해질의 균형을 깨뜨릴 수 있다. 이럴 경우 손발이 저리거나 근육이 경직되는 현상이 나타날 수도 있다.

5 % 포도당 생리 식염액

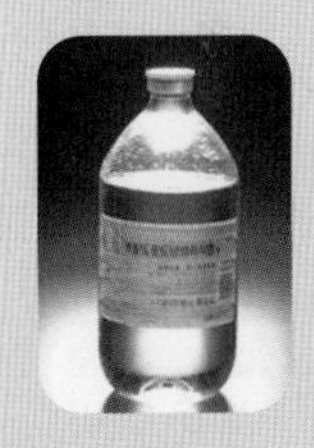

5% 포도당과 0.9% NaCl(소금)이 함유되어 있는 수액제로서, 탈수가 일어났을때 수분·전해질 보급 또는 수술 전후의 수분·전해질 보급용으로 사용하는 기초 수액제이다.

운동과 음료

- 물 운동 전부터 마시는 것이 좋으며 섭씨 5 도 정도의 물을 마실 때 가장 흡수 속도가 빠르다.
- 이온 음료 : 무기 염류 뿐만 아니라 당분이 포함되어 있어 다이어트를 목적으로 하는 운동에는 적당하지 않다. 장 시간(지구성 운동), 격렬한 운동을 할 때 마시는 것이 효과적이다.
- 탄산 음료 : 포도당 비율이 높아 체내 수분 흡수율이 느리기 때문에 운동 중 갈증 해소에 크게 도움이 되지 않는다. 따라서 운동 후에 마시는 것이 좋다.
- 초콜릿, 우유 : 탄수화물과 단백질이 풍부하기 때문에 글리코젠을 사용하는 격렬하고 힘든 운동 후 근육에 충분한 에너지를 공급하는데 도움을 준다.

영양소의 산화

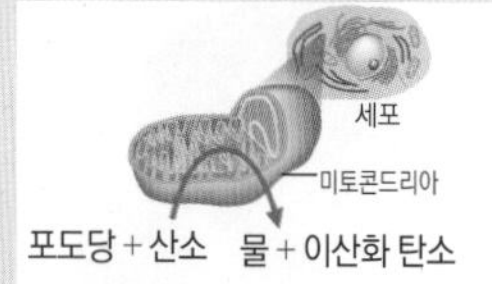

- 지방의 산화 : 지방은 라이페이스(효소)에 의하여 지방산과 글리세롤로 분해되어 호흡 기질로 쓰인다.
- 단백질의 산화 : 단백질은 단백질 분해 효소에 의해 아미노산으로 분해되어 호흡 기질로 쓰인다.

혈액 투석

혈액 투석은 반투과성 막의 여과 장치(인공 신장기)를 이용하여 몸 안의 혈액을 체외로 끌어낸 후 반투과성 막으로 이루어진 관으로는 혈액을, 바깥쪽에는 투석액을 통과시켜 혈액과 투석액 간의 농도 차를 이용하여 혈액 내의 노폐물과 과다한 수분을 제거시킨 후 깨끗해진 혈액을 다시 넣어 주는 과정이다.

투석 과정

반투과성 막을 이용하면 노폐물과 같이 크기가 작은 분자나 이온은 투과시키지만, 큰 분자는 투과시키지 않는다. 반투과성 막을 사이에 두고 한쪽에는 혈액을, 한쪽에는 신선한 투석액을 계속 흘려주면 노폐물이나 요소 등이 투석액 쪽으로 확산되어 나오므로 배출시킬 수 있다.

단계적 문제 해결형

12 **싹트기 시작하는 콩의 호흡률을 알아보기 위해 다음 그림과 같이 장치하고 유리관을 끼운 마개로 막았으며, 두 개의 시험관을 항온기에 두고 일정 시간이 흐른 후 잉크 방울의 이동 거리를 재고 이를 통해 시험관 속 기체의 부피 변화를 측정하였더니 다음과 같았다. (단, 호흡률은 발생한 이산화 탄소량 ÷ 흡수한 산소량으로 계산하며, 탄수화물의 호흡량은 1, 단백질은 0.8, 지방은 0.7이다. 유리관 속에 잉크 방울을 넣었다.)**

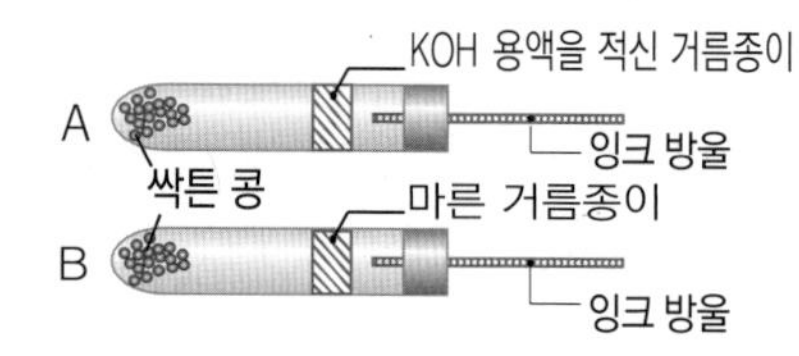

시험관	실험 전	실험 후
A	6 mL	1 mL
B	6 mL	5 mL

(1) A 시험관에서 KOH(수산화 칼륨)는 어떤 역할을 하는가?

(2) A 시험관의 변화량이 의미하는 것은 무엇인가?

(3) 호흡률을 구하는 식을 세우고 호흡률을 계산하시오.

(4) 콩은 호흡 기질로써 어떤 영양소를 사용하였나?

(5) 만일 포도당을 호흡 기질로 사용했다면 A 와 B 시험관의 잉크 방울의 이동은 어떠할지 예측하시오.

논리 서술형

13 **콩팥이 제대로 기능을 하지 못하면 체내의 노폐물을 걸러내지 못하기 때문에 치명적이다. 인공 신장기는 반투과성막을 이용하여 인위적으로 노폐물을 투과시킴으로써 콩팥 질환을 앓고 있는 사람들의 생명을 연장시켜 주고 있다. 그림은 인공 신장기의 투석 원리를 간단하게 나타낸 그림이다.**

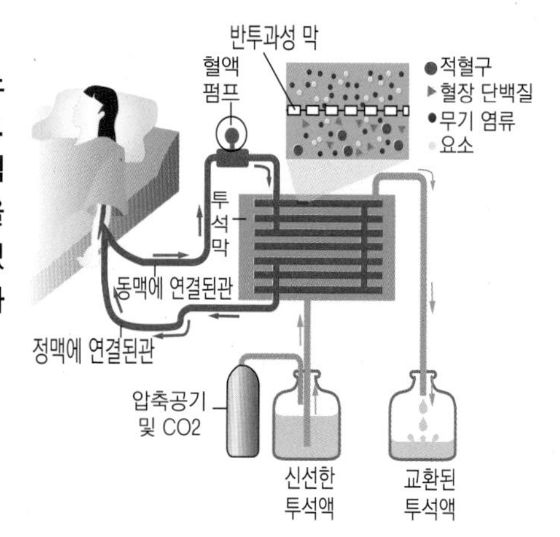

(1) 투석액 속의 다음 물질은 혈액 속의 농도와 비교하여 어떠한지 쓰시오.

- 포도당 :
- 요소 :

(2) 인공 신장기를 지나며 투석이 되는 원리는 무엇인가?

(3) 인공 신장기에서 혈액과 투석액은 흐르는 방향이 서로 반대 방향으로 되어 있다. 그 이유를 인공 신장기의 원리와 관련지어 설명하시오.

단계적 문제 해결형

14 **포도를 병 속에 넣고 뚜껑을 닫아 두면 포도주가 만들어진다. 이것은 포도에 붙어 있던 자체 효모에 의해 알코올 발효가 이루어져 에탄올이 생성되기 때문이다. 다음 그림처럼 10 % 포도당 용액 50 mL 에 건조 효모 2 g 을 넣고 유리 막대로 저어준 후, 효모가 들어 있는 포도당 용액을 발효관에 채우고 맹관부에 기포가 들어가지 않도록 발효관을 세운 다음 입구를 솜 마개로 막고 세워 둔다.**

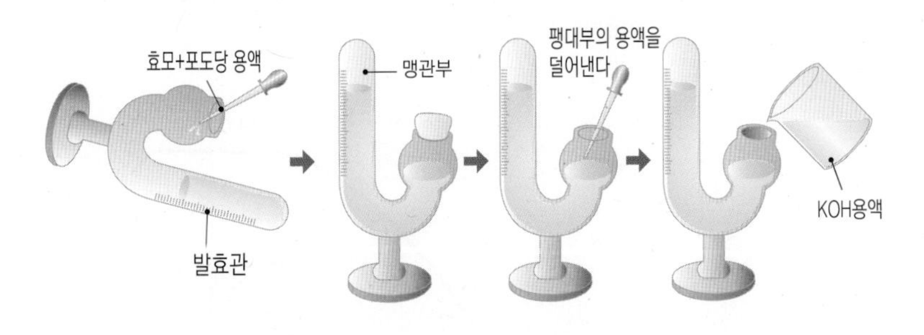

(1) 솜마개를 빼면 시험관에서는 어떤 반응이 진행되는지 예측하고 반응식을 쓰시오.

(2) 시간이 경과할수록 발효관의 맹관부에 모인 기체의 부피가 증가하는데, 이 기체는 무엇인가?

(3) 10 % 수산화칼륨(KOH) 용액을 첨가하여 흔들어 보면 어떤 변화를 볼 수 있을까?

(4) 솜 마개를 빼고 냄새를 맡아보면 어떤 냄새가 날까?

(5) 발효관 입구를 솜으로 막은 이유는 무엇인가?

(6) 발효관 입구를 솜으로 막았을 때 발효관 내에서 일어나는 포도당의 분해 반응을 산소가 있을 때의 반응과 비교하여 아래 그림으로 설명하시오.

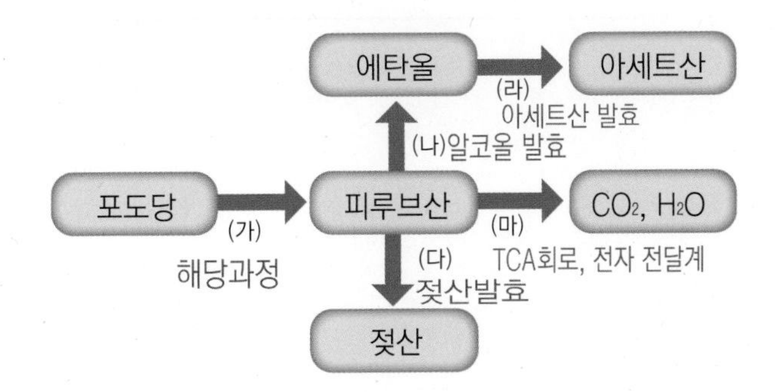

효모(Yeast)

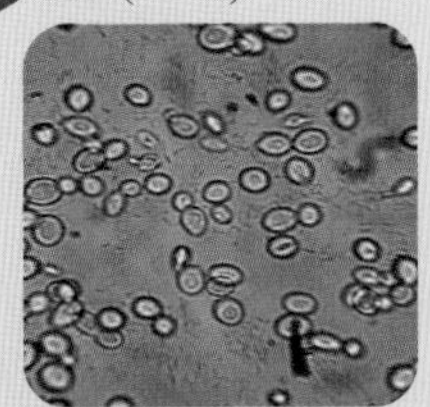

빵·맥주·포도주 등을 만드는 데 사용되는 미생물로, 곰팡이나 버섯 무리이지만 균사가 없고, 광합성을 하지 않고 운동성도 가지지 않는다.

미생물의 무기호흡

유기 호흡은 많은 에너지를 얻을 수 있으나 호흡 과정이 무기 호흡에 비해 복잡하다. 반면에 무기 호흡은 적은 에너지를 얻지만 호흡 과정이 간단하여 생활 에너지가 많이 필요 없는 미생물에 적합하다.

발효

인류는 오래전부터 발효를 실생활에 이용하여 왔다. 발효 식품은 발효 과정 결과 생성된 알코올이나 젖산, 초산 등이 부패균의 증식을 억제하므로 저장성도 우수하다.

▲ 여러 가지 발효 식품

수산화 칼륨 용액의 이산화 탄소 흡수

$2KOH + CO_2 \rightarrow K_2CO_3 + H_2O$
(흰색 침전물)

유산소 호흡과 무산소 호흡

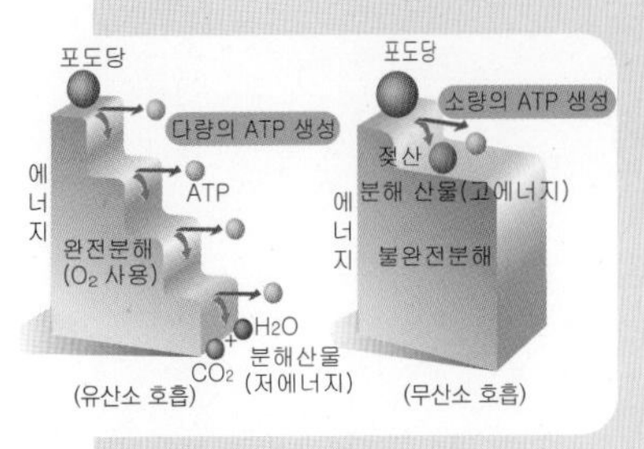

논리 서술형

15 20 세까지 해안 지대에 살던 정상인 A 가 고산 지대(해발 4,000m)로 이주하여 5 년이 경과하였다. 다음은 이주 전과 이주 5 년 후에 측정한 A 의 혈액의 산소 분압에 대한 산소 함유량을 나타낸 것이다.

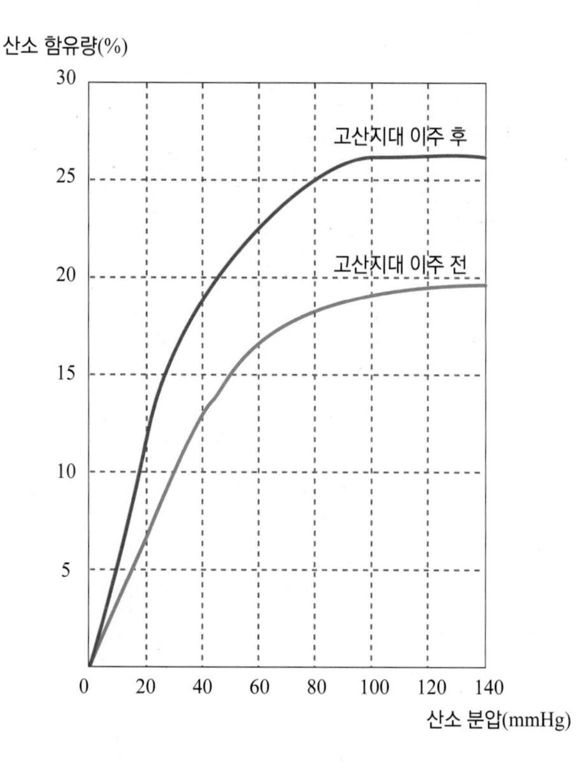

이주 전과 비교하여 이주 5 년 후에 나타난 A 의 생리적 변화에 대한 설명으로 옳은 것만을 〈보기〉에서 있는 대로 고르고, 옳은 것과 옳지 않은 것의 이유를 각각 서술하시오.

보기

ㄱ. 헤모글로빈의 양이 증가한다.
ㄴ. 동맥혈의 산소 분압이 감소한다.
ㄷ. 심장 근육 세포의 미토콘드리아 수가 감소한다.

해수면 지역에서 고산지대로 이동할 때 나타나는 신체 변화

사람이 해수면 지역에서 고산지대로 이동하면 전체 대기압이 감소하므로 들이쉰 공기의 산소 분압이 감소한다. 이때 다음과 같은 변화가 나타난다.

- 호흡이 가빠지고 과도한 호흡이 일어난다. : 산소 분압이 갑자기 낮아졌을 때, 헤모글로빈의 증가로 산소 부족을 보완할 수 없기 때문에 심장 박동이 증가하여 산소 부족을 보완한다. 심장 박동이 증가할 때 필요한 에너지를 공급받기 위해 미토콘드리아의 수가 증가한다.
- 조직의 적혈구는 산소에 대한 헤모글로빈의 친화성을 감소시켜 많은 양의 산소가 조직으로 방출되도록 한다.
- 조직 저산소증에 반응하여 신장은 적혈구 조혈인자를 분비한다. 적혈구조혈인자는 골수를 자극하여 헤모글로빈과 적혈구의 생성을 증가시킨다.

따라서 고지대 사람은 해수면에 있는 사람들보다 헤모글로빈의 산소 포화도는 낮지만, 헤모글로빈의 수가 많아 낮은 산소 분압을 보완할 수 있다. 하지만 적혈구의 증가는 혈액의 점도를 높여 폐고혈압을 초래한다.

대회 기출 문제

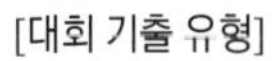

정답 및 해설 15쪽

01 **모체의 적혈구 헤모글로빈에 의해 운반되어 온 산소는 태반에서 태아에게 전달된다. 아래의 그림은 모체와 태아의 헤모글로빈의 산소 해리 곡선을 비교하여 나타낸 것이다.**

[대회 기출 유형]

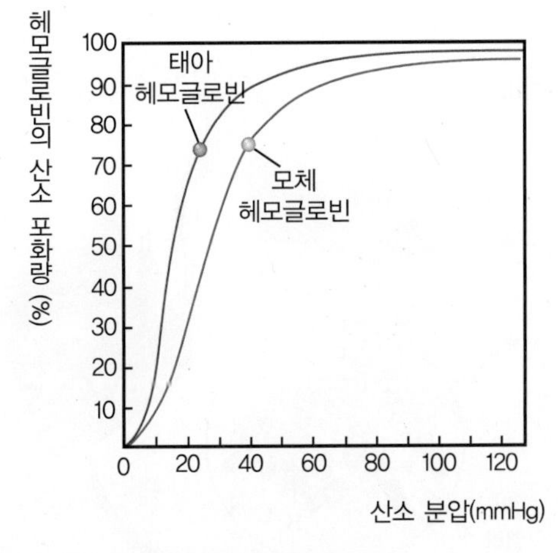

이 그래프와 관련된 추론으로 옳은 것만을 〈보기〉에서 있는 대로 고르시오.

보기

ㄱ. 태반에서 태아 혈액의 산소 분압은 모체 혈액의 산소 분압보다 높다.
ㄴ. 태아의 헤모글로빈은 모체의 헤모글로빈보다 산소에 대한 친화력이 더 크다.
ㄷ. 태아의 적혈구 1개에 들어 있는 헤모글로빈 수는 모체의 헤모글로빈 수보다 더 적다.
ㄹ. 모체의 헤모글로빈 분자는 태아의 헤모글로빈 분자보다 결합하는 산소의 분자 수가 많다.
ㅁ. 태반에서 태아의 헤모글로빈은 모체의 헤모글로빈보다 동일한 산소 분압에서 산소 포화량이 더 많다.

02 **그림 (가)는 대기압을 0 으로 하여 날숨이 끝날 때 폐포 내의 공기압($P_{폐포}$), 흉강내 압력 ($P_{공간}$), 그리고 대기압 ($P_{대기}$)과의 상대적인 관계를 나타낸 것이다. 그림 (나)는 날숨 때의 흉강 속의 폐와 가로막을 나타낸다. (단, 그림 (가)에서는 수많은 폐포 중 하나만을 단순화시켜 나타냈다.)**

[대회 기출 유형]

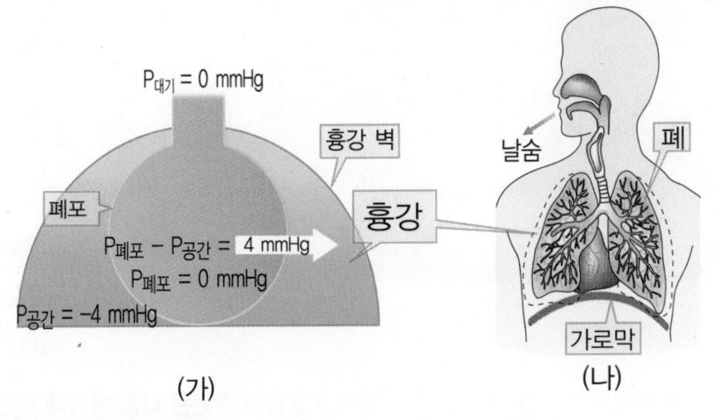

(가) (나)

사람이 숨을 내쉬고 들이쉴 때 이들 압력의 관계를 옳은 것만을 있는 대로 고르시오.

① $P_{폐포}$ 값은 들숨이 끝날 때가 가장 낮다.
② 들숨이 끝날 때 $P_{폐포}$ 의 값은 0 mmHg 이다.
③ 숨을 들이쉴 때 $P_{공간}$ 와 $P_{폐포}$ 는 더욱 낮아진다.
④ 들숨과 날숨에서 공기의 이동은 $P_{폐포}$ 와 $P_{대기}$ 사이의 차이에 의해 결정된다.
⑤ 숨을 내쉴 때 늑간근과 가로막은 수축을 해서 흉강의 크기를 줄이고 $P_{폐포}$ 는 양의 값으로 증가한다.

대회 기출 문제

03

어류는 아가미 호흡을 한다. 다음 모식도에서와 같이 아가미 호흡이 일어나는 장소(호흡 표면)인 라멜라에서 물의 흐름 방향과 모세혈액의 흐름 방향은 서로 반대이다. 이 때문에 언제나 아가미의 모세혈관 쪽으로 확산에 의해 산소가 이동한다.

[대회 기출 유형]

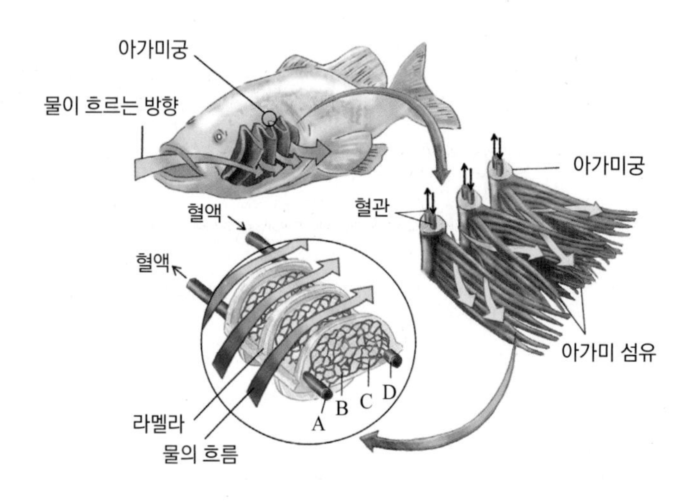

어류의 아가미에서의 기체 교환에 대해 옳은 것만을 있는 대로 고르시오.

① 산소 함유량 정도를 비교하면 A > B > C > D 순이다.

② 어류의 아가미 표면의 수분을 유지하기 위해 에너지가 필요하다.

③ 물속의 산소가 모세혈관으로 이동할 때 많은 에너지가 소비된다.

④ 물 밖의 건조한 환경에서도 아가미의 호흡 표면으로 공기가 잘 녹아 들어간다.

⑤ 아가미에서 물이 흐르는 방향과 모세혈관의 혈액이 흐르는 방향이 같으면 모세 혈관으로의 산소 이동량은 줄어든다.

04

다음은 일부 철새 거위 떼가 에베레스트 산 주위를 날고 있는 모습을 찍은 사진 (가)와 새가 가지고 있는 기낭을 그린 그림 (나)이다.

[대회 기출 유형]

(가)

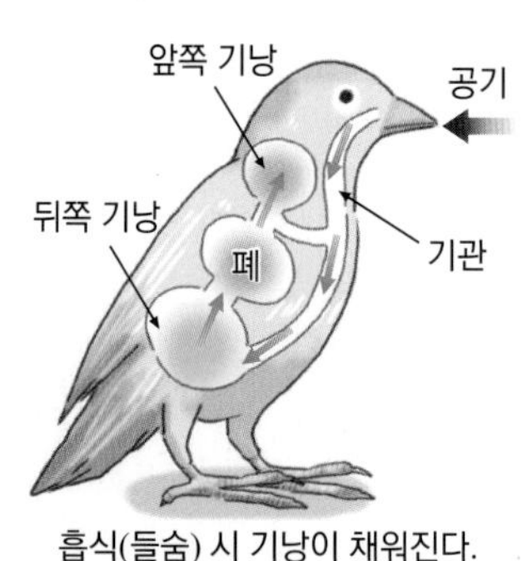

흡식(들숨) 시 기낭이 채워진다.

(나)

이 철새들이 어떻게 고산 산맥을 횡단할 수 있는지 이 철새의 호흡과 관련된 적응 현상에 대한 다음 설명 중 옳은 것만을 있는 대로 고르시오.

① 폐까지 이어지는 기관의 길이가 사람보다 길다.

② 새는 몸집이 작기 때문에 단위 체중 당 필요한 산소가 사람보다 적다.

③ 혈액이 조직으로 산소를 운반하는 능력이 새보다 사람이 더 효율적이다.

④ 새는 기낭을 가지고 있어 산소를 보관할 수 있어 효율적으로 호흡할 수 있다.

⑤ 새는 들어가는 공기가 한 방향으로 폐를 통과하므로 효율적으로 산소를 얻을 수 있다.

05 다음의 바다표범과 같은 해양 포유류는 바닷물보다 염분 농도가 낮은 혈액을 가지고 있다.

[대회 기출 유형]

이런 해양 포유류가 생존을 위해 체내 수분을 얻고 이를 보존하는 방식에 대한 다음 설명으로 옳은 것만을 〈보기〉에서 있는 대로 고르시오.

보기

ㄱ. 매우 농축된 오줌을 배설한다.
ㄴ. 바닷물을 마셔 체내에 필요한 수분을 공급 받는다.
ㄷ. 물을 얻기 위해 바닷물의 농도와 같은 체액을 가진 먹이를 선호한다.
ㄹ. 피하 지방층을 두껍게 하여 체내의 수분이 외부로 빠져나가는 것을 방지한다.
ㅁ. $\frac{\text{표면적}}{\text{부피}}$의 비율을 낮게 하기 위해 몸집을 키우는 방향으로 진화하였다.

06 다음 표는 오줌의 생성 과정에서 오줌, 원뇨와 혈장 등이 포함하고 있는 각 성분의 농도를 조사하여 나타낸 것이다.

[대회 기출 유형]

물질	오줌	원뇨	혈장
요소	1.80	0.03	0.03
포도당	0.00	0.10	0.10
단백질	0.00	0.00	8.00
아미노산	0.00	0.05	0.05

(단위 : g/100ml)

다음과 같은 경우에 해당하는 물질들로 바르게 연결된 것은 무엇인가?

(가) 세뇨관에서 재흡수 되는 물질
(나) 오줌의 생성 과정에서 다량의 물이 재흡수 되었다는 사실을 알 수 있는 물질

	(가)	(나)
①	요소	포도당, 아미노산
②	포도당, 아미노산	요소
③	단백질	요소
④	포도당, 아미노산	단백질
⑤	요소	단백질

대회 기출 문제

07 **효모는 유기 호흡과 무기 호흡을 모두 하는 생물이다. O_2가 있을 경우와 O_2가 없을 경우, 효모가 호흡에 의해 생성하는 물질을 바르게 짝지은 것은?** [대회 기출 유형]

	O_2가 있을 경우	O_2가 없을 경우
①	CO_2와 H_2O	C_2H_5OH와 CO_2
②	C_2H_5OH와 CO_2	CO_2와 H_2O
③	CO_2	H_2O
④	H_2O	CO_2
⑤	CO_2와 H_2O	C_2H_5OH

08 **다음 물질 중 포유류의 사구체에서 정상적으로 여과된 여과액(원뇨)에서 나타나는 것을 있는 대로 고르시오.** [대회 기출 유형]

① 요소 ② 포도당 ③ 아미노산 ④ 단백질 ⑤ 무기염류

09 **다음 그림은 물질 X의 혈중 농도에 따른 물질 X의 콩팥에서 여과율(F), 재흡수율(R), 배설율(E)을 나타낸 것이다.** [대회 기출 유형]

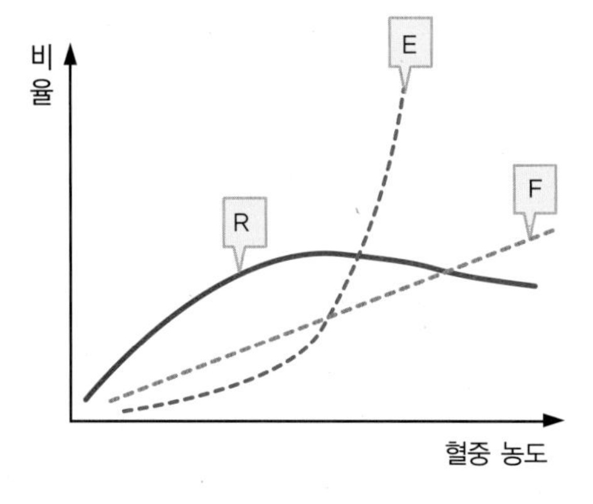

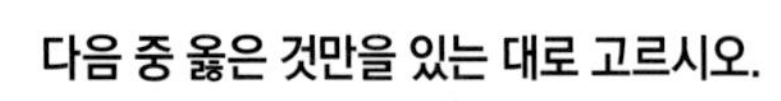
다음 중 옳은 것만을 있는 대로 고르시오.

① X 의 여과율은 혈중 X 농도에 비례한다.
② 사구체에서 X 의 여과율은 항상 일정하다.
③ 오줌 속의 X 농도는 사구체에서 여과될 때보다 높을 것이다.
④ X 의 혈중 농도가 어느 수준에 도달하면, 배설률이 급격히 증가한다.
⑤ X 의 재흡수는 어느 일정 수준까지는 혈액 속 X 농도에 영향을 받는다.

10 **온도가 올라갈수록 기체(산소)의 용해도는 낮아진다. 그러므로 물에 사는 척추동물의 체액 속에 있는 헤모글로빈의 양도 그들이 살고 있는 물의 온도에 따라 달라진다. 다음의 그래프 곡선 중 이와 같은 특성을 잘 나타낸 그래프는 무엇인가?** [대회 기출 유형]

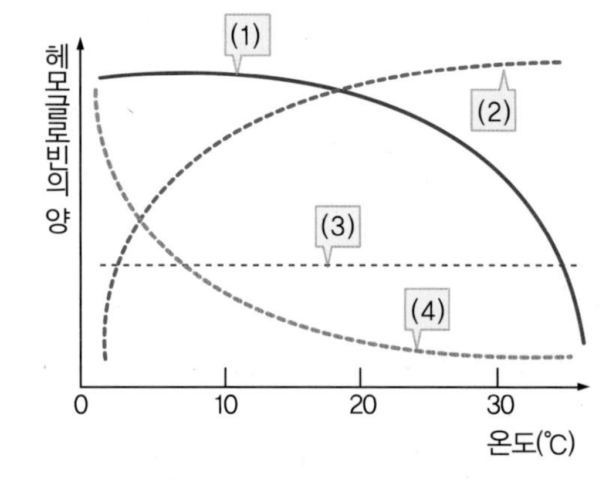

① 곡선 (1) ② 곡선 (2) ③ 곡선 (3) ④ 곡선 (4)

11 헤모글로빈으로부터 산소의 해리를 촉진시키는 요소는 무엇인가?

[대회 기출 유형]

① 동물 조직의 낮은 산소 분압, 낮은 pH, 낮은 온도
② 동물 조직의 높은 산소 분압, 높은 pH, 높은 온도
③ 동물 조직의 높은 산소 분압, 낮은 pH, 낮은 온도
④ 동물 조직의 낮은 산소 분압, 낮은 pH, 높은 온도
⑤ 동물 조직의 낮은 이산화탄소 분압, 높은 pH, 높은 온도

12 다음 〈보기〉의 내용 중 사람의 호흡과 관련된 근육에 대한 설명으로 옳은 것만을 〈보기〉에서 있는 대로 고르시오.

[대회 기출 유형]

보기

ㄱ. 숨을 내쉴 때 외늑간근은 수축하고 가로막은 내려간다.
ㄴ. 숨을 들이마실 때 외늑간근이 수축되고 가로막은 내려간다.
ㄷ. 숨을 들이마실 때, 내늑간근만 수축하고 가로막은 이완하여 내려간다.
ㄹ. 외늑간근과 내늑간근은 숨을 들이마실 때 작용하고, 가로막은 숨을 내쉴 때 작용한다.
ㅁ. 부드럽게 숨을 내쉴 때 내늑간근을 수축하고, 흉강의 부피를 감소시킴으로써 숨을 내쉬는 것을 마칠 수 있다.
ㅂ. 부드럽게 숨을 들이마실 때 내늑간은 수축하고 가로막이 올라감으로써 깊이 숨을 들이마시는 것을 마칠 수 있다.

13 다음은 혈액 속의 산소 농도(산소 분압)에 따른 혈액의 산소 포화도를 나타낸 것이다. 혈액이 산소를 조직 세포에 운반하는 역할을 할 수 있는 이유가 그래프에서 설명되고 있다.

[대회 기출 유형]

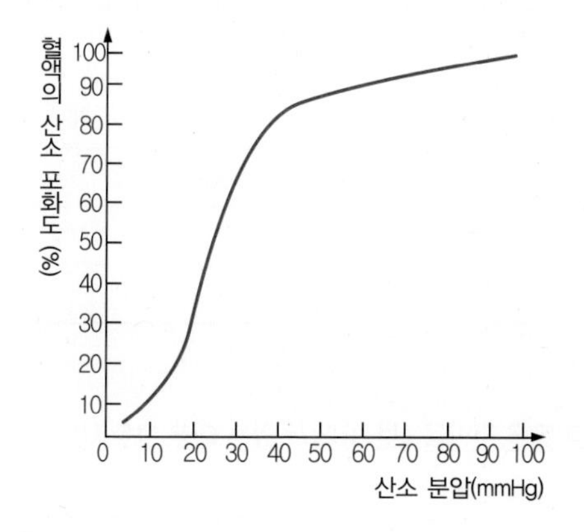

혈액의 산소 운반 기능과 관련하여 그래프로부터 이끌어 낼수 있는 사실에는 ○, 그렇지 못할 경우에는 ×표 하시오.

(1) 공기 중에서 산소가 적은 곳에서는 호흡수가 늘어나게 된다. ( )
(2) 산소 분압에 따라 혈액의 산소 포화도는 일정하게 증가할 것이다. ( )
(3) 혈액이 폐에서 많은 양의 산소와 접하면 산소 포화도가 높아질 것이다. ( )
(4) 산소가 부족한 조직에 산소가 많은 혈액이 지나가면 혈액의 산소 포화도는 더 높아질 것이다. ( )

14 **그림 (A)는 냉수욕을 한 후의 체온 변화를 나타내고, 그림 (B)는 운동을 한 후의 체온 변화를 나타낸 것이다.** [대회 기출 유형]

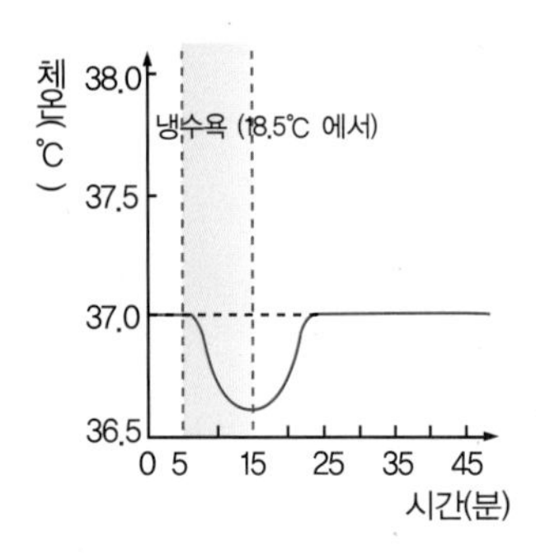

(A) 냉수욕을 한 후의 체온 변화

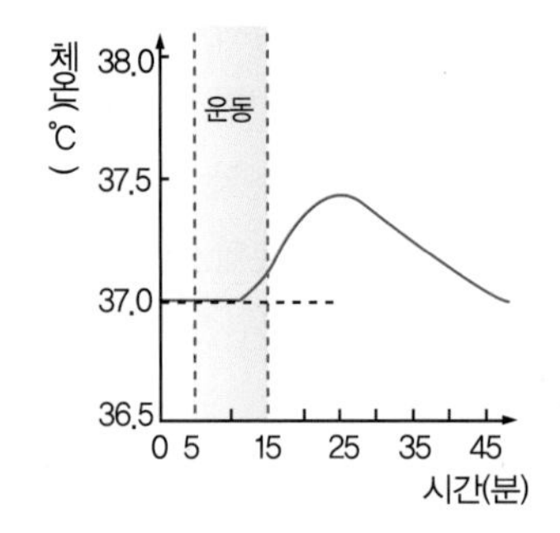

(A) 운동을 한 후의 체온 변화

이 그림에 대한 해석으로 옳은 것만을 〈보기〉에서 있는 대로 고르시오.

보기

ㄱ. 냉수욕은 운동에 비하여 체온 변화를 더 빨리 일으킨다.
ㄴ. 냉수욕과 운동에 의한 체온 변화의 폭은 0.5 ℃를 넘는 경우도 있다.
ㄷ. 냉수욕이나 운동을 마친 후 일정 시간이 지난 후 결국 원래의 체온으로 되돌아온다.
ㄹ. 운동에 의하여 체온이 올라가는 동안의 시간과 운동을 마친 후 체온이 내려가는 동안의 시간은 서로 다르다.

15 **북미의 어느 지역에는 캥거루처럼 깡충깡충 뛰면서 이동하는 캥거루쥐(몸 길이 약 10 ~ 15 cm ; 꼬리 제외)라는 동물이 있다. 이들은 굴 속에서 생활하며, 밤에 먹이를 먹는다. 다음 표는 인간과 캥거루쥐의 수분 균형을 나타낸 것이다.** [대회 기출 유형]

구분	인간 (몸무게 : 60 kg)		캥거루쥐 (몸무게 : 200 g)	
수분 섭취	음식	750	먹이	0.2
	음료	1,500		
	체내 반응에서 얻은 물	250	체내 반응에서 얻은 물	1.8
수분 손실	대변	100	대변	0.09
	오줌	1,500	오줌	0.45
	증발	900	증발	1.46

(단위 : ml)

이 자료를 토대로 한 설명으로 옳은 것만을 〈보기〉에서 있는 대로 고르시오.

보기

ㄱ. 캥거루쥐의 수분 손실은 주로 숨을 쉬면서 일어난다.
ㄴ. 캥거루쥐의 서식지는 강수량이 적은 건조한 지역일 것이다.
ㄷ. 캥거루쥐는 인간에 비해 신장에서 물을 효율적으로 재흡수한다.
ㄹ. 캥거루쥐의 먹이에 들어 있는 수분 함량은 인간의 먹이보다 높을 것이다.

16 **다음은 숨을 들이쉴 때와 내쉴 때의 과정을 그림으로 나타낸 것이다.**

[대회 기출 유형]

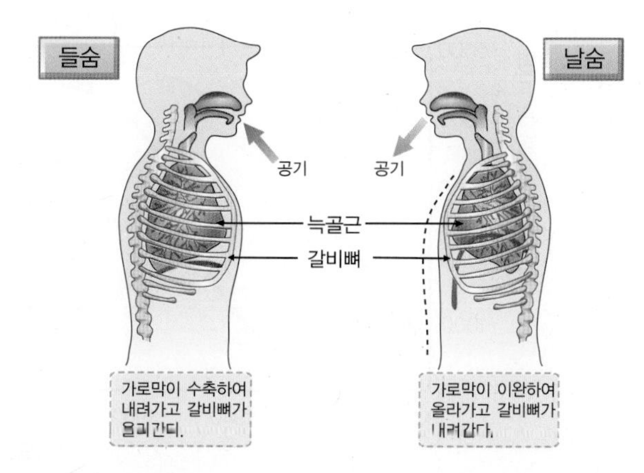

사람은 일반적으로 과식을 하면 숨쉬기가 어려워진다. 위의 그림을 참고하여 그 이유를 옳게 설명한 것으로 옳은 것만을 〈보기〉에서 있는 대로 고르시오.

보기

ㄱ. 갈비뼈가 움직이지 않는다.
ㄴ. 늑골근의 수축이 어려워진다.
ㄷ. 가로막의 이완이 어려워진다.
ㄹ. 흉강 내의 압력 변화의 폭이 감소한다.

17 **다음은 상상이가 운동량이 많을 때와 적을 때 시간에 따라 자신의 체온이 변하는 것을 측정하여 나타낸 것이다.**

[대회 기출 유형]

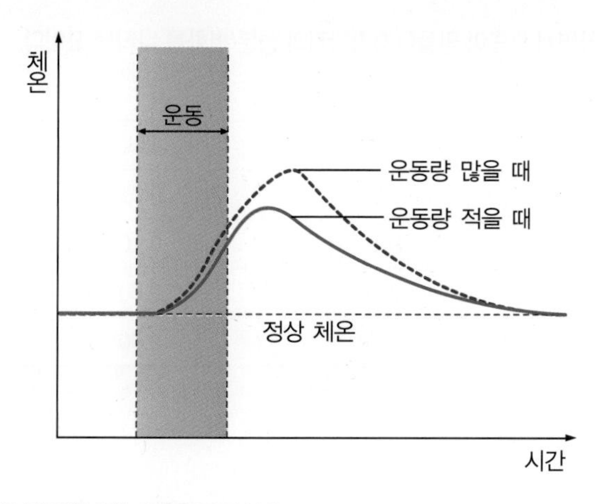

이 자료와 관련된 설명으로 옳은 것만을 있는 대로 고르시오.

① 운동하는 동안에 체중은 일시적으로 감소하는 효과를 보일 것이다.
② 운동 중 체온이 증가하는 속도는 운동량이 많을 때 더 빠르게 증가한다.
③ 운동이 끝난 후에 체온 증가 현상이 나타나는 시간은 운동량과는 상관이 없다.
④ 운동량의 크기에 따라 운동 후 원래 체온으로 돌아오는 데에 걸리는 시간이 다르다.
⑤ 운동 중 체온이 증가하는데 걸리는 시간보다 운동 후 원래의 체온으로 되돌아오는 데 걸리는 시간이 더 길다.

18 다음은 어느 나라에서 1900년부터 80년 동안 흡연자 수와 폐암 사망자 수의 변화를 조사하여 나타낸 것이다. [대회 기출 유형]

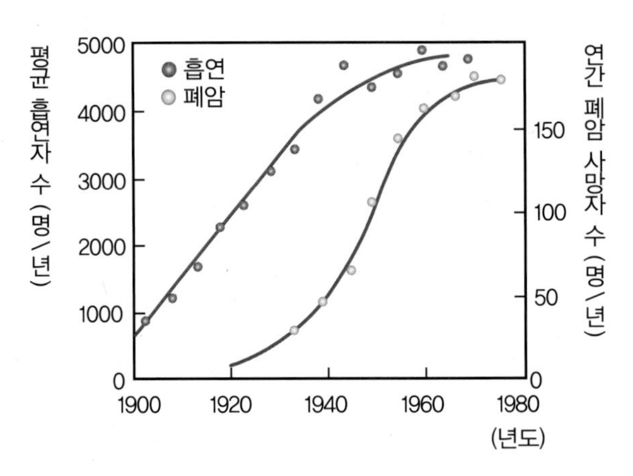

이 자료를 해석한 것으로 옳은 것만을 〈보기〉에서 있는 대로 고르시오.

보기

ㄱ. 흡연과 폐암과는 상관이 없을 것이다.
ㄴ. 흡연자가 담배를 끊을지라도 폐암 발병 위험은 여전히 낮다.
ㄷ. 흡연은 여러 가지 암 중에서도 오로지 폐암에만 영향을 준다.
ㄹ. 흡연을 하고 일정한 시간이 지난 후에 폐암이 발병하는 비율이 높아진다.

19 다음은 혈액이 콩팥을 통과하면서 오줌이 만들어지기까지의 성분 변화를 나타낸 표이다. [대회 기출 유형]

물질	혈액	원뇨	오줌
요소	0.03	0.03	1.80
포도당	0.10	0.10	0.00
단백질	8.00	0.00	0.00
무기염류	0.90	0.90	0.90

(단위 : g/100ml)

이 표를 해석하거나 추리한 것으로 옳지 않은 것은?

① 정상인의 오줌에는 포도당과 단백질이 검출되지 않는다.
② 위 성분 중에서 무기염류의 입자 크기가 가장 작을 것이다.
③ 포도당은 콩팥에서 여과된 후 모세혈관으로 모두 재흡수된다.
④ 단백질은 사구체에서 보먼주머니로의 여과 장치를 쉽게 통과한다.
⑤ 오줌의 요소 농도가 콩팥 여과액보다 높은 이유는 물이 재흡수되었기 때문이다.

20 다음 두 제시물을 읽고 물음에 답하시오.

[서울과학고등학교 기출 유형]

[제시문 1]

사람의 폐는 좌우 1 쌍으로, 오른쪽 3 개, 왼쪽 3 개의 폐엽으로 되어 있다. 폐는 지름이 0.1 mm 정도인 폐포 3 억 ~ 4 억 개로 이루어져 있어 공기와 접하는 면적이 체표면적의 25 ~ 50 배 정도인데, 성인 남자의 경우는 무려 100 m^2에 달한다. 폐포의 표면에는 모세혈관이 조밀하게 분포하고 있어서, 폐포 내의 공기와 모세혈관 내의 혈액 사이에서 산소와 이산화 탄소의 교환이 일어난다. 한편, 폐는 늑막과 가로막으로 이루어진 흉강 속에 들어 있으며, 척추에서 뻗어나온 늑골에 의해 외부 충격으로부터 보호를 받는다. 호흡을 하는 동안 폐포로 들어온 외부 공기 속의 산소는 혈액을 거쳐 조직 세포로 공급되고, 조직 세포에서 발생한 이산화 탄소는 혈액을 거쳐 폐포로 이동하여 방출된다. 이때 폐포와 혈액, 혈액과 조직 세포 사이에서 기체 교환이 일어나는 기본 원리는 분압차에 의한 확산이다.

[제시문 2]

아래 그림은 폐활량 모식도와 심호흡 시 폐의 부피 변화 그래프이다. (사강은 숨쉬기에 관여하지 아니하는 호흡 기관의 빈 곳이다.)

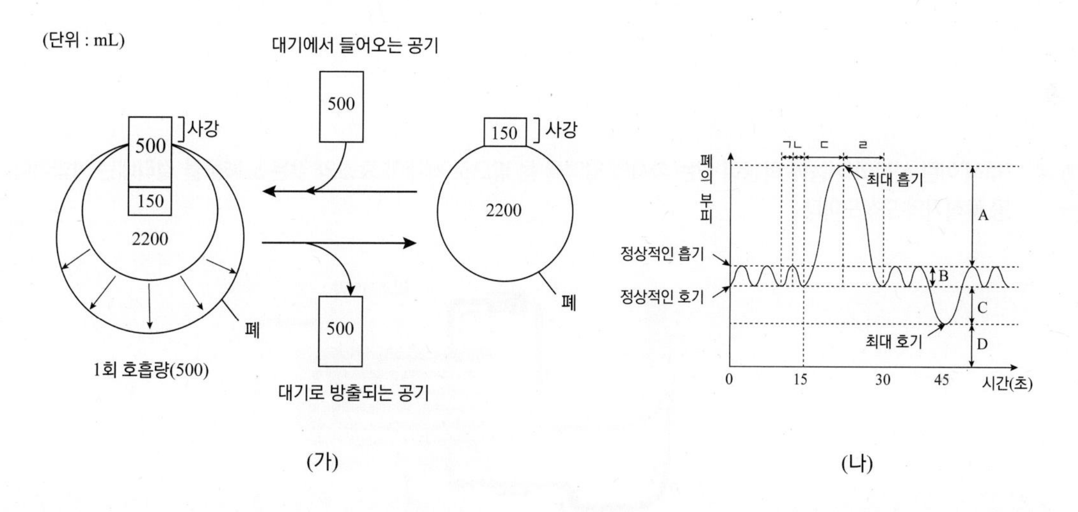

그림 (가)는 들숨과 날숨시 공기의 이동량을 나타낸 것이고, 그림 (나)는 평상시 호흡량과 심소흡시 폐활량을 나타낸 그래프이다. 그림 (가)를 보면 들숨과 날숨과정에서 모든 공기가 폐포로 들어가는 것이 아니라 150 mL 정도의 공기는 항상 기관지나 기관에 남아있다.

(1) 평상시 1 분당 호흡 횟수는 12 회이고, 한번 호흡 시 호흡량은 500 ml 이다. 하지만 얕고 빠르게 숨을 쉴 경우 1 분당 호흡횟수는 30 회이고, 이때의 호흡량이 200 ml 이다. 만약 위의 조건이라며 1 분당 평상시 호흡량과 얕고 빠르게 숨을 쉴 경우 호흡량이 모두 6000 ml 이다. 그렇다면 얕고 빠르게 쉬는 숨이랑 평상시 호흡 중 어느 것이 효율적일지 서술하시오.

(2) 기체의 확산이 잘 일어나는 세 가지 조건(A ~ C)은 다음과 같다. 각 조건에 맞춰 폐가 어떻게 진화했는지 설명하시오.

> (A) 기체의 확산은 표면적이 클수록 잘 일어난다.
> (B) 기체의 확산은 이동거리가 짧을수록 잘 일어난다.
> (C) 기체의 확산은 분압차가 클수록 잘 일어난다.

(3) 제주도 해녀들은 물속에 들어갔다 나오면서 휘파람 소리를 분다. 이 소리를 숨비소리라 하는데, 이것은 제주도 해녀들이 자맥질 이후 빠르게 숨을 내뱉으면서 하는 호흡 방법이다. 제주도 해녀들의 호흡 방법이 잠수에 유리한 이유를 서술하시오.

21 **'투석'이란 신장의 기능에 이상이 있는 환자의 혈액을 몸 밖으로 빼내어 요소와 같은 노폐물을 걸러내는 방법이다. 아래 그림은 인공 투석기의 모식도이다.**

[영재학교 기출 유형]

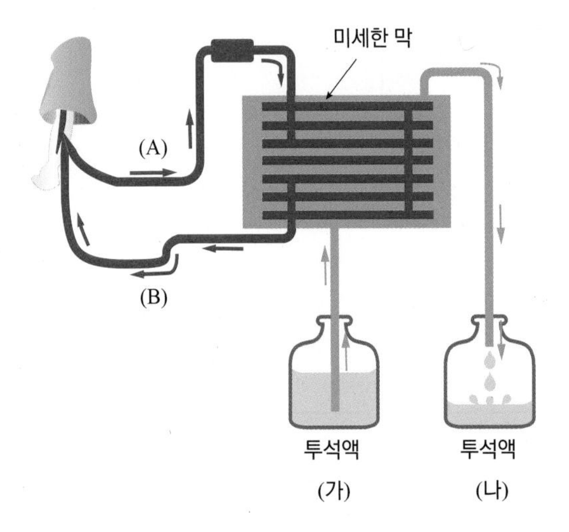

(A)와 (B)의 배설에 대한 설명으로 옳은 것만을 〈보기〉에서 있는 대로 모두 고르시오.

보기

ㄱ. 투석기는 신장의 네프론 역할을 담당한다.
ㄴ. 혈액 (A)는 혈액 (B)보다 요소 농도가 낮다.
ㄷ. 단백질이 혈액 (A)에서 투석액으로 배출된다.
ㄹ. 혈액 (A)는 투석액 (가)보다 포도당 농도가 높다.
ㅁ. 투석액 (가)는 투석액 (나)보다 요소 농도가 낮다.

22 우주에서의 혈액 흐름 및 혈압 변화 현상에 따른 오줌양에 대해서 서술하시오.

[서울과학고등학교 기출 유형]

23 다음은 무한이의 들숨과 날숨 시 대기압과 한쪽 폐, 흉막강의 압력을 나타낸 것이다. 무한이의 상태에 대해 근거를 들어 설명하시오.

[경기과학고등학교 기출 유형]

	들숨시(mmHg)	날숨시(mmHg)
대기압	760	760
폐의 압력	759	761
흉막강의 압력	759	761

24 다음 표는 어떤 사람에서 물질 A 와 B 가 오줌으로 배설될 때 혈장 농도에 따른 콩팥에서의 분당 여과량과 배설량을 나타낸 것이다.

[대회 기출 유형]

A			B		
혈장 농도 (mg/100mL)	분당 여과량 (mg/분)	분당 배설량 (mg/ 분)	혈장 농도 (mg/100mL)	분당 여과량 (mg/분)	분당 배설량 (mg/ 분)
100	125.0	0.0	10	12.5	62.5
200	250.0	0.0	20	25.0	105.0
300	375.0	25.0	30	37.5	117.5
400	500.0	150.0	40	50.0	130.0
500	625.0	275.0	50	62.5	142.5

A 와 B 의 배설에 대한 설명으로 옳은 것만을 <보기>에서 있는 대로 모두 고르시오.

보기

ㄱ. A 는 B 보다 콩팥을 통해 더 잘 배설된다.
ㄴ. A 의 사구체 여과율(분당 여과량 ÷ 혈장 농도)은 B와 같다.
ㄷ. A 의 최대 재흡수량은 350mg/분, B의 최저 재흡수량은 80mg/분이다.

새처럼 호흡하는 공룡

공룡과 새의 진화론적 연관성을 입증하는 중요한 단서가 나왔다 !

아르헨티나에서 발견된 육식 공룡의 화석을 분석한 결과 이 공룡이 조류와 흡사한 호흡 기관을 가진 것으로 밝혀졌다. 미국 미시간대, 시카고대 등 연구팀은 1996년 아르헨티나 멘도사 주 콜로라도 강변에서 발견된 육식 공룡 '아에로스테온'의 뼈를 컴퓨터 단층 촬영으로 분석해 이런 구조를 찾아냈다고 발표했다. 몸 길이가 9m 정도인 이 공룡은 두 발로 서서 다녔을 것으로 추정됐다. 연구팀은 아에로스테온이 조류의 기낭과 같은 호흡 기관을 지니고 있었다고 설명했다. 기낭은 새나 곤충이 날기 쉽도록 몸을 가볍게 해주고 공중에서 부족한 산소를 저장해 놓는 공기주머니이다. 이 공룡이 새처럼 깃털을 지녔거나 날아다녔는지는 확인되지 않았지만 이번 연구를 통해 조류와 공룡 간의 호흡 기관의 유사성은 확실히 드러나게 되었다.

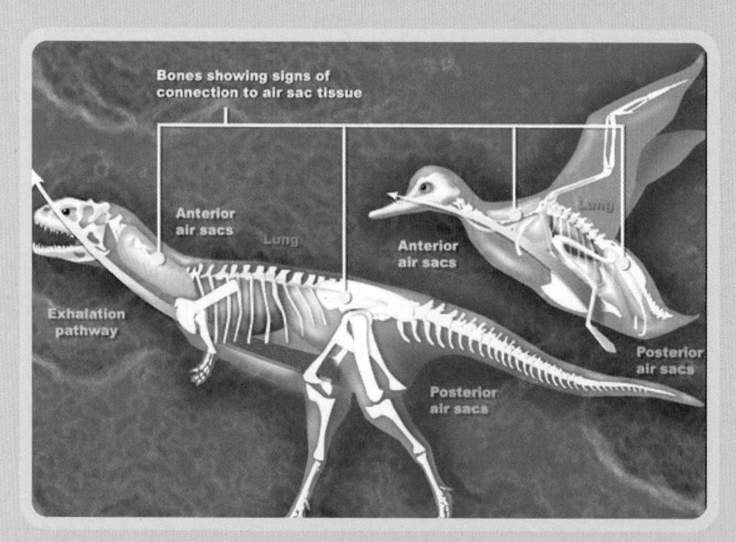

연구팀은 이를 반영해 '아에로스테온 리오콜로라덴시스(콜로라도 강의 공기뼈)'로 공룡의 학명을 지었다. 과학계에선 두 발로 보행하는 육식 공룡이 쥐라기를 거쳐 조류로 진화했을 것이라는 이론이 제기돼 왔다.

dongA.com 기사 발췌

Imagine Infinitely

공룡은 중생대에 접어들면서 본격적으로 지상을 지배하게 되며, 다양한 방식으로 분화되어 진화를 하였다. 많은 과학자들은 조류가 공룡에서 진화하였다고 주장하였지만 이론을 뒷받침할 만한 근거가 부족하여 단지 추측으로 여겨져왔다.

미국 오하이오주립대의 패트릭 오코너 박사와 하버드대 레온 클라에상 박사는 그동안 발견된 육식 공룡의 화석과 새들을 비교 분석한 결과 뼈 구조 등 여러 면에서 상당한 유사성을 발견하였다. 공룡이 기본적으로 두 개의 폐로 숨을 쉰다는 점은 다른 포유 동물과 똑같지만 새의 기낭과 비슷한 구조로 일부 공룡의 뼈 속에 공기를 저장할 수 있는 공간이 있다는 것이다.

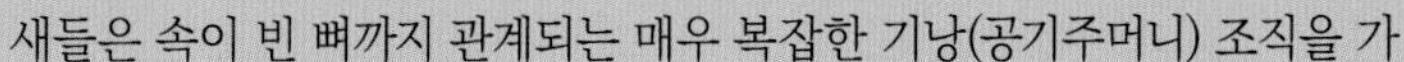

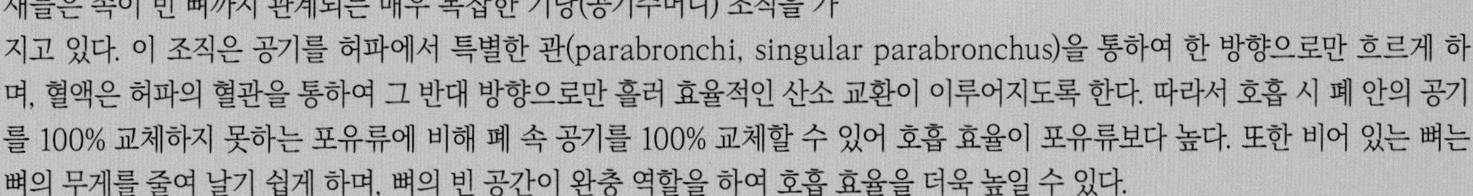

새들은 속이 빈 뼈까지 관계되는 매우 복잡한 기낭(공기주머니) 조직을 가지고 있다. 이 조직은 공기를 허파에서 특별한 관(parabronchi, singular parabronchus)을 통하여 한 방향으로만 흐르게 하며, 혈액은 허파의 혈관을 통하여 그 반대 방향으로만 흘러 효율적인 산소 교환이 이루어지도록 한다. 따라서 호흡 시 폐 안의 공기를 100% 교체하지 못하는 포유류에 비해 폐 속 공기를 100% 교체할 수 있어 호흡 효율이 포유류보다 높다. 또한 비어 있는 뼈는 뼈의 무게를 줄여 날기 쉽게 하며, 뼈의 빈 공간이 완충 역할을 하여 호흡 효율을 더욱 높일 수 있다.

공룡의 기낭 호흡 시스템은 중생대 초기인 트라이스기에 대기 중의 산소가 적은 불리한 조건에서도 산소를 쉽게 확보할 수 있도록 진화하였다. 또한 몸집 크기에 비해 무게가 적게 나가기 때문에 이족 보행이 용의하도록 하였으며, 순발력과 지구력을 향상시키는 결과를 가져왔다. 따라서 5m 가 넘는 키에 7t 무게의 티라노사우루스가 지축을 흔들며 뛰어다니고 자신보다 몇 배나 작은 먹이까지 잡아챌 수 있는 것도 이런 호흡 구조 덕분이라고 추측한다.

이와 같이 공룡이 새와 같은 기낭 호흡 시스템을 가진다는 사실은 공룡과 새의 진화론적 연관성을 연결짓는 중요한 단서로 작용하고 있다.

Q1 공룡이 새와 같은 기낭 호흡을 하게 됨으로써 얻게 되는 이점은 무엇인가?

Biology

VI

06
생식과 발생

지구상의 생명체들은 어떤 방법으로 종족을 유지할까?

VI 생식과 발생(1)

1. 염색체

(1) 염색체 세포가 분열할 때 핵 속의 염색사가 응축되어 생긴 굵은 막대 모양의 물질이다.

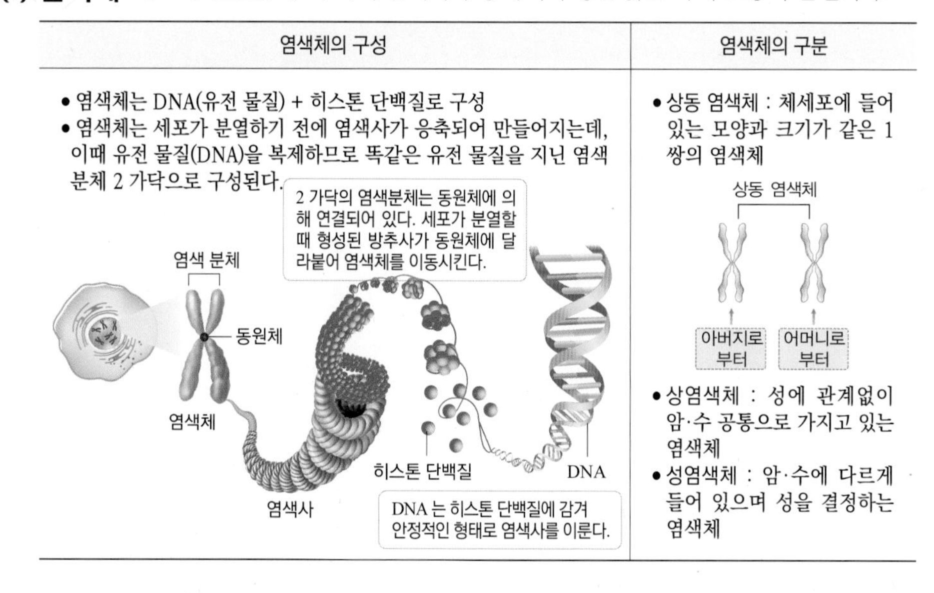

(2) 염색체의 특징

① 유전 물질인 DNA가 들어 있어 어버이의 형질을 자손에게 전달한다.
② 같은 종의 생물은 같은 모양과 같은 수의 염색체[1]를 지닌다.
③ 1 개의 세포 속에 들어 있는 염색체의 수, 모양, 크기는 생물의 종류에 따라 다르다.
④ 염색 분체는 염색체가 복제된 것이므로 DNA 구성이 서로 동일하다.

(3) 염색체 수의 표현 (핵상)[2]

① 염색체 그림

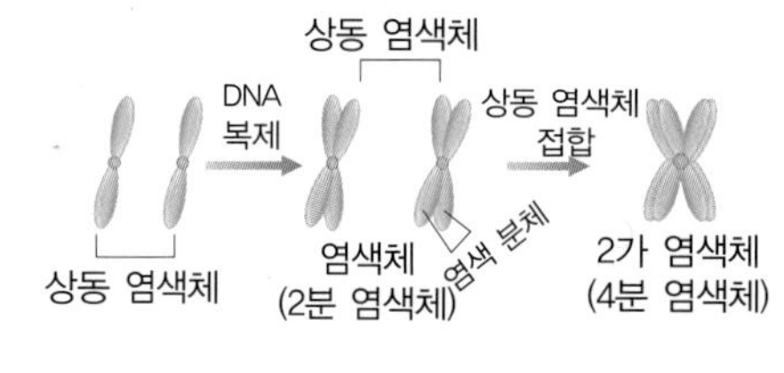

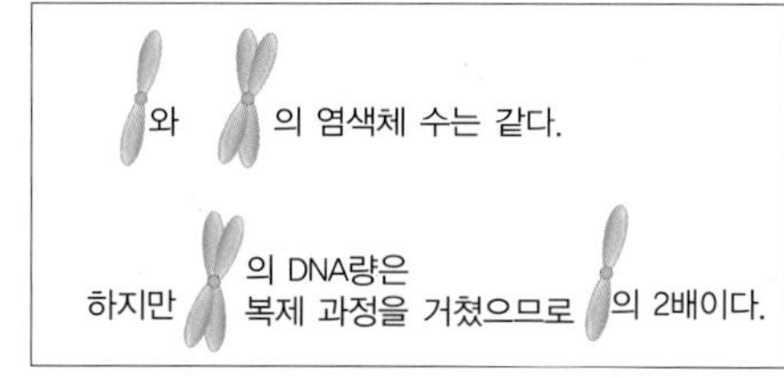

② 염색체 수 : 기호 n으로 표시한다.

체세포의 염색체	생식 세포의 염색체
상동 염색체는 쌍을 이루고 있다. 이때 아버지로부터 n, 어머니로부터 n을 받아 쌍을 이루므로 염색체 수는 2n으로 표시된다. (상동 염색체 / 아버지쪽 어머니쪽 2n, 상동 염색체 / 아버지쪽 어머니쪽 2n)	상동 염색체가 없다. (n n)
2n	n

p. 20

Q1 아래의 그림은 어떤 동물의 염색체를 모식적으로 나타낸 것이다. 이 동물의 염색체 수를 표현해 보시오.

세포 분열의 필요성

세포의 크기가 커질수록 세포 부피에 대한 표면적의 비가 적어짐
→ 세포막을 통한 물질 교환이 원활하게 이루어 지지 않음

↓

세포 분열을 통해 표면적을 넓혀서 외부와의 물질 교환을 원활하게 한다.

염색체와 염색사

얇은 가닥의 DNA와 DNA를 보호하기 위해 단백질 덩어리가 붙어 있는 것이 염색사이고 (현미경으로 잘 안보임), 세포 분열 시 염색사가 꼬여서 짧고 굵게 응축된 것이 염색체 (현미경으로 보임)이다.

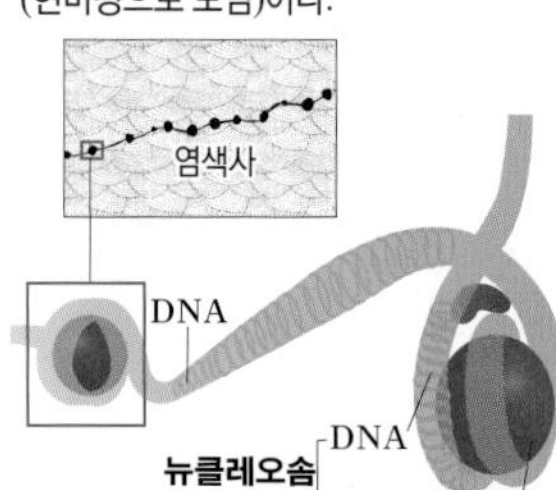

▲ 염색사의 구조

[1] 생물의 염색체 수

식물	염색체 수	동물	염색체 수
완두	14	초파리	8
양파	16	생쥐	40
무	18	토끼	44
옥수수	20	사람	46
수박	22	고릴라	48
벼	24	누에	56
밀	42	말	64
감자	48	개	78

[2] 염색체 표현

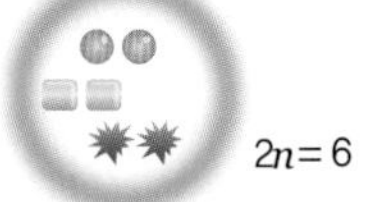

상동 염색체의 여부와, 세포 안의 총 염색체 수로 표시한다. 한 쌍의 상동 염색체가 있으면 2n, 상동 염색체가 없으면 n으로 표시한다.

(4) 사람의 염색체[3]

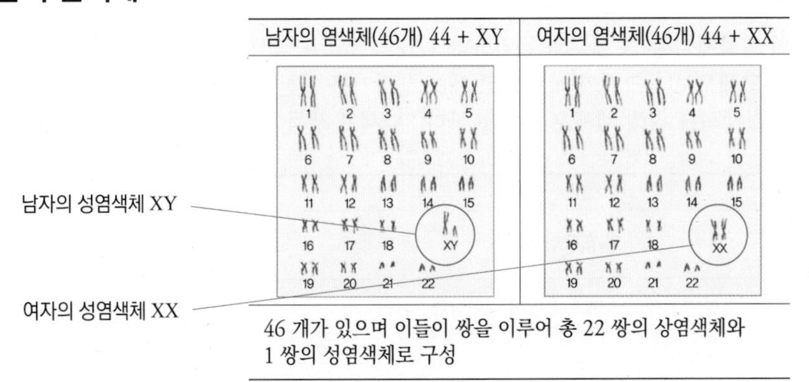

Q2 다음 ( ) 안에 알맞은 말을 쓰시오. p. 20

사람의 염색체는 모두 (①) 개이며, 상염색체는 (②) 개이고, 성염색체는 (③) 개이다.

2. 체세포 분열

1 개의 체세포가 둘로 나누어져 새로운 세포를 만드는 현상이다.

(1) 핵분열[1]

간기	분열기			
	전기	중기	후기	말기
인	방추사			세포벽
• 핵막과 인이 관찰된다. • 염색사가 염색체로 꼬이지 않고 풀어진 상태로 존재하므로 염색체는 관찰되지 않는다. • 세포 분열을 준비하며 DNA 량을 2배로 증가시킨다. • 세포 주기 중 가장 시간이 길다.	• 핵막과 인이 사라진다. • 염색사가 염색체로 응축된다. • 방추사가 생성된다. • 핵 분열기 중 가장 시간이 길다.	• 염색체가 세포 중앙에 배열된다. • 염색체 관찰에 적합한 시기 • 방추사가 염색체의 동원체에 부착된다. • 핵분열기 중 가장 시간이 짧다.	• 염색체에 부착된 방추사에 의해 2 개의 염색 분체가 서로 분리되어 양극으로 이동한다. • 핵막과 인이 생성된다.	• 염색체가 염색사로 풀어진다. • 방추사가 사라진다. • 2 개의 딸핵이 형성된다.
2n (염색체 수)	2n	2n	2n	2n

(2) 세포질 분열

핵분열 말기에 핵이 2 개로 나누어지면 이어서 세포질 분열이 일어나 2 개의 딸세포가 형성된다.

식물 세포	세포판 형성 : 세포의 중앙에서 바깥쪽으로 세포판이 자라서 2 개의 세포로 분리된다.	세포판 <후기> <말기> <2개의 딸세포>
동물 세포	세포질 함입 : 세포질이 바깥쪽에서 안쪽으로 오므라들면서 2 개의 세포로 분리된다.	<후기> <말기> <2개의 딸세포>

---

③ 체세포와 생식 세포의 염색체 비교

성별	체세포의 염색체	생식 세포의 염색체
남성	2n = 46 (44+XY)	n = 23 (22+X, 22+Y)
여성	2n = 46 (44+XX)	n = 23 (22+X)

성염색체

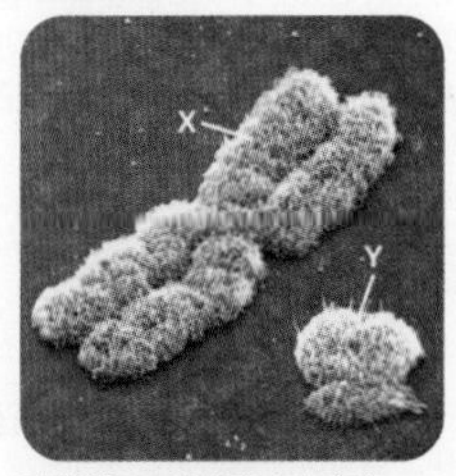

Y 염색체는 X 염색체보다 작다.

핵상

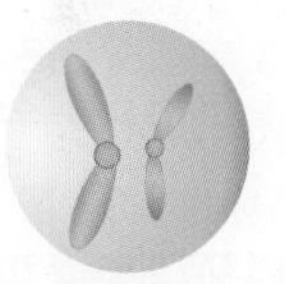

$n = 2$

상동 염색체 상동 염색체

DNA 복제

$2n = 4$ $2n = 4$

상동 염색체는 1 쌍이 염색체 수가 2 개 이지만(모양은 같지만 서로 다른 것이므로), DNA 복제가 일어나더라도 염색체 수가 변하는 것은 아니다.

① 세포 분열 주기

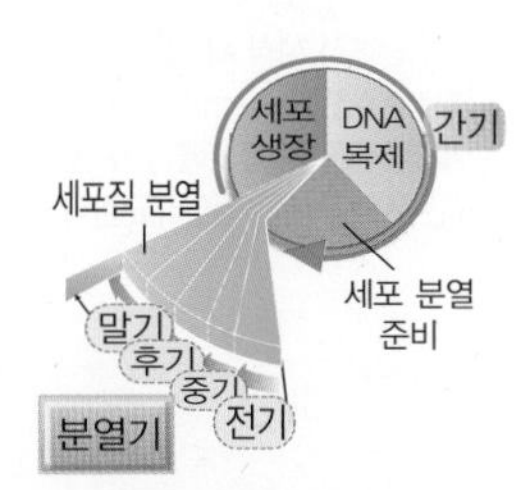

- 가장 긴 시기 : 간기
- 핵분열기 중 가장 긴 시기 : 전기
- 핵분열기 중 가장 짧은 시기 : 중기

② 체세포 분열시 DNA량의 변화

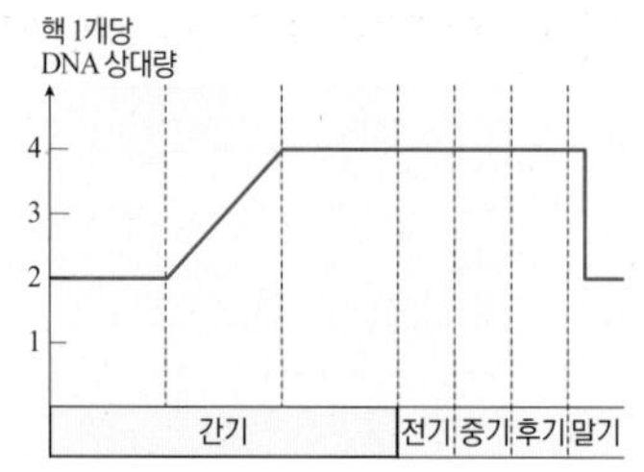

간기에 DNA 를 1 회 복제하여 2 배로 증가하였다가 세포질 분열이 일어나면 1 개 세포 당 DNA 상대량이 반감하므로 딸세포의 DNA 량은 모세포와 같다.

체세포 분열 현미경 관찰 과정

고정 → 해리 → 염색 → 분리 → 압착 → 관찰의 과정을 따른다.

① 양파 뿌리 조각을 에탄올과 아세트산을 3 : 1로 섞은 용액에 하루 정도 담가둔다.
(고정-세포 모습 유지)
② 뿌리 조각을 거즈로 싸서 묽은 염산에 넣고 물 중탕한 후 증류수로 씻는다.
(해리 -조직 연하게 하기)
③ 조각을 작게 잘라 아세트산 카민 용액을 한 방울 떨어뜨린다.
(염색-핵과 염색체를 붉게 염색함)
④ 염색한 조각을 해부침으로 잘게 자른 후 덮개 유리를 덮는다.
(분리-세포를 떼어냄)
⑤ 거름 종이를 올려놓고 엄지손가락으로 살짝 누른다.
(압착- 세포를 얇게 폄)
⑥ 현미경으로 관찰한다.

감수 분열

생식 기관에서 생식 세포를 만들 때 염색체 수가 반(2n → n)으로 줄어드는 세포 분열이기 때문에 수가 줄어든다는 뜻의 '감수' 분열이라고 한다.

미니사전

접합 상동 염색체가 동원체를 중심으로 가까이 있는 상태

2가 염색체 상동 염색체끼리 접합한 것으로 4개의 염색 분체로 이루어져 있어서 4분 염색체라고도 한다.

(3) 체세포 분열 결과 및 의의[2]

① 1 개의 모세포에서 2 개의 딸세포가 형성된다. → 세포 수 증가
② 딸세포의 염색체 수는 모세포와 동일하다. (2n ⇒ 2n) → 염색체 수 변화 없다.
③ 딸세포는 모세포보다 크기가 작으므로 세포 생장기를 거친 후 다시 분열한다.
④ 생장, 재생, 생식을 위해 체세포 분열을 한다 : 다세포 생물 → 생장·재생, 단세포 생물 → 생식

	식물	동물
생장 기간	일생 동안	일정 기간 동안
생장 부위	특정 부위에서만 세포 분열이 일어난다. → 길이 생장 (생장점), 부피 생장(형성층)	몸의 모든 부분
생장 속도	계절이나 기후에 따라 다름 예 나이테 (여름에 세포분열 활발)	몸의 부위 별로 생장 속도와 시기가 다르며 생장하는 특정 시기가 있다.
생장 특징	널빤지, 콩, 물, 검은 종이, 1일, 2일, 3일, 생장점 콩의 길이 생장은 뿌리 끝에 있는 생장점에서만 일어난다.	• S 자형 생장 곡선 : 척추 동물에서 주로 일어나며 특정 시기에 생장 속도가 빠르다가 점점 느려지면서 생장이 멈춘다. • 계단형 생장 곡선 : 곤충류나 갑각류와 같이 변태와 탈피를 하는 동물에게서 나타난다. 생장량 (상대값), 계단 형 생장 곡선, S자 형 생장 곡선

p. 20

Q3 체세포 분열 과정 중 가장 짧은 시기이며 염색체를 가장 뚜렷하게 관찰할 수 있는 시기는 언제인가?

3. 감수 분열

(1) 감수 분열 과정 감수 제 1 분열과 감수 제 2 분열이 연속해서 일어나 1 개의 모세포에서 4 개의 딸세포가 형성된다.

간기	감수 제 1 분열 : 염색체 수 반감 (2n → n)			
	전기	중기	후기	말기
	상동염색체, 상동염색체 접합, 2가염색체			
• 세포 분열을 준비하며 DNA량을 2 배로 증가시킨다.	• 핵막과 인이 사라진다. • 염색체와 방추사가 나타난다. • 상동 염색체끼리 접합하여 2가 염색체를 형성한다.	• 2가 염색체가 세포 중앙에 배열한다. • 방추사가 염색체에 붙는다.	• 2가 염색체가 나누어지면서 양극으로 이동한다.(상동 염색체 분리) • 딸세포의 염색체 수가 모세포의 절반으로 줄어든다.	• 핵막이 나타난다. • 세포질 분열이 일어나 2개의 딸세포가 형성된다.
2n	2n	2n	2n	n

감수 제 2 분열 : 염색체 수 일정 (n→n)			
전기	중기	후기	말기
• 핵막이 사라진다. • 간기 없이 바로 전기가 시작된다.	• 염색체가 중앙에 배열된다. • 방추사가 염색체에 붙는다.	• 염색 분체가 분리되어 양극으로 이동한다. → 이때 염색체 수는 변하지 않는다.	• 염색체가 염색사로 풀어진다. • 핵막과 인이 형성된다. • 4개의 딸세포가 형성된다.
n	n	n	n

염색체 수의 변화

상동 염색체가 분리되어 각각 다른 세포로 이동하면 염색체 수가 반감되어 핵상은 2n → n 이 되고, 염색 분체가 분리되어 딸세포로 이동하면 염색체 수는 변함없이 유지되므로 핵상의 변화가 없다.

감수 분열 시 DNA량의 변화

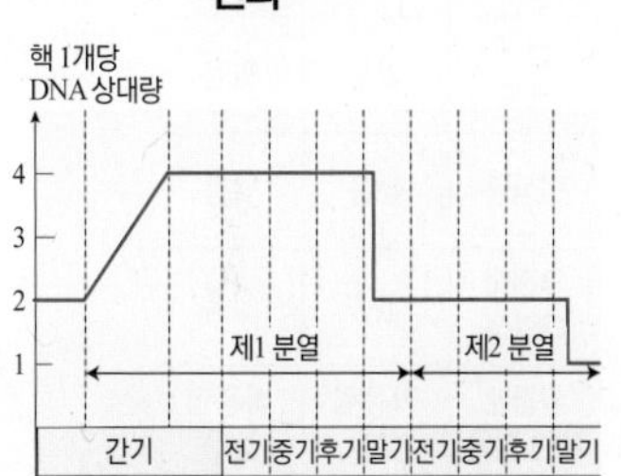

간기에 DNA를 1회 복제한 후 연속해서 2회의 분열이 일어나므로 딸세포의 DNA량은 모세포의 절반이 된다.

(2) 감수 분열 결과

세대를 거듭해도 자손의 염색체 수는 일정하게 유지된다.

(3) 체세포 분열과 감수 분열의 비교

구분	체세포 분열	감수 분열
분열 장소	• 동물 : 온몸 • 식물 : 생장점, 형성층	• 동물 : 정소, 난소 • 식물 : 꽃밥, 밑씨
분열 횟수	1회	2회
염색체 수	변화 없음 (2n→2n)	절반으로 줄어듬(2n→n)
딸세포 수	2개(2n)	4개(n)
2가 염색체 형성	형성되지 않음	형성됨
분열 결과	• 다세포 생물 : 생장 및 재생 • 단세포 생물 : 생식	생식 세포(예 정자, 난자) 형성
염색체 변화	상동염색체	상동 염색체 염색체수 변함 상동염색체가 접합하여 2가염색체 형성

p. 20

Q4 사람의 염색체는 $2n = 46$ 이다. 다음 세포들은 각각 몇 개의 염색체를 가지고 있는가?

(1) 난자 : ( ) 개　　(2) 백혈구 : ( ) 개

Q5 다음 중 체세포 분열이 일어나는 장소는 '체', 생식 세포 분열이 일어나는 장소는 '생'이라고 쓰시오.

(1) 식물의 생장점 ( )　　(2) 동물의 피부 세포 ( )

(3) 식물의 꽃밥 ( )　　(4) 동물의 정소 ( )

(4) 사람의 생식 세포 형성 과정

정자 형성 과정	난자 형성 과정

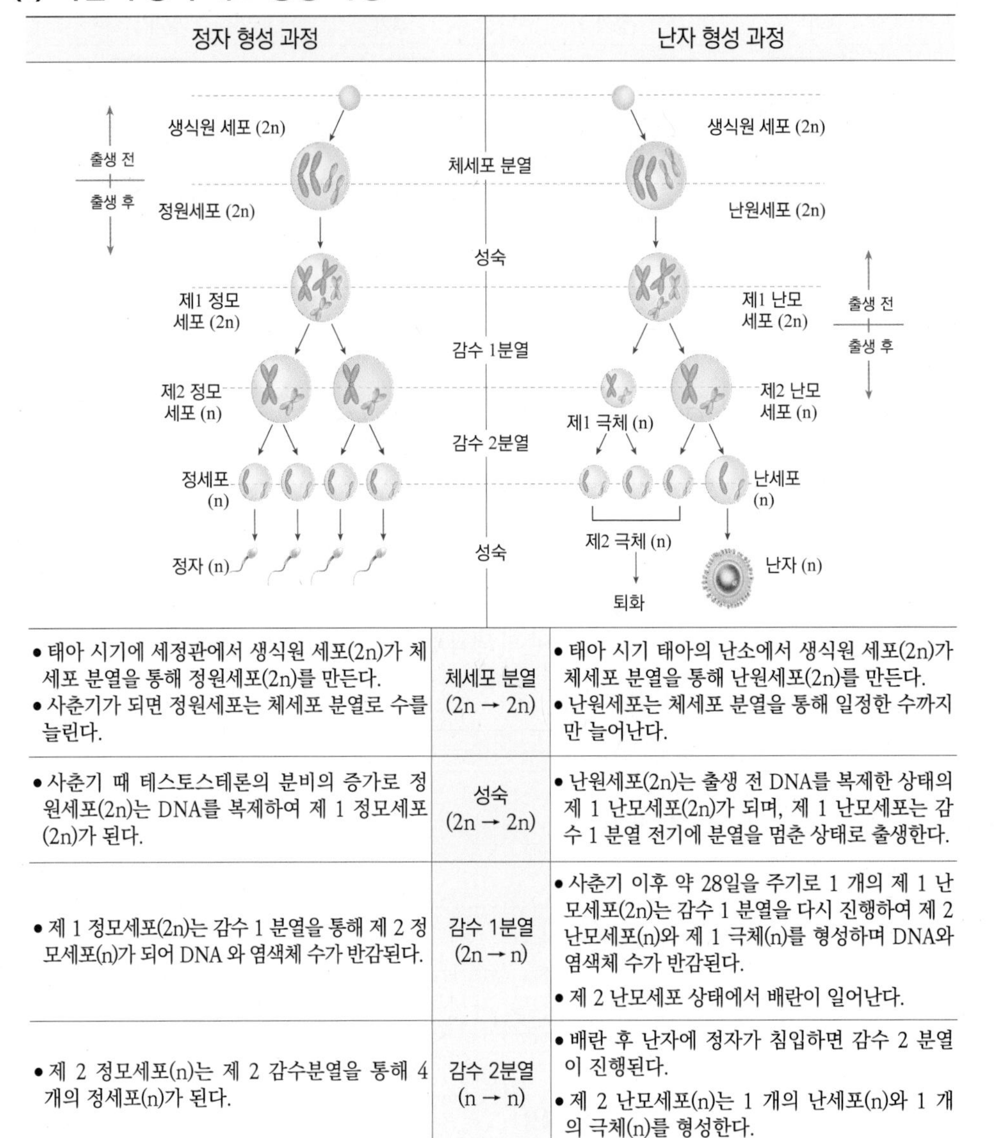

• 태아 시기에 세정관에서 생식원 세포(2n)가 체세포 분열을 통해 정원세포(2n)를 만든다. • 사춘기가 되면 정원세포는 체세포 분열로 수를 늘린다.	체세포 분열 (2n → 2n)	• 태아 시기 태아의 난소에서 생식원 세포(2n)가 체세포 분열을 통해 난원세포(2n)를 만든다. • 난원세포는 체세포 분열을 통해 일정한 수까지만 늘어난다.
• 사춘기 때 테스토스테론의 분비의 증가로 정원세포(2n)는 DNA를 복제하여 제 1 정모세포(2n)가 된다.	성숙 (2n → 2n)	• 난원세포(2n)는 출생 전 DNA를 복제한 상태의 제 1 난모세포(2n)가 되며, 제 1 난모세포는 감수 1 분열 전기에 분열을 멈춘 상태로 출생한다.
• 제 1 정모세포(2n)는 감수 1 분열을 통해 제 2 정모세포(n)가 되어 DNA 와 염색체 수가 반감된다.	감수 1분열 (2n → n)	• 사춘기 이후 약 28일을 주기로 1 개의 제 1 난모세포(2n)는 감수 1 분열을 다시 진행하여 제 2 난모세포(n)와 제 1 극체(n)를 형성하며 DNA와 염색체 수가 반감된다. • 제 2 난모세포 상태에서 배란이 일어난다.
• 제 2 정모세포(n)는 제 2 감수분열을 통해 4 개의 정세포(n)가 된다.	감수 2분열 (n → n)	• 배란 후 난자에 정자가 침입하면 감수 2 분열이 진행된다. • 제 2 난모세포(n)는 1 개의 난세포(n)와 1 개의 극체(n)를 형성한다.
• 정세포는 세포질의 대부분이 없어지고 편모를 가진 정자(n)가 된다.	성숙 (n → n)	• 난세포(n)는 난자로 성숙하고, 제 2 극체는 퇴화한다.

4. 생식과 발생

(1) 생식[1] 생물이 종족을 유지하기 위해 여러 가지 방법으로 자기와 닮은 새로운 개체를 만들어 내는 것이다.

(2) 무성 생식과 유성 생식[2]

무성 생식	체세포 분열	• 뜻 : 생식 세포가 만들어지지 않고 몸의 일부를 이용하여 번식하는 생식 방법 • 특징 ┌ 하등 생물의 번식법으로 간단하고 번식 속도가 빠르다. ├ 환경이 좋을 때 짧은 시간 동안 많은 자손을 얻을 수 있다. ├ 체세포 분열을 통해 만들어지므로 모체와 자손이 유전적으로 동일하다. └ 유전적 다양성이 부족하여 급격한 환경 변화에 잘 적응하지 못한다. • 예 이분법[3], 출아법, 포자법, 영양 생식법
유성 생식	감수분열	• 뜻 : 감수분열(생식 세포 분열)로 만들어진 암·수 생식 세포의 결합에 의해 번식하는 생식 방법 • 특징 ┌ 감수분열(생식 세포 분열)을 통해 만들어진 생식 세포의 결합에 의해 자손이 형성되므로 다양한 유전 형질을 가진 자손이 만들어진다. └ 유전적으로 다양한 자손이 만들어지므로 환경 변화에 적응하는데 유리하다.

난자의 불균등 분열

난자를 형성할 때 세포질의 크기가 다르게 분열되어 초기 발생에 필요한 양분과 세포질을 1 개의 난자에게 모두 몰아준다. 그 결과 큰 난세포 1 개와 작은 극체 3 개가 형성된다.

① 생식의 특징

- 무생물과 구별되는 생명 현상
- 유전 현상의 원인
- 종족 유지의 수단으로, 개체수를 증가시킴

② 무성 생식과 유성 생식의 비교

	무성 생식	유성 생식
생식 세포	없음	있음
번식률	높음	낮음
유전적 다양성	없음	있음
환경에 대한 적응	적응력 낮음	적응력 높음

③ 적조 현상

이분법으로 번식하는 단세포 생물들이 수온의 상승과 영양 염류 등의 증가로 폭발적으로 번식한 결과 그 수가 증가하여 붉게 보이는 현상

미니사전

극체 감수 분열 시 난자의 한쪽 끝에 붙어 있는 작은 세포로, 염색체와 유전자는 난세포와 같지만 세포질이 거의 없어 수정에 참여하지 않고 퇴화함

정원 세포 동물의 정소에 있는 생식 세포로 성장과 성숙 과정을 거쳐 정모 세포가 됨

(3) 무성 생식의 종류

이분법	포자법
몸이 둘로 나누어져 각각 새로운 개체가 된다.	몸의 일부에서 형성된 포자가 떨어진 후 싹이 터서 자란다.
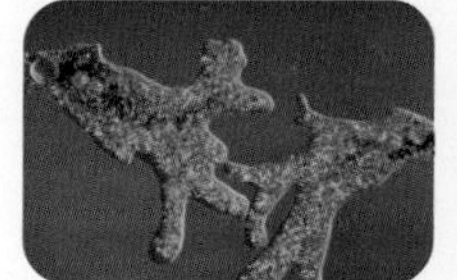 ▲ 아메바 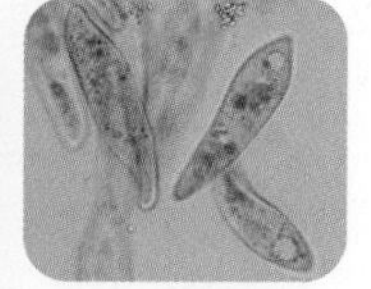 ▲ 짚신벌레	 ▲ 곰팡이  ▲ 버섯
• 생식 방법이 가장 간단하며 원시적인 방법이다. • 세포 분열이 곧 생식이므로 분열 속도가 빠르다. • 모체와 자손의 구별이 없다. • 적조 현상의 원인 예 아메바, 짚신벌레, 세균, 돌말 등	• 포자는 건조, 고온에 잘 견디며, 멀리까지 이동한다. • 포자는 온도, 수분, 양분 등 환경 조건이 충족되면 싹이 터 새로운 개체가 된다. 예 곰팡이, 버섯, 이끼, 미역, 다시마, 고사리 등

출아법	영양 생식법(인공 영양 생식)[4,5]
몸의 일부에서 돌기가 자란 후 떨어져 새로운 개체가 된다.	식물의 영양 기관의 일부가 모체와 분리된 후 독립적으로 자란다.
 ▲ 히드라 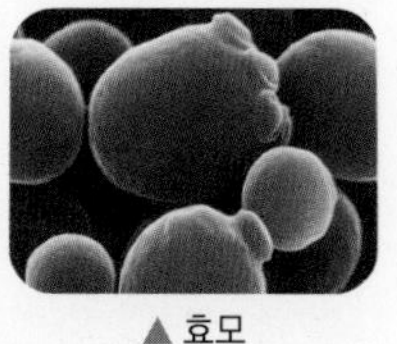 ▲ 효모	 ▲ 접붙이기  ▲ 가는 줄기
• 모체보다 자손의 크기가 작아 모체와 자손의 구별이 뚜렷하다. 예 효모, 히드라, 말미잘, 산호	• 어버이의 좋은 형질이 자손에게 그대로 전달된다. (농업, 원예에 이용) • 꽃이 일찍 피고 과실이 빨리 열린다. 예 휘묻이, 접붙이기, 꺾꽂이, 기는 줄기, 땅속줄기, 포기나누기 등

(4) 유성 생식

① 식물과 동물의 생식 세포

구분		생식 세포 형성 장소	생식 세포
식물	암(♀)	밑씨	난세포
	수(♂)	꽃밥	화분(꽃가루)
동물	암(♀)	난소	난자
	수(♂)	정소	정자

② 유성 생식을 하는 생물

구분	분류	정의	예
식물	양성화	한꽃에 암술과 수술이 같이 있는 꽃	진달래, 민들레, 무궁화, 백합
	단성화	암술과 수술이 각각 다른 꽃에 있는 꽃	
		• 자웅 이주 : 암꽃과 수꽃이 다른 그루에 핀다.	은행나무, 소철
		• 자웅 동주 : 암꽃과 수꽃이 같은 그루에 핀다.	소나무, 호박, 오이
동물	자웅 이체	암·수가 나뉘어져 있는 동물	사람, 개, 사자
	자웅 동체	한 몸에 암·수가 모두 있는 것	플라나리아, 지렁이, 달팽이

Q6 다음 ( ) 안에 알맞은 말을 쓰시오. p. 20

(①)생식은 암·수의 생식 세포의 결합 없이 새로운 개체를 만드는 방법이고, (②) 생식은 암·수의 생식 세포의 결합을 통해 새로운 개체를 만드는 생식 방법이다.

❹ 식물의 기관

● 영양 기관

식물의 영양 기관은 양분을 흡수하는 뿌리와 이를 잎으로 이동시키는 줄기, 새로운 양분을 합성하는 잎이 있다.

● 생식 기관

자손을 만들어 번식하는 기관으로 꽃과 열매가 식물의 생식 기관이다.

❺ 영양 생식

● 자연 영양 생식

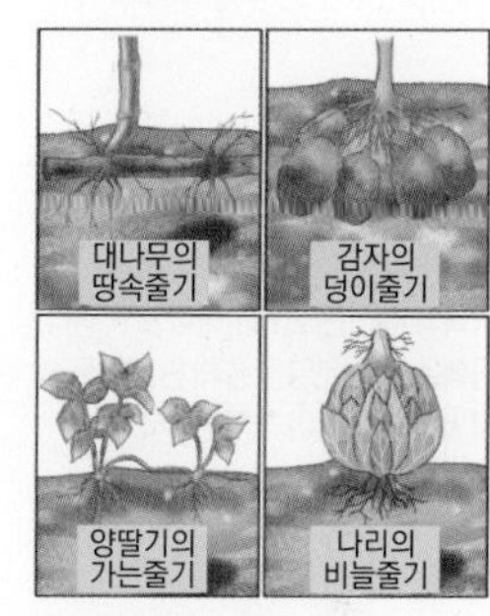

● 인공 영양 생식

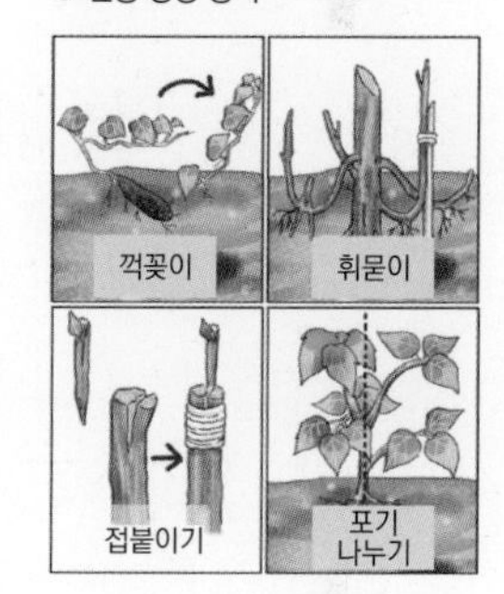

양성화

▲ 진달래의 암술과 수술

미니사전

자웅 암컷과 수컷

5. 식물의 생식

(1) 생식 세포의 형성 과정

① **수 배우자** : 수술의 꽃밥에서 꽃가루(화분 - 정핵)가 형성된다.

② **암 배우자** : 씨방 속의 밑씨에서 1 개의 난세포와 2 개의 극핵[1]이 형성된다.

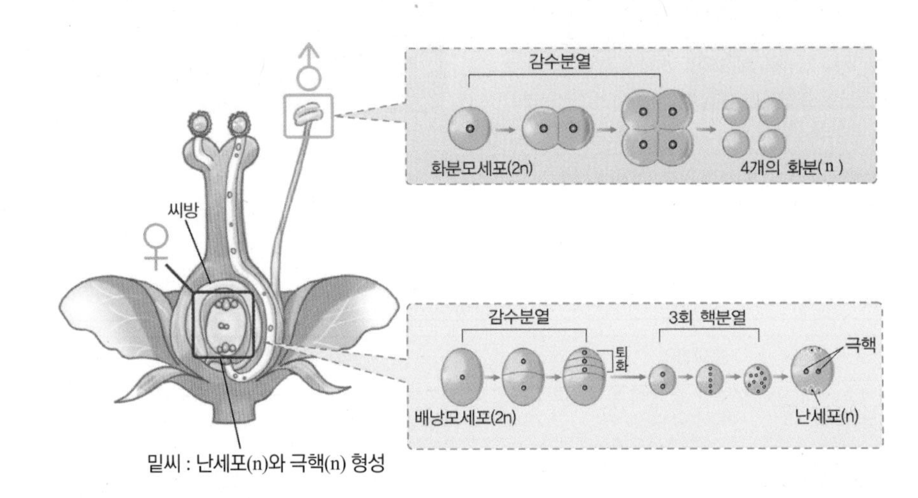

지렁이의 생식

지렁이나 달팽이처럼 암·수의 생식 기관을 한 몸에 지닌 동물이더라도 다른 개체와 붙어 정자를 서로 교환하여 수정한다. → 유전적 다양성을 높여 환경 변화에 잘 적응하기 위해서이다.

[1] 극핵의 핵상

극핵의 핵상은 2n 이 아니고 n 이다. 극핵은 감수 분열을 통해 만들어진 생식 세포의 일종이기 때문이다.

(2) 식물의 수정 과정

생식 세포(화분, 난세포, 극핵)의 형성 → 수분(꽃가루받이) → 화분관의 발아, 정핵의 형성 → 수정

① **수분(꽃가루받이)** : 화분(꽃가루)이 곤충, 바람, 새, 물 등의 매개체에 의해 암술머리에 옮겨 붙는 현상이다.

종류	수분 방식	예
▲ 충매화	벌과 나비 같은 곤충에 의해 수분이 일어난다. 화분이 곤충에 잘 달라붙도록 많은 돌기가 있다.	진달래, 무궁화, 민들레 복숭아 나무
▲ 풍매화	바람에 의해 수분이 일어난다. 화분이 바람에 잘 날리도록 가볍고, 수가 많다.	벼, 옥수수, 소나무
▲ 수매화	물을 통해 수분이 일어난다.	물풀, 검정말, 물수세미
▲ 조매화	새에 의해 수분이 일어난다.	동백나무, 선인장

미니사전

수분 화분이 암술머리에 달라붙는 현상

발아 식물의 화분이나 씨 등이 싹이 터서 생장을 시작하는 현상

② **화분관(꽃가루관)의 발아 및 정핵의 형성** : 수분이 되면 화분[2]에서 밑씨를 향해 화분관이 길게 자라며, 정핵이 밑씨로 들어간다.

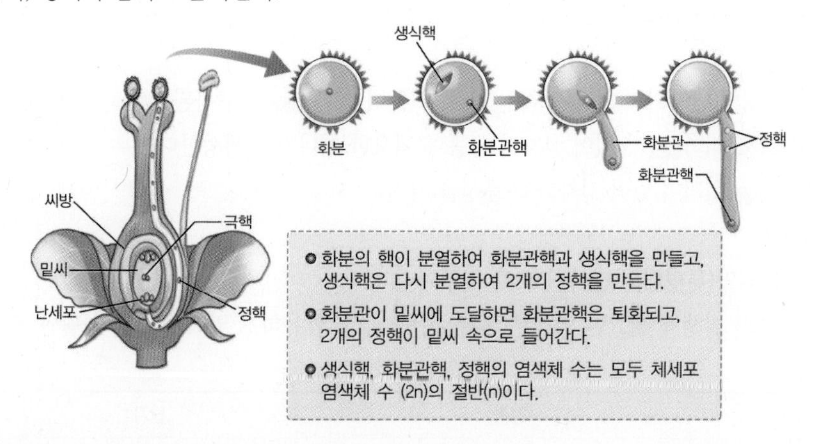

③ **수정** : 화분의 정핵과 밑씨의 난세포가 결합하는 현상이다.

속씨식물	중복수정[3] : 2개의 정핵이 하나는 밑씨의 난세포, 다른 하나는 밑씨의 극핵과 수정하는 현상
겉씨식물	중복 수정이 일어나지 않음

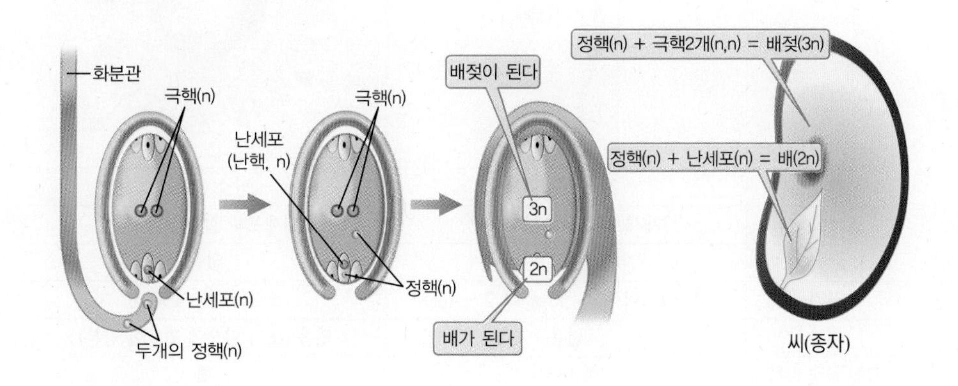

(3) 식물의 발생

① **열매와 씨의 형성** : 수정 후 밑씨는 자라서 씨가 되고, 씨방은 자라서 열매가 된다.

② **씨의 구조**

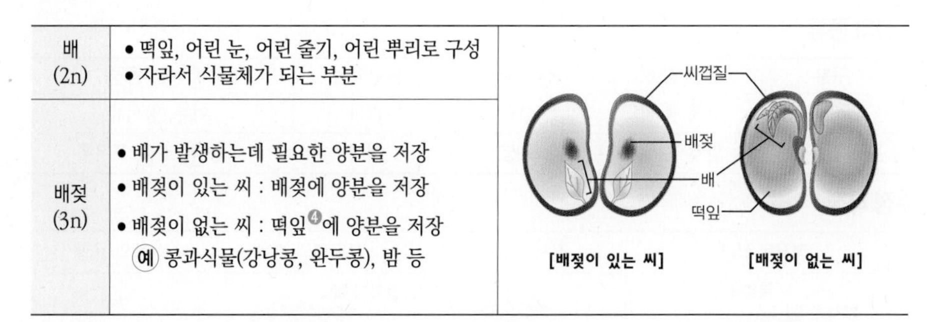

배 (2n)	• 떡잎, 어린 눈, 어린 줄기, 어린 뿌리로 구성 • 자라서 식물체가 되는 부분
배젖 (3n)	• 배가 발생하는데 필요한 양분을 저장 • 배젖이 있는 씨 : 배젖에 양분을 저장 • 배젖이 없는 씨 : 떡잎[4]에 양분을 저장 예 콩과식물(강낭콩, 완두콩), 밤 등

③ **씨의 발아** : 씨는 일시적인 휴면 상태가 되었다가 온도, 수분, 산소 조건이 적절할 때 싹이 튼다.

Q7 다음 (   )안에 알맞은 말을 쓰시오. p. 20

속씨식물의 경우 2 개의 정핵이 각각 극핵과 난세포와 만나 결합되어 2 번 수정하는데, 이러한 수정을 (   )이라고 한다.

② 화분의 다양성

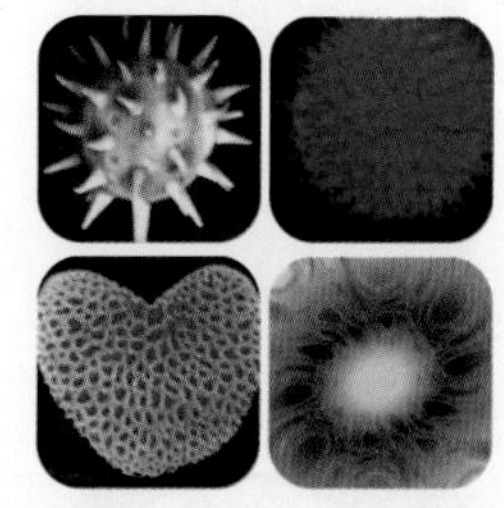

화분의 모양은 구형, 달걀형, 타원형 등 종에 따라 매우 다양하다.

③ 중복 수정

동물은 정자와 난자가 결합하면 수정이 완료된다. 하지만 속씨 식물은 2 개의 정핵이 각각 난세포와 극핵을 만나 결합되어 수정이 2 번 이루어진다. 이러한 과정을 중복 수정이라고 한다.

④ 떡잎

- 떡잎은 겉씨식물 및 속씨식물의 밑씨 속에서 발달 중인 배가 최초로 만드는 잎으로 줄기와 뿌리가 자라고 잎이 나오기 시작하면 떡잎은 퇴화되어 없어진다.
- 속씨식물은 떡잎이 1 장(외떡잎식물), 또는 2 장(쌍떡잎식물)이고, 겉씨식물은 그 수가 일정하지 않다.
- 속씨식물 중 중복 수정을 하는 밤이나 강낭콩 등은 씨에서 배젖이 퇴화되고, 배의 떡잎이 비대해져서 씨의 대부분을 차지하며 씨에 양분을 공급한다.

⚙ 정자의 현미경 사진

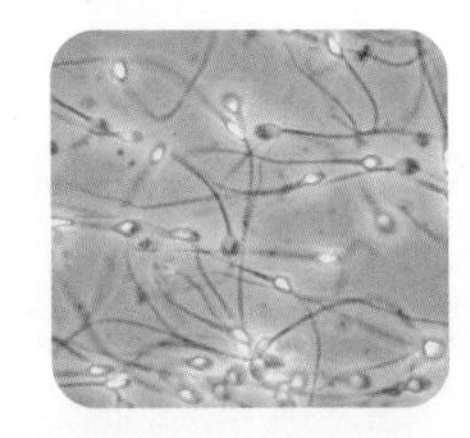

⚙ 난자를 확대한 모습

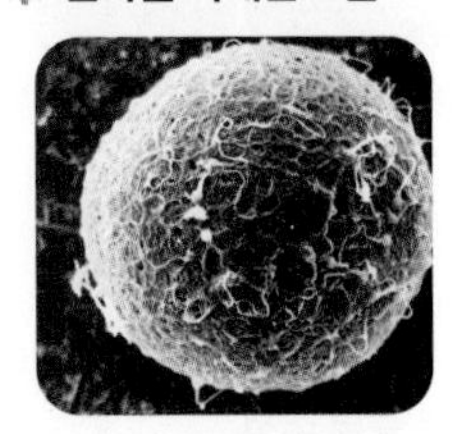

❶ 수정 과정

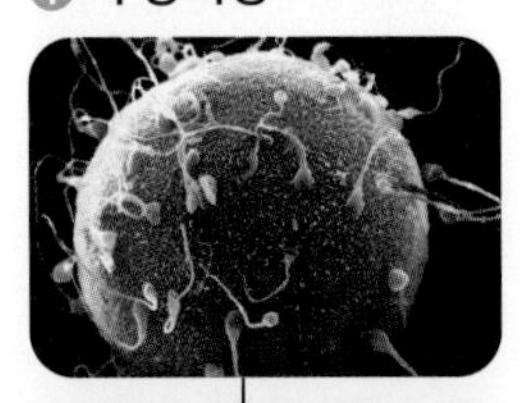

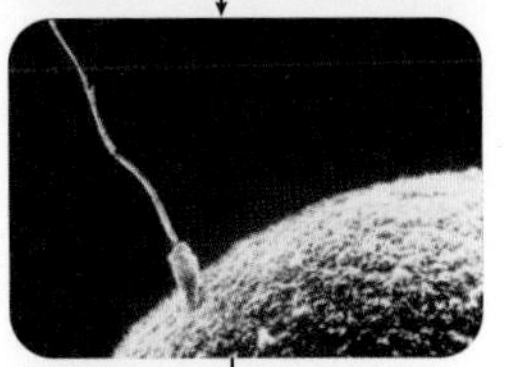

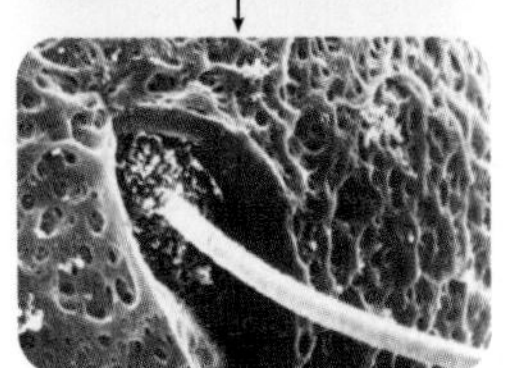

정자와 난자가 수정하면 투명대의 성질이 변하여 수정막이 되며 이는 다른 정자의 침입을 막는다. 포유류의 경우 예외적으로 수정막이 생기지 않는다.

미니사전

첨체 정자의 가장 앞부분에 있는 세포 소기관으로 핵을 감싸고 있다.

편모 세포 표면으로부터 생성된 돌기로 운동성이 있는 세포 기관

난황 난자의 세포질에 함유된 영양 물질로, 주로 노란색을 띠고 있어 붙여진 이름

미토콘드리아 세포 호흡을 통해 에너지를 생성하는 세포 소기관

6. 동물의 생식

(1) 동물의 생식 세포 정자와 난자이다.

① **정자의 구조**

- **머리** : 핵과 첨체(난자의 막을 분해하는 효소가 들어 있음)미니로 구성된다.
- **중편** : 미토콘드리아미니가 있어 정자의 운동에 필요한 에너지를 생성한다.
- **꼬리** : 편모미니로 되어 있어 정자가 운동성을 가진다.

② **난자의 구조**

- 핵, 세포질, 외막(투명대와 방사관)으로 이루어진다.
- 수정란의 초기 발생에 필요한 영양분(난황미니)을 다량 함유하고 있어 정자보다 훨씬 크고 운동성이 없다.

	정자	난자
구조	머리, 중편, 꼬리 / 첨체, 핵, 미토콘드리아, 편모	투명대, 방사관, 핵
생성 장소	정소(세정관)	난소 (여포)
염색체 수	체세포의 절반 (n = 23)	체세포의 절반 (n = 23)
운동성	있음 (편모 운동)	없음
크기	작다 (길이 30 ~ 50㎛, 폭 2 ~ 4㎛)	크다(120 ~ 150㎛)
양분	없음	있음 (초기 발생에 필요한 양분)
유전 물질 위치	핵(머리)	핵
생존 기간	여성의 체내에서 평균 3 일	배란 후 약 24 시간

▲ 인간(동물)의 생식 세포(체세포 염색체 수 2n = 46)

(2) 수정

① **수정** : 정자 (n)와 난자(n)가 만나 수정란(2n)을 만드는 현상이다.

② **수정의 종류**

구분	수정 장소	생활 환경	난자의 수	예 (척추동물)
체외 수정	암컷 몸 밖	수중	많다	어류, 양서류
체내 수정	암컷 몸 속	육상	적다	파충류, 조류, 포유류

③ **수정 과정**❶

정자의 접근	정자의 침입	투명대의 변화	핵의 융합
방사관, 투명대, 제 1 극체	제 2 극체	정자의 핵, 난자의 핵	수정란(2n)
• 난자는 수정소라는 화학 물질을 분비하여 정자의 접근을 유도한다. • 정자는 편모 운동에 의해 이동한다.	정자의 첨체에서 효소가 난자의 투명대를 분해하고 머리 부분만 난자로 침입한다.	다른 정자의 침입을 막기 위해 투명대의 성질이 변하여 수정막이 된다.	정핵(n)과 난핵(n)이 융합하여 수정란(2n)을 형성한다.

(3) 동물의 발생

① **발생** : 수정란이 세포 분열을 거듭하여 세포의 수가 늘어나고, 점차 조직과 기관을 형성하면서 하나의 완전한 개체로 되는 과정이다.

② **발생 과정**

- **난할** : 수정란의 초기 세포 분열이다.
- **할구** : 난할 결과 생성된 각각의 세포이다.

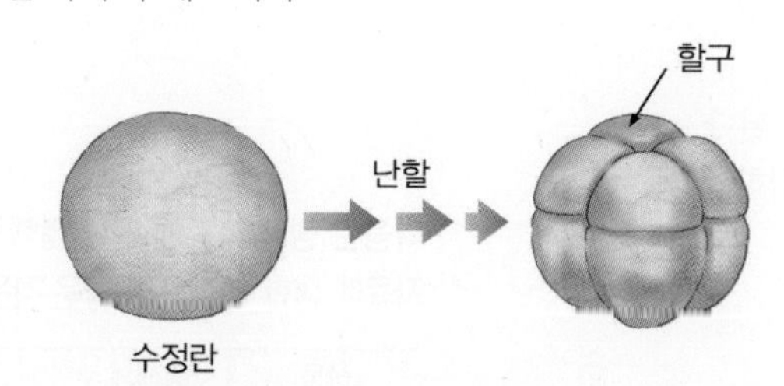

수정란	2세포기	4세포기	8세포기	…
할구의 수 : 1개 → 2개 → 4개 → 8개 → … 으로 증가 할구의 수가 증가할수록 할구의 크기는 작아짐				
정자(n) + 난자(n) → 수정란(2n)	세로 방향으로 나누어짐	세로 방향으로 나누어짐	가로 방향으로 나누어짐	

상실기	포배기	낭배기	기관 형성	개구리(성체)
할구의 크기가 작아져 수정란의 모양이 뽕나무 열매를 닮음	가운데 부분에 할강(빈 공간)이 만들어짐	포배의 세포층이 내부로 들어가 2 중의 세포층이 생겨 주머니 모양이 됨	배엽 미니 에서 여러 기관이 형성됨	올챙이에서 개구리로 변하면서 꼬리가 없어지고 아가미가 폐로 바뀜

- **난할의 특징**
  - 체세포 분열이다. ⇒ 염색체 수의 변화 없다.(2n → 2n)
  - 할구의 성장 시기가 없기 때문에 난할이 거듭될수록 할구의 수는 증가하지만 크기는 작아진다.
  - 체세포 분열보다 분열 속도가 빠르고, 분열 순서와 방향이 정해져 있다.
  - 난할이 진행되어도 수정란의 전체 크기는 변하지 않는다.

- **난할 결과**

구분	할구의 수	할구의 크기	수정란의 크기	할구당 염색체 수
결과	증가	작아짐	변화 없음	변화 없음

Q8 다음 중 알맞은 말에 ○표 하시오. p. 20

난할 결과 생성된 세포의 수는 (① 증가, 감소)하고, 세포의 크기는 점점 (② 커진다, 작아진다).

Q9 다음 동물의 발생 과정 중에 처음 가운데 빈 공간이 만들어지는 과정을 고르시오.

a. 수정란 b. 8 포기 c. 상실기 d. 포배기 e. 낭배기

난할

개구리의 변태 미니

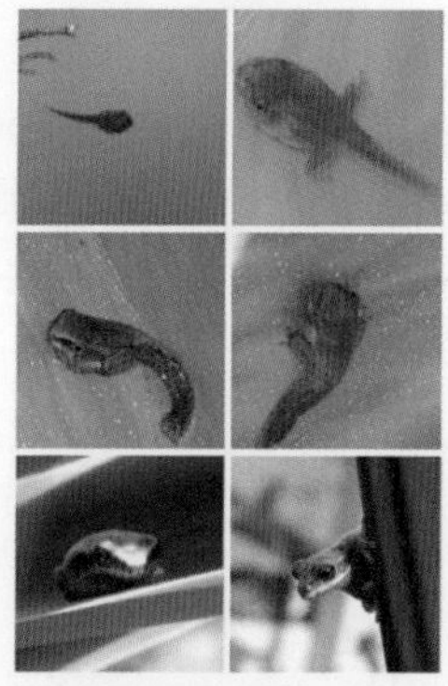

개구리의 수정란은 올챙이 시기를 지나 개구리로 되는 과정에서 다리와 폐가 만들어지고, 꼬리와 아가미가 없어지는 등의 심한 변화가 일어난다.

미니사전

배엽 다세포 동물의 발생 초기에 형성되고, 장래 특정 조직(기관)을 만들어내는 세포층

변태 새끼가 성체로 자라면서 몸의 기능과 형태가 많이 변하는 현상

개념 확인 문제

염색체

01 다음 중 염색체에 대한 설명으로 옳은 것만을 있는 대로 고르시오.

① 염색체에는 유전 물질(DNA)가 들어 있다.
② 세포가 분열하면 염색체 수는 항상 줄어든다.
③ 같은 종의 생물은 염색체의 수와 모양이 같다.
④ 염색체가 응축되면 막대 모양의 염색사가 된다.
⑤ 고등 생물이고 몸집이 클수록 몸을 구성하는 세포의 염색체 수가 많다.

02 다음 〈보기〉에서 염색체의 특징으로 옳은 것만을 있는 대로 고르시오.

보기

ㄱ. 세포가 분열할 때만 관찰된다.
ㄴ. 암·수가 각각 갖는 성염색체 모양은 동일하다.
ㄷ. 암·수의 성을 결정하는 염색체를 상염색체라고 한다.
ㄹ. 모양과 크기가 같은 한 쌍의 염색체를 상동 염색체라고 한다.

03 다음은 세포 분열 전기에 나타나는 막대 모양의 물질이다. A ~ C 에 해당하는 것은 무엇인지 이름을 쓰시오.

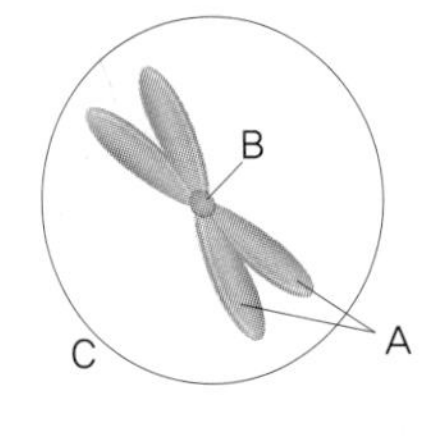

A: (   )
B: (   )
C: (   )

04 오른쪽 그림은 어떤 동물의 염색체를 모식적으로 나타낸 것이다. 이 동물의 염색체 구성으로 바른 것은? (단, 이 동물의 성염색체 구성은 사람과 동일하다.)

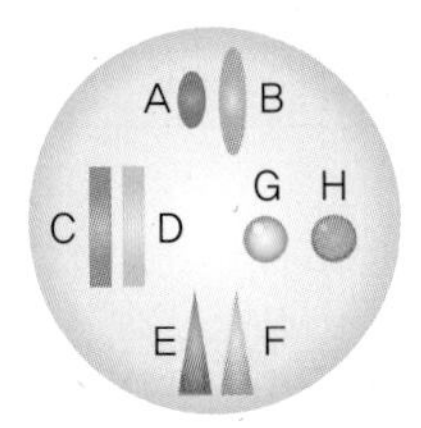

① 6 + XY　　② 6 + XX　　③ 8 + XY
④ 8 + XX　　⑤ 10 + XY

05 오른쪽 그림은 어떤 동물 세포의 염색체를 나타낸 것이다. 염색체 수를 표현해 보시오.

06 다음은 생물의 종에 따른 염색체 수를 나타낸 것이다. 이 자료에 대한 해석으로 옳은 것은?

식물	염색체 수	동물	염색체 수
양파	16	초파리	8
보리	14	개구리	26
벼	24	침팬지	48
감자	48	개	78

① 식물보다 동물의 염색체 수가 많다.
② 고등 생물일수록 염색체 수가 많아진다.
③ 생물의 체세포 염색체 수는 4 의 배수이다.
④ 생물의 종류는 달라도 염색체 수는 같을 수 있다.
⑤ 생물의 염색체 수는 같은 종이라도 서로 다를 수 있다.

07 다음 그림은 여학생과 남학생의 염색체를 조사한 것이다. 이 자료에 대한 설명으로 옳은 것만을 있는 대로 고르시오.

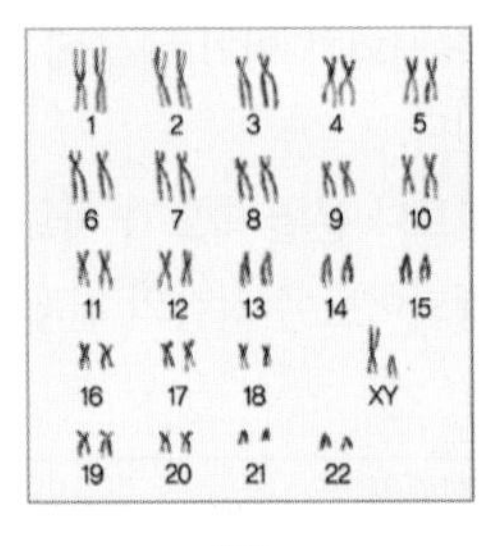

(가)　　　　(나)

① (가)는 여학생, (나)는 남학생이다.
② (나)는 23 쌍의 상동 염색체를 가진다.
③ 체세포 한 개의 염색체 수는 46 개이다.
④ 1 번과 2 번 염색체는 서로 상동 염색체이다.
⑤ (가)의 생식 세포는 항상 X 염색체를 가진다.
⑥ (가)의 생식 세포에 있는 상염색체는 모두 23 개이다.
⑦ (가)와 (나) 모두 어머니로부터 22 개의 염색체를 물려 받았다.

체세포 분열

08~10 다음 그림은 어떤 생물의 체세포 분열 과정을 순서 없이 나타낸 것이다.

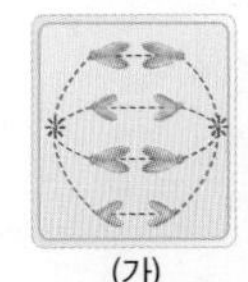
(가)

(나)
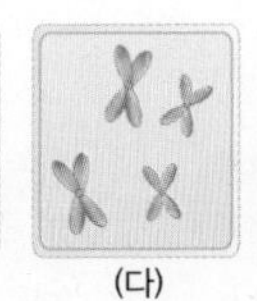
(다)
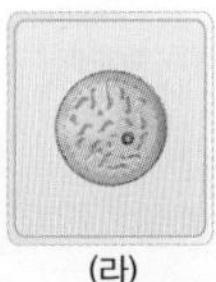
(라)
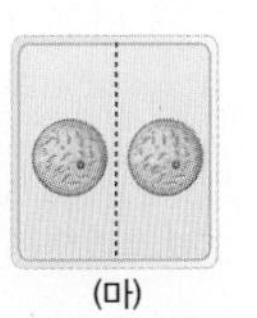
(마)

08 체세포 분열 과정을 기호를 써서 순서대로 바르게 나열하시오.

09 각 시기에 대한 설명으로 옳은 것은?

① (가) 시기는 핵 분열기 중 가장 긴 시기이다.
② (나) 시기에는 염색체 관찰이 가장 쉽다.
③ (다) 시기에는 세포판이 형성되기 시작한다.
④ (라) 시기에는 염색체가 나타나며 분열이 완성된다.
⑤ (마) 시기에는 세포 분열을 준비하는 기간이다.

10 유전 물질인 DNA의 양이 두 배로 증가하는 시기를 찾아 기호와 이름을 쓰시오.

11 체세포 분열 과정의 각 단계를 구분하는 기준은 무엇인가?

① 방추사의 유무
② 염색체 수의 변화
③ 세포질의 분열 방법
④ 핵막, 세포막의 변화
⑤ 염색체의 모양과 이동하는 모습

12 그림은 체세포 분열의 한 단계를 나타낸 것이다. 이 시기에 대한 설명으로 옳은 것은?

① 염색사가 관찰된다.
② 핵막이 관찰되지 않는다.
③ 염색체가 보이기 시작한다.
④ 방추사가 동원체에 달라붙기 시작한다.
⑤ 방추사가 사라지고 염색체가 염색사로 변한다.

13~14 다음 그림은 체세포 분열을 관찰하기 위한 실험 과정을 순서 없이 나열한 것이다.

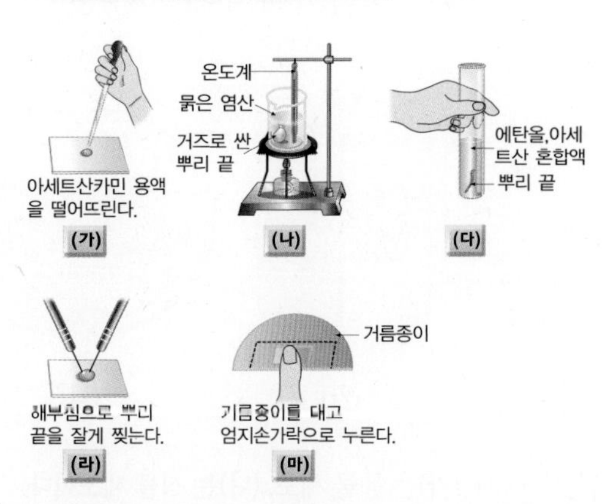

13 위 실험 과정을 기호를 써서 순서대로 바르게 나열하시오.

14 세포와 세포 사이의 물질을 녹여 세포들이 잘 분리되게 하기 위한 단계는?

① (가) ② (나) ③ (다) ④ (라) ⑤ (마)

15 그림은 어떤 생물의 체세포의 염색체를 나타낸 것이다. 체세포 분열 결과 생성된 딸세포의 염색체 구성으로 옳은 것은?

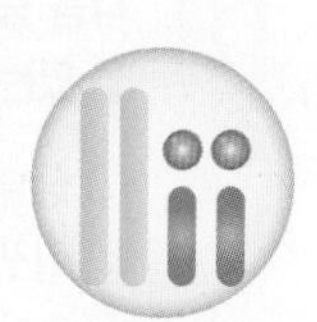

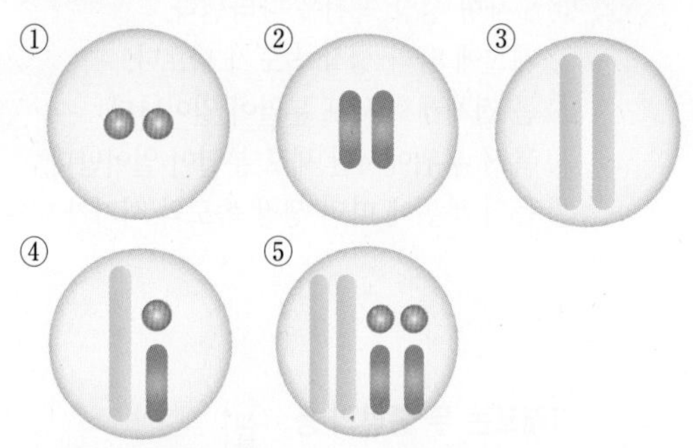

16 침팬지의 염색체 수는 $2n = 48$ 이다. 이 침팬지의 세포가 3번의 체세포 분열을 한 결과 생성된 딸세포의 수와 1개의 딸세포 속에 들어있는 염색체 수가 바르게 짝지어진 것은?

	생성된 딸세포 수	딸세포 속의 염색체 수
①	2	48
②	4	24
③	4	48
④	8	24
⑤	8	48

17 **그림은 식물 세포와 동물 세포의 세포질 분열을 각각 나타낸 것이다. 이에 대한 설명으로 옳은 것은?**

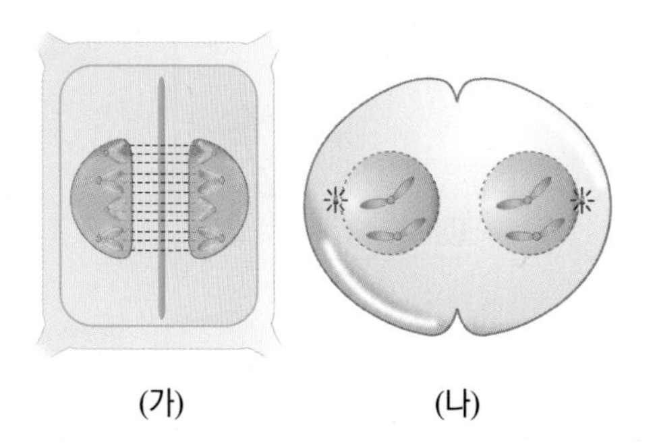

① (가)는 동물 세포, (나)는 식물 세포이다.
② (가)와 (나) 시기에 염색체를 관찰하기가 매우 쉽다.
③ (가)의 세포질 분열은 세포판 형성에 의해 일어난다.
④ (가)는 바깥쪽에서 안쪽으로 세포질이 나누어지고 있다.
⑤ (나)는 안쪽에서 바깥쪽으로 세포질이 함입하고 있다.

18 **다음 중 식물의 생장의 특징에 대한 설명으로 옳은 것만을 있는 대로 고르시오.**

① 상대 생장을 한다.
② 일생 동안 계속 생장한다.
③ S 자형 생장 곡선을 나타낸다.
④ 계절에 따라 생장 속도가 다르다.
⑤ 몸 전체에서 세포 분열이 일어난다.
⑥ 특정 부위에서만 세포 분열이 일어난다.
⑦ 몸의 부위에 따라 생장 속도와 시기가 다르다.

19 **그래프는 두 종류의 동물 생장 곡선을 나타낸 것이다. 위 자료에 대한 설명으로 옳지 <u>않은</u> 것은?**

생장량 (상대값) / 시간 / 0 / A / B

① 사람은 S 자형 생장 곡선을 가진다.
② 갑각류는 A 의 생장 곡선을 가진다.
③ A 에 속하는 동물은 메뚜기, 붕어가 있다.
④ B 에 속하는 동물은 개, 원숭이 등이 있다.
⑤ A 와 같은 곡선은 탈피와 변태를 거치는 동물의 생장 곡선이다.

감수 분열

20~22 **다음 그림은 어떤 동물의 생식 세포 분열 과정을 나타낸 것이다.**

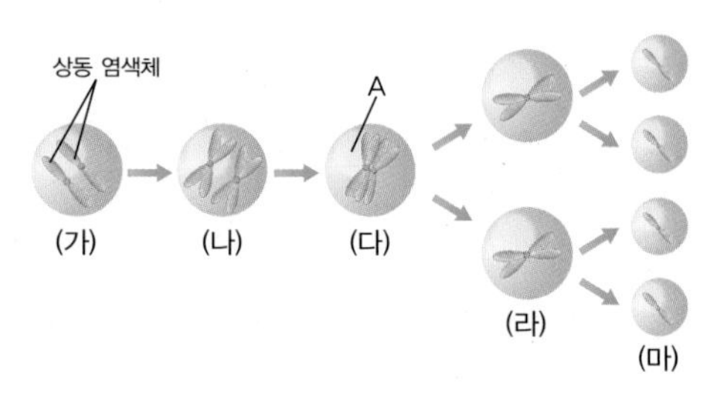

20 **이 세포 분열에 대한 설명으로 옳은 것만을 있는 대로 고르시오.**

① 생장 속도를 빠르게 한다.
② 분열 결과 길이 생장이 일어난다.
③ 연속 2 회 분열로 2 개의 딸세포가 형성된다.
④ 감수 제 2 분열 과정에서 염색체 수가 반으로 줄어든다.
⑤ 세대가 거듭되어도 염색체 수가 일정하게 유지되게 한다.
⑥ 감수 분열을 통해 형성된 생식 세포의 수정으로 다양한 유전적 특징을 가진 자손이 나타난다.

21 **(가) ~ (마) 시기 중에서 각 세포가 가지는 염색체의 수가 2n 으로 표시되는 시기를 있는 대로 고르시오.**

22 **위와 같은 세포 분열 과정을 관찰할 수 <u>없는</u> 곳은?**

① 개구리의 정소　② 백합의 화분
③ 사람의 난자　④ 양파의 뿌리 끝
⑤ 장미꽃의 밑씨

23 **그림은 어떤 동물의 염색체를 모식도로 나타낸 것이다. 이 동물의 정자의 염색체 모양을 바르게 나타낸 것은?**

정답 및 해설 20쪽

24 **다음은 생식 세포 형성 과정에 대한 설명으로 옳은 것은 ○표, 옳지 않은 것은 ×표 하시오.**

(1) 동물의 정소와 난소에서 일어난다. ( )

(2) 식물의 꽃밥과 밑씨에서 일어난다. ( )

(3) 감수 2 분열 때 염색체 수가 절반으로 줄어든다. ( )

(4) 감수 1 분열 때에는 염색체 수에 변화가 없다. ( )

25 **다음 중 체세포 분열과 감수 분열을 비교한 것으로 옳지 않은 것은?**

		체세포 분열	감수 분열
①	분열 장소	체세포	생식 기관
②	분열 횟수	1 회	연속 2 회
③	염색체 수	2n → 2n	2n → n
④	딸세포 수	4 개	2 개
⑤	분열 결과	재생, 생장	생식

26 **다음 중 사람의 생식 세포 형성 과정에 대한 설명으로 옳은 것만을 있는 대로 고르시오.**

① 정세포는 체세포 분열을 하여 결국 정자가 된다.
② 2 회의 DNA 복제와 2 회 세포 분열이 연속적으로 일어난다.
③ 여성은 출생 시에 수십~수백만 개의 제 1 난모 세포를 가지고 태어난다.
④ 남성은 사춘기가 되면 정소에서 정원 세포가 성숙 과정을 거쳐 제 1 정모 세포가 된다.
⑤ 난자는 극체를 형성하며 1 개의 난자에게 양분과 세포질을 몰아주는 불균등 분열을 한다.

27 **다음 그림은 사람의 난자 형성 과정을 나타낸 것이다.**

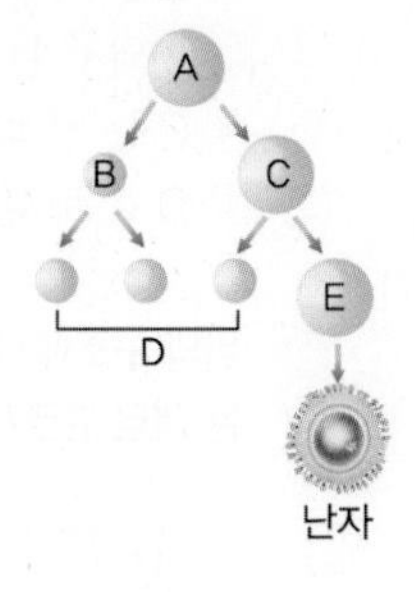

(1) E 의 이름을 쓰시오.

(2) 염색체 수가 2n 으로 표시될 수 있는 세포의 기호를 있는 대로 쓰시오.

생식과 발생

28 **다음 중 생식에 대한 설명으로 옳은 것은?**

① 종족을 유지한다.
② 수명을 연장시킨다.
③ 몸의 크기가 커진다.
④ 염색체 수가 유지된다.
⑤ 유전 물질의 양이 많아진다.

29 **다음 그림은 무성 생식을 하는 생물들이다.**

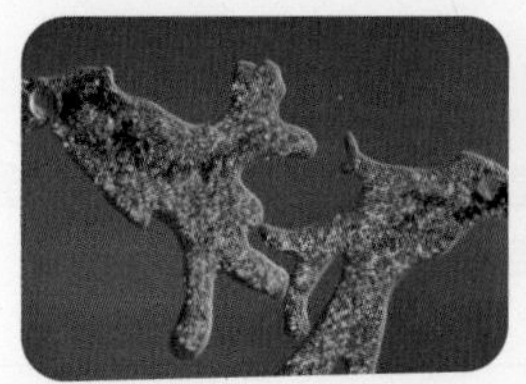
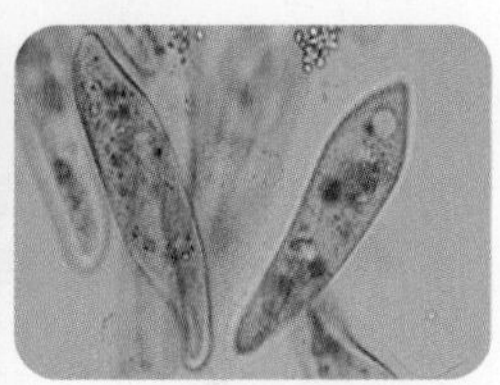

위의 생물들의 공통적인 생식 방법의 특징으로 옳은 것을 있는 대로 고르시오.

① 주로 단세포 생물에서 볼 수 있다.
② 자손과 어버이가 구별되지 않는다.
③ 환경의 변화에 쉽게 적응할 수 있다.
④ 분열에 의해 생성된 두 개체는 똑같은 유전자를 갖는다.
⑤ 암수가 만든 생식 세포가 결합하여 새로운 개체가 된다.
⑥ 고온 건조와 같은 악조건에서도 빠르게 번식할 수 있다.

30 **오른쪽 그림과 같은 생물의 번식 방법과 같은 방법으로 번식하는 생물은 무엇인가?**

①
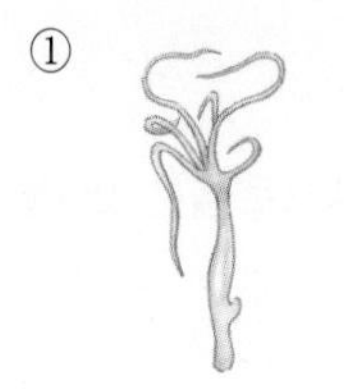
②
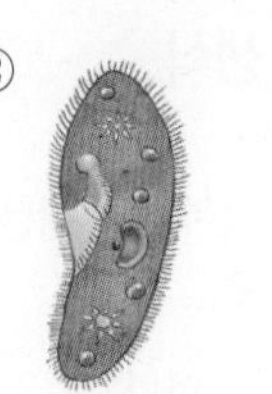
③

④
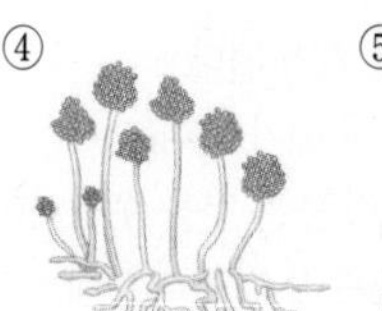
⑤
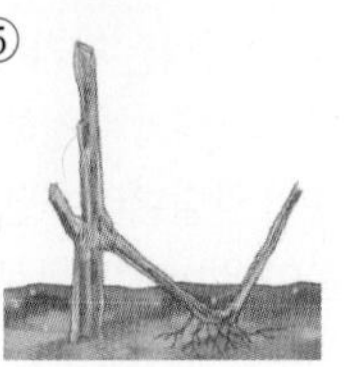

31~32 다음 그림은 식물의 번식 방법을 나타낸 것이다.

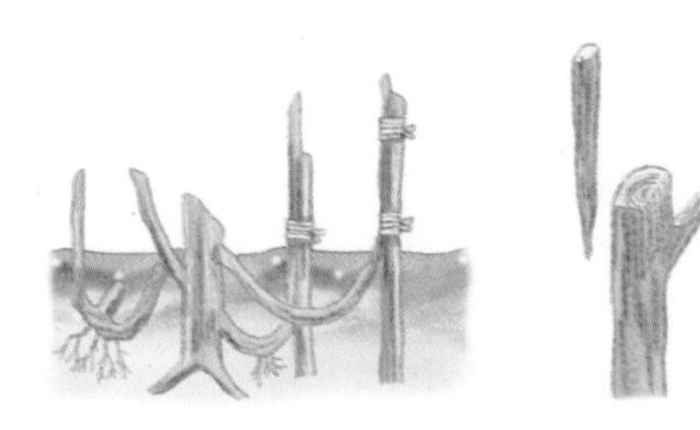

31
위의 생식 방법의 이름을 쓰시오.

A : (　　　　)　B : (　　　　)

32
위와 같은 번식 방법에 대한 설명으로 옳은 것만을 〈보기〉에서 있는 대로 고르시오.

보기

ㄱ. 식물의 왕성한 재생력을 이용한 번식법이다.
ㄴ. 어버이의 특성이 그대로 자손에게 유전된다.
ㄷ. 좋은 품종을 대량으로 번식시키는데 이용된다.
ㄹ. 암·수 생식 세포를 형성하여 번식하는 방법이다.
ㅁ. 유성 생식에 비해 개화와 결실에 더 오랜 시간이 걸린다.

33
다음 중 유성 생식에 대한 설명으로 옳은 것은?

① 식물의 영양 생식도 이에 속한다.
② 무성 생식보다 번식 속도가 빠르다.
③ 일반적으로 하등한 생물의 생식 방법이다.
④ 어버이의 우수한 품종을 보존하는데 적합하다.
⑤ 감수 분열 과정에 의해 만들어진 암·수의 생식 세포의 결합에 의해 자손이 만들어진다.

식물의 생식

34
속씨 식물의 수정에 대한 설명으로 옳은 것만을 있는 대로 고르시오.

① 중복 수정한다.
② 수정 후 밑씨는 자라서 씨가 된다.
④ 정핵은 극핵과 수정하여 배가 된다.
③ 화분이 암술머리에 달라붙는 것을 수정이라고 한다.
⑤ 수분이 일어나면 화분관이 발아하는데 이때 2 개의 정핵과 1 개의 화분관핵이 만들어진다.

35~36 다음 그림은 속씨 식물의 수정 과정을 나타낸 것이다.

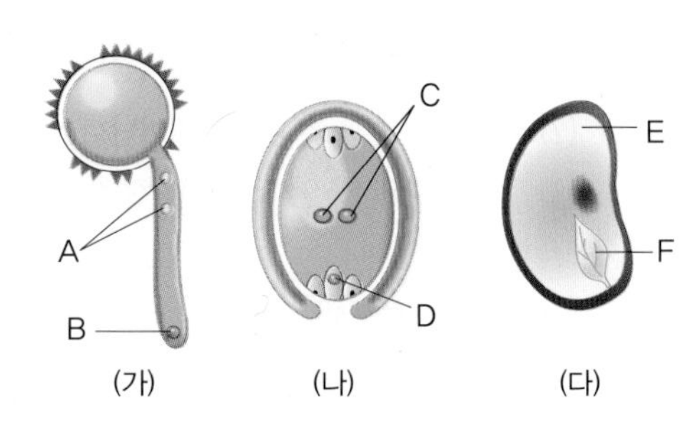

35
A ~ F 에 대한 설명으로 옳지 않은 것은?

① 속씨 식물은 중복 수정이 일어나 배와 배젖을 만든다.
② B 는 화분관이 밑씨에 도달하면 퇴화되어 없어진다.
③ C 는 난세포, D 는 극핵이다.
④ C 는 2 개 있으며 수정 후 배젖이 된다.
⑤ F 의 염색체 수는 D 염색체보다 2 배 많다.

36
E 와 F 의 염색체 수를 쓰고, 각각 어느 부분이 결합하여 이루어진 것인지 그림의 기호를 쓰시오.

	염색체 수	결합 부분 기호 (두 가지)
E		
F		

37~38 그림은 감과 강낭콩의 씨 단면을 각각 나타낸 것이다.

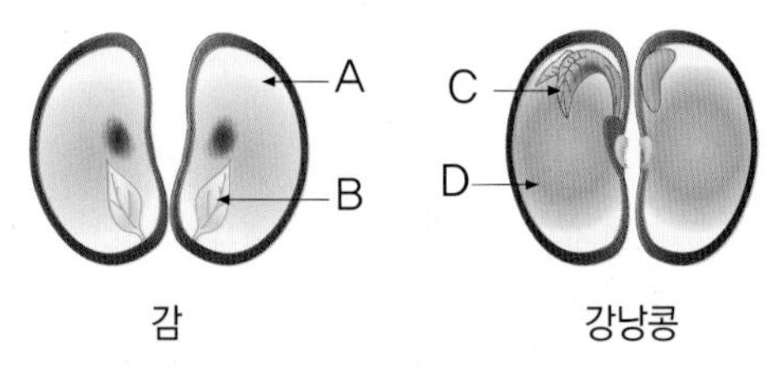

37
각 구조에 대한 설명으로 옳지 않은 것은?

① A 는 배가 자라는데 양분을 제공한다.
② B 는 배이다.
③ B 와 C 는 장차 식물이 되는 부분이다.
④ C 는 정핵과 난세포의 수정으로 생성된다.
⑤ D 는 배젖으로 양분을 저장한다.

38
위의 구조에서 D 를 가지는 식물만을 다음 〈보기〉에서 있는 대로 고르시오.

보기

ㄱ. 복숭아　ㄴ. 사과　ㄷ. 완두　ㄹ. 보리　ㅁ. 땅콩

정답 및 해설 20쪽

39

다음 중 식물의 수분 매개체와 예시 식물이 바르게 연결되지 않은 것은?

① 물 - 검정말 ② 새 - 선인장 ③ 벌 - 진달래
④ 바람 - 옥수수 ⑤ 나비 - 동백나무

동물의 생식

40

다음 중 정자와 난자를 비교한 것으로 옳지 않은 것은?

		정자	난자
①	생성 장소	정소	난소
②	운동성	있다	없다
③	크기	작다	크다
④	양분의 양	많다	적다
⑤	생성 개수	많다	적다
⑥	염색체 수	n	n

41

그림은 정자의 구조를 나타낸 것이다. 각 물음에 해당하는 부분의 기호를 쓰시오.

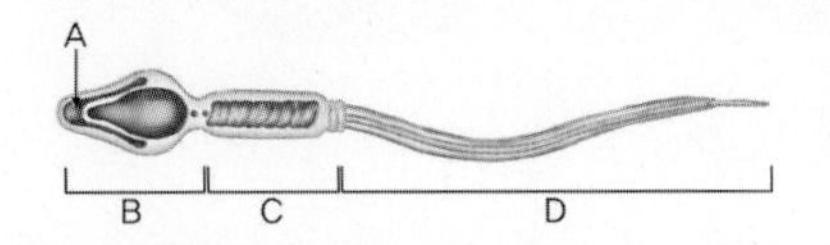

(1) 정자의 운동에 필요한 에너지를 공급하는 곳은?
(2) 유전 물질이 들어 있는 곳은?
(3) 수정 과정에서 난자의 투명대를 분해하는 효소가 들어 있는 곳은?

42

다음은 동물의 수정 과정을 순서 없이 나열한 것이다. 순서대로 바르게 나열하시오.

ㄱ. 수정막이 생긴다.
ㄴ. 수정 돌기가 생긴다.
ㄷ. 정자가 난자 내부로 진입한다.
ㄹ. 정자의 핵과 난자의 핵이 결합한다.
ㅁ. 정자가 편모 운동으로 난자에 접근한다.

43

다음 중 발생에 대한 설명으로 가장 옳은 것은?

① 암 · 수 생식 세포가 결합하는 과정
② 체세포가 분열하여 몸이 자라는 과정
③ 생물의 몸을 이루는 조직 기관을 형성하는 과정
④ 개체가 자라면서 몸의 형태와 기능이 변하는 과정
⑤ 수정란이 세포 분열을 계속하여 완전한 개체로 되는 과정

44~46 다음은 개구리의 초기 발생 과정을 일부를 순서 없이 나타낸 것이다.

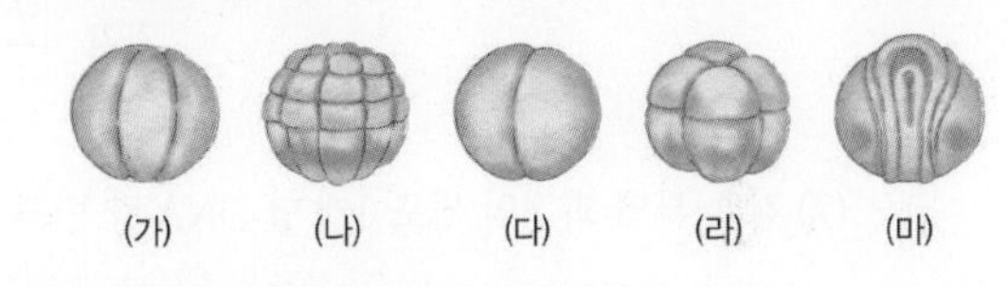

44

위의 발생 과정을 순서대로 바르게 나열하시오.

45

수정란의 세포 분열을 난할이라고 한다. 난할이 계속되어 할구가 작아져 뽕나무 열매를 닮은 모양을 하고 있는 시기의 기호와 이름을 쓰시오.

46

위 세포 분열에 대한 설명으로 옳은 것만을 있는 대로 고르시오.

① 전체 수정란의 크기는 변하지 않는다.
② 난할은 세포의 생장기 없이 계속된다.
③ 세포 1 개당 염색체 수가 가장 많은 것은 (나)이다.
④ 수정란의 초기 발생 과정은 정해진 순서와 방향이 있다.
⑤ 분열이 진행되어도 할구당 세포질의 양은 항상 일정하게 유지된다.
⑥ 난할이 진행됨에 따라 할구의 크기는 작아지지만 할구의 수는 많아진다.

개념 심화 문제

01 **다음은 체세포 분열과 감수 분열에서 일어나는 세포 1개 당 DNA 량의 상대적 변화를 나타낸 것이다.**

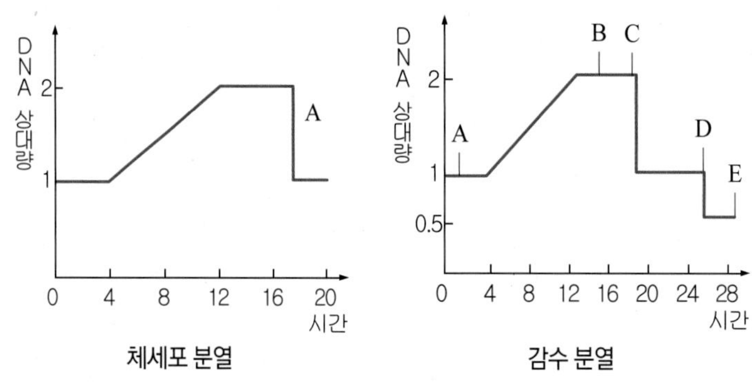

(1) 체세포 분열의 세포 1개 당 DNA 량 변화 그래프에서 A 와 같은 변화를 보이는 시기는 언제인가?

간기 ①→ 전기 ②→ 중기 ③→ 후기 ④→ 말기

(2) 감수 분열 과정의 세포 1개 당 DNA 량 변화 그래프에서 아래 그림과 같은 시기를 찾아 기호를 찾아 순서대로 쓰시오.

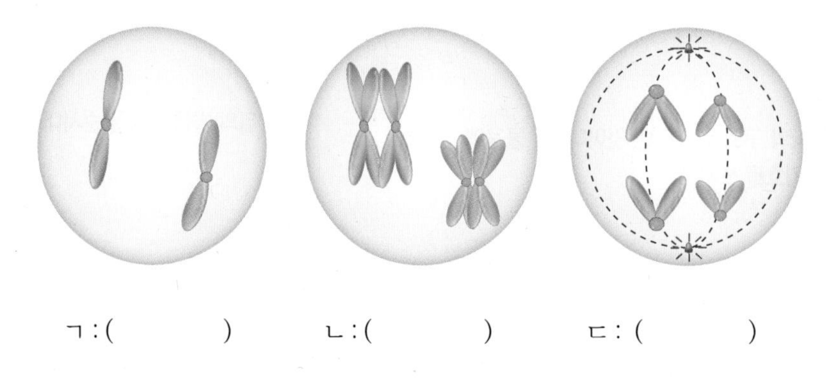

ㄱ : (　　　　)　　ㄴ : (　　　　)　　ㄷ : (　　　　)

개념 돋보기

체세포 분열 시 DNA 량 변화

DNA 는 히스톤 단백질과 함께 염색사를 이룬다. 세포 분열 시기 중 간기에서 복제가 일어나는데 이때 DNA 의 양은 2 배로 늘어나게 된다. 복제된 염색체가 다시 염색 분체로 나누어지는 말기에는 2 배로 늘어났던 DNA 량이 반감되어 원래의 양으로 된다.

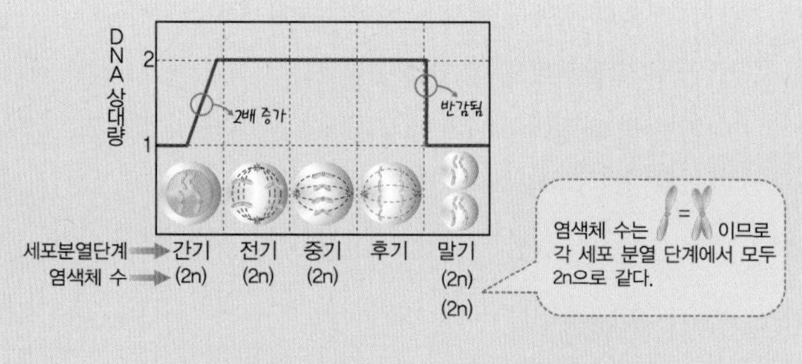

감수 분열 시 DNA 량 변화

감수 제 1 분열 간기 때 복제 과정을 거쳐 DNA 의 양은 2 배로 늘어나지만 감수 제 1 분열과 감수 제 2 분열에서 각각 반으로 줄어들기 때문에 결국 모세포 DNA 량의 절반이 된다. 염색체 수는 제1 분열 후기에 상동 염색체가 분리되면서 반감하나(2n → n) 제 2분열에서는 그대로 유지된다.(n→n)

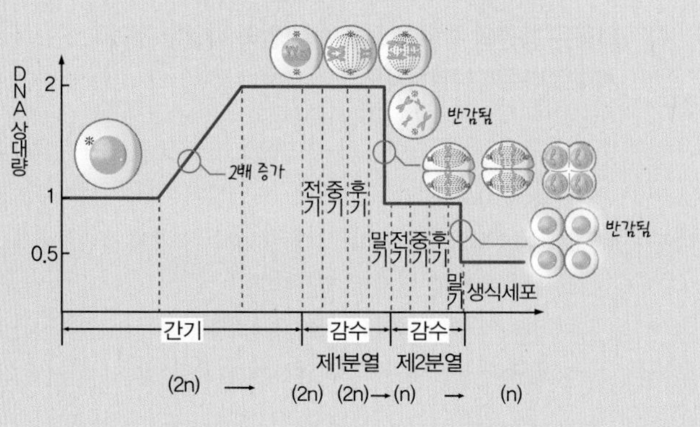

02 다음은 사람 염색체의 일부를 나타낸 것이다.

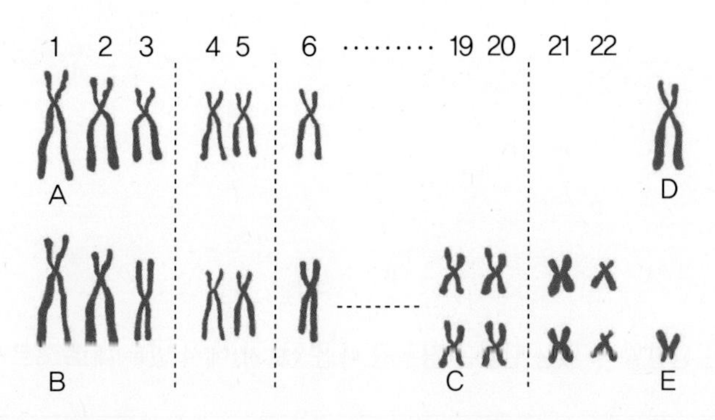

(1) 위의 염색체 수를 바르게 나타내시오.

(2) 위 염색체 A ~ E 중 남녀의 성을 결정하는 염색체는 무엇인가?

(3) 어머니로부터 물려받은 것을 확실하게 짐작할 수 있는 염색체는 무엇인가?

03 침팬지의 염색체 일부를 나타낸 것이다. 자료를 보고 침팬지의 몸을 구성하는 각 세포들의 핵에 들어 있는 염색체 개수를 쓰시오.

1 2 3 4 5 6 ········· 20 21 22 23

(1) 침팬지의 입안 상피 세포 : ( )개

(2) 정소에서 제 2 정모 세포 : ( )개

(3) 정소에서 정자 : ( )개

개념 심화 문제

04 **그림은 세포 분열 과정을 나타낸 것이다.**

(1) A, B 단계에 알맞은 염색체의 대략적인 모양을 그리시오.

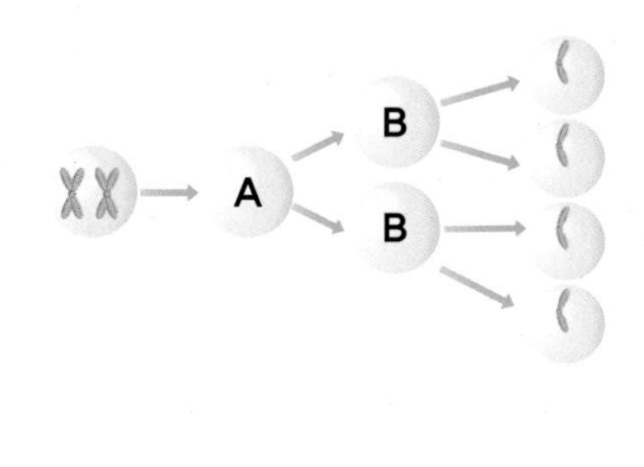

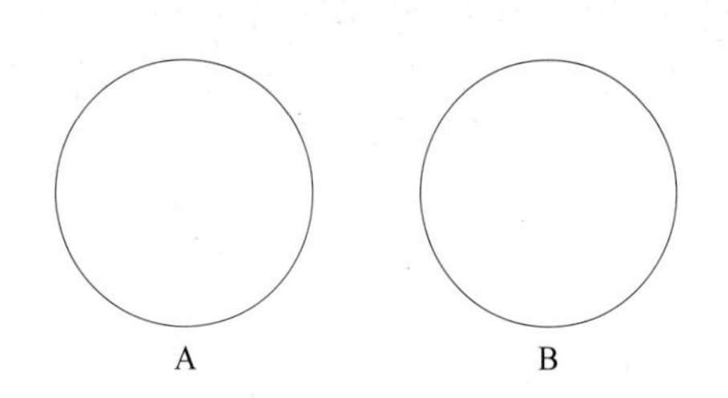

(2) 위의 세포 분열을 관찰할 수 있는 알맞은 경우를 다음 〈보기〉에서 있는 대로 고르시오.

보기

ㄱ. 봉선화의 줄기가 굵어질 때
ㄴ. 양파의 뿌리가 길게 자랄 때
ㄷ. 초파리의 정자가 만들어질 때
ㄹ. 백합의 꽃밥에서 화분이 만들어질 때

05 **다음 그림은 싹튼 콩의 뿌리에 일정한 간격으로 눈금을 긋고, 아래 그림과 같은 장치 속에 넣어 둔 후 3 일 동안 뿌리가 자라난 결과이다.**

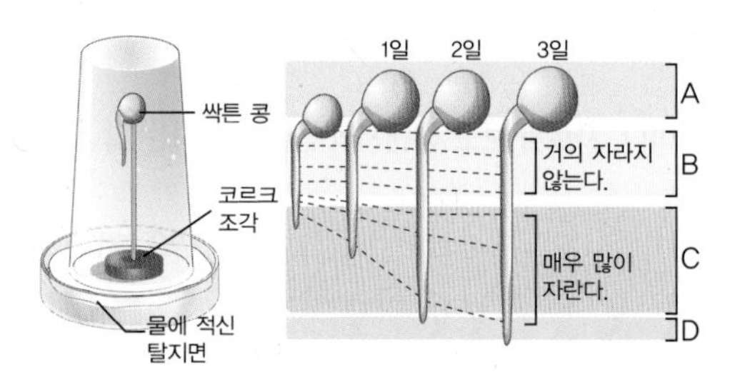

(1) 실험 결과 뿌리의 위치마다 길이의 생장에 차이가 생기는 이유를 바르게 설명하시오.

(2) 다음과 같은 세포 분열을 관찰하기 위해 재료로 선택해야 할 부분을 위 그림에서 찾아 기호를 쓰시오.

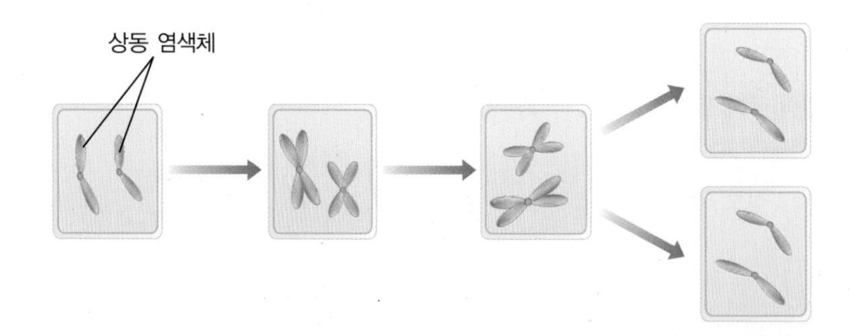

06 양파의 체세포의 염색체 수는 2n = 16 이다. 체세포 분열 전기에서 염색 분체의 수는 모두 몇 개인지 쓰시오.

07 다음 중 감수 제 2 분열에 대한 설명으로 옳지 않은 것은?

① 상동 염색체가 나타난다.
② 염색체 수에는 변화가 없다.
③ DNA 량은 반으로 줄어든다.
④ 중기에 염색체가 중앙에 배열한다.
⑤ 2 개의 염색 분체를 가진 염색체 상태에서 분리가 일어난다.

08 다음은 어떤 동물의 난자 형성 과정과 제 1 난모 세포의 염색체 구성을 나타낸 것이다.

[난자 형성 과정]

- 제 1 난모 세포(2n)는 감수 제 1분열을 통해 제 2 난모 세포(n)와 제 1 극체(n)로 분열하고, 제 2 난모 세포는 난소에서 배란된다.
- 제 2 난모 세포는 수정 직후 감수 제 2 분열을 완료하여 난세포(n)와 제 2 극체(n)로 된다.
- 난세포는 난자(n)로 되고, 제 2 극체는 퇴화된다.

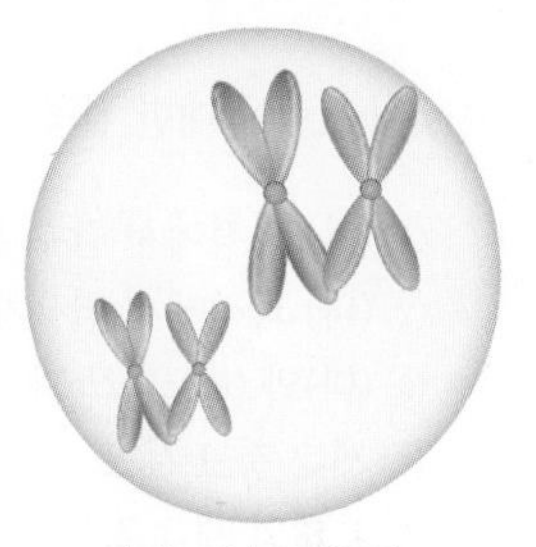
〈제 1 난모 세포〉

위 자료를 근거로 난소에서 '배란되는 세포'와 '난세포'의 염색체 구성을 보기에서 골라 옳게 짝지은 것은?

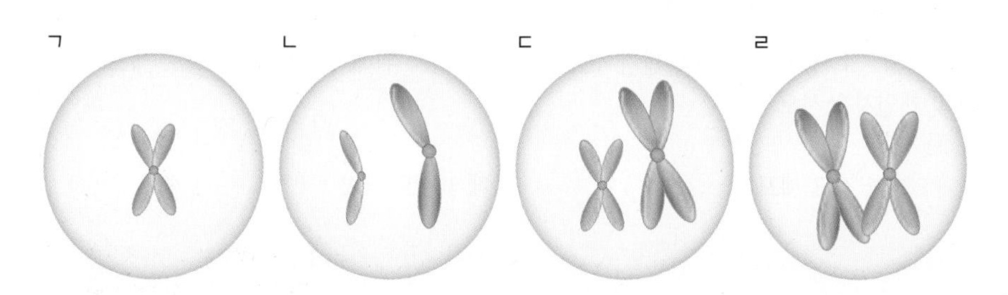

	배란되는 세포	난세포
①	ㄱ	ㄴ
②	ㄱ	ㄹ
③	ㄷ	ㄴ
④	ㄷ	ㄹ
⑤	ㄹ	ㄷ

09 **다음 그림은 정자와 난자의 형성 과정을 나타낸 것이다.**

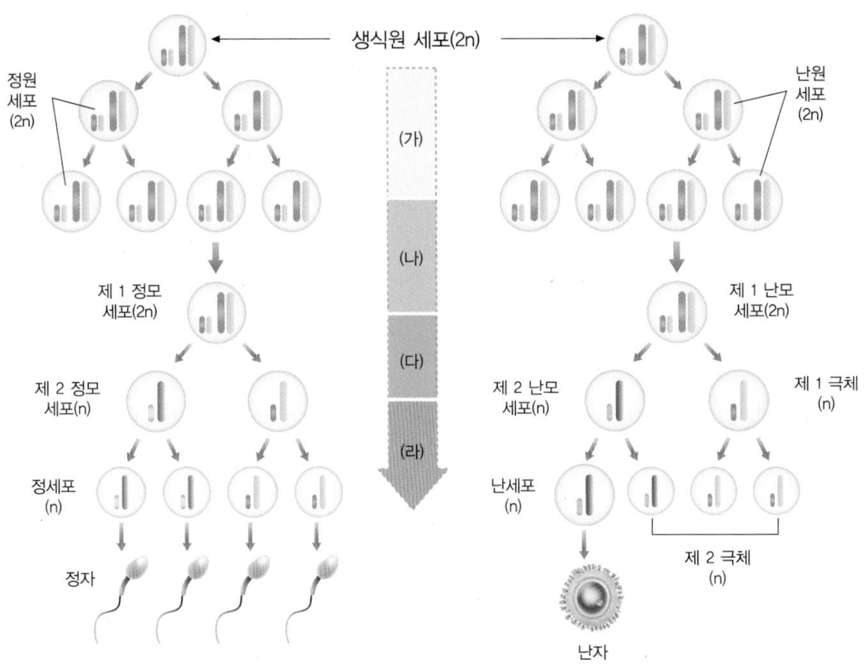

(1) 위 그림에 대한 설명으로 옳은 것은?

① (가) 과정에서 감수 분열을 통해 증식한다.
② (나) 과정에서 염색체 수가 2 배로 된다.
③ (다)와 (라)의 각 과정에서 염색체 수와 DNA 량이 모두 반감된다.
④ 제 2 정모 세포, 제 2 난모 세포, 제 1 극체의 염색체 수는 같다.
⑤ 1 개의 제 1 정모 세포와 제 1 난모 세포에서 각각 생성되는 정자와 난자의 수는 같다.

(2) 위 자료를 바탕으로 정자 400 개와 난자 400 개를 생성하기 위해 필요한 제 1 정모 세포와 제 1 난모 세포의 수는 각각 몇 개인지 쓰시오.

제 1 정모 세포 : (   ) 개,   제 1 난모 세포 : (   ) 개

(3) (다)와 (라) 과정에서 알 수 있는 정자 형성과 난자 형성 과정의 차이점은 무엇인가?

① 염색체의 감소 비율
② 염색체 수의 증가 비율
③ 세포질이 분열되는지의 여부
④ 핵의 분열이 일어나는지의 여부
⑤ 세포질이 균등하게 분열되는지의 여부

10 다음 그림 (가)는 난자가 형성되는 과정을 (나)는 핵 1 개당 DNA 상대량의 변화를 나타낸 것이다.

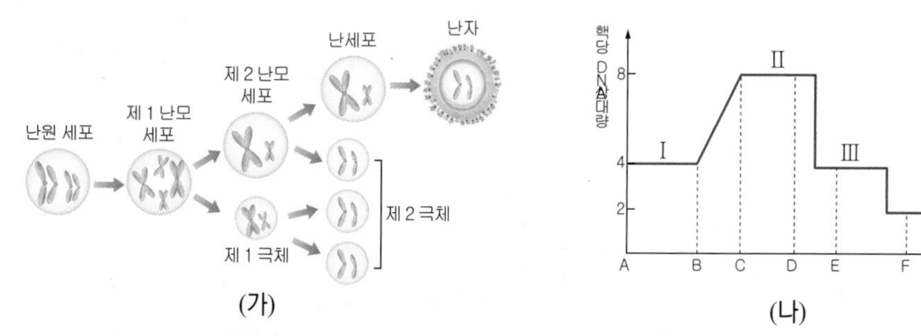

위 그림에 대한 설명으로 옳은 것만을 〈보기〉에서 있는 대로 고르시오.

보기

ㄱ. 제 1 극체와 제 2 극체의 염색체 수는 다르다.
ㄴ. 염색체 수는 D → E 시기에 반으로 줄어든다.
ㄷ. Ⅲ 단계에 해당하는 세포에는 난세포와 제 2 극체가 있다.
ㄹ. 제 1 난모 세포의 핵상은 2n 이고 제 2 극체의 핵상은 n 이다.

11 다음 〈보기〉는 무성 생식과 유성 생식을 비교한 설명이다. 옳은 것만을 있는 대로 고르시오.

보기

ㄱ. 번식 속도는 무성 생식이 유성 생식보다 빠르다.
ㄴ. 무성 생식은 유성 생식보다 환경 변화에 잘 적응할 수 있다.
ㄷ. 무성 생식은 유성 생식과 달리 반드시 생식 세포의 결합에 의해 이루어진다.
ㄹ. 무성 생식 결과 생긴 자손의 형질은 어버이와 같지만 유성 생식 결과 생긴 자손의 형질은 매우 다양하다.
ㅁ. 무성 생식 결과 생긴 자손은 어버이와 염색체 수가 같지만 유성 생식 결과 생긴 자손의 염색체 수는 어버이의 절반이다.

개념 돋보기

염색체수와 DNA 량 비교

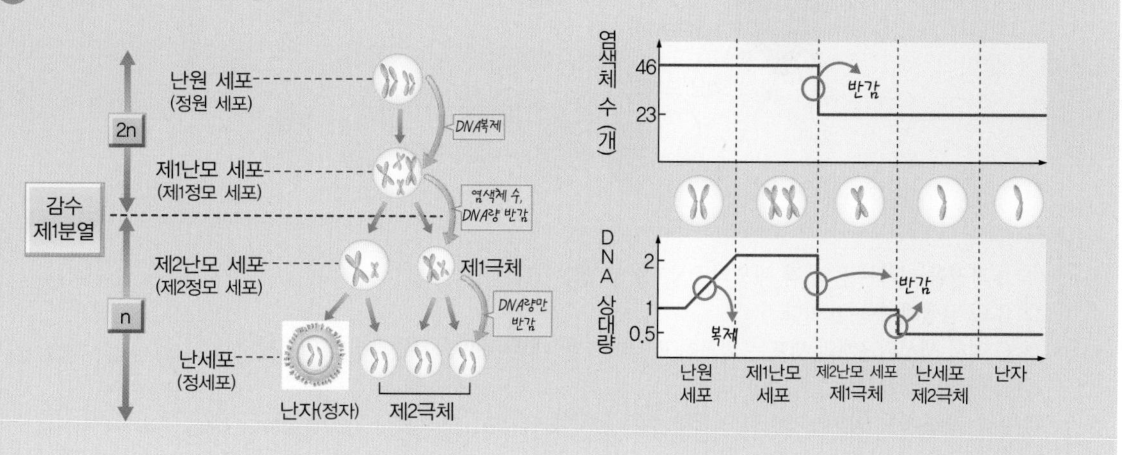

개념 심화 문제

12 **다음 〈보기〉는 무성 생식에 관련된 것이다.**

> **보기**
>
> A. 산호가 군체를 이루고 있다.
> B. 바다에서 적조 현상이 나타났다.
> C. 유산균에 의해 우유가 요구르트가 되었다.
> D. 밀가루에 효모를 넣어 반죽하면 반죽이 부풀어 오른다.
> E. 베고니아를 꺾어 화분에 심었더니 새로운 개체로 성장하였다.
> F. 콩으로 만든 메주에 생기는 곰팡이를 이용하여 된장을 만든다.

(1) 〈보기〉에서 나타나는 현상과 관련 있는 생식 방법을 순서대로 쓰시오.

A : (　　　) B : (　　　) C : (　　　) D : (　　　) E : (　　　) F : (　　　)

(2) 과수나 원예에서 많이 사용하는 생식 방법을 찾아 기호를 쓰고 그 이유를 설명하시오.

13 **다음은 지렁이의 생식 방법에 대한 설명이다.**

> 지렁이는 암 · 수의 생식 기관을 한 몸에 지니는 자웅 동체의 동물이지만, 한 몸에서 만든 난자와 정자의 수정은 가능한 피하고 다른 개체와 붙어 정자를 교환한 후 난자와 수정시킨다.

지렁이가 위와 같은 번식법을 사용하는 이유는 무엇인지 유성 생식의 장점과 연관하여 설명하시오.

14 **다음은 속씨 식물의 생식 세포 형성 과정을 나타낸 것이다. 화분 모세포와 배낭 모세포의 염색체 수는 2n일 때, 각 과정 (A ~ E)에 대한 설명으로 옳지 않은 것은?**

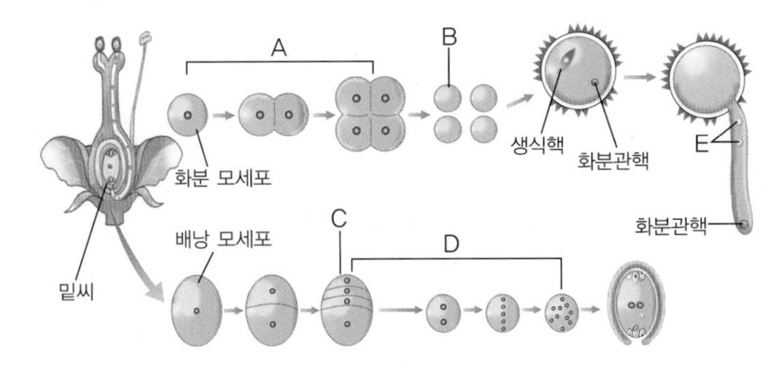

① A 과정을 거치는 동안 각 세포의 DNA 량은 반감한다.
② B 의 염색체 수는 n 이다.
③ C 에서 생성된 3개의 세포는 퇴화하고 나머지 한 개의 세포만 분열과정이 일어난다.
④ D 에서는 핵분열이 2회 일어난다.
⑤ E 는 생식핵이 분열한 것으로 염색체 수는 n 이다.

15 다음 그림은 속씨식물의 꽃과 씨의 단면 모습이다.

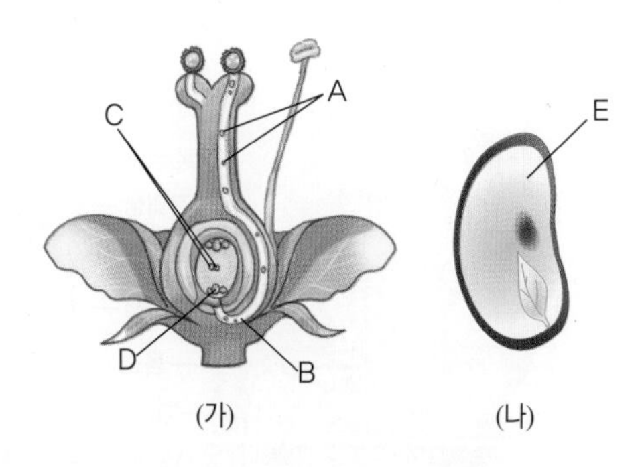

이 식물의 염색체 수가 2n = 24 일 때 A ~ E 의 염색체 수는 각각 몇 개인지 쓰시오.

A : (　　)개　　B : (　　)개　　C : (　　)개　　D : (　　)개　　E : (　　)개

16 아래 사진은 국화꽃과 화분을 확대한 것이다. 국화 화분의 생김새를 통해 알 수 있는 국화의 수분 방식을 추리하여 설명하시오.

17 감자는 씨를 얻을 수 있는 식물이지만 농사를 지을 때에는 감자의 눈을 분리해서 심는다. 이러한 방법으로 농사를 했을 때 좋은 점을 설명해 보시오.

7. 사람의 생식

1. 생식 기관

(1) 남자의 생식 기관[1]

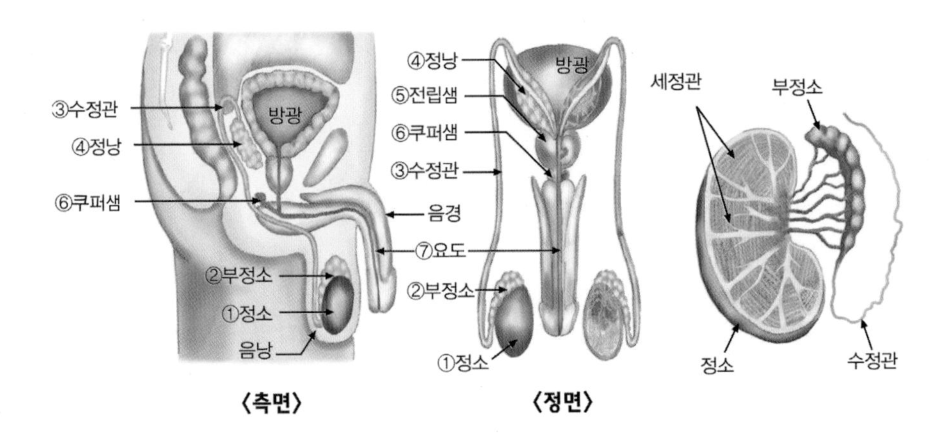

① 정소		• 정자 형성, 남성 호르몬(테스토스테론)분비 • 음낭 속에 좌우 1쌍 들어 있다. • 세정관 : 정소 안에 돌돌 감기고 엉킨 가느다란 관으로, 세정관의 내벽에서 정자가 생성된다.
② 부정소		정자의 저장과 성숙 • 정소의 가장 자리에 새끼줄 모양으로 붙어 있다. • 정소에서 만들어진 정자가 저장되며, 이 곳에서 정자가 성숙하여 운동성을 갖게 된다.
③ 수정관		부정소와 요도를 연결하는 관으로 정자의 이동 통로이다.
부속선	④ 정낭	정자의 운동에 필요한 영양 물질과 완충 물질을 분비하여 정액의 60% 이상의 물질이 이곳에서 만들어진다.
	⑤ 전립샘	질 내부의 산성을 중화시키는 염기성의 우유빛 액체를 분비하여 정자를 보호한다.
	⑥ 쿠퍼샘	투명하고 미끈미끈한 점액성 물질을 분비하여 요도의 독성을 제거한다.
⑦ 요도		정액 또는 오줌이 체외로 배출되는 통로이다.
⑧ 정자의 이동 경로		정소 → 부정소 → 수정관 → 요도 → 몸 밖

(2) 여자의 생식 기관[2]

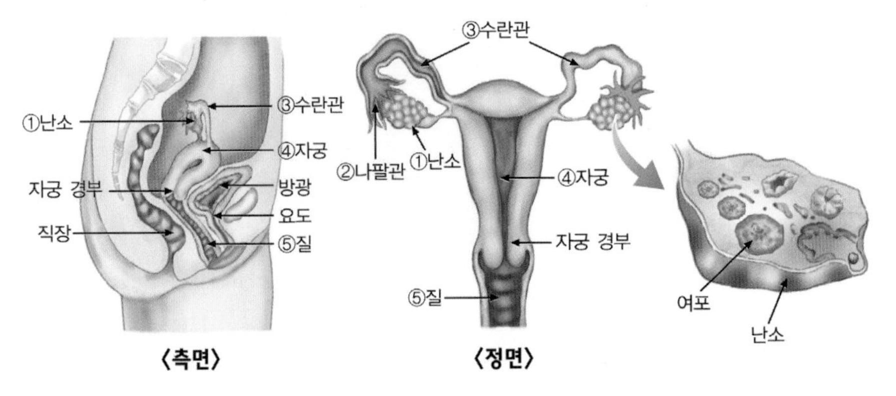

p. 25

Q11 여성의 생식 기관 중 난자가 형성되고 여성 호르몬을 분비하는 곳은 어디인가?

정액의 성분

정액은 정자를 포함한 액체 성분을 말한다. 정액에서 정자는 전체의 5% 정도를 차지하며 나머지 95%는 부속선에서 분비한 물질들로 이루어져 있다.

- 정소 : 정자 형성
- 정낭 : 정자의 운동에 필요한 물질

❶ 남자의 생식 기관

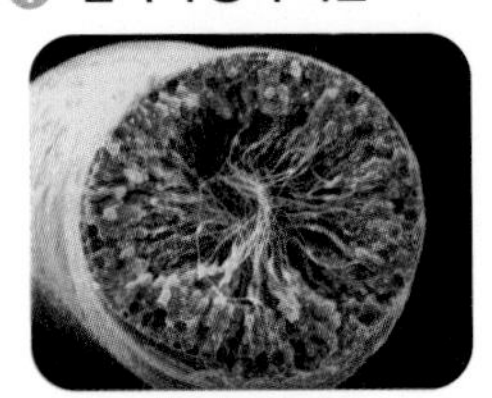

▲ 세정관의 단면

❷ 여자의 생식 기관

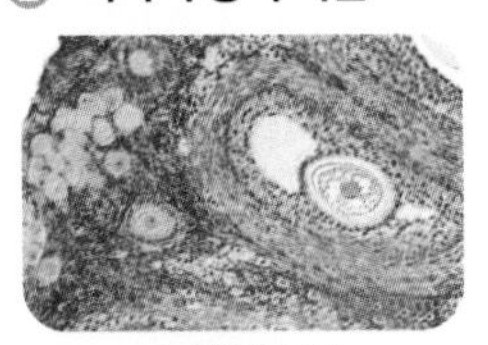

▲ 여포의 단면

여포는 난자를 주머니 모양으로 둘러싼 세포의 덩어리로, 난자에 영양을 공급하고 에스트로젠을 분비한다.

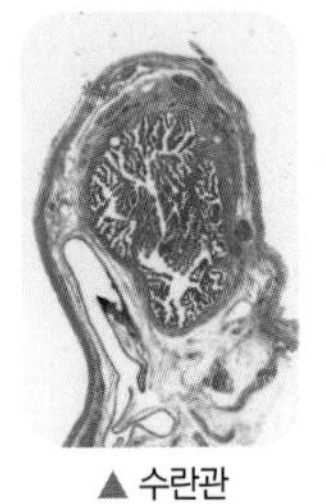

▲ 수란관

수란관 내부에 있는 섬모의 운동으로 난자 또는 수정란을 이동시킨다.

난소에서의 배란

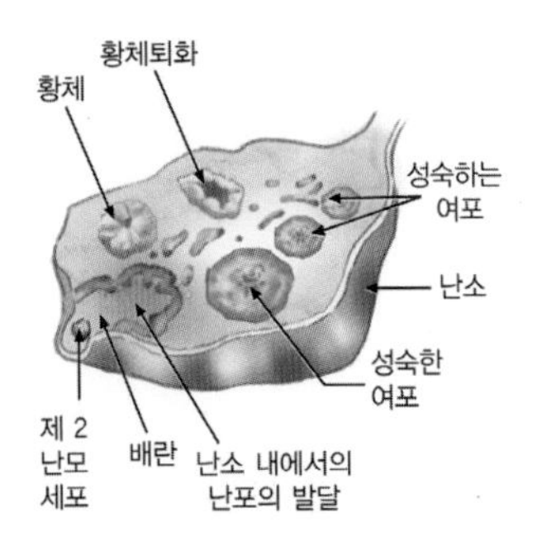

① 난소	• 난자 형성, 여성 호르몬 (에스트로젠, 프로게스테론) 분비 • 자궁 옆 좌우에 1 쌍 있다. • 사춘기 이후 여포에서 난자를 형성하여 약 28 일 주기로 좌우 난소에서 번갈아 난자를 배출한다.
② 나팔관	나팔 모양으로 벌어져 난소를 감싸고 있으며, 배란된 난자를 수란관으로 보낸다.
③ 수란관	• 수정이 일어나는 장소 • 난소와 자궁을 연결하는 관으로 난자가 자궁으로 이동하는 통로이다. • 수란관의 상단부에서 난자와 정자가 만나 수정이 일어난다.
④ 자궁	수정란이 착상하고 태아가 자라는 곳으로 두꺼운 근육층으로 되어 있다.
⑤ 질	정자를 받아들이는 통로이며, 분만 시 태아가 나오는 통로이기도 하다.
⑥ 난자의 이동 경로	난소 → 나팔관 → 수란관(수정) → 자궁(착상) → 질 → 몸 밖(출산)

2. 여성의 생식 주기[3]

(1) 생식 주기 여성은 뇌하수체 전엽과 난소에서 분비되는 호르몬에 의해 난소와 자궁 내벽이 평균 28 일을 주기로 변화한다.

여포기 → 배란기 → 황체기 → 월경기

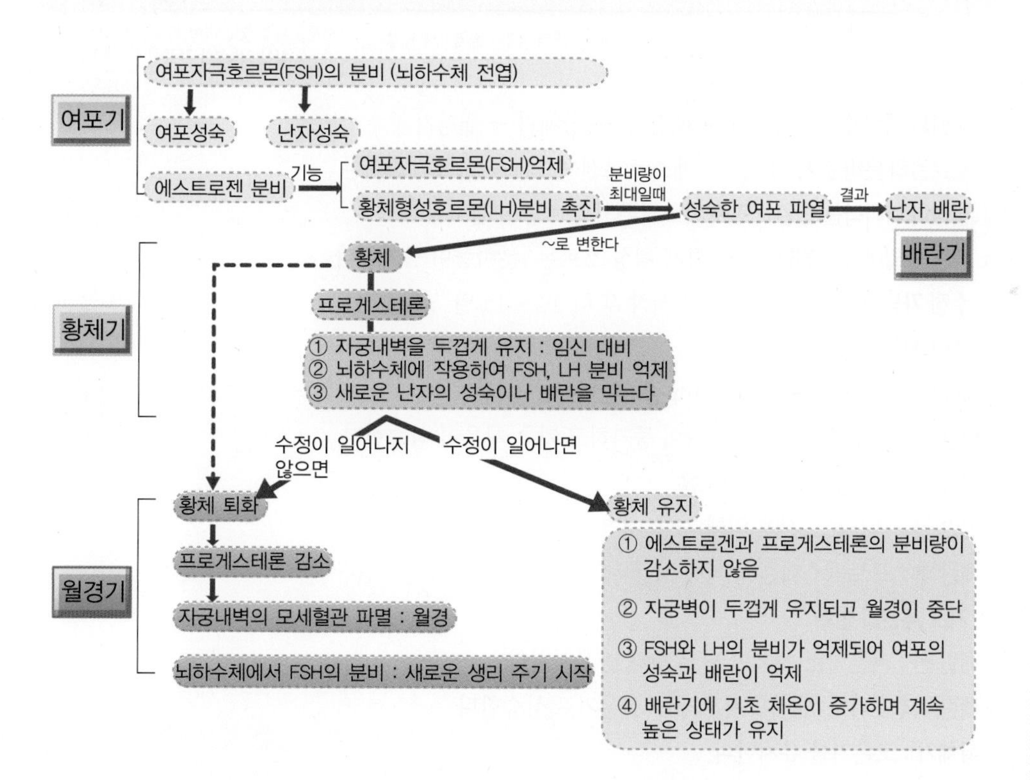

(2) 생식 주기와 호르몬

구분			호르몬에 미치는 영향	기능
뇌하수체 호르몬		여포 자극 호르몬(FSH)	에스트로젠 분비 촉진	여포의 생장과 난자의 성숙 촉진
		황체 형성 호르몬(LH)	프로게스테론 분비 촉진	성숙한 여포를 파열시켜 배란 유도
난소 호르몬	여포	에스트로젠	FSH 분비 억제, LH분비 촉진	자궁 내벽을 두껍게 발달시킴
	황체	프로게스테론	FSH분비 억제, LH분비 억제	자궁 내벽을 두껍게 유지, 임신 유지

배란

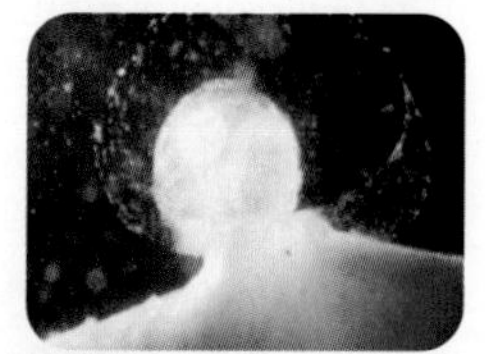
여포에서 난자가 배출되는 현상

착상

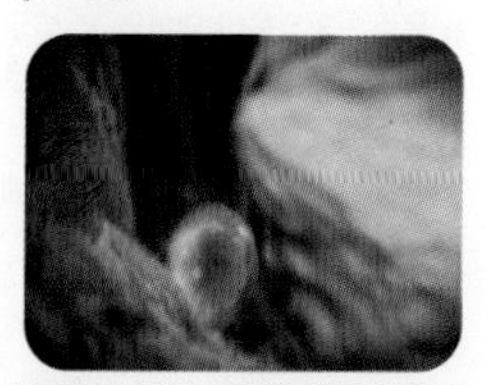
수정란이 자궁 내벽에 파묻히고 있는 모습

기초 체온

정상 상태에서 하루 중 가장 안정된 때의 체온으로 배란 직후에 기초 체온이 상승하여 고온기로 되다가 월경기에 다시 하강하여 저온기로 된다.

③ 배란과 월경 주기

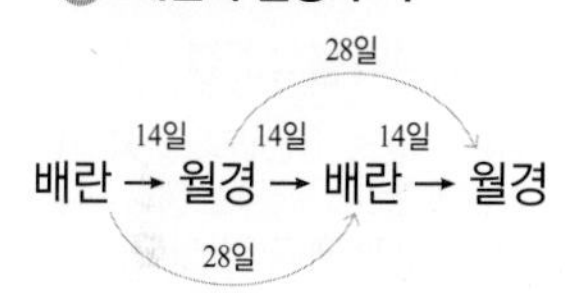

배란과 월경 모두 약 28 일 주기로 반복되어 나타난다.

쌍생아

1 란성 쌍생아

2 란성 쌍생아

1란성 쌍생아는 수정란이 둘로 나뉘어져 발생한 것이고, 2란성 쌍생아는 2개 이상의 난자가 배란되어 각각 정자 한 개와 수정하여 발생한 것이다. 즉 한 개의 난자는 한 개의 정자와 수정해야 정상적으로 발생하는 것이다.

미니사전

여포 난자를 주머니 모양으로 둘러싼 세포의 덩어리로, 난자에 영양을 공급하고 에스트로젠을 분비한다.

황체 여포에서 난자가 배란되고 난 후 생기는 황색의 조직 덩어리

모체가 태아에게 미치는 영향

- 흡연 : 자궁의 혈관을 수축시켜 태반으로 공급되는 혈액량이 감소하여 물질이 원활하게 공급되지 않아 태아의 사망 확률이 높다.

- 음주 : 알코올이 태아의 뇌 발달에 나쁜 영향을 미쳐 태아 알코올 증후군에 걸릴 수 있다.
- 약물 : 약물은 태아의 신체 발달에 이상을 일으켜 기형을 초래한다.

태반

태반은 혈관이 많이 분포되어 있어 태아와 모체와의 물질 교환이 원활하게 이루어지도록 한다.

남성의 생식 조절

남성의 뇌하수체에서도 FSH 와 LH 가 분비되는데, 여성과는 달리 지속적으로 분비되며 그 기능이 다르다.

- FSH : 정자의 형성 촉진
- LH : 테스토스테론 분비 촉진
- 테스토스테론 : 정소에서 분비되는 남성 호르몬으로 정자의 형성 촉진, 사춘기에 남성의 2 차 성징 발현

미니사전

배 기관이 형성되지 않아 사람의 모습을 갖추지 않은 상태의 세포 덩어리

난할 수정란의 세포분열

포배 난할이 계속되면서 수정란에 있던 난황의 양이 줄어들어 배의 내부에 빈 공간이 생기는데, 이 빈 공간을 할강이라고 하며, 할강이 생긴 상태의 배를 포배라고 한다.

할구 난할 결과 생성된 각각의 세포

(3) 생식 주기 동안의 변화

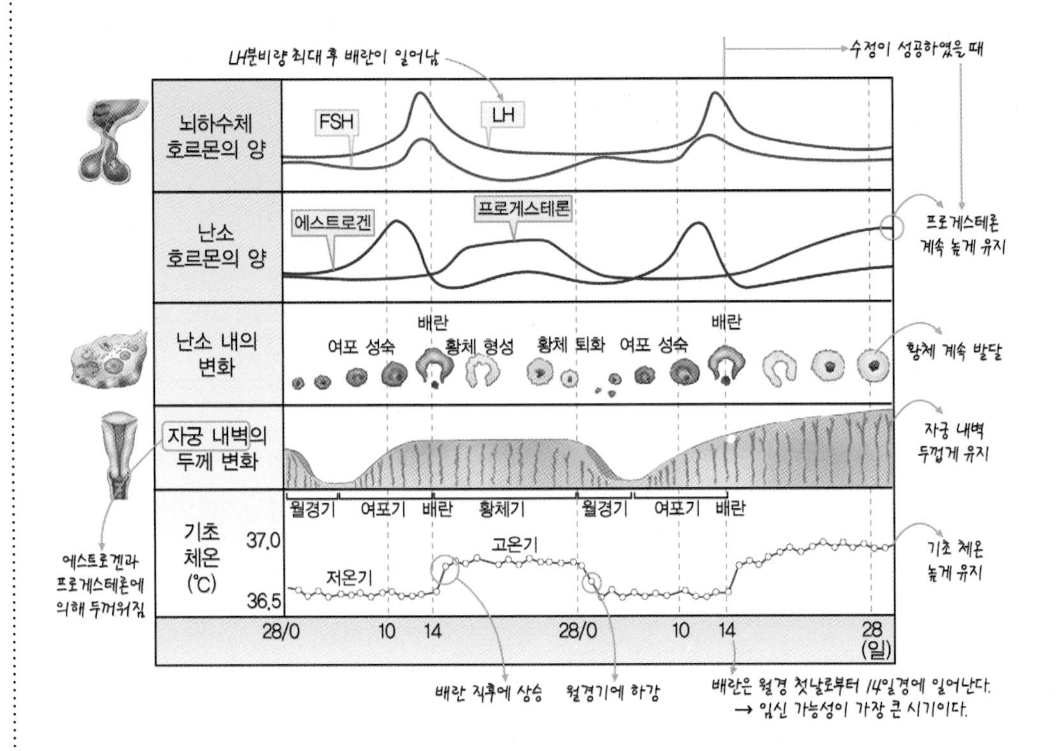

① **여성의 생식 주기** : 여포기 → 배란기 → 황체기 → 월경기

② **호르몬의 분비 순서** : FSH → 에스트로젠 → LH → 프로게스테론

③ **월경이 나타나는 원인** : 프로게스테론의 분비량이 감소한다.

④ **배란이 일어나는 원인** : LH(황체 형성 호르몬)분비량이 증가한다.

⑤ **수정 가능성이 높은 시기** : 월경 시작 후 약 14 ~ 15 일

⑥ **배란 전후의 변화**

- **배란 직전** : LH 분비량이 급격히 증가한다.
- **배란 후** : 프로게스테론 분비량이 증가하고 기초 체온이 상승한다.

⑦ **자궁 내벽에 영향을 주는 호르몬**

- **배란 전** : 에스트로젠에 의해 자궁 내벽이 두꺼워진다.
- **배란 후** : 프로게스테론에 의해 자궁 내벽이 더욱 두껍게 유지된다.

⑧ **기초 체온의 변화**

- **배란 전** : 저온기로 체온이 낮은 상태를 유지한다.
- **배란 직후** : 기초 체온이 저온기 → 고온기로 상승한다.
- **황체기** : 고온기를 유지한다.
- **월경기** : 고온기 → 저온기로 하강한다.

(4) 수정과 착상

① **배란** : 성숙한 난자가 28 일을 주기로 양쪽 난소에서 교대로 하나씩 배출되는 현상이다.

② **수정** : 배란된 난자가 수란관 상단부에서 정자와 결합하는 현상이다.

③ **착상** : 수정 후 약 1 주일이 지나면 포배 상태의 배가 자궁벽에 파묻히게 되며, 착상이 잘된 상태를 임신이라고 한다. 수정란이 난할을 반복하며 자궁으로 이동한다.

p. 25

Q12 LH 의 분비량이 최대가 된 직후 여포가 파열되어 난자가 배출되는 현상을 무엇이라고 하는가?

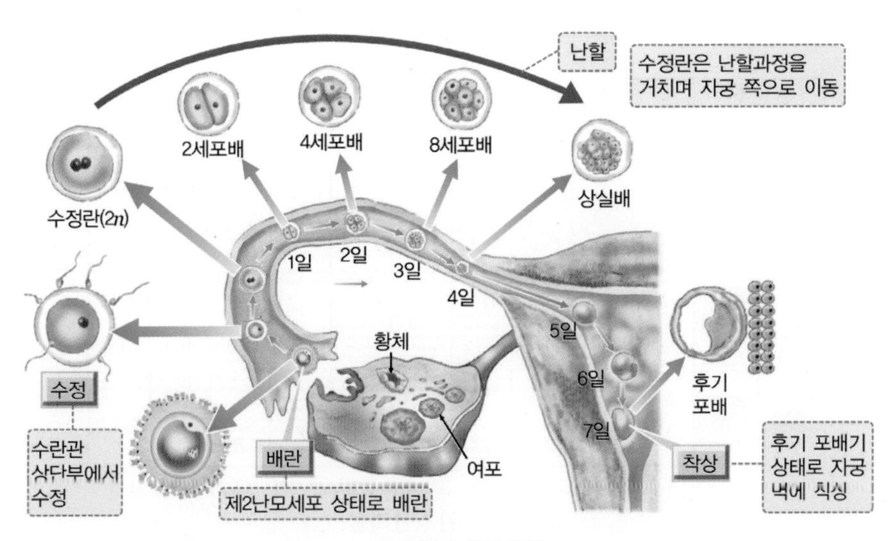

▲ 수정과 착상 과정

3. 태아의 발생과 분만

(1) 태반

① **형성 과정** : 착상 후 태아 조직의 일부가 모체의 자궁 내벽과 일부 융합되어 형성된다.

② **역할** : 모체와 태아 사이의 물질 교환 장소이다.

③ **물질 교환의 원리** : 확산 현상

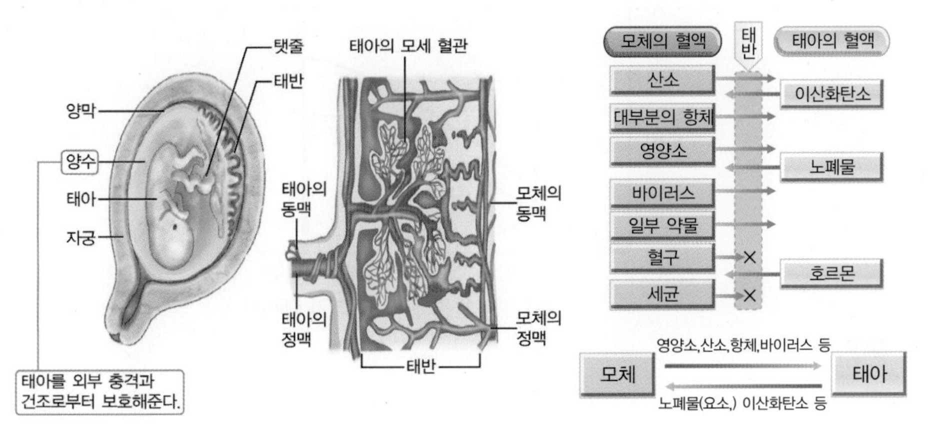

▲ 태반의 형성과 역할

(2) 태아의 발생[4]

① **배아기** : 수정 후 8 주까지의 시기로 뇌, 심장, 팔, 다리 등 체내 중요 기관의 기본 구조가 형성된다.

② **태아기** : 수정 후 9 주부터 분만 전까지의 시기로 심장이나, 팔, 다리 등 태아의 체내 기관이 완성되고 생장하는 시기이며, 성의 구별이 가능해진다.

③ **기관이 형성 되는 시기와 완성되는 시기** : 기관에 따라 각각 다르다.

- **신경계** : 임신 2 주에 가장 먼저 형성되기 시작한다.
- **순환계** : 임신 3 주에 심장이 형성되기 시작하며 순환계가 형성된다.
- **생식계** : 임신 7 주에 가장 늦게 형성되기 시작한다.

Q13 다음 ( ) 안에 알맞은 말을 ○표 하시오. p. 25

태반에서 이산화 탄소는 (① 모체, 태아)에서 (② 모체, 태아) 쪽으로 이동한다.

❹ **태아 발생 과정**

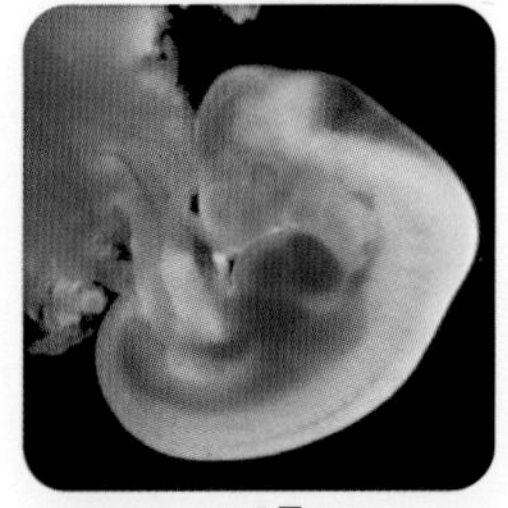
▲ 5주

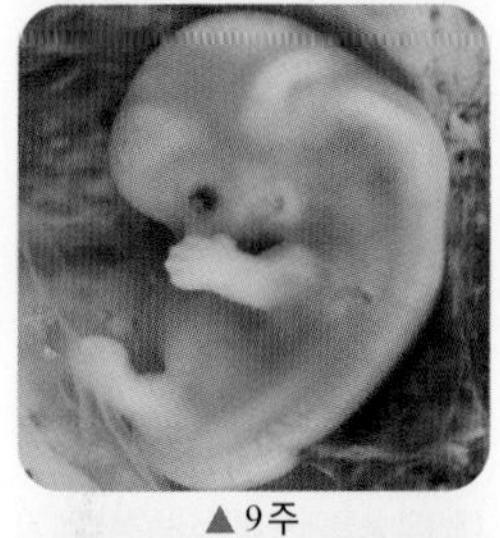
▲ 9주

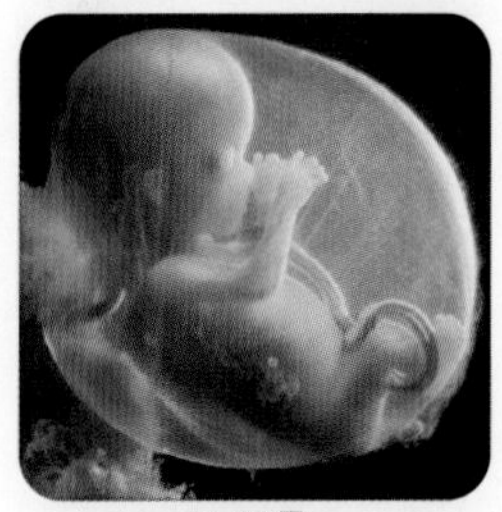
▲ 15주

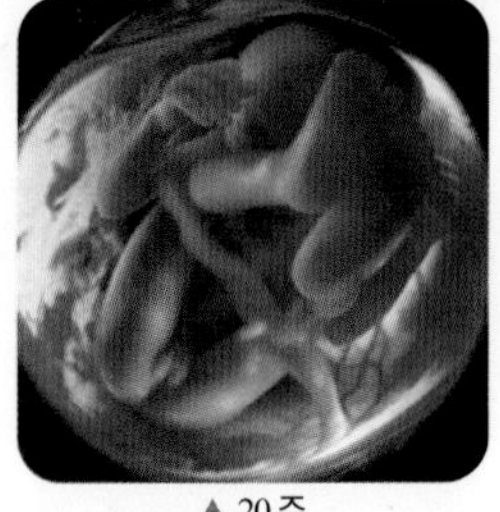
▲ 20주

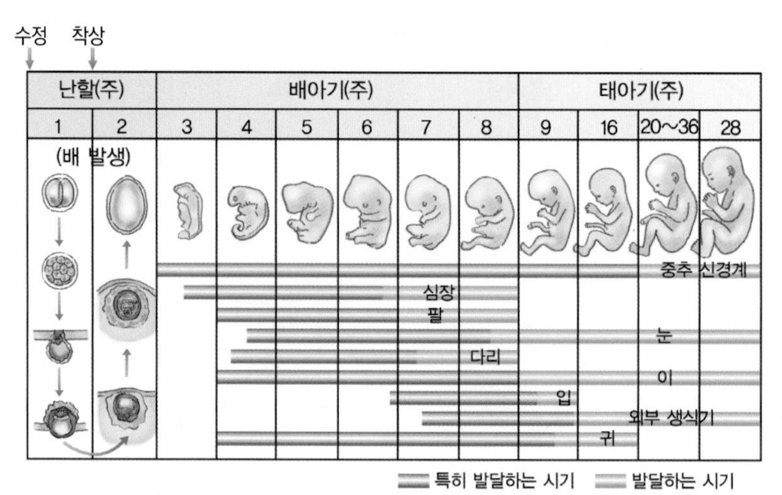

▲ 태아의 기관 형성 과정

(3) 임신의 유지

① **임신 3 개월 이전**

태반에서 HCG[5] 분비 → 황체의 퇴화 방지 → 황체에서 프로게스테론과 에스트로젠을 계속 분비 → 임신 유지

② **임신 3 개월 이후**

HCG 분비량 감소 → 황체 퇴화 → 태반에서 프로게스테론과 에스트로젠 분비 → 임신 유지

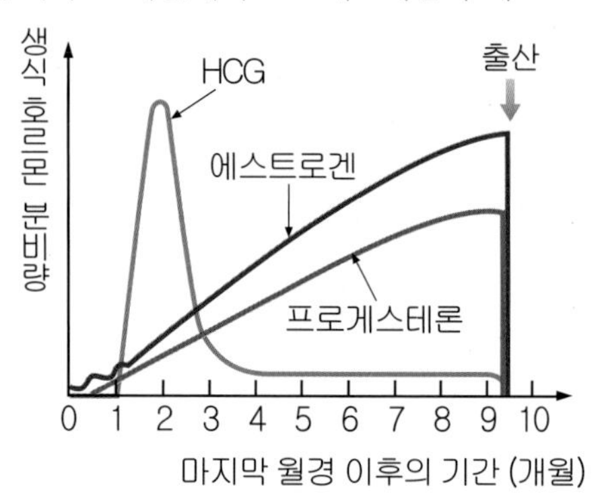

(4) 분만

① **분만** : 수정 후 약 266 일 또는 마지막 월경 개시일로부터 280 일 경에 태아가 모체 밖으로 나오는 현상으로 출산이라고도 한다.

② **호르몬의 변화**

- 뇌하수체 후엽에서 옥시토신을 분비하고 그 결과 자궁이 수축하여 분만이 진행된다.
- 뇌하수체 전엽에서 젖 분비 자극 호르몬(프로락틴)이 분비되어 젖샘 발달 및 분만 후 젖 분비가 촉진된다.

③ **분만 과정**

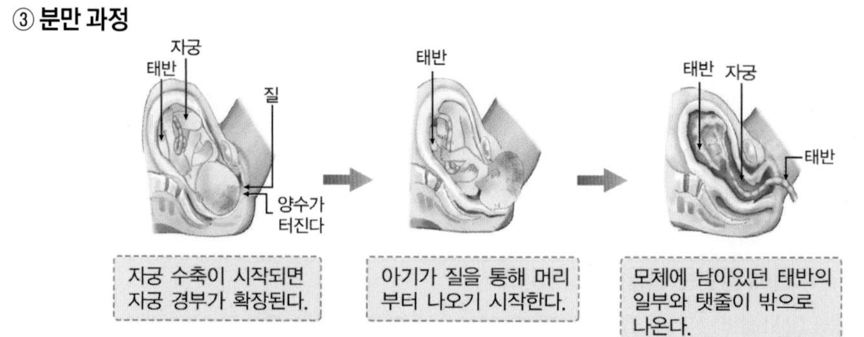

⑤ HCG(human chorionic gonadotrophin)

태반의 융털에서 분비되는 생식선 자극 호르몬이다. 난소의 황체 형성, 배란 유발 등 LH(황체 형성 호르몬)와 유사 작용을 한다. 정상 임신 기간 중 오줌으로 배설되는 양이 임신 제 5 주 반에서 급속히 증가해, 제 12 주 전후로 최고를 나타낸다. 이것으로 임신의 조기 진단을 할 수 있다.

임신 진단

HCG 는 배가 착상된 이후부터 태반에서 분비되는 호르몬으로 임신 초기에 분비량이 많고 일부가 오줌으로 배출되므로 HCG 농도를 통해 초기에 임신 여부를 판별할 수 있다.

▲ 임신 진단 테스터

4. 피임과 인공 수정

(1) 여러 가지 피임 방법

① **자연피임법 (배란 주기법)** : 생식 주기를 이용하여 임신 가능한 기간에는 성관계를 피하는 방법 → 정자와 난자의 수정을 차단

② **피임약 복용** : 일정 기간 동안 먹는 피임약을 복용하는 방법 → 난자의 성숙과 배란을 억제

③ **콘돔과 페미돔** : 남자의 음경이나 여성의 자궁 경부에 덮어씌움 → 정자의 침입 방지

④ **루프** : 자궁 내에 플라스틱 장치를 삽입 → 수정란의 착상을 방해

⑤ **영구 피임법** : 남성의 수정관(정관 수술) 또는 여성의 수란관(난관 수술)을 묶거나 절단함 → 정자와 난자의 이동 통로를 차단

(2) 불임 난자와 정자가 정상적으로 수정이 되지 않아 임신이 안되는 경우이다.

① **남성의 불임 원인** : 수정관 폐쇄, 사정 장애, 발기 부전, 정자의 수나 운동성 부족 등이다.

② **여성의 불임 원인** : 배란과 월경 장애, 수란관이나 나팔관 폐쇄, 자궁의 구조적 이상, 자궁 내막증 등이다.

- 뇌하수체 후엽에서 옥시토신을 분비하고 그 결과 자궁이 수축하여 분만이 진행된다.
- 뇌하수체 전엽에서 젖 분비 자극 호르몬(프로락틴)이 분비되어 젖샘 발달 및 분만 후 젖 분비가 촉진된다.

(3) 인공 수정 인위적으로 정자와 난자를 수정시켜 임신이 가능하도록 해주는 기술이다.

① **체내 인공 수정**

- 정자의 수가 적거나 운동성이 부족하여 정자가 스스로 난자에까지 도달하지 못할 때 시술한다.
- 배란 시기에 맞춰 정자를 채취하여 주입기로 자궁에 넣어주는 방법이다.

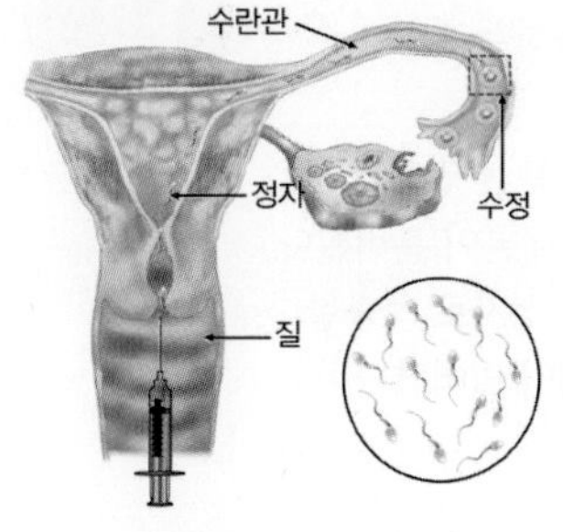

▲ 체내 인공 수정

② **체외 인공 수정 (시험관 아기)**

- 수란관이 폐쇄되어 수정이 불가능하거나, 수정란이 자궁까지 나오지 못하는 경우 시술한다.
- 배란된 난자와 정자를 채취하여 시험관 내에서 인공 수정시킨 뒤 8세포기까지 발생시킨 다음 자궁에 착상시킨다.

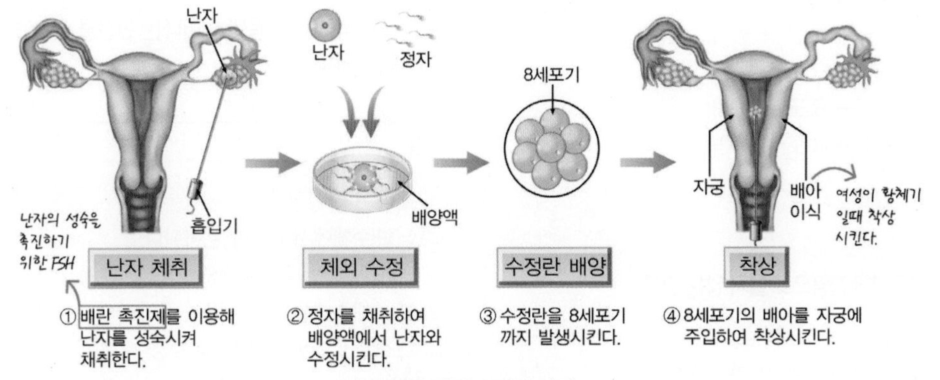

▲ 체외 인공 수정의 과정

Q14 다음 설명을 읽고 옳은 것은 ○표, 틀린 것은 ×표 하시오. p. 25

(1) 먹는 피임약의 주성분은 에스트로젠과 프로게스테론으로 이들 호르몬은 난자의 성숙과 배란을 막는다. ( )

(2) 체외 인공 수정 시 체외에서 배양한 수정란은 배란기에 자궁에 착상시킨다. ( )

피임약의 성분

에스트로젠과 프로게스테론은 FSH와 LH 의 분비를 억제하여 새로운 여포의 성숙과 배란을 막기 때문에 피임약의 성분으로 쓰인다.

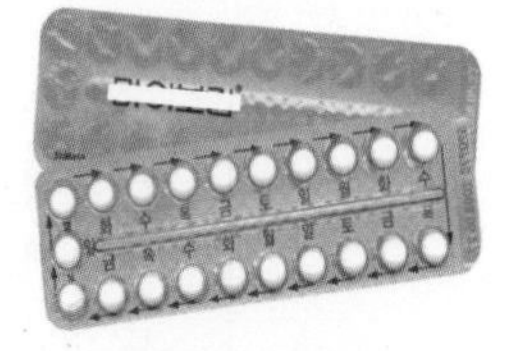
▲ 먹는 피임약

자궁 내 장치 - 루프

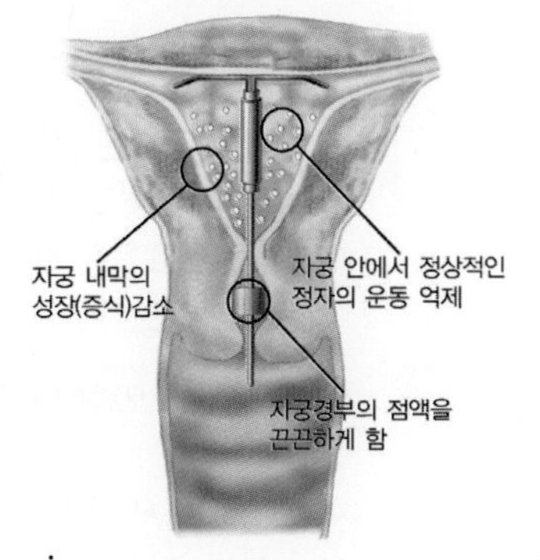

분만 예정일 구하기

보통 마지막 월경 시작일로부터 280 일째로 계산하는데, 편의 상 마지막 월경 시작일에 9 개월과 7 일을 더해 계산한다.

배아 이식

배아를 자궁에 주입시킬 때 여성의 신체는 착상에 적합하도록 혈중 프로게스테론 농도가 높고 자궁 내벽이 충분히 두껍게 발달되어 있어야 한다.

미니사전

불임 여러 가지 이유로 남성이나 여성이 아기를 가질 수 없는 경우

피임 성관계로 인해 임신이 일어나지 않도록 막는 것

사람의 생식

47 남자의 생식 기관에 대한 설명으로 옳은 것만을 〈보기〉에서 있는 대로 고르시오.

> **보기**
>
> ㄱ. 부정소에서 정세포는 정자로 변태한다.
> ㄴ. 정액의 대부분은 전립선에서 형성된다.
> ㄷ. 정낭은 정자를 일시적으로 저장해 두는 곳이다.
> ㄹ. 수정관은 부정소와 요도를 연결하는 관으로 정자의 이동 통로이다.

48 다음 그림은 남자의 생식 기관을 나타낸 것이다. 그림에 대한 설명으로 옳은 것만을 있는 대로 고르시오.

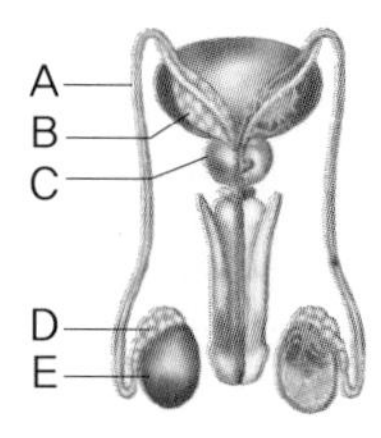

① A 는 오줌이 이동하는 통로이다.
② B 에서 정액의 성분을 만든다.
③ C 에서 테스토스테론이 분비된다.
④ D 에서 정세포가 정자로 성숙한다.
⑤ E 에서 감수 분열이 일어난다.

49 정자가 생성되어 몸 밖으로 배출되는 경로를 순서대로 바르게 나열한 것은?

① 정소 → 부정소 → 요도 → 수정관 → 몸 밖
② 부정소 → 요도 → 정소 → 수정관 → 몸 밖
③ 부정소 → 정소 → 수정관 → 요도 → 몸 밖
④ 정소 → 수정관 → 부정소 → 요도 → 몸 밖
⑤ 정소 → 부정소 → 수정관 → 요도 → 몸 밖

50 다음 중 여성의 생식 기관에 대한 설명으로 옳지 <u>않은</u> 것은?

① 수정란이 착상되는 곳은 자궁 벽이다.
② 태아가 어머니의 몸에서 자라는 곳은 자궁이다.
③ 난자의 생성 과정은 난소 내의 여포에서 진행된다.
④ 수란관은 정자가 난자 있는 곳까지 이동하는 통로이다.
⑤ 수란관은 감수 분열이 완료된 성숙한 난자가 자궁까지 이동하는 통로이다.

51 다음 그림은 여자의 생식 기관을 나타낸 것이다. 각 부분에 대한 설명으로 옳은 것은?

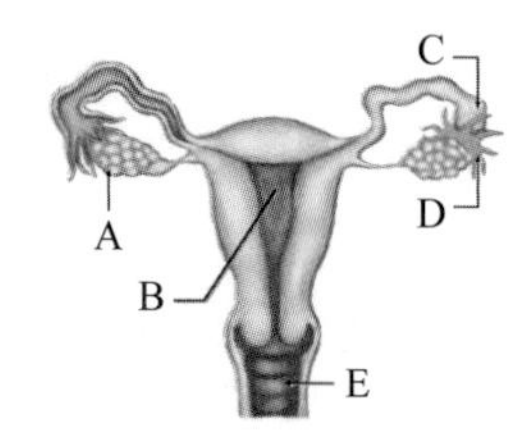

① A 는 정자를 받아들이는 통로이다.
② B 는 태아가 생장하는 장소이다.
③ C 는 여성 호르몬을 분비하여 여성의 1 차 성징이 나타나게 한다.
④ D 는 감수 분열에 의해 난자가 만들어진다.
⑤ E 는 내부가 약 염기성이어서 정자를 쉽게 받아들인다.

52 다음 중 여성의 생식 주기를 순서대로 바르게 나열한 것은?

① 배란기 → 황체기 → 여포기 → 월경기
② 황체기 → 여포기 → 월경기 → 배란기
③ 여포기 → 배란기 → 황체기 → 월경기
④ 월경기 → 배란기 → 여포기 → 황체기
⑤ 월경기 → 황체기 → 배란기 → 여포기

53 다음 중 여성의 생식 주기에서 월경이 시작했을 때부터 분비되는 호르몬을 순서대로 바르게 나타낸 것은?

① FSH → 에스트로젠 → LH → 프로게스테론
② 프로게스테론 → LH → FSH → 에스트로젠
③ 에스트로젠 → FSH → 프로게스테론 → LH
④ FSH → LH → 에스트로젠 → 프로게스테론
⑤ LH → 프로게스테론 → 에스트로젠 → FSH

54 다음 〈보기〉는 생식 주기 동안 일어나는 현상을 순서에 관계없이 나열한 것이다.

> **보기**
>
> ㄱ. 배란이 진행된다.
> ㄴ. 뇌하수체에서 LH 가 분비된다.
> ㄷ. 뇌하수체에서 분비된 FSH 가 여포를 자극한다.
> ㄹ. 프로게스테론의 분비량이 증가한다.
> ㅁ. 에스트로젠이 분비되어 자궁 내벽이 두꺼워진다.
> ㅂ. 프로게스테론의 분비가 감소하고 월경이 일어난다.

여포기부터 진행되는 순서대로 바르게 나열하시오.

정답 및 해설 25쪽

55 다음은 어떤 여성의 기초 체온 변화를 조사한 것이다. 다음 중 배란이 일어난 시기는?

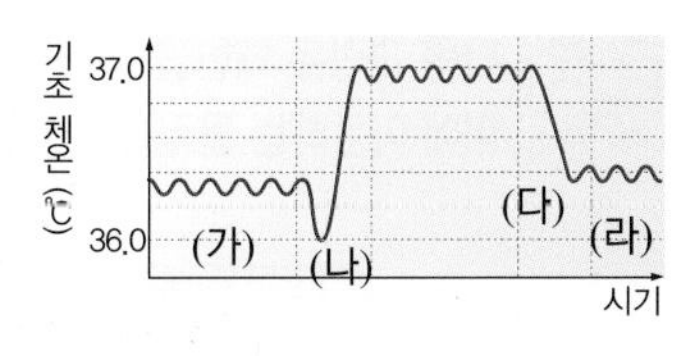

① (가)　　② (나)　　③ (다)
④ (라)　　⑤ 배란 일어나지 않음

56 배란과 월경을 일으키는 직접적인 원인이 되는 호르몬을 순서대로 쓰시오.

57 다음 그래프는 여성 생식 주기에 따른 호르몬의 분비량과 자궁 내벽의 두께 변화를 나타낸 것이다. A ~ E 중 황체가 형성되는 시기는?

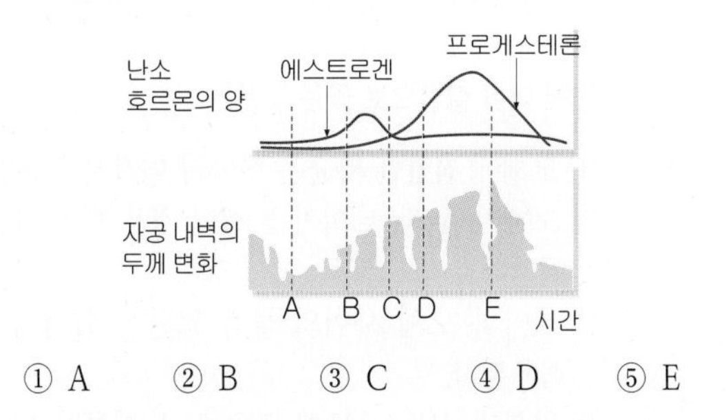

① A　② B　③ C　④ D　⑤ E

58 다음 그림은 어떤 여성의 생식 주기에 따른 여러 가지 변화를 나타낸 것이다. 이에 대한 설명으로 옳은 것만을 〈보기〉에서 있는 대로 고르시오.

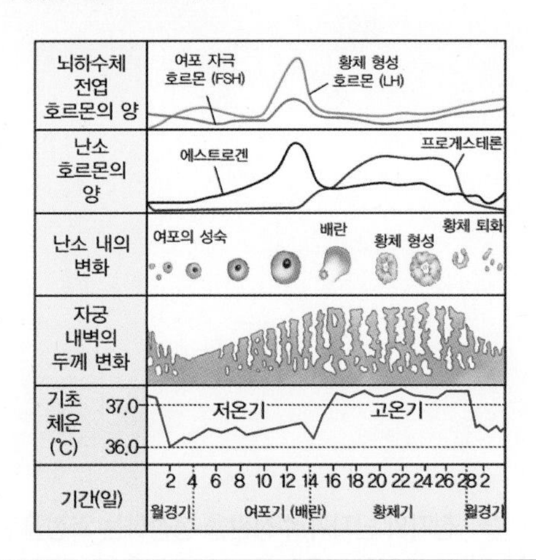

보기

ㄱ. 수정이 일어나는 곳은 난소이다.
ㄴ. 난자는 제 2 난모 세포 상태로 배란된다.
ㄷ. 수정란은 상실기 때 자궁 내벽에 착상된다.
ㄹ. 수정란이 자궁으로 이동한 후 난할이 일어난다.

59 다음 〈보기〉는 배란에서부터 착상까지에 대한 설명이다. 옳은 것만을 있는 대로 고르시오.

보기

ㄱ. FSH 는 프로게스테론의 분비를 억제한다.
ㄴ. LH 에 의해 배란이 일어나고 황체가 형성된다.
ㄷ. 배란이 되면 프로게스테론의 분비가 감소한다.
ㄹ. 수정란이 착상되어 임신이 되면 LH 와 FSH 의 분비는 억제된다.

60 다음 그림은 수정에서 착상까지의 과정을 나타낸 것이다.

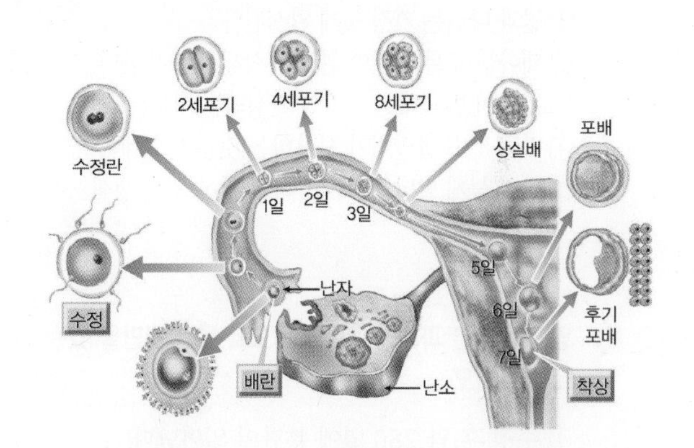

그림에 대한 설명으로 옳은 것만을 〈보기〉에서 있는 대로 고르시오.

보기

ㄱ. 수정 후 1 주일 만에 착상된다.
ㄴ. 수정란이 착상될 때 상태는 포배이다.
ㄷ. 착상될 때 배의 크기는 수정란에 비해 훨씬 크다.
ㄹ. 수정란은 난할을 거듭하며 스스로 운동하여 자궁 쪽으로 이동한다.

61 다음 〈보기〉는 태반에 존재하는 물질이다. 물음에 대하여 기호로 답하시오.

보기

ㄱ. 산소　ㄴ. 바이러스　ㄷ. 포도당　ㄹ. 세균
ㅁ. 항체　ㅂ. 이산화 탄소　ㅅ. 노폐물　ㅇ. 혈구

(1) 모체에서 태아로 이동하는 것을 모두 쓰시오.
(2) 태반을 통해 이동할 수 없는 물질을 모두 쓰시오.

62 다음 그림은 태아의 기관 발달을 나타낸 것이다.

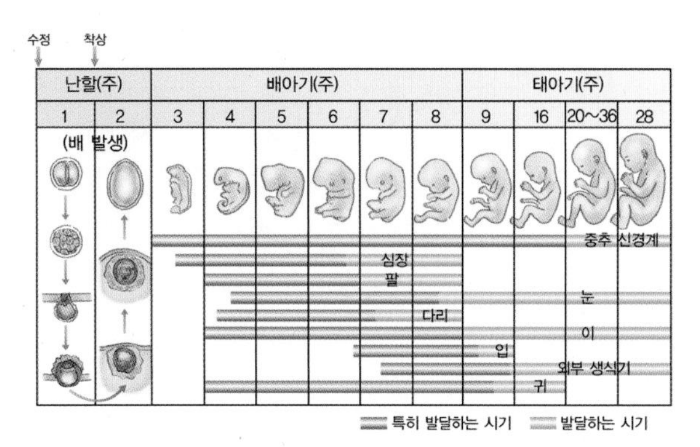

위 자료에 대한 설명으로 옳은 것은?

① 팔과 다리는 가장 늦게 완성된다.
② 태아는 모든 기관이 완성된 상태로 출생한다.
③ 기관이 발달하는 시기와 완성되는 시기는 같다.
④ 가장 먼저 발달하기 시작하는 것은 순환계이다.
⑤ 가장 늦게 발달하기 시작하는 것은 외부 생식기이다.

63 임신과 출산 과정에 대한 설명으로 옳은 것만을 있는 대로 고르시오.

① 수정 후 약 280 일에 분만이 일어난다.
② 분만시 태반은 나오지 않고 모체의 체내로 흡수된다.
③ 분만시 양막이 파열되어 양수가 터진 후 태아가 나온다.
④ 임신 말기에 뇌하수체 후엽에서 옥시토신이 분비되어 자궁 근육의 수축을 촉진한다.
⑤ 임신 말기에 뇌하수체 후엽에서 젖분비 자극 호르몬이 분비되어 젖샘을 발달시킨다.

64 피임법에 대한 설명으로 옳은 것만을 〈보기〉에서 있는 대로 고르시오.

보기

ㄱ. 먹는 피임약은 배란을 억제시켜 임신을 방지한다.
ㄴ. 자궁 내 장치(루프)는 수정란이 자궁에 착상되는 것을 막아 임신을 방지한다.
ㄷ. 콘돔은 정자와 난자가 만나 수정된 후 수정란의 이동을 막아줌으로써 임신을 방지한다.

65 다음 그림은 태반을 통해 모체의 혈액과 태아의 혈액 사이에 이동하는 물질을 나타낸 것이다.

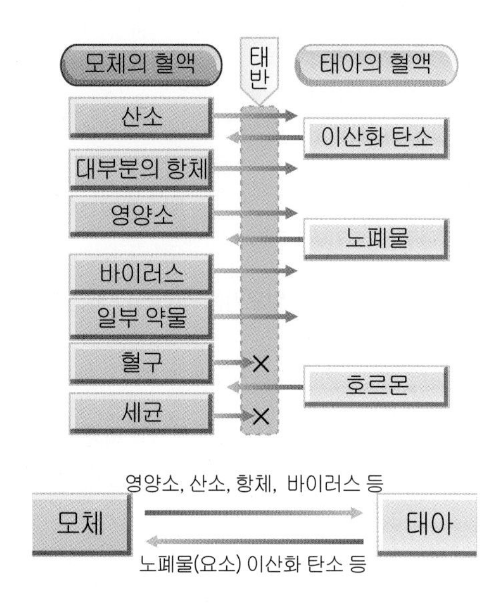

이에 대한 설명으로 옳은 것은?

① 모체에 침입한 세균은 태아의 혈액에도 유입된다.
② 모체가 A 형, 태아가 B 형인 경우 혈액 응고가 일어난다.
③ 태아와 모체 사이의 물질 교환은 확산의 원리가 적용된다.
④ 양분과 산소는 모체 쪽으로, 노폐물은 태아 쪽으로 이동한다.
⑤ 태아와 모체는 직접적으로 혈관이 연결되어 물질을 교환한다.

66 정자와 난자가 수정란을 형성하는 과정을 순서대로 바르게 나열한 것은?

① 정자 침입 → 정자 접근 → 정자의 핵 이동 → 핵 융합
② 정자 침입 → 정자의 핵 이동 → 정자 접근 → 핵 융합
③ 정자의 핵 이동 → 정자 접근 → 정자 침입 → 핵 융합
④ 정자 접근 → 정자의 핵 이동 → 정자 침입 → 핵 융합
⑤ 정자 접근 → 정자 침입 → 정자의 핵 이동 → 핵 융합

18 **그림은 사람의 생식 세포인 정자와 난자를 나타낸 것이다.**

(1) 정자와 난자의 공통점을 2 가지 이상 쓰시오.

(2) 난자가 정자보다 크기가 큰 이유를 자세하게 설명하시오.

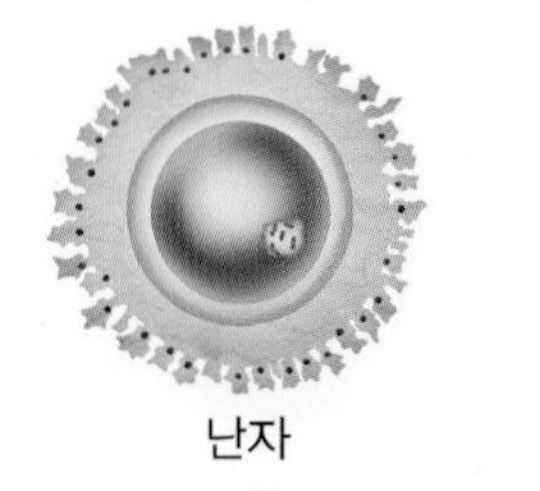

19 **<보기>는 수정 과정을 순서대로 나타낸 것이다.**

> **보기**
>
> (가) 정자는 헤엄을 치면서 난자가 있는 곳으로 간다.
> (나) 정자의 중편 부분에서 분비되는 효소에 의해 난자의 외막이 분해된다.
> (다) 정자의 머리가 난자로 들어오면 투명대의 성질이 변한다.
> (라) 정자가 난자 속으로 들어가고 정핵과 난핵이 결합한다.
> (마) 2n 의 수정란이 형성된다.

(1) 위 과정에서 올바르지 않은 것을 찾아 기호를 쓰고 바르게 고치시오.

(2) (다) 같은 현상이 나타나는 이유를 설명하시오.

20 **다음은 여성의 생식 기관에서 수정이 일어난 후 진행되는 발생 과정을 나타낸 것이다. 이 그림에 대한 설명으로 옳은 것만을 <보기>에서 있는 대로 고르시오.**

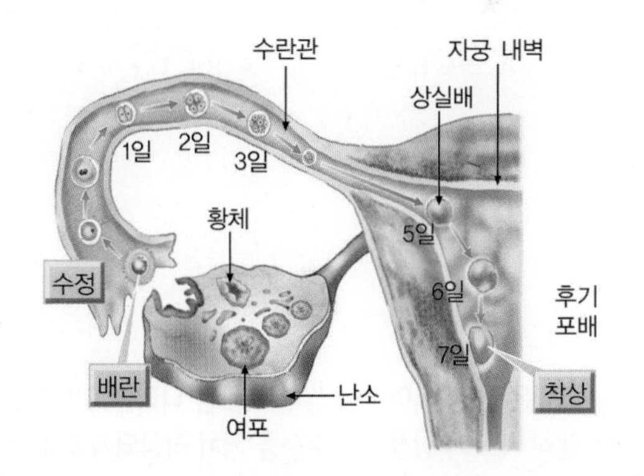

> **보기**
>
> ㄱ. 수정이 이루어지는 장소는 수란관 상단부이다.
> ㄴ. 난할이 진행되면 할구의 크기는 점점 작아진다.
> ㄷ. 난할은 착상된 후부터 시작되어 빠르게 진행된다.
> ㄹ. 착상이 완료되면 황체는 퇴화하고 여포가 발달한다.
> ㅁ. 착상은 포배 상태의 배가 자궁벽에 묻히는 현상이다.
> ㅂ. 배란은 난소에서 수정된 수정란이 난소 밖으로 나오는 현상이다.
> ㅅ. 수정란의 세포 분열로 염색체 수가 반감된 생식 세포가 만들어진다.

21 다음 그림은 정자와 난자가 수정하여 수정란이 되고, 태아로 발생하는 과정을 나타낸 것이다.

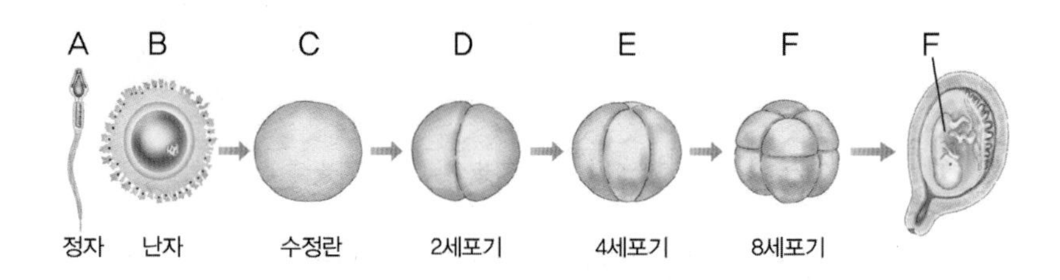

(1) 위 자료에 대한 설명으로 옳은 것만을 〈보기〉에서 있는 대로 고르시오.

보기

ㄱ. A 는 수정란의 발생에 필요한 영양분을 가지고 있다.
ㄴ. B 는 체세포 분열 과정을 통해 만들어진 것이다.
ㄷ. C 의 세포질의 양은 B 의 2 배이다.
ㄹ. D → F 과정을 거치면서 생성된 세포 하나(할구)의 크기는 작아진다.
ㅁ. F 의 세포 하나에 들어 있는 염색체 수는 C 와 같다.

(2) 정자, 난자, 각 단계의 배가 가진 DNA 총량과 세포질 총량을 비교한 것으로 옳은 것은?

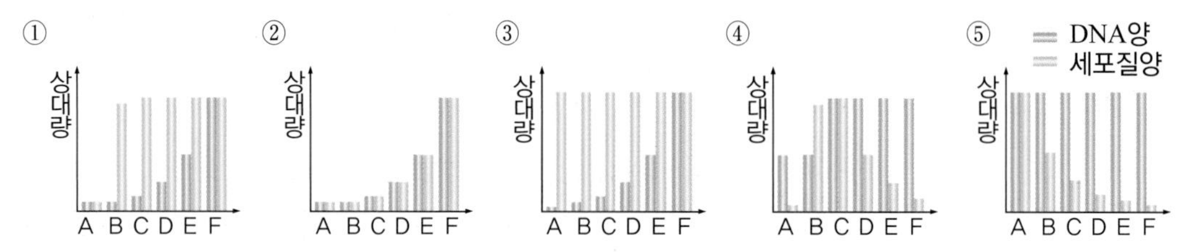

22 그림은 남성과 여성의 생식 기관을 나타낸 것이다. 사람의 생식 세포가 형성되어 수정을 거쳐 착상되기까지의 과정에서 (가) ~ (다) 과정이 일어나는 장소를 그림에서 찾아 기호를 쓰시오.

정자 형성 → 성숙(가) → 이동 ↘
수정 (나) → 착상 (다)
난자 형성 → 배란 → 이동 ↗

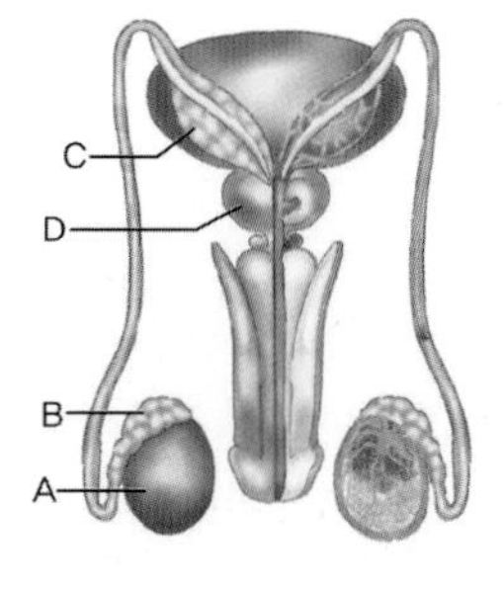

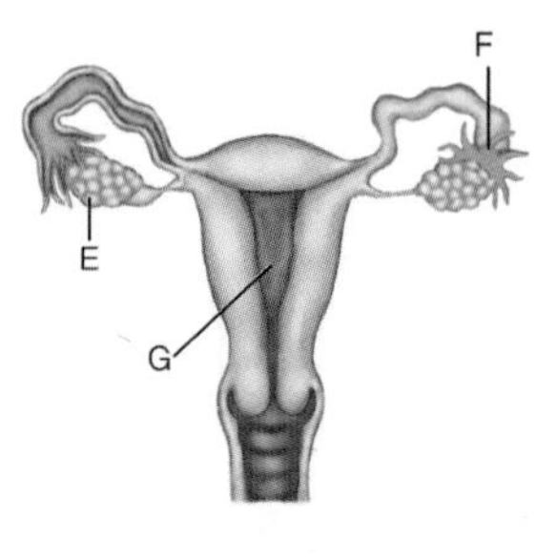

(가) : (　　　　　)　　(나) : (　　　　　)　　(다) : (　　　　　)

23 그림은 쥐의 수정란이 분열하여 형성된 초기 포배에서 안쪽 세포 덩어리를 분리해 줄기 세포를 만드는 과정이다. 이 세포들은 적절한 조건에서 각각 근육, 신경, 뼈 등의 특성을 지닌 세포로 될 수 있다.

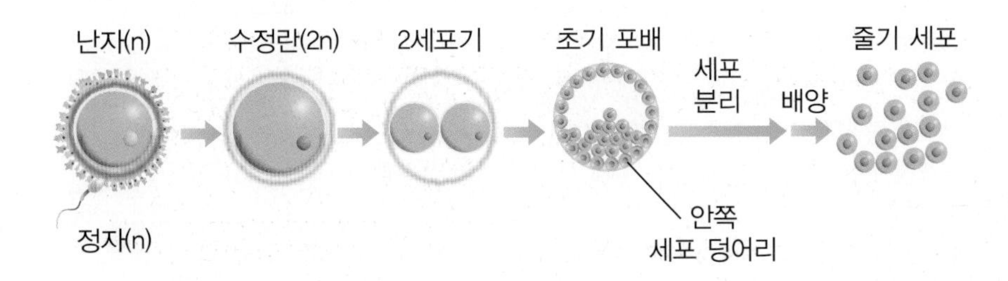

(1) 위 자료에 대한 설명으로 옳은 것은?

① 정자와 수정란의 세포질의 양은 서로 같다.
② 난자와 줄기 세포의 염색체 수는 서로 같다.
③ 배양한 각 줄기 세포는 서로 다른 유전자를 갖는다.
④ 포배 안쪽 세포와 줄기 세포는 각각 2n 의 염색체를 가진다.
⑤ 난할이 진행됨에 따라 각 세포의 세포질 양과 DNA 량은 감소한다.

(2) 배아 줄기세포의 특징은 무엇인지 설명해 보시오.

개념 돋보기

줄기 세포

수정란이 세포 분열을 통해 여러 개의 세포로 이루어진 배를 형성한다. 이 배 안쪽에는 내세포괴(inner cell mass)라고 하는 세포들의 덩어리가 있는데, 이 세포들은 세포 분열과 분화를 거쳐 배아(embryo)를 형성하고, 배아는 임신 기간을 거치면서 하나의 개체로 발생하게 된다. 이러한 내세포괴의 세포를 배반포로부터 분리하여 특정한 환경에서 배양하면, 더 이상 분화는 일어나지 않지만, 분화할 수 있는 능력은 여전히 가지고 있는 상태의 세포로 만들 수 있다. 이러한 세포를 배아 줄기 세포라고 한다.

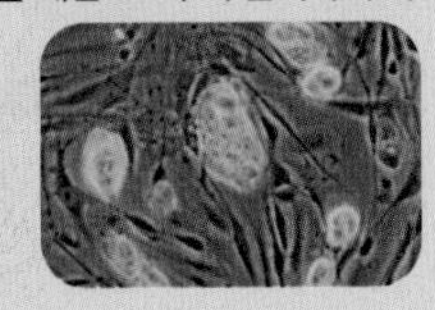

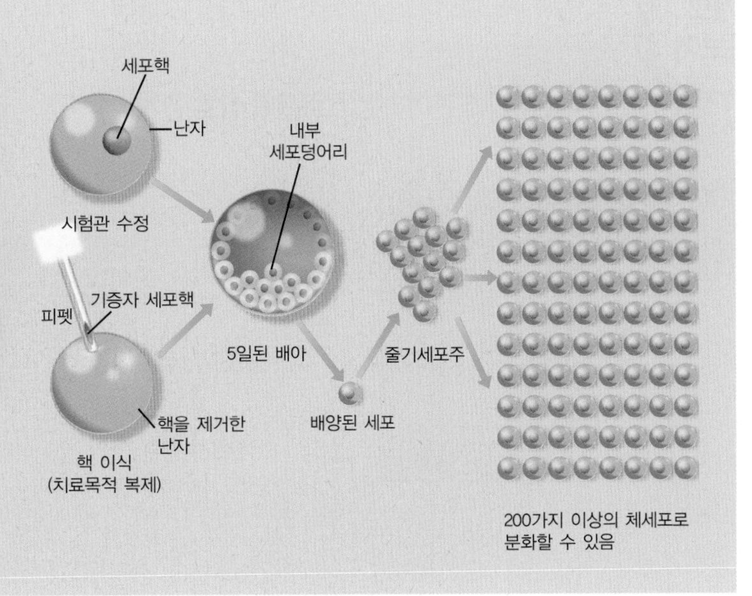

개념 심화 문제

24 그림은 여성의 생식 주기 동안 난소에서 일어나는 변화와 성 호르몬 분비 조절을 나타낸 것이다. 자료에 대한 해석으로 옳은 것만을 다음 〈보기〉에서 있는 대로 고르시오.

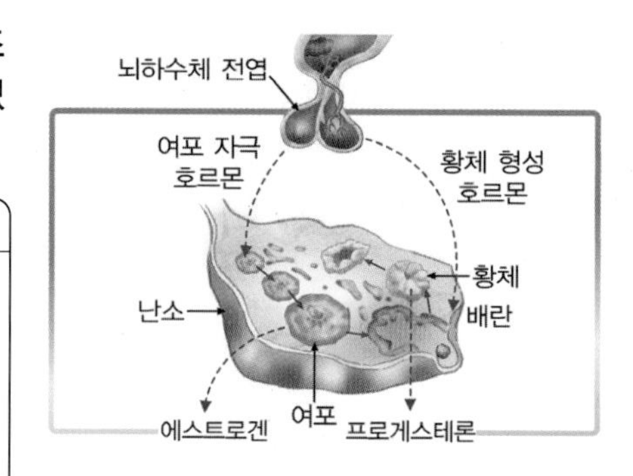

보기

ㄱ. 황체가 퇴화하면 프로게스테론 분비량이 줄어든다.
ㄴ. 여포에서 분비된 에스트로젠은 황체 형성 호르몬 분비를 억제한다.
ㄷ. 황체에서 분비된 프로게스테론은 여포 자극 호르몬 분비를 억제한다.

25 다음 그림은 동일한 생식 주기를 갖는 두 여성 (가)와 (나)에서 시간에 따른 난소 내의 변화와 호르몬 X 의 혈중 농도 변화를 나타낸 것이다. 이에 대한 설명으로 옳은 것만을 〈보기〉에서 있는 대로 고르시오.

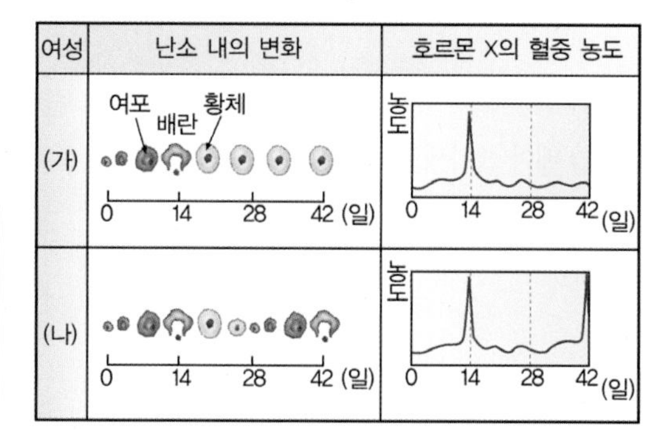

보기

ㄱ. 28일 경 프로게스테론의 혈중 농도는 (가)가 (나)보다 높다.
ㄴ. 호르몬 X 는 난소에서 분비된다.
ㄷ. 호르몬 X 는 먹는 피임약의 주성분이다.

개념 돋보기

생식 주기에 관여하는 호르몬의 상호 관계

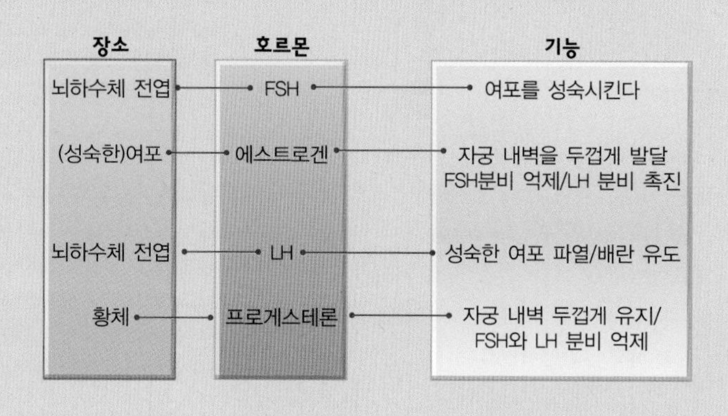

장소	호르몬	기능
뇌하수체 전엽	FSH	여포를 성숙시킨다
(성숙한)여포	에스트로겐	자궁 내벽을 두껍게 발달 FSH분비 억제/LH 분비 촉진
뇌하수체 전엽	LH	성숙한 여포 파열/배란 유도
황체	프로게스테론	자궁 내벽 두껍게 유지/ FSH와 LH 분비 억제

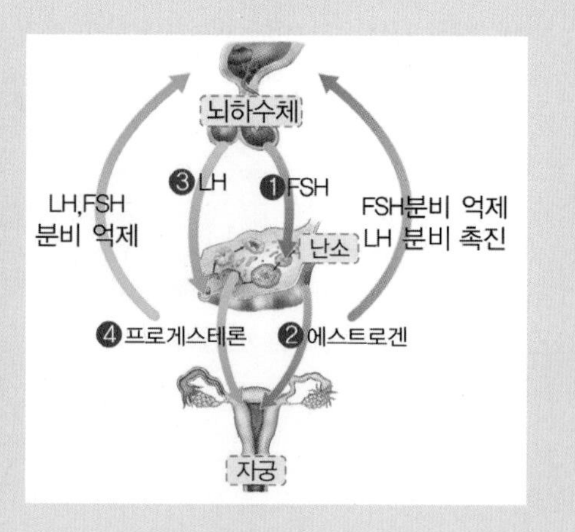

정답 및 해설 26쪽

26 다음 그림은 여성의 정상적인 생식 주기에 따른 난소와 자궁 내벽의 변화를 나타낸 것이다.

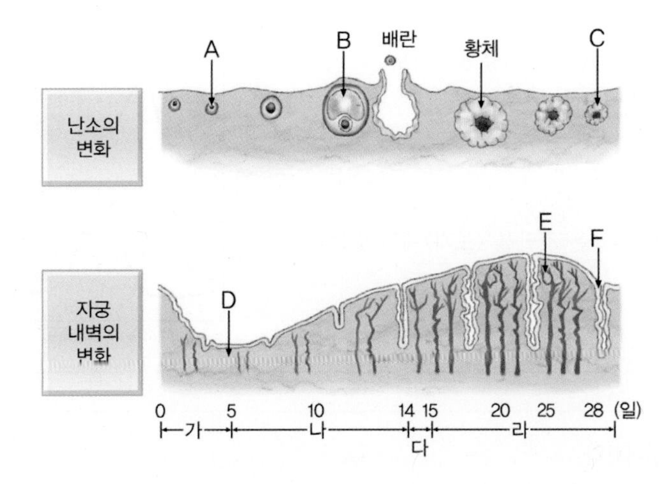

(1) 다음 설명에 해당하는 각 구간의 기호 (가) ~ (라)를 찾아 쓰시오.

① 뇌하수체 전엽에서 황체 형성 호르몬(LH)이 분비가 최대가 되며, 이 시기에 수정이 가능하다. (　　)

② 에스트로젠의 분비량이 급격하게 증가하며, 자궁 내벽이 두껍게 발달한다. (　　)

③ 자궁 내벽이 허물어져 혈액과 함께 체외로 방출된다. (　　)

④ 혈중 프로게스테론의 농도가 가장 높으며 착상이 일어나면 자궁 내벽은 두텁게 유지된다. (　　)

(2) 어느 여성이 월경이 끝난 직후부터 피임약을 계속 복용하고 있다면, 복용 3 주째 이 여성의 난소와 자궁 내벽의 상태로 옳은 것을 그림에서 골라 바르게 짝지은 것은? (단, 이 피임약의 주 성분은 에스트로젠과 프로게스테론이다.)

	난소의 상태	자궁 내벽의 상태
①	A	D
②	A	E
③	B	E
④	C	D
⑤	C	F

개념 심화 문제

27 **다음은 규칙적인 생식 주기를 갖는 어떤 여성의 호르몬 농도를 일정 기간 조사한 것이다.**

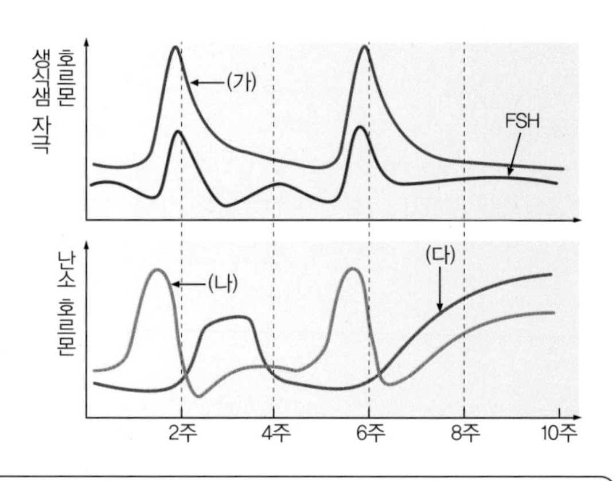

(1) 자료를 통해 이 여성이 임신한 시기를 찾으시오.

약 (　　　　　) 주 경

(2) 자료에 대한 설명으로 옳은 것만을 〈보기〉에서 있는 대로 고르시오.

보기

ㄱ. 배란은 3 번 일어났다.
ㄴ. (다)에 의해 (가)의 분비가 촉진된다.
ㄷ. FSH 의 분비량이 감소하면 월경이 일어난다.
ㄹ. (다)의 농도가 감소하면 자궁 내벽이 퇴화한다.
ㅁ. 8주쯤에 (나)는 황체에서, (다)는 여포에서 분비된다.
ㅂ. (나)의 농도가 증가했다 다시 감소하게 되는 시기에 배란이 일어난다.

28 **다음 그래프는 월경 주기가 28일로 규칙적인 어떤 여성의 기초 체온을 조사한 것이다.**

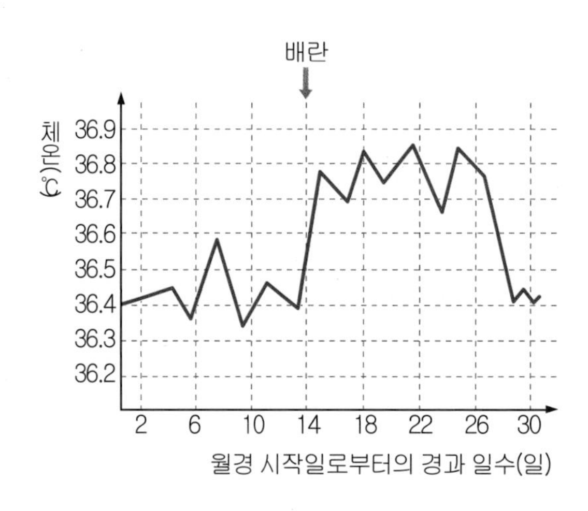

위 자료에 대한 설명으로 옳은 것만을 〈보기〉에서 있는 대로 고르시오.

보기

ㄱ. 기초 체온을 통하여 배란 일을 예측할 수 있다.
ㄴ. 프로게스테론의 분비량이 증가하면 체온이 감소한다.
ㄷ. 임신 가능성이 높은 시기는 저온기보다는 고온기일 때이다.

정답 및 해설 26쪽

29 다음은 태아의 시기별 발달 과정을 나타낸 것이다.

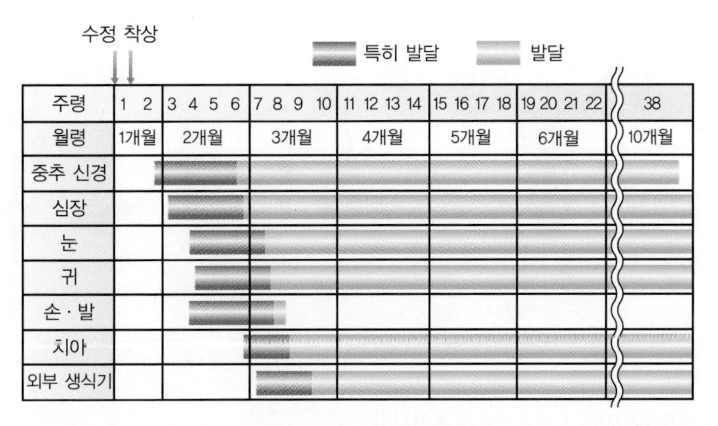

위 자료에 대한 해석으로 옳은 것만을 〈보기〉에서 있는대로 고르시오.

보기

ㄱ. 가장 먼저 발달이 시작되는 기관은 심장이다.
ㄴ. 임신 6 주가 되면 태아의 성별을 구별할 수 있다.
ㄷ. 임신 3 개월 이내에 태아의 대부분의 기관이 형성되기 시작한다.
ㄹ. 만약 산모가 5 ~ 6 주 사이에 기형을 유발하는 물질에 노출이 되면 중추 신경계보다 팔이나 다리에 더 심각한 기형이 나타날 가능성이 높다.

30 다음 그림은 태아와 모체 사이의 태반과 태반을 통해 모체와 태아 사이에 이동하는 물질을 나타낸 것이다.

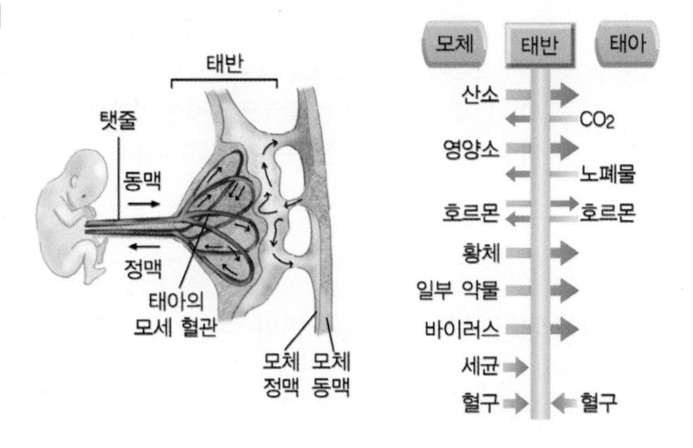

위 자료에 대한 설명으로 옳지 않은 것을 〈보기〉에서 고르시오.

보기

ㄱ. 모체와 태아의 혈액형은 서로 다를 수 있다.
ㄴ. 태아가 태어나도 일정 기간 동안 면역성을 가진다.
ㄷ. 모체에 침입한 세균은 혈구와 함께 태아에 유입된다.
ㄹ. 양분과 산소는 태아 쪽으로, 노폐물은 모체 쪽으로 이동한다.
ㅁ. 태아에게 임산부의 항체가 유입되면 항원에 대한 면역력을 얻을 수 있다.

31 다음은 양쪽 수란관이 막힌 경우에 시술하는 인공 수정 과정을 나타낸 것이다.

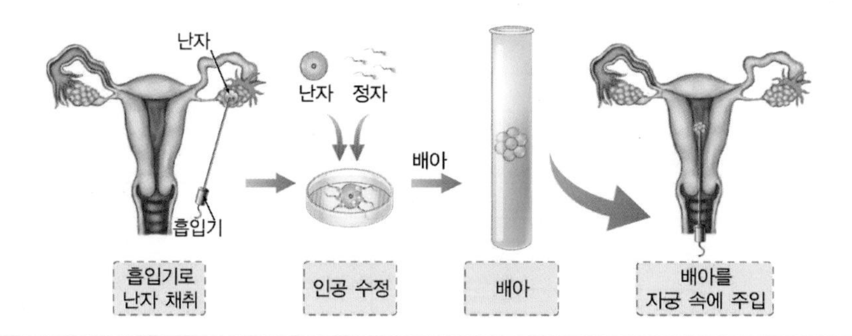

[인공 수정 과정]

(가) 호르몬 투여로 난자의 성숙과 배란을 촉진시킴

(나) 성숙한 난자를 흡입기로 채취함

(다) 영양분이 든 배지에서 난자와 정자를 수정시킴

(라) 수정란을 3 ~ 6 일간 배양하여 8 세포기까지 발생시킨다.

(마) 호르몬 투여로 자궁벽을 두텁게 함

(바) 배아를 자궁벽에 착상시킴

이에 대한 설명으로 옳은 것만을 〈보기〉에서 있는 대로 고르시오.

보기

ㄱ. (가) 단계에서 난자의 성숙을 촉진시키기 위해 에스트로젠을 주사한다.

ㄴ. (다) 단계에서 정자와 난자를 체외 수정시키는 것에서 유래되어 이 시술 이름이 '시험관 아기'라고 불리게 되었다.

ㄷ. 정상적으로 임신이 일어날 때도 (라) 단계와 같이 8 세포기 때 착상이 이루어진다.

ㄹ. (마) 단계에서 투여하는 호르몬은 배란만 억제한다.

ㅁ. 착상 후 프로게스테론의 분비량은 유지된다.

개념 돋보기

임신 기간 동안의 호르몬 변화

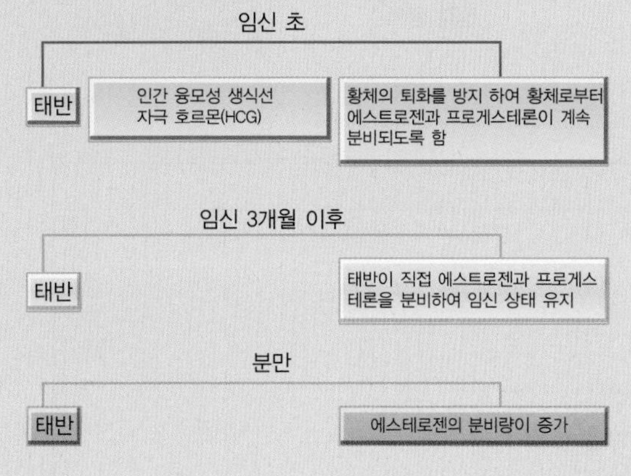

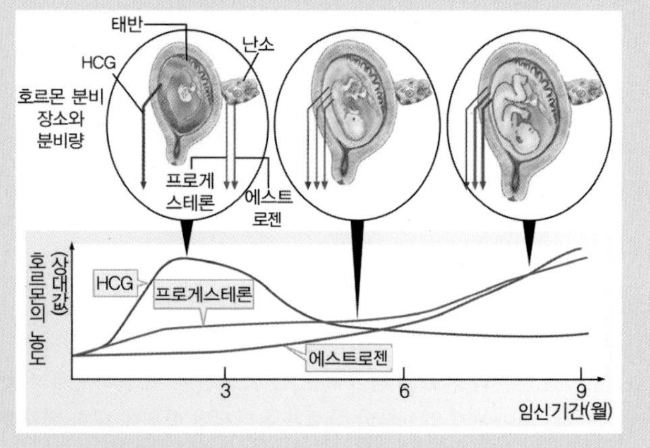

정답 및 해설 28쪽

단계적 문제 해결형

01 다음은 1란성 쌍생아와 2란성 쌍생아의 자궁 내 모습을 나타낸 것이다.

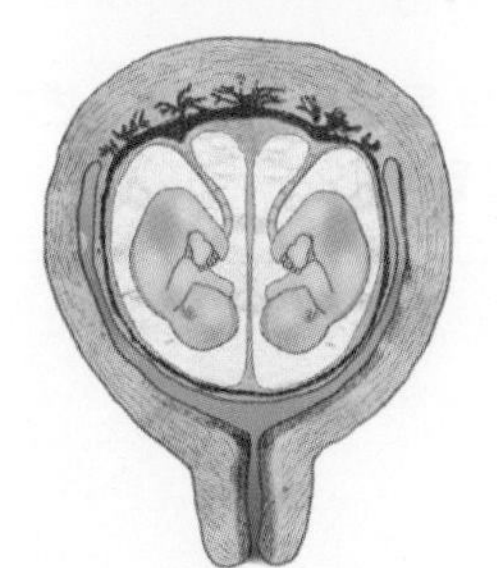

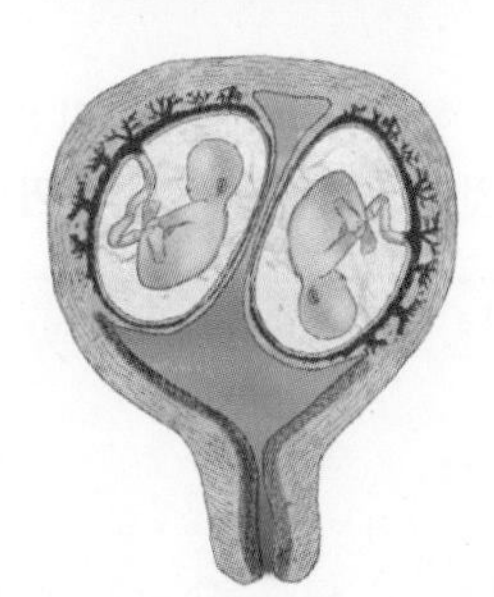

(1) 쌍생아를 비교한 다음 표의 빈칸에 알맞은 말을 넣어 표를 완성하시오.

구분	1 란성 쌍생아	2 란성 쌍생아
남녀 성별		
생김새		
난자의 수		
정자의 수		

(2) 1 란성 쌍생아와 2 란성 쌍생아의 발생 원인의 차이점을 비교 설명하시오.

(3) 1 란성 쌍생아와 2 란성 쌍생아의 유전적 차이점을 비교 설명하시오.

쌍생아 발생 과정

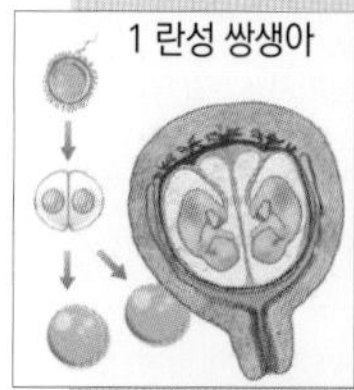

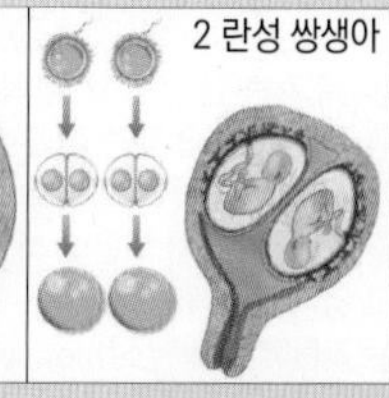

- 1 란성 쌍생아 : 1개의 난자와 1개의 정자가 수정해서 본래 1개체로서 발육해야 할 것이 발생의 극히 초기 단계에서 2분해되어, 2개체로서 태내에서 발육한 것을 말한다.
- 2 란성 쌍생아 : 1회의 배란으로 우연히 2개의 난자가 동시에 나와, 각각 별개의 정자와 수정하였기 때문에, 별개의 두 개체가 동시에 태내에서 발육한 상태를 말한다.

쌍생아 연구

사람 유전 연구 방법 중에서 유전과 환경의 영향 차이를 가장 쉽게 비교 분석할 수 있는 방법이다.

- 1란성 쌍생아 끼리의 차이 : 후천적인 성장 환경의 차이
- 2란성 쌍생아 끼리의 차이 : 후천적인 성장 환경의 차이 + 유전 형질의 차이

쌍생아 연구의 예

- 정신 분열병

1란성 쌍생아가 동시에 정신분열병에 걸릴 확률은 78 ~ 86% 이며, 2란성 쌍생아끼리는 52% 정도로 나타났다. 이것으로 보아 정신병에 걸리기 쉬운 형질이 유전된다는 사실을 알 수 있다.

- 지능

1란성 쌍생아의 일치율은 90% 이며 2란성 쌍생아의 일치율은 52% 로 나타났다. 2란성 쌍생아의 일치율보다 1란성 쌍생아의 일치율이 더 높은 것으로 보아 지능은 환경보다 유전의 영향을 더 많이 받는다는 것을 추정할 수 있다.

- 알코올 중독

1란성 쌍생아 중 어느 한 사람이 알코올 중독인 경우 다른 한 사람이 알코올 중독일 확률은 58% 이며 2란성 쌍생아의 경우에는 28% 이다. 알코올 중독도 1란성이 2란성보다 중독 확률이 높은 것으로 보아 유전적인 요인이 더 크게 작용한다고 추정된다.

창의력을 키우는 문제

추리 단답형

02 **다음은 여성의 생식 주기 동안의 난소와 자궁 내벽, 그리고 체온의 변화를 나타낸 것이며, 정자와 난자의 생존 기간을 나타낸 것이다. 정자가 여성의 몸 속에서 생존할 수 있는 기간은 약 3일 정도이며, 난자는 배란된 이후 24 시간까지 생존이 가능하다.**

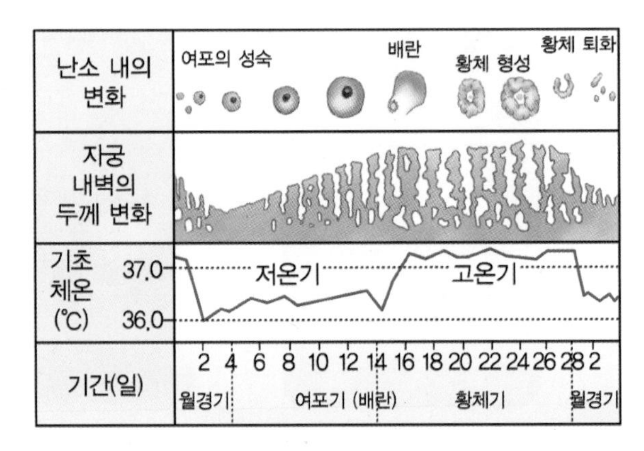

다음은 한 여성이 임신을 하기 위하여 한 달 동안 자신의 체온의 변화를 관찰하여 그래프로 나타낸 것이다. 제시된 자료를 근거로 물음에 답하시오.

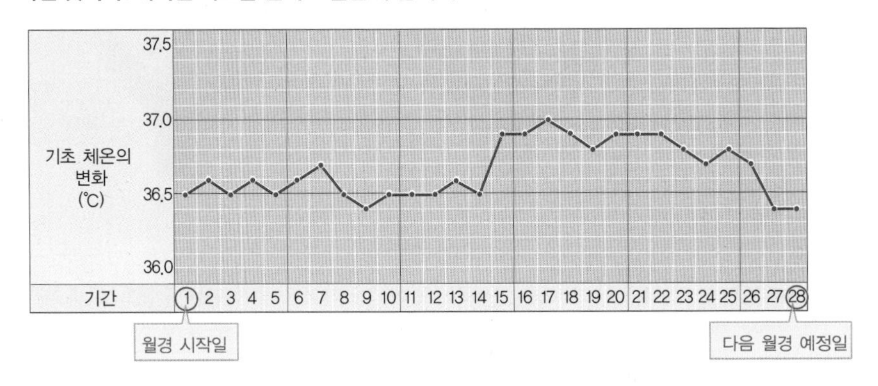

(1) 이 여성의 배란일은 언제일까?

(2) 이 여성이 임신할 가능성이 있는 시기를 위 자료를 바탕으로 추정하여 쓰시오.

( )일 ~ ( )일 사이

월경의 어원

월경이라는 단어는 '달'을 의미하는 월(月)과 '지낸다'는 의미인 경(經)으로 이루어졌다. 이는 월경의 주기가 달 모양의 월변화 주기와 비슷하기 때문에 비롯되었다. 그리고 영어의 menstruation 도 '달'을 뜻하는 라틴어 단어 멘스(menses)에서 비롯되어서 비슷한 유래를 갖고 있다.

배란

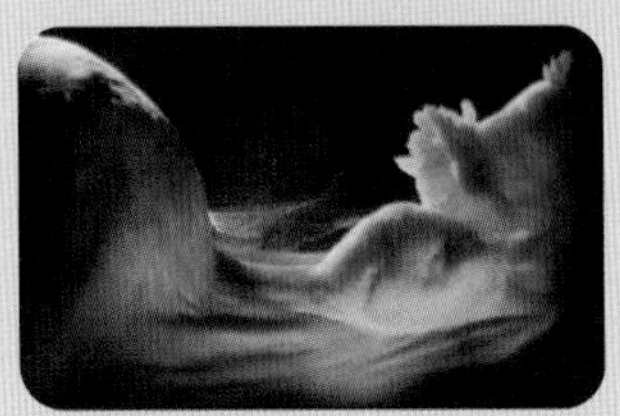

▲ 난소에서 배출되는 난자

난자를 난소 밖으로 배출하는 현상이다. 사람의 경우 난자가 배란될 때 제 2 난모 세포의 상태이다. 배란은 약 28 일을 주기로 한 개씩 배출되는데 일생동안 평균적으로 약 450 여 개의 세포가 배란된다.

기초 체온

충분한 수면을 취한 뒤 일어나 아무런 활동도 하지 않은 상태에서의 체온이다. 여성의 기초 체온은 월경, 배란에 따라 체온이 변한다. 프로게스테론은 기초 체온을 상승시키는 원인이다.

다음 월경과 함께 황체가 퇴화하면 프로게스테론의 분비량도 줄어들어 기초 체온이 내려간다. 만약 임신을 하게 되면 3 개월 동안 황체는 퇴화하지 않기 때문에 프로게스테론의 분비량은 여전히 높아 기초 체온도 높은 상태를 유지한다.

정답 및 해설 28쪽

추리 단답형

03 **수정일로부터 266 일 동안 모체에서 자란 태아가 자궁 밖으로 나오게 되는데 이 과정을 분만이라고 한다. 따라서 임신 기간은 수정일로부터 266 일이지만 정확한 수정 날짜를 알 수 없기 때문에 아래와 같은 방법에 의해 분만 예정일을 계산한다.**

> 임신 지속 기간은 수정란의 착상에서 분만까지이다. 그렇지만 정확한 착상 날짜를 알기가 어렵기 때문에 임신 전의 최종 월경 시작일로부터 280일을 더하여 분만 예정일을 계산한다.
>
> 280일은 40주이며 1개월을 4주로 간주하면 1개월이 28일인 셈이므로 일반적인 월경 주기와 일치하기 때문에 편의상 임신 기간을 40주 또는 10개월이라고 말한다. 그리고 산부인과에서는 40주를 9개월 7일로 하여 최종 월경 시작일에 이 기간 만큼 더하여 분만 예정일을 계산한다.

(1) 어떤 임산부의 최종 월경 시작일이 3 월 10 일이었다. 이 여성의 분만 예정일은 언제인가?

(2) 이 임산부의 최종 배란일은 언제였는가?

(3) 정자와 난자가 수정된 후 약 며칠 만에 아이가 출산하는가?

논리 서술형

04 **한 농부가 좋은 품종의 고구마를 개발하기 위해 고구마 농사를 시작하였지만 매번 실패를 거듭하였다. 그러던 어느날 농부가 흡족할 만한 품질을 가진 고구마를 발견하게 되었다.**

농부 아저씨가 열심히 고구마를 키우는 모습, 하지만 자기가 마음에 들어하는 고구마가 아니어서 캐는 족족 던져버림.

그러다 우연히 크고 튼실하고 맛있어 보이는 고구마를 캐고 난 후 고민한다.

농부가 발견한 새로운 품종의 고구마를 대량 생산할 수 있는 생식 방법은 무엇이며, 그 생식 방법의 특징을 2 가지 이상 서술하시오.

자궁 외 임신

수정란이 정상적인 위치인 자궁에 착상되지 않고, 난소나 수란관, 자궁의 입구 등에 착상되는 임신을 말한다.

출산이 임박해질 때 증상

- 위 주위가 가벼워짐 : 태아가 밑으로 내려가기 때문에 위가 편안해지며 식욕이 좋아진다.
- 배가 서서히 땡기는 것을 전진통이라고 하며, 주기적으로 나타나면서 출산이 시작됨
- 태아의 움직임이 적어짐 : 태아가 내려가서 머리부분이 골반 속에 고정되어 있으므로 움직임이 적어진다.
- 소변이 잦아짐 : 밑으로 내려온 태아의 머리가 압박하여 소변이 잦아진다.

출산 과정 모식도

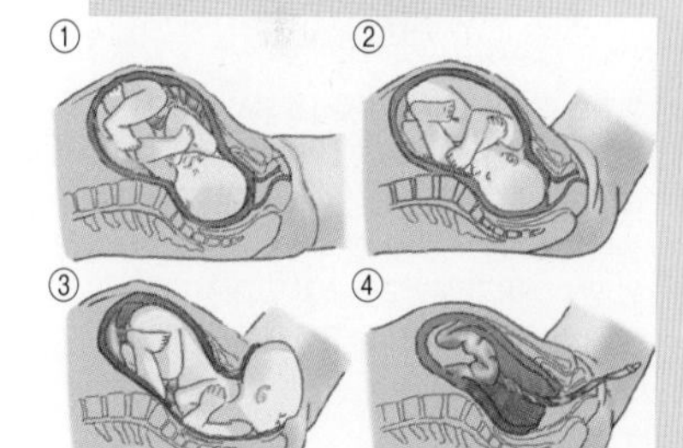

▲ 출산 과정 모식도(① → ④)

영양 생식

① 자연 영양 생식 : 자연 상태에서 영양기관으로부터 싹을 틔워서 개체를 만드는 것

㉠ 땅속줄기 (대나무, 연, 감자, 토란), 기는 줄기(양딸기,잔디), 비늘줄기(양파, 백합), 뿌리(고구마, 튤립)

② 인공 영양 생식 : 인위적인 방법으로 영양 생식을 시키는 것

㉠ 꺾꽂이 (개나리, 버드나무, 베고니아), 휘묻이(뽕나무, 석류, 포도), 접붙이기(탱자나무에 귤나무, 찔레나무에 장미), 포기나누기(국화, 붓꽃, 난초 등)

창의력을 키우는 문제

무성 생식

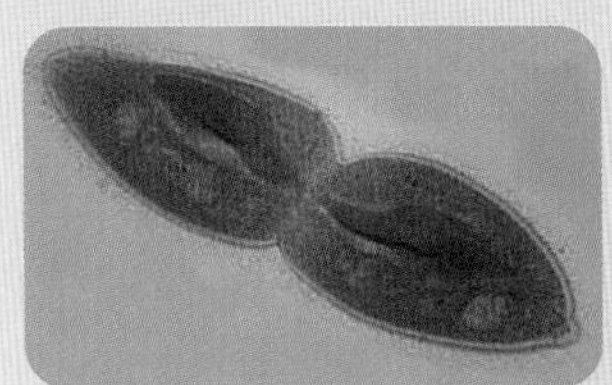

▲ 짚신벌레의 무성 생식(이분법)

지구에 암컷과 수컷이 등장한 것은 불과 14억 년 전의 일이다. 그 전에 모든 생명체들은 스스로 둘로 쪼개지는 무성 생식을 통해 개체 수를 늘렸다. 이 생식 방법은 똑같은 DNA 를 가진 개체들을 만들기 때문에 간편하지만 매우 위험하다. 자연 환경이 바뀌거나 새로운 질병이 퍼지면 집단 전체가 멸종할 위험이 높기 때문이다.

볼복스

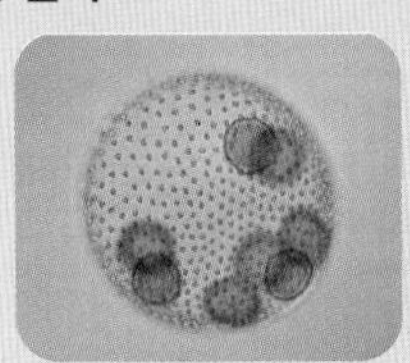

환경의 변화에 따라 유성 생식과 무성 생식을 번갈아 반복하는 생물도 있다. 볼복스는 1 개의 세포가 분열하여 일정한 수의 딸 군체를 만들어 내보내는 무성 생식을 하다가 가을이 되면 암수 개체가 구별되어 각기 알과 정자를 만들어 수정이 이루어지는 유성 생식을 한다.

난자는 육안으로 볼 수 있을까?

사람의 난자는 난세포의 지름이 약 250㎛ 정도이고, 실제 난자는 이보다 작아서 130㎛ 이다. 1㎛ 는 10~3mm 이므로 난세포의 지름은 0.25mm 정도, 난자의 지름은 0.13mm 인 셈이다. 따라서 난자는 지름이 1mm 의 1/5 정도가 되는 크기의 구형이다. 이 정도의 크기는 워드프로세서에서 10 포인트의 마침표(.) 정도의 크기에 해당되기 때문에 육안으로 관찰이 가능하다.

난자의 모습

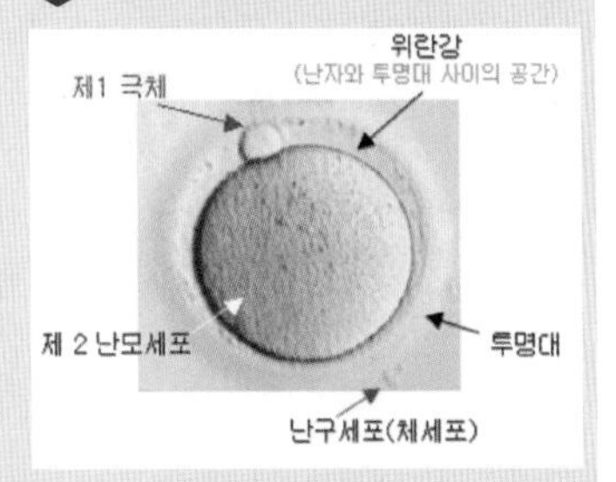

제 1 극체 : 제 2 난모 세포의 난자 옆에 붙어 있는 극체

논리 서술형

05 **철수는 다음과 같은 방법으로 막걸리를 만들었다. 그런데 실수로 다 완성된 막걸리를 체로 거르다 식초를 쏟고 말았다.**

[막걸리 만드는 방법]

① 고두밥, 누룩, 약간의 효모를 넣고 골고루 섞어 준다.

② 혼합 재료에 물을 넣어 준다.

③ 25℃ 정도의 온도에 보관한다.

④ 5 ~7 일 후 다 완성된 막걸리를 체로 걸러 준다.

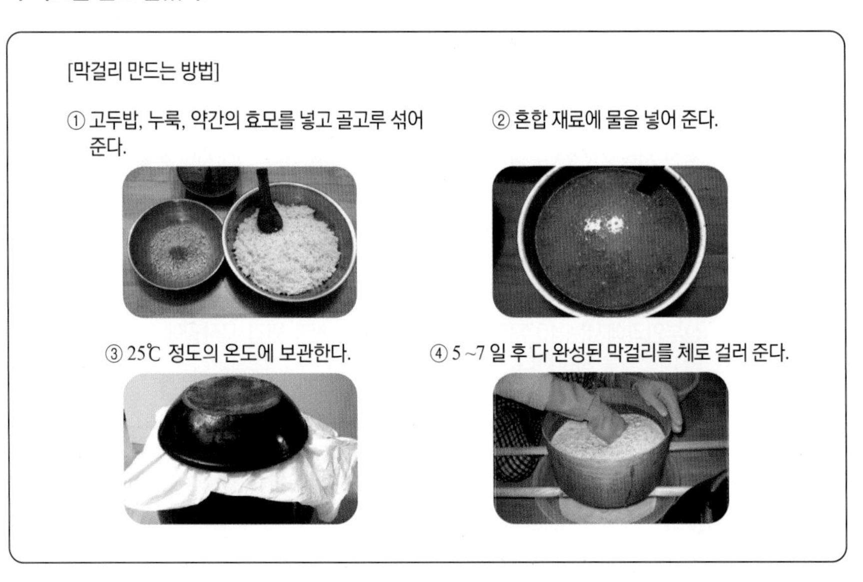

(1) 막걸리 만드는 과정에서 넣은 효모는 3 ~ 5 일 만에 수억 마리로 늘어났다. 그 이유를 효모의 생식 방법의 특징을 이용하여 설명하시오.

(2) 실수로 식초를 쏟았을 때 수억 마리의 효모는 어떻게 될까? 자신의 생각을 이유와 함께 쓰시오.

06 **다음은 정자와 난자 형성과정을 나타낸 것이다.**

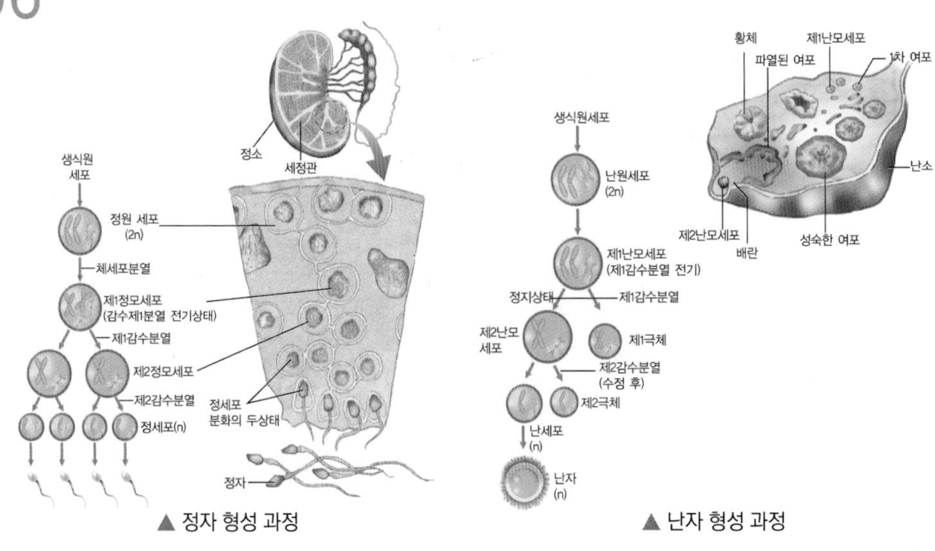

▲ 정자 형성 과정　　▲ 난자 형성 과정

(1) 정자와 난자 형성 과정에서 일어나는 염색체 변화는 생식과 유전에 어떤 영향을 주는지 설명하시오.

(2) 사정한 정액 속에는 정자가 수억 개가 들어 있다. 반면에 난자의 경우는 극히 제한된 숫자만이 태아기 때 형성되어 사춘기 때 한 개씩 배란된다. 이렇게 정자와 난자의 개수에 차이가 나는 이유를 정자와 난자의 세포 분열 과정을 비교하여 설명하시오.

추리 단답형

07 자료 A는 건강한 여성과 남성의 염색체를 조사하여 나타낸 것이다.

[자료 A]

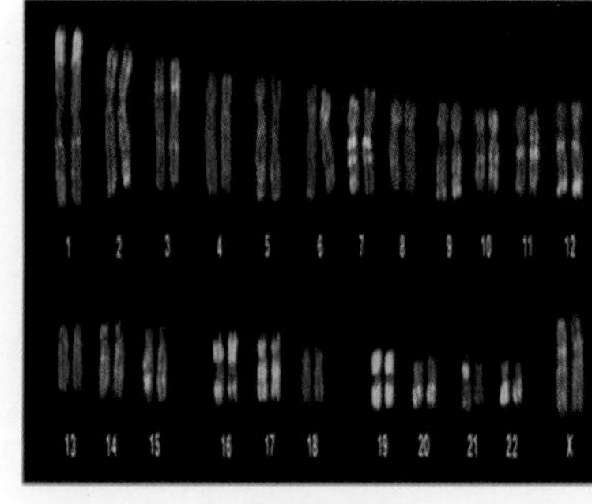
▲ 여성의 염색체

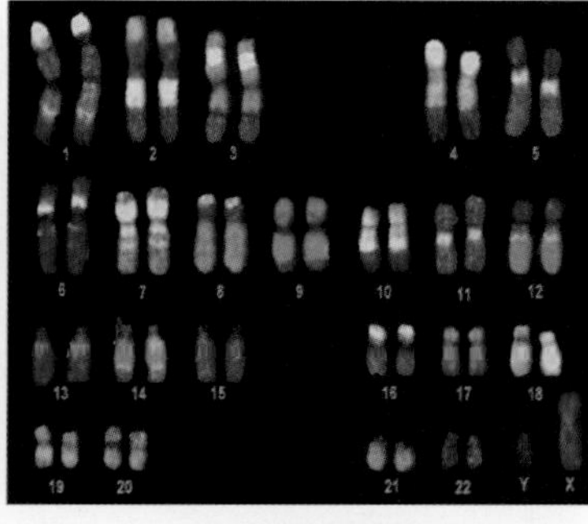
▲ 남성의 염색체

[자료 B]

두 사람이 결혼을 한지 오랜 시간이 지나도 아이가 생기지 않아 병원에서 염색체 검사를 받았다. 그 결과는 아래와 같이 나타났다.

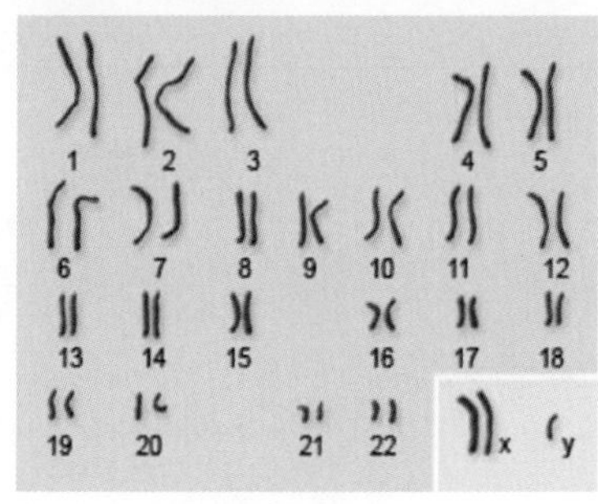
▲ 사람 A

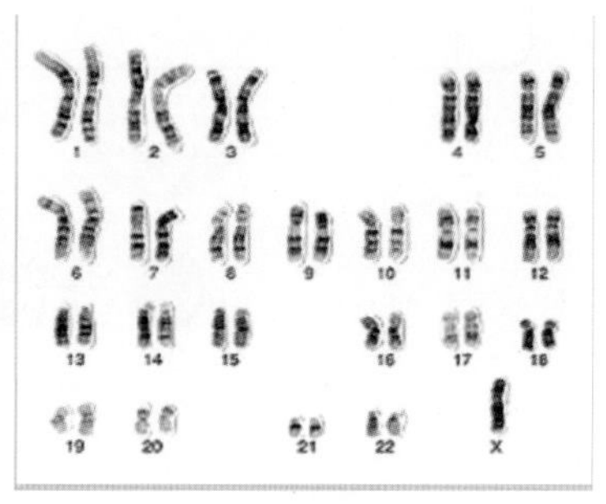
▲ 사람 B

(1) 자료 A 에서 정상적인 여성과 남성의 염색체를 비교했을 때 성별을 결정하는 염색체는 무엇인지 쓰시오.

(2) 제시된 자료 B 를 분석하여 두 사람 (A, B)의 성별을 각각 ○표 하고 그 이유를 쓰시오.

사람 A	(여성, 남성)	
사람 B	(여성, 남성)	

(3) 두 사람 사이에서 아이가 생기지 않는 이유가 무엇일지 추리해 보시오.

수컷(♂)과 암컷(♀) 상징 기호의 의미

▲ 수컷 ▲ 암컷

▲ 수공작

▲ 수사자와 암사자

생물학에서 수컷과 암컷을 상징하는 ♂과 ♀는 그리스 신화에서 비롯된 기호이다.

수컷을 의미하는 ♂ 는 전쟁의 신 '아레스'와 관련된 것으로 창과 방패를 나타낸 것이다. 그리고 암컷을 의미하는 ♀ 는 미의 여신인 비너스의 거울을 상징적으로 나타낸 것이다.

제 3의 성

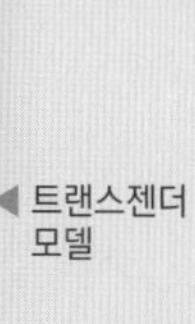

◀ 트랜스젠더 모델

남성이나 여성의 신체를 지니고 태어났지만 자신이 반대 성의 사람이라고 인식하는 사람들을 가리켜 트랜스젠더(Transgender) 라고 한다. 발생 원인은 가족 환경이나 심리적인 측면이 큰 영향을 미친다는 후천적인 요인설과 태아 단계에서 특정 호르몬이 기능을 발휘하지 못하여 발생한다는 선천적 요인설 등이 있다.

샴 쌍생아의 형태

서로 붙어 있는 부위에 따라 다섯 가지 형태로 나뉘어지는데 복부가 붙어 있는 경우는 제대결합 쌍생아, 골반이 붙어 있는 경우는 좌골결합 쌍생아, 엉덩이가 붙어 있는 경우는 둔결합 쌍생아, 머리가 붙어 있는 경우는 두개결합 쌍생아라고 한다.

샴쌍생아 분리의 딜레마

샴쌍생아는 분리 수술을 할 경우 양쪽 다 살 수 있는지, 그렇지 않을 경우 누구를 희생시켜야 하는지, 이런 과학적, 윤리적인 문제로 늘 논란이 되어왔다. 그것은 쌈쌍생아를 한 명으로 볼 것인지 혹은 독립된 둘의 인격체로 공평하게 다루어야 하는지에 대한 과학적, 윤리적 문제이다.

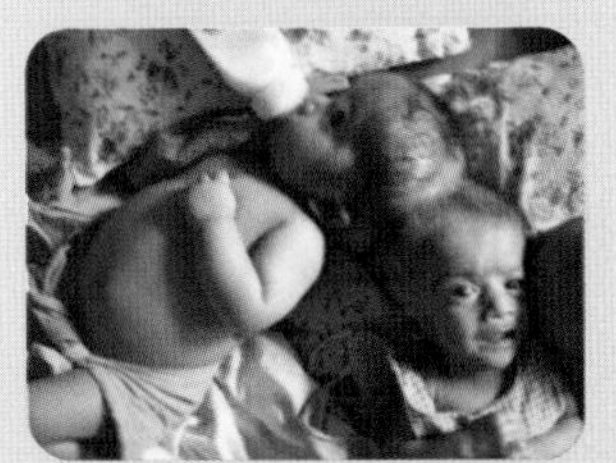

▲ 머리가 결합된 쌍생아 자매(수술 전)

▲ 분리 수술을 받은 후의 쌍생아 자매

혼합 쌍생아

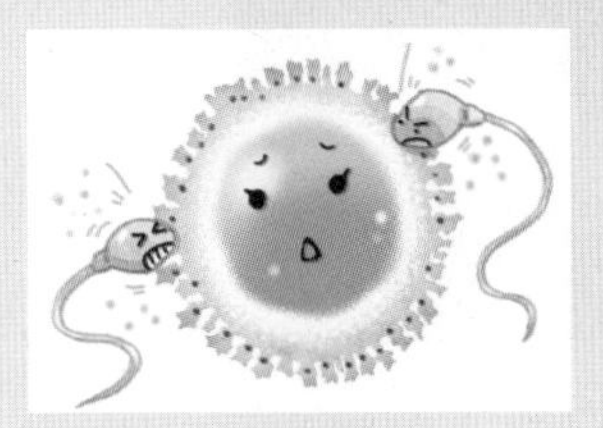

일란성과 이란성의 특징이 모두 섞인 쌍생아를 일컫는 말로 일란성 쌍생아보다는 유전적으로 덜 닮고 이란성 쌍생아보다는 유전적으로 많이 닮은 혼합 쌍생아가 미국에서 태어나 현재 남자 아이와 여자 아이로 자라고 있다.

하나의 난자가 두 개의 정자와 '이중'으로 결합한 뒤 나중에 2 개의 세포로 분리돼 따로따로 자란 경우로 어머니에게서 100% 유전자를 받지만 아버지 쪽에서는 유전자를 반반씩 받게 된다.

논리 서술형

08 다음은 쌍생아의 종류에 따른 발생 과정과 결합 쌍생아에 대한 설명글이다.

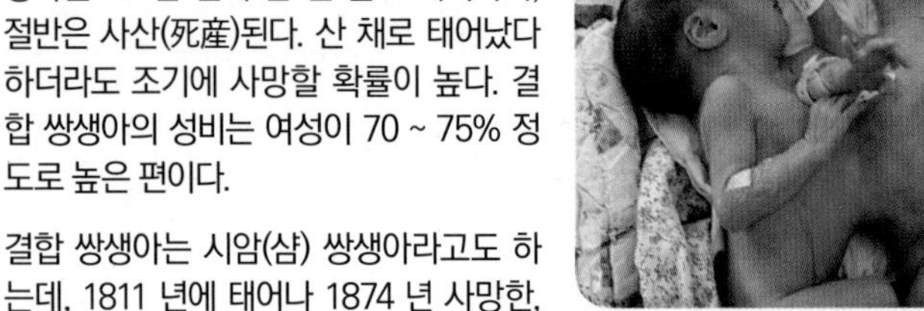

결합 쌍생아(結合 雙-)는 몸의 일부가 붙은 채로 태어난 쌍생아를 말한다. 결합 쌍생아는 20 만 번에 한 번 꼴로 태어나며, 절반은 사산(死産)된다. 산 채로 태어났다 하더라도 조기에 사망할 확률이 높다. 결합 쌍생아의 성비는 여성이 70 ~ 75% 정도로 높은 편이다.

결합 쌍생아는 시암(샴) 쌍생아라고도 하는데, 1811 년에 태어나 1874 년 사망한, 시암(타이)에서 태어난 창(Change)과 엥(Eng) 벙커(Bunker) 형제가 유명하다.

그들은 P. T. 바넘의 서커스단과 함께 다녔으며 희귀성과 악명으로 인해 '시암(샴)쌍생아'로 선전되었다.

이들은 각각 결혼해서 10 명과 12 명의 아이를 낳았으며, 1874 년 같은 날 사망했다. 이들은 흉골이 연골로 결합되어 있었지만, 현재 의학 기술이라면 충분히 분리할 수 있는 수준이었다.

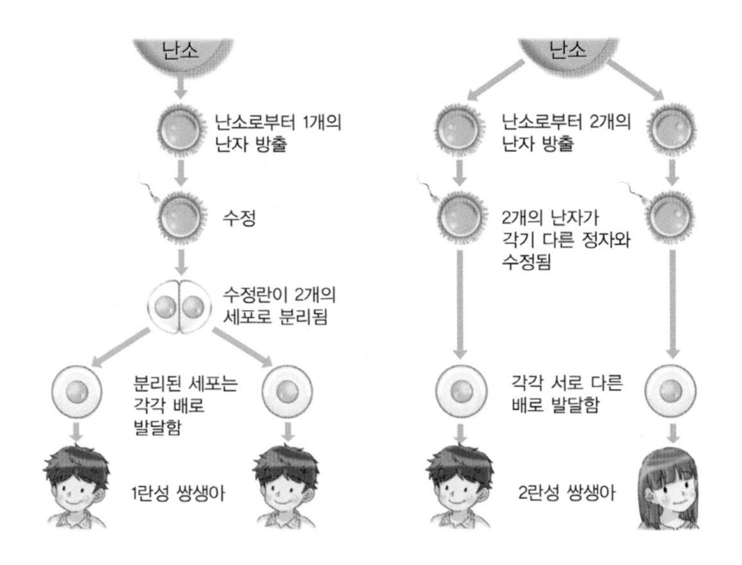

(1) 결합 쌍생아가 태어나기 전 수정란의 발생 과정에서 이상이 없었다면 어떤 종류의 쌍생아가 태어났을지 ○표 하시오.

(2 란성 쌍생아, 1 란성 쌍생아)

(2) 결합 쌍생아의 원인을 발생 과정과 비교하여 설명하시오.

정답 및 해설 30쪽

추리 단답형

09 다음은 임산부의 약물의 영향에 대한 내용이다.

> 탈리도마이드(Thalidomide)는 1950년대 후반부터 1960년대까지 임산부들의 입덧 방지용으로 판매된 약이다.
>
> 1953년에 서독에서 만들어졌고 그뤼네탈이 1957년 8월 1일부터 판매하기 시작했다. 처음에는 독일과 영국에서 주로 사용하다가 곧 50여 개 나라에서 사용하기 시작했다. 그러나 1960년부터 1961년 사이에 이 약을 복용한 임산부들이 기형아를 출산하면서, 위험성이 드러나 판매가 중지되었다. 탈리도마이드에 의한 기형아 출산은 전세계 46개국에서 1만 명이 넘었으며, 특히 유럽에서만 8천 명이 넘었다. 이 때문에 탈리도마이드는 의약품의 부작용에 대한 가장 비극적인 사례로 기록되었다.

위와 같이 임산부가 약을 잘못 먹어 태아에게 심각한 부작용을 일으킬 가능성이 높은 시기는 언제이고 그 이유는 무엇인지 간단히 서술하시오.

단계적 문제 해결형

10 다음은 시험관 아기 탄생 과정을 나타낸 것이다.

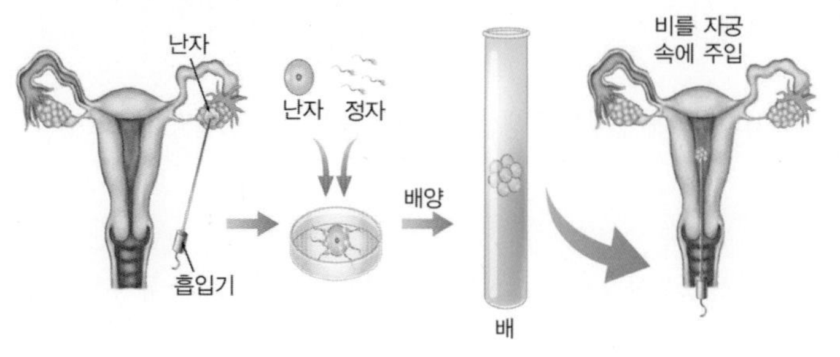

▲ 체외 인공 수정

(1) 위와 같은 체외 인공 수정은 부부 중 누구에게 어떤 문제가 있을 경우에 하는 불임 시술인가?

(2) 엄마의 난자를 채취하기 위한 과정을 호르몬과 관련지어 설명하시오.

(3) 수정란을 8 세포기까지 배양하여 엄마의 자궁에 착상시킬 때 엄마의 자궁은 어떤 상태여야 하고 이때 엄마에게 처치해야 할 호르몬은 무엇인가?

태아의 성장 과정

5주된 태아. 아직 기관이 분화되지 않음

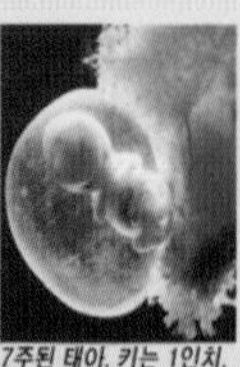

7주된 태아. 키는 1인치, 얼굴과 손가락 분명

13주된 태아. 7주때보다 15배가 자람

17주된 태아. 모든 내장 기관이 형성됨

10주된 태아의 발가락 모양

10주된 태아. 성 구별이 뚜렷히 나타남

최초의 시험관 아기

최초의 시험관 아기는 1978년 영국에서 태어난 루이스 브라운이다.

(아기를 안고 있는 여인)

체내 인공 수정

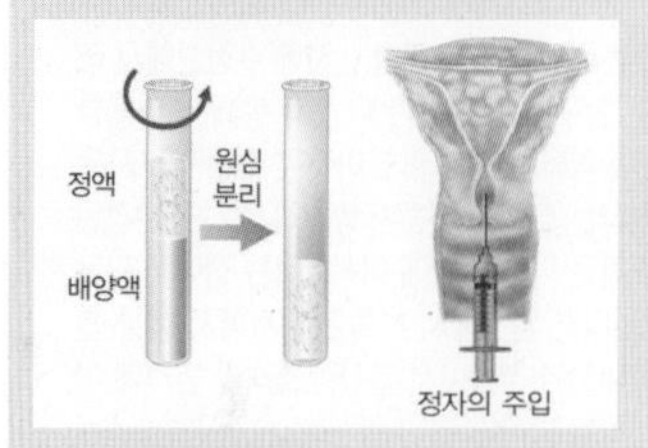

체내 인공 수정은 남자의 정자 수가 적거나 정자의 활동성이 떨어져 수정되지 않을 경우에 사용하는 방법으로 채취된 정액에서 활동성이 가장 좋은 정자만 골라 여성의 자궁에 주입하여 수정을 유도하는 방법이다.

미세 정자 주입술

미세 정자 주입술은 남성의 정자 수가 적거나 운동성이 떨어지는 경우에 이용된다. 건강한 정자 하나를 미세 유리관에 넣어 현미경 시야에서 난자 속으로 직접 주입하는 시술로 인공 수정의 과정에서 많은 수의 난자나 정자가 필요하지 않게 되고 극소수의 정자를 가진 남자도 자녀를 가질 수 있는 방법이다.

창의력을 키우는 문제

생명 복제

생명 복제(cloning)는 한 개체와 동일한 유전자 세트를 가진 새로운 개체를 만드는 것이다. 세상의 모든 생물들은 각자 생식을 통해 자신과 닮은 후손을 만들고 진화해 왔다. 생식 방법에는 아메바나 세균처럼 단일 세포가 둘로 분열하여 딸 세포를 만드는 무성 생식이 있고 인간들처럼 정자와 난자가 만나 수정이라는 과정을 통해 유전 물질을 교환하여 2 세를 만드는 유성 생식이 있다. 생명 복제란 생식이라는 자연의 틀을 깨고 인위적인 방법으로 원하는 개체를 만들어 낼 수 있는 종합 과학이라 할 수 있다.

생명체 복제 방법

● 수정란 분할

첫번째는 정자와 난자가 결합해 이뤄진 초기 단계의 수정란(배아)을 분할한 뒤 그 조각(할구)을 어미 동물의 자궁에 착상시켜 복제하는 방식이다.

두번째는 핵을 제거한 난자에 수정란에서 빼낸 할구를 융합시켜 다량의 복제 생명체를 만들어내는 방식이다. 이것은 수정란을 사용한다는 점에서 첫번째 방식과 같지만 분리된 조각을 다른 난자에 이식한다는 점에서 다르다. 다른 암컷에서 추출한 난자에서 핵을 뽑아내고 수정란에서 분리한 조각을 난자에 이식하는 방식이다.

● 체세포 복제

체세포 복제는 난자의 핵을 제거한 뒤 그 대신 체세포의 핵을 투입하여 자신과 똑같은 복제 생물을 만드는 원리이다. 복제 대상자의 피부 등에서 체세포를 떼어 내고, 유전 물질인 DNA 가 담겨 있는 핵만 따로 분리한다. 그리고 난자를 채취한 뒤 난자의 핵을 제거한 후 체세포의 핵을 난자에 주입하여 '복제 수정란'을 만드는 것이다. 따라서 체세포 복제는 난자와 정자가 결합하는 수정 과정 없이도 생명체를 탄생시킬 수 있다. 체세포를 이용해 만든 복제 수정란에 있는 세포의 유전 정보가 체세포를 제공한 유전 정보와 같다는 점에서 복제라는 용어를 쓴다.

단계적 문제 해결형

11 **다음 그림은 우수한 유전 형질을 가지고 있는 동물을 생산할 수 있는 두 가지 방법을 나타낸 것이다.**

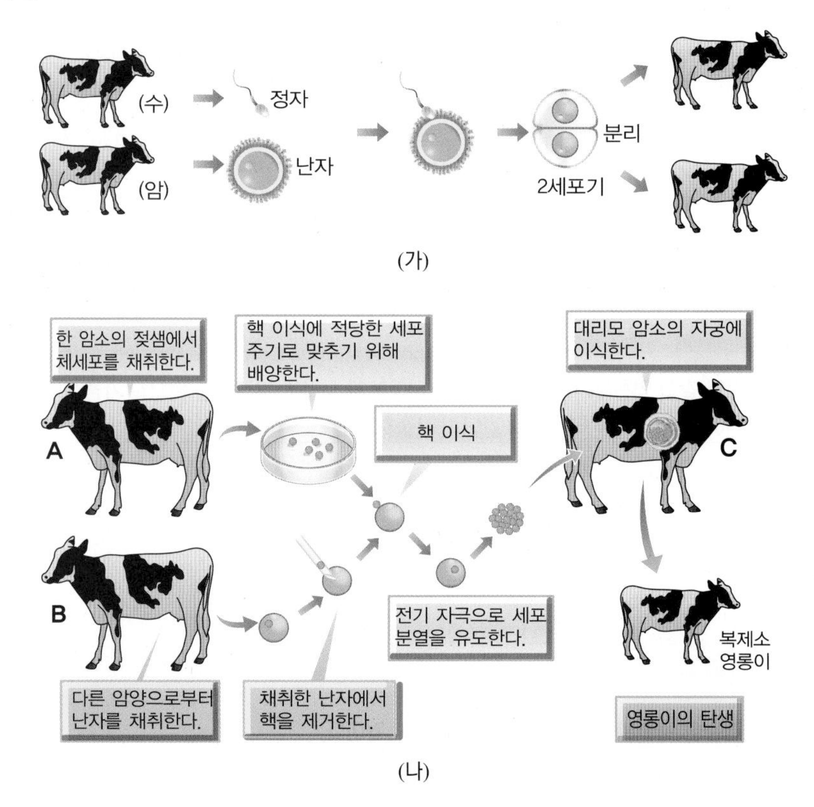

(1) (가)와 (나)에서 새끼를 생산하는 방법을 비교하여 설명하시오.

(2) 1 란성 쌍생아가 태어나는 과정을 설명하고, 이 과정과 유사한 방법은 어느 것인지 설명하시오.

(3) 그림 (나) 과정을 거쳐 태어난 돌리나 영롱이는 (가)와 같은 방식으로 태어난 새끼와 비교했을 때 부모들의 유전적 구성에 있어서 어떤 차이점이 있는지 설명하시오.

돌리

영롱이

단계적 문제 해결형

12 **다음은 사람의 수정과 발생 과정을 나타낸 그림이다.**

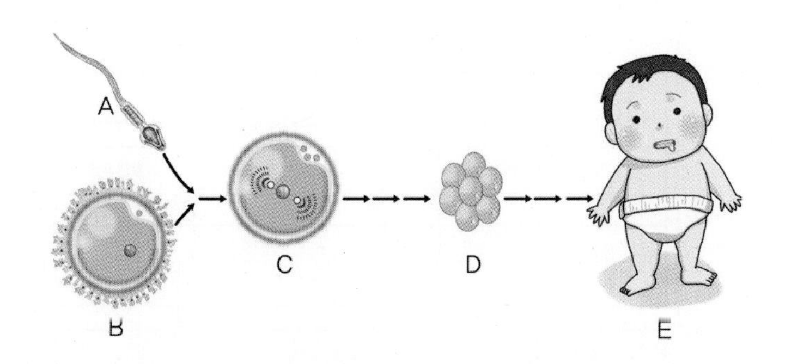

(1) 각 단계의 세포 하나에 들어 있는 염색체의 핵상을 적어 보시오.

(2) 아래 그림은 개구리의 난할 과정을 나타낸 것이다. 과정이 진행되는 동안 할구당 세포질의 양, 핵 1 개당 DNA 량의 변화, 배 전체의 크기, 할구의 수, 세포질량에 대한 핵량의 비를 그래프에 표현하시오.

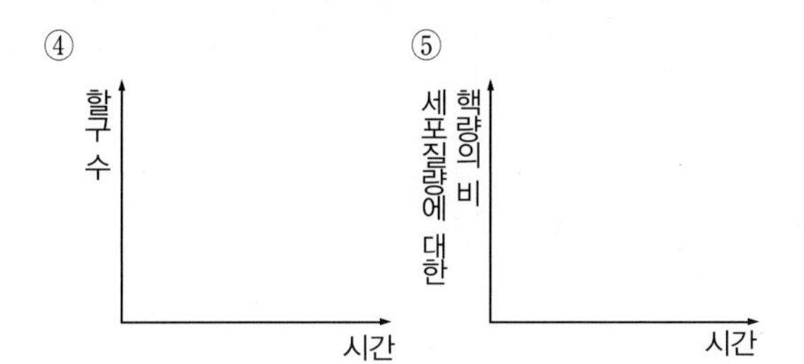

① 할구당 세포질의 양 / 시간

② 핵 1 개당 DNA의 양 / 시간

③ 배 전체의 크기 / 시간

④ 할구 수 / 시간

⑤ 세포질량에 대한 핵량의 비 / 시간

수정 과정

여자의 질을 통해 들어와 수란관을 따라 이동해 온 정자는 수란관의 상단부에서 난자와 만나 수정된다. 수정은 정자가 난자의 표면에 접촉하면서 시작된다. 정자와 난자의 세포막이 융합되면 난자의 표층립이 방출되고 정자의 핵이 난자 내로 유입된다. 이때 난자에서 분비되는 다양한 가수분해 효소들에 의해 투명대의 화학적 구조가 변하고 표층립의 방출로 난자의 세포막이 다른 정자와 융합할 수 없게 된다. 난자 속으로 들어간 정자의 핵이 난자의 핵과 융합하여 수정이 완료된다.

수정 과정에서 감수분열을 통해 만들어진 정자(n)와 난자(n)는 체세포와 같은 수의 염색체를 갖는 수정란(2n)이 되므로 세대를 거듭하여도 염색체 수는 변함없이 일정한 수를 가지게 된다.

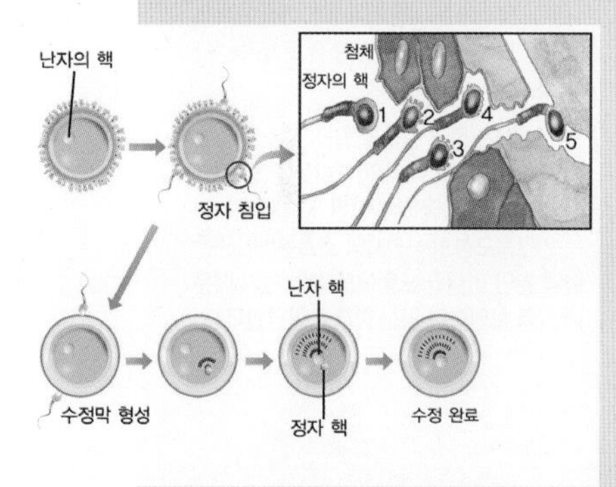

수정란의 난할과 착상

수정란
2세포배
4세포배
8세포배
상실배
수정
배란
자궁 내벽

① 수란관에서 정자와 난자가 수정하여 수정란을 형성한다.

② 수정란은 난할을 하면서 점차 자궁 쪽으로 이동한다.

③ 수정 후 4 일이 되면 많은 할구로 이루어진 상실배가 된다.

④ 수정 후 5 ~ 7 일 정도가 되면 포배가 되고, 이때 자궁 내벽에 파고 들어 착상을 한다.

단계적 문제 해결형

14 주 된 사람의 태아

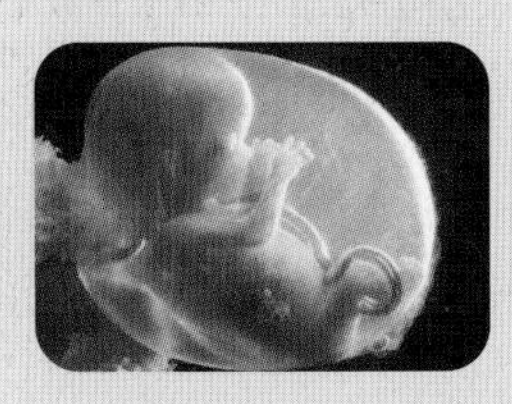

임신의 진단

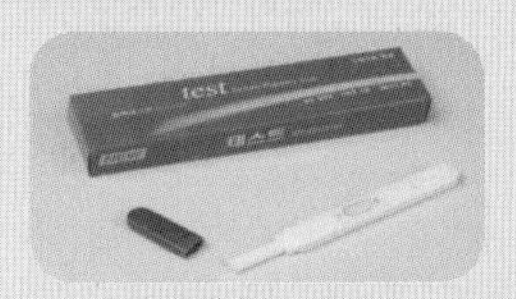

임신을 하면 우선 월경이 중단된다. 또 기초 체온이 올라가는 고온기가 3주 이상 계속되고, 몸이 나른하고 감기 비슷한 증세가 나타나기도 한다.

병원에 가기 전에 임신을 진단해 볼 수 있는 방법으로는 약국에서 판매하는 임신 진단 시약이 있다. 자궁에 착상된 배에서 분비되는 인간융모성 생식선자극 호르몬(HCG)은 혈액 뿐만 아니라 오줌에도 섞여 있기 때문에 이를 확인하여 임신 여부를 판단한다.

임신에서 분만까지 호르몬의 변화

임신 초기에는 HCG 의 농도가 급격히 올라가므로 이를 이용하여 임신 여부를 진단할 수 있다.
프로게스테론은 임신 초기의 경우 주로 황체에서 분비되지만, 약 8주 이후에는 주로 태반에서 분비된다.
옥시토신은 자궁벽의 수축을 촉진하여 분만이 일어나게 한다.

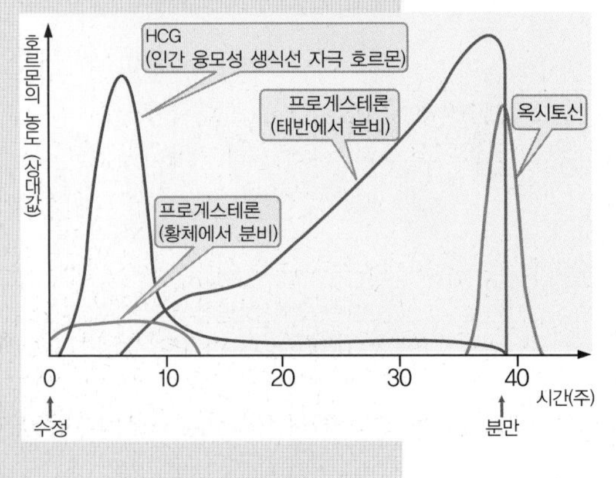

13 다음은 어떤 여성의 호르몬과 난소, 자궁에서의 변화이다.

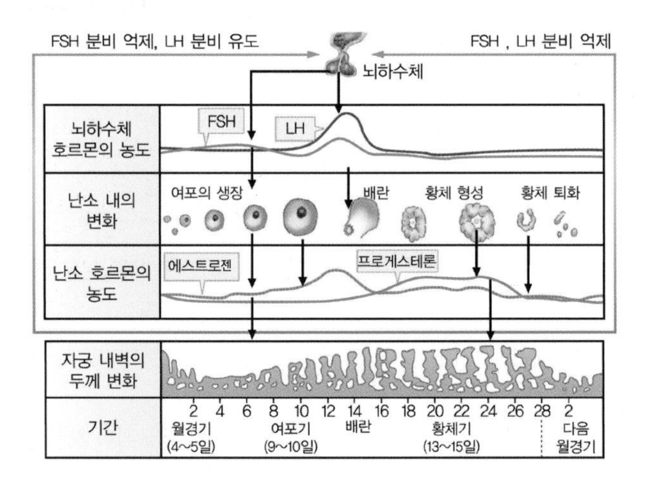

(1) 14 일 경에 여포로부터 난자가 배란될 때의 세포 이름과 그 세포에 들어 있는 염색체의 핵상을 말하시오.

(2) 28 일 경에 자궁 내벽이 파열되는 이유는 무엇인가?

(3) 배란된 난자가 정자와 수정하여 임신이 되었을 때, 네 가지 호르몬(FSH, LH, 에스트로젠, 프로게스테론)의 농도 변화는 어떻게 되겠는가?

14 그림은 수정란의 초기 발생 과정의 일부와 여러 가지 피임 방법을 나타낸 것이다. 피임 방법 (가) ~ (마)의 원리를 발생 과정의 그림으로 설명하시오.

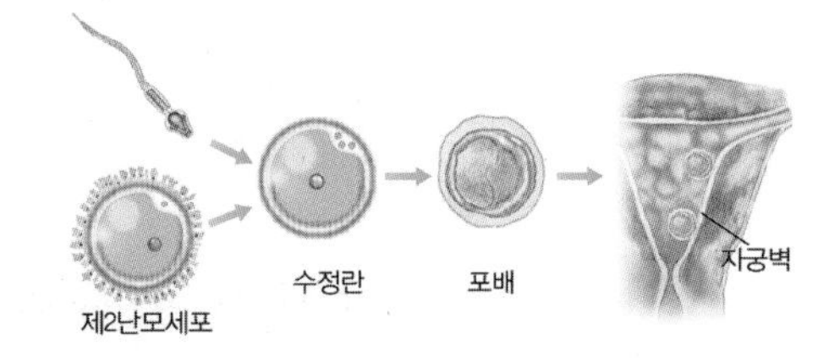

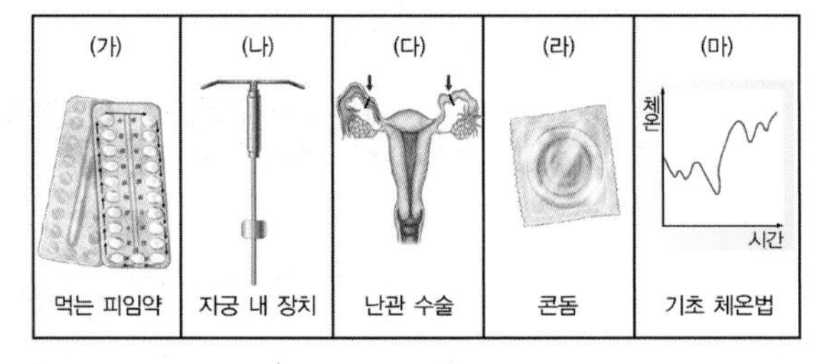

피임 방법	원리
(가)	
(나)	
(다)	
(라)	
(마)	

01

콩팥 질병이나, 간이 안 좋은 사람들은 콩팥이나 간을 이식받아 정상적인 생활을 할 수 있다. 그러나 장기 이식 기증자가 매우 부족하고, 장기를 이식 받는다 하더라도 이식의 성공률이 낮다. 이러한 문제를 해결하기 위하여 생명체 복제가 연구되고 있다.

[대회 기출 유형]

세계 최초의 복제 망아지 '이이디호 젬' / 복제 고양이 '씨씨' / 복제양 '돌리'

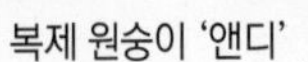

복제 원숭이 '앤디' / 복제 개 '스너피' / 복제 소 '사이애그라'와 '제네시스'

다음 중 생명 복제를 통한 장기 이식에 대한 설명으로 옳은 것을 있는 대로 고르시오.

① 복제 생명체의 유전자는 모생명체와 완전히 일치하지 않는다.

② 1 란성 쌍생아는 유전적으로 동일하다. 따라서 서로 장기를 주고 받을 수 있다.

③ 장기를 이식받았을 때 기증자와 유전자가 동일하지 않으면 거부 반응이 일어난다.

④ 수정란의 핵을 제거하고 A 생물체의 세포 핵을 이식시키면 A 생물체와 유전적으로 같은 생물이 만들어진다.

⑤ 2 ~ 4 세포기가 된 수정란을 두 개로 분리하여 각각 발생시켰을 때 한 개의 세포만이 발생 과정을 거쳐 개체를 얻을 수 있고 나머지 세포는 발생이 되지 않는다.

02

몸집이 큰 생물과 작은 생물을 이루는 세포의 크기는 비슷하다. 하지만 몸집이 큰 생물의 세포 수는 몸집이 작은 생물보다 많다. 따라서 쥐의 세포와 코끼리의 세포의 크기는 거의 같지만, 세포의 수는 코끼리가 훨씬 많다. 세포는 맨눈으로 볼 수 없을 만큼 작다. 다음 그림은 세포의 크기가 작아야 하는 이유를 설명하기 위한 자료이다.

[대회 기출 유형]

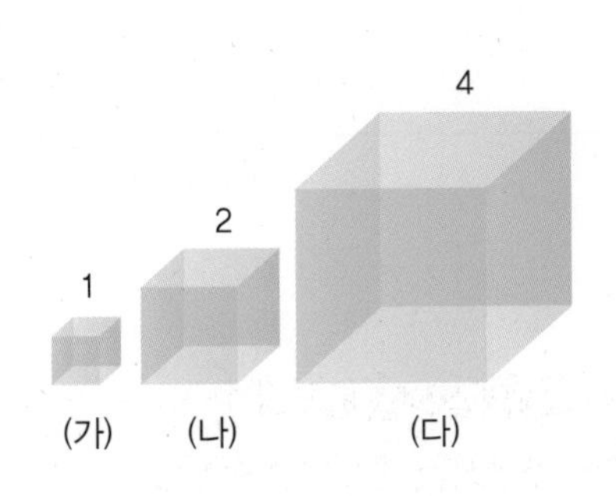

	(가)	(나)	(다)
부피	1cm³	8cm³	64cm³
표면적	6cm³	24cm³	96cm³
표면적/부피	□	□	□

위 그림을 보고 생물의 세포가 작기 때문에 생물에 나타나는 현상을 쓰시오.

03 꽃가루가 암술머리에 옮겨지는 현상을 수분이라고 하며, 암 · 수의 두 생식 세포가 만나 하나의 수정란이 만들어지는 과정을 수정이라 한다. 오른쪽 그림은 속씨식물의 수분과 수정 과정을 나타낸 것이다.

[대회 기출 유형]

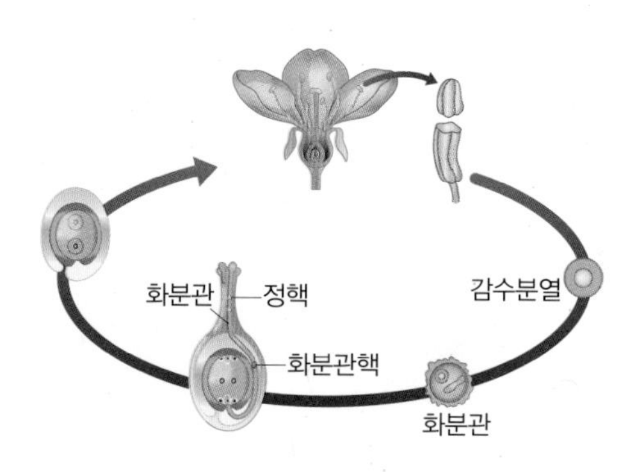

그림에 대한 설명으로 옳은 것만을 다음 〈보기〉에서 있는 대로 고르시오.

보기

ㄱ. 정핵과 화분의 염색체수는 서로 같다.
ㄴ. 화분관핵과 화분의 염색체 수는 같다.
ㄷ. 두 개의 정핵 가운데 한 개는 두 개의 극핵과 수정한다.
ㄹ. 속씨식물에서는 정핵이 두 개이기 때문에, 수정이 두 번 일어난다.
ㅁ. 식물의 난세포는 동물의 난자에 해당되며, 정핵은 정자에 해당된다.

04 고등한 동물은 짝짓기를 하여 새끼를 낳는다. 태어난 동물의 새끼는 세포 분열을 통해 성체로 자란다. 한편 성체의 생식 기관에서는 감수 분열을 통해 정자나 난자가 만들어진다. 그림 (가)는 사람의 생식 과정을, 그림 (나)는 체세포 분열과 감수 분열 과정을 비교하여 나타낸 것이다.

[대회 기출 유형]

(가)

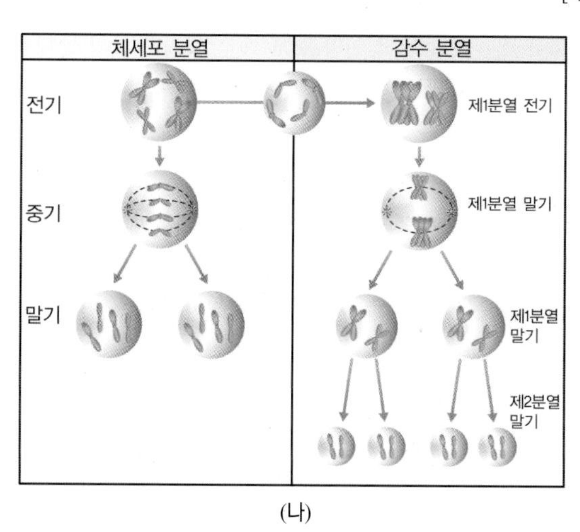

(나)

다음 중 옳은 것만을 있는 대로 고르시오.

① 아기는 체세포 분열 과정을 통해서 성장한다.
② 정자와 난자에 들어 있는 염색체 수는 서로 같다.
③ 아기는 수정란이 체세포 분열을 거듭하면서 조직 및 기관을 형성하여 만들어진 개체이다.
④ 아버지와 어머니 사이에서 태어난 자식이 아들이라면 아버지와 염색체 구성이 동일할 것이다.
⑤ 수정란에서는 감수 분열과 체세포 분열이 동시에 일어나며 발생 과정을 거쳐 개체가 형성된다.

05 **그림은 여성의 난자에서 핵을 제거하고 다른 사람의 체세포 핵을 꺼내어 그것을 핵을 제거한 난자에 이식해서 배아를 복제해 내는 과정을 나타낸 것이다. 이 배아에서 얻은 줄기 세포에 대한 설명으로 옳은 것만을 다음 〈보기〉에서 있는 대로 고르시오.**

[대회 기출 유형]

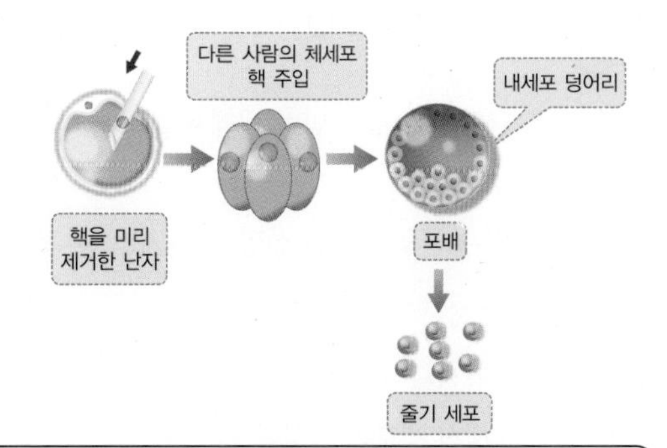

보기

ㄱ. 줄기 세포 형성 과정에서 정자는 필요하지 않다.
ㄴ. 줄기 세포는 난자를 제공한 여성과 같은 유전자를 갖는다.
ㄷ. 줄기 세포는 다양한 기관이나 조직 세포로 분화될 가능성이 있다.
ㄹ. 줄기 세포는 수정을 하지 않았기 때문에 체세포가 가진 염색체의 절반을 갖는다.
ㅁ. 체세포 핵을 제공한 사람에게 줄기 세포를 이식하면 면역 거부 반응을 일으킬 가능성이 적다.

06 **생물은 유성 생식이나 무성 생식을 통해 자손을 퍼뜨린다. 사람도 유성 생식을 통해 자식을 낳는다. 그림은 사람의 정자와 난자가 수정하여 수정란이 되고, 수정란이 여자의 자궁에 착상하는 과정을 나타낸 것이다. 그림을 보고 옳은 설명만을 있는 대로 고르시오.**

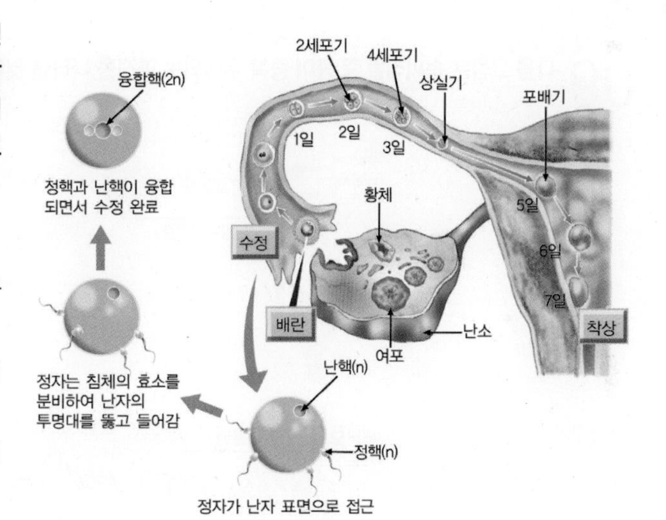

① 난소 근처 수란관 상부에서 수정된다.
② 배란된 난자는 스스로 운동하여 자궁 쪽으로 이동한다.
③ 정자와 난자는 자궁에서 수정되고 바로 자궁벽에 착상된다.
④ 두 개의 정자의 핵이 난자의 핵과 결합하여 일란성 쌍생아가 만들어진다.
⑤ 수정란은 여러 개의 세포로 분열된 후에 자궁벽에 착상된다.

07 **그림은 여성 생식 기관을 나타낸 것이다. 임신을 피하기 위한 방법으로는 피임약을 복용하거나, 기구를 이용하기도 한다. 또는 그림의 화살표로 표시된 부위를 실로 묶는 난관 수술을 하는 방법도 있다. 이 부위에 난관 수술을 한 여성에게서 일어나는 현상으로 옳은 것만을 다음 〈보기〉에서 있는 대로 고르시오.**

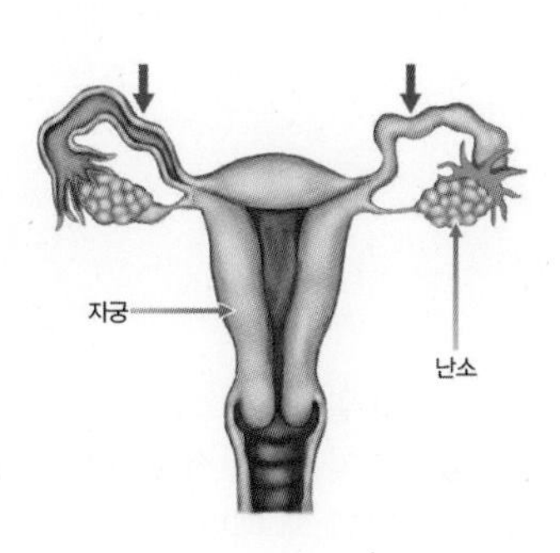

보기

ㄱ. 이 여성에서는 배란이 일어나지 않는다.
ㄴ. 이 여성에서는 황체가 형성되지 않는다.
ㄷ. 난관 수술 이후에는 정자가 운동성을 상실하여 수정을 방지하게 된다.
ㄹ. 수술 이후에도 여성의 에스트로겐 호르몬의 주기는 정상적으로 일어난다.
ㅁ. 이 여성이 후에 아기를 갖고자 할 때는 시험관 아기 시술을 통해서 임신이 가능하다.

08 다음 물음에 답하시오.

[서울과학고등학교 기출 유형]

(1) 난할의 속도가 일반 체세포 분열에 비하여 훨씬 빠르게 일어나는 이유를 설명하시오.

(2) 감수 분열에 대한 설명 중 옳지 않은 것은?

① 2회의 분열이 일어난다.
② 염색체 수가 반감된다.
③ 생식 세포가 형성될 때 일어난다.
④ 상동 염색체 사이 교차가 일어날 수 있다.
⑤ 생식소를 구성하고 있는 모든 세포에서 일어난다.

(3) 난자가 정자에 비하여 체적이 큰 이유를 쓰시오.

09 다음 그림은 속씨식물 중 콩이 중복 수정되는 과정을 나타낸 것이다.

[특목고 기출 유형]

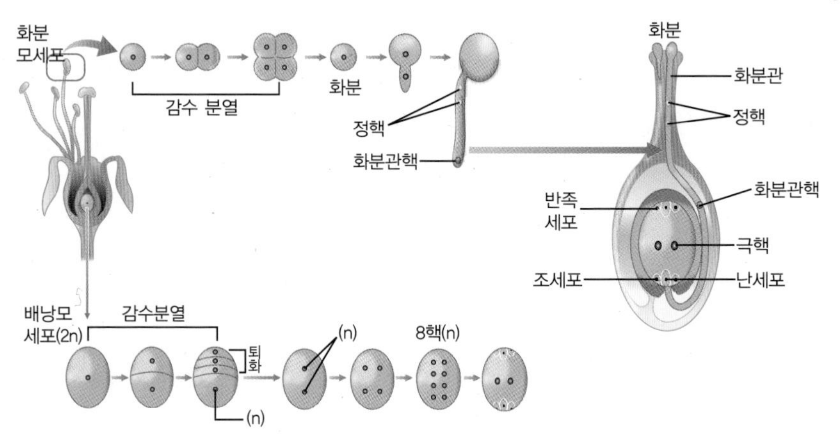

(1) 위와 같은 과정을 통해 생성된 콩의 씨는 오른쪽 그림과 같은 구조를 하고 있다. 콩의 씨(종자)에서 배젖이 관찰되지 않는 이유를 설명하시오.

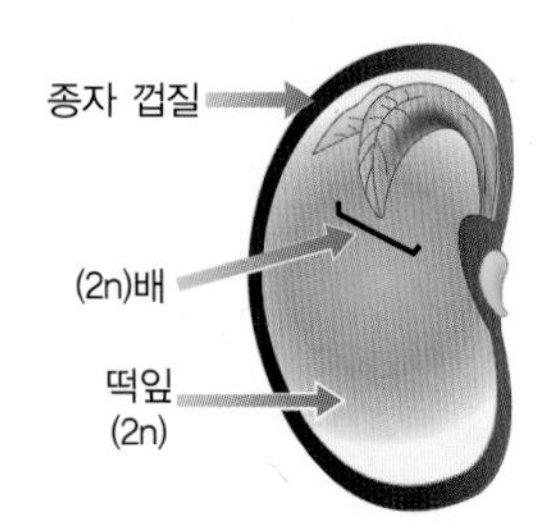

(2) 밑씨에서 생식 세포 형성 과정을 통해 배낭모 세포가 배낭을 형성할 때까지 DNA 상대적 변화량은 오른쪽 그래프와 같다. 오른쪽 그래프를 분석할 때 배낭모 세포가 배낭으로 될 때까지 DNA 복제는 총 몇 번 일어났는지 답하시오.

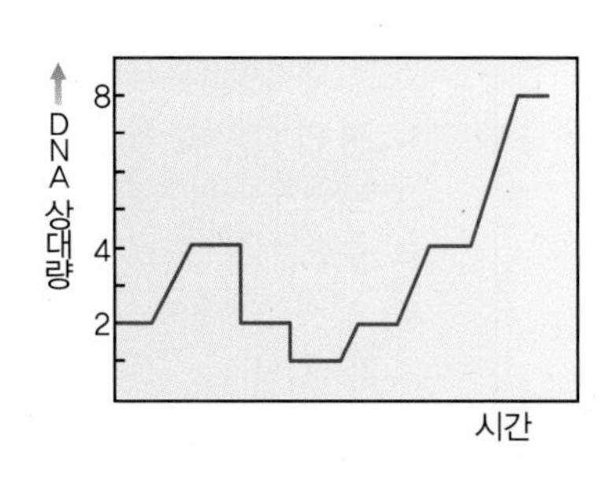

10 **그림은 어떤 생물의 체세포 염색체를 모식적으로 나타낸 것이다. (단, 상동 염색체 중 검은 테두리는 부계, 흰색 테두리는 모계의 염색체이다.)**

(1) 이 생물이 감수 분열을 통해 만들어 낼 수 있는 생식 세포의 이론적인 경우의 수를 모두 구하시오. (단, 염색체 간의 교차는 일어나지 않는 것으로 한다.)

(2) 위의 문항 (1) 과 같이 답한 이유는 감수 분열의 어느 시기에 염색체가 어떻게 배열되었기 때문인지 설명하시오.

11 **그림과 같은 세포 분열의 모식도에 대한 설명으로 옳은 것은?**

[외고 기출 유형]

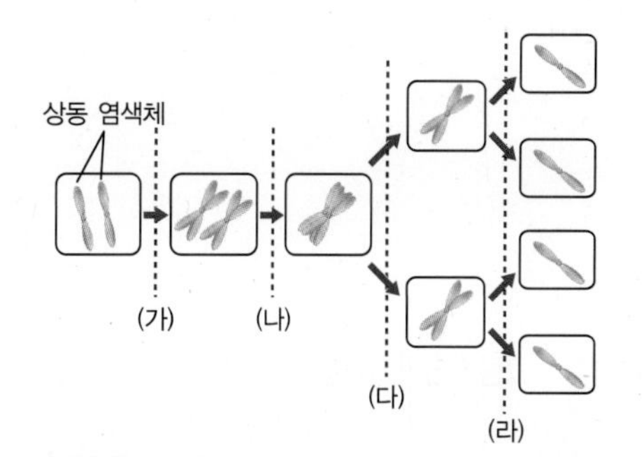

① 분열의 결과로 화분이 만들어진다.
② 정자와 난자가 결합할 때 일어난다.
③ 딸세포와 모세포의 염색체 수는 동일하다.
④ 생물체가 생장하기 위해 일어나는 분열이다.
⑤ 염색체 수가 2n → n 으로 되는 시기는 (라)이다.

12 **다음 〈보기〉와 같은 현상이 일어나는 이유를 세포 분열과 관련지어 설명하시오. (단, 30 자 내외로 쓴다.)**

[과학고 기출 유형]

> **보기**
>
> 사람의 체세포는 염색체 수가 46 개이다. 이 염색체 수는 세대를 거듭하여도 변하지 않고 항상 일정하게 유지된다.

13 **아래 그림은 속씨식물의 수정 과정을 나타낸 것이다. 수정 후 자랐을 때 E 는 어떤 결합에 의해 만들어지는가?**

[특목고 기출 유형]

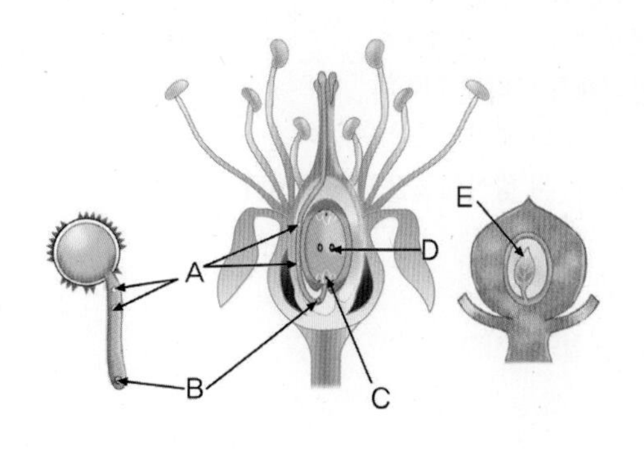

① A + B ② A + D ③ A + C ④ B + C ⑤ B + D

14 **다음 중 개구리의 수정란이 난할하는 과정에 대한 설명으로 옳지 <u>않은</u> 것은?**

[외고 기출 유형]

① 난할은 체세포 분열보다 분열 속도가 빠르다.
② 난할이 진행되어도 할구당 세포질의 양은 변화가 없다.
③ 난할이 진행되어도 할구 속의 염색체 수는 변화가 없다.
④ 난할이 진행될수록 할구 하나하나의 크기는 점점 작아진다.
⑤ 두 번은 세로로 분열하고 한 번은 가로로 분열하여 8개의 할구가 된다.

15 **그림 (가)와 (나)는 정상인의 남녀의 염색체를 나타낸 것이다.**

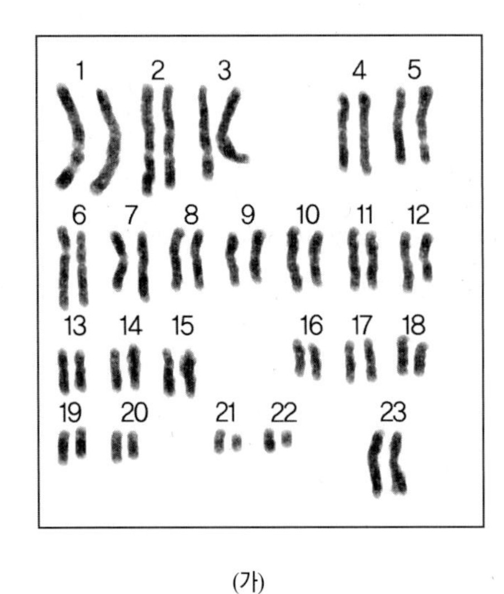

(가)

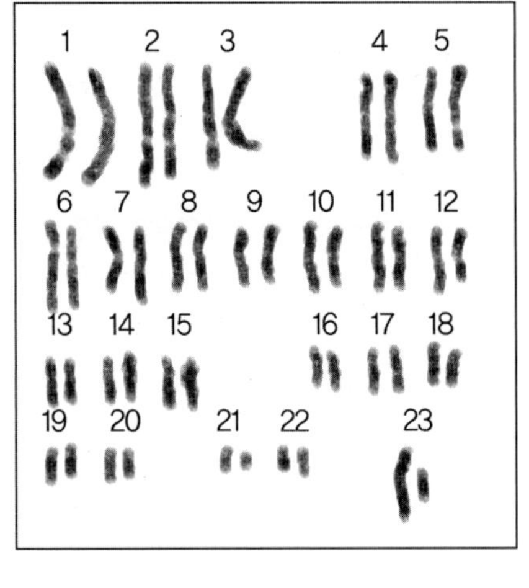

(나)

(1) 위 자료에 대한 설명으로 옳지 <u>않은</u> 것은?
① 사람의 체세포에는 46개의 염색체가 있다.
② 그림 (가)는 여성의 염색체를 나타낸 것이다.
③ 그림 (나)는 남성의 염색체를 나타낸 것이다.
④ 여자의 난소에서는 22 + X 의 생식세포만 만들어진다.
⑤ 남자의 정소에서는 22 + Y 의 생식세포만 만들어진다.

(2) (1)과 같이 생각한 이유를 설명하시오.

16 그림은 어떤 식물의 모식도를 나타낸 것이다.

[대회 기출 유형]

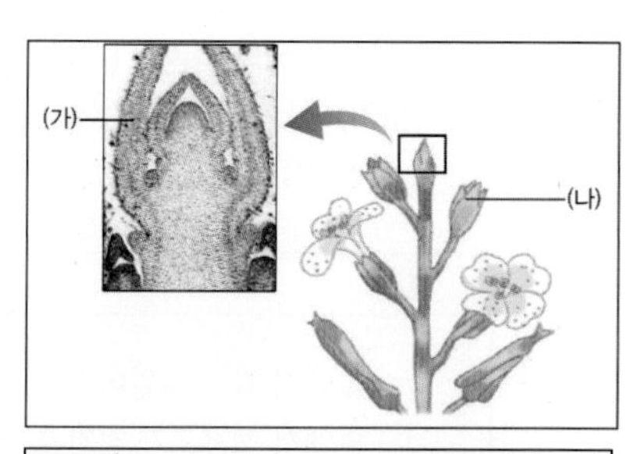

에탄올과 아세트산을 3 : 1 로 혼합한 용액에 (가)의 세포를 10 분 정도 넣어둔다.

(1) (가)에서 일어나는 과정을 관찰하기 위하여 시료를 오른쪽과 같이 처리하는 이유는?

① 내용물을 밖으로 유출하기 위하여
② DNA (핵산)를 잘 관찰하기 위하여
③ 세포내의 변화를 정지시키기 위하여
④ 엽록소를 추출하여 세포를 탈색시키기 위하여
⑤ 재료를 부드럽게 하여 세포를 쉽게 분리시키기 위하여

(2) 오른쪽 그림은 (가) 부분의 세포 분열 전기에 대한 모식도이고, DNA 상대량은 4 이다. 분열 후 생긴 딸세포의 염색체 모양을 그리고, DNA 상대량을 쓰시오.

DNA 상대량 : (　　　　), 염색체의 모양 :

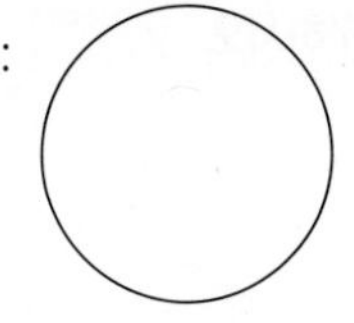

(3) 그림은 (나)에서 일어나는 배낭 형성 과정 모식도이다. 배낭모 세포에서 배낭이 형성되기까지 세포 1 개당 DNA 상대량의 변화 과정을 그래프로 그리시오. (단, 배낭모 세포는 간기가 끝난 상태이며, DNA 상대량은 4 이다.)

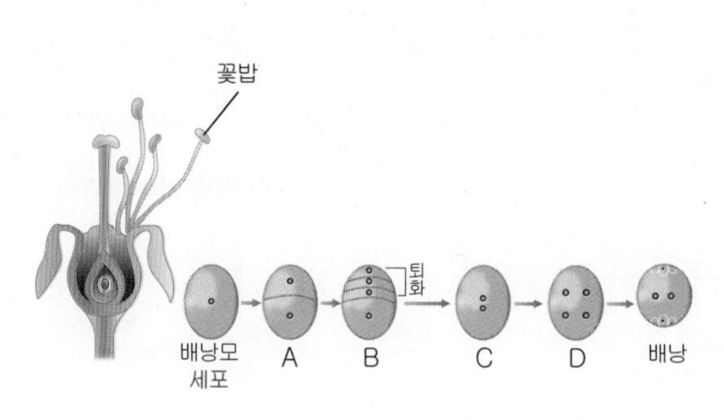

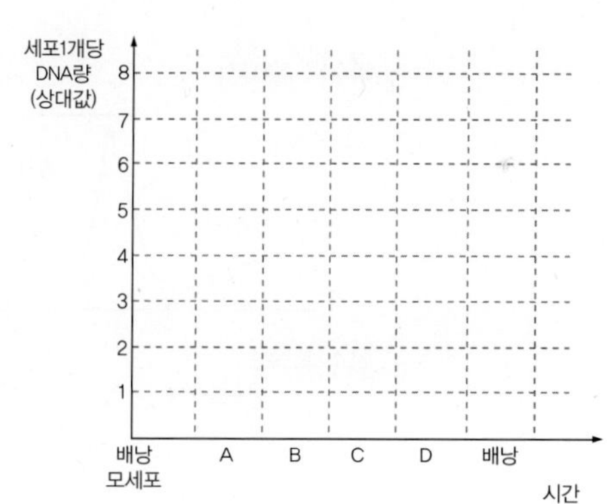

17 그림은 불임인 부부가 대리모 없이 그들의 정자와 난자를 이용하여 아기를 가지고자 할 때 시술하는 두 가지 인공 수정 방법을 나타낸 것이다. 이 자료에 대한 설명으로 옳지 않은 것은?

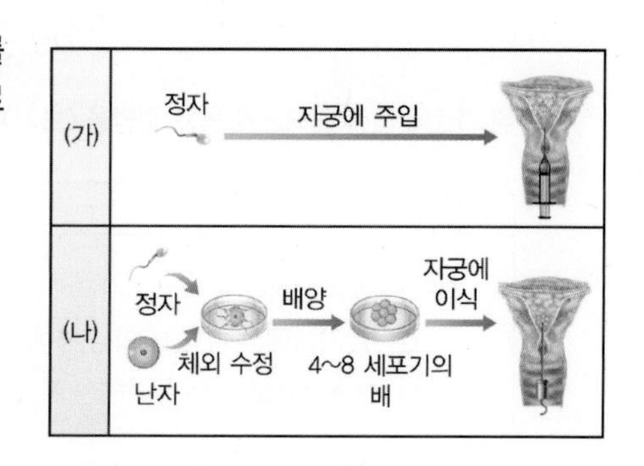

① (가)는 정자의 수가 부족할 때 시술할 수 있다.
② (가)를 사용하려면 난소의 기능이 정상이어야 한다.
③ (나)를 사용하려면 자궁의 기능이 정상이어야 한다.
④ (나)는 난관 절제 수술을 한 경우에는 사용할 수 없다.
⑤ (나)에서 난자를 채취하려면 배란 촉진제를 미리 투여해야 한다.

대회 기출 문제

18 **그림은 남성의 생식 기관을 나타낸 것이다. 각 기관의 역할에 대한 설명으로 옳은 것만을 〈보기〉에서 모두 고른 것은?**

[수능 기출 유형]

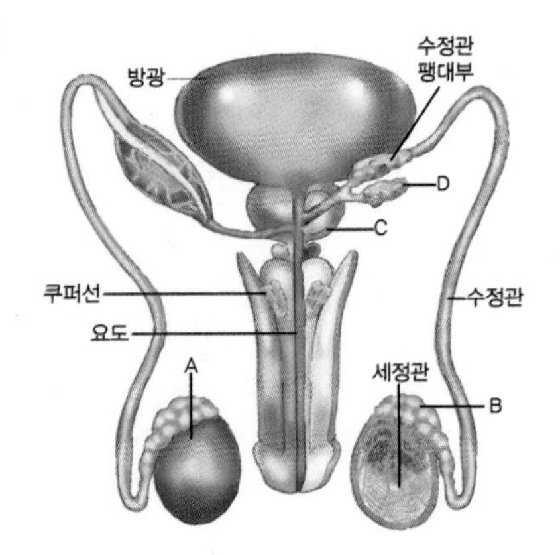

보기

ㄱ. A 에서 감수 분열이 일어난다.
ㄴ. B 에서 정세포가 정자로 변한다.
ㄷ. C 에서 테스토스테론이 생성된다.
ㄹ. D 에서 정액의 성분을 만든다.

19 **DNA 양이 7 이고, 세포 질량이 360 인 수정란이 있다. 이 수정란이 난할을 하여 4 세포기가 되었을 때 전체의 DNA 총량과 8 세포기가 되었을 때 할구 1 개의 세포 질량을 각각 구하시오.**

(1) 4 세포기의 전체 DNA 총량 : (   )
(2) 8 세포기의 할구 1개 속 세포질량 : (   )

20 **그림 (가)는 여성의 생식 주기에 따른 호르몬의 분비량 및 난소 내의 변화를 나타낸 것이고, (나)는 이들 호르몬의 분비 조절 과정을 나타낸 것이다.**

[수능 기출 유형]

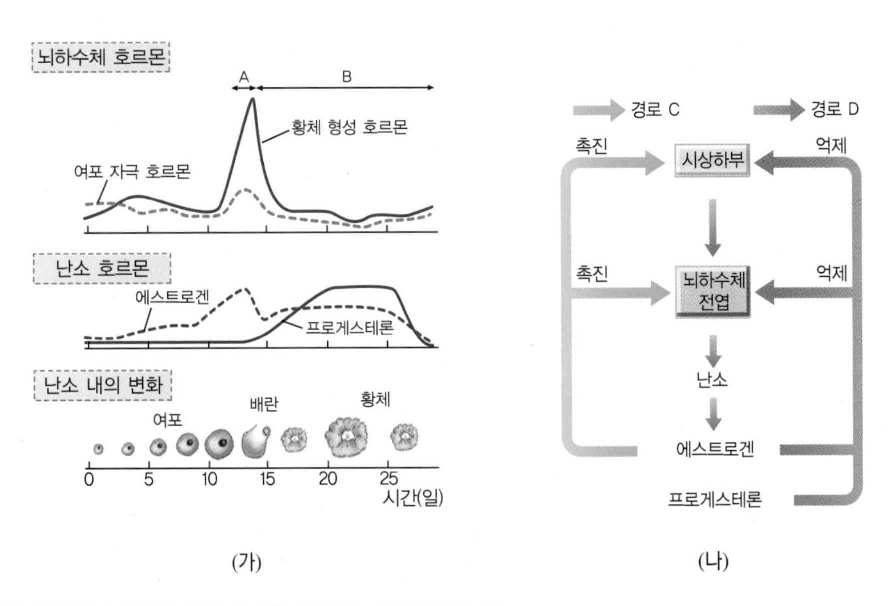

(가)　　　　　　(나)

위 자료에 대한 해석으로 옳은 것만을 〈보기〉에서 있는 대로 고르시오.

보기

ㄱ. A 시기에는 프로게스테론에 의해 배란이 촉진된다.
ㄴ. B 시기에는 경로 D 의 조절이 이루어지고 있다.
ㄷ. 여포가 성숙하는 동안에는 프로게스테론의 분비량이 증가하지 않는다.

21

그림 (가)는 어떤 동물의 정상적인 세포 분열 과정에서 핵 1개 당 DNA 양을, (나)는 이 세포 분열 과정의 어느 한 시기에서 관찰되는 세포를 나타낸 것이다.

[수능 기출 유형]

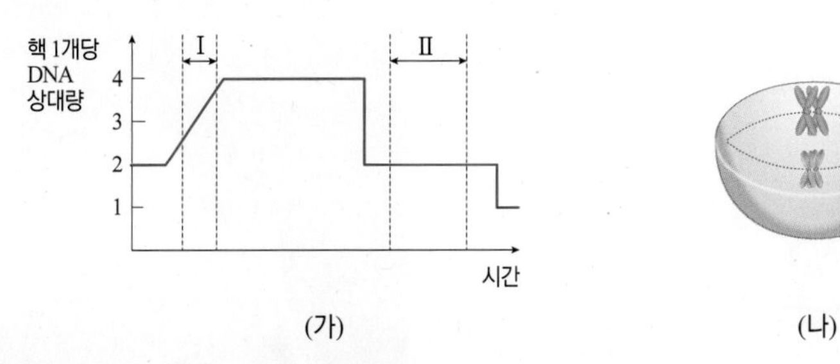

(가) (나)

이에 대한 설명으로 옳은 것만을 <보기>에서 있는 대로 고르시오.

보기

ㄱ. (나)의 핵상은 2n 이다.
ㄴ. (나)는 (가)의 구간 II 에서 관찰된다.
ㄷ. (나)의 방추사는 (가)의 구간 I 에서 나타난다.

22

암컷 쥐의 난소를 제거한 뒤 다음과 같은 실험을 진행하여 결과를 얻었다.

[실험 과정]

① 난소를 제거한 쥐 A ~ D 에 각각 에스트로젠과 프로게스테론을 다음과 같이 투여하였다.

실험군	호르몬 투여
A	에스트로젠 투여
B	프로게스테론 투여
C	에스트로젠 투여 후 프로게스테론 투여
D	프로게스테론 투여 후 에스트로젠 투여

② A ~ D 의 자궁 내벽의 변화를 조사한다.
③ A ~ D 의 자궁에 인공 수정시킨 배아를 주입하여 착상 여부를 조사한다.

[실험 결과]

실험군	실험 결과	
	자궁 내벽의 변화	배아의 착상 여부
A	약간 두꺼워짐	착상 안 됨
B	변화 없음	착상 안 됨
C	많이 두꺼워짐	착상 됨
D	약간 두꺼워짐	착상 안 됨

(1) 위 실험 결과를 종합하여 알 수 있는 사실을 2 가지 쓰시오.

(2) 위 실험 결과를 이용하여 난소의 호르몬 분비 기능에 이상이 있는 여성이 인공 수정시킨 배아로 임신할 수 있기 위해서 어떻게 해야할 지 설명해 보시오.

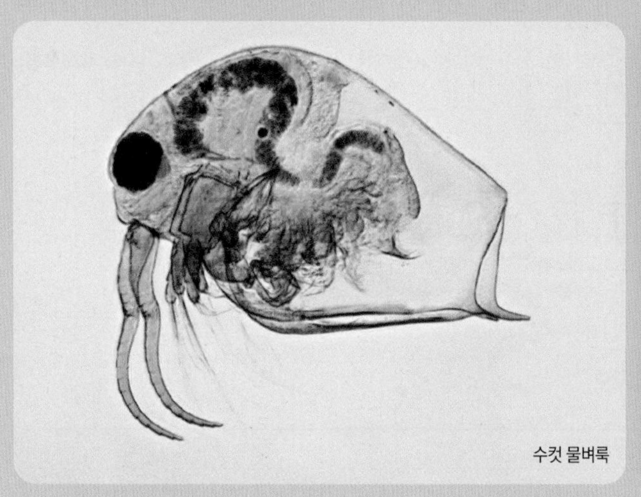
수컷 물벼룩

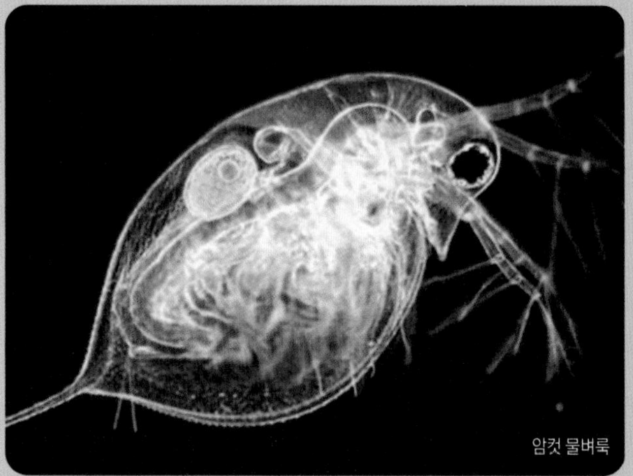
암컷 물벼룩

너 암컷이니? 수컷이니?

자연계에 존재하는 생물 가운데는 수컷과 암컷의 성별이 없는 것도 있다. 바로 효모나 짚신 벌레 등 무성 생식으로 번식하는 생물들이다. 또 다른 생물을 성별이 있는 데도 그 차이가 애매하고 매우 불안정한 생물들도 있다.

물벼룩

물벼룩은 성의 구분이 있는 동물이지만 환경이 좋은 때는 암컷 밖에 존재하지 않는다. 처녀 생식으로 탄생하는 새끼들은 모두 암컷이다. 그런데 환경이 악화되기 시작하면 물벼룩은 생식 방법을 스스로 바꾼다. 암컷 물벼룩은 수컷을 낳을 수 있는 암컷과 휴면란을 낳을 수 있는 암컷 두 종류로 변화한다. 수컷을 낳을 수 있는 암컷은 처녀생식으로 새끼 수컷을 낳는다. 한편 휴면란을 낳을 수 있는 암컷은 성장한 수컷과 교미해 휴면란을 낳는다. 물벼룩의 휴면란은 저온 건조한 환경에서도 살아남을 수 있으며 악화된 환경이 좋아지면 휴면란에서 암컷의 물벼룩이 태어난다. 물벼룩은 환경의 변화를 극복하기 위해 생식 방법을 바꾸는 것이다.

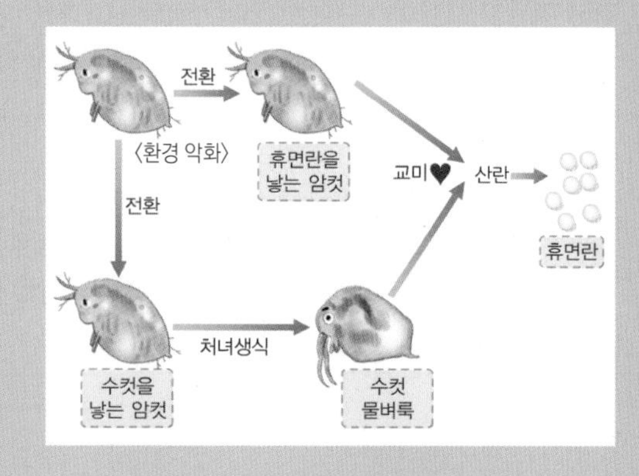

등푸른 청소 놀래기

놀래기는 성별을 갖춘 물고기이다. 그러나 무리 가운데 상대적인 몸의 크기에 따라 성별이 변한다. 등푸른 청소 놀래기(Labroides dimidiatus) 무리에서 가장 큰 개체가 수컷이고 그 이외의 개체는 모두 암컷이다. 만일 가장 큰 개체가 죽으면 다음으로 큰 암컷이 수컷으로 변한다. 이 성별의 변화는 성호르몬에 의한 것이다. 눈을 통해 들어온 정보로 무리 가운데서 자신의 상대적인 크기를 파악해 뇌에서 체내의 웅성호르몬을 분비시키는 명령이 떨어진다. 암컷이었던 개체는 서서히 난소를 축소시키고 대신에 정소를 발달시켜 생식이 가

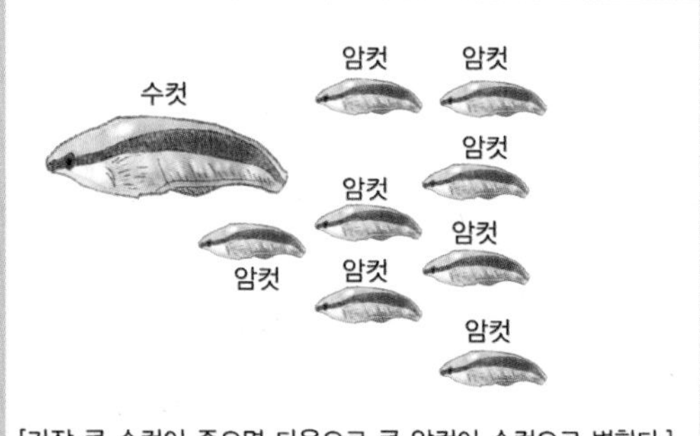

[가장 큰 수컷이 죽으면 다음으로 큰 암컷이 수컷으로 변한다.]

Imagine Infinitely

능한 수컷으로 변한다. 이 변화는 성염색체의 유형과 관계없이 일어난다.

파충류

파충류의 알이 놓여 있는 환경의 온도에 따라 성이 결정된다든 사실은 서아프리카에 사는 파충류인 '아가마 도마뱀'(Agama agama)의 연구에 의해서 밝혀졌다. 그 이후 다양한 파충류에 대한 연구 결과 악어류, 거북류, 일부 도마뱀의 수정란이 저온 환경에 있으면 암컷으로 태어나는 사실이 확인되었다. '온도에 따라 성 결정이 이루어 진다'는 사실은 바다거북에서도 찾아볼 수 있다.
바다거북의 성(性)은 알 속에 있는 동안 모래의 온도에 의해 결정된다. 알이 따뜻한 온도 환경에 놓여 있으면 암컷이, 차가운 온도 환경에 놓여 있으면 수컷이 태어난다.

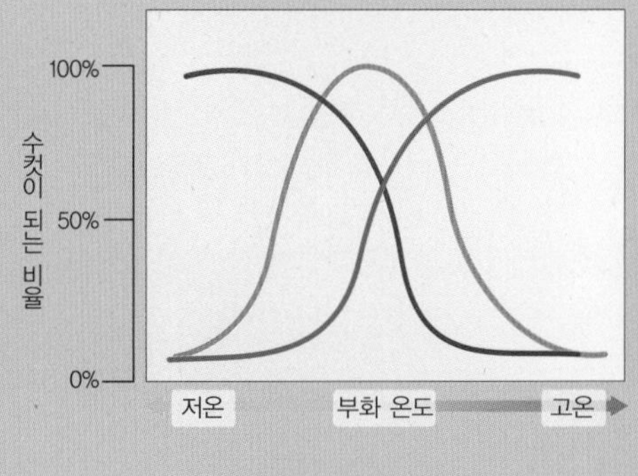

〈온도로 결정되는 성〉

Q1. 사람을 포함한 포유류의 성은 성 염색체에 의해 결정된다. 성 염색체 이외에 생물들의 성을 결정하는 요소들은 무엇이 있는가?

Biology

VI

07 유전과 진화

전 세계 70억 인구 중에 나와 똑같은 사람이 있을까?
같은 부모님에게서 태어난 형제, 자매가 닮았으나 똑같지 않은 이유는 무엇일까?

Ⅶ 유전과 진화 (1)

❶ **멘델**

(G.Mendel, 1822~1884, 오스트리

아) 빈 대학에서 수학과 자연과학을 공부하고 1854년부터 14년 간 수도원에서 생활. 1865년에 완두콩 교배 실험의 결과를 정리한 논문을 브륀 자연사 학회에 발표하였으나 주목받지 못함. 그 후 1900년대 멘델의 법칙이 재발견되어 인정받았다.

완두콩 실험의 장점

- 구하기 쉽고 기르기 쉬움
- 한 세대의 길이가 짧음
- 자손의 수가 많음
- 대립 형질이 뚜렷함
- 자가 수분이 잘됨

❷ **대립 유전자 위치**

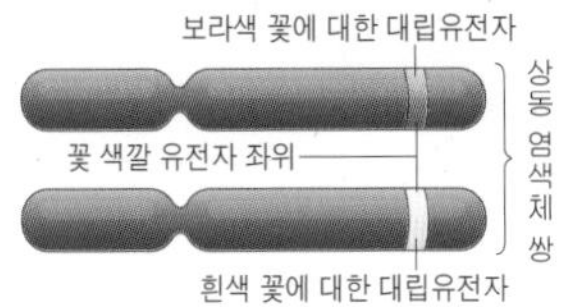

주름진 콩의 원인

유전자 rr 인 완두는 당을 녹말로 전환하는 효소를 합성하지 못한다. 따라서 rr 인 완두는 당의 농도가 높아져 삼투압이 증가한다. 그 결과 수분을 많이 포함한다.
이 상태의 콩은 수확 후 시간이 지나 마르게 되면 잃어버리는 수분 양이 많아 주름지게 된다.

미니사전

염색체 핵 속에 들어 있는 DNA와 단백질의 혼합 물질

1. 유전

(1) 유전 부모의 형질이 자손에게 전해지는 현상이다.

(2) 유전 현상 초기 연구자

오스트리아 수도회 수사 멘델 (G. J. Mendel)❶	미국의 세포학자 서턴 (W. S. Sutton)
• 1865년 멘델의 법칙을 발표하였다.	• 1902년 염색체설을 발표하였다.
• 생물체의 몸에는 그 생물체의 특징을 모두 담고 있는 유전 인자가 존재하고, 이 물질은 부모로부터 각각 하나씩 물려받기 때문에 항상 쌍으로 존재한다고 주장하였다. • 후손에게 물려줄 때에는 쌍으로 존재하던 유전 인자 중 하나만을 자손에게 물려준다고 주장하였다.	• 생식 세포 분열을 할 때 염색체의 행동이 멘델이 말한 유전자의 행동과 일치한다는 사실을 발견하여 유전자가 염색체 위에 존재하는 작은 입자라고 주장하였다. • 유전자의 종류가 염색체 수보다 더 많다는 사실을 발견함으로써 1개의 염색체 위에 여러 가지 유전자가 연관되어 있다는 가설을 제안하였다.

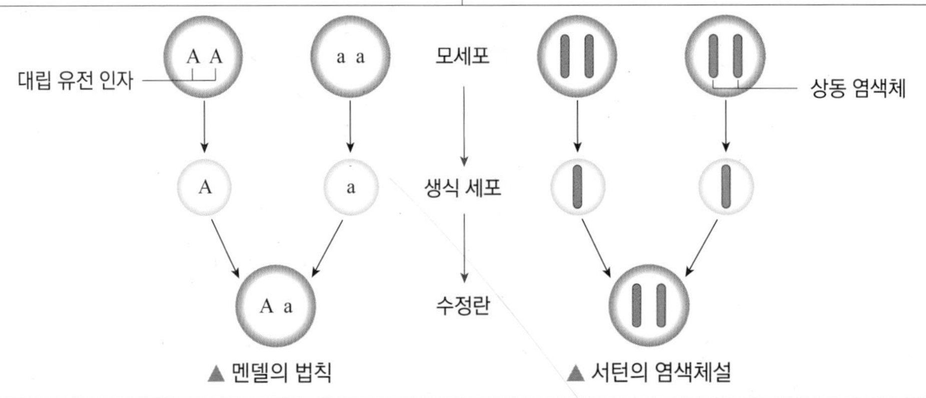

▲ 멘델의 법칙　　▲ 서턴의 염색체설

(3) 유전 용어

용어	뜻
형질	생물이 가지고 있는 모양이나 성질 (예) 모양이 둥글다, 색깔이 녹색이다.
대립 형질	하나의 형질에서 서로 대립(비교) 관계에 있는 형질 (예) 녹색 완두 ↔ 황색 완두
순종(동형 접합)	형질을 나타내는 유전자가 서로 같은 개체 (예) RR, yy, RRYY
잡종(이형 접합)	형질을 나타내는 유전자가 서로 다른 개체 (예) Rr, RrYy
우성	순종의 대립 형질을 교배하였을 때, 잡종 제 1 대에서 겉으로 표현되는 형질
열성	순종의 대립 형질을 교배하였을 때, 잡종 제 1 대에서 겉으로 표현되지 않는 형질
표현형	겉으로 나타나는 유전 형질 (예) 모양이 둥글다, 색깔이 녹색이다.
유전자형	형질을 나타나게 하는 유전자를 기호로 나타낸 것 (예) 우성은 대문자, 열성은 소문자로 표기

(4) 유전자(gene)

① 특정한 단백질을 합성할 수 있는 DNA 묶음이다.
② 인간의 DNA는 30억 쌍 존재하며, 이 중 약 3만 개가 유전자에 해당한다.
(전체 DNA 중 약 1 % = 유전자)
③ 염색체 안에 유전자가 들어 있어 세포 분열 시 염색체의 이동으로 딸세포에서 유전자가 전달된다.
(유전자 ⊂ 염색체)
④ 한 형질에 관여하는 대립 유전자❷는 상동 염색체의 같은 위치에 존재한다.
⑤ 우성 형질의 유전자는 대문자로, 열성 형질의 유전자를 소문자로 표시한다.

p. 34

Q1 유전 현상에서 어버이로부터 한쪽씩 물려받으며 상동 염색체에 같은 자리에 위치하는 유전자를 무엇이라 하는가?

2. 멘델의 유전 법칙

(1) 멘델의 실험 방식

멘델은 완두의 7가지 대립 형질의 유전을 수학적 통계 방식으로 풀었다.

완두의 대립 형질	씨 모양	씨 색깔	꽃 색깔	콩깍지의 모양	콩깍지의 색	꽃의 위치	완두의 키
우성	둥글다	황색	보라색	매끈하다	녹색	잎 겨드랑이	크다
열성	주름지다	녹색	흰색	잘록하다	황색	줄기의 끝	작다

(2) 멘델의 유전 법칙

① 한 쌍의 대립 형질 유전 (단성 잡종 교배)

법칙	설명	그림	내용
우열의 법칙	순종인 한 쌍의 대립형질을 교배하였을 때 잡종 제 1 대(F_1)에서는 우성의 형질만 나타난다.	어버이(P)❶ RR × rr, 배우자 R, r, 잡종 제 1대(F_1)❶ Rr × Rr	• 어버이(P)의 생식 세포 : R, r • 잡종 제 1 대(F_1)유전자형 : Rr • 잡종 제 1 대(F_1)표현형 : R(둥근 유전자) 나타남 → 우성 r(주름 유전자) 나타나지 않음 → 열성
분리의 법칙	잡종 제 1 대의 둥근 완두(Rr)에서 생식 세포가 형성될 때 유전자 R과 r이 분리되어 각각 다른 생식 세포로 들어가므로 유전자형이 R, r 인 생식 세포가 1 : 1 의 비로 생성된다.	배우자 R, r, R, r, 잡종 제 2대(F_2)❶ RR, Rr, Rr, rr	• 잡종 제 1 대(F_1)의 생식 세포 : R, r • 자가수분 (2 × 2 = 4) • 잡종 제 2 대(F_2)의 유전자형 : RR : Rr : rr = 1 : 2 : 1 • 잡종 제 2 대(F_2)의 표현형 : 둥근(RR, Rr) = 3 , 주름진(rr) = 1 → 우성 형질과 열성 형질의 표현형이 3 : 1 로 나타난다.

[분리의 법칙과 염색체의 관계]

멘델의 분리의 법칙은 감수 분열 과정에서 염색체의 행동이 밝혀짐에 따라 인정받게 되었다. 멘델이 가정한 유전 인자(유전자)의 행동은 감수 분열과 수정 때 염색체의 움직임이 일치한다.
감수 분열 시 상동 염색체가 분리되어 각각 다른 생식 세포로 나뉘어 들어갈 때 대립 유전자도 각각 다른 생식 세포로 나뉘어 들어가고, 수정에 의해 상동 염색체가 다시 쌍을 이룰 때 대립 유전자도 다시 쌍을 이루게 된다.

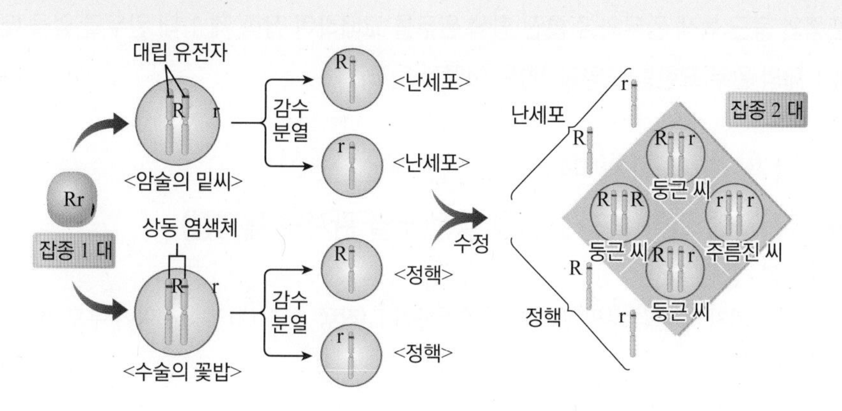

▲ 완두의 씨 모양 유전에 대한 염색체의 움직임

❶ 유전 기호의 의미

● 어버이와 자손의 표시
- 어버이 : P (Parental Generation,Parens)
- 잡종 제 1 대 : F_1 (FilialGeneration,Filius)
- 잡종 제 2 대 : F_2

● 유전 인자 표시
- 둥글다 (Round : R)
- 주름지다 (R의 열성 : r)
- 황색 (Yellow : Y)
- 녹색 (Y의 열성 : y)

검정 교배(순종과 잡종 확인법)

● 표현형이 우성인 한 개체가 순종인지 잡종인지 알아보려면 그 개체를 열성 형질만 가진 개체와 교배시켜 보면 된다.
● 순종일 경우 : 자손은 모두 같은 표현형이다. (RR × rr → Rr)

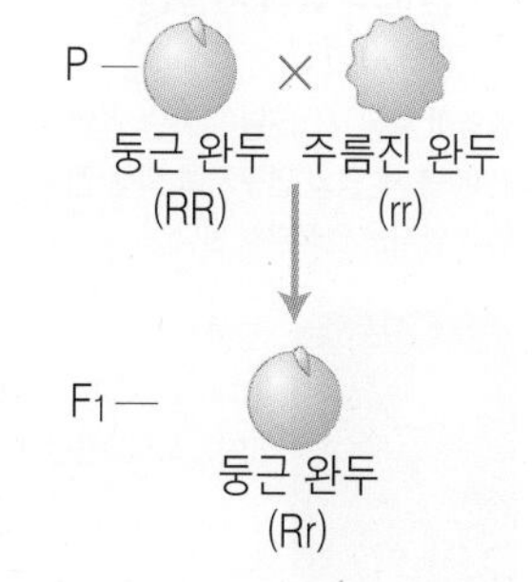

● 잡종일 경우 : 자손의 표현형이 1 : 1로 나타난다. (Rr × rr → Rr, rr)

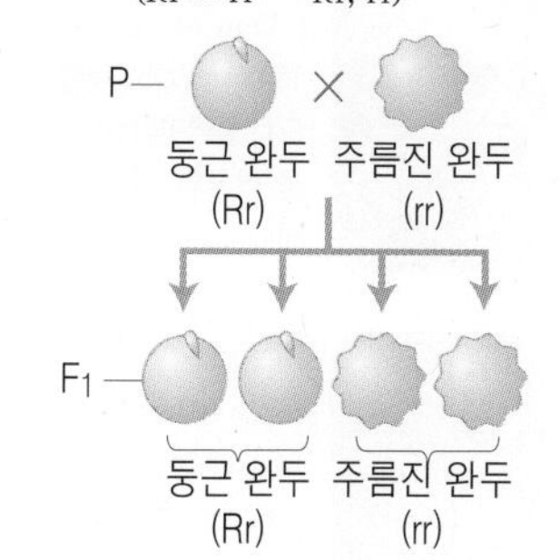

미니사전

자가 수분 한 개체 내에서 수분이 일어나는 것
타가 수분 한 개체의 암술머리에 다른 개체의 화분이 붙어 수분이 일어나는 것
동형 접합 순종, 호모(Homo)
이형 접합 잡종, 헤테로(Hetero)

② 두 쌍의 대립 형질 유전 (양성 잡종 교배)

독립의 법칙	두 쌍의 대립 형질이 함께 유전될 때, 각각의 대립 형질은 서로 다른 형질의 영향을 받지 않고 우열의 법칙과 분리의 법칙에 따라 독립적으로 유전되는 현상
	• 어버이(P)의 생식세포 : RY, ry • 잡종 제 1 대(F_1) 유전자형 : RrYy • 잡종 제 1 대(F_1) 표현형 : 둥글고 - Rr, (R 우성), 황색 - Yy, (Y 우성) → 모양, 색깔에서 각각 우열의 법칙 성립 • 잡종 제 1 대(F_1)의 생식 세포 : RY, Ry, rY, ry • 자가 수분 (생식 세포 4종류 × 4종류) • 잡종 제 2 대(F_2) 유전자형 : 16가지 • 잡종 제 2 대(F_2) 표현형 : 둥황 : 둥녹 : 주황 : 주녹 = 9 : 3 : 3 : 1 둥근(R_) : 주름진(rr) = 3 : 1 황색(Y_) : 녹색(yy) = 3 : 1 • 모양과 색 대립 형질의 우성 형질과 열성 형질의 표현형비가 각각 3 : 1로 나타났다.

❷ 잡종 및 순종 표시 예

- RRyy : 모양과 색을 나타내는 유전자가 각각 동형 접합이므로 순종이다.
- RrYy : 모양과 색을 나타내는 유전자가 각각 이형 접합이므로 잡종이다.
- R_Y_ : _ 의미는 R 또는 r 어떤 것이 있어도 우열의 법칙에 의한 표현형은 같기에 _ 위치에 R이 오는 경우와 r이 오는 경우를 모두 포함하여 표시한 것이다.

[독립의 법칙과 염색체의 관계]

독립의 법칙은 두 쌍의 대립 형질을 결정하는 유전자가 각각 다른 상동 염색체에 존재할 때 설명이 가능하다. 모세포가 가진 각 대립 유전자의 쌍은 각 염색체에 따라 서로 독립적으로 분리되어 각각 다른 생식 세포로 들어가기 때문이다.

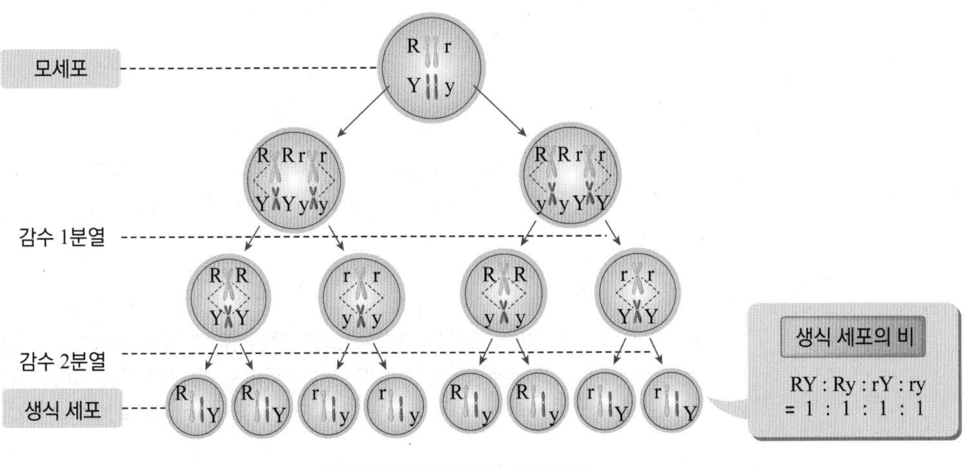

▲ 양성 잡종에서의 생식 세포 형성

멘델의 법칙 재발견 (1900년)

멘델이 죽은 지 16년이 지난 후인 1900년 세 명의 연구자에 의해 멘델의 법칙은 인정받게 된다.

코렌스 (Correns, C. E., 1864 ~ 1933, 독일): 중간 유전

드브리스 (Hugo M de Vries, 1848 ~ 1935, 네덜란드) : 돌연변이설 및 식물 삼투압 관련 연구 실시

체르마크 (Erich Tschermak Von Seysenegg, 1871 ~ 1962, 오스트리아)

p. 34

Q2 순종의 둥근 녹색 완두와 주름진 황색 완두를 교배하여 잡종 제 1 대 완두를 얻을 때 잡종 제 1 대의 완두 표현형(모양과 색)은 어떻게 될까?

3. 멘델의 유전 법칙의 예외(다양한 유전 현상)

(1) 1개 유전자에 의한 특정 표현형 결정(우열 관계의 재정립)

① 불완전 우성 - 중간 유전

- 특징 : 대립 유전자 사이의 우열 관계가 불완전하여 F_1(잡종 제 1 대)의 표현형이 부모 표현형의 중간을 갖는 현상이다.

  예) 금어초, 둥근잎 나팔꽃, 카네이션

• 분꽃 꽃 색깔 유전

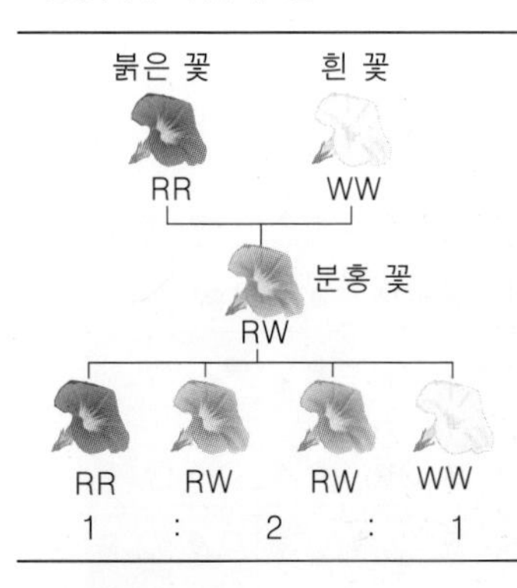

• 어버이(P)의 생식세포 : R, W
• 잡종 제 1 대 (F_1): 유전자형 (RW), 표현형(분홍)
 → 멘델의 우열의 법칙 성립하지 않음
• 붉은 색 유전자와 흰색 유전자 사이의 우열 관계가 불완전하여 잡종의 표현형이 부모의 중간 색깔로 나타난다.

• 잡종 제 1 대 (F_1)를 자가 수분 하면 잡종 제 2 대 (F_2)에서 유전자형과 표현형의 비율이 동일하게 나타난다.
 → 유전자형 RR : RW : WW = 1 : 2 : 1
 → 표현형 붉은꽃 : 분홍꽃 : 흰꽃 = 1 : 2 : 1

② 복대립 유전

• 특성 : 2개 이상의 대립 유전자가 하나의 특징을 결정하는 유전이다.
• 사람의 ABO 식 혈액형 유전[2]

유전자형	적혈구	표현형(혈액형)
I^AI^A or I^Ai		A
I^BI^B or I^Bi		B
I^AI^B		AB
ii		O

• 4가지 혈액형 A, B, AB, O는 적혈구 표면에 탄수화물 A와 B를 부착시키는 효소에 의해 결정된다.
→ I^A 유전자 : A 탄수화물 부착
 I^B 유전자 : B 탄수화물 부착
 i 유전자 : 탄수화물 부착 없음

• 우열 관계 : $I^A = I^B > i$ (A = B > O)
→ i 에 대해 I^A 와 I^B 는 공동 우성[1]
※ O형은 적혈구 겉 표면에 탄수화물을 만들지 못하는 열성 대립 유전자 조합을 뜻한다.

③ 다면 발현 : 하나의 유전자가 두 개 이상의 표현 형질에 영향을 미치는 유전이다. ㊎ 낭포성 섬유증, 겸형 적혈구 빈혈증 등

(2) 2개 이상의 유전자에 의한 특정 표현형 결정

① 상위 : 하나의 유전자가 다른 유전자의 표현형을 바꾸는 경우이다. ㊎ 쥐의 털 색깔 유전 : 검은색 털(B)가 우성, 갈색 털(b)가 열성인 쥐의 표현형은 색소 침착 유전자(C)의 영향을 받는다.
→ BbCC의 경우 우성 형질인 검은 털이 표현형으로 나타나지만 Bbcc는 색소 침착 유전자(C)가 열성 대립 유전자 조합(cc)으로 색소 침착이 되지 않아 알비노(흰색) 털 쥐가 태어난다.

BbCC Bbcc C : 색소 침착 유전자

p. 34

Q3 대립 유전자 사이의 우열 관계가 불완전하여 분꽃 유전과 같이 잡종 제 1 대에서 어버이의 중간 형질이 표현되는 유전 현상을 무엇이라 하는가?

② 다인자 유전[3]

• 한 가지 표현형에 2개 이상의 유전자가 누적하여 영향을 미치는 경우이다. (↔ 다면 발현)
㊎ 사람의 피부색 - 연속적으로 피부 색깔이 나타난다.

1 불완전 우성과 공동 우성

불완전 우성의 경우, 잡종은 두 대립 유전자가 모두 발현되어 섞여서 표현형이 중간 형질로 나타난다. 그러나 잡종에서 두 형질이 동시에 완전한 형태로 나타나기도 하는데, 이를 공동 우성이라고 한다.
㊎ 소와 말의 털색이 갈색과 흰색의 혼합으로 나타난다.

2 ABO식 혈액형의 유전자 구성

난자 \ 정자	A	B	O
A	AA (A형)	AB (AB형)	AO (A형)
B	AB (AB형)	BB (B형)	BO (B형)
O	AO (A형)	BO (B형)	OO (O형)

3 다인자 유전 현상의 예

● 지문선 수 : 사람마다 지문선 수가 다르게 나타난다.

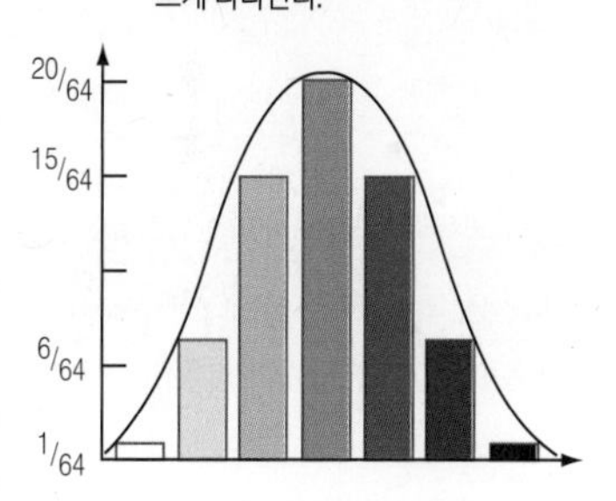

● 피부색 : 사람마다 다양한 피부색이 나타난다.

미니사전

낭포성 섬유증 치사 유전 질환이며, 세포막 단백질을 정상적으로 만들어 내지 못한 결과 특정 세포 주위 점액이 두꺼워지고 끈적끈적해 진다. 그 결과 소화 기관 영양소 흡수 장애, 만성 기관지염 등 복합적인 질병이 나타나 만 5세 이전에 대부분 사망한다.

알비노증 멜라닌 색소를 만드는 유전자에 이상이 생겨 피부·머리카락·눈 등이 색소 결핍으로 하얗게 되는 유전병으로, 백색증(白色症)이라고도 불린다.

❶ 쌍생아

· 일란성 쌍생아

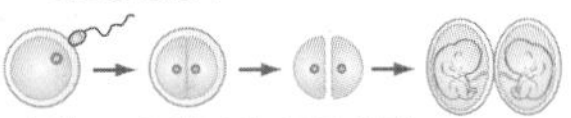

수정 2 세포기 둘로 분리

1개의 수정란이 발생 초기에 둘로 나누어져 각각 자란 것이므로 유전자 구성이 동일하다. (성별이 같다.)

· 이란성 쌍생아

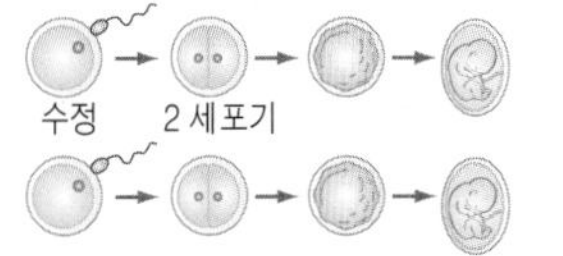

2개의 난자가 동시에 배란되어 각각 다른 정자와 수정된 후 자란 것으로 유전자 구성이 서로 다르다. (성별이 다를 수 있다.)

[사람의 피부색]

- 세 개의 다른 유전자가 피부색을 결정한다. 어두운 피부(A, B, C)가 밝은 피부(a, b, c)보다 우성이다.
- 중간 밝기 피부의 이형 접합자인 AaBbCc 가 같은 유전자형과 결혼할 경우 다음 그림과 같이 7가지 서로 다른 피부색을 가진 자손이 태어날 수 있다.

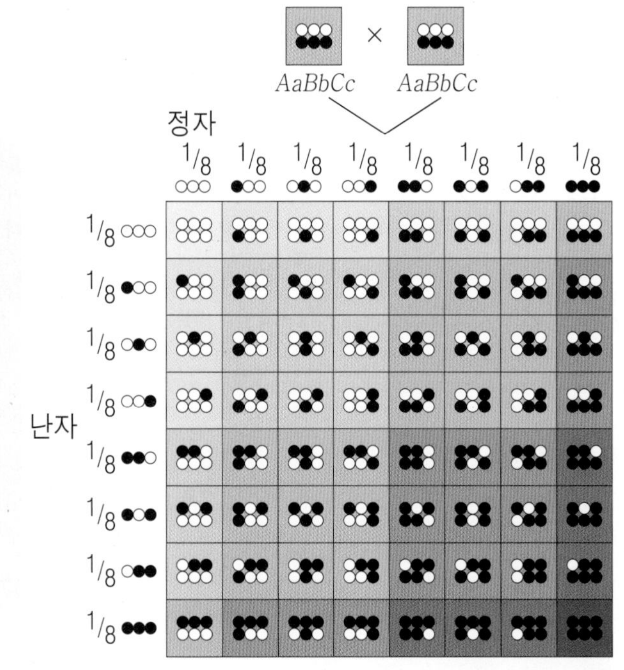

표현형 : 검은 피부색 대립유전자의 수:

0	1	2	3	4	5	6
1/64	6/64	15/64	20/64	15/64	6/64	6/64

p. 34

Q4 (㉠)은/는 하나의 형질을 결정하는데 2개 이상의 유전자가 누적으로 영향을 미쳐 표현형이 매우 다양한 유전이고, (㉡)은/는 1개 유전자가 다른 유전자의 표현형을 바꾸는 유전이다.

⚙ 사람의 여러 가지 유전 형질

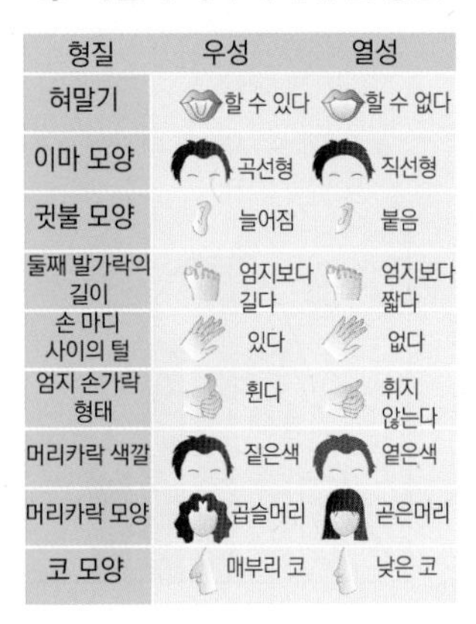

형질	우성	열성
혀말기	할 수 있다	할 수 없다
이마 모양	곡선형	직선형
귓불 모양	늘어짐	붙음
둘째 발가락의 길이	엄지보다 길다	엄지보다 짧다
손 마디 사이의 털	있다	없다
엄지 손가락 형태	휜다	휘지 않는다
머리카락 색깔	짙은색	옅은색
머리카락 모양	곱슬머리	곧은머리
코 모양	매부리 코	낮은 코

4. 사람의 유전

(1) 사람에 있어 유전 연구의 어려운 점

- 한 세대가 길다.
- 대립 형질이 복잡하며, 유전자 수가 많다.
- 순종을 얻기 어렵다.
- 자녀의 수가 적다.
- 환경의 영향을 많이 받는다.
- 자유로운 교배가 불가능하다.

(2) 사람의 유전 연구 방법

방법	내용	
가계도 분석	특정 형질에 대하여 한 가족의 역사에 대한 정보를 수집한 후 여러 세대에 걸친 부모와 자식 간의 상호 관계를 설명해 주는 가계도를 그려 유전 현상을 연구하는 방법	
쌍생아❶ 연구	일란성 쌍생아	이란성 쌍생아
	유전자가 같은 일란성 쌍생아 연구를 통해 유전 현상에서 후천적 환경의 영향을 알아볼 수 있다.	유전자가 다르나 같은 환경 조건에 있기 때문에 선천적 유전의 영향을 알아볼 수 있다.
염색체 및 유전자 분석	분자생물학과 정밀 분석 기기를 통해 염색체의 수, 모양, 크기를 분석하거나 특정 유전자를 분석하여 유전 원리를 연구하는 방법	
통계 조사	특정 형질에 대해 많은 사람들을 대상으로 조사한 후 그 자료를 기준에 따라 통계 처리하고 분석하여 유전 현상을 조사하는 방법	

미니사전

가계도(genogram) 가족 간의 관계를 빠르게 알아보기 위해 기호를 사용하여 그린 그림으로 유전학이나 의학 분야에서 많이 사용한다.

p. 34

Q5 서로 다른 환경에서 자란 일란성 쌍생아 사이에 같은 형질이 나타났다면, 그 형질은 유전과 환경 중 어떤 영향을 많이 받은 결과인가?

(3) 상염색체에 의한 유전 성별에 관계없이 유전된다.

① **미맹**[2], **혀말기, 귓불**

형질	미맹		귓불		혀말기	
우열 관계	정상(T) > 미맹(t)		분리형(E) > 부착형(e)		가능(R) > 불가능(r)	
표현형	정상	미맹	분리형	부착형	가능	불가능
유전자형	TT, Tt	tt	EE, Ee	ee	RR, Rr	rr

② **혈액형 유전**[3](**ABO식**) : A = B > O (A와 B 유전자가 O에 대해 공동 우성)

표현형	A형	B형	AB형	O형
유전자형	AA, AO	BB, BO	AB	OO

p. 34

Q6 B형 아버지와 AB형 어머니 사이에 태어난 자손의 혈액형이 A형일 때 아버지의 혈액형 유전자형은?

(4) 성염색체에 의한 유전 특정 형질 유전자가 성염색체(X 또는 Y) 위에 존재하는 유전이다.

① **반성 유전** : 특정 형질을 결정하는 유전자가 X 염색체 위에 존재하여 남녀에 따라 형질의 표현형 빈도가 달라지는 유전 현상이다. ⓔ 색맹, 혈우병

	색맹[4]			혈우병		
특징	눈의 망막 원추세포에 이상이 생겨 색깔의 일부를 잘 구별하지 못하는 증상			혈액 응고 성분 중 일부가 결핍되어 상처가 났을 때 혈액이 응고되지 않는 증상		
우열 관계	• 우성 : 정상 유전자(X) • 열성 : 색맹 유전자(X')			• 우성 : 정상 유전자(X) • 열성 : 혈우병 유전자(X')		
유전자형과 표현형	성별	유전자형	표현형	성별	유전자형	표현형
	여자	XX	정상	여자	XX	정상
		XX'	정상(보인자)		XX'	정상(보인자)
		X'X'	색맹		X'X'	혈우병(치사)
	남자	XY	정상	남자	XY	정상
		X'Y	색맹		X'Y	혈우병
	• 여자보다 남자의 색맹 비율이 더 많다. → 남자는 X′ 하나만 있어도 색맹이므로 보인자가 존재하지 않는다.			• 여자보다 남자의 혈우병 비율이 더 많다. → 남자는 X′ 하나만 있어도 혈우병이 되므로 보인자가 존재하지 않는다. → 여자는 혈우병인 경우 대부분 태아 때 사망하기 때문이다.		

② **한성 유전** : 특정 형질을 결정하는 유전자가 Y 염색체 위에 존재하여 남자에게만 형질이 나타나는 유전 현상이다. ⓔ 귓속 털 과다증

p. 34

Q7 아버지와 어머니, 아들 무한이는 모두 색맹이 아니다. 그러나 무한이의 외할아버지는 색맹이다. 무한이의 동생이 태어날 경우 남동생이면서 색맹이 될 확률은?

② 미맹

- PTC(phenylthiocarbamide) 라는 화학 물질을 물에 녹여 그 약을 혀에 대었을 때 그 쓴 맛을 전혀 느끼지 못하는 경우 해당한다.
- 동양인 집단에서는 미맹의 출현 빈도가 약 10 ~ 15% 정도이다. 단, 미맹의 경우 보통 음식물의 쓴 맛은 느낄 수 있다.

③ 사람의 혈액형 유전 (Rh^+/Rh^-식)

Rh^+, Rh^- 혈액형에서는 Rh^+ 가 Rh^- 유전자에 대하여 우성이다.

④ 색맹

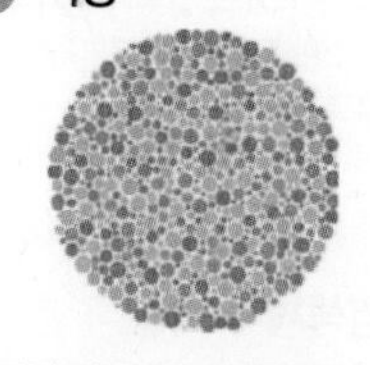

색맹의 대부분은 적록색맹이며, 이는 적색과 녹색이 같이 존재할 때 구별하기 힘들어 운전 시 교통 신호 구별이 어려울 수 있다.

미니사전

보인자 겉으로는 정상이지만 열성 대립 유전자를 가지고 있어(이형 접합의 유전자형) 후대에 열성 형질이 나타날 수 있다.

5. 사람의 유전 질환

(1) 유전자 돌연변이 유전자의 이상(유전 암호의 변형)[1] 으로 나타나는 유전병이다.

겸형 적혈구[2] 빈혈증	헤모글로빈을 만드는 유전자의 이상으로 적혈구가 낫 모양으로 변해 산소 운반 능력이 떨어져 심한 빈혈이 나타난다.
연골무형성증	유전자 변이로 인하여 연골세포 형성이 잘 되지 못하여 정상 크기의 몸체이나, 팔 다리가 매우 짧고, 이마가 튀어나오면서 머리가 큰 특징을 갖고 있다.
헌팅턴 무도병	4번 염색체의 유전자 이상으로 인해 나타나는 신경계통 퇴행성 질환(의도하지 않는 움직임, 치매 증상)으로 35 ~ 45세가 될 때까지 나타나지 않으며, 우성으로 유전된다.
알비노증(백색증)	멜라닌 색소를 만드는 유전자의 이상으로 색소가 형성되지 않아 피부, 머리카락 등이 하얗게 된다.

(2) 염색체 돌연변이 염색체의 구조[3] 또는 수[4]의 이상으로 나타나는 유전병이다.

구분	유전병	원인	증상
염색체 결실	묘성 증후군	5번 염색체 일부 결손	고양이와 비슷한 울음 소리, 안면 기형, 심장 기형, 정신 지체
	윌리엄스 증후군	7번 염색체의 특정 부위 결실	뇌 손상을 유발, 심장 기형, 콩팥 손상, 근육 약화
염색체 전좌	만성 골수(성) 백혈병	9번과 22번 염색체 사이에서 전좌	정상 세포가 암세포로 변함
상염색체 수 이상	다운 증후군	21번 염색체가 3개 존재	납작하고 큰 얼굴, 편평한 콧등, 정신 발육 지체
	에드워드 증후군	18번 염색체가 3개 존재	정신 발육 지체
성염색체 수 이상	클라인펠터 증후군	X 염색체가 하나 더 많은 남자 (XXY형)	불임증, 고환 위축, 여성형 유방
	제이콥 증후군	Y 염색체가 하나 더 많은 남자 (XYY형)	공격적이고 범죄적 행동을 하기 쉬운 경향, 낮은 지능
	트리플엑스 증후군	X 염색체가 하나 더 많은 여자 (XXX형)	무월경, 정신 발육 지체
	터너 증후군	X 염색체가 1개 밖에 없는 여자	난소가 없거나 난소 발육 부전 증상, 정신 발육 지체

p. 34

Q8 다운 증후군과 터너 증후군은 공통적으로 어버이의 생식 세포 형성 시기 중 어느 단계의 문제점으로 인해 나타나는 유전 질환인가?

6. 유전자와 염색체

(1) 유전자와 염색체의 관계

① **멘델의 실험** : 완두 교배 실험 결과를 설명하기 위해 '유전 인자'를 가정하였다. 그러나 구체적인 염색체의 관계는 알지 못하였다.

② **염색체설** : 서턴[1]과 보베리[2]는 염색체의 행동을 관찰한 결과를 토대로 '유전 인자는 염색체 위에 일렬로 배열되어 있으며, 상동 염색체는 각각 양쪽 부모로부터 물려 받는다.' 는 염색체설을 주장하였다.

③ **유전자설** : 모건[3]은 초파리를 재료로 한 유전 실험에서 '특정한 유전자는 염색체의 일정한 위치에 자리 잡고 있으며, 대립 유전자는 상동 염색체의 같은 위치에 존재한다.'는 유전자설을 발표 하였다.

---

❶ 유전자 이상의 요인

- 유전자 이상은 자연 발생적이나 환경에 따른 돌연변이 유발원에 의해 발생한다.
- 돌연변이 유발원 : 유전, 방사선(X선, 감마선), 자외선, 담배 연기, 살충제 , 바이러스, 탄 고기(발암 물질), 박테리아 감염 등
- 돌연변이 : 어버이에 없던 형질이 자손에게 나타나 대대로 유전되는 현상이다.

❷ 정상/겸형 적혈구

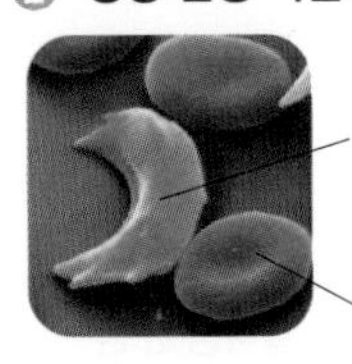

❸ 염색체 구조 이상

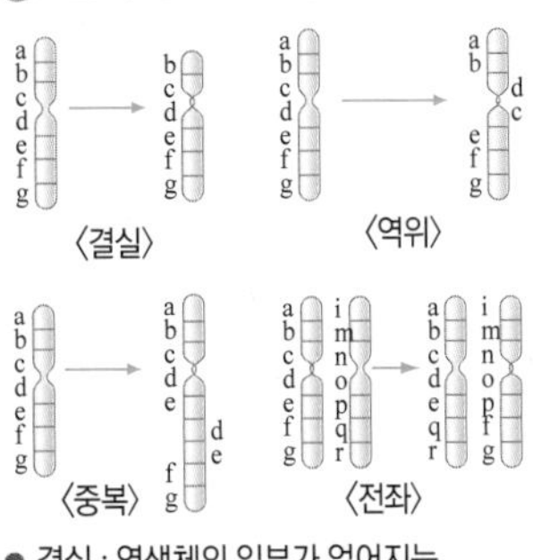

- 결실 : 염색체의 일부가 없어지는 경우
- 중복 : 염색체의 일부가 첨가
- 전좌 : 한 염색체의 일부가 다른 염색체에 결합
- 역위 : 염색체의 일부가 끊어진 다음 거꾸로 배열

❹ 염색체 수 이상

감수 1분열 중기에서 상동 염색체의 비분리 현상에 의한 비정상 생식 세포가 형성되어 수정되면서 자손에 나타난다.

① 이수성 돌연변이 : 염색체 수가 46개가 아닌 경우이다.
② 배수성 돌연변이 : 상동 염색체 세트가 2개(2n)가 아닌 경우이다.

미니사전

증후군(syndrome) 여러 가지의 증상이 복합적으로 나타나는 현상

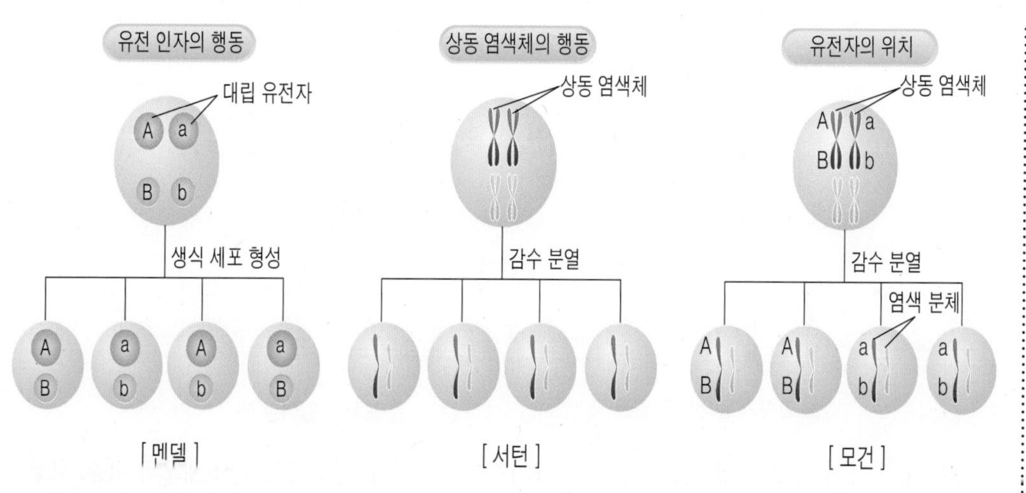

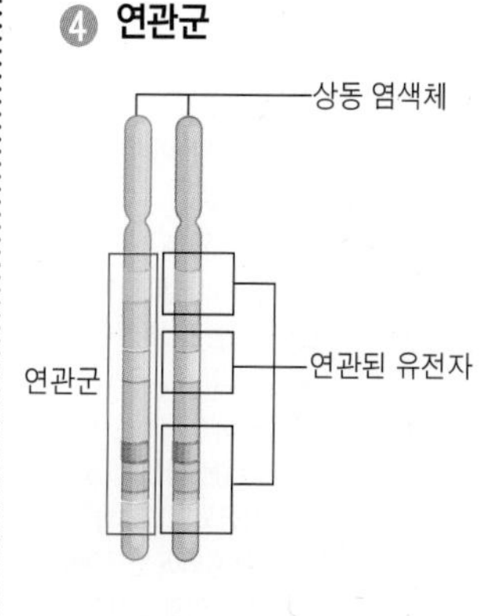

④ **모건의 유전자설 발표 이후** : 염색체의 구조 연구가 활발하게 이루어졌고 그 결과 염색체는 DNA와 단백질로 구성되어 있으며, 유전자는 DNA에 존재한다는 것이 밝혀졌다.

p. 34

Q9 다음은 유전자, 염색체, DNA의 포함 관계를 나타낸 것이다. A ,B, C에 알맞게 들어갈 말은?

(2) 연관

여러 개의 유전자가 동일 염색체에 위치하고 있어 분열 시 함께 유전되는 현상이다.

① **독립 유전** : 각각 다른 형질이 유전자들이 서로 다른 염색체에 자리 잡고 있는 경우로 감수분열이 일어날 때 각각 따로 움직인다. → 멘델의 독립의 법칙 성립 조건이며, 연관되어 있지 않는 경우이다.

② **연관 유전** : 각각 다른 형질을 나타내는 유전자들이 한 염색체에 자리 잡고 있어 감수 분열이 일어날 때 같이 움직인다.

• 연관군④ : 한 염색체에 함께 연관되어 있는 유전자 전체를 뜻하며, 한 생물이 갖는 연관군의 수는 생식세포의 염색체 수(n)와 같다.

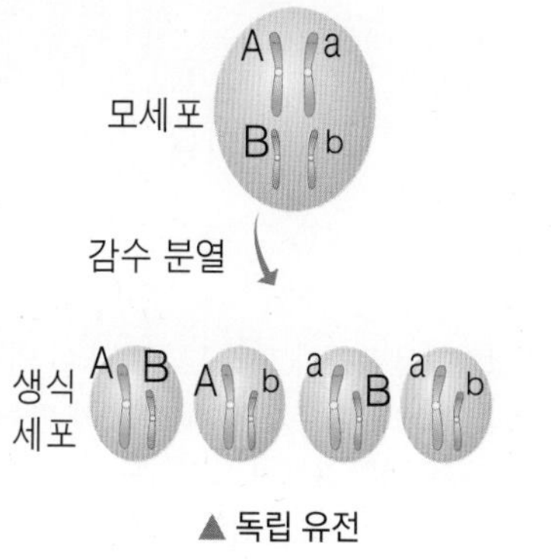

▲ 독립 유전

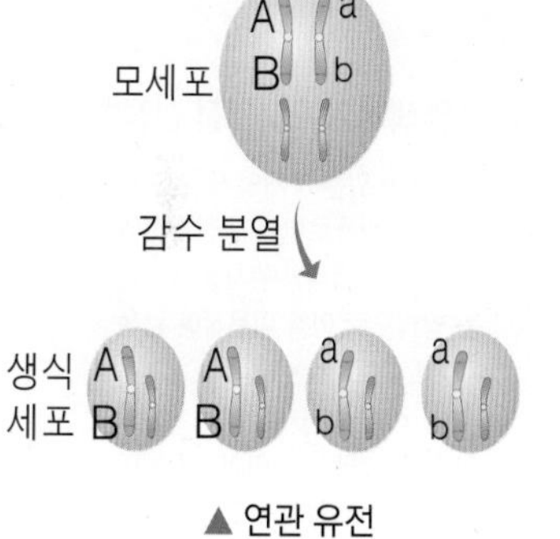

▲ 연관 유전

(3) 교차

감수 제 1 분열 전기에 2가 염색체를 형성할 때 상동 염색체 사이에서 유전자의 일부가 교환되어 새로운 유전자 조합을 가진 염색체가 형성되는 현상이다.

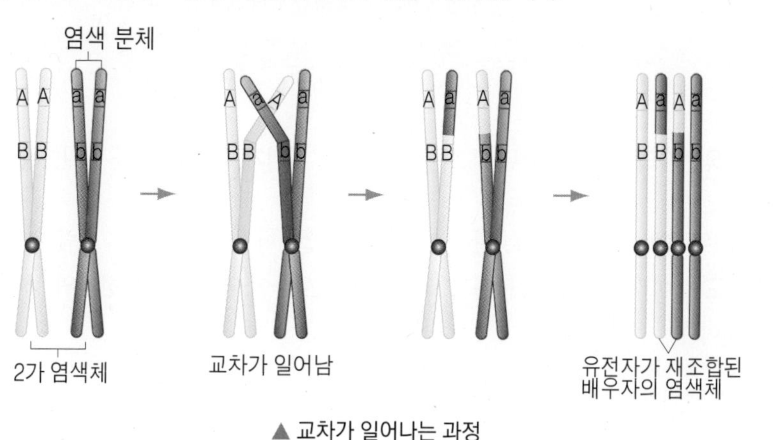

▲ 교차가 일어나는 과정

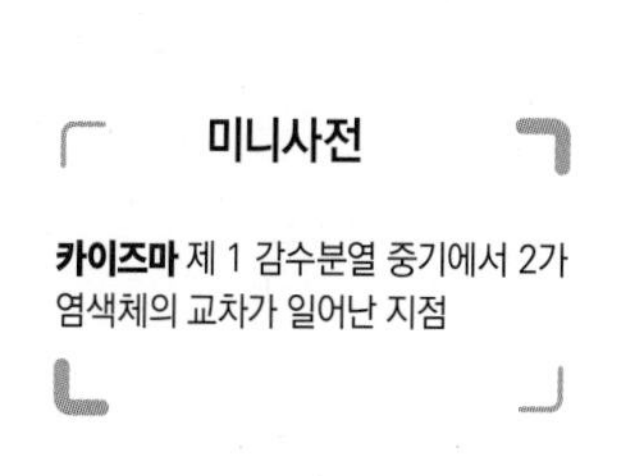

⑤ 교차율

독립 유전일 경우 교차가 일어날 수 없지만, 염색체가 연관되어 있을 경우 교차가 일어날 수 있다.
→ 교차율 범위 : 0 ~ 50 %

- 0 % 일 때는 교차가 일어나지 않아 연관된 유전자는 항상 생식 세포에 같이 존재한다.
- 염색체가 교차되어 있더라도 독립 유전(연관되지 않음)하는 비율로 생식 세포가 형성되면 교차율은 50 % 이다. 즉, 연관되어 있음에도 불구하고 멘델의 독립의 법칙이 성립된다.

⑥ 염색체 지도와 3점 검정법

- 연관되어 있는 3 개의 유전자 사이의 교차율로부터 유전자간의 상대적인 거리와 위치를 알아내는 방법으로 이를 이용하여 염색체 지도를 그릴 수 있다.
- A, B, C 세 유전자가 서로 연관되어 있고 A 와 B 사이의 교차율이 5 %, B와 C 사이의 교차율이 10 % 이면 A와 C 사이의 교차율은 5 % 이거나 15 % 이다.

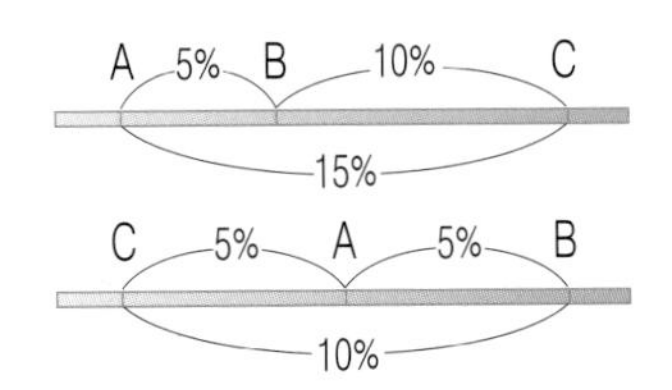

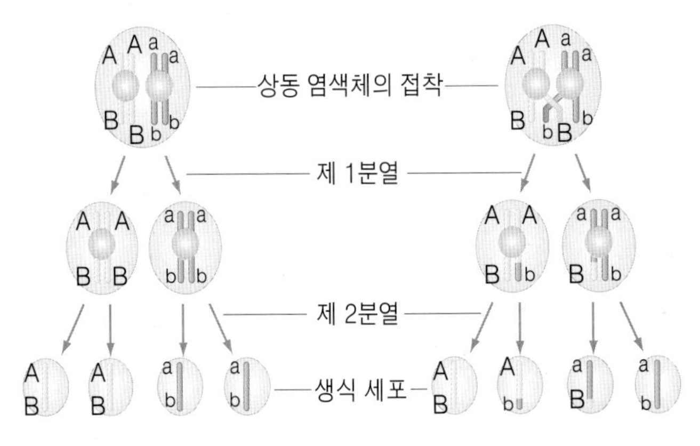

▲ 교차가 일어나지 않을 때　　▲ 교차가 일어날 때

① **교차율**[5] : 감수 분열시 연관된 두 유전자 사이에서 교차가 일어나 생긴 생식 세포의 비율, 검정 교배의 결과로 얻은 개체의 표현형 분리비를 이용하여 구한다.

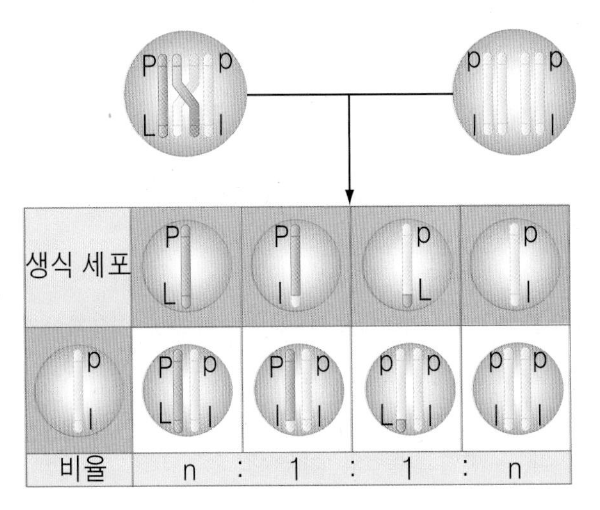

▲ 스위트피 꽃의 검정 교배

위 그림에서 유전자 P 와 L, p 와 l 이 연관되어 있으며, 이들 사이에 교차가 일어나 PL : Pl : pL : pl = n : 1 : 1 : n 으로 생식 세포(F_1)가 만들어졌다면, 이 F_1 과 열성 순종인 ppll 과 교배시키면(검정 교배), 자손(F_2)의 표현형 분리비도 PL : Pl : pL : pl = n : 1 : 1 : n 이 된다. 이 중 교차에 의한 개체수는 1 + 1 = 2가 되고, 전체 개체수는 n + 1 + 1 + n(= 2n + 2) 이 된다.

$$\text{교차율(\%)} = \frac{\text{교차가 일어난 생식 세포의 수}}{\text{전체 생식 세포의 수}} \times 100$$

$$= \frac{\text{교차에 의한 개체수}}{\text{검정 교배에 의해 생긴 전체 개체수}} \times 100$$

$$= \frac{2}{2n+2} \times 100 = \frac{1}{n+1} \times 100$$

② **교차율과 유전자의 위치** : 연관된 두 유전자 사이의 거리가 멀수록 교차가 일어날 확률은 높아진다.

- 교차율의 범위 : 0% ~ 50% [0% : 완전 연관(교차가 일어나지 않음), 50% : 독립 유전(멘델 유전)]

③ **염색체 지도**[6] : 여러 유전 형질 사이의 교차율을 조사하여 염색체에 유전자의 상대적인 위치를 나타낸 것이다.

p. 34

Q10 사람의 염색체의 연관군 수는 몇 개인가?

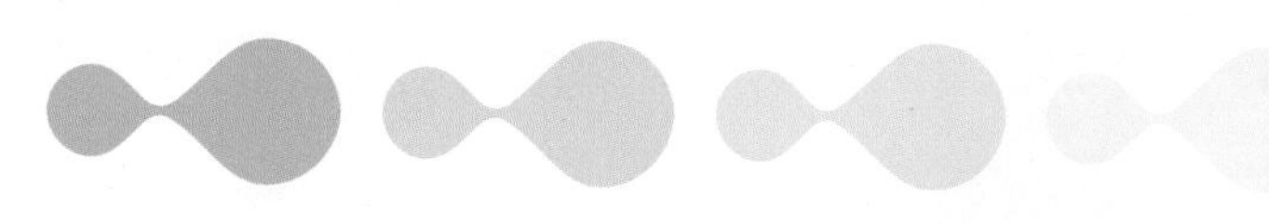

개념 확인 문제

정답 및 해설 34쪽

유전

01 유전에 대한 설명으로 옳지 않은 것은?

① 어버이의 형질이 자손에게 전해지는 현상이다.
② 대립 유전자는 상동 염색체의 같은 위치에 있다.
③ 서로 같은 형질을 가져도 유전자는 다를 수 있다.
④ 유전자는 염색체 속에 있는 DNA로 암호화되어 있다.
⑤ 모든 생물의 유전 현상은 멘델의 법칙에 따라 나타난다.

02 유전 용어에 대한 설명으로 옳지 않은 것은?

① 형질 : 생물이 가진 여러 가지 특성
② 표현형 : 완두의 형질이 '주름지다'고 표현하는 형질
③ 우성 : 잡종 1세대에서 나타나는 형질로 유전자는 대문자 표시한다.
④ 순종 : 유전자형이 Ttyy 와 같은 경우로 나타내는 유전자가 같은 종류일 때를 의미한다.
⑤ 대립 형질 : 완두의 콩 색깔처럼 하나의 특성에 대해 황색 - 녹색 처럼 뚜렷하게 구분되는 형질

03 멘델이 유전 법칙을 발견하는 과정에서 완두를 실험 재료로 삼은 멘델의 선택이 바로 실험을 성공시킬 수 있었던 가장 큰 요인이라고 후대 과학자들은 평가한다. 완두가 멘델 실험에 적합했던 이유는 무엇인가?

① 염색체의 수가 많다.
② 대립 형질이 뚜렷하다.
③ 한 세대가 길이가 길다.
④ 돌연변이가 많이 일어난다.
⑤ 재배하기 쉽고 자손의 수가 적다.

04 멘델이 유전 법칙을 설명하기 위해 가설을 설정하였다면 어떤 가설을 세울 수 있는지 <보기>에서 있는 대로 고르시오.

> **보기**
>
> ㄱ. 하나의 형질을 결정하는 유전 인자는 2개이다.
> ㄴ. 부모의 유전 인자의 합은 자손의 유전 인자이다.
> ㄷ. 서로 다른 유전 인자가 쌍을 이루면 한쪽의 인자만 표현된다.

멘델의 유전 법칙

05 다음은 멘델이 한쌍의 대립 형질을 가진 잡종 완두를 자가 수분시켜 자손을 얻은 결과를 표로 나타낸 것이다.

특성	형질에 따른 수(개)			
	형질	개수	형질	개수
씨의 색깔	황색	1811	녹색	580
씨의 모양	둥근 것	2009	주름진 것	650
콩깍지의 모양	매끈한 것	311	잘록한 것	102
꽃의 색깔	보라색	340	흰색	110
줄기의 키	큰 것	24	작은 것	8

위 표를 근거로 설명한 것 중 옳지 않은 것은?

① 완두의 씨 색깔은 두 가지 종류이다.
② 줄기의 키는 큰 것이 작은 것보다 우성이다.
③ 완두 씨 모양과 콩깍지의 모양은 서로 영향을 주지 않는다.
④ 위 대립 형질은 우성과 열성 형질이 약 3 : 1 로 분리되어 표현된다.
⑤ 보라색 꽃 완두가 흰색 꽃 완두보다 환경에 대한 적응력이 뛰어나다.

06 순종인 둥근 완두(RR)와 주름진 완두(rr)를 교배시켜 잡종 제 1 대에서는 둥근 완두가 나왔고 다시 잡종 제 1 대를 자가 수분시켜 잡종 제 2 대의 완두를 총 240개 얻었다. 이 중 순종의 둥근 완두는 이론적으로 몇 개인가? (단, 돌연변이는 일어나지 않는다.)

07 황색(Y)과 녹색(y)의 완두를 교배하여 F_1 에서 표현형의 비가 황색 : 녹색 = 1 : 1 로 나왔다면 이때, 어버이(P) 각각의 유전자형은? (단, 황색 순종(우성) : YY, 황색 잡종 : Yy, 녹색 순종(열성) : yy로 표시한다.)

08 다음 중 우열의 법칙을 바르게 표현한 것은?

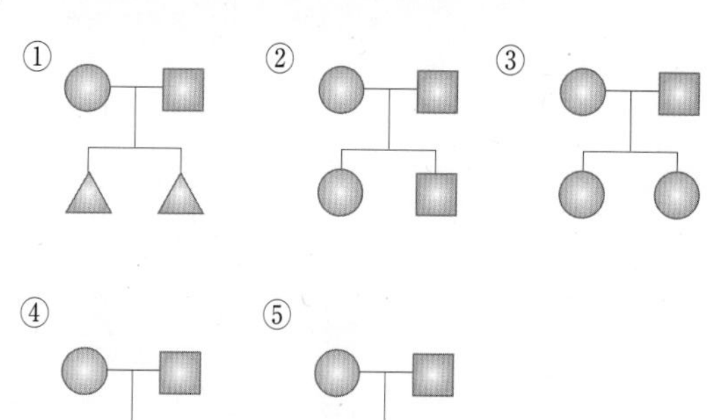

09~10 다음은 어느 생물의 대립되는 형질을 가진 순종을 교배한 결과이다. Y 는 y 에 대하여 우성이고, 멘델 법칙에 따라 유전한다.

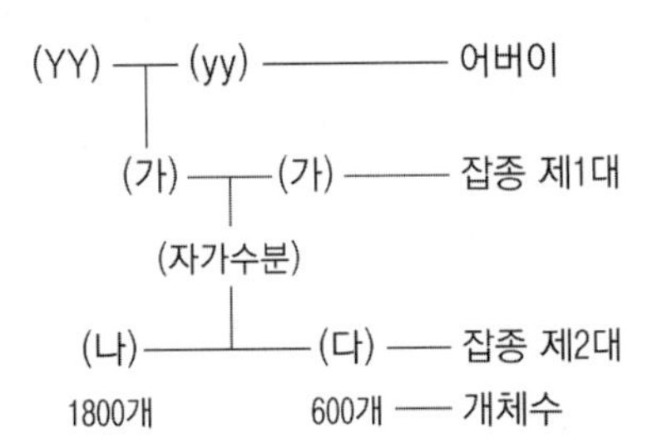

09 위 실험에 대한 설명으로 옳게 설명한 것만을 있는 대로 고르시오.

① (나) 와 (다)는 모두 잡종이다.
② (가) 표현형와 유전자형을 비교하면 유전자의 우열을 알 수 있다.
③ (나)의 완두는 모두 유전자형이 동일하다.
④ (가)와 (다)를 교배하면 황색과 녹색 완두의 비가 3 : 1 로 나타난다.
⑤ (나)와 (다)가 약 3 : 1 비율로 나오는 것은 멘델의 분리의 법칙을 따르기 때문이다.

10 위 그림의 잡종 제 2대에서 (가)와 같은 유전자형을 가지고, (나)와 같은 표현형을 갖는 개체는 이론상 몇 개인가?

11~14 다음은 멘델의 양성 잡종에 대한 실험 결과이다.

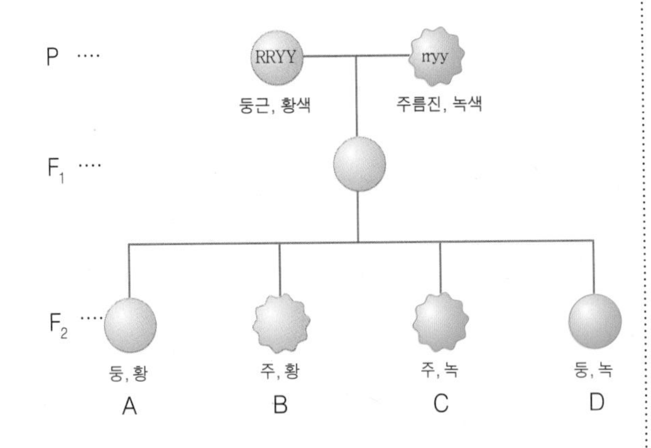

11 잡종 제 1대 (F_1)의 유전자가 염색체 위에 존재하는 모습으로 옳은 것은?

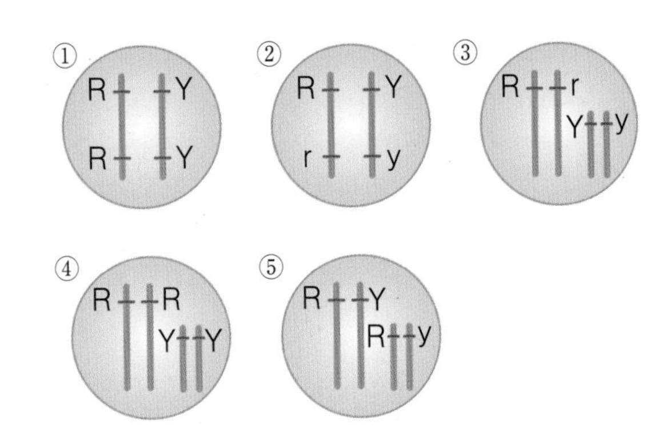

12 F_1 의 자가 수분 결과 생긴 F_2 에서 A : B : C : D 의 표현형의 분리비는?

13 위와 같이 두 가지 형질이 동시에 유전될 때 씨 모양과 씨 색깔의 특성을 결정하는 유전자가 서로 영향을 미치지 않고 독립적으로 유전되는 현상을 멘델의 법칙 중 무엇이라 하는가?

14 위 실험의 잡종 제 2대에서 25%의 확률로 나타날 가능성이 있는 것만을 <보기>에서 있는 대로 고르시오.

보기
ㄱ. 순종이 나타날 확률 ㄴ. 둥근 완두가 나타날 확률 ㄷ. 씨 색과 모양 모두 열성 유전자가 표현될 확률 ㄹ. 잡종 제 1 대와 유전자형이 같은 것이 나타날 확률

멘델의 유전 법칙의 예외(다양한 유전 현상)

15~18 붉은 분꽃과 흰 분꽃을 교배하였더니 잡종 제 1대에서 분홍 분꽃이 나타났다.

정답 및 해설 34쪽

15 **잡종 제 1 대에서 분홍 분꽃이 나타난 이유는?**

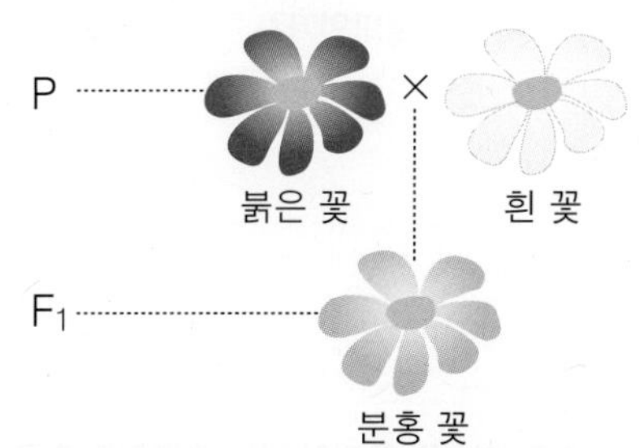

① 분홍 분꽃은 우성, 붉은 꽃과 흰꽃은 열성이라서
② 분꽃의 꽃 색이 유전자와 환경의 영향을 동시에 받기 때문에
③ 분꽃의 꽃 색을 결정하는 유전자는 복대립으로 세 가지 종류라서
④ 분꽃의 꽃 색이 유전자의 지배를 받지 않고 환경의 지배를 받기 때문에
⑤ 분꽃의 꽃 색을 결정하는 대립 유전자 사이의 우열 관계가 불완전하기 때문에

16 **잡종 제 1 대에서는 모두 분홍 꽃만 나왔다. 이것은 멘델의 법칙 중 어느 것에 어긋나는가?**

17 **자손에게서 분홍과 흰색 꽃만 얻고 싶을 때 부모의 유전자형을 어떻게 조합하면 되는가? (단, 붉은색 유전 인자는 R, 흰색 유전 인자는 W 로 나타낸다.)**

18 **붉은색(RR)의 분꽃과 흰색(WW)의 분꽃을 교배하여 얻은 잡종 제 1 대의 분홍색(RW) 종자를 자가 수분시켜 잡종 제 2 대를 얻었다. 잡종 제 2 대에서 어버이(P)와 같은 형질이 나올 확률은 몇 % 인가? (단, 돌연변이는 일어나지 않는다.)**

사람의 유전

19 **사람의 유전 현상을 연구하는 방법은 어렵다. 그 이유에 해당되지 않는 것은?**

① 한 세대가 길다.
② 대립 형질이 뚜렷하다.
③ 환경의 영향을 많이 받는다.
④ 교배가 자유롭게 이뤄질 수 없다.
⑤ 자손의 수가 적어 통계 처리가 어렵다.

20 **다음 중 사람의 특정 유전 형질이 환경의 영향인지 유전자의 영향인지를 알아보는 방법으로 가장 좋은 것은?**

① 가계도 조사 ② 통계 조사
③ 쌍생아 조사 ④ 염색체 모양 분석
⑤ 유전자 검사

21 **다음은 어느 집안의 미맹 가계도이다. A와 그 남편 사이에서 태어나는 아이가 미맹이 될 확률은 몇 % 인가?**

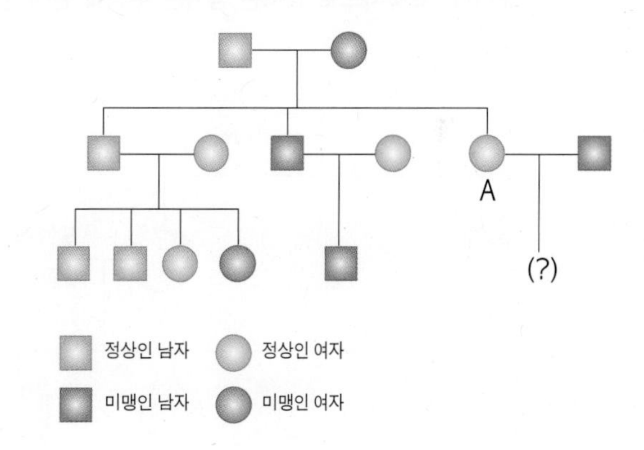

22 **다음은 혀말기 유전 가계도를 나타낸 것이다.**

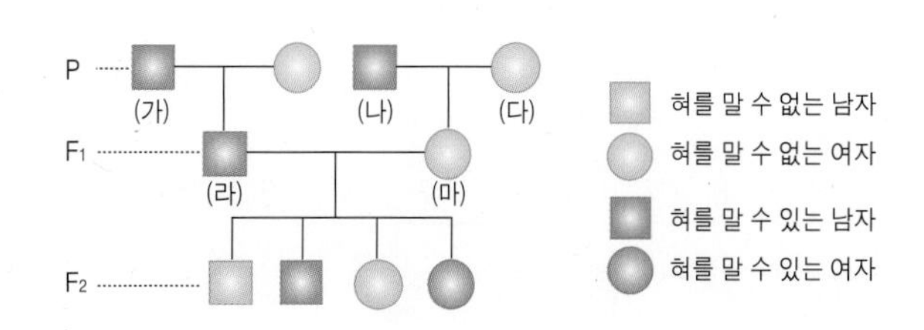

위 가계도에서 유전자형이 반드시 Rr 인 사람을 (가) ~ (마)에서 찾으시오. (단, R은 혀말기 가능한 유전자이다.)

23 혈액형이 A형인 아버지와 AB형인 어머니 사이에서 태어난 B형 자녀가 있다. 이 자녀의 혈액형 유전자는 상동 염색체에 어떻게 배열되어 있을까?

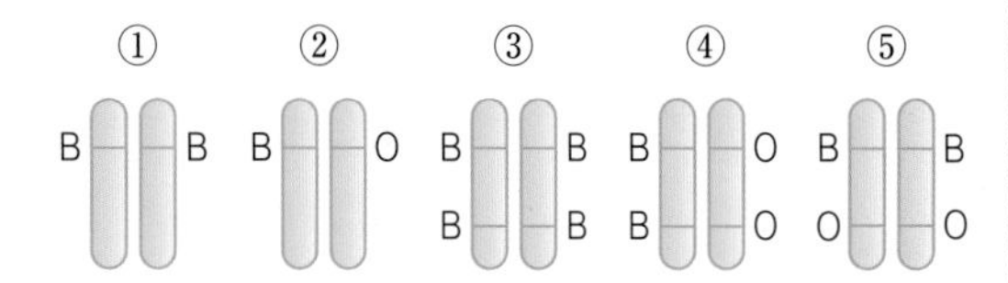

24 다음 그림은 사람에게 유전되는 어떤 형질에 대한 가계도이다. 초록색으로 표시된 형질은 우성과 열성 중 무엇인가?

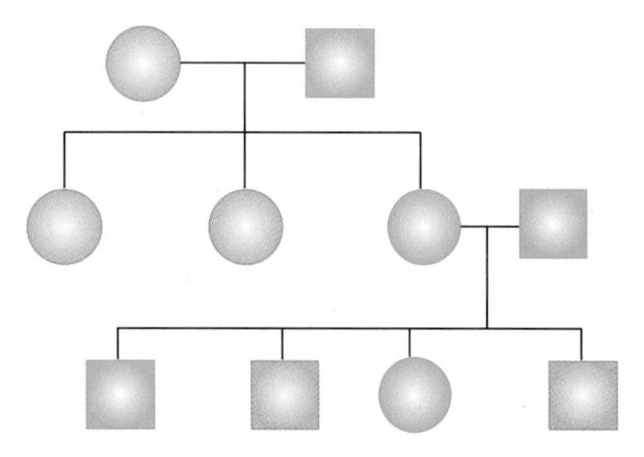

25~26 다음 그림은 어떤 가계의 적록 색맹을 조사한 것이다. 물음에 답하시오.

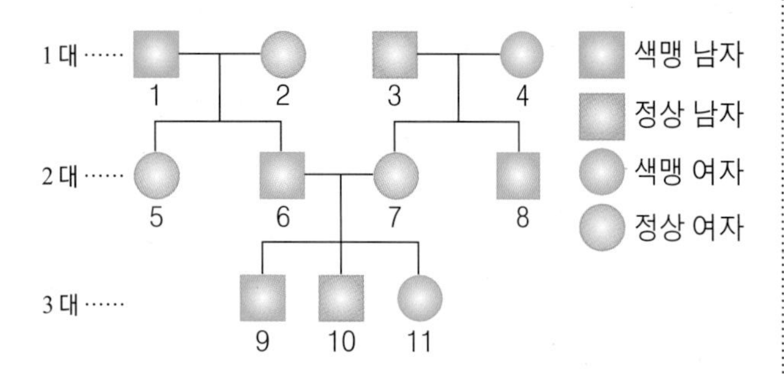

25 3 대의 9번이 가지는 색맹 유전자는 1대의 누구로부터 물려받은 것인가?

26 3 대의 11번의 여동생이 태어날 경우, 여자 동생이 색맹이 될 확률은 얼마인가?

27 색맹과 혈우병 유전이 갖는 공통점으로 옳지 <u>않은</u> 것은?

① 반성 유전을 한다.
② 남자에게 더 많이 나타난다.
③ 색맹과 혈우병은 열성 유전자이다.
④ 형질을 결정하는 유전자가 X 염색체 위에 있다.
⑤ 여성이 보인자인 경우 혈우병은 나타나지 않고 색맹은 나타난다.

사람의 유전 질환

28 다음 그림은 어떤 사람의 염색체를 나타낸 것이다.

이 사람에 생긴 변이에 대한 설명으로 옳은 것은?

① 이 사람의 염색체 수는 45개이다.
② 성염색체에 이상이 생긴 변이이다.
③ 이 변이는 남성에게서 높은 빈도로 나타난다.
④ 다운 증후군인 남자이면서 45 + XY를 갖는다.
⑤ 위와 같은 염색체 구성을 터너 증후군이라고 한다.

개념 심화 문제

정답 및 해설 36쪽

01

다음 그림은 멘델의 양성 잡종 실험을 나타낸 것이다. (단, 둥근 유전자는 R, 주름진 유전자는 r, 황색 유전자는 Y, 녹색 유전자는 y 로 표시한다.)

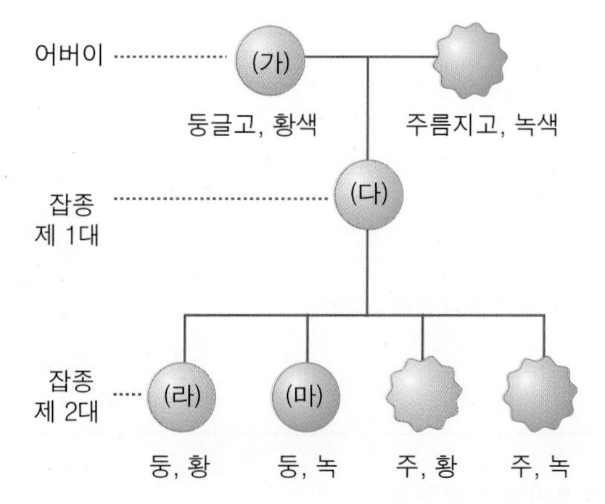

(1) 다음은 잡종 제 1 대의 자가 수분을 나타낸 것이다. 어떤 경우에 이와 같이 자가 수분을 하는지 쓰시오.

(2) F_1 을 자가 수분시켜 얻은 F_2 에서 나오는 유전자형은 모두 몇 종류인가?

(3) 잡종 제 2 대에는 (가)와 같은 유전자형이 몇 개가 나오는가?

(4) (마)와 주름지고 녹색인 완두와 교배시켰더니 둥글고 녹색인 완두와 주름지고 녹색인 완두가 1 : 1의 비율로 나타났다. (마)의 유전자형은 무엇이며, 전체 F_2 중에 이 유전자형이 나타날 확률은 얼마인가?

(5) 잡종 제 1 대에서 (다)의 유전자형은 무엇이며, 이에 해당하는 멘델의 법칙을 쓰시오.

(6) 잡종 제 2 대에서 나타나는 씨 모양과 색깔의 비율을 근거로 한 멘델의 법칙을 가장 잘 나타낸 것은?

① 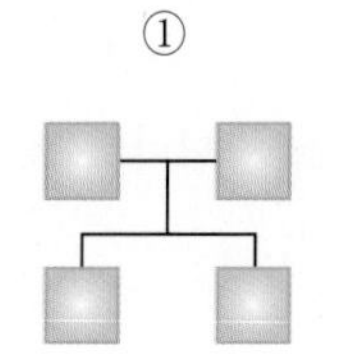
② 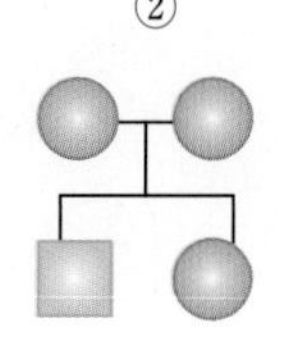
③ 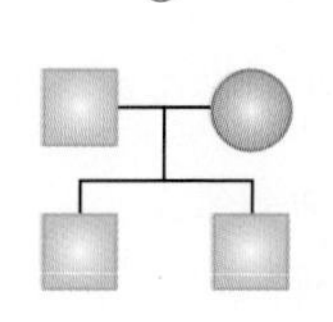
④ 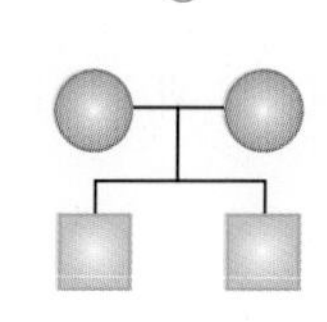
⑤ 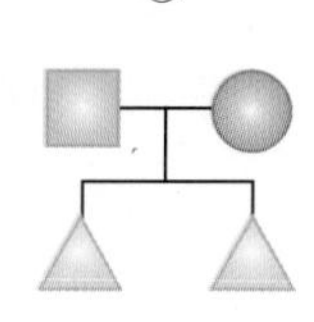

02 다음은 어떤 식물의 교배 실험을 나타낸 것이다.

[실험 과정]
순종의 붉은색 꽃과 황색 씨를 갖는 개체와 순종의 흰색 꽃과 녹색 씨를 갖는 개체를 교배하여 F_1 을 얻었다.

[실험 결과]
이 F_1 을 자가 수분시켰더니 F_2 가 오른쪽 표와 같이 나타났다.

F_2 의 표현형	개체수
붉은 꽃 황색 씨	153
분홍 꽃 황색 씨	302
흰 꽃 황색 씨	149
붉은 꽃 녹색 씨	51
분홍 꽃 녹색 씨	100
흰 꽃 녹색 씨	52

위 실험 결과를 보고 설명한 유전 원리 중 옳은 것은?

① 씨의 색깔 유전은 불완전 유전이다.
② 꽃잎의 색깔을 나타내는 유전자는 우열 관계가 뚜렷하다.
③ 꽃의 색과 씨의 색을 나타내는 유전자는 서로 연관되어 있지 않다.
④ 꽃잎의 색깔 유전은 모계 유전이고 씨의 색깔 유전은 우열의 법칙이 성립한다.
⑤ 꽃잎의 색깔 유전은 복대립 유전이고 씨의 색깔 유전은 우열의 법칙이 성립한다.

03 다음은 유전자형을 알지 못하는 갈색 쥐와 흰색 쥐를 교배하여 얻은 결과를 나타낸 것이다.

비교	부모		자손(개체수)		비교	부모		자손(개체수)	
	♂	♀	갈색	흰색		♂	♀	갈색	흰색
Ⅰ	갈색	흰색	82	78	Ⅲ	흰색	흰색	0	50
Ⅱ	갈색	갈색	121	39	Ⅳ	갈색	흰색	74	0

(1) 표를 분석하여 갈색과 흰색의 털 색깔 우열 관계를 서술하시오.

(2) 털 색깔을 결정하는 유전자는 성염색체 위에 있는가? 상염색체 위에 있는가? 만약 실험 결과로 알 수 없다면 어떤 실험이 추가적으로 필요할까?

(3) 만일 교배 Ⅱ 의 갈색 ♀ 과 교배 Ⅳ 의 갈색 ♂ 을 교배시킨다면 그 자손의 털 색깔은 어떤 비율로 나타나겠는가?

① 모두 갈색　② 모두 흰색　③ 갈색 : 흰색 = 3 : 1
④ 갈색 : 흰색 = 1 : 3　⑤ 갈색 : 흰색 = 1 : 1

정답 및 해설 36쪽

04

다음은 어느 집안의 ABO식 혈액형과 색맹의 가계도이다. (단, 색맹 유전자는 성염색체인 X 염색체에 존재하며 열성이다.)

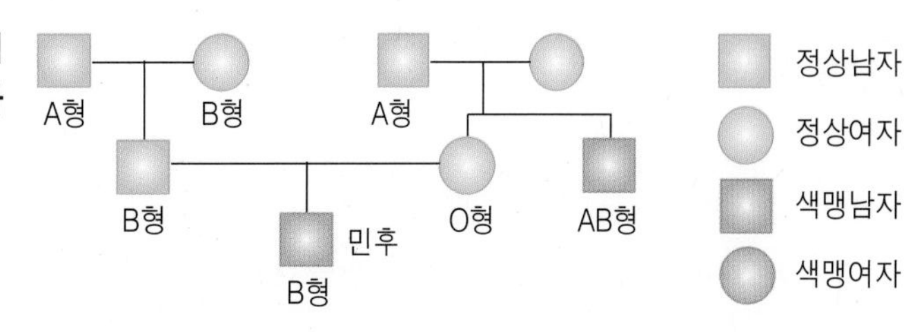

(1) 민후 외할머니의 유전자형으로 올바른 것은?

① BOXX　② BOXX′　③ OOXX　④ ABXX′　⑤ ABXX

(2) 민후가 어머니와 같은 유전자형을 가진 여자와 결혼할 경우 그 자녀 중에서 O형이고 색맹인 사람이 나올 확률은?

① 25%　② 50%　③ 75%　④ 80%　⑤ 0%

05

쌍생아 삼형제가 태어났는데, 그 중 둘은 일란성 쌍생아이다. 이들 세 쌍생아(산, 강, 들)는 헤어져 20년 간 다른 환경에서 자랐다. 다음 표는 이들의 친부모와 이들의 여러 형질을 조사한 결과이다.

형질	부모		산	강	들
	아버지	어머니			
키(cm)	173	161	180	173	172
몸무게(kg)	69	53	71	64	65
지능 지수	118	121	129	127	119
혈액형	A형	B형	O형	B형	O형
손잡이	오른손	오른손	왼손	오른손	오른손

이 조사 결과를 분석하여 내린 결론으로 옳은 것만을 〈보기〉에서 있는 대로 고르시오.

보기

ㄱ. 산이와 들이는 일란성 쌍생아이다.
ㄴ. 들이는 어머니의 유전 형질을 더 많이 물려받았다.
ㄷ. 지능 지수는 환경보다 유전의 영향을 더 많이 받는다.
ㄹ. 아버지 혈액형의 유전자형은 AO이고, 어머니는 BO이다.

개념 돋보기

봄베이 O형

엄마와 아빠가 모두 O형이면 아기도 O형이어야 하나 예외적으로 O형 부모 사이에서도 A형이나 B형 자녀가 태어날 수 있다. 이런 경우 부모의 어느 한쪽 혈액형이 '봄베이(Bombay) O형'인 경우다. 그리고 부모가 모두 봄베이 O형이라면 AB형 아기도 가능하다. 봄베이 O형은 처음 발견된 인도의 봄베이 지역을 따서 이름을 붙였다. 봄베이 O형은 분명히 A형 또는 B형 '유전자'를 가지고 있지만 적혈구에는 A형 또는 B형 '항원'이 없는 경우다. 그래서 어떤 응집소와도 엉기지 않는다. 따라서 유전자형은 A 또는 B형이지만 표현형은 O형이 되는 것이다.

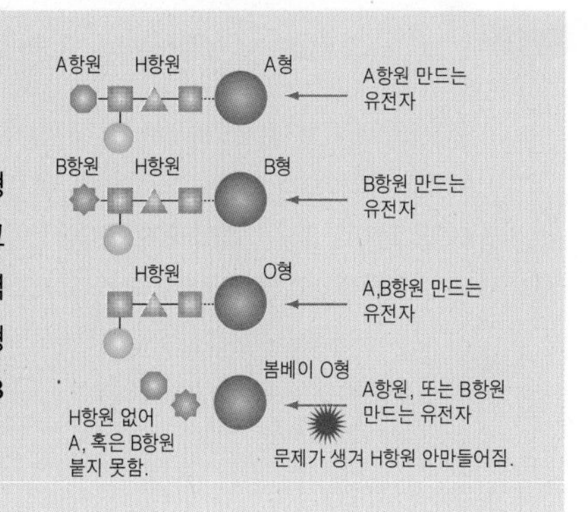

개념 심화 문제

06 그림은 어떤 유전병에 대한 가계도를 나타낸 것이다.

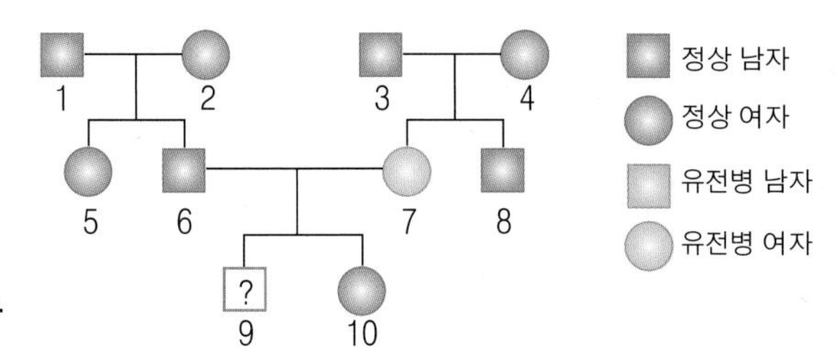

이 가계도에 대한 해석으로 옳은 것만을 <보기>에서 있는 대로 고르시오.

보기

ㄱ. 정상이 우성, 유전병이 열성이다.
ㄴ. 9번 남자가 유전병일 확률은 100% 이다.
ㄷ. 이 유전병 유전자는 성염색체에 존재한다.
ㄹ. 3번 남자는 유전병 유전자를 가지고 있지 않다.
ㅁ. 10번 여자가 유전병 유전자를 가질 확률은 100% 이다.
ㅂ. 6번과 7번의 자식이 한 명 더 태어난다면 유전병일 확률은 50% 이다.

07 그림은 어느 집안의 구루병 유전에 대한 가계도이다.

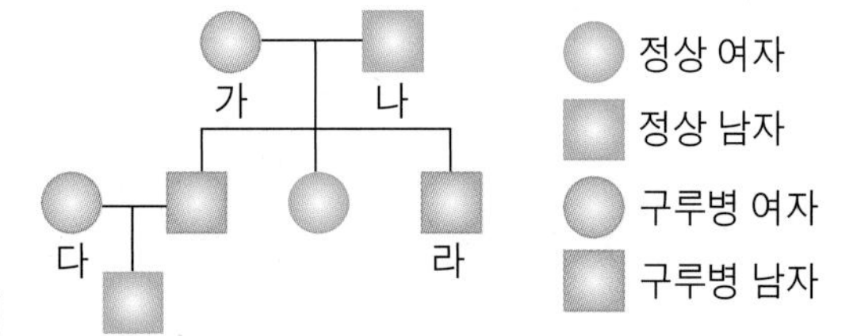

(1) 구루병 유전자는 정상에 비해 우성인가? 열성인가?

(2) 구루병은 성염색체 위에 존재한다. 이때, X 와 Y 중 어느 염색체 위에 존재하는가?

(3) 위 가계도에 대한 설명으로 옳은 것만을 <보기>에서 있는 대로 고르시오.

보기

ㄱ. (다)의 구루병 유전자형은 순종이다.
ㄴ. (라)의 구루병 유전자는 어머니로부터 전해진 것이다.
ㄷ. (가)와 (나) 사이에서 구루병인 자녀가 태어날 확률은 50% 이다.
ㄹ. (라)가 정상인 여자와 결혼하여 태어난 딸은 모두 구루병이고, 아들은 모두 정상이다.

개념 돋보기

구루병 – 성염색체 유전 질환

구루병은 비타민 D 결핍으로 인해 골격의 변화를 초래하는 병이다. 다리가 굽어 O자형이 된다.

- 원인 : 비타민 D의 결핍 원인으로 음식 섭취 부족과 햇빛(자외선) 부족 등이 있다.
- 예방 및 치료 : 대기 ·일광의 흡수, 적절한 영양 보급이 이상적이다. 이 병은 열대 지방에서는 별로 볼 수 없는데, 그것은 연중 태양을 많이 쬐어 자외선의 영향으로 피부 속에서 비타민 D가 합성되기 때문이다. 북극 지방에서도 발병률이 적은데, 그것은 생선을 많이 먹음으로써 비타민 D가 풍부하기 때문이다. 비타민 D가 많은 계란이나 우유가 어린이의 주식이 되고 있는 유럽에서도 드문 병이다.

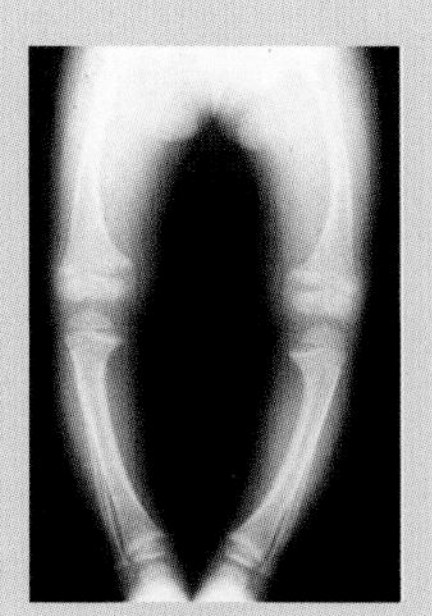
< O자형 다리 >

08 다음 그림은 미맹 유전의 가계도이다. (단, 정상 유전자를 T, 미맹 유전자를 t 로 한다.)

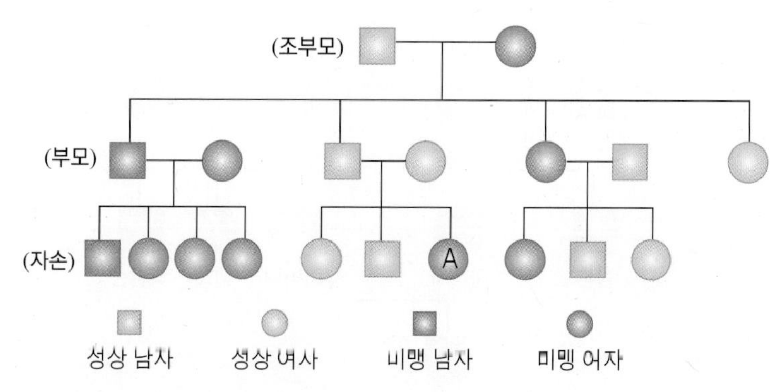

(1) A 는 부모가 미맹이 아니었음에도 불구하고 미맹으로 나타났다. 그 이유를 가계도에 제시된 친척 관계를 토대로 하여 설명하시오.

(2) 이 가계도에서 유전자형이 Tt 임이 확실한 사람은 모두 몇 명인가?

09 무한이는 검은색 기니피그 한 쌍을 기르고 있다. 이 기니피그 한 쌍이 순종이라고 알고 있었으나 둘 사이 태어난 새끼 중에는 흰색인 것도 섞여 있었다. 그래서 무한이는 흰색 털이 우성인지 열성인지 알아보고자 한다. 기니피그의 털 색깔은 한 쌍의 유전자에 의해 결정되고 멘델의 유전 법칙을 따른다고 가정할 때, 무한이의 고민에 대한 잠정적인 가설과 그 가설에 따른 예측이 가장 타당하게 이어진 것은?

	가설	예측	
		교배	결과
①	흰색 털은 불완전 우성이다.	흰색 × 검은색	모두 회색
②	흰색 털은 우성이다.	흰색 × 흰색	모두 흰색
③	흰색 털은 열성이다.	흰색 × 검은색	모두 검은색
④	흰색 털은 우성이다.	검은색 × 검은색	흰색 : 검은색 = 1 : 1
⑤	흰색 털은 열성이다.	흰색 × 흰색	모두 흰색

10 다음 그림은 한 쌍의 대립 유전자에 의하여 유전이 되는 다지증에 대한 가계도를 나타낸 것이다.

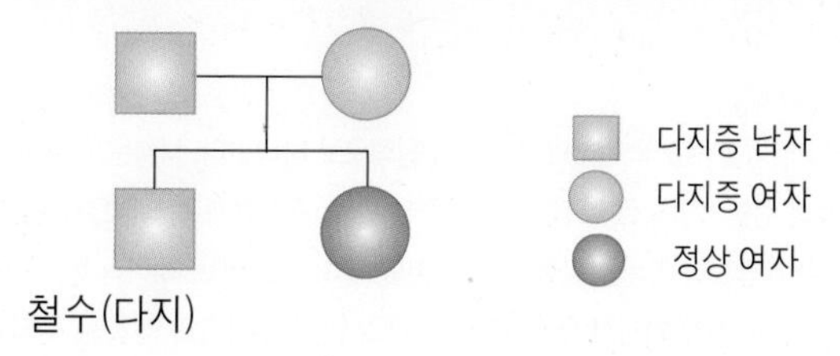

철수 동생이 태어날 경우 다지증일 확률은?

① 100 % ② 75 % ③ 50 % ④ 25 % ⑤ 0 %

11 다음은 어느 집안의 색맹 가계도를 나타낸 것이다.

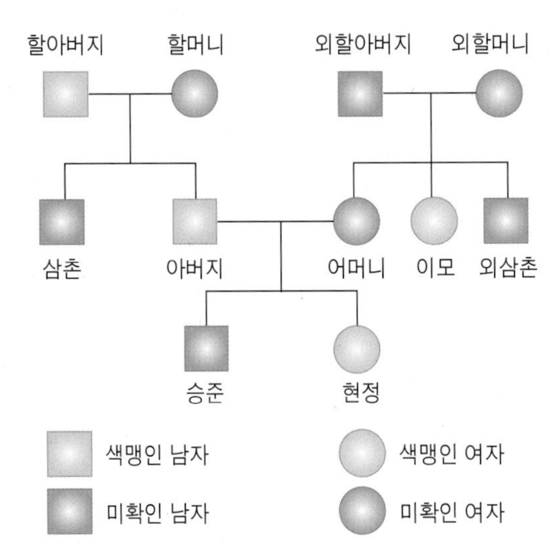

(1) 다음 중 색맹 검사를 해 보지 않아도 색맹임을 알 수 있는 사람은?

① 할머니 ② 외할아버지 ③ 외할머니 ④ 삼촌 ⑤ 승준

(2) 어머니가 색맹이 아닐 경우 아들인 승준이가 색맹일 확률은 몇 % 인가?

(3) 색맹 유전자에서 아버지가 정상이고, 어머니가 보인자일 때 자녀들에 대한 유전 현상으로 바른 것은?

① 딸은 모두 색맹이다.
② 아들은 모두 색맹이다.
③ 아들과 딸 모두 정상이다.
④ 딸이 정상이 될 확률은 25% 이다.
⑤ 아들 중 색맹이 나타날 확률은 50% 이다.

개념 돋보기

색맹

색맹은 색을 식별하는 능력이 없거나 부족할 때를 의미하며 대부분 선천적으로 나타난다. 색맹은 전색맹과 부분 색맹으로 대별되며, 부분 색맹은 적록 색맹과 청황 색맹으로 나뉘고 또한 적록 색맹은 적색맹과 녹색맹으로 세분된다. 색을 식별하는 능력이 없거나 부족한 정도가 색맹보다 가벼울 때에는 색약(色弱 ; color amblyopia)이라 한다. 가장 흔한 색맹은 적록 색맹이다. 성염색체 중에서 X 염색체에 의해서 유전되며, 우리나라 인구 중 남자의 약 6 %, 여자의 약 0.5 %가 색각 이상이라고 보고되었다. 이 중 색을 전혀 구별할 수 없는 전색맹자는 0.003% 정도이다. 대부분의 색각 이상은 색각 검사를 통하여 발견되기 전에는 스스로 느끼지 못하는 경우가 대부분이며, 대부분 큰 불편 없이 사회 생활이 가능하다.

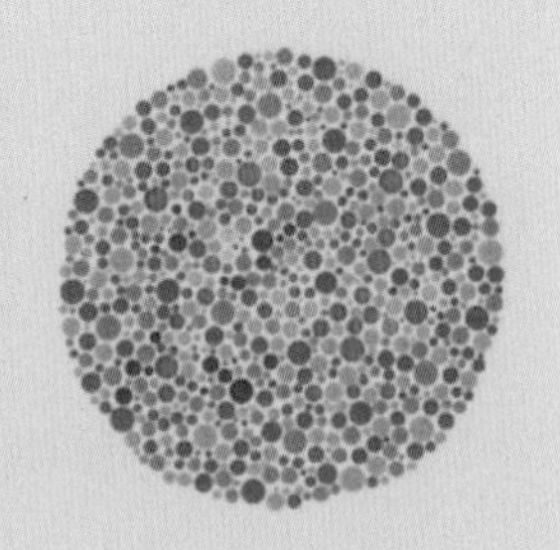

정답 및 해설 36쪽

12 다음 가계도는 반성유전 현상에서 색맹과 혈우병에 대한 형질을 나타낸 것이다. A의 성 염색체 유전자 배열을 바르게 나타낸 것은? (단, 색맹 유전자 b (정상 B), 혈우병 유전자 h (정상 H), 교차는 일어나지 않는다.)

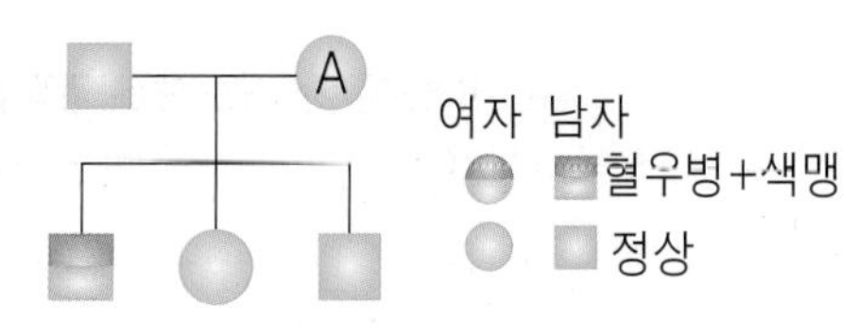

① 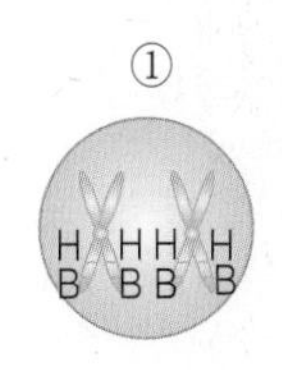

② 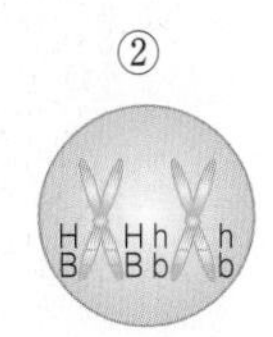

③ 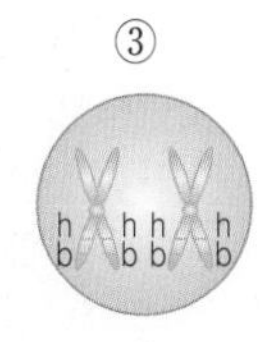

④ 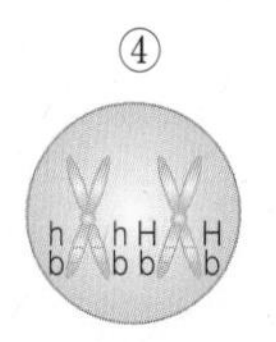

⑤ 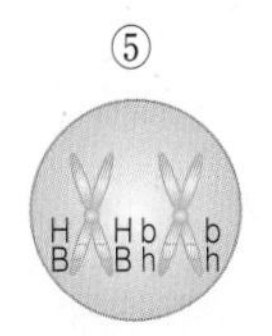

13 정상 여자와 정상 남자 사이에서 태어난 사람 A 는 적록 색맹이 나타나며, $2n = 44 + X'XY$ 핵형을 가진다. A 와 A의 어머니에 대한 설명으로 옳은 것만을 〈보기〉에서 있는 대로 고른 것은? (단, 염색체 수 돌연변이는 1 회 일어났으며, 다른 돌연변이는 일어나지 않았다.)

보기

ㄱ. A의 어머니는 적록색맹 보인자이다.
ㄴ. A는 클라인펠터 증후군을 나타낸다.
ㄷ. 제 1 감수 분열에서 성염색체가 비분리된 난자가 정상인 정자와 수정되어 A가 태어났다.

14 다음 표는 근친결혼 유무에 따른 자녀의 사망률과 유산율을 비교한 것이다.

	근친결혼의 경우	근친결혼이 아닌 경우
모체 내 사망률(사생아)	0.111 %	0.044 %
유아기의 사망률	0.156 %	0.089 %
소년기의 사망률	0.229 %	0.160 %
유산율	0.145 %	0.129 %

위 자료를 해석하여 알 수 있는 근친결혼의 특성으로 옳은 것만을 〈보기〉에서 있는 대로 고르시오.

보기

ㄱ. 자녀가 태어나기 전과 태어난 후의 사망률이 모두 높아진다.
ㄴ. 생존에 불리한 열성 유전자형을 가지는 아이가 형성될 확률이 높아진다.
ㄷ. 모체 내에서 정상적으로 발생하지만 성장 과정에서 열성 형질이 나타난다.
ㄹ. 불리한 형질이 태아의 발생 초기에 나타나지만 성장 과정에서는 나타나지 않는다.

개념 돋보기

근친결혼의 문제점

같은 조상의 근친이 결혼을 하게 될 경우 열성 유전자가 동형 접합으로 만날 가능성이 매우 높아져 열성 유전 질환이 급격하게 늘어날 수 있다. 역사적으로 유럽 최대의 왕실 가문이었던 합스부르크가의 몰락은 근친결혼으로 인한 유전 질환을 원인으로 꼽고 있다. 마지막 왕인 카를로스 2세의 아버지와 어머니는 펠리페 4세와 마리아나로 사실상 삼촌-조카 사이였다. 근친혼의 결과로 태어난 카를로스 2세는 병이 잦았고, 장애에 정신 지체였으며, 자녀를 갖지 못했다. 카를로스 2세는 또 키가 작고, 몸에 비해 머리가 컸으며, 구루병, 내장 질환, 혈뇨 등으로 고생했다.

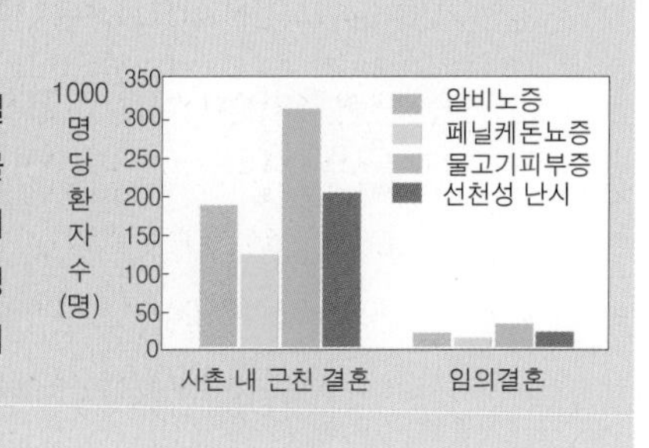

15 다음 그림은 어떤 형질에 대해 순종인 개체를 교배하여 얻은 잡종 제 1 대의 유전자 조합을 나타낸 것이다. 이들을 각각 자가 교배시키면 F_2에서 나타나는 표현형의 분리비는? (A_B_ : A_bb : aaB_ : aabb) (단, 생식 세포 형성 시 교차는 없다.)

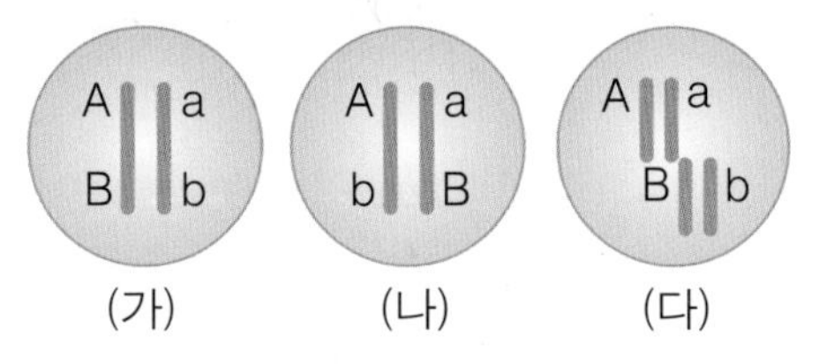

① (가) × (가) → 1 : 1 : 1 : 1
② (나) × (나) → 9 : 3 : 3 : 1
③ (다) × (다) → 1 : 0 : 0 : 1
④ (가) × (가) → 1 : 0 : 0 : 1
⑤ (나) × (나) → 2 : 1 : 1 : 0

16 다음은 감수 분열을 통해 연관되어 있지 않은 유전자와 연관되어 있는 유전자가 생식 세포로 전달되는 과정을 비교한 것이다.

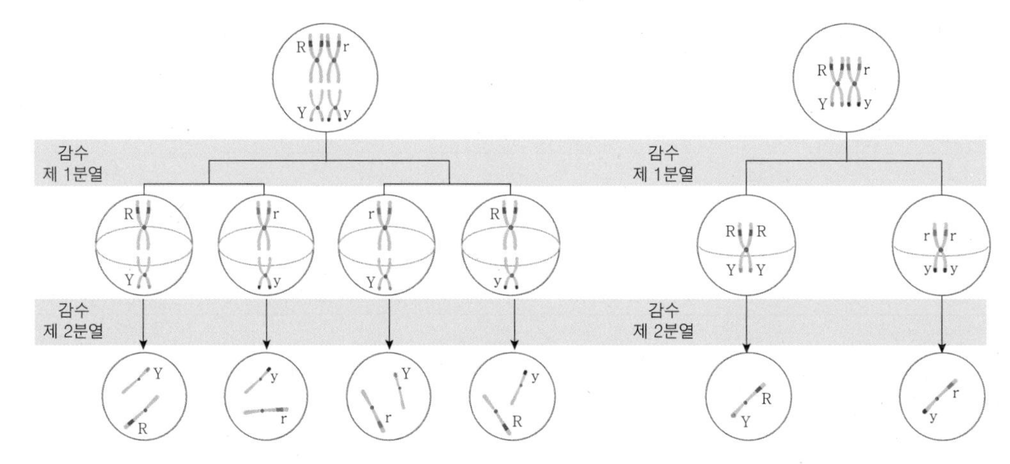

(1) 연관된 유전자 R과 Y는 생식세포가 형성될 때 어떻게 이동하는가?

(2) 연관되지 않을 경우(㉠)와 연관된 경우(㉡), 각각 형성하는 생식 세포는 몇 종류인가?

(3) 연관된 경우 멘델의 유전 연구 내용 중 어떤 것에 위배되는가?

① 우열의 법칙
② 독립의 법칙
③ 분리의 법칙
④ 한 쌍의 대립 유전자는 생식세포로 각각 분리되어 들어간다.
⑤ 한 가지 특징을 결정하는 유전자는 한 쌍의 대립 유전인자로 존재한다.

17 유전자형이 AaBbDd 이며, 염색체 상의 유전자 배열과 조건이 아래와 같다. 감수 분열의 결과 생길 수 있는 생식 세포의 종류가 4가지인 것(㉠)과 2가지인 것(㉡)을 각각 고르시오.

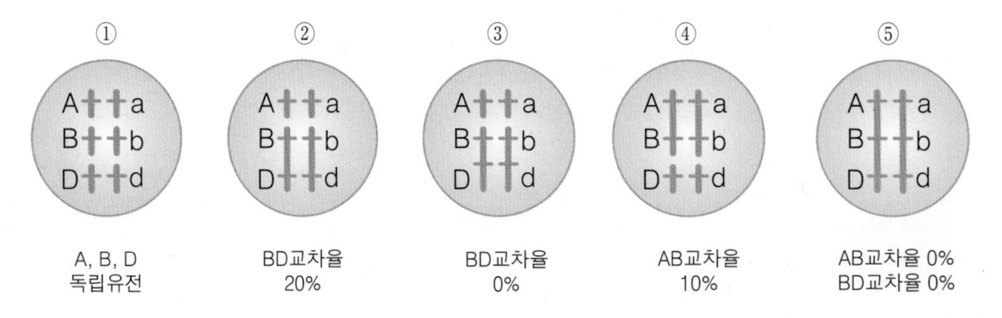

18

다음 표는 어떤 초파리의 연관된 우성 유전자(A, B, C, D) 중 일부가 결실된 돌연변이 4 종(Ⅰ~ Ⅳ)에서 열성 유전자(a, b, c, d)의 발현 여부를 나타낸 것이다. (우성 유전자가 결실될 경우 대립되는 열성 유전자가 발현된다.)

구분	a	b	c	d
돌연변이 Ⅰ	+	+	-	-
돌연변이 Ⅱ	+	-	+	+
돌연변이 Ⅲ	+	-	+	-
돌연변이 Ⅳ	-	-	-	+

+ : 열성 형질이 표현됨
- : 열성 형질이 표현되지 않음

연관된 열성 유전자 (a, b, c, d)의 배열 순서로 옳은 것은? (단, A ~ D 는 각각 a ~ d 에 대해 대립 유전자이며, 각 돌연변이 종에서 결실은 한 번만 일어났고 다른 돌연변이는 없다.)

① a - b - c - d ② a - c - d - b ③ b - a - c - d ④ b - c - d - a ⑤ d - a - c - b

19

다음은 베이트슨의 스위트피 교배 실험을 나타낸 것이다.

[실험 과정]

(가) 스위트피 품종에서 꽃이 보라색(B)이고 화분이 긴(L) 순종의 개체와 꽃이 붉은색(b)이고 화분이 둥근(l) 개체를 교배하였다. 그 결과 F_1 에서는 모두 보라색 꽃의 긴 화분을 갖는 개체만 나왔다.

(나) 위에서 얻은 F_1 을 자가 수분시킨 결과 오른쪽 표와 같이 F_2 를 얻었다.

F_2의 형질	F_2 개체 수 (개)	비율
보라색 긴 화분(B_L_)	1528	11
보라색 둥근 화분(B_ll)	103	1
붉은색 긴 화분(bbL_)	117	1
붉은색 둥근 화분(bbll)	381	3

(1) 멘델이 위 실험 결과를 검토하였다면 멘델의 유전 법칙 중 무엇에 어긋난다고 하였을까?

① 한 쌍의 대립 유전자 중 우성 형질만 표현된다.
② 한 쌍의 유전 인자가 생식 세포를 만들 때 나뉘어진다.
③ 잡종 제 1 대를 교배하면 우성과 열성 형질이 3 : 1 로 표현된다.
④ 두 쌍의 유전 인자가 동시에 유전될 때 서로 영향을 주지 않는다.
⑤ 특정 형질을 결정하는 유전자는 한 쌍의 대립 유전자로 존재한다.

(2) 꽃의 색깔과 화분 길이를 결정하는 두 쌍의 유전자는 염색체 상에 어떻게 위치하고 있는가?

(3) 보라색 꽃 둥근 화분과 붉은색 긴 화분의 개체수가 적은 이유는 무엇인가?

(4) 꽃 색깔 유전자와 화분 길이 유전자의 교차율을 구하려면 잡종 제 1 대(BbLl)을 어떤 개체와 교배시키면 되는가?

20 초파리의 세 유전자 A, B, C 는 한 염색체 위에 있으며, 각각 a, b, c 에 대해 완전 우성이다. 다음 표는 이들 유전자의 염색체 지도를 작성하기 위하여 잡종 제 1 대에서 이형 접합체인 개체(AaBbCc)와 열성 동형 접합체인 개체(aabbcc)를 검정 교배한 결과를 정리한 것이다. 이 자료를 근거로 하여 유전자 A 와 C 사이의 교차율을 구한 결과 32 % 로 나타났다.

구분	유전자형	개체수
완전 연관	ABC/abc	343
	abc/abc	337
교차	Abc/abc	102
	aBC/abc	98
	ABc/abc	63
	abC/abc	57
총계		1000

(1) A 와 B의 교차율(㉠), B 와 C 의 교차율(㉡)은 각각 얼마인가?

(2) A, B, C 세 유전자 사이의 염색체 지도를 그려보시오.

21 그림은 정상적인 상동 염색체와 돌연변이가 일어난 상동 염색체를 비교한 것이다. 이와 같은 돌연변이가 일어나는 원인은?

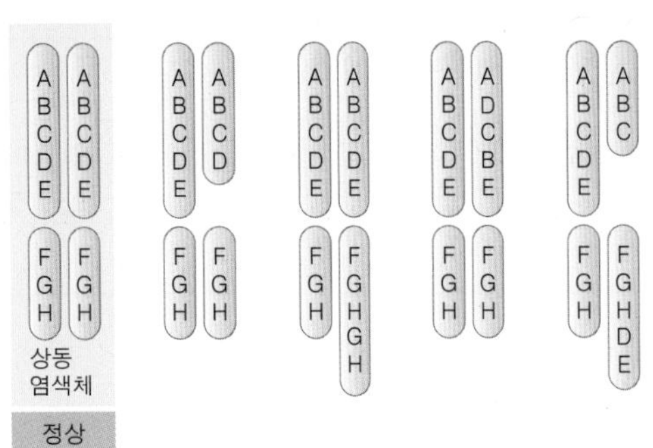

① 유전자 돌연변이
② 염색체 구조 이상
③ 배수성
④ 이수성
⑤ 상동 염색체의 비분리 현상

22 그림 (가)는 유전병 환자의 체세포 염색체 구성을 나타낸 것이고, 그림 (나)는 (가)와 같은 유전 질환을 가진 아이를 낳을 확률을 산모의 나이에 따라 나타낸 것이다. 이 자료에 대한 설명으로 옳은 것은?

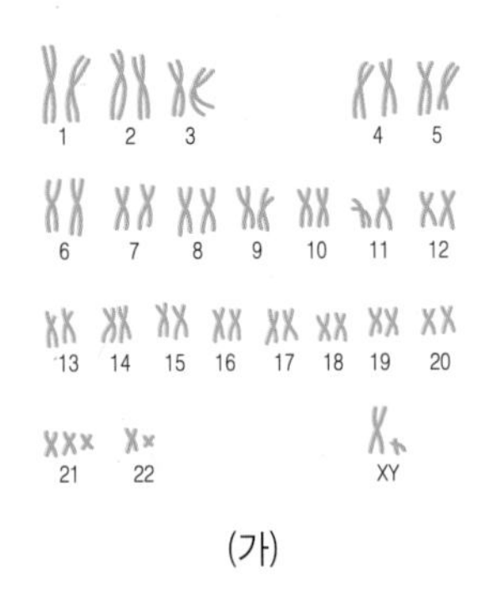

(가)

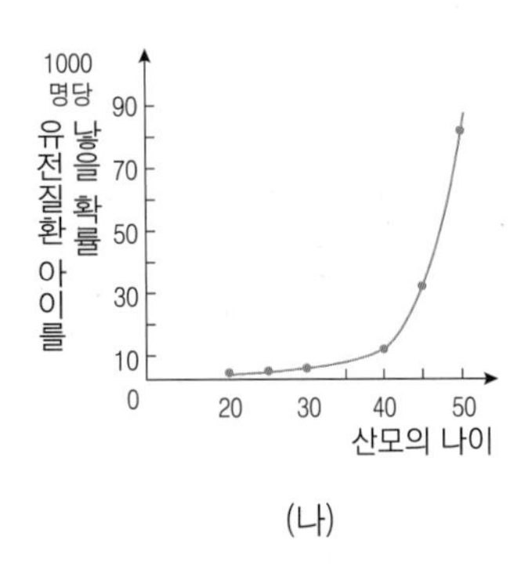

(나)

① (가)의 총 염색체 수는 49개이다.
② (가)의 핵형은 2n = 44 + XXY이다.
③ (가)는 정상적인 염색체 수(n = 23)를 갖는 생식 세포를 만들 수 없다.
④ (가)는 염색체 비분리 현상이 일어난 생식 세포의 수정으로 생길 수 있다.
⑤ 늦게 아이를 낳을수록 (가)와 같은 유전 질환을 가진 아이가 태어날 확률은 줄어든다.

23 그림은 어떤 동물의 제 2 정모 세포가 분열하는 과정을 나타낸 모식도이다. 이 자료와 관련된 설명으로 옳지 않은 것은?

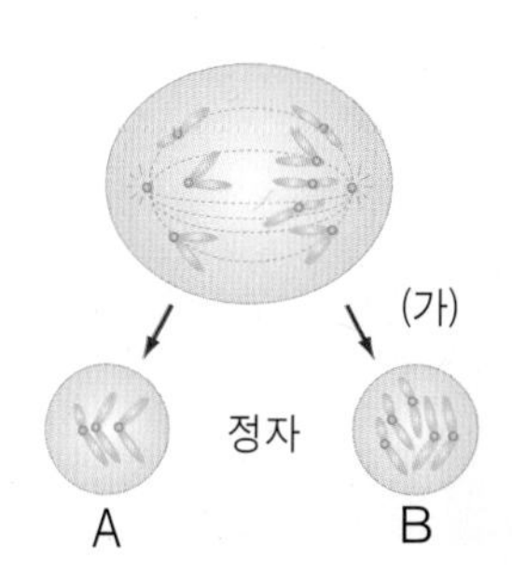

① (가)과정은 감수 제 2 분열이다.
② 이 동물의 체세포의 염색체 수는 8개이다.
③ 정자는 염색체 비분리로 비정상적인 염색체 수를 가진다.
④ 정자 A가 정상적인 난자와 수정이 되면 2배수성의 돌연변이가 될 수 있다.
⑤ 정자 B가 정상적인 난자와 수정이 된다면 수정란의 염색체 수는 2n + 1 이다.

24 다음은 사람의 성염색체 이상으로 생기는 돌연 변이를 설명하기 위해 비정상 정자가 만들어지는 과정을 모식적으로 나타낸 것이다.

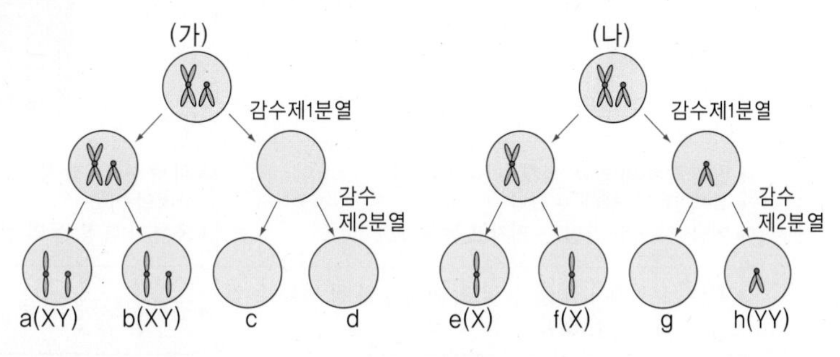

자료에 대한 다음 설명 중 옳지 않은 것은?

① (가)에서는 염색체 비분리 현상이 감수 제 1 분열 때 나타났다.
② (나)에서는 염색체 비분리 현상이 감수 제 2 분열 때 나타났다.
③ a 정자와 정상인 난자가 수정되면 XXY인 다운 증후군 아이가 태어난다.
④ XYY형인 아이가 태어나기 위해서는 감수 제 2 분열에서 염색체 비분리 현상이 나타나야 한다.
⑤ 감수 제 2 분열에서 염색체 비분리 현상이 일어났을 때 생기는 정자를 통해서는 XXX형인 아이가 태어난다.

개념 돋보기

염색체 돌연변이 - 감수 제1, 2 분열 중기에서 수 이상, 구조 이상 발생 !

감수 제 1분열 중기 때 상동염색체의 동원체가 붙어 2가 염색체를 구성한다. 이때 2가 염색체는 중앙에 배열한다. 그 후 양쪽으로 상동 염색체가 각각 끌려갈 때 비분리 현상이 일어나면 염색체 수의 이상이 나타난다. 염색체의 구조 이상 (전좌, 결실, 중복, 역위) 역시 같은 시기에 교차가 일어나면서 나타나는 현상이다. 감수 제 2분열 중기에서 염색 분체 분리가 되지 않아도 염색체 수 이상, 구조 이상이 발생한다.

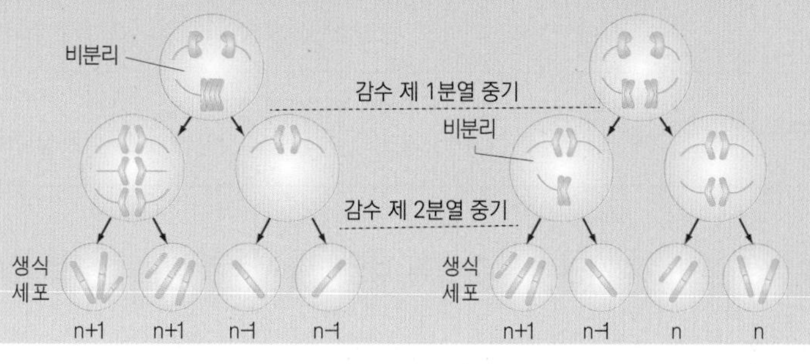

VII 유전과 진화 (2)

7. 진화의 증거

(1) 진화 생물이 자신이 살고 있는 환경에 적응하여 여러 세대를 거치면서 변화(몸의 형태와 구조)를 축적하여 집단 전체의 특성을 변화시키고 나아가 새로운 종의 탄생을 이끄는 전반적인 과정을 뜻한다.

(2) 진화의 증거

① **화석 상의 증거** : 각 지층에서 발견되는 화석을 비교하면 생물이 시간의 흐름에 따라 어떻게 변하였는지 알 수 있다.

• 화석[1] : 과거에 살았던 생물의 유해나 활동의 흔적이다.

말의 화석	시조새 미니 화석
(가) 몸의 크기 (나) 앞다리의 발굽과 어금니의 윗면	
• 발가락 수의 변화 : 4개 → 3개 → 1개 • 몸의 크기 : 작다 → 크다 • 어금니 : 작고 간단 → 커지고 복잡해짐	• 파충류의 특징: 꼬리뼈, 날개의 발톱, 발가락뼈, 부리의 이빨 • 조류의 특징: 몸의 깃털, 날개, 입이 새의 부리 모양
• 결론 : 초원에서 잘 뛸 수 있고, 거친 풀을 잘 먹을 수 있게 적응한 것임	• 결론 : 조류는 파충류에서 진화했음

② **비교 해부학 상의 증거** : 생물의 구조와 기능을 비교하여 생물의 기관의 진화 과정을 알 수 있다.

상동 미니 기관	발생 기원은 같으나 모양과 기능이 다른 기관으로, 다른 환경에 적응하면서 각각 다른 방향으로 진화되었음을 보여 준다. 예 고양이의 앞다리 - 사람의 팔 - 박쥐의 날개 - 고래의 가슴지느러미 새 박쥐 고래 고양이 말 사람
상사 미니 기관	발생 기원은 다르지만 형태나 기능이 같은 기관으로 같은 환경에 적응하면서 비슷한 형태와 기능으로 진화되었음을 나타낸다. 예 곤충의 날개(표피)와 새의 날개(앞다리), 장미의 가시(줄기)와 선인장의 가시(잎) 상어(어류지느러미)와 돌고래(포유류 앞다리), 감자(덩이줄기)와 고구마(덩이뿌리)
흔적 기관	과거에는 사용하였으나 현재는 퇴화되어 흔적만 남은 기관 예 꼬리뼈, 충수(맹장), 타조의 날개, 뱀의 뒷다리 뼈 흔적, 사람 귀의 뒷바퀴 근육

p. 40

Q11 발생 기원은 같지만 생활 환경에 적응하여 제각기 다른 형태로 진화된 기관을 무엇이라 하는가?

찰스 다윈
(Darwin, Charles Robert, 1809 ~ 1882, **영국**)

1831년부터 약 5년 동안 비글호 탐사선을 타고 남아메리카 여행을 한 뒤 그 자료를 바탕으로 1859년에 『종의 기원에 대하여』 책을 출판하여 생물진화론의 큰 흐름을 마련하였다.

1 화석의 종류

● 시상 화석 : 과거의 환경을 알려 주는 화석

예 산호 : 따뜻하고 맑은 얕은 바닷물 속에서만 살므로 과거에 얕은 열대성 바다임을 알 수 있다.

▲ 코로니알 산호 화석(중생대)

● 표준 화석 : 지층의 지질 연대를 알려 주는 화석

예 삼엽충 : 고생대 화석이므로 그 지층은 고생대 지층이다.

▲ 삼엽충 화석

예 암모나이트 : 중생대의 표준 화석

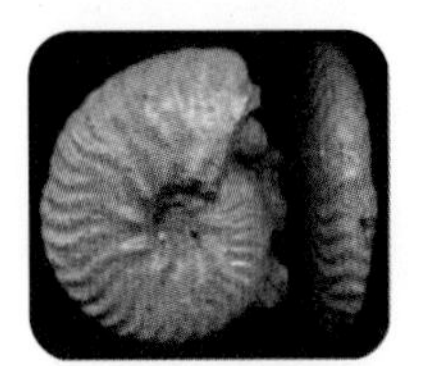

▲ 암모니아트 화석

미니사전

상동(相同) 서로 같음 → 상동 기관은 발생 기원이 같은 것

상사(相似) 서로 같음 → 상사 기관은 기능이 같은 것

시조새 중생대 쥐라기 시대 화석으로 발견됨. 조류와 파충류의 중간형으로 조류의 최고 조상으로 여겨짐.

③ **발생학 상의 증거** : 척추동물의 발생과정을 비교해 보면 발생 초기 단계에는 모두 아가미 틈과 꼬리가 있는 모습을 하고 있으나, 발생이 진행될수록 달라져 발생이 끝나면 각각 고유의 모습을 나타낸다. → 척추동물이 하나의 공통 조상으로 부터 진화하였다는 증거가 된다.

④ **생화학 상의 증거**❷ : DNA 나 단백질 등의 생물체 구성 성분을 비교 분석하여 종간 유사성을 알 수 있다. 유연 관계(미니)가 가까운 생물일수록 유전자의 종류와 DNA 염기 순서와 단백질의 아미노산 순서가 비슷하다.

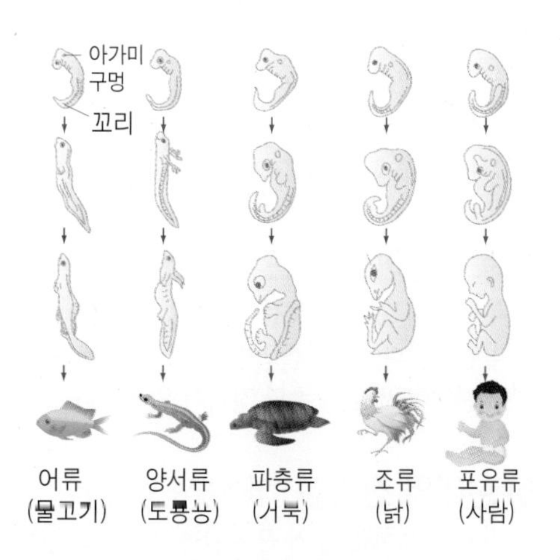

▲ 진화의 발생학상 증거

⑤ **지리분포 상의 증거** : 지역에 따른 생물 분포 조사에서 하천, 산맥, 바다 등을 경계로 생물상이 달라진다. 이것은 같은 생물이 지리적으로 격리된 후 오랜 기간 동안 각자 환경에 적응하여 진화해 온 것을 뒷받침한다. (예) 오스트레일리아의 캥거루, 오리너구리❸

8. 진화설

(1) 용불용설 - 라마르크❶

이론	자주 사용하는 기관은 발달하고, 사용하지 않는 기관은 퇴화한다. 라마르크설 / 목이 짧은 기린은 계속 목을 늘인다. → 결국 목이 긴 기린으로 된다.
비판	후천적으로 얻은 획득 형질(미니)은 다음 세대로 유전되지 않기 때문에 틀린 설이 되었다.
의의	진화에 대한 최초의 체계적인 이론을 제시함

(2) 자연선택설 - 다윈

이론	① 과잉 생산으로 집단 내 개체수가 많아진다. ② 집단 내 개체 중 변이(미니)가 나타난다. ③ 변이 개체 간에 경쟁이 생기면 환경에 더 잘 적응하는 변이를 가진 개체가 살아남는다. → 적자생존 ④ 변이의 누적으로 인해 종의 진화가 일어난다. → 자연 선택 다윈설 / 목이 짧은 기린은 도태된다. → 자연 선택 → 목이 긴 기린이 살아 남는다.
비판	개체 변이가 어떻게 나타나고 어떻게 후손에게 유전되는지에 대한 유전 원리를 명확하게 설명하지 못했다.
의의	진화에 대한 이론 중 가장 설득력이 높은 이론

p. 40

Q12 용불용설에서 획득형질은 유전되지 않는다. 그 이유는 무엇인가?

❷ **생화학 상 증거 예시**

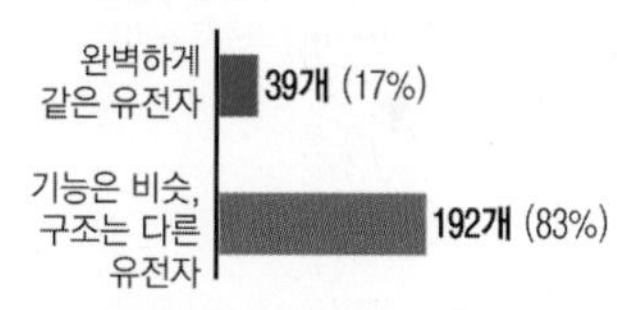

❸ **오리너구리**

포유류이지만 알을 낳으며, 태어난 새끼는 젖을 먹여 키운다.

❶ **라마르크** (J. Lamarck, 1744 ~ 1829, **프랑스**)

용불용설을 주장하였으나 획득형질의 유전을 인정받지 못함. 최초로 생물 진화 관련종합 이론을 발전시킴.

미니사전

유연 관계 동 · 식물에 있어서 혈통이 비슷한 것

변이 유전적 차이(유전자형 변이) 또는 유전자 발현에 영향을 미치는 환경적 요인의 영향(표현형 변이)로 인해 종 내 개체 간 나타나는 차이

획득 형질 생물이 살아 있는 동안에 환경의 영향으로 획득한 기능이나 구조의 변형 → 라마르크가 주장

개체 변이 환경에 의한 변이로서 유전 변이가 아니므로 유전되지 않음 → 다윈이 주장

❷ **바그너**
(M.F.Wagner, **독일**)

세계 여행하면서 지역에 따라 동물의 모양이 다른 것을 관찰, 종이 분화하게 된 주된 원인이 자연선택이 아닌 지리적인 격리에 있다고 판단하여 최초로 격리설을 제시함.

❸ **로마네스**(George John Romanes, 1848~1894, **영국**)

각 종 동물과 인간의 심적 능력의 발전을 진화의 입장에서 연구, 식물의 생식적 격리설 연구.

(3) 격리설 – 바그너[2] & 로마네스[3]

한 집단이 지리적 또는 생식적으로 격리되면 서로 교배가 되지 않아 신종으로 변화된다.

예 갈라파고스 군도 핀치새의 부리 모양 - 환경이 다른 여러 섬에서의 핀치새의 부리는 환경에 적합하게 진화되었다.

(4) 돌연변이설 – 드 브리스

달맞이꽃에서 부모에게 없던 새로운 형질의 돌연변이 자손을 발견하였다. 이런 돌연변이 된 형질이 자손에게 유전되어 새로운 종의 진화가 일어난다.

▲ 달맞이꽃

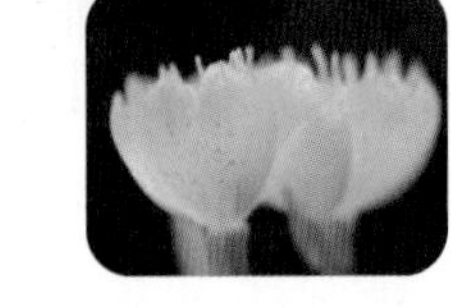

▲ 돌연변이 형질의 왕달맞이꽃

(5) 현대의 진화설

염색체와 유전자의 돌연변이에 자연선택, 격리 등의 과정이 복합적으로 첨가되어 새로운 종이 분화되는 과정으로 설명한다. 진화를 개체를 중심으로 한 변화와 종을 구성하는 집단 전체의 변화에 의해 종합적으로 일어난다고 본다. (집단의 진화)

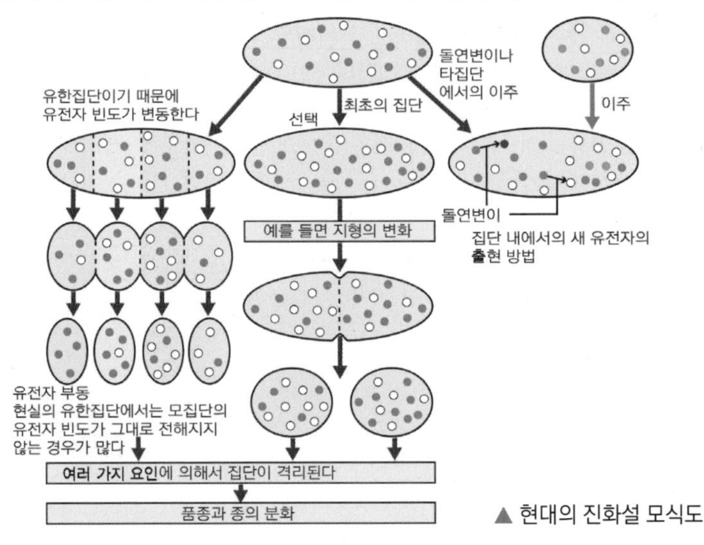

▲ 현대의 진화설 모식도

p. 40

Q13 현대의 진화설은 집단을 기준으로 기존 진화설을 복합적으로 적용시킨 것이다. 기존 발표된 진화설 중 어떤 것이 반영되었는지 있는 대로 쓰시오.

❶ **집단 유전**

한 개체의 유전자 변화로 인해 진화가 이뤄질 수 없다. 진화는 한 세대의 개체를 대상으로 하기 보다는 연속성 있는 집단에 비중을 두고 연구하는 것이 타당하며 이를 근거로 하여 유전 연구 중에서도 집단을 기준으로 하는 연구를 의미한다.

❷ **멘델 집단의 조건**

- 집단 크기가 대단히 큼
- 유전자(개체)의 출입 없음
- 돌연변이 없음
- 무작위 교배
- 자연선택 없음

→ 멘델 집단은 자연계에서 존재하지 않는 이상적인 집단으로 유전자 풀이 변하지 않아 진화가 일어나지 않음.

미니사전

유전자 풀 한 개체군에서 집단 전체가 가지고 있는 유전자 전부

9. 집단 유전과 진화의 요인

(1) 생물 집단 유전[1]

① **멘델 집단**[2] : 유전자 풀이 충분히 크고, 각 개체 간에 임의적인 선택 없이 무작위로 교배되어 유전자의 교류가 자유롭게 나타나는 이상적인 집단이다.

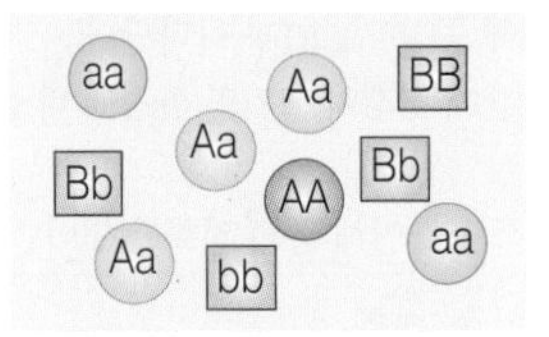

▲ 개체의 유전자

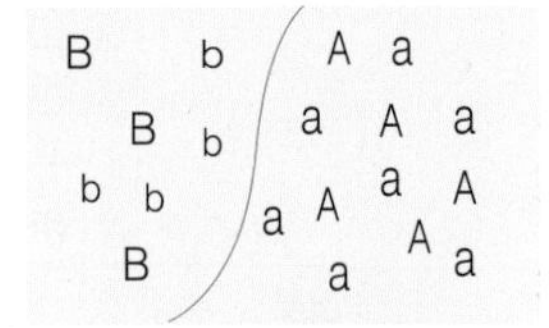

▲ 집단의 유전자 풀

② **유전자 풀과 유전자 빈도**

- 유전자 풀 : 한 생물 집단이 가지고 있는 전체 대립 유전자이다.
- 유전자 빈도 : 한 집단 내에 있는 각 대립 유전자의 상대적 빈도 → 한 집단 내에 대립 유전자 A 와 a 가 있을 때, 유전자의 총 수에 대한 A 또는 a 의 수를 비율로 표시한 것으로 이때 A 의 빈도를 p, a 의 빈도를 q 라고 하면 항상 $p + q = 1$ 이 성립한다.

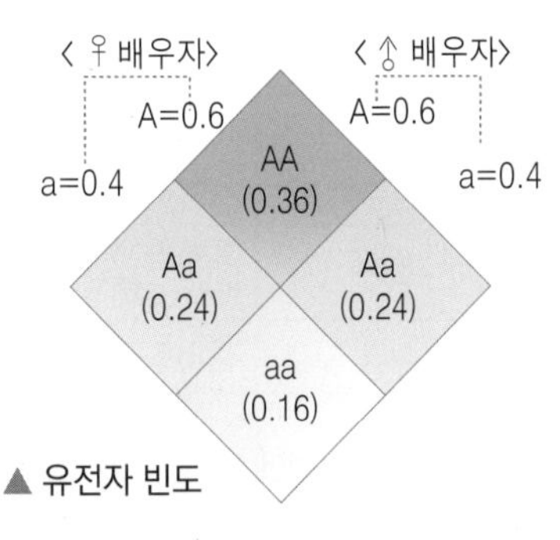

▲ 유전자 빈도

③ **하디 - 바인베르크 법칙** : 멘델 집단에서는 유전자의 빈도나 유전자형의 비가 세대를 거듭하여도 변하지 않고 항상 일정하다.

$$p + q = 1, \quad (p+q) \times (p+q) = (p+q)^2 = p^2 + 2pq + q^2 = 1$$

- $(p+q)$ (첫째): 수컷 배우자의 대립 유전자 빈도
- $(p+q)$ (둘째): 암컷 배우자의 대립 유전자 빈도
- $p^2 + 2pq + q^2$: 다음 세대에서의 유전자형 빈도

④ **하디 - 바인베르크 법칙의 적용** [3]

	페닐케톤뇨증(PKU)
원인	열성 대립 유전자에 대해 동형 접합일 경우 생기는 페닐알라닌 미니 대사 이상
증상	• 땀과 소변에서 쥐 오줌 냄새가나고 구토, 습진, 피부색과 모발색이 옅어짐 • 증상을 방치할 경우 정신 지체 및 또다른 병 일으킴
빈도	백인은 $\frac{1}{14,000}$, 한국인은 $\frac{1}{70,000}$ 정도의 빈도
처방	• 신생아들은 조기 검사를 통해 PKU 판정이 난 경우 페닐알라닌이 없는 이유식으로 식이 요법을 하면 증상이 경감될 수 있다.

• 신생아 1만 명당 한 명꼴로 나타나는 수치를 공식에 대입하면 PKU의 빈도는 열성 유전자 동형 접합이므로

$$q^2 = \frac{1}{10,000} = 0.0001, \qquad q = 0.01$$

• PKU의 우성 대립 유전자 빈도 : $1 - q = 1 - 0.01 = 0.99$

• PKU 증세 없지만 보인자인 경우 : $2pq = 2 \times 0.99 \times 0.01 = 0.0198$ (즉, 집단의 약 2% 에 해당)

(2) 진화의 요인

① **돌연변이** : 유전자 풀의 변화

• 일반적으로 돌연변이율은 굉장히 낮다. 그러나 한 세대 길이가 매우 짧은 미생물이나 바이러스에서는 급속도로 돌연변이가 나타나곤 한다. 또한, 집단 크기가 굉장히 큰 집단 내 돌연변이 역시 비율은 낮으나 실제 돌연변이 개체수가 많기 때문에 무시할 수 없다.

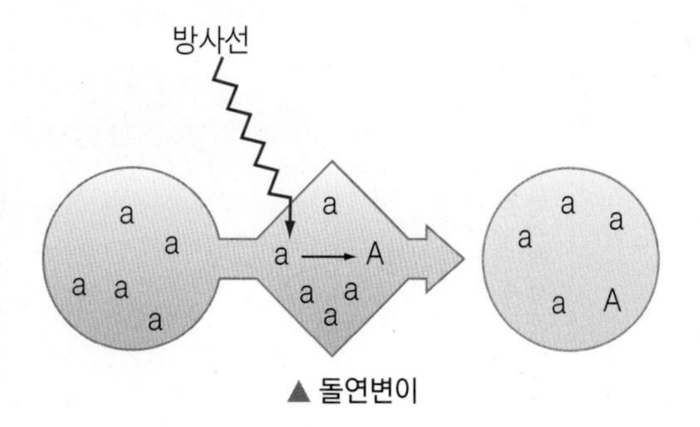

▲ 돌연변이

② **이주** : 새로운 유전자가 도입되어 유전적 평형이 깨진다.

• 오늘날 교통 수단의 발달로 전 세계적으로 인간의 이동이 자유로워졌다. 그 결과 새로운 유전자가 이주하여 들어올 수 있는 가능성이 높아졌다.

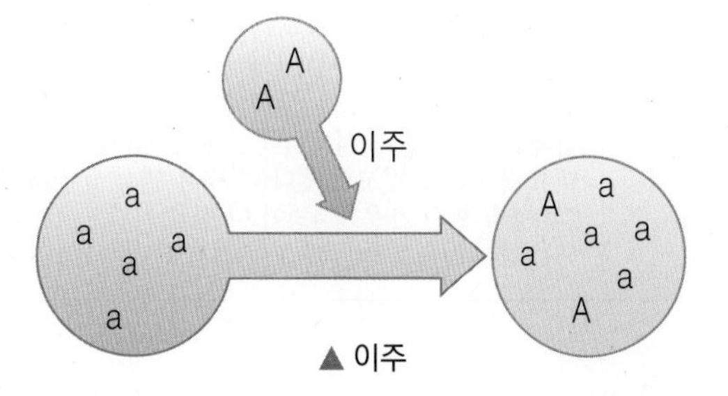

▲ 이주

③ **자연선택** : 환경에 잘 적응하는 유전자가 후손에 더 많이 전해져 유전자 풀이 변한다.

• 포식자의 눈에 잘 띄지 않는 개체가 다른 개체에 비해 자손을 더 많이 남기고 이 과정이 반복되면 유전자풀이 변한다.

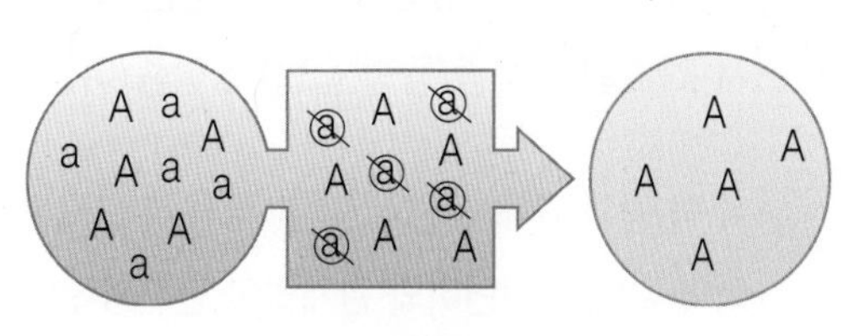

▲ 자연선택

---

③ **하디 - 바인베르크의 법칙**

● 영국의 수학자 하디(G.Hardy (1877 ~ 1947)) 와 독일의 의사 바인베르크(W.Weinberg (1862 ~ 1937))가 독립적으로 연구하여 1908년에 각각 발표한 법칙이다.

▲ 하디

▲ 바인베르크

● 한 집단의 유전자 빈도와 유전자형을 가진 개체의 출현 빈도 간에 일정한 평형 관계가 성립된다는 법칙

$$p^2 + 2pq + q^2 = 1$$

(p : 우성 대립 유전자 빈도, 2 p q : 보인자 빈도, q : 열성 대립 유전자 빈도)

● 하디- 바인베르크 평형의 의미
: 멘델 집단은 가상적인 집단으로 평형 상태를 유지한다면 결국 진화는 일어나지 않는다. 그러나 실제로 대부분의 집단의 경우 평형 상태에 있지 않고 진화가 일어난다.

● 하디 - 바인베르크 평형은 실제 집단에서는 어떤 의미가 있을까 ?
: 대부분의 집단이 진화 속도가 워낙 느리기 때문에 이들 집단은 거의 평형에 가깝게 보인다. 그러므로 집단을 평형 상태로 가정하고 하디 - 바인베르크 법칙을 유전병을 일으키는 대립 유전자 빈도를 측정할 때 사용할 수 있다.

미니사전

페닐알라닌 적혈구 세포의 산소 운반 색소인 사람의 헤모글로빈에 가장 많이 들어 있다. 조류(鳥類)와 포유류의 필수 아미노산 중의 하나로서 조류와 포유류는 페닐알라닌을 스스로 합성할 수 없으므로 반드시 음식물로부터 섭취해야 한다.

슈얼라이트 (Sewall Wright, 1889 ~ 1988, **미국**)

집단 유전학 창시자. 한 종(種)의 개체군이 격리될 경우 비교적 희귀한 특정 유전자를 운반하는 몇몇의 개체들은 순전히 우연에 의해 그 유전자를 유전시키지 못할 수도 있다는 유전적 부동(浮動)(슈얼라이트 효과)을 발표했다. 이 이론에 따르면, 자연선택이 일어나지 않았는데도 이들 유전자가 사라지고 새로운 종이 나타날 수 있다.

4 유전적 부동 미니

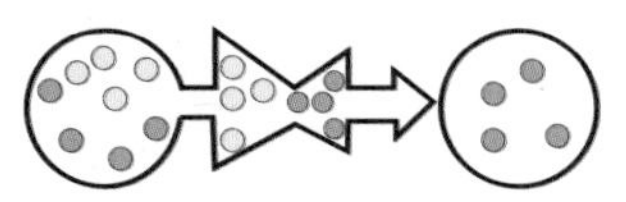

▲ 유전적 부동의 모식도

유전적 부동률이 높을수록 개체 집단 내 근친교배가 증가하게 되어 집단 내 유전적 공통성이 증가하고 그 결과 유전적 변이가 거의 나타나지 않는다.

하디 - 바인베르크 법칙에 의한 빈도 구하기 Tip

[어버이 세대]

- p : 우성 대립 유전자(A) 빈도
- q : 열성 대립 유전자(a) 빈도
- p+q = 1 : 대립 유전자 전체의 빈도

위의 조건에서 대립 유전자가 암수에 고루 분포하고, 교배가 자유롭게 이루어진다면 대립 유전자 A 와 a 를 갖는 생식 세포가 만들어질 비율은 각각 pA, qa 가 된다. 이들 생식 세포의 수정에 의해 다음 세대가 가지는 유전자 형과 그 빈도는 다음과 같다.

수 \ 암	pA	qa
pA	P^2AA	pqAa
qa	pqAa	q^2aa

즉, 자손이 갖는 유전자형은 AA(동형 접합), Aa(이형 접합), aa(동형 접합)의 3가지이고, 이들 개체가 나타날 확률은 각각 p^2, 2pq, q^2 이 된다. 자손은 대대로 이어지므로 이것은 현재 집단의 유전자 분포와 같다.

- 우성 순종 (동형 접합) : p^2
- 열성 순종 (동형 접합) : q^2
- 우성 잡종 (이형 접합) : 2pq

$\Rightarrow p^2 + 2pq + q^2 = (p+q)^2 = 1$

미니사전

집단 한 지역 같은 종으로 구성된 개체 전체

부동 떠서 움직인다는 뜻으로 유전자가 쉽게 이동한다는 의미

④ **유전적 부동**[4] : 집단의 크기가 작고 고립된 지역에서 돌연변이나 자연선택 없이 자연 재해 등의 우연한 사건에 의해 유전자 빈도가 쉽게 변한다.

[유전적 부동의 예] 10 개체의 작은 야생화 집단 중 1 세대에서 붉은 상자 안의 5 개체들만이 자손을 생산한다. 2 세대에서는 자연 재해가 일어나 우연히 2 개체들만이 자손을 생산하고 그 결과 C^W 유전자 빈도는 2 세대에서만 잠시 증가하고 3 세대에서는 사라졌다.

1세대 유전자 분포
C^RC^R : 0.49
$2C^RC^W$: 0.21×2=0.42
C^WC^W : 0.09

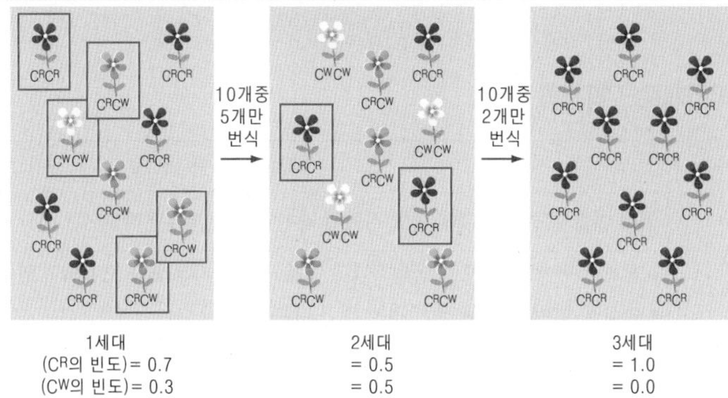

병목 효과

- 자연재해, 질병, 식량 고갈 등으로 인해 갑자기 한 집단 내 개체가 급격히 줄어들면서 우연히 살아남은 개체들의 유전자가 새로운 유전자 풀을 구성하게 된다.

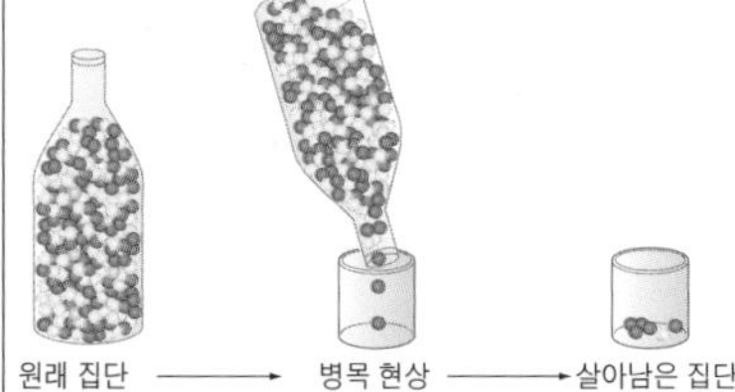

- 병목 효과 : 좁은 병목을 통하여 몇 개의 구슬을 흔들어 떨어뜨리는 것은 집단 크기의 급격한 감소에 비유될 수 있다. 우연히 파란색 구슬들이 살아남은 집단에서 과도하게 나타났고, 금색 구슬은 없어졌다.

- 1890년대 캘리포니아 북부 지역 바다코끼리가 과도한 사냥으로 인해 20여 마리 밖에 남지 않았다. 그 이후 보호종으로 지정되어 현재는 30,000 마리 이상의 집단으로 늘어났다. 이 집단의 유전자는 다른 지역의 바다코끼리에 비해 유전적 변이가 거의 발견되지 않았다.

창시자(시조) 효과

- 큰 집단으로부터 일부 개체들이 격리될 때 이 작은 집단의 유전자풀은 원래 큰 집단의 유전자 풀과 다른 새로운 구성을 갖게 될 수 있다.

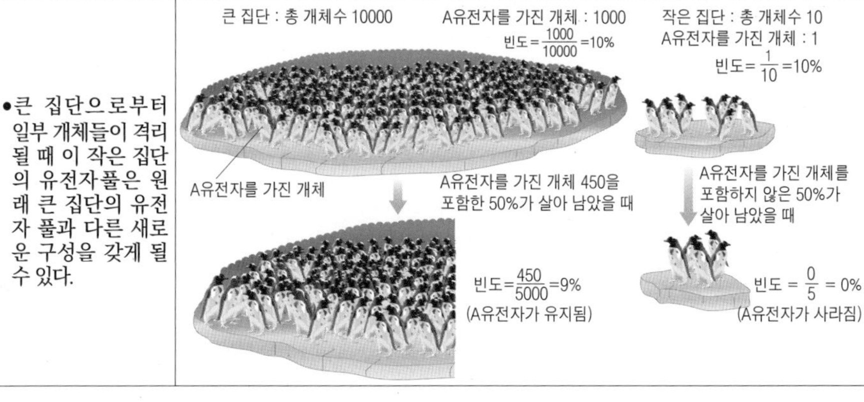

- 1814년 15명의 식민지 이주자들이 아프리카와 남아메리카 사이 중간쯤에 있는 트리스탄 다 쿠하 제도에 영국인 정착지를 건설하였다. 그런데 이 이주자 가운데 한사람이 진행성 시력 상실증인 망막 색소증 열성 대립 유전자를 갖고 있었다(이 병은 열성 유전자이다). 시간이 흘러 1960년대 후반 이 섬에 살고 있었던 240명의 후손 가운데 4명이 이 병을 가지고 있었다. 즉, 트리스탄 다 쿠하 제도에서 열성 대립 유전자 빈도는 창시자(이주자)들의 고향 집단에 비해서 10배나 크게 유지되고 있었다.

p. 40

Q14 Rh식 혈액형의 유전에서 Rh^- 형인 사람의 수가 1% 로 나타나는 집단이 있다. 이 집단에서 Rh^+ 형의 순종(동형 접합)과 잡종(이형 접합)인 사람의 비율을 구하시오.

Q15 수백 쌍의 교배 집단에서 몇 개의 유전자 빈도는 기댓값을 벗어나 더 높거나 낮아진다. 이와 같이 돌연변이와 관계없이 단지 우연에 의해 유전자 빈도가 달라지는 현상을 무엇이라 하는가?

정답 및 해설 40쪽

진화의 증거

29 다음 그림은 포유류의 앞다리 뼈의 구조를 나타낸 것이다.

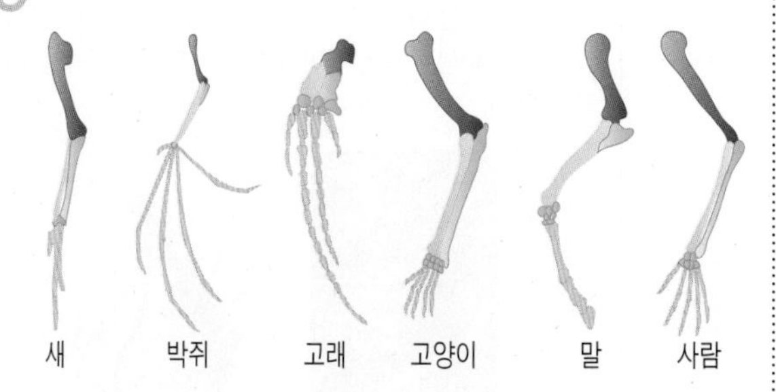

이 구조로 알 수 있는 것은?

① 기능은 각각 다르나 골격만 비슷하게 진화되었다.
② 발생 기원이 같으나 생활 환경에 맞게 각각 다른 형태로 진화하였다.
③ 서로 다른 계통에서 발생되었으나 시간이 지남에 따라 같은 기능으로 진화하였다.
④ 기원은 서로 다르나 오랜 세월 동안에 비슷한 환경에 적응하면서 골격 구조가 비슷하게 진화되었다.
⑤ 과거에는 자주 사용하는 기관이었으나 점차 퇴화되어 지금은 거의 사용하지 않는 기관으로 되었다.

30 다음 내용을 토대로 알 수 있는 진화 과정을 빈칸을 채워 완성하시오.

	특징
시조새 화석	조류 특징(날개, 깃털) 파충류 특징(발톱, 이빨)
유글레나	식물 특징(엽록체) 동물 특징(운동성)
오리너구리	조류 특징(알을 낳는다) 포유류 특징(젖을 먹여 키운다)

(1) 시조새 화석을 통해 (㉠)가 (㉡)로부터 진화했음을 알 수 있다.

(2) 유글레나의 특징은 식물과 동물이 같은 (㉢)에서 각각 진화해 왔음을 알 수 있다.

(3) 오리너구리는 (㉣)가 (㉤)로부터 진화한 증거로 볼 수 있다.

31 척추동물의 발생 과정을 나타낸 것이다. 이 그림을 통해 알 수 있는 진화의 증거는 무엇이며, 이 증거를 통해 알 수 있는 사실을 척추동물의 진화 과정으로 설명하시오.

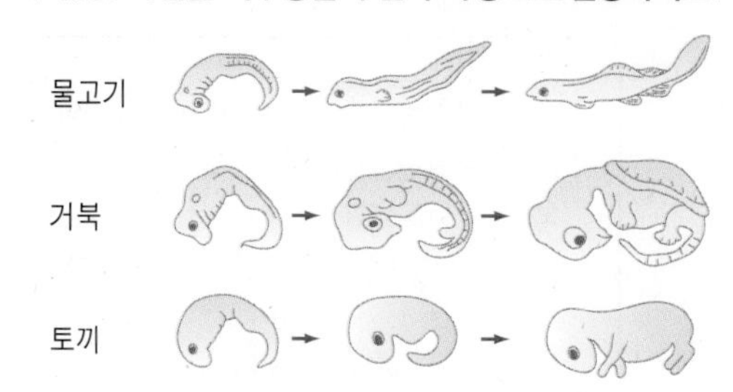

32 다음 표의 내용은 해부학상의 증거를 나타낸 것이다. 어떤 기관을 나타낸 것이며(㉠), 어떤 과정으로 진화된 것인지(㉡) 쓰시오.

기관	공통점
• 상어 : 어류의 지느러미 • 펭귄 : 조류의 날개 • 돌고래 : 포유류의 앞다리	헤엄치는 기관
• 곤충의 날개(표피) • 새의 날개(앞다리)	날개
• 장미의 가시(줄기) • 선인장의 가시(잎)	가시

진화설

33 기린의 목이 길어진 이유를 3명의 생물학자가 다음과 같이 설명하였다.

(가) 긴 목의 기린과 짧은 목의 기린 중에서 긴 목의 기린이 높은 나무에 있는 잎을 먹기 유리하여 살아남았다.
(나) 기린은 원래 목이 짧았으나 높은 나무의 잎을 먹기 위하여 목을 늘였기 때문에 오랜 세월이 지나는 동안 목이 길어지게 되었다.
(다) 원래 기린의 목이 짧았으나, 유전 형질의 변화로 목이 긴 자손이 태어나 높은 곳의 먹이를 먹기에 유리하여 계속 생존하게 되었다.

위의 각 설명에 해당하는 진화설은?

	(가)	(나)	(다)
①	격리설	돌연변이설	용불용설
②	자연선택설	용불용설	돌연변이설
③	자연선택설	용불용설	격리설
④	격리설	돌연변이설	자연선택설
⑤	돌연변이설	용불용설	자연선택설

34 **다음은 라마르크의 진화설을 설명한 것이다. 이 진화설은 오늘날 진화의 원인으로 인정받지 못하고 있다. 그 이유는 무엇인가?**

- 오른손잡이의 야구선수의 경우 자주 사용하는 오른팔 근육이 왼팔 근육보다 두껍다. 그 결과 그 선수의 자손은 오른팔이 더 발달할 것이다.

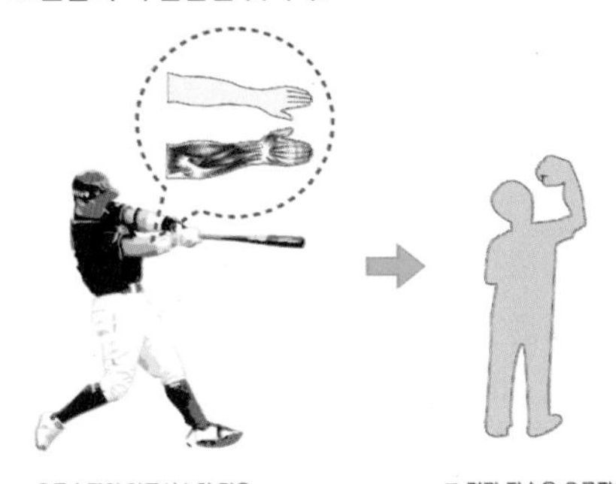

오른손잡이 야구선수의 경우 오른손 근육이 더 발달한다.
그 결과 자손은 오른팔이 더 발달할 것이다.

- 기린의 목이 길어진 것은 높은 나무의 잎을 먹기 위해 목을 자꾸 늘이다 보니 결국 길어져 대대손손 목이 길게 나타난 것이다.

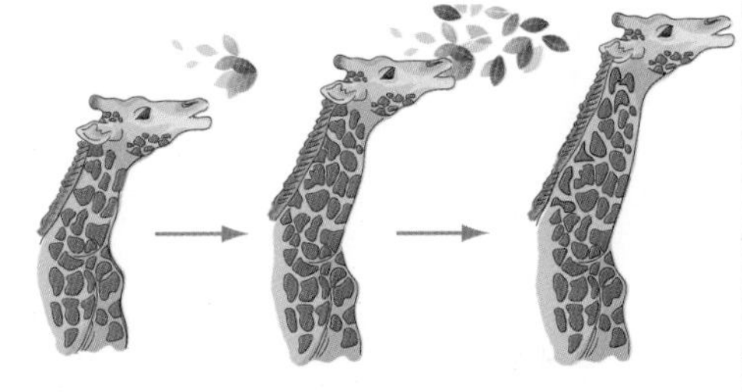

원래 목이 짧았다. 먹이를 먹기 위해 목을 뻗었다. 결과 목이 길어 졌다.

(결론) 자주 사용하는 기관은 더욱 발달하고 사용하지 않는 기관은 퇴화한다.

35 **다음과 관련 있는 기관은 무엇인가?**

- 사람의 맹장
- 사람의 꼬리뼈
- 타조의 날개
- 귀를 움직일 수 있는 동이근

36 **다음 내용과 가장 관계 깊은 용어는?**

- 아프리카산 나뭇가지사마귀는 이름 그대로 나뭇가지와 비슷하게 생겨 보통 사마귀에 비해 포식자의 눈을 피할 수 있다.

〈 나뭇가지사마귀 〉

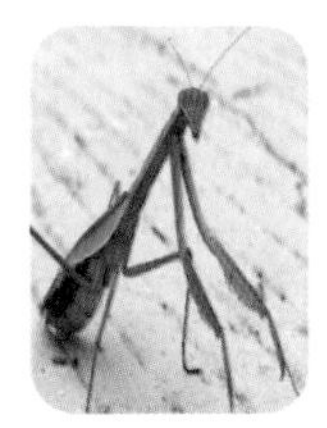

〈 사마귀 〉

- 산업 혁명에 의해 공기 오염이 심각한 도시에는 검은 나방이 많고, 시골에는 흰 나방이 많다.

① 인위선택 ② 돌연변이 ③ 적자생존
④ 격리 ⑤ 획득형질

37 **다음 설명에 해당하는 진화론과 주장한 학자가 바르게 연결된 것은?**

- 달맞이꽃을 재배하던 중 새로운 종 '왕 달맞이꽃' 을 발견하였다.
- 모건은 우연히 발생한 흰눈초파리 형질이 유전된다는 사실을 발견했다.
- 멀러는 초파리에 X 선을 쬐어 인공적으로 형질을 변화시키는 데 성공했다.

① 현대 진화론
② 바그너의 격리설
③ 다윈의 자연선택설
④ 라마르크의 용불용설
⑤ 드 브리스의 돌연변이설

정답 및 해설 40쪽

38 다윈은 기린의 목이 길어진 이유를 다음 그림과 같이 설명하였다.

기린은 원래 목이 짧았으나 목이 긴 일부 변이 개체도 있었다. / 목이 긴 변이의 개체는 충분한 잎을 먹고 살아남아 자손을 낳았다. / 이 형질을 이어받은 자손만 살아남는 과정이 반복된 결과 오늘날 기린의 목은 길다.

이 이론의 진화 과정을 옳게 설명한 것은?

① 과잉 생산 → 돌연변이 → 격리 → 적자 생존
② 과잉 생산 → 돌연변이 → 적자생존 → 자연 선택
③ 과잉 생산 → 개체 변이 → 생존 경쟁 → 적자생존 → 자연 선택
④ 과잉 생산 → 개체 변이 → 적자생존 → 자연 선택 → 생존 경쟁
⑤ 과잉 생산 → 생존 경쟁 → 적자생존 → 개체 변이 → 자연 선택

39~40 다음 그림은 갈라파고스 군도의 각 섬에 살고 있는 핀치 새가 섭취하는 먹이에 따라 달라진 부리의 모양을 나타낸다.

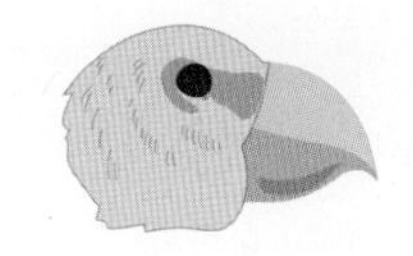

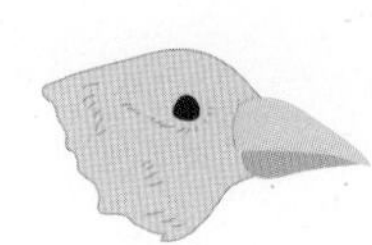

39 위 그림과 같이 부리의 모양이 다양하게 변한 현상에 대한 설명으로 옳은 것은?

① 일부 개체의 획득형질이 유전되었다.
② 부리가 큰 것이 생존에 유리하여 점차 진화하였다.
③ 돌연변이에 의해 부리의 모양이 다양하게 변하였다.
④ 오랜 세월 동안 다른 환경에서 살면서 먹이의 종류에 따라 부리의 모양이 변하였다.
⑤ 자주 사용하는 기관은 발달하고 사용하지 않은 기관은 퇴화하여 부리의 모양이 점차 작아졌다.

40 위 현상과 관련 있는 생명 현상의 예는?

① 미모사의 잎은 손을 대면 오므라든다.
② 발아하는 강낭콩의 온도는 마른 콩보다 높다.
③ 벌은 군집 생활 속에서 상호간 의사소통을 한다.
④ 북극여우는 사막여우보다 몸집이 크고 귀가 작다.
⑤ 같은 부모 밑에 태어난 강아지들의 색깔이 서로 다르다.

41 오늘날 생물의 진화를 한 가지 학설로 설명할 수 없기에 현대의 진화설은 여러 진화설을 종합하여 다음과 같이 설명하고 있다.

[현대의 진화설]

- 돌연변이 발생 → 자연선택 → 생식적 격리(원래 종과 교배 없음) → 새로운 종으로 진화
- 종의 격리 → 환경에 적응하면서 집단 내 돌연변이 발생 → 자연선택 → 새로운 종으로 진화

다음 중 현대의 진화설 내용에 영향을 준 진화설이 아닌 것은?

① 바그너의 격리설
② 다윈의 자연선택설
③ 인위선택 - 품종 개량
④ 라마르크의 용불용설
⑤ 드 브리스의 돌연변이설

개념 심화 문제

25 **개의 혈청을 토끼에 주사한 몇 주일 후 토끼의 혈청을 다른 동물 A ~ D 의 혈청과 섞어 반응시켰더니 그림과 같은 항원-항체 반응으로 인해 침전물이 나타났다.**

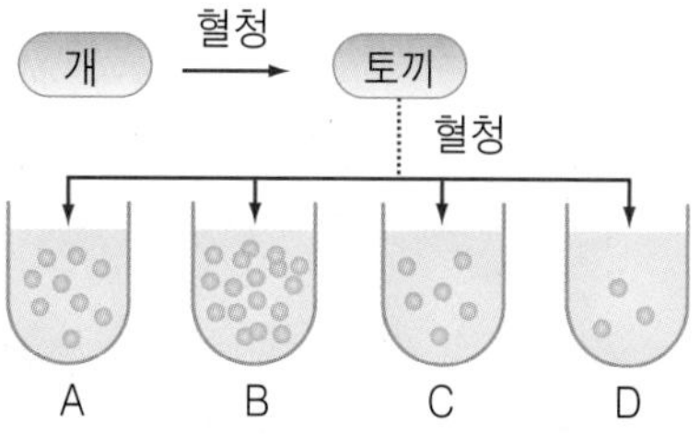

개 → 혈청 → 토끼 → 혈청 → A B C D

(1) 개와 유연 관계가 깊은 동물부터 순서대로 나열하시오.

(2) 위 (1)번의 정답의 근거를 설하시오.

(3) 위 분석 방법은 진화의 증거로 어떤 방법에 해당하는가?

① 화석상의 증거 ② 생물 지리학상의 증거 ③ 비교 해부학상의 증거
④ 생화학상의 증거 ⑤ 발생상의 증거

26 **다음은 결핵균에 대한 설명이다.**

> 폐결핵은 결핵균(Mycobacterium tuberculosis)이 폐에 감염되어 나타나는 질병이며 항생제 이소니아지드와 리팜핀 등으로 치료되어 왔다. 그러나 최근에 A 항생제를 투여해도 죽지 않는 결핵균이 점점 증가하고 있다.

항생제 A 에 나타난 현상을 진화설로 설명하고자 할 때 가장 적합한 것은?

① 격리설 ② 용불용설 ③ 돌연변이설 ④ 자연선택설 ⑤ 인위선택설

개념 돋보기

항원 - 항체 반응

- 항원 : 바이러스, 병원균, 독소 등과 같은 이물질
- 항체 : 림프구에서 생성되어 혈액에서 -글로불린이라는 단백질 형태로 존재하며 항원에 대항하는 물질
- 항원 - 항체 반응의 특이성 : 항체(단백질)가 특정 항원하고만 화학적으로 결합하는 현상

항원 – 항체 반응
항체
항원

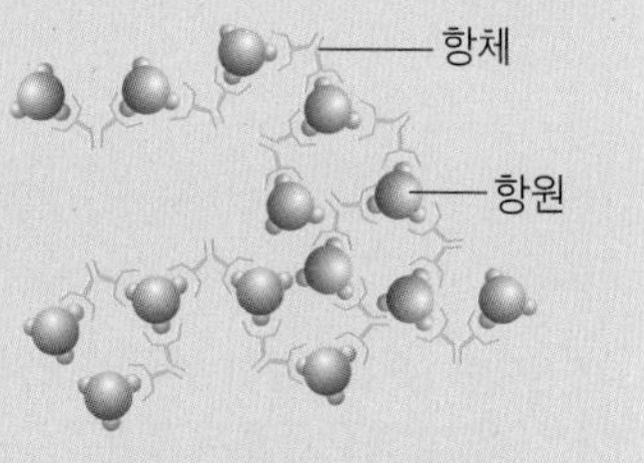

슈퍼박테리아 출현

인류와 세균의 전쟁은 현재진행형이다. 인류는 항생제라는 방패를 꺼내들었지만, 세균은 '내성'이라는 또 다른 창을 꺼내들어 인류를 위협해 왔다. 슈퍼박테리아의 출현에 인류는 새로운 항생제를 개발해 냈지만, 또 다른 슈퍼박테리아가 나타난다. 학자들은 "인류가 항생제를 사용하는 한 내성을 가진 박테리아는 계속 나타날 것"이라고 예측한다. 슈퍼박테리아는 돌연변이가 많은 박테리아의 특성 상 항생제 내성을 가지고 있는 개체변이가 나타날 확률이 크다. 내성이 생긴 박테리아가 자연선택되어 살아남아 기존 항생제를 무력화시키는 과정이 진행 중에 있는 것이다.

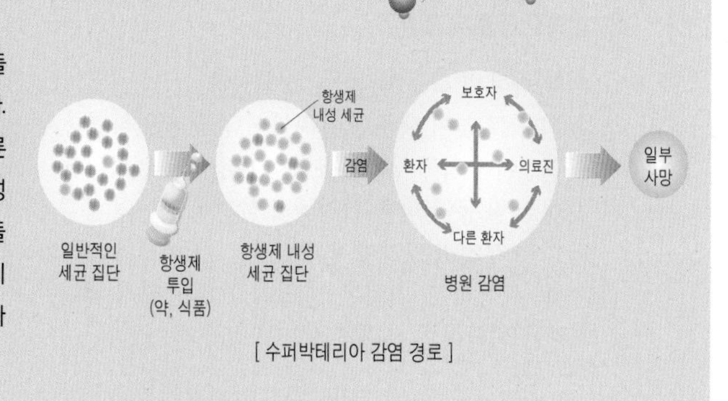

[수퍼박테리아 감염 경로]

27 다음 그래프는 산업 혁명 이전부터 영국의 맨체스터 지방에서 채집된 흰색과 검은색 나방의 빈도를 나타낸 것이다.

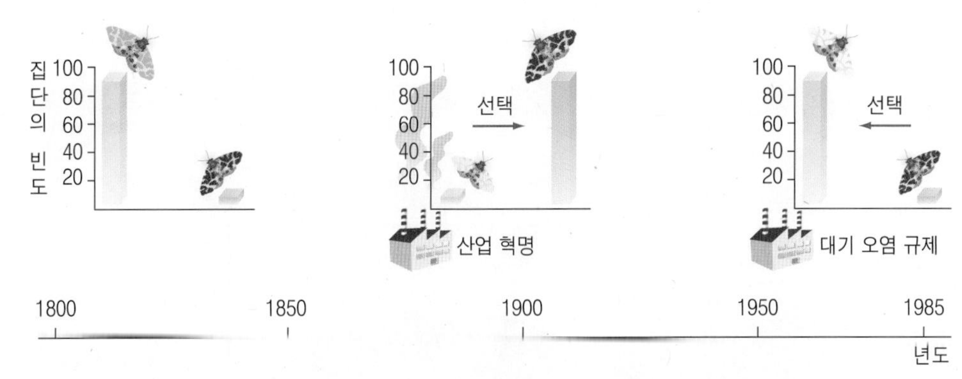

(1) 산업혁명 전에는 지의류가 많아 나무가 흰색이지만, 산업혁명의 결과 지의류가 없어져 나무가 검은색으로 변하였다. 그렇다면 산업 혁명 이후 어떤 나방이 생존에 유리해졌는가?

(2) 대기오염이 규제되고 환경이 개선되자 흰색 나방이 증가하였다. 그 원인은 무엇인가?

(3) 위와 같은 변화를 설명할 수 있는 진화설은?

28 49명의 인원수를 가진 어떤 집단을 대상으로 미맹을 조사하였다. PTC 용액은 0.002, 0.03, 0.05, 0.10, 0.15, 0.20 % 의 농도로 각각 사용하였다. 맛을 보는 순서는 약한 농도에서 높은 농도의 순서이며, 맛을 보고 나서는 입안을 씻게 했다. 이 집단의 미맹 분포는 다음과 같았다. (인원수는 해당 PTC 농도에 맛을 느끼지 못하는 사람 수이며, 누적된 값이 아니다.)

농도(%)	0.002	0.03	0.05	0.10	0.15	0.20
인원수	6	9	12	11	7	4

PTC 0.2% 용액에서도 맛을 느끼지 못하면 미맹이라고 할 때, 표를 통해서 알 수 있는 사실은?

① 이 집단의 미맹은 40명이다.
② 미맹은 유전병이다.
③ 미맹의 유전자 빈도는 $\frac{2}{7}$ 이다.
④ 미맹은 우성이다.
⑤ 이 집단에서 PTC 용액의 맛을 느끼지 못하는 사람은 없다.

개념 돋보기

지의류

- 지의류는 보통 녹조류, 혹은 청록색 세균과 공생하는 복합 유기체다. 지의류는 북극의 툰드라, 사막, 바닷가에 있는 돌, 유독한 화산암 더미와 같은 극한 환경에서도 자라며, 또한 열대우림이나 온대 지방의 나뭇잎 혹은 가지, 벽이나 묘비 같은 바위에 붙어 자라기도 한다.
- 지의류는 지구상 여러 곳에 퍼져있는 강인한 장수 식물이지만, 외부 환경 변화에 약해, 대기 오염 등의 환경 오염의 지표 생물로 지의류를 이용하기도 한다. 또한, 물감, 향수, 민간 약품을 제조할 때도 이용된다.

29 그림은 한 종의 토끼가 서로 다른 종으로 진화되는 과정을 나타낸 것이다.

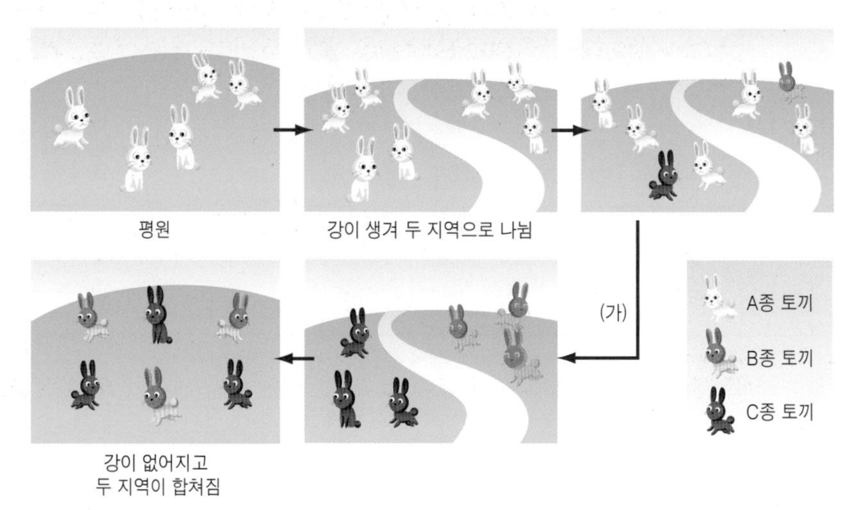

이에 대한 설명으로 옳은 것만을 〈보기〉에서 있는 대로 고르시오.

> **보기**
>
> ㄱ. 새로 생겨난 B와 C 종의 토끼는 유전자 구성이 같다.
> ㄴ. (가) 과정에서 B와 C 종은 A 종보다 환경에 더 잘 적응하였다.
> ㄷ. 토끼의 진화는 격리 → 자연선택 → 돌연변이 순으로 일어났다.

30 다음은 유전자 풀의 변화로 인해 진화가 나타나는 현상 중 하나를 나타낸 것이다.

> 북태평양의 코끼리 물개는 1900년대 사냥으로 인해서 겨우 20여 마리 밖에 없었다. 그러나 현재 사냥이 금지되어 10만 마리로 늘어난 상태이다. 그리고 현재 유전자 풀은 1900년대와 크게 달라졌다.

위 예시에 대한 가장 적절한 설명은?

① 돌연변이가 일어나 새로운 형질의 개체가 나타났다.
② 개체를 구성하는 집단 내부에서 자유로운 교배가 일어났다.
③ 집단의 일부가 새로운 환경에 정착하여 새로운 종이 선택되었다.
④ 환경에 적응을 잘하는 특정 형질을 가진 개체가 자연선택되었다.
⑤ 자연 재해, 먹이 부족 현상으로 우연히 특정 형질을 가진 개체가 많이 살아 남았다.

창의력을 키우는 문제

정답 및 해설 41쪽

추리 단답형

01 **다음 표는 생물의 진화 이론의 예시로 두 가지의 경우를 소개한 것이다.**

[가] 오스트레일리아의 슈거글라이더는 유대류(태아를 모체의 외부주머니에서 발생시킴)이고 북아메리카의 날다람쥐는 포유류(태아를 자궁 안에서 발생시킴)이다. 두 종은 다른 조상으로부터 독립적으로 진화했으나 비슷한 모양과 공중을 활강할 수 있는 능력을 가지고 있다.

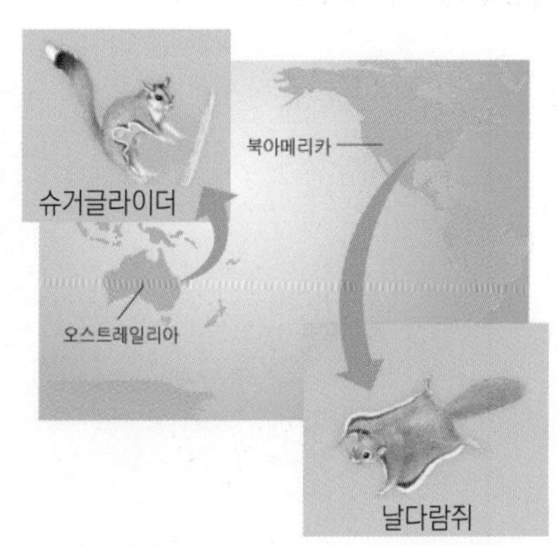

[나] 남미 대륙에서 1,000 km 떨어져 있으며 19 개의 섬으로 구성되어 있는 화산섬 갈라파고스 군도에서 다윈은 여러 종류의 핀치새를 관찰하였다. 그런데 이들의 부리 모양이 남미 대륙에 사는 핀치새와 다른 모습을 갖고 있었다. 다윈은 갈라파고스 군도 핀치새들의 서식지 및 먹이를 조사하여 부리 모양과 환경이 어떤 관계가 있는지 설명하고자 하였다.

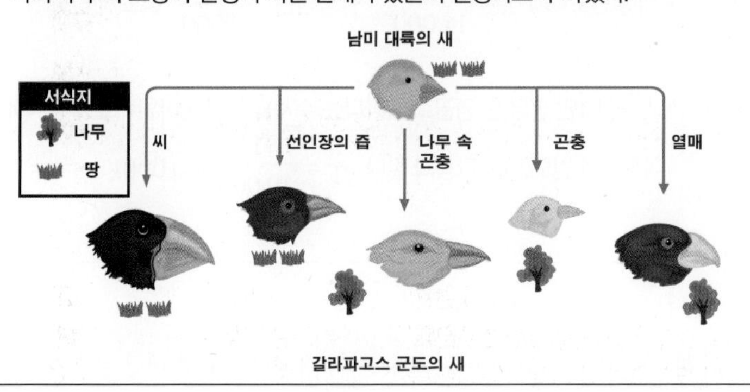

(1) [가]의 슈거글라이더와 날다람쥐가 비슷한 모양으로 진화된 원인과, [나]의 갈라파고스 군도의 여러 종류의 핀치새가 등장한 이유는 각각 무엇인가?

(2) [가]와 [나]에 등장하는 오스트레일리아의 슈거글라이더와 갈라파고스 군도의 멧새는 특정 지역에서만 볼 수 있는 종으로 그 원인을 진화 개념으로 설명할 수 있다. 빈칸에 알맞은 말을 '같은', '다른', '비슷한' 중 한 개로 채우시오.

[가] 내용에서 종이 (　　　) 슈거글라이더와 날다람쥐는 (　　　) 환경에 적응하면서 진화한 결과 날아다니는 능력을 공통적으로 갖고, 유사한 생김새를 갖게 되었다. 그러나 [나] 내용은 (　　　) 종의 개체가 각자 (　　　) 환경에 적응하여 부리 모양이 환경에 맞게 변한 것이다.

찰스 다윈
(Charles,R.Darwin. 1809~1882, 영국)

1859년에 다윈은 〈종의 기원〉이라는 책을 통해 진화론을 주장함으로서 생물학의 혁명을 불러왔다. 그는 동물이나 식물이 오랜 시간에 걸쳐 진화한다는 사실을 밝히기 위해 많은 지역을 여행하며 과학적 증거를 수집했다. 특히 1835년에 남미 에콰도르의 태평양 상에 있는 갈라파고스 섬을 탐사하여 생물 진화의 흔적을 찾아낸 것이 가장 유명하다

갈라파고스 군도

에콰도르
페루
브라질
갈라파고스 군도
태평양
산티아고
아르헨티나
발트라
산타크루즈
이자벨라
산크리스토발

『동물을 만지거나 먹이를 주지 않겠습니다. 쫓아가지도 않겠습니다. 육지에서 어떤 동식물도 가지고 들어가지 않겠습니다. 이 섬에서 저 섬으로 흙 한 톨 옮기지 않겠습니다. 이를 어겨서 발생한 문제에 대해서는 책임을…』
- 갈라파고스 군도로 가는 비행기 내 서약서의 일부 -

자연에 영향을 주는 어떠한 행동도 하지 않겠다고 서약을 해야만 들어갈 수 있는 곳이 바로 갈라파고스다. 19개의 섬으로 이루어진 갈라파고스 제도(諸島)는 에콰도르 본토에서 서쪽으로 1000㎞ 정도 떨어진 동태평양에 있다. 고립된 자연 환경은 오랜 시간에 걸쳐 고유한 생물종들을 탄생시켰는데, 특히 대륙에서 이동해 온 동물들이 정착한 섬의 환경에 따라 서로 다르게 진화한 모습은 많은 동물학자들을 흥분시켰다. '종의 기원'을 쓴 찰스 다윈도 그 중 하나이다.

PKU 증상

태어날 때는 정상인과 같지만 이후 섭취한 페닐알라닌을 소화시키지 못해 이것이 중추 신경계에 쌓이면서 신경계를 파괴한다. 그 결과 적절한 치료를 받지 않으면 대부분 정신 지체가 나타나고 땀과 소변에서 쥐오줌 냄새가 나며 구토, 습진이 발생하고 피부색과 모발색이 옅어진다.

PKU 처방

신생아들은 조기 검사를 통해 PKU 판정일 경우 페닐알라닌이 없는 이유식으로 저단백질 식이요법을 하면 증상이 경감될 수 있다.

▲ 특수 분유

▲ 환자들을 위한 특수제조 즉석밥

우리나라 민법 상 근친결혼 금지 조항

〈 제809조(근친혼 등의 금지) 〉

① 8촌 이내의 혈족(친양자의 입양 전의 혈족을 포함한다) 사이에서는 혼인하지 못한다.

② 6촌 이내의 혈족의 배우자, 배우자의 6촌 이내의 혈족, 배우자의 4촌 이내의 혈족의 배우자인 인척이거나 이러한 인척이었던 자 사이에서는 혼인하지 못한다.

③ 6촌 이내의 양부모계(養父母系)의 혈족이었던 자와 4촌 이내의 양부모 계의 인척이었던 자 사이에서는 혼인하지 못한다.

[전문개정 2005.3.31]

단계적 문제 해결형

02 다음은 선천성 대사 이상 질환 중의 하나인 페닐케톤뇨증 (phenylketonuria, PKU)에 관한 설명이다.

페닐케톤뇨증(PKU)이란 선천성 아미노산 대사 이상 질환 가운데 하나로서 아미노산의 일종인 페닐알라닌을 타이로신으로 전환시키는 효소가 결핍되거나 활성이 저하되어 혈액 또는 조직에 페닐알라닌이 축적되고, 소변으로 배출되는 것이다.

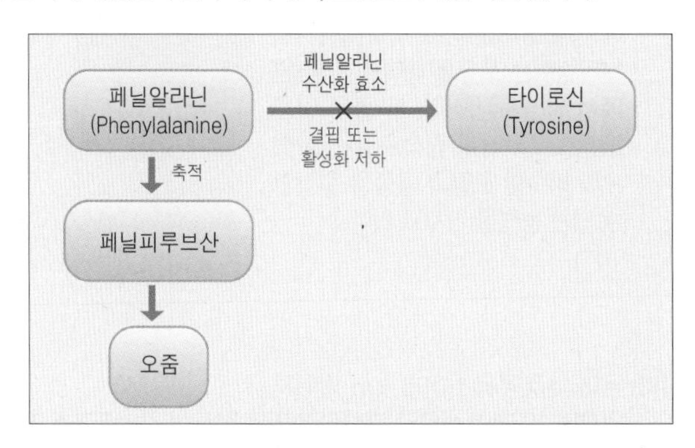

- 원인 : 열성 대립 유전자에 대해 동형 접합일 경우 나타나는 페닐알라닌 대사 이상
- 발생 빈도 : 백인은 $\frac{1}{14,000}$, 한국인은 $\frac{1}{70,000}$ 정도의 빈도
- 신생아 1만 명당 한 명꼴로 나타나는 수치를 하디 – 바인베르크 공식에 대입하면 PKU의 빈도(q)는 다음과 같다. $q^2 = \frac{1}{10,000} = 0.0001 \rightarrow q = 0.01$

(1) 하디-바인베르크 이론을 근거로 하여 PKU의 우성 대립 유전자 빈도를 구하시오.

(2) 집단의 크기를 1만 명으로 하였을 때 PKU 증세는 없지만 보인자인 사람은 전체 몇 명인가?

(3) 현대 사회 대부분의 국가에서 근친결혼을 법적으로 금지하고 있다. 그 이유를 PKU 발병율과 관련하여 설명하시오.

논리 서술형

03 다음은 영국 빅토리아 여왕 가문의 혈우병 유전 현상을 나타낸 것이다.

• **빅토리아 여왕의 가족 사진** (붉은 표시는 보인자)

• **빅토리아 여왕의 혈우병 가계도**

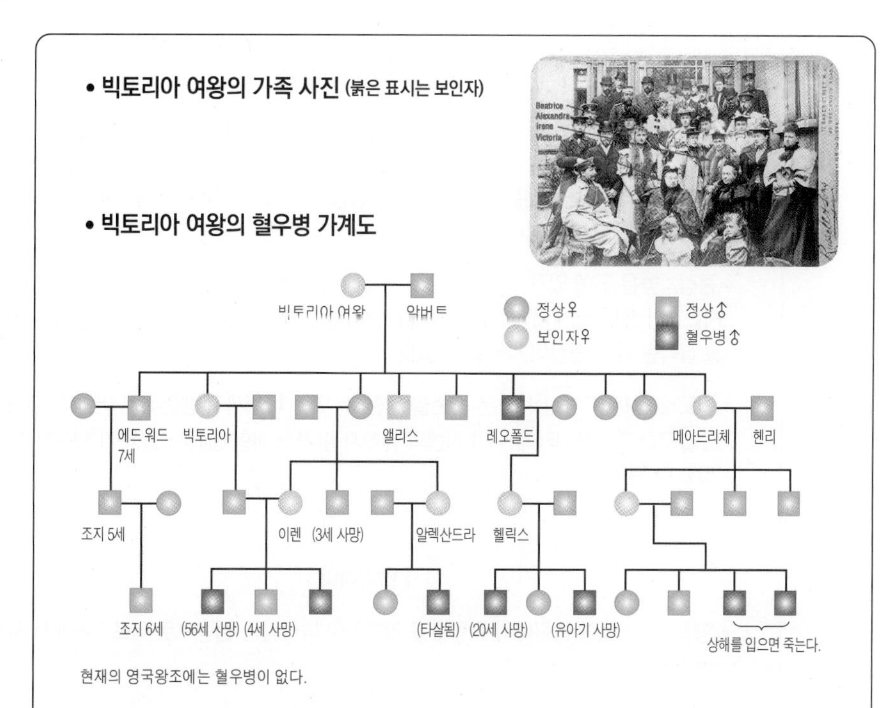

현재의 영국왕조에는 혈우병이 없다.

빅토리아 여왕의 외손녀인 알렉산드라는 러시아의 니콜라스 2세와 결혼하여 러시아에 혈우병을 전파시켰다.

알렉산드라는 어렵게 얻은 외아들이 혈우병 진단을 받자 애지중지 아들을 과보호하면서 키웠고, 아들에 대한 사랑으로 잘못된 판단을 자주 내렸다. 이에 라스푸틴은 당시에 혈우병을 치료할 방법이 없었음에도 불구하고, 자신이 혈우병을 치료할 수 있다며 알렉산드라에게 접근하여 신임을 산다. 신임을 바탕으로 라스푸틴은 알렉산드라는 물론, 자신의 이익을 위해 러시아 황제 니콜라스까지 마음대로 조정하게 된다. 그 결과 러시아의 부정 부패는 극에 달하게 되고 국민들의 반감도 커져갔다. 결국 이것이 1917년 러시아 혁명의 원인이 되어 러시아는 무너지게 되었다.

(1) 위 글을 읽고 혈우병 유전자의 최초 시작은 누구인가?

(2) 빅토리아 여왕은 9명의 자손을 낳았고 이들 중 4명의 딸을 유럽 전역의 왕실 가문에 시집을 보냈다. 그 결과 러시아 전역에 혈우병 유전자가 퍼지게 되었다. 그렇다면 위 가계도를 참고로 하여 대부분 남성에게만 혈우병 유전이 나타나는 이유를 설명하시오.

(3) 위와 같은 가계도 내에서 근친결혼이 빈번하게 일어났다면 혈우병 표현형은 어떻게 될지 유추해보시오.

혈우병

X 염색체에 있는 유전자의 돌연변이로 인해 혈액 내의 응고 인자(피를 굳게 하는 물질)가 부족하게 되어 발생하는 출혈성 질환을 말한다. 열성 유전 형질이다. 혈우병은 약 10,000명 중 1명 꼴로 발생한다.

혈우병 원인 - 혈소판 이상

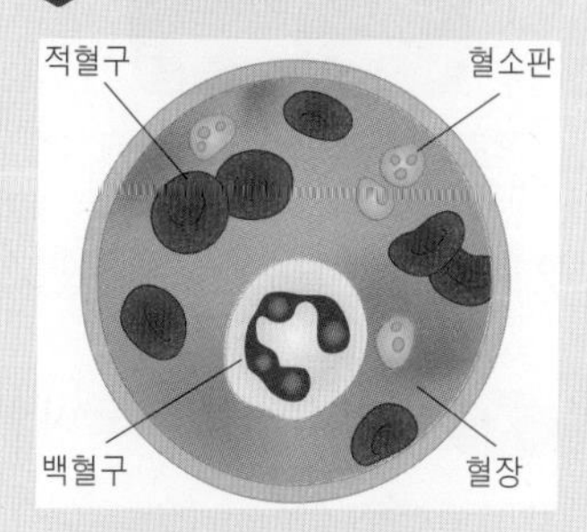

- 혈우병 A는 혈장 내 제 8 응고 인자가 부족한 병으로, X 염색체에 위치한 유전자의 돌연변이로 인해 제 8 응고 인자 생산에 장애가 발생하여 나타난다. 혈우병 B는 제 9 응고 인자가 부족하게 되어 발생한다. 원인이 되는 유전자 돌연변이의 종류는 현재까지 알려진 것만 500개 이상으로 매우 다양하다.
- X 염색체 열성으로 유전되어 대부분 남성에게 발생하며 이 경우 어머니에게 물려 받는다. 여성의 경우 보인자로 나타나 다른 정상 X 염색체에 의해 응고 인자 생산이 보완되므로 대부분 증상이 나타나지 않지만, X 염색체의 무작위 불활성(라이어니제이션, Lyonization) 현상으로 인해 응고 인자의 부족 정도는 개인마다 다르게 나타난다. 혈우병은 대표적인 유전성 질환이지만, 약 30% 의 경우는 자연적으로 발생한 돌연변이에 의해 가족력 없이 발생하기도 한다.

혈우병 치료

혈우병은 출혈의 예방 및 조절이 필요하다. → 제 8 응고 인자 또는 제 9 응고 인자를 포함한 혈장제의 수혈로 치료 가능하다. 또한 심각한 수준의 혈우병이 아닐 경우 데스모프레신(demopressin; DDAVP)이라는 약물을 사용하기도 하며, 기타 바이러스 벡터를 사용한 유전자 치료가 연구 중이다.

창의력을 키우는 문제

⬡ 겸형적혈구 빈혈증

낫 모양의 적혈구는 산소 운반 능력이 떨어져 빈혈을 일으킨다.

- 원인 : 적혈구의 헤모글로빈 단백질의 아미노산 1개가 바뀌어 나타난다.

정상 적혈구의 헤모글로빈 분자

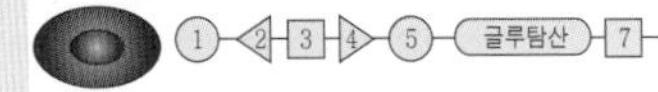

겸형 적혈구의 헤모글로빈 분자

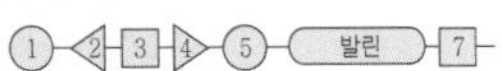

[정상 적혈구와 겸형 적혈구의 헤모글로빈 분자 비교]

- 치료 방법 : 주기적인 수혈을 하거나 약물 복용을 통해 가능하지만 완벽한 치료제는 현재까지 없다.

논리 서술형

04 **다음 제시된 자료를 읽고 물음에 답하시오.**

[겸형 적혈구 빈혈증]

- 원인 : 적혈구의 헤모글로빈 단백질의 아미노산 1개가 바뀌어 나타난다. 2개의 열성 대립 유전자가 있어야 겸형 적혈구 빈혈증이 나타나지만 1개만 있어도 표현된다. 즉, 공동 우성에 속하기 때문에 이형 접합자(잡종)인 경우에는 건강하게 지내다가 산소가 부족할 경우 증상이 나타난다.
- 증상 : 높은 곳에 있거나 육체적으로 스트레스를 받아 혈액 내 산소 분압이 낮아질 때 적혈구의 헤모글로빈 분자가 긴 막대로 뭉쳐져 낫 모양으로 변한다. 그 결과 관절이 붓고 심각한 감염 증상이 나타날 수 있다.
- 빈도 : 이 병을 가진 사람은 자손을 낳을 수 있는 나이까지 생존하기 어렵다. 그럼에도 불구하고 아프리카에는 이 질병의 유전자를 가진 이형 접합자(잡종)가 인구의 15 ~ 20% 나 된다.

[말라리아]

- 원인 : 말라리아 병원충이 적혈구를 파괴하여 나타나는 질병으로 아프리카에서 자주 발생한다.
- 특징 : 말라이아 병원충은 겸형 적혈구에서는 살지 못하기 때문에 겸형 적혈구 유전자를 가진 보인자의 적혈구에 말라리아 병원충이 감염되면 적혈구가 낫 모양으로 변하여 말라리아에 감염되지 않는다.

(1) 아프리카에 겸형 적혈구 빈혈증의 이형 접합자의 빈도가 다른 지역에 비해 높은 이유를 설명하시오.

(2) 아프리카에 높은 빈도로 있는 겸형 적혈구 유전자를 다윈의 진화설로 설명하시오.

(3) 아프리카 외 다른 지역에서 겸형 적혈구 유전자가 많이 발견되지 않는 이유는 무엇인가?

단계적 문제 해결형

05 다음 그림은 멘델의 법칙을 따르지 않는 유전 현상 중 '상위'에 대한 예시를 나타낸 것이다.

[쥐의 검은색 털과 갈색 털의 유전 현상]

- 특징 : 검은색 털(B)이 갈색 털(b)에 대해 우성이다. 그러나 이 한 쌍의 대립 형질이 표현되려면 색소 침착에 대한 유전자의 영향을 받는다. 이때 색소 침착 유전자(C)가 우성으로 표현될 경우에 털 색깔의 표현형이 나타난다. 만약 색소 침착 유전자가 열성 대립 형질 조합(cc)를 이룰 경우 털 색깔 유전자의 조합에 관계없이 해당 쥐는 흰색(알비노)으로 나타난다.

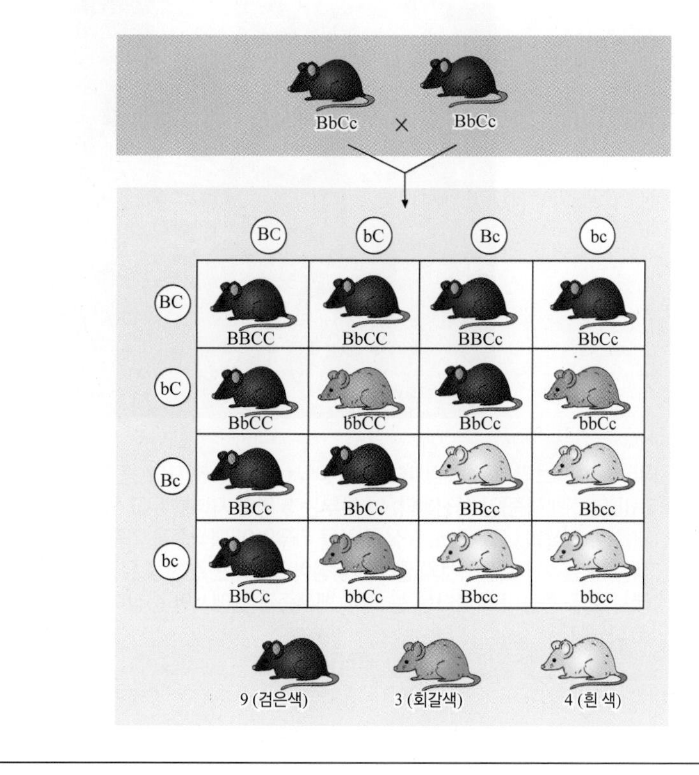

(1) 털 색깔 유전자와 색소침착 유전자의 관계는 어떤 관계인가?

(2) 멘델의 완두 실험에서 잡종 제 2 대에서 9 : 3 : 3 : 1 의 비율을 나타내었다. 그러나 위 실험의 경우 9 : 3 : 4 (= 3 + 1)로 나타난다. 그렇다면 이 실험은 멘델의 법칙 중 어떤 법칙에 해당되지 않는가?

(3) 만약 순종의 흰색 쥐와 순종의 검정 쥐를 교배할 경우 자손은 어떤 색깔을 갖게 되는가?

유전 현상 - 상위(Epistasis)

유전자의 상호 작용 중 상위는 하나의 유전자나 유전자 쌍의 발현이 다른 유전자나 유전자 쌍의 발현을 가로막거나, 혹은 변형시키는 경우이다. 관여된 유전자들은 때로는 가리는 효과가 일어날 때와 동일하게 표현형 특징의 발현을 조절한다. 그러나 다른 경우에서는 관여된 유전자들은 상보적이거나 협동적인 방법으로 힘을 발휘한다.

멘델의 법칙 예외 유전 현상

① 중간 유전 : 어버이의 중간 형질이 자손에게서 나타남
예) 분꽃의 색깔 유전 현상

② 복대립 유전 : 3개 이상 대립 유전자 간에 공동 우성 관계가 나타남.
예) ABO 혈액형 유전 현상

③ 다인자 유전 : 하나의 표현형 특징에 대하여 2개 이상의 유전자가 누적적으로 영향
예) 사람의 피부색

④ 치사 유전 : 특정 유전자를 갖는 개체를 어떤 시기에 죽게 만드는 열성 유전 현상.
예) 황색 집쥐 털색 유전

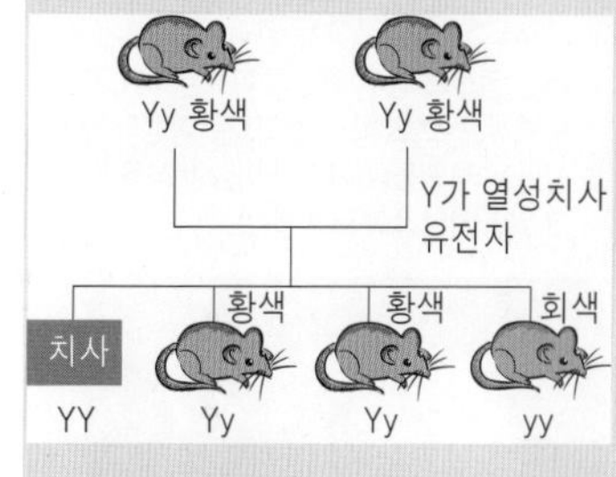

⑤ 크세니아 : 중복 수정하는 속씨식물에서 나타나는 현상으로 부계의 우성 형질이 바로 모계에서(암그루의 씨) 나타나는 것.
예) 벼, 옥수수

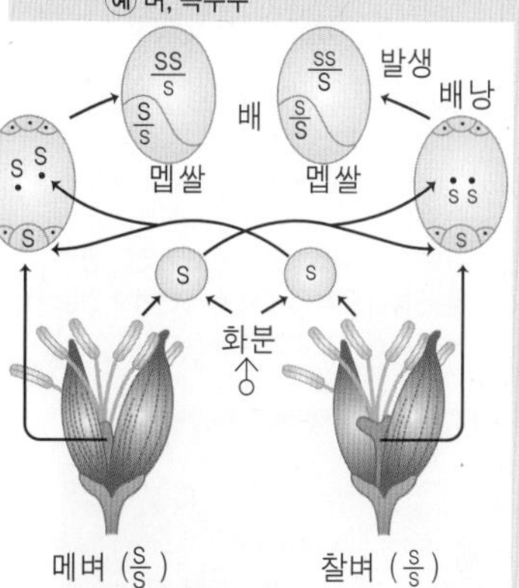

창의력을 키우는 문제

◯ 백색증(알비노증)

- 동물이나 사람의 눈, 피부, 머리카락 등에서 멜라닌 색소가 합성되지 않는 질병이다. 이것은 멜라닌을 생성하는 티로시네이스가 돌연변이에 의해 형성되지 않거나 부분적으로 형성되어 발생하는 선천성 유전 질환이다.
- 인간의 백색증은 전신성과 국한성으로 나눌 수 있다. 전신성은 상염색체성 열성 유전이며, 국한성은 상염체성 우성 유전(피부형과 눈)과 X 염색체성 열성 유전이 되는 것이 차이점이다.

◯ 백색증의 생존률

- 사람의 경우 색소 부족으로 인해 자외선을 차단하기 힘들어 피부암 발병률이 높아진다.

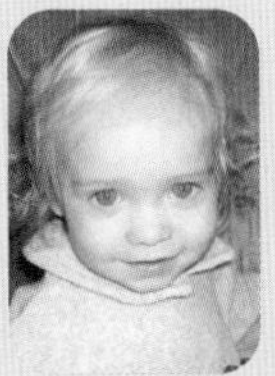

▲ 안구 색소 결핍으로 붉은 눈 나타남

- 다른 동물의 경우 햇빛을 가리는 색소가 부족하고 보호색도 없으므로 야생에서 살아 남기 힘들다. 게다가 이상한 색을 띠고 있어 사냥감이 되기 쉽다.

▲ 백호-알비노증 호랑이

- 드물지만 식물의 경우에도 알비노증이 나타난다. 꽃에만 엽록소가 없는 부분 백색증은 광합성이 가능하나, 어떤 식물은 엽록소가 전혀 없어서 잎도 흰색으로 변한다. 이런 식물들은 엽록소가 없어 양분을 만들지 못하기 때문에 주변에서 양분을 공급받지 못하면 죽는다.

▲ 알비노로 추정되는 방울토마토

추리 단답형

06 다음 제시된 글을 읽고 물음에 답하시오.

자녀는 백인?"…알비노 3 자녀 둔 흑인 부모

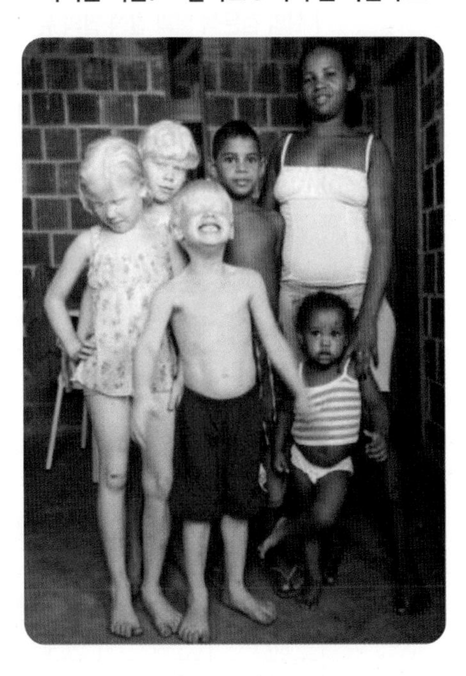

위 사진은 브라질의 흑인 부모 사이에서 태어난 5 자녀 중 3 명의 자녀가 알비노(Albino, 백색증)인 사진이다. 이 부부는 5 명의 자녀를 두고 있는데 그 중 10 살의 딸 캐롤린, 8 살의 아들 루쓰, 5 살의 아들 카우안이 백색증을 가지고 태어났다. 알비노(백색증)는 멜라닌 세포에서의 멜라닌 합성이 결핍되는 선천성 유전 질환으로 피부, 털, 눈에서 모두 증상이 나타나는 눈 피부 백색증과 눈에서만 증상이 나타나는 눈 백색증으로 나뉜다.

- 20XX. 09. 03 - 데일리 뉴스

(1) 위 기사 내용의 부모와 자손의 빈도를 보아 전신 백색증 유전자는 상염색체와 성염색체 중 어디 위에 있을 것이라 생각하는가?

(2) 백색증 유전자는 정상에 비해 우성인가 열성인가?

(3) 정상인 형제들이 보인자일 가능성은 약 몇 % 인가?

정답 및 해설 42쪽

추리 단답형

07 다음은 초파리 교배에 관한 내용이다.

모건은 순종인 야생형 파리와 검은색 몸과 흔적날개를 가진 돌연변이 파리를 교배하여 모두 야생형 표현형을 가진 잡종 제 1 대를 얻었다. 이 F_1 을 다시 검은색 몸과 흔적 날개를 가진 파리와 교배하여 2,300 마리의 자손을 얻었다.

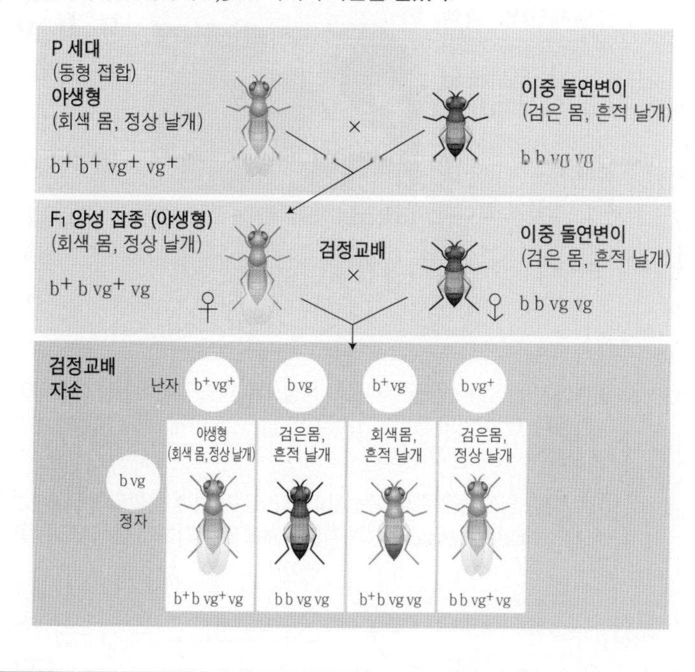

(1) 만약 몸 색깔 유전자와 날개 모양 유전자가 각각 다른 염색체에 있다면 F_2 의 비율은 어떻게 나타날 것인지 예상하시오.

(2) 만약 몸 색깔 유전자와 날개 모양 유전자가 같은 염색체에 있고 교차가 일어나지 않을 경우 F_2 의 비율은 어떻게 나타날 것인지 예상하시오.

(3) F_2 에서 위 그림 순서대로 965 마리 - 944 마리 - 206 마리 -185 마리를 얻었다면 재조합 빈도(교차율)는 얼마인가?

(4) 위 (3)에서 구한 빈도를 근거로 하여 몸 색깔 유전자와 날개 모양 유전자의 염색체 지도를 그리시오. (단위 : 재조합빈도 1 % 를 1 센티모건(cM)으로 표현한다.)

모건 (T.H.Morgan, 1866~1945, 미국)

동물학자·유전학자.

초파리(Drosophila) 실험을 통해 염색체 유전설(유전자가 염색체에 있다)을 확립했다. 더 나아가 그는 각각의 유전자는 염색체 위의 일정한 위치에 있으며, 대립 유전자는 각각 상동 염색체 위의 동일한 위치에 존재한다는 유전자설을 발표하였다.

실험 연구의 탁월한 선택 - 초파리

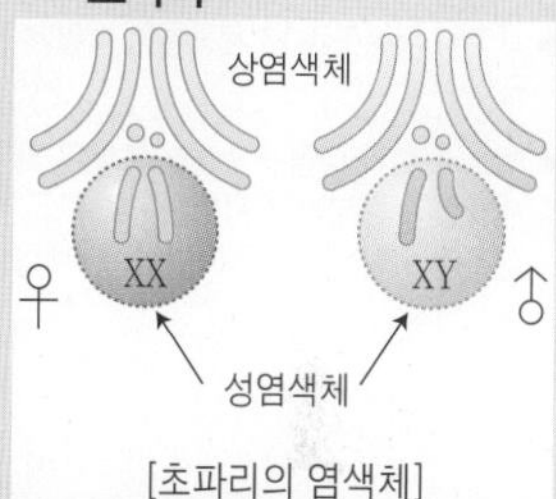

[초파리의 염색체]

번식력이 좋고 자유로운 교배가 가능하며 2n = 6 의 간단한 핵상을 가지고 있는 초파리는 유전 연구의 재료로 적격이었다.

완전 연관 ↔ 교차(=독립의 법칙)

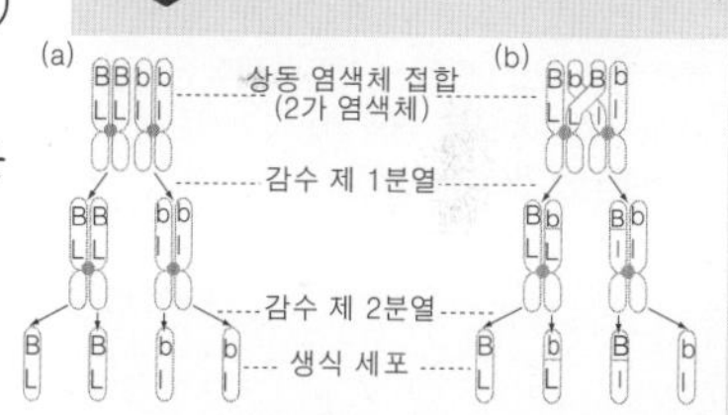

- (a) 완전 연관된 경우 : 2 종류의 생식 세포만 형성한다.
- (b) 교차율 50% 일 때 : 4종류의 생식세포를 형성하여 마치 B와 L 이 같은 염색체가 아닌 다른 염색체에 각각 존재하는 것과 같은 효과가 나타난다. 이렇게 각각 존재하여 유전될 때 독립의 법칙이 성립하므로 연관되어 있더라도 교차율이 50% 라면 독립의 법칙이 성립한다고 볼 수 있다.

염색체 지도 그리기

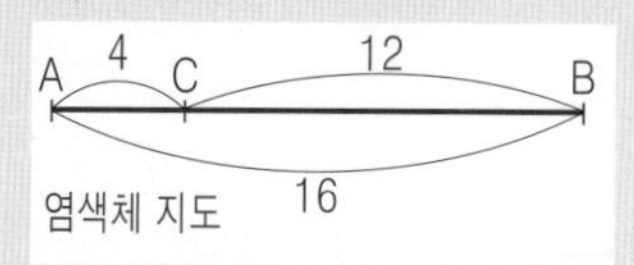

C 와 B 교차율 = 12%, A 와 B 교차율 = 16% 일 때 염색체 지도

창의력을 키우는 문제

백혈병 종류

- 질병 진행 속도에 따라 급성과 만성으로 구분할 수 있다. 치료를 하지 않을 경우 급성은 2 ~ 3개월 이내, 만성은 5년 이내 사망할 수 있다.
- 질병 세포에 따라 림프 구성과 골수성으로 나눌 수 있다. 림프구는 골수에서 만들어진 면역 세포이며, 골수는 뼈 사이를 채우고 있는 물질로 적혈구나 백혈구, 혈소판과 같은 혈액 세포를 만들어 공급하는 조직이다. 많은 줄기 세포가 존재한다.

백혈병 세포

- 골수의 대부분의 큰 세포들이 백혈병 세포이이다.
- 세포가 주위 적혈구에 비하여 매우 크며 세포질이 풍부하고 과립들이 보이고 핵 가운데 인이 뚜렷이 보이는 것이 백혈병 세포이다.

백혈병 원인

아직 확실하게 밝혀진 것은 없으나 유전적 요인으로 염색체 수가 모자라거나 더 많거나, 숫자는 맞아도 약한 염색체가 있는 경우 백혈병에 걸릴 수 있고, 환경적 요인으로 화학 약품과 방사선 감염, 바이러스 감염은 극소수의 사람에게 백혈병을 유발할 수 있다. 면역 요인은 같은 조건이라도 어떤 사람에게는 병이 되고 어떤 사람에게는 아무 문제가 되지 않는 것으로, 면역 기능의 개인차에서 비롯되는 것으로 추정된다.

염색체 구조 이상

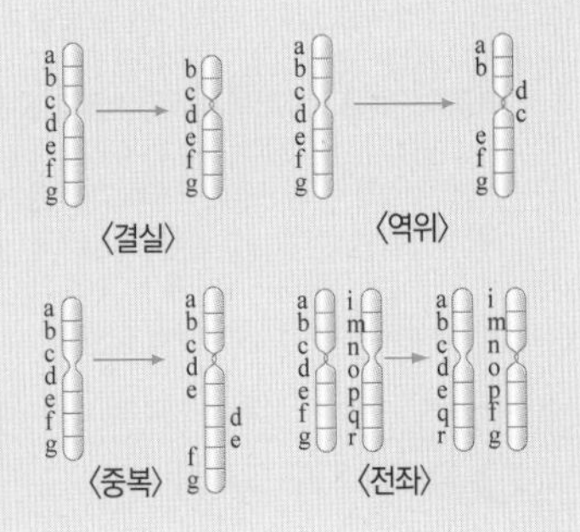

추리 단답형

08 다음은 만성 골수성 백혈병에 관련된 글이다.

만성 골수성 백혈병(CML)이란?

- 원인 : 필라델피아 염색체(9번 염색체 일부(abl 부위)와 22번 염색체 일부(bcr 부위)가 교환되어 22번 염색체 쪽에 bcr - abl 이라는 비정상 돌연변이 염색체가 생겨서 나타난다.

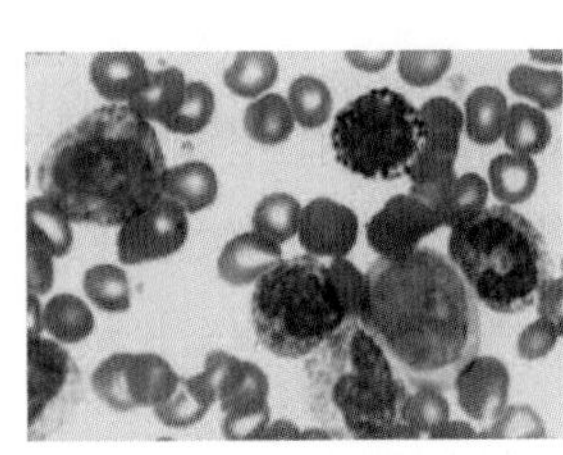

〈만성골수성백혈병 환자의 말초 혈액〉

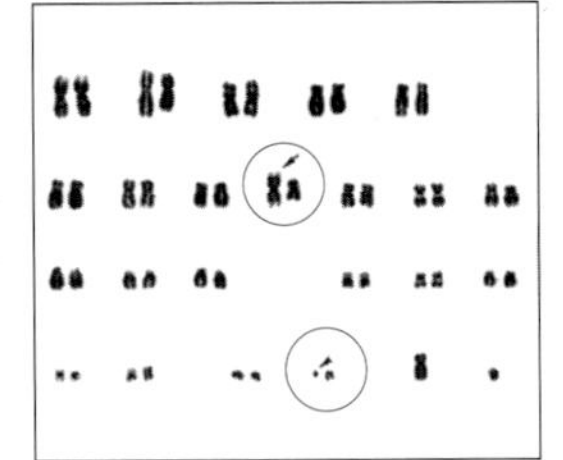

〈만성골수성백혈병 환자의 필라델피아 염색체〉

- 증상
  - 골수에서 비정상적인 골수세포의 생성으로 백혈구가 무한정 생산되어 정상 세포수를 능가한다. (정상인의 경우 : 1μl당 10 만 ~ 25 만개 정도, 백혈병 환자의 경우 : 1μl당 30 만 ~ 100 만 개 정도)
  - 서로 다른 염색체에 존재하는 Abl 과 Bcr 이 함께 융합되어 Bcr - Abl 하이브리드 효소(hybridenzyme)가 생겨 백혈구 세포를 과다하게 증식시키는 증상을 보인다.

▲ 만성 골수성 백혈병(CML)과 관련된 전좌

거의 모든 CML 환자의 암세포는 필라델피아 염색체라 불리는 비정상적으로 짧은 22번 염색체와 비정상적으로 긴 9번 염색체를 가지고 있다. 이렇게 변형된 염색체들은 그림과 같이 전좌 결과 생긴 것이다. 아마도 골수 내 백혈구 모세포에서 유사분열이 일어나는 동안 하나의 세포에서 전좌가 일어난 후 자손 세포로 물려주었을 것이다.

(1) 만성 골수 백혈병의 원인은 염색체의 구조적 이상으로 볼 수 있다. 위 현상은 구조적으로 어떤 이상을 의미하는가?

(2) 위 염색체 이상이 부모의 생식 세포 형성 과정에서 일어났을 경우 감수분열의 어느 단계로 추정되는가?

(3) 위 질환을 가진 부모의 자손도 똑같은 질병을 겪게 되는가? 백혈병의 유전적 요인에 관련하여 이야기해 보자.

논리 서술형

09 **다음은 AIDS 를 일으키는 인간면역결핍 바이러스(HIV)를 치료하기 위한 약물의 저항성에 관한 글이다. 물음에 답하시오.**

HIV가 자신의 유전체를 인간의 DNA로 복제하는 과정에서 사용하는 효소의 기능을 억제하기 위해 3TC 약물을 제조하였다.

그러나 이 약물에 대하여 저항성을 가지는 소수의 HIV 변이체가 나타났다. 이 변이체들은 평소에 일반 HIV 에 비해 복제 속도가 느린 편이다. 그러나 3TC 약물 투입이 되면 급속도로 복제되어 HIV 바이러스의 대부분이 저항성을 가지는 HIV 변이체로 구성된다.

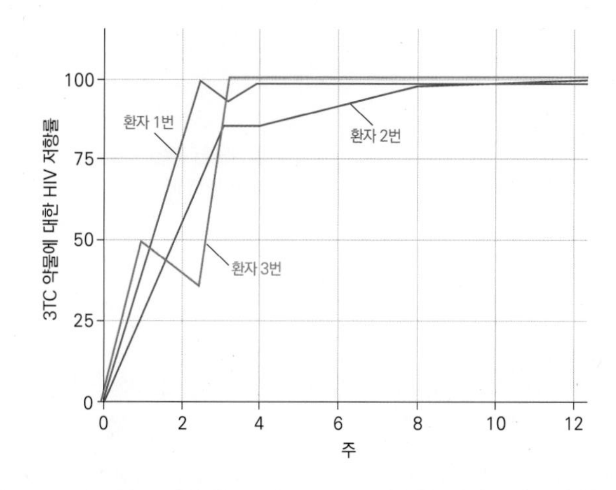

이 현상은 3TC 약물 투입 시점부터 소수의 저항성 HIV 변이체가 자연 선택되는 효과가 나타났기 때문에 환경에 가장 잘 적응한 저항성 HIV 변이체가 생존하여 자손을 번식한 것으로 볼 수 있다.

그러나 이 상황은 오히려 3TC 약물 투약을 끊었을 때 달라질 수 있다.

(1) 다음 진술은 정확하지 않다. 그 이유를 설명하시오.

" 항 - HIV 약물이 바이러스의 약에 대한 저항성을 창조하였다."

(2) 다윈의 진화 개념을 적용하여 HIV 변이체의 증폭된 현상을 단계적으로 설명하시오.

(3) HIV를 치료하고자 할 때 약물의 저항성을 고려하여 어떤 치료 방법을 고안해야 할지 생각해 보자.

HIV

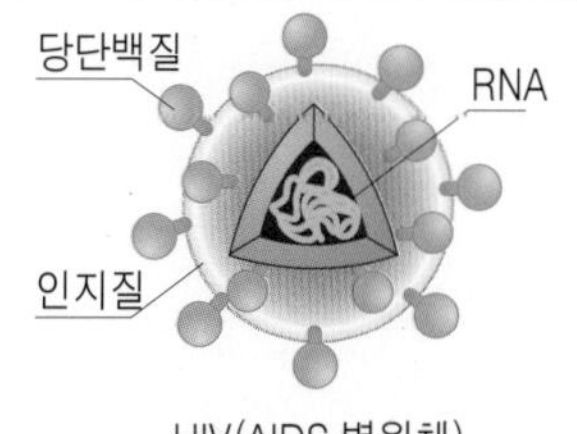

HIV(AIDS 병원체)

에이즈(AIDS) 또는 후천성 면역 결핍 증후군(Acquired Immune Deficiency Syndrome) 일으키는 전염성 바이러스인 HIV는 레트로바이러스이다. 레트로바이러스는 숙주 세포에 침입하여 사신의 RNA 를 DNA 로 역전사한 후 숙주 세포의 DNA 에 끼어 들어가 증식한다. 특히 역전사 과정을 일으키는 역전사 효소(reverse transcriptase)는 일반적인 DNA 복제 효소와는 달리 오류 정정 기능이 없기 때문에 많은 돌연변이를 일으키게 되어 HIV 는 매우 쉽게 변이된다. 임상 연구에서는 에이즈에 감염된 환자가 여러 가지 변종의 HIV 를 지니고 있는 경우가 자주 보고되고 있다.

에이즈 치료 방법

에이즈를 완치시킬 수 있는 방법은 아직 개발되지 않았고, 치료 방법에 대한 논란도 적지는 않다. 하지만 1995년에 시작된 일종의 칵테일 요법인 고활성 항바이러스 요법(highly active anti-retroviral therapy, 이하 HAART 요법)이 HIV 질환의 진행을 늦추고 생존 기간을 연장시키는 데에 획기적인 성과를 나타내면서, 에이즈는 죽음에 이르는 병에서 조절 가능한 만성 질환으로 인식 전환이 이루어지고 있다. 그러나 이러한 항바이러스 제제를 이용한 에이즈 치료의 경우 장기간의 약물 사용으로 인한 부작용, 약물에 저항하는 내성 바이러스의 출현, 인체 내에 약물이 작용하지 않는 약물성역의 존재, 고가의 치료비 부담은 여전히 풀리지 않는 문제로 남아있다.

창의력을 키우는 문제

자연선택설
- 다윈이 1859년 발표

생존 경쟁에서 유리한 형질을 가진 종이 살아남고, 그들은 유리한 변이 형질을 자손에 계속 전달함으로써 새로운 종이 형성된다.

과잉 생산 → 개체변이 → 생존 경쟁 → 적자생존 → 종의 다양화

인위선택

자연적으로 일어난 생존경쟁에 의한 적자생존이 자연선택이라면 인위적으로 선택하여 진화를 시킨 것을 인위선택이라 한다. 가축이나 애완동물의 품종 개량을 통해 새로운 종을 만드는 것이 그 예이다.

▲ 애완견의 다양한 품종 개량

현대의 진화론

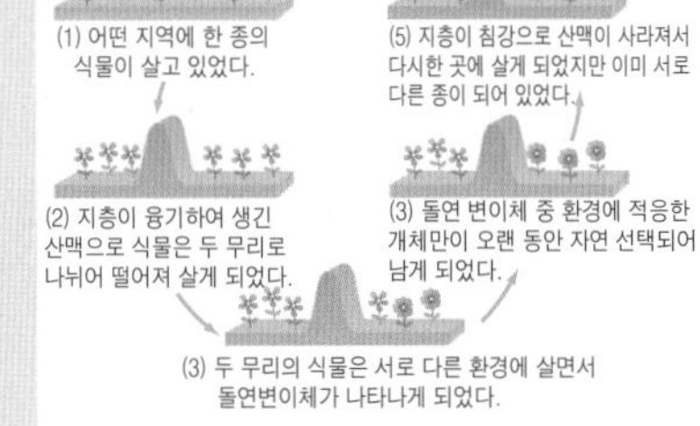

(1) 한 종의 식물 집단이 있었다.
(2) 지층의 융기로 식물 집단은 두 무리로 떨어져 살게 되었다. (생식적 격리)
(3) 두 무리의 식물은 서로 다른 환경 속에서 살면서 돌연변이가 일부 나타났다.
(4) 돌연변이 중 환경에 적응한 개체가 살아남아 자손을 남겼다.
(5) 세월이 지나 지층의 변화로 두 무리가 다시 한 곳에 살게 되었지만 이미 두 무리는 서로 다른 종이 되어 있었다.

추리 단답형

10 **다음 그림은 자연선택의 다양한 방식을 나타낸 것이다.**

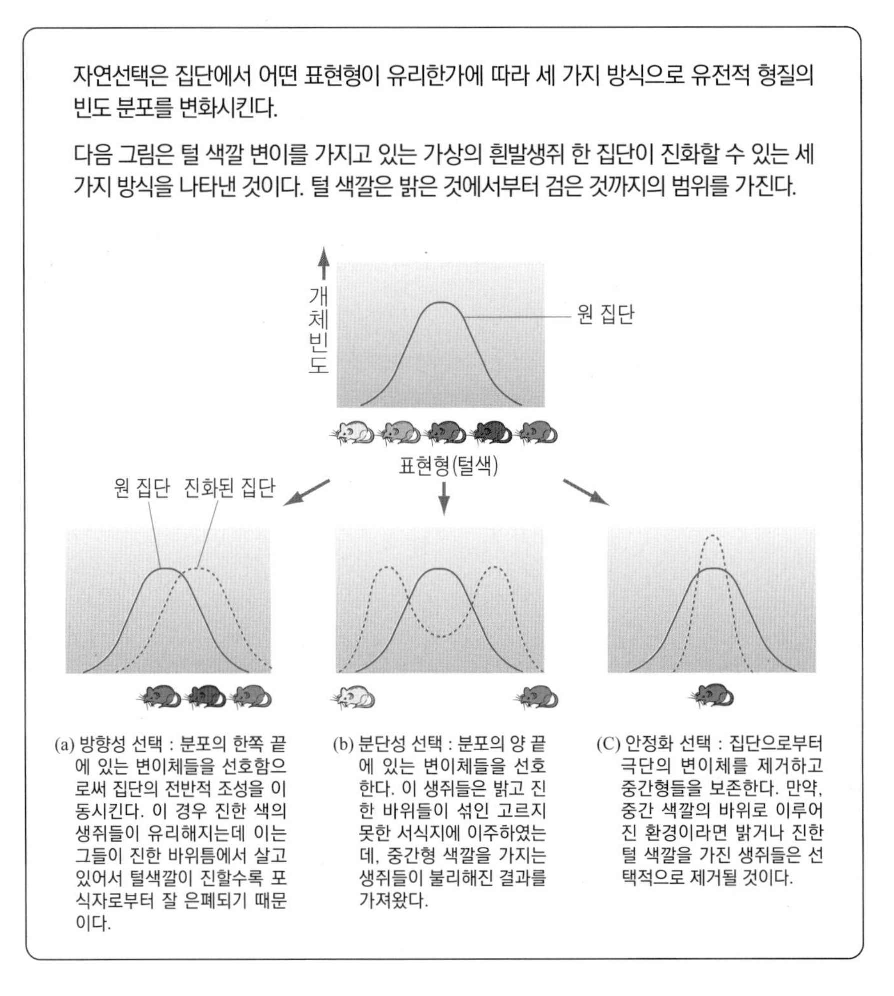

다음 사례에 해당하는 자연선택의 방향이 위 세 가지 중 어느 것에 해당하는지 고르고 진화 과정을 설명해 보시오.

(1)『화석상 증거로 보아 유럽 흑곰의 평균 크기가 매 빙하기 때마다 증가하였고, 간빙기 때는 다시 감소하였다.』

(2)『카메룬의 씨앗을 쪼아 먹는 핀치새 집단에서는 오로지 두 가지의 부리 특성이 나타난다. 작은 부리 집단은 부드러운 씨앗을 주로 먹고 큰 부리 집단은 딱딱한 씨앗을 먹는다. 중간 크기 부리는 거의 나타나지 않는다.』

(3)『사람의 갓난아이 체중은 거의 3 ~ 4kg 이다. 이보다 더 작거나 큰 아이들은 병에 걸리거나 사망할 확률이 높다.』

(4) 위 세 가지 자연선택 방식 중 유전적 변이를 증가시키는 방식을 하나 고르고 그 이유를 설명하시오.

논리 서술형

11 다음 표는 인간 지놈 프로젝트에 관한 일부 기사를 나타낸 것이다.

'유전자·질병 가장 많은 1번 염색체 완전 해독'

23쌍의 인간 염색체 중에서 가장 유전자가 많고 관련된 질병도 많은 제 1번 염색체가 완전 해독됐다. 이에 따라 인간의 23쌍 염색체 해독이 모두 마무리됐으며, 이른바 '생명의 책'이라 불리는 인간 지놈 유전자 지도가 최종 완성됐다.

18일 과학 잡지 네이처에 따르면 영국 생거 연구소의 사이먼 그리고리 박사 등 영국과 미국의 과학자 150여 명이 지난 10년 간의 작업 끝에 제 1번 염색체의 완전한 유전자 지도를 완성했다.

연구팀은 <u>제 1번 염색체는 3141개 유전자로 구성</u>되어 있으며 이 염색체의 유전자 결함으로 발생하는 질병은 알츠하이머병, 파킨슨병, 자폐증, 암, 정신지체증후군, 포르피린증 등 350가지에 이른다고 밝혔다. 또 1번 염색체에는 인간 지놈의 전체 염기쌍 30억개 가운데 약 8 %에 해당하는 2억 2300만 개가 들어있다고 말했다.

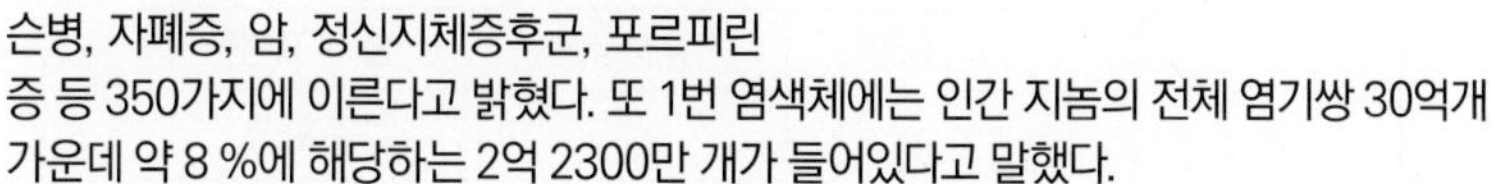

지놈이란 한 개체가 지닌 유전자 세트를 말하며, 이는 생명 현상의 유지 및 모든 형질의 발현에 필요한 하나의 단위다. 인간 지놈은 22쌍의 상염색체와 1쌍의 성염색체, 즉 23쌍의 서로 다른 염색체로 이루어져 있다. 상염색체 중 제 1번 염색체가 다른 염색체들에 비해 유전자가 2배나 많은, 가장 긴 염색체이다.

- 20XX. 05. 18 국민일보 -

(1) 위 기사를 근거로 하였을 때 인간 지놈 프로젝트의 궁극적인 목적은 무엇인가?

(2) 위 자료에서 밑줄 내용은 결국 1번 염색체에 3141개의 유전자가 연관되어 있다는 뜻이다. 보통 사람의 유전자 수는 약 10만 쌍이지만 상동 염색체는 23쌍이므로 각 상동 염색체에는 평균 4,000여 쌍의 유전자가 연관되어 있는 셈이다. 이렇게 같은 상동 염색체에 연관되어 있는 유전자 전체를 연관군이라 하는데, 사람의 연관군은 몇 개인가?

(3) 1번 염색체에는 질병을 일으키는 유전자가 많다고 한다. 그렇다면 이 유전병 중 한 가지가 나타난 사람은 다른 유전병도 걸릴 수 있다는 의미인가? 연관과 교차를 근거로 하여 설명하시오.

인간 지놈 프로젝트 (HGP : Human Genome Project)

인간 지놈 프로젝트는 인간이 가진 모든 유전자의 위치와 염기 서열을 밝히기 위한 연구 계획으로, 지난 1990년 미국 영국 일본 등 15개국이 주축이 되어 출범했다. 2001년 23쌍 염색체의 유전자 지도가 최종 완성됨에 따라 질병의 초기 진단이 가능하고, 같은 질병이라도 그 정도와 유전적인 형태에 따라 치료 방법이 달라져 많은 난치병 정복에 도움이 될 것으로 보인다.

프로테오믹스(= 단백체학)

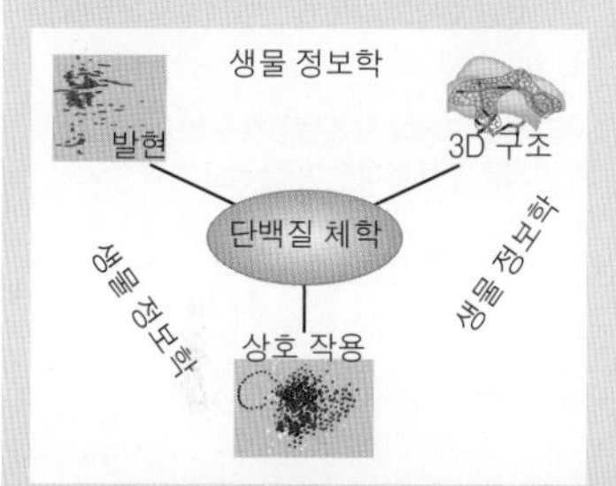

- 유전체가 단순한 생명의 청사진이면서 정적인 생명 정보라면 단백질의 총 집합체인 '단백체' 또는 '프로테옴'은 생명의 구조적 기능적 분자체로서 생명 현상의 움직이는 동영상의 스냅 사진과도 같다. 이것은 인간 지놈의 염기 서열을 통해 알고자 했던 인간 질병을 조기에 진단할 수 있는 새로운 바이오마커를 찾고, 또한, 질병에 대한 적절한 새로운 신약을 개발하는데 도움이 될 것으로 믿고 있다.
- 지놈(DNA)의 자료를 토대로 하여 DNA → RNA → 단백질 → 물질대사 과정의 전체 경로를 찾고자 하는 학문이다.

연관군

한 염색체에 함께 연관되어 있는 유전자 전체를 뜻하며 한 생물이 가지는 연관군의 수는 생식 세포의 염색체 수(n)와 같다.

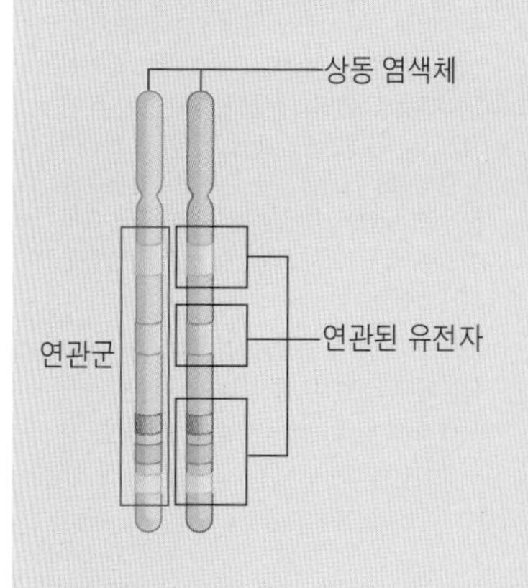

창의력을 키우는 문제

단계적 문제 해결형

12 **다음 내용은 고양이 털 색깔 유전 현상을 나타낸 것이다.**

'무늬만 봐도 고양이 성별을 알 수 있다?'

고양이 털 색을 결정하는 유전자는 약 10개 정도가 연구되어 있다. 이 유전자들은 각각 다른 염색체에 위치하여 발현되기 때문에 다양한 고양이 무늬를 만들 수 있다. 그 중 삼색 고양이(거북무늬고양이)를 만드는 X 염색체 위에 있는 털 색깔 대립 유전자는 B 주황색 유전자, b 검은색 유전자로 공동 우성을 나타낸다. 그 결과 고양이의 털색은 주황색, 검은색, 거북무늬(주황색 + 검은색)색이 암,수 빈도가 다르게 발생한다.

성별	유전자형	털 색 표현형
♂	X^BY	주황색
	X^bY	검은색
♀	X^BX^B	주황색
	X^BX^b	거북무늬
	X^bX^b	검은색

이 때 거북 무늬는 고양이 털색이 부분적으로 주황색이 나타나는 곳과 검정색이 나타나는 곳이 혼합되어 보이는 무늬를 뜻한다.

이렇게 X^BX^b의 표현형이 세포마다 B 또는 b 로 무작위적으로 발현되는 현상은 X 염색체 불활성화 기작으로 설명될 수 있다.

(1) 주황색 고양이(♂)와 검은색 고양이(♀)를 교배시켰을 때 자손의 가능한 털 색깔을 성별로 구분하여 모두 서술하시오. (단, 실험에 사용된 고양이의 모든 X 염색체는 털색 유전자 B 또는 b를 반드시 가지고 있다.)

(2) 거북무늬 암고양이는 흔하지만 거북무늬 수고양이는 굉장히 희귀하다. 만약 거북무늬 수고양이가 나타났다면 이 고양이의 성염색체 유전형은 어떻게 될 것인가?

(3) 위 글에서 설명하고 있는 X 염색체 불활성화 현상이 사람에게 나타날 때 남성과 여성 중 어느 성에서 일어날 수 있는 현상인가? 이때 이 X 염색체 불활성화가 나타나지 않는다면 어떤 문제점이 발생할까?

X 염색체 불활성화

거북무늬 유전자는 주황색 털 X 염색체와 검은색 털 X 염색체가 대립 유전자로 모두 존재해야 한다. 즉, 정상적인 경우 암컷만이 거북무늬가 나타날 수 있다.

거북무늬가 나타나는 이유는 부분적으로 주황색 털이 나타나는 부분과 검은 털이 나타나는 부분이 혼합되어있기 때문이다.

주황색 털이 나타나는 부위의 세포는 주황색 털 X 염색체와 검은색 털 X 염색체가 같이 존재하지만 검은색 털 X 염색체가 불활성화 기작으로 표현되지 못하고, 검은색 털이 나타나는 부위의 세포는 이와 반대로 두 개의 X 염색체 중에 주황색 털 X 염색체가 불활성화 되기 때문이다.

이렇게 불활성화 된 X 염색체를 바소체(막대 모양처럼 생겨 붙여진 이름) 라고 한다.

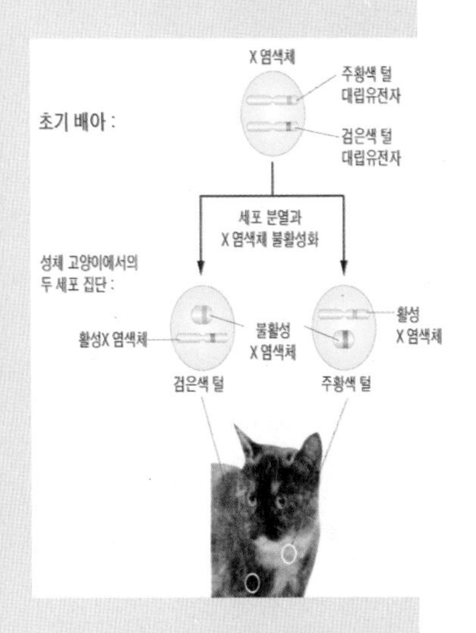

바소체(barr vodies)란?

간기 시기에 진하게 염색되는 이질염색질(heterochromatin) 덩어리로 불활성화된 X 염색체를 나타낸다.

포유류에서 수컷은 하나의 X 염색체를, 암컷은 두 개의 X 염색체를 갖고 있다. 따라서 암컷에서 두 개의 X 염색체 위에 있는 유전자가 모두 활성화되어 만들어진다면 하나의 X 염색체를 가지고 있는 수컷보다 2배나 많은 양의 유전자 산물을 합성하게 된다. 이러한 것은 불균형을 초래하여 정상적인 발생을 하지 못한다.

따라서 암컷의 X 염색체 하나를 응축시켜 불활성화시켜 평형을 유지하는데 이것을 유전자량 보정 (dosage compensation)이라고 한다.

단계적 문제 해결형

13 다음은 태아의 산전 검사를 소개한 글이다.

"우리 아기는 건강할까?"

현대 사회 여성의 결혼과 출산이 늦어짐에 따라 임신했을 경우 산전 검사를 통해 태아의 유전적 이상을 진단할 필요성이 늘어나고 있다. 특히 기형아 출산 경험이 있거나 35세 이상의 고령 산모의 경우, 반드시 핵형 분석이 가능한 산전 검사를 하도록 권장하고 있다.

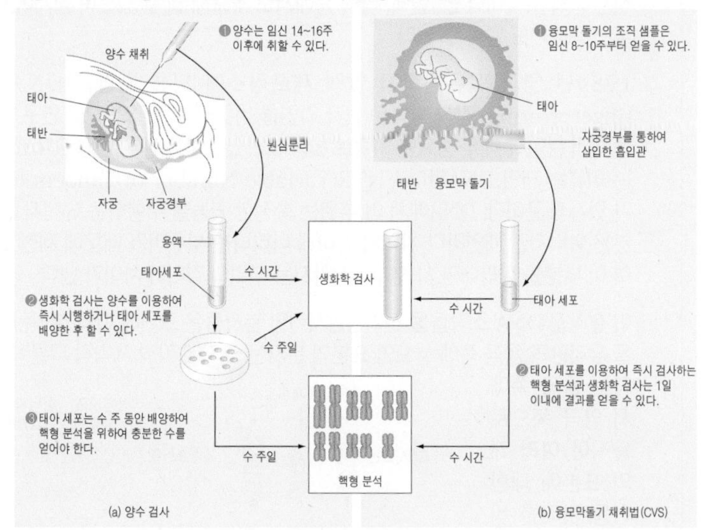

① 양수 검사
- 시기 : 임신 15 주 ~ 20 주 정도에 실시
- 방법 : 가느다란 주사 바늘로 자궁 내의 양수를 일부 채취하여 생화학적 분석을 하거나 핵형 분석을 할 수 있다.

② 융모막 검사
- 시기 : 임신 10 주 ~ 13 주
- 방법 : 구부러지는 가느다란 관을 임산부의 자궁에 삽입하여 태반의 융모막에서 융모 세포를 채취한다. 이를 실험실에서 배양한 후 핵형 분석을 하면 태아의 유전적 이상을 진단 할 수 있다.

(1) 위 검사를 통해 핵형 분석 한 결과 오른쪽 그림과 같이 태아의 염색체가 판별되었다. 기형 여부를 판별하시오.

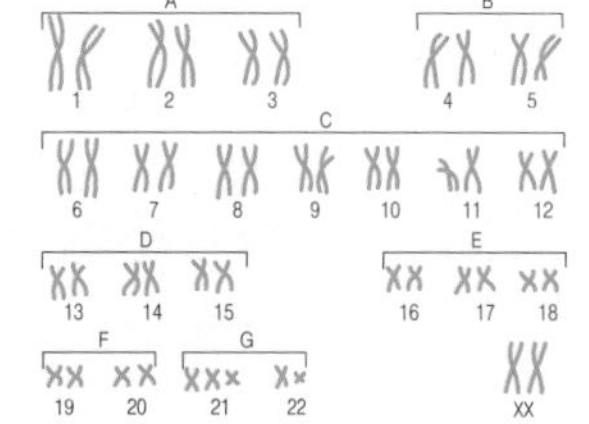

(2) 핵형 분석 검사를 하면 염색체의 수와 구조 이상을 알 수 있다. 그러나 이 검사만으로는 혈우병 유전 여부를 알 수 없다. 그 이유는 무엇이며, 혈우병 여부를 알기 위해서는 어떤 과정이 필요한지 서술하시오.

(3) 위 검사는 98 % 이상의 정확도로 태아의 유전적 질환을 미리 파악할 수 있다는 장점이 있으나 태아의 주변 환경에 미세한 변화를 일으킬 수 있어 검사 과정에서 태아에게 이상을 초래하거나 유산을 일으킬 위험성도 일부 존재한다. 그렇다면 다른 방법으로 산전 검사를 하는 방법은 없을까?

태반

- 지름 20cm, 두께 2.5cm 의 원반 모양으로 수정란의 일부가 자라서 물질 전달을 담당하는 융모막으로 변하고, 자궁의 일부는 태반의 가장 바깥 부분을 둘러싸는 탈락막으로 변한다. 즉, 모체와 태아의 세포가 섞여 만들어진 기관이다.

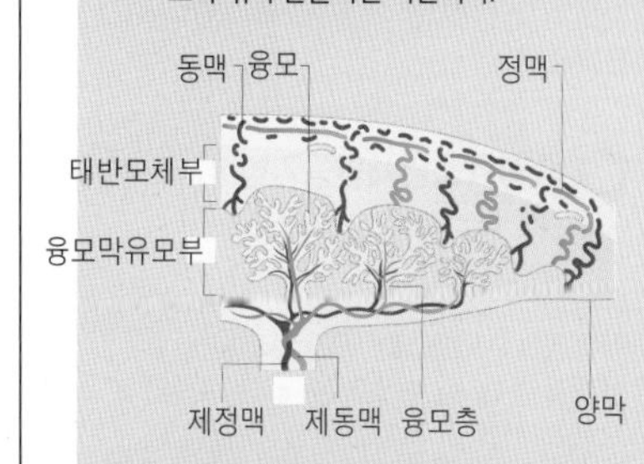

- 산모의 혈관과 태반의 혈관 사이에는 조직액이 있어 산모의 혈액과 태아의 혈액이 섞이지 않으면서 산모의 혈액 속 산소와 양분은 태아로 전달하고, 태아의 이산화탄소와 노폐물은 산모에게 전달한다.
- 만약 산모의 혈액이 태아에게 직접 전달된다면? - 혈액 속의 항체와 식균세포들은 태아의 세포를 공격해 죽일 것이다. 다행히 태반 덕분에 산모의 혈액은 태아를 공격하지 않는다.
- 태반이 모든 물질을 걸러내는 것은 아니다?! - 지용성으로 크기가 작은 분자들은 태반을 쉽게 통과할 수 있다. 대표적인 예가 니코틴, 알코올이다. 만약 산모가 흡연을 하거나 음주를 하면 니코틴과 알코올은 태반을 유유히 통과해 태아에게 그대로 전달된다. 또 세균은 통과하지 못하나 이보다 작은 바이러스는 태반을 통과할 수 있다. 풍진, 수두 등이 대표적이다. 따라서 결혼한 여성은 자신이 아이를 갖기 전에 이들 바이러스에 대한 항체가 있는지 검사해야 한다.

양수

- 양막으로 둘러싸인 주머니 안을 채우고 있는 물
- 건조함, 온도 변화, 외부의 충격으로부터 태아를 보호

초음파 검사

태아의 선천성 기형을 판단할 수 있어 산전 검사 시 거의 필수적으로 실시하고 있는 검사 방법이다.

DNA 지분 감식법
- 1984년 발표

'제한 효소 절편 길이 다형성 (RFLP: Restriction Fragment Length Polymorphisms)'
DNA를 확인하는 가장 표준적인 방법으로 제한 효소를 이용하여 DNA의 특정 부위를 자르면 다양한 길이의 DNA 조각이 나오게 된다. 전기 영동을 통해 검사 결과 해석이 쉽다는 장점이 있지만 시간이 오래 걸린다는 단점이 있다.

중합효소연쇄반응기법
(PCR : Polymerase Chain Reaction)

적은 양의 DNA를 짧은 시간 안에 수천, 수만 배로 증식시킬 수 있어 한 개의 세포핵만으로도 무한대로 복제할 수 있다는 장점이 있는 반면, 상대적으로 소수의 사람들을 대상으로 한다는 한계가 있다.

제한 효소
- 일종의 DNA 가위

종류에 따라 자르는 부위가 다르다.

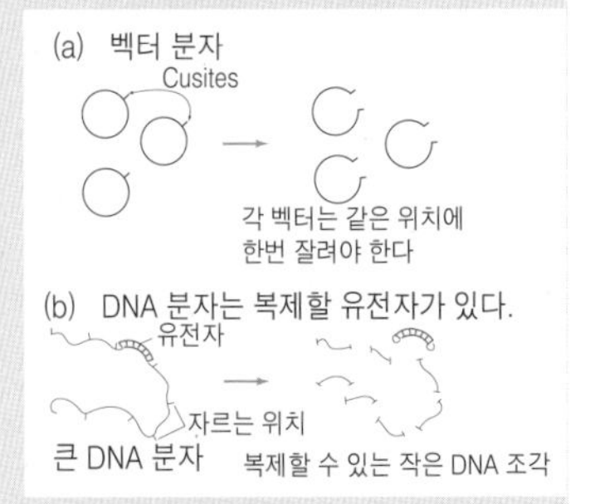

전기 영동법

한천으로 만든 얇고 투명한 젤의 내부에 알고 싶은 DNA 분자 일부를 넣고 양쪽에 +, - 전기를 걸어주면 전기의 흐름에 따라 DNA가 젤을 타고 움직인다. 이 때 길이가 긴 DNA는 무거워 많이 움직이지 못하고 길이가 짧은 DNA는 같은 시간 동안에 젤 속에서 많이 이동할 수 있다. 이렇게 나타난 배열은 사람에 따라 다르게 나타난다.

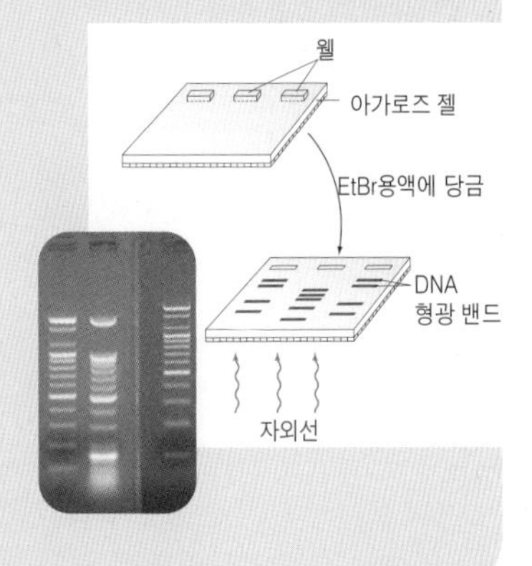

논리 서술형

14 다음은 DNA 지문 감식을 나타낸 것이다.

" CSI 과학수사연구소, 드라마 속이 아닌 현실! "

'DNA로 범인을 잡는다.', '친자 확인을 위한 DNA 검사', '50여 년 동안 땅 속에 묻힌 6.25 전사 장병 DNA로 신원 밝히다.' 최근 신문이나 TV 등 매스컴을 통해서도 알 수 있듯이 DNA는 Forensic Science에서 가장 주목받고 있는 분야이다. DNA는 아주 적은 양의 눈물이나 땀, 혈액, 타액 등에서도 추출해 낼 수 있으며 심지어 안경테나 머리 두건 등에서도 얻을 수 있다.

1984년 영국의 유전학자 알렉 제프리스에 의해 발견된 DNA 지문(DNA fingerprinting) 감식 방법은 친자 확인을 비롯하여 동물의 진화 연구, 고고학적 증명 등 여러 분야에 매우 중요한 기술로 활용되고 있다. 이렇게 개인의 DNA를 구분할 수 있는 이유는 개인 DNA마다 VNTR(Variable Number of Tandem Repeate) 부위가 있기 때문이다. DNA에서 이 부위는 특정한 기능을 수행하는 유전자를 담고 있는 부분은 아니지만 개인마다 차이가 심하게 나타나는 부위이기 때문에 제한 효소를 이용하여 이 부분을 잘라내면 사람마다 잘라지는 부위의 길이가 차이가 난다.

이 잘라진 DNA 조각들을 전기영동시키면 분자들은 크기에 따라 분리된다. DNA 표본을 유리판의 음극 쪽에 놓으면 표본의 분자는 크기에 따라 제각각 다른 속도로 이동, 분자는 음극 쪽에서 양극 쪽으로 움직여 여러 개의 표본에 대한 이동 거리를 비교할 수 있다. 즉 동일한 DNA는 동일한 거리만큼 이동한다는 것을 뜻한다.

오른쪽 그림은 살인 사건에서 피해자와 용의자의 혈액을 채취하여 DNA 지문 감식법에 의하여 전기영동시킨 것이다. 검정 밴드의 이동 거리를 보고 용의자를 구속할 수 있는 증거로 위 자료를 채택할 수 있겠는가?

동일한 제한효소
DNA 표본
제한효소를 DNA 자름
조각난 DNA
젤
전원
유리판
전기영동
긴 DNA 조각
짧은 DNA 조각
탐침 DNA로 특정 DNA 조사 및 비교
A

용의자의 혈액
용의자의 옷에서 검출된 DNA
피해자 혈액
D jeans _shirt_ V
B

(1) DNA를 조각으로 만들기 위해서는 제한 효소가 필요하다. 용의자와 피해자의 DNA를 채취하여 자르고자 할 때 두 명은 반드시 같은 제한 효소를 이용하여 잘라야 한다. 그 이유는 무엇일까?

(2) 위 글에서 그림 속의 용의자와 피해자의 혈액을 비교하여 증거 자료로 제시하고자 한다. DNA 밴드를 논리적으로 비교 분석 하시오.

대회 기출 문제

정답 및 해설 44쪽

01 **그림과 같이 혈액형이 A형인 여성에게 혈액형이 O형이며 Rh 양성인 딸과 B형이면서 Rh 음성인 아들이 있다. ABO식 혈액형을 결정하는 유전자는 A, B, O로 나타내며 A와 B가 O에 대하여 복대립 우성을 나타낸다. Rh의 경우 Rh^+ 유전자와 Rh^- 유전자가 있으며, + 가 - 에 대해 우성으로, Rh^+Rh^+, Rh^+Rh^- 의 표현형은 Rh 양성, Rh^-Rh^- 의 표현형은 Rh 음성으로 나타낸다. (단, 아빠는 Rh 양성이다.)**

[대회 기출 유형]

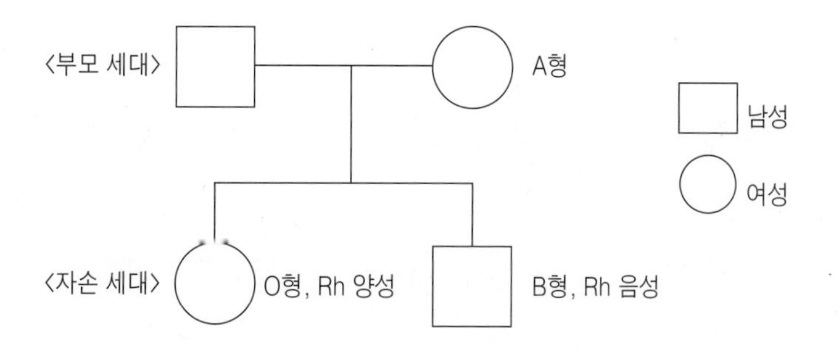

다음 설명 중 옳은 것만을 있는 대로 고르시오.

① ABO식 혈액형에서 아들의 유전형은 BO 이다.
② 아빠의 혈액형 유전형은 BO이며, Rh^+Rh^- 이다.
③ 아빠와 엄마는 Rh 양성 동형 접합(호모) 유전형을 갖는다.
④ 딸의 Rh 양성의 유전자형은 반드시 이형 접합(헤테로)이다.
⑤ 자녀를 한명 더 낳을 경우 O형이면서 Rh 음성인 아들을 얻을 확률은 $\frac{1}{8}$ 이다.

02 **다음은 사람에게 나타나는 우성 치사 유전의 일종인 헌팅턴무도병에 관한 설명이다.**

[대회 기출 유형]

> 헌팅턴무도병은 우성 유전자에 의해 발생되는 유전병으로 미국이나 유럽에서는 우리나라에 비해 비교적 발생 빈도가 높다. 이 병은 특이하게도 30 ~ 40대가 되어서 증세가 나타나게 되는데, 그 증세가 뇌 기능 저하로 인한 정신적 능력과 운동 능력 상실로 인해 매우 심각하다. 환자는 얼굴과 팔다리의 경련성 운동을 동반한 정신 이상을 보이다가, 증상 발병 후 15 ~ 20년 내에 사망한다.

시간에 따른 헌팅턴무도병의 발생 빈도를 적절하게 설명한 것만을 있는 대로 고르시오.

① 발병 시기가 늦어 발병 되기 전 자손에게 유전자가 물려질 가능성이 매우 높다.
② 이 유전병은 세대가 거듭되면 미국, 유럽 뿐 아니라 전 세계적으로 발생 빈도가 늘어날 것이다.
③ 미국이나 유럽 사람들이 우리나라에 비해 더 오랜 기간 진화되어 이 유전병의 발생 빈도가 높다.
④ 우성 유전자에 의해 발병하는 질병이므로 앞으로 전체 인구의 $\frac{3}{4}$ 이상이 이 유전병을 가지게 될 것이다.
⑤ DNA 검사를 통해 배아 시기 미리 우성 유전자를 가진 사람을 검사할 수 있으므로 발병 빈도가 낮아질 것이다.

대회 기출 문제

03 다음 가계도는 한국 사람에게서 매우 드물게 나타나는 유전 질환을 보여주고 있다. 가계도의 사람 중 1, 4, 5 번은 이 유전 질환에 대하여 보인자(이형 접합)로 알려져 있다. 이 유전 질환을 가지고 있는 Ⅳ 대의 남자는 호흡에 문제가 있으며, 정자의 이상으로 자식을 낳지 못하지만 그 외는 정상적이다. 많은 연구자들이 이 질환의 원인을 규명하기 위하여 다방면으로 연구를 수행하였다. 세포 소기관의 구성 분자들에 대하여 연구가 수행되었으며, 한국 내에서 이 유전 질환의 발병 정도를 조사하였더니 약 $\frac{1}{10000}$ 의 확률로 나타나는 것을 확인하였다.

[대회 기출 유형]

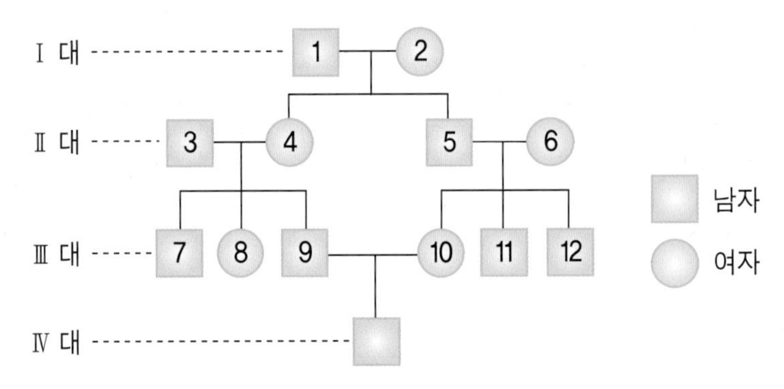

이 질환의 원인 및 유전적 특성에 대한 설명으로 옳은 것만을 있는 대로 고르시오.

① 한국인이 이 유전 질환에 보인자일 확률은 약 2% 이다.

② 8번과 11번이 결혼을 하여 이 유전 질환에 걸린 자식을 낳을 확률은 $\frac{1}{64}$ 이다.

③ 이 유전 질환은 리소좀 내의 가수 분해 효소의 이상으로 호흡에 문제를 일으킨다.

④ 12번이 가계도 밖의 한국인 여성과 결혼하여 자식을 낳으면 $\frac{1}{400}$ 의 확률로 이 질환에 걸린 자식을 낳는다.

⑤ 이 질환에 걸린 남성의 정자는 섬모와 편모에서 ATP 분해를 통해 에너지를 제공해 주는 단백질(디네인) 분자에 결함이 있다.

04 최근에는 범죄자를 식별하는데 유전자 지문을 많이 이용한다. 유전자 지문은 우리 몸의 유전자를 절단하여, 잘라진 조각들이 어떻게 분포하는가를 알아보는 방법이다. 이 분포가 같으면 동일한 사람으로 간주된다. 다음 그림은 어느 범죄 용의자와 희생자의 유전자 지문을 나타낸 것이다.

[대회 기출 유형]

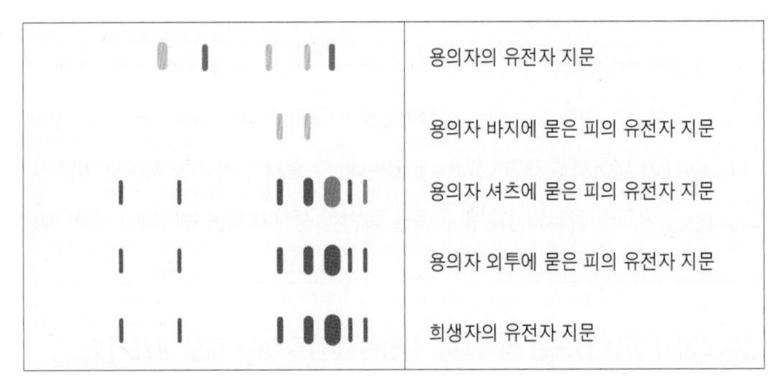

이 결과를 이용 하여 추리한 것으로 옳은 것은?

① 용의자는 범인이 아닐 것이다. 왜냐하면 용의자의 바지와 외투에 묻은 피가 서로 다르기 때문이다.

② 용의자는 범인일 가능성이 높다. 왜냐하면 용의자의 옷에 묻은 피가 대부분 희생자의 피와 같기 때문이다.

③ 용의자와 희생자는 서로 바뀌었을 것이다. 왜냐하면 용의자는 바지, 셔츠, 외투에 모두 피가 묻어있었기 때문이다

④ 용의자는 범인이 아닐 것이다. 왜냐하면 용의자의 옷에 묻은 유전자 지문이 전자 지문과 100% 일치하지 않기 때문이다.

⑤ 용의자와 희생자 모두 서로 다쳐서 피를 흘렸을 것이다. 왜냐하면 용의자의 바지와 셔츠에 피해자와 용의자 유전자 지문이 모두 뚜렷하게 나타났기 때문이다.

05 유전학자들이 초파리 교배 실험을 통해 아래와 같이 염색체 상에 위치하는 유전자들의 상대적 거리를 지도로 작성하였다.

[대회 기출 유형]

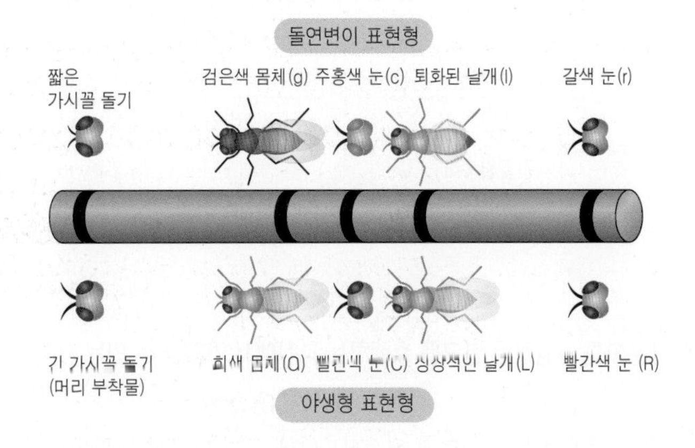

자연 상태에서 초파리 집단 내 임의 교배가 이루어졌다고 가정했을 때, 형질들 사이에서 가장 높은 빈도로 관찰 될 수 있는 형질로 옳은 것은?

① 퇴화된 날개, 갈색 눈
② 빨간색 눈(R), 회색몸체, 짧은 가시꼴 돌기
③ 긴 가시꼴 돌기, 검은색 몸체
④ 빨간색 눈(C), 회색 몸체
⑤ 짧은 가시꼴 돌기, 검은색 몸체

06 사람은 영장류 중에서 가장 오랫동안 걸을 수 있는 발을 가지고 있다. 다음은 사람과 같은 조상을 가진 영장류의 발과 사람의 발자국을 비교하여 나타낸 것이다.

[대회 기출 유형]

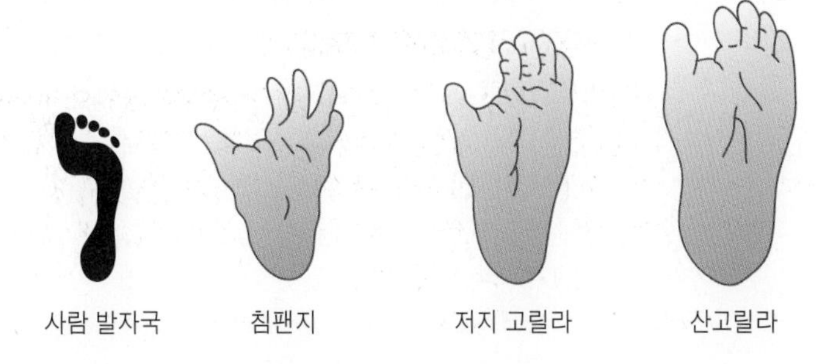

위 자료를 근거로 하여 다음 설명 중 옳은 것만을 있는 대로 고르시오.

① 영장류의 발은 사람에 비해 도구를 조작하기 어려운 구조이다.
② 발가락을 자유자재로 움직일 수 있는 동물일수록 지능이 높다.
③ 네 발 보행에서 직립 보행으로 진화할수록 발의 모양은 손을 닮아간다.
④ 발의 길이에 비해 폭이 좁을수록, 발가락이 길수록 두발로 걷기에 유리하다.
⑤ 엄지 발가락과 뒤꿈치 사이의 움푹 파인 구조는 빠른 걸음을 가능하게 한다.

07 **다음 표는 사람과 몇 종류의 유인원을 대상으로 특정 단백질의 아미노산 서열을 조사한 후, 사람의 아미노산 서열과 차이가 나는 정도를 나타낸 것이다.** [대회 기출 유형]

유인원	사람과 차이 나는 정도 (%)
고릴라	2.1
침팬치	1.8
긴팔원숭이	5.2
오랑우탄	3.7

위 결과를 근거로 하여 계통도를 구성하는 연구를 수행하는 과정에서 언급할 수 있는 가정이나 결과에 대한 설명으로 옳은 것만을 있는 대로 고르시오.

① 아미노산 서열은 같은 유전자 암호를 어떻게 해석하느냐에 따라 다르게 나타난다.
② 고릴라, 긴팔원숭이, 오랑우탄은 같은 조상을 갖지만 침팬치의 조상은 다르다.
③ 사람과 가장 유사한 아미노산 서열을 지니는 침팬지가 가장 최근에 계통이 분리된 것으로 보인다.
④ 아미노산 서열의 차이가 큰 긴팔원숭이가 공동 조상에서 가장 먼저 갈라져 다른 분류군으로 진화했다.
⑤ 아미노산 서열의 차이로 인해 만들어지는 단백질이 달라지기 때문에 사람과 유인원은 다른 종으로 나타난다.

08 **완두의 모양을 결정하는 유전자 R 은 둥글고, 유전자 r 은 주름진 표현형을 나타낸다. (가)와 같은 염색체 조성을 가지는 개체를 자가 교배하였더니 (나)와 같은 R 이 결실된 자손을 얻었다. (나)의 표현형과 유전자형을 바르게 짝지은 것은?** [대회 기출 유형]

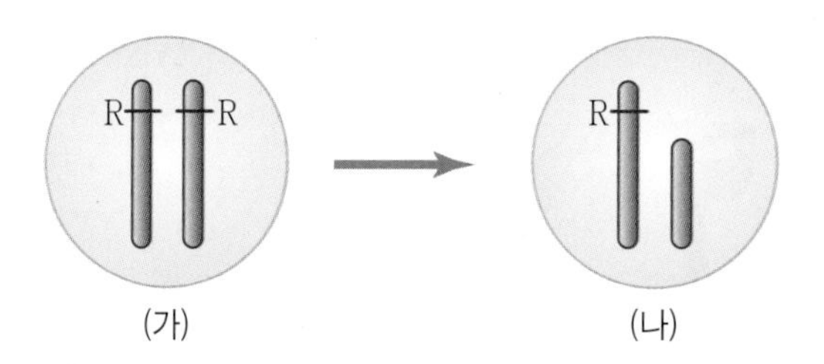

	표현형	유전자형
①	둥글다	R
②	주름지다	R
③	둥글다	Rr
④	주름지다	RO
⑤	둥글지도 않고 주름지지도 않은 돌연변이가 나타났다	Rr

09

어떤 둥근 콩 두 개를 심어 수분시켜 주름진 콩을 얻었다. 이때 사용한 둥근 콩 두 개를 교배시켜 얻은 자손 중 둥근 콩 두 개를 골라냈다. 이렇게 골라 낸 두 개의 둥근 콩 유전자를 궁금하게 여긴 친구가 그 두 개의 콩이 순종인지 물어보았더니 콩을 고른 사람은 고른 콩 중 한 개는 순종이라고 답하였다.

[서울 및 한성 과학고등학교 기출 유형]

(1) 고른 두 개의 콩 모두 순종일 확률은?

(2) 두 콩을 교배하였을 때 나온 콩이 주름질 확률은 얼마인가?

10

사람의 유전 형질 중에 비늘처럼 잘 벗겨지는 피부가 있다. 이 형질은 성염색체에 의해 유전된다. 다음 가계도는 4 대에 걸쳐 벗겨지는 피부 형질의 유전을 조사한 것이다.

[대회 기출 유형]

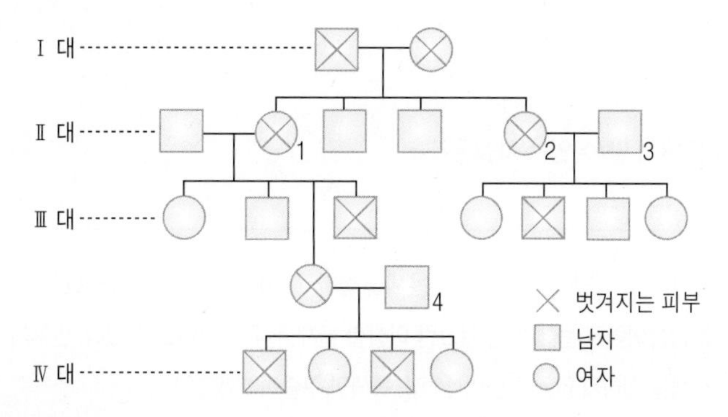

위 자료에 대한 설명으로 옳은 것은?

① 1 과 2 는 동형 접합 개체이다.
② 벗겨지는 피부 유전자는 X 염색체로 유전된다.
③ 3 은 벗겨지는 피부 유전자에 대해 보인자이다.
④ 벗겨지는 피부 유전자는 정상 유전자에 대해 열성 유전자이다.
⑤ 4 대 자손은 Y 염색체 유전으로 인해 남자만 벗겨지는 피부가 나타난다.

11

달팽이 등껍질의 모양은 시계 방향(오), 또는 반시계 방향(왼) 의 두 가지가 있다. 이 때 달팽이의 등껍질의 유전 관계는 다음과 같다. (오른쪽 꼬임 (E) 우성, 왼쪽 꼬임 (F) 열성)

[서울 및 한성 과학고등학교 기출 유형]

암컷		수컷	교배 시 나오는 자손의 유전자형	표현형
EE(오)	×	FF(왼)	EF	모두 오른쪽 꼬임
FF(왼)	×	EE(오)	EF	모두 왼쪽 꼬임
EF(오)	×	EF(오)	EE, EF, FF	모두 오른쪽 꼬임

(1) EF 와 FF 를 교배하였을 때 왼쪽 꼬임이 나올 확률은?

(2) 위 달팽이 등껍질을 결정하는 유전 요인은 무엇인가?

(3) 자손이 왼쪽 꼬임을 가지게 하고 싶으면 어떤 모양의 어버이를 교배시켜야 하는가?

12 **열성 유전 형질인 백색증이 10,000명 당 1명으로 나타나는 멘델 집단이 있다. 그 집안에서 그림과 같은 가계도를 얻었다.**

[대회 기출 유형]

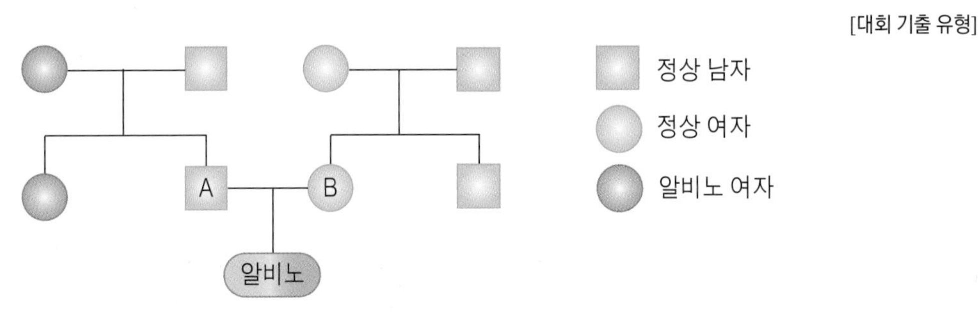

이 가계의 A 남자와 B 여자 사이에서 백색증이 태어날 수 있는 확률은 얼마인가?

13 **다음 글에 나타난 실험을 통해서 알 수 있는 사실은?** [대회 기출 유형]

> 무한이는 구슬 300 개를 가지고 있었다. 100 개는 붉은색을 칠하고, 100 개는 색을 칠하지 않고, 100 개는 녹색을 칠하였다. 그리고 풀밭에 뿌리고 난 후 상상이에게 눈에 띄는 동그란 이상한 물체를 주워 오라고 하였다. 민후가 주워온 물체를 조사해 본 결과 붉은색의 구슬이 70 개, 색을 칠하지 않은 구슬이 40 개, 녹색의 구슬이 9 개였다.

① 붉은색은 사람 눈에 가장 잘 띄는 색이다.
② 생물은 자연적으로 변이가 일어날 수 없다.
③ 자연 환경에 잘 적응한 생물은 포획이 덜 된다.
④ 개체군 사이의 경쟁은 개체군의 진화를 유발한다.
⑤ 생물이 자연으로부터 선택될 확률은 예측할 수 없다.

14 **다음 그림은 어느 두 집안의 혀말기와 혈액형의 가계도이다. 혀말기가 안되는 유전자는 정상에 대해 열성이며 멘델의 법칙에 따라 유전된다. 이 경우에 (가)와 (나)가 결혼하여 A 형이며 혀말기가 되지 않는 딸을 낳을 수 있는 확률은? (단, 돌연 변이는 없는 것으로 한다.)**

[과학고 기출 유형]

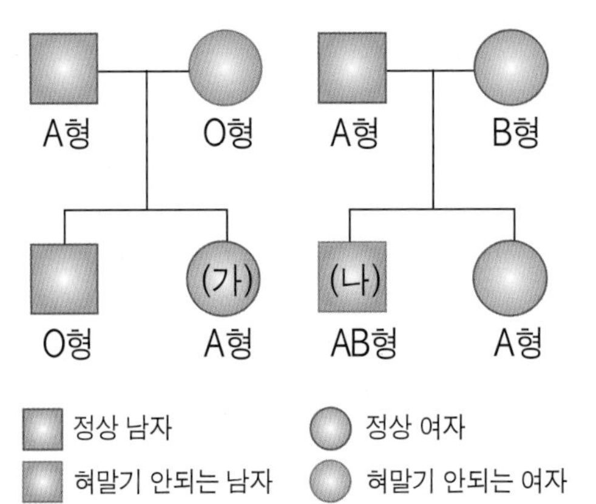

15 **다음과 같이 완두를 교배시켰을 때 줄기의 길이가 짧고, 씨가 녹색인 것이 생길 수 있는 경우는? (단, 줄기의 길이는 긴 것(A)이 짧은 것(a)에 대하여 우성이고, 씨는 황색인 것(B)이 녹색인 것(b)에 대하여 우성이며, 독립의 법칙을 따르고 돌연변이는 없는 것으로 한다.)**

[과학고 기출 유형]

① AABB × aabb　　② AAbb × aaBB　　③ AaBb × AaBb

④ AaBB × Aabb　　⑤ AAbb ×AABb

16 **다음 그림은 어느 두 집안의 적록색맹 가계도이다. (가)와 (나)가 결혼하여 낳은 자녀가 적록 색맹이 될 확률은 몇 % 인가? (단, 돌연 변이는 없는 것으로 한다.)**

[과학고 기출 유형]

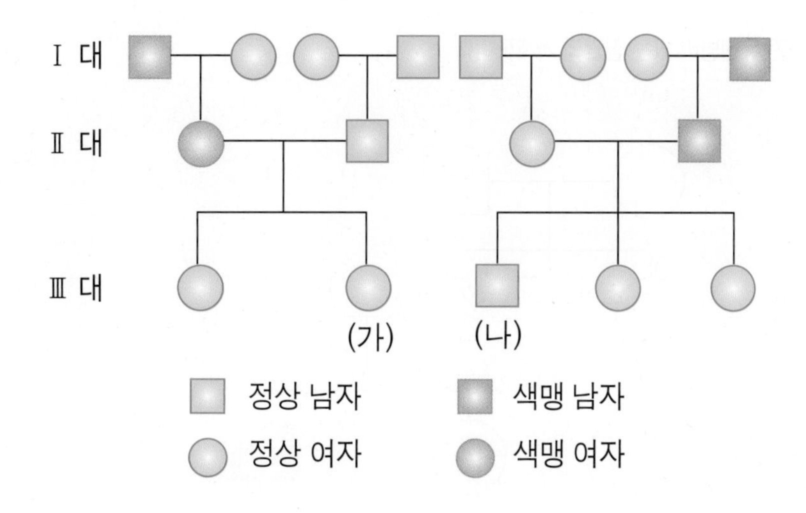

17 **「과잉 생산 속에서 생존 경쟁의 결과 환경에 적응한 개체는 살아남고 적응하지 못한 개체는 죽는다.」 이와 같은 현상으로 설명한 진화설은?**

[한영 외고 기출 유형]

① 자연선택설　　② 돌연변이설　　③ 격리설　　④ 용불용설　　⑤ 생식질연속설

18 **다음은 두 집안의 적록 색맹에 대한 유전 가계도이다. (○ 은 여자, □ 은 남자)** [한성과학고등학교 기출 유형]

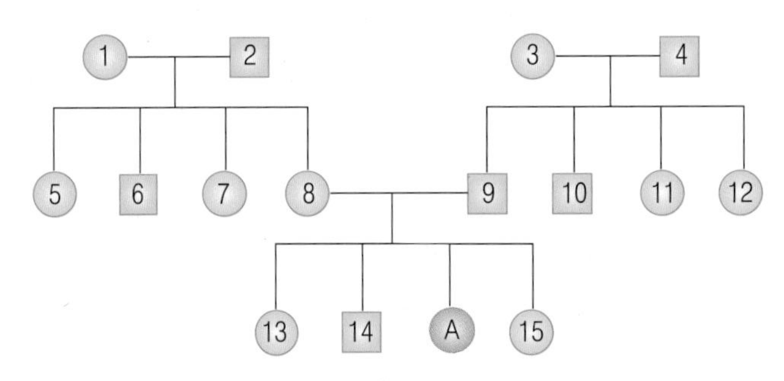

(1) A 여자가 색맹일 때, 색맹 유전자가 확실히 있는 사람을 모두 고르시오.

(2) 15 번 여자가 색맹일 확률은?

19~20 **다음 그림은 어떤 유전병이 있는 집안의 가계도이다.** [서울과학고등학교 기출 유형]

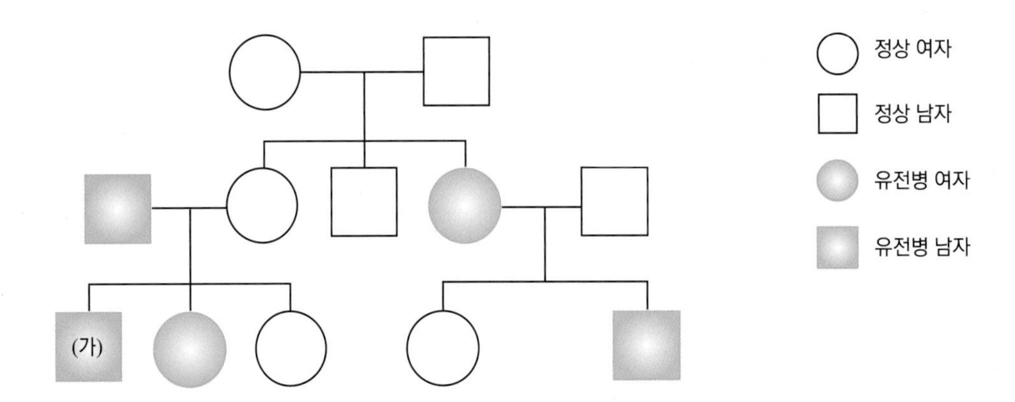

19 **위 가계도를 통해 알 수 있는 사실만을 있는 대로 고르시오.**

① 이 유전병 유전자는 상염색체에 위치한다.
② 이와 같은 유전현상을 반성유전이라 한다.
③ 이 유전병 유전자는 정상 유전자에 대해 우성이다.
④ (가)의 유전병 유전자는 외할머니로부터 유전되었다.
⑤ (가)의 어머니는 이형 접합자이고, 아버지는 동형 접합자이다.

20 **(가)가 자신의 어머니와 유전자형이 같은 여자와 결혼했을 때, 유전병을 가진 딸을 두 번 연속해서 낳을 확률은 얼마인가? (단, 두 딸은 쌍생아가 아니다.)**

21 다음 그림은 어떤 질환에 대한 4 대에 걸친 가계도를 나타낸 것이다.

[한성과학고등학교 기출 유형]

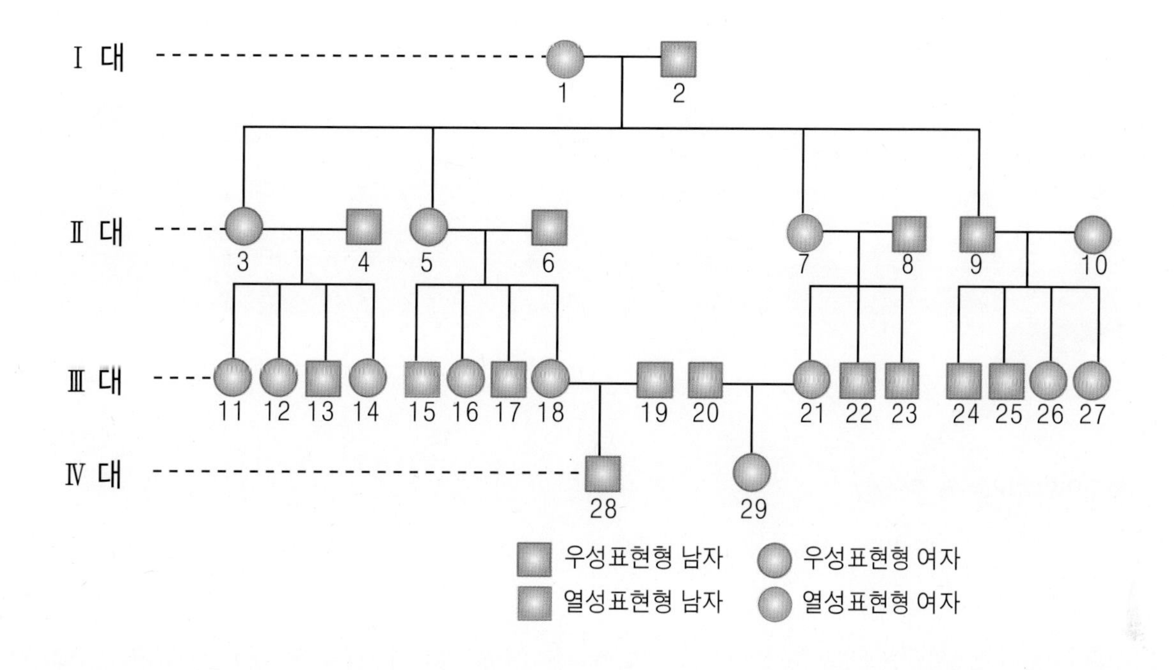

(1) 위 가계도에서 어떤 질환의 유전자가 X 염색체 위에 있는 것이 아니라 상염색체 위에 있다는 증거가 되는 것만을 〈보기〉에서 있는 대로 고르시오.

보기

ㄱ. 18 의 자손 28	ㄴ. 2 의 자손 3	ㄷ. 5 와 6 의 자손 15
ㄹ. 9 와 10 의 자손 26	ㅁ. 1 의 자손 9	ㅂ. 7 과 8 의 자손 21
ㅅ. 1 와 3 의 자손 5	ㅇ. 2 의 자손 7	ㅈ. 7 의 자손 22 와 23

(2) 위 가계도에서 28 과 29 사이에서 태어난 자손이 열성 동형 접합체가 형성될 수 있는 확률을 분수로 계산하시오. (단, 이 집안과 결혼을 하는 사람의 유전자형을 알 수 없는 경우, 모두 우성 동형 접합이라고 가정한다.)

한국인은 단일 민족이 아니다?!

한국인의 뿌리는 누구인가?

TV 속 사극이나 국사 책에서 자주 등장하듯이 우리나라는 중국과 일본 그리고 몽골까지 긴밀한 연계를 가지고 있다. 이웃 나라 사람들과 우리는 어떤 점이 다를까?

국립보건연구원의 생명의학부 조인호 박사와 생명공학 벤처 회사인 DNA 링크의 이종은 박사 연구팀은 2005년 8월 한국인의 SNP* 를 국내 최대 규모로 분석하고 이를 외국인과 비교한 SNP 지도를 완성했다고 발표했다. 이 결과에 따르면 한국인은 일본인과 유전적으로 가장 비슷하다고 한다. 이 결과는 한국과 일본인의 비슷한 유전자 정보의 특정 질병에 대한 신약을 공동개발할 가능성도 시사하고 있다.

*SNP(Single Nucleotide Polymorphism) : 단일유전자변이, 세포핵 속의 염색체가 가지고 있는 30억 개의 염기 서열 중 개인 편차를 나타내는 염기 변이

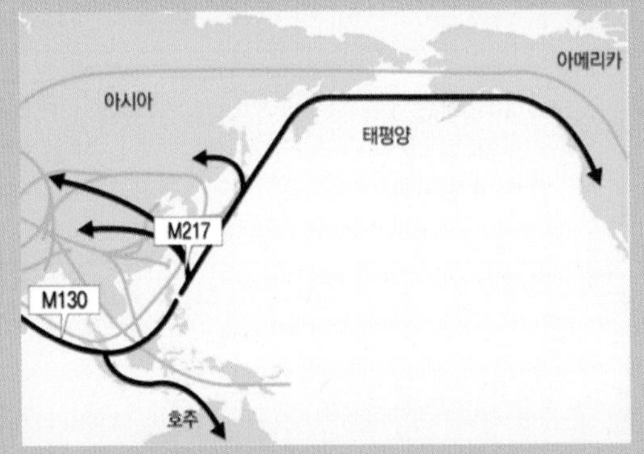

▲ DNA로 분석한 인류의 이동 경로

DNA 의 특정 부위에 돌연변이를 가진 계통(M130)이 아프리카에서 동남아시아쪽으로 이동했다. 2만년 전 이로부터 다른 부위에 돌연변이가 생긴 자손(M217)이 분화되어 시베리아나 아메리카 대륙으로 이동하였다.
(출처 : 네셔널지오그래픽)

한국인의 유전자 분석 결과 '한국인 = 남방계 + 북방계'

2003년 단국대 생물과학과 김욱 교수는 동아시아인 집단에서 추출한 염색체 표본을 대상으로 부계를 통해 유전되는 Y 염색체의 유전적 변이를 분석했다.

한국인에게서는 주로 몽골과 동·남부 시베리아인에게서 흔히 볼 수 있는 유전자형, 그리고 동남아시아 및 중국 남·북부에서 흔히 볼 수 있는 유전자형이 모두 발견됐다. 이는 한민족이 크게 북방계와 남방계의 혼합 민족이라는 사실을 보여준다.

그룹 간 유전적 차이 비교

그룹	보통염색체 차이(%)	성염색체 차이(%)
한국-일본	5.86	4.74
한국-중국	8.39	7.8
중국-일본	8.61	9.65
아시아-유럽	16.09	20.53
아프리카-유럽	16.3	23.44
아프리카-아시아	18.82	26.07

Imagine Infinitely

미토콘드리아 DNA 분석

한국인끼리 비교한 결과 차이를 보이는 평균 염기수가 7.3으로 나타났다. 이는 4천 쌍의 염기 서열 가운데 차이를 나타내는 염기가 7개 정도라는 의미다. DNA 의 돌연변이 발생 비율은 1백만 개 가운데 하나로, 미토콘드리아 DNA의 경우 몇 백 년에 하나가 변할까 말까한 미미한 확률이다. 결국 7.3의 차이는 한민족이 한명의 조상이 아니라 이미 다양한 조합을 이룬 그룹에서 분리되어 민족으로 굳어진 것으로 볼 수 있다.

연구 결과에 따르면 한국인의 유전자는 북방계가 다소 우세하지만 남방계와 북방계의 유전자가 복합적으로 섞여 있다. 4000 ~ 5000년 동안 한반도와 만주 일대에서 동일한 언어와 문화를 발달시키고 역사적인 경험을 공유하면서 유전적으로 동질성을 가지는 한민족으로 발전했던 것으로 보인다는 것이 학자들의 의견이다. 우리는 흔히 스스로 '단일 민족'이라고 말하지만 단일 민족은 오랜 세월을 거치면서 유전적 동질성을 획득했다는 의미이지 한국인의 기원이 하나라는 의미는 아니다. 오히려 한국인은 동아시아 내에서 남방과 북방의 유전자가 복합적으로 이뤄져 형성된 다양성을 지닌 민족이라는 사실이다.

Y 염색체는 아들을 통해서만 전달이 되기 때문에 염색체의 돌연변이를 조사하면 초기 이주자의 후손이 여러 대륙으로 흩어지게 된 이동 경로를 알 수 있다. 미토콘드리아 DNA는 어머니를 통해 아들과 딸 모두에게 전달된다. 또한 미토콘드리아 DNA는 돌연변이율이 낮고 교차가 일어나지 않는다는 장점이 있는 것으로 알려져 있다.

▲ Y 염색체로 본 동아시아 민족집단의 유전적 유사성

거리가 가까울수록 유전적 유사성이 높다. (자료 : 김욱 단국대 교수 연구팀)

Q1. 현생 인류의 조상을 알아보기 위해 Y 염색체를 역추적해 가는 방법이 사용된다. 부계 유전이기 때문에 Y 염색체를 역추적해 갔을 경우 어떤 오류가 발생할 지 서술하시오.

Q2. 난자와 정자가 수정할 때 난자의 세포질은 그대로 수정란의 세포질 성분으로 남게 된다. 이 과정에서 수정란의 핵의 DNA는 정자와 난자의 융합으로 새로운 조합에 의해 이루어지지만, 세포질은 모계 100 % 로 유전될 수 있다. 이 원리를 이용하여 인류의 조상을 연구할 때 조사해야 할 유전자는 무엇인가?

Biology

VIII

08 생태계와 상호 작용

지구상의 생명체는 어떻게 살아가고 있을까?

VIII 생태계와 상호 작용 (1)

1. 생태계

1. 생태계[1] 일정한 공간에 살고 있는 생물 군집과 무기 환경이 유기적으로 밀접한 관계를 맺으며 통합된 계를 뜻한다.

(1) 생태계의 구성 요소

① **생물적 요인** : 생태계 내 모든 생물

	생산자	소비자[2]	분해자
정의	빛에너지를 이용하여 무기물로부터 유기물을 합성하는 생물	다른 생물을 먹이로 섭취해 유기물을 얻는 생물	생물의 사체나 배설물 속의 유기물을 무기물로 분해해 에너지를 얻는 생물
예	녹색 식물, 식물성 플랑크톤 등	1 차 소비자, 2 차 소비자, 3 차 소비자 등	세균, 곰팡이, 버섯 등

② **비생물적 요인(무기 환경)** : 생물을 둘러싸고 있는 물, 공기, 햇빛, 온도, 토양 등의 자연 환경을 뜻하며, 생물에게 필요한 물질과 생활 장소를 제공한다.

(2) 생태계의 구성 요소 간의 관계

- **작용** : 무기 환경이 생물 요소에게 영향을 주는 것이다.
- **반작용** : 생물 요소가 무기 환경 요인을 변화시키는 것이다.
- **상호 작용** : 생물 상호 간에 서로 영향을 주고받는 것이다.

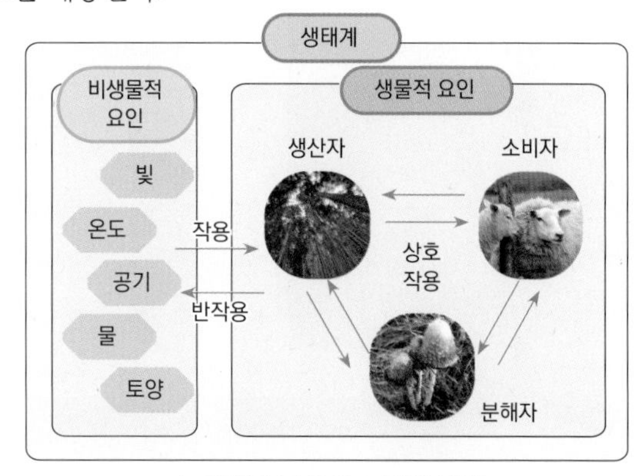

▲ 생태계 구성 요소 간의 관계

2. 비생물적 환경과 생물의 관계

(1) 빛과 생물의 관계

① **빛의 세기와 생물**

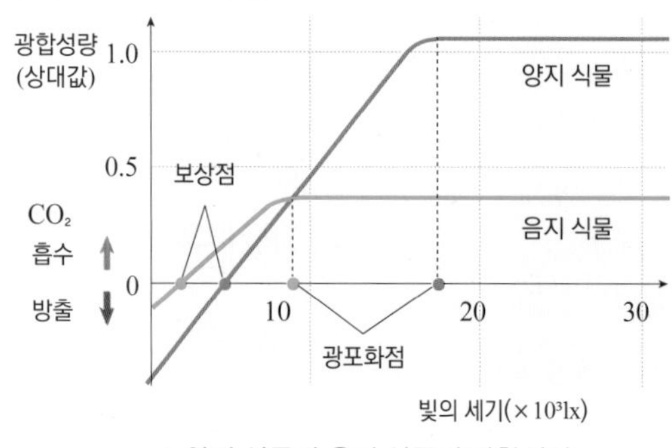

▲ 양지 식물과 음지 식물의 광합성량

호흡량	세포 호흡을 통해 소모되는 유기물의 양. 빛의 세기가 0 일 때 방출되는 CO_2의 양으로 나타난다.
보상점	호흡에 의한 CO_2 방출량과 광합성에 의한 CO_2 흡수량이 같아 겉에서 기체 변화가 없는 것처럼 보일 때의 빛의 세기
광포화점	광합성량이 최대가 되는 최소한의 빛의 세기
총광합성량	식물에서 실제 이루어진 광합성의 총량
순광합성량	총광합성량에서 호흡량을 뺀 양. 보상점 이상의 빛의 세기에서 흡수한 CO_2의 양으로 나타난다.

- 광합성량[3]은 빛의 세기에 따라서 증가하지만, 어느 한계에 이르면 더 증가하지 않는다.
- 양지 식물은 보상점과 광포화점이 높아 빛의 세기가 강한 곳에서 더 잘 자라고, 음지 식물은 빛의 세기가 약한 곳에서도 잘 자란다.

② **일조 시간과 생물**

- **광주기성** : 일조 시간(미니)에 따라 생물의 행동이 변하는 것. 예 일조 시간이 짧아지면 노루가 생식활동을 한다. 카네이션은 낮이 길어지고 밤이 짧아질 때 개화하는 장일 식물이다. 온대 곤충은 낮이 짧아지는 늦여름과 가을에 동면한다.

---

① 생태계

영국의 생물학자 탠슬리가 처음으로 사용한 용어이다. '생태계(ecosystem)'라는 말은 그리스어로 집이라는 뜻을 지닌 '오이코스(oikos)'라는 말로부터 유래되었다.

② 소비자의 구별

- 1 차 소비자 : 식물을 먹고 사는 초식 동물 예 토끼
- 2 차 소비자 : 1 차 소비자를 잡아먹는 생물 예 살쾡이
- 3 차 소비자 : 2 차 소비자를 잡아먹는 생물 예 호랑이

내성 범위와 최적 조건

- 내성 범위 : 특정한 환경 요인에 대하여 생물이 생존 가능한 범위이다.
- 최적 조건 : 내성 범위 내의 환경 조건 중앙 부근에서 최대치의 생존과 번식을 이룰 수 있는 환경 조건이다.
- 제한 요인(한정 요인) : 생물이 견딜 수 있는 내성 범위를 벗어나 생물의 생명 활동을 제한하는 환경 조건이다.
- 최고 조건 : 생물이 죽지 않고 버틸 수 있는 최고값
- 최저 조건 : 생물이 죽지 않고 버틸 수 있는 최저값

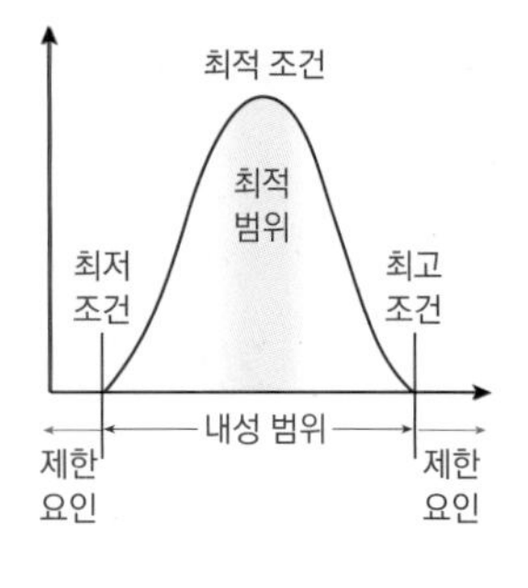

개화 시기에 따른 식물 분류

- 장일 식물 : 낮이 길어지고 밤이 짧아질 때 꽃을 피우는 식물. 카네이션, 토끼풀 등
- 단일 식물 : 낮이 짧아지고 밤이 길어질 때 꽃을 피우는 식물. 국화, 코스모스 등

미니사전

일조 시간 햇빛이 지상을 비추는 시간

③ **빛의 파장과 생물** : 파장에 따라 물속을 투과하는 빛의 깊이가 다르며, 이에 해조류가 적응하여 바다의 깊이에 따라 다르게 서식한다.

녹조류	파장이 긴 적색광을 주로 사용 수심이 얕은 곳에서 주로 서식
홍조류	파장이 짧은 청색광을 주로 이용 수심이 깊은 곳에서 주로 서식

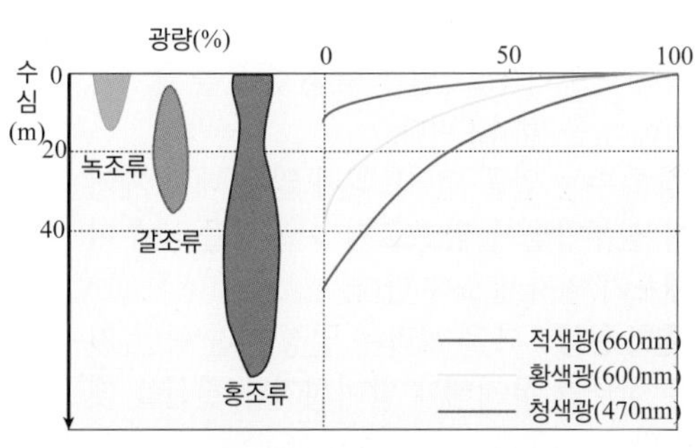

▲빛의 파장에 따른 해조류의 분포

④ **굴광성** : 식물이 빛이 비치는 방향으로 굽어 자라는 현상
- 식물 성장 호르몬의 일종인 옥신[4]에 의해 일어난다.

p. 47

Q1 다음 설명에 해당하는 단어를 적으시오.

(1) 일조 시간에 따라 생물의 행동이 변하는 것 ( )

(2) 광합성량이 최대가 되는 최소한의 빛의 세기 ( )

(3) 식물이 빛이 비치는 방향으로 굽어 자라는 현상 ( )

Q2 식물의 길이 생장을 촉진하며 빛이 비치는 방향으로 굽어자라게 하는 식물 호르몬은?

( )

(2) 물과 생물의 관계

① **물과 식물** : 서식 장소의 수분 조건에 따라 건생 식물, 중생 식물, 습생 식물, 수생 식물로 분류한다.

구분	특징	예
건생 식물	수분이 적은 곳에 서식 물을 흡수하는 뿌리와 물을 저장하는 저수 조직 발달	선인장
중생 식물	뿌리, 줄기, 잎이 알맞게 발달	대부분의 육상 식물
습생 식물	물이 많은 곳에 서식 뿌리가 중생 식물에 비해 덜 발달	갈대, 골풀
수생 식물	물속이나 물 위에 서식 뿌리가 잘 발달해 있지 않고, 통기조직 발달	수련

② **물과 동물**
- 수분 증발을 막기 위해 파충류는 비늘, 곤충류는 키틴질의 외골격으로 피부를 감싼다.
- 육상에 알을 낳는 조류와 파충류는 껍데기로 알을 감싸 수분의 증발을 막는다.
- 육상에 사는 동물은 수분 손실을 줄이기 위해 요산이나 요소 형태로 질소성 노폐물을 배설하고, 물속에 사는 동물은 물에 쉽게 녹는 암모니아 형태로 질소성 노폐물[5]을 배설한다.

(3) 온도와 생물의 관계 온도는 생물의 물질대사 속도에 영향을 미치므로 많은 영향력을 가진다.

① **온도와 동물**
- **겨울잠** : 개구리나 뱀 등과 같은 변온 동물들은 겨울잠을 잔다.
- 정온 동물은 피하 지방을 두껍게 축적하여 열 손실을 방지한다.

베르그만의 법칙	정온 동물은 추운 지방으로 갈수록 몸집이 커지는 경향이 있다.
알렌의 법칙	정온 동물은 추운 지방으로 갈수록 말단 부위가 작아지는 경향이 있다.

- 철새는 계절에 따라 번식지와 월동지를 오가며 서식한다.
- **계절형**[6] : 호랑나비나 물벼룩은 계절에 따라 몸의 크기, 형태, 색이 달라지기도 한다.

④ 옥신

- 줄기 끝과 뿌리 끝에서 만들어지는 식물 성장 호르몬의 일종
- 옥신은 햇빛이 비치는 반대쪽으로 이동하며 중력에 의해 아래로 흘러내리므로 햇빛이 비치는 반대쪽이 상대적으로 빨리 자라 굽어지게 된다.

⑤ 암모니아의 배설

- 암모니아는 단백질을 분해했을 때 생성되는 물질로, 그대로는 독성이 있어 무해한 물질로 전환시켜 배설한다.
- 포유류와 양서류는 요소로 전환시킨다.
- 파충류나 조류는 요산으로 전환시킨다.
- 수중생물은 전환시키지 않고 바로바로 몸 밖으로 배출시킨다.
- 암모니아 → 요소 → 요산으로 갈수록 더 농축된 형태이다.

⑥ 정온 동물의 온도 적응

지역에 따라 서식하는 여우의 신체적 특징들이 다르다.

	사막 여우	북극 여우
몸집	작다	크다
말단 부위	크다	작다

▲ 사막 여우 ▲ 북극 여우

⑥ 계절형

같은 종이라도 계절에 따라 몸의 크기, 형태, 색이 달라지는 현상

- 호랑나비는 봄형이 여름형보다 크기가 더 작고, 색도 연하다.

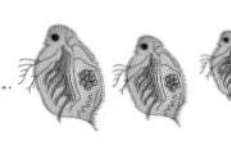

- 물벼룩은 7월~8월의 여름형이 겨울형보다 크다.

② **온도와 식물**

- 겨울눈을 만들어 월동을 한다.
- 낙엽수는 온도가 내려가면 엽록소가 파괴되어 단풍이 들고 열과 수분 손실을 줄이기 위해 잎을 떨어뜨린다.
- 상록수는 잎을 떨어뜨리지 않는 대신 체액의 삼투압을 높임으로써 어는점을 낮추어 세포가 얼지 않도록 한다.
- **춘화 현상** : 가을 보리는 일정 기간 동안 저온 상태를 유지해야 발아하거나 결실을 맺는다.

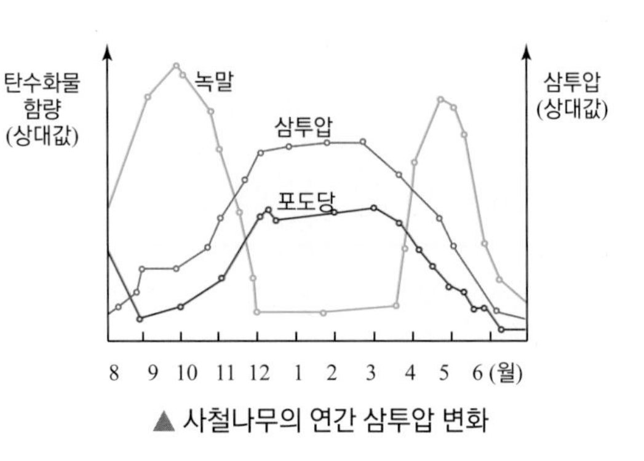

▲ 사철나무의 연간 삼투압 변화

토양과 생물의 관계

- 토양은 수많은 생물이 살아가는 터전을 제공하고 물질과 에너지를 원활하게 순환시키는 역할을 한다.
- 토양은 입자의 크기, 산성도, 영양 염류 함류량, 수분 함량, 통기성 등에 따라 생물에 다양한 영향을 미친다.
- 토양 속 세균 등의 미생물이 동물과 식물의 사체나 배설물을 무기물로 분해하여 무기 환경으로 되돌려 보낸다.
- 지렁이가 먹이를 얻기 위해 파는 굴은 토양에 공기를 통하게 해주어, 생물이 살기 좋아지는 반작용을 일으킨다.

(4) 생활형 비슷한 환경에서 사는 서로 다른 종류의 생물이 모습이나 생활 양식 등에서 나타내는 공통적인 특징이다.

① **동물의 생활형** : 육상 생활과 수중 생활을 겸하는 개구리, 하마, 악어는 종이 다르지만 수면 위로 눈과 콧구멍을 내놓고 생활하는 비슷한 생활형을 가진다.

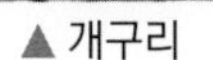

▲ 개구리

▲ 하마

▲ 악어

② **식물의 생활형** : 덴마크의 생태학자 라운키에르는 식물의 겨울눈 위치에 따라 생활형을 분류하였다. 열대 지방은 겨울에도 따뜻하므로 겨울눈이 30cm 이상인 지상에 존재하는 지상 식물이 많고, 날씨가 온화한 온대 지역에는 지표에 겨울눈이 있는 반지중 식물이 주로 발달해 있다. 한대 지역은 겨울이 매우 추워 겨울눈이 얼어버릴 수 있으므로 지상보다 좀 더 따뜻한 땅속으로 겨울눈을 숨겨서 보관하는 지중 식물이 우세하게 나타나는 식이다.

▲ 라운키에르의 식물의 생활형

공기와 생물의 관계

- 산소가 부족한 고산 지대에 사는 사람은 평지에 사는 사람에 비해 적혈구 수가 많다.
- 공기 중 질소 화합물, 황산화물 등의 농도가 높아지면 산성비가 내려 토양이나 식물에 영향을 미친다.
- 이산화 탄소, 메테인 등의 온실 기체 농도가 높아지면 지구 온난화로 기후가 변화하여 생물에 영향을 미친다.
- 공기의 움직임인 바람은 식물의 증산 작용과 꽃가루, 종자, 포자의 이동에 중요한 역할을 한다.

p. 47

Q3 다음 괄호 안에 들어갈 알맞은 단어를 적으시오.

(1) 건조한 지역에서 자라는 선인장은 물을 저장하는 (   )이(가) 발달해 있으며, 잎이 가시로 변해 물의 (   )(을)를 막도록 적응되어 있다.

(2) 물속에 사는 동물은 (   )형태로 질소성 노폐물을 배설한다.

2. 개체군

(1) 개체군의 밀도

① **개체군** : 한 지역에서 함께 생활하는 동일한 종에 속하는 개체들의 모임을 말한다.

② **개체군의 밀도** : 일정한 공간에 서식하는 개체군의 개체수로, 출생과 이입에 의해 증가하고 사망과 이출에 의해 감소한다.

$$\text{개체군의 밀도(D)} = \frac{\text{개체군 내의 개체수(N)}}{\text{개체군의 생활하는 공간의 면적(S)}}$$

(2) 개체군의 생장 곡선

개체군 내의 개체수 변화를 시간에 따라 그래프로 나타낸 것이다.

① **이론적 생장 곡선(J 자 모양)**[1] : 개체가 생식 활동에 아무런 제약을 받지 않고 계속 생식할 경우에 개체수는 기하급수적으로 늘어난다는 이론상으로만 가능한 곡선이다.

② **실제 생장 곡선(S 자 모양)** : 개체군의 밀도가 높아지면 환경 저항[2]도 증가하여 개체의 생식 활동이 점점 줄어들고, 일정한 수를 유지하게 되는 S 자 모양의 생장 곡선이 나타난다.

③ 개체군의 생장률 = $\frac{\text{증가한 개체수}}{\text{단위 시간}}$ (= 생장 곡선의 기울기)

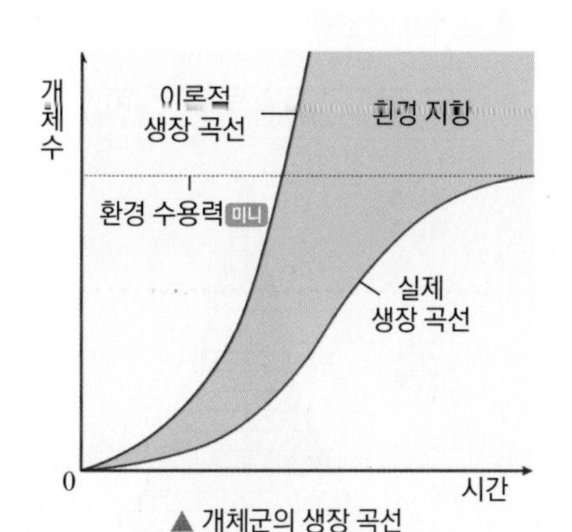

▲ 개체군의 생장 곡선

(3) 개체군의 생존 곡선

출생한 일정 수의 개체에 대해 살아남은 개체수를 시간 경과에 따라 그래프로 나타낸 것이다.

① **Ⅰ형(사람형)** : 자손을 적게 낳고 어릴 때는 부모의 보호를 받으므로 초기 사망률이 낮고, 노년에 사망률이 높다. 예 사람, 코끼리 등의 대형 포유류

② **Ⅱ형(히드라형)** : 수명에 관계없이 사망률이 일정하여 개체수가 일정하게 감소한다.
예 다람쥐, 야생 토끼, 히드라 등

③ **Ⅲ형(굴형)** : 아주 많은 수의 알을 낳지만 어릴 때 많이 잡아먹히고 일부만이 생식 가능한 시기까지 살아남으므로므로 초기 사망률이 높다. 예 굴, 물고기 등

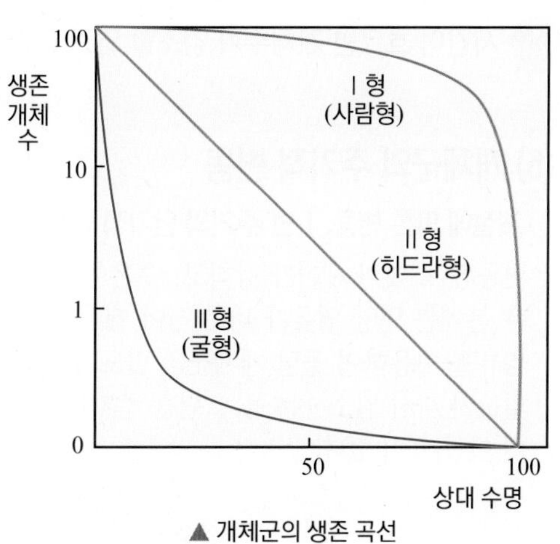

▲ 개체군의 생존 곡선

p. 47

Q4 다음 개체군의 생장 곡선과 생존 곡선에 대한 설명으로 옳은 것은 ○표, 옳지 않은 것은 ×표 하시오.

(1) 개체군의 밀도가 높아질수록 개체의 생식 활동이 점점 증가한다. (　　　)

(2) 생존 곡선에서 Ⅰ형은 Ⅱ형보다 초기 사망률이 높다. (　　　)

(3) 생존 곡선의 세 유형 중 사람의 생존 곡선과 가장 가까운 유형은 Ⅰ형이다. (　　　)

개체군의 성립

생물은 개체 단위로 생명을 유지하지만 때로는 번식을 용이하게 하거나 적으로부터 자신을 보호하기 위해 다른 개체들과 집단을 이루고 살아가기도 한다.
보통 개체수를 모두 세기는 어렵기 때문에 표본 구역을 지정하고 그 구역의 밀도를 측정함으로써 지역의 개체군 크기를 구한다.

❶ 이론적 생장 곡선의 이유

생식 활동에 아무런 제약이 없을 경우, 개체수가 매 세대마다 일정 비율 r 만큼 증가한다고 하면
모세대 : 1
1세대 후 : $(1+r)$
2세대 후 : $(1+r)(1+r)$
⋮
n세대 후 : $(1+r)^n$
따라서 이 생물 개체군의 이론적 생장 곡선은 $y = (1+r)^x$ 의 기하급수적으로 증가하는 J 자 모양 그래프가 된다.

❷ 환경 저항

실제 환경에서는 개체군의 밀도가 증가하면 서식지 내 먹이가 부족해지거나, 생활 공간이 부족해지거나, 노폐물이 증가하여 서식 환경이 나빠지고 천적과 질병도 증가하는 등 개체군의 성장이 방해를 받게 된다. 이로 인해 한 서식지에서 증가할 수 있는 개체수의 한계가 존재하는데, 이를 환경 수용력이라 한다.

개체군의 사망 곡선

기존 생존 곡선의 세로축을 생존 개체수 대신 사망률로 바꾸면 아래와 같다.

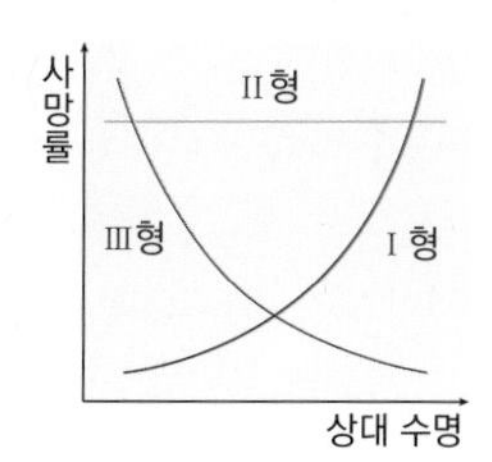

미니사전

환경 수용력 주어진 환경이 유지할 수 있는 어느 한 종의 개체군의 최대 개체수 또는 생물량

(4) 개체군의 연령 분포

① **연령 분포** : 개체군 내에서 나이(연령)에 따른 개체수를 나타낸 것이다.

② **연령 피라미드** : 한 개체군을 이루는 개체들의 나이를 모두 조사하여 적은 나이(연령)부터 차례로 쌓아서 만든 것이다. 생식 전 연령 비율을 보면 미래 개체군의 크기 변화를 짐작할 수 있다.

- **발전형** : 생식 전 연령층의 비율이 상대적으로 높아 삼각형 모양을 이루며 시간이 지나면 개체군의 크기가 증가할 것으로 예상된다.
- **안정형** : 생식 전 연령층, 생식 연령층, 생식 후 연령층으로 가면서 개체수가 차츰 줄어드는 종 모양을 이루며 시간이 흘러도 개체군의 크기가 크기 변화하지 않을 것으로 예상된다.
- **쇠퇴형** : 생식 전 연령층의 비율이 상대적으로 낮아 오각형 모양을 이루며 시간이 지나면 개체군의 크기가 감소할 것으로 예상된다.

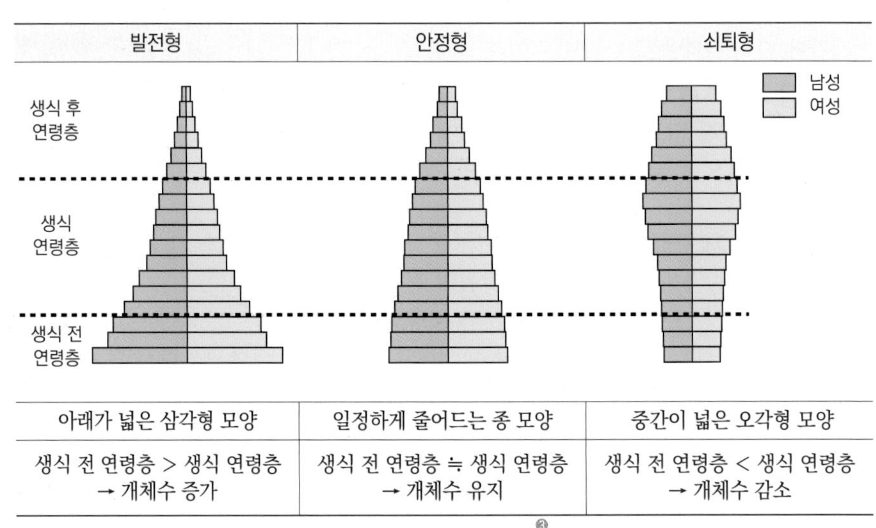

발전형	안정형	쇠퇴형
아래가 넓은 삼각형 모양	일정하게 줄어드는 종 모양	중간이 넓은 오각형 모양
생식 전 연령층 > 생식 연령층 → 개체수 증가	생식 전 연령층 ≒ 생식 연령층 → 개체수 유지	생식 전 연령층 < 생식 연령층 → 개체수 감소

▲ 유형별 연령 피라미드[3]

③ 연령 피라미드의 구조
- 밑변 : 개체 수
- 높이 : 연령 분포
- 연령 피라미드의 유형은 미래에 개체군의 크기가 어떻게 변할지에 따라 구분한다. → 생식 전 연령층이 차지하는 비율이 높은지 낮은지에 따라 유형이 나누어진다.

p. 47

Q5 시간이 흐르면 개체수가 감소할 연령 피라미드의 유형은 무엇인가?

(5) 개체군의 주기적 변동

① **계절에 따른 변동, 1 년 주기의 단기적 변동** : 식물성 플랑크톤인 돌말[4]은 계절에 따라 개체수가 변동한다. 빛의 세기가 강하고, 수온이 높고, 영양 염류가 풍부한 이른 봄에 잘 번식하다가, 늦은 봄에는 영양 염류가 너무 적어 개체군 밀도가 급격하게 감소하고, 초가을에는 축적된 영양 염류를 이용하여 돌말 개체군의 밀도가 약간 증가하지만 늦가을에 빛의 세기와 수온이 낮아져 밀도가 다시 감소하는 등 1 년을 주기로 밀도가 변동한다. 비슷한 예로는 물고기의 회귀, 철새의 이동 등이 있다.

④ 돌말
민물과 바닷물에 널리 분포하는 식물성 플랑크톤이다. 규산질의 껍질을 가져 규조류(황갈조류)에 속하며, 수중 생산자로서 어패류의 중요한 먹이가 된다.

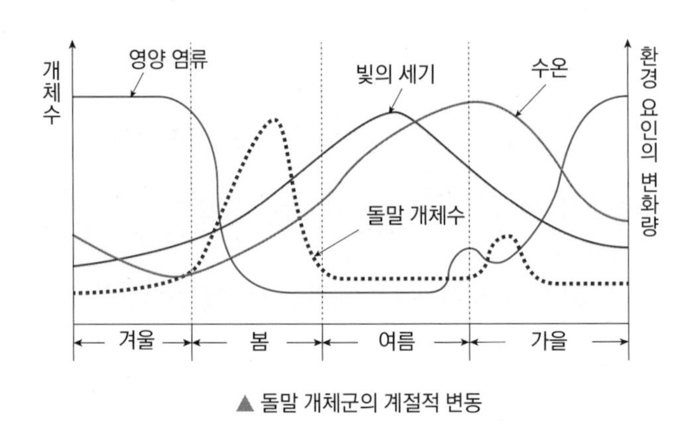

▲ 돌말 개체군의 계절적 변동

미니사전
생식 연령 생식을 통해 자손을 낳을 수 있는 연령

② **먹이 관계에 따른 변동, 수년 주기의 장기적 변동** : 동물의 밀도는 환경 요인보다 먹이 관계의 영향을 많이 받으므로 수년 주기로 변동한다. 캐나다의 눈신토끼와 스라소니는 피식자와 포식자의 관계이며 피식자(눈신토끼)의 수가 늘어나면 포식자(스라소니)의 수도 늘어나고, 포식자의 수가 늘어나면 피식자의 수가 줄어드는 등 10 년 주기로 개체수가 변동한다.

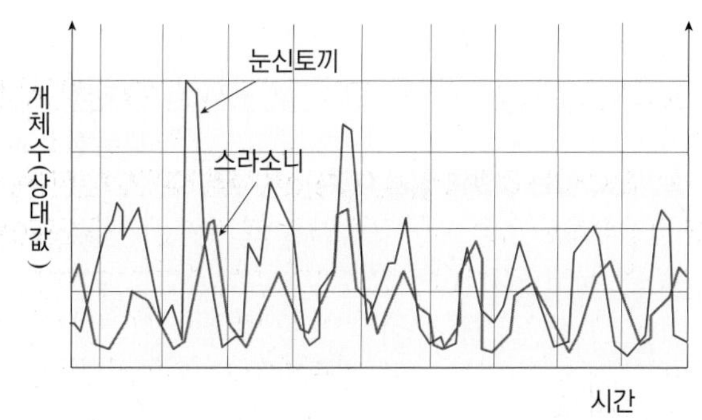

▲ 눈신토끼(피식자)와 스라소니(포식자)의 개체수 변동

(6) 개체군 내의 상호 작용

생물은 불필요한 경쟁을 피하고 개체군 내의 질서를 유지하기 위한 다양한 방법을 가지고 있다.

구분	특징
텃세(세력권)	생활 공간의 확보, 먹이 획득, 배우자 독점 등을 목적으로 일정한 생활 공간을 차지하고 다른 개체의 침입을 적극적으로 막는 것이다. • 텃세권 : 텃세를 부리는 개체군이 이미 확보한 생활 공간이다. ㉠ 물개, 까치, 은어
순위제	개체군의 구성원 사이에서 힘의 서열에 따라 먹이나 배우자를 얻을 때 일정한 순위가 결정되는 것을 말한다. • 매번 경쟁을 하지 않아도 되므로 불필요한 에너지 소비가 줄어든다. ㉠ 닭, 큰뿔양
리더제	영리하고 경험 많은 한 마리의 개체가 리더가 되어 개체군의 행동을 지휘하는 것이다. • 리더는 개체군을 위험으로부터 보호하고, 개체군 내 질서를 유지하며 개체군의 이동 방향을 결정하는 역할을 한다. • 리더를 제외한 나머지 개체들 간에는 순위가 없다. ㉠ 기러기, 늑대, 양
사회생활(분업)	생식, 방어, 먹이 획득과 같은 역할에 대해 계급과 업무를 분담하여 생활하는 것이다. ㉠ 꿀벌, 개미
가족생활	혈연 관계의 개체들이 모여 공동으로 먹이를 구하고 새끼를 양육하는 것이다. ㉠ 사자, 호랑이

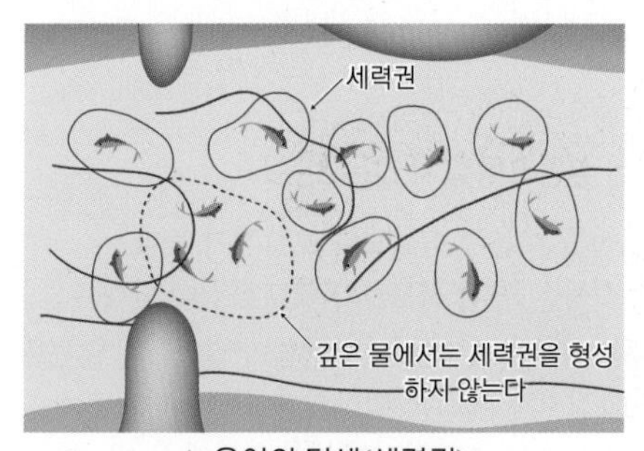

▲ 은어의 텃세(세력권)

▲ 리더가 이동 방향을 정하는 기러기

p. 47

Q6 다음 설명에 알맞은 개체간의 상호 작용을 쓰시오.

(1) 우두머리 늑대가 늑대 무리의 사냥 시기와 사냥감 등을 정한다. (　　　　)

(2) 사자는 새끼가 성장하여 독립할 때까지 어미와 새끼가 무리지어 생활한다. (　　　　)

(3) 은어는 얕은 물에서 일정한 생활 공간을 차지하고, 다른 은어가 침입해오면 공격한다. (　　　　)

미니사전

영양 염류 질소(N) 인(P) 등의 무기 염류로 식물성 플랑크톤의 양분이 된다.

개념 확인 문제

생태계

01 **다음 중 생태계에 대한 설명으로 옳은 것만을 있는 대로 고르시오.**

① 소비자는 스스로 유기물을 생산한다.
② 분해자가 분해한 무기물은 다시 사용할 수 없다.
③ 생태계의 환경 요인에는 비생물적 요인만 존재한다.
④ 그리스어로 집이라는 뜻을 지닌 단어에서 유래되었다.
⑤ 생산자는 광합성을 하여 무기물로부터 유기물을 합성한다.

02 **다음은 생태계를 구성하는 요소들 간의 관계를 나타낸 것이다. 이에 대한 설명으로 옳지 않은 것은?**

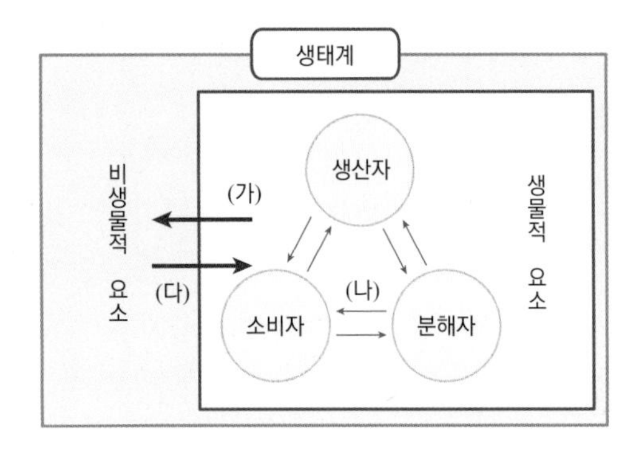

① (나)는 상호 작용이다.
② 버섯은 생산자에 속한다.
③ 일조 시간이 식물의 개화에 영향을 미치는 것은 (다)에 해당한다.
④ 지렁이가 먹이를 먹기 위해 토양에 굴을 파며 통기성을 높이는 것은 (가)에 해당한다.
⑤ 고산 지대에 사는 사람들은 평지에 사는 사람보다 적혈구 수가 많은 것은 (다)에 해당한다.

03 **생물과 환경의 관계에 대한 설명으로 옳은 것은 ○표, 옳지 않은 것은 ×표 하시오.**

(1) 계절에 따라 몸의 크기, 형태, 색이 달라지는 것을 계절형이라 한다. ( )
(2) 추운 지방에 사는 동물일수록 몸집이 작아지고 신체 말단 부위가 커진다. ( )

04 **다음은 생물이 비생물적 요인에 의해 영향을 받아 나타나는 현상이다.**

- 가을이 되면 단풍이 들고 낙엽이 떨어진다.
- 가을보리는 가을에 씨를 뿌린 후 추운 겨울을 지나야 봄에 씨앗을 맺는다.

위 현상에서 생물에 영향을 미친 것과 동일한 환경 요인의 영향에 의해 나타나는 현상으로 옳은 것은?

① 건생 식물은 저수 조직과 뿌리가 발달하였다.
② 바다의 깊이에 따라 주로 서식하는 해조류의 종류가 다르다.
③ 개구리를 비롯한 변온 동물들과 일부 포유류가 겨울잠을 잔다.
④ 동물성 플랑크톤은 밤에 수면 가까이 떠오르고 낮에는 깊은 곳으로 내려간다.
⑤ 특정한 방향으로 빛을 비추어 주었더니 식물이 빛이 비추는 쪽으로 굽어 자랐다.

05 **그림은 양지 식물과 음지 식물의 광합성량에 대해 나타낸 그래프이다.**

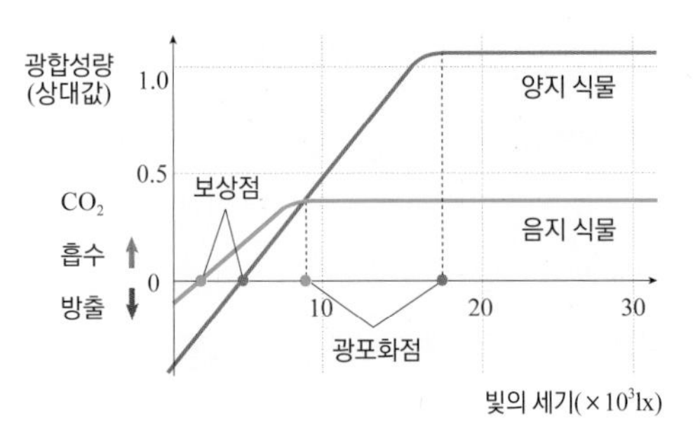

이에 대한 설명으로 옳지 않은 것은?

① 양지 식물은 음지 식물보다 보상점이 높다.
② 음지 식물은 양지 식물보다 광포화점이 낮다.
③ 보상점 이하의 빛에서는 광합성이 일어나지 않는다.
④ 광포화점 이상에서는 광합성량이 늘어나지 않는다.
⑤ 순광합성량은 총광합성량에서 호흡량을 뺀 값이다.

06 **계절 변화에 따른 일조 시간의 변화나 낮, 밤의 변화에 의해 생물의 행동이 달라지는 현상을 무엇이라 하는가?**

( )

정답 및 해설 47쪽

07 풀을 먹고 사는 메뚜기는 개구리에게 먹히고, 개구리는 뱀에게 먹힌다. 다음 중 개구리가 해당하는 단계는?

① 생산자 ② 분해자 ③ 1차 소비자
④ 2차 소비자 ⑤ 3차 소비자

08~09 다음은 수심에 따른 해조류의 분포이다.

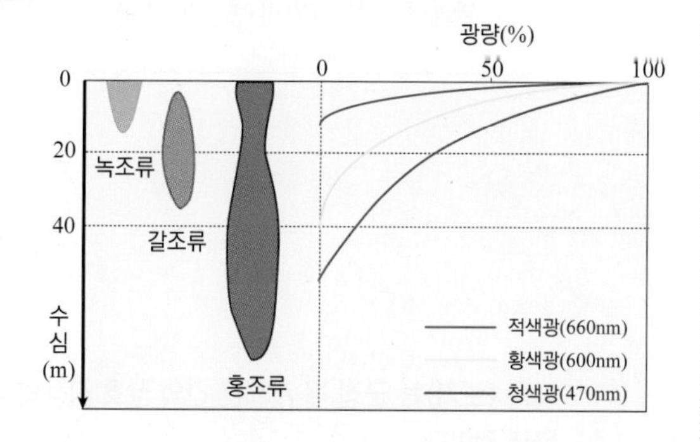

08 파장이 짧은 청색광을 이용하는 해조류의 종류를 적으시오.

( )

09 해조류의 분포에 영향을 미치는 환경 요인은?

① 빛의 세기 ② 빛의 파장 ③ 수온
④ 일조 시간 ⑤ 산소 농도

10 다음 각 요소에 해당하는 생물을 찾아 기호로 쓰시오.

보기

ㄱ. 민들레 ㄴ. 젖소 ㄷ. 바닷물
ㄹ. 송이버섯 ㅁ. 호랑이 ㅂ. 전나무

(1) 생산자 ( )
(2) 1차 소비자 ( )
(3) 2차 소비자 ( )
(4) 분해자 ( )

11 다음 생물과 환경에 대한 설명으로 옳은 것만을 〈보기〉에서 있는 대로 고르시오.

보기

ㄱ. 토양의 산성도는 식물의 성장과 관련이 없다.
ㄴ. 온실 기체 농도가 높아지면 지구 온난화가 가속된다.
ㄷ. 겨울눈이 땅속에 존재하는 식물이 많은 지역은 한대 지역일 가능성이 높다.

12 다음 설명에서 옳은 것에 ○표 하시오.

(1) 이끼는 (생산자 , 분해자)이다.
(2) 나무가 우거지면 (작용 , 반작용)에 의해 숲은 어둡고 습해진다.
(3) 밝은 곳에 있는 식물은 어두운 곳에 있는 식물보다 잎이 (얇다 , 두껍다).

13 다음 그림은 라운키에르가 식물의 겨울눈의 위치에 따라 생활형을 분류한 것이다.

그림에 대한 해석으로 옳은 것은 ○표, 옳지 않은 것은 ×표 하시오.

(1) 기온이 높고 강수량이 많은 열대 지방은 지상 식물이 많다. ( )
(2) 지표면을 기준으로 겨울눈이 아래에 위치하는 식물이 많을 수록 추운 지역일 가능성이 높다. ( )

14 다음 중 생물이 비생물적 요인의 영향을 받아 나타나는 현상에 대한 설명으로 옳은 것은 ○표, 옳지 않은 것은 ×표 하시오.

(1) 사막 여우는 북극 여우보다 몸집이 작고 말단 부위가 크다. ( )
(2) 음지 식물은 양지 식물보다 보상점과 광포화점이 높아 약한 빛에서도 잘 자란다. ( )

개체군

15 **다음 중 개체군에 대한 설명으로 옳지 않은 것은?**

① 몸집이 크고 수명이 긴 종일수록 초기 사망률이 낮다.
② 이론적으로 개체군은 S자형 곡선으로 생장 곡선을 나타낸다.
③ 한 지역에서 살 수 있는 개체수의 한계를 환경 수용력이라 한다.
④ 일정한 지역에서 일정한 공간을 차지하고 생활하는 같은 종의 무리를 개체군이라 한다.
⑤ 개체군의 생장은 시간의 흐름에 따라 여러 가지 요인에 의해 개체군의 개체수가 증가하는 것을 말한다.

16 **다음 그림은 개체군의 생장 곡선을 나타낸 것이다. 옳지 않은 것은?**

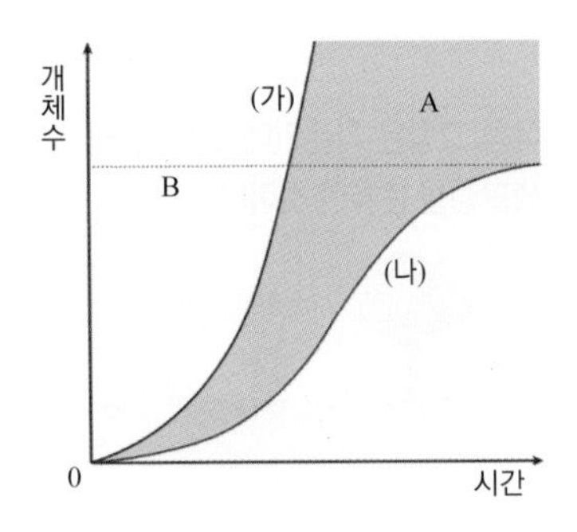

① (가)는 이론적 생장 곡선이다.
② (나)는 실제 생장 곡선이다.
③ A의 예시로는 먹이 부족, 서식 공간 감소 등이 있다.
④ B는 한 서식지에서 증가할수 있는 개체수의 한계이다.
⑤ 실제 환경에서는 시간이 지날수록 계속해서 개체수가 증가한다.

17 **뿔의 크기가 비슷한 큰뿔양끼리는 뿔치기를 통해 순위를 가린다. 이와 같은 상호 작용과 가장 관련이 깊은 것은?**

① 닭은 정해진 순서에 따라서 차례로 먹이를 먹는다.
② 순록은 한 마리의 순록이 전체 무리를 이끌며 이동한다.
③ 여왕벌과 수벌은 생식을 담당하고, 일벌은 먹이를 나르고 침입자를 막는다.
④ 북아메리카의 솔새는 한 나무에 여러 종이 서식하면서 서로 위치를 달리한다.
⑤ 은어는 수심이 얕은 곳에서는 자기 세력을 확보하고 다른 개체의 침입을 막는다.

18 **다음 중 개체군의 주기적 변동에 대한 설명으로 옳은 것만을 〈보기〉에서 있는 대로 고르시오.**

> 보기
>
> ㄱ. 개체군의 단기적 변동에는 외부 환경이 영향을 끼친다.
> ㄴ. 포식자가 줄어들면 피식자는 일시적으로 늘어날 것이다.
> ㄷ. 계절 변화에 따른 단기적 변동과 피식 포식 관계에 따른 장기적 변동이 있다.

19 **다음 〈보기〉는 군집 내 개체군 간의 상호 작용의 예를 나타낸 것이다.**

> 보기
>
> (가) 비슷한 크기의 뿔을 가진 숫양끼리는 뿔치기를 통해 힘의 서열을 가린다.
> (나) 호랑이는 분비물을 뿌림으로써 다른 개체의 침입을 경계한다.

(가), (나)의 상호 작용으로 올바른 것은?

	(가)	(나)
①	리더제	사회생활
②	순위제	텃세
③	순위제	리더제
④	가족생활	사회 생활
⑤	사회 생활	텃세

20 **개체군의 밀도가 높아지면 환경 저항도 증가하여 개체의 생식 활동이 점점 줄어드는데 이때 증가할 수 있는 개체수의 최댓값은 무엇이라 하는가?**

(　　　　　　　)

21

다음은 3종의 동물 A, B, C의 생존 곡선을 나타낸 것이다.

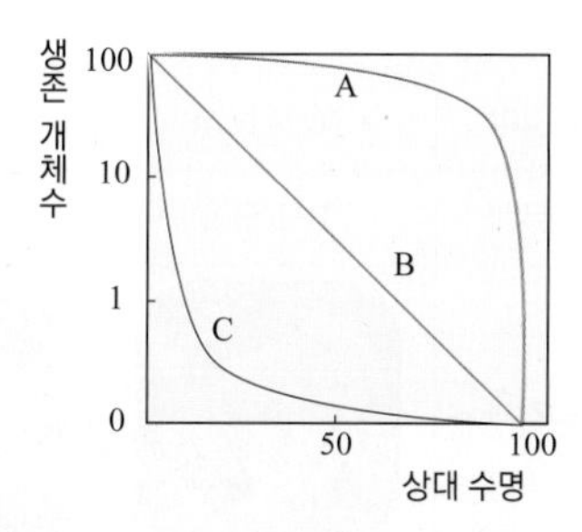

이에 대한 설명으로 옳은 것만을 〈보기〉에서 있는 대로 고르시오.

> **보기**
>
> ㄱ. 종 A는 부모의 보호를 받는 기간이 길다.
> ㄴ. 종 B는 다람쥐 등의 설치류 등에서 볼 수 있다.
> ㄷ. 종 C의 그래프는 몸집이 크고 수명이 긴 종에서 주로 나타난다.

22

다음은 어떤 하천에서 은어가 형성한 세력권을 나타낸 것이다.

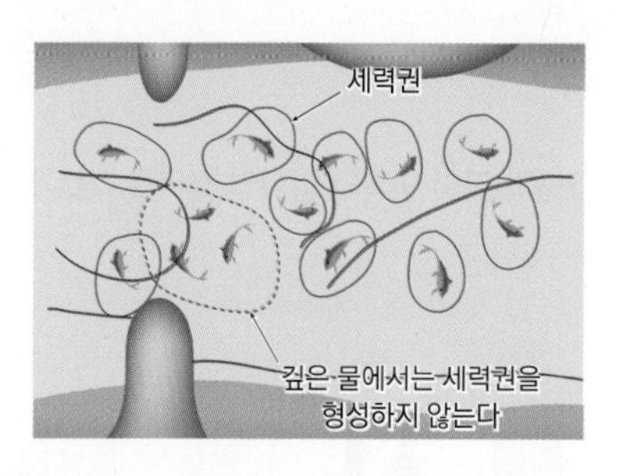

이 자료에 나타난 개체군 내의 상호 작용과 가장 관련이 깊은 것은?

① 스라소니는 눈신토끼를 잡아먹는다.
② 개는 배설물로 자기 영역을 표시한다.
③ 사자는 혈연 관계로 무리를 지어 생활한다.
④ 우두머리 기러기는 무리의 이동 방향을 정한다.
⑤ 피라미와 갈겨니는 같은 개울에서 공간을 나눠 생활한다.

23

다음은 눈신토끼와 스라소니의 개체수 변동을 나타낸 것이다.

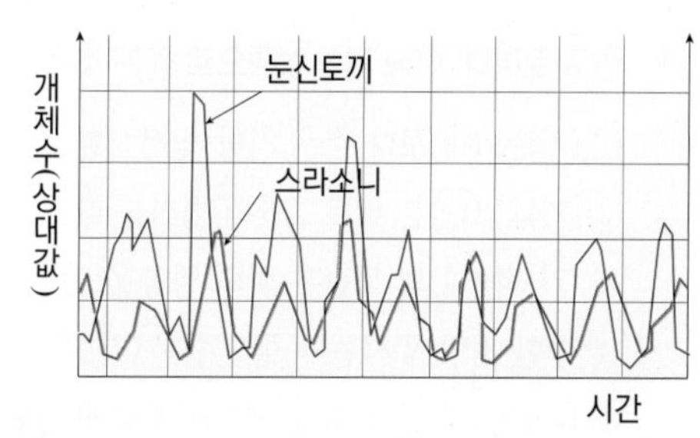

이에 대한 설명으로 옳은 것만을 〈보기〉에서 있는 대로 고르시오.

> **보기**
>
> ㄱ. 눈신토끼는 포식자이고 스라소니는 피식자이다.
> ㄴ. 눈신토끼의 수가 늘어나면 스라소니의 수도 늘어난다.
> ㄷ. 사람이 스라소니를 사냥한다면 눈신토끼의 수가 늘어날 것이다.

24

다음 중 개체군에 대한 설명으로 옳은 것은 ○표, 옳지 않은 것은 ×표 하시오.

(1) 자연 상태에서 개체군의 밀도는 항상 일정하다. ( )

(2) 피식자의 수가 먼저 증가하면 포식자의 수도 따라서 증가한다. ( )

25

다음은 개체군의 연령 분포를 나타낸 연령 피라미드이다.

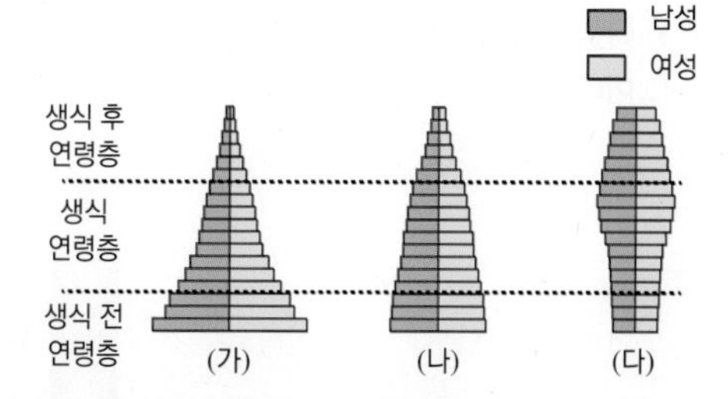

이에 대한 설명으로 옳은 것만을 〈보기〉에서 있는 대로 고르시오.

> **보기**
>
> ㄱ. (가)의 개체수는 증가할 것이다.
> ㄴ. (나)는 (다)보다 안정적인 개체군을 형성하고 있다.
> ㄷ. 연령 피라미드에서 중요시하는 것은 생식 후 연령층의 비율이다.

개념 심화 문제

01 **다음은 각기 다른 지역에서 서식하는 두 종류의 여우에 대해 조사한 자료이다. 이에 대한 설명으로 옳은 것은?**

구분	(가)	(나)
몸길이	36~41cm	50~60cm
몸무게	1~1.5kg	2.5~9kg
생김새		

① (가)는 (나)보다 추운 지방에 서식한다.
② (가)와 (나)는 베르그만의 법칙을 따라 적응했다.
③ (가)와 (나)의 모습은 빛의 영향을 받아 적응한 것이다.
④ 습한 지방에 사는 동물일수록 (가)와 비슷한 모습이다.
⑤ (나)는 (가)보다 열을 외부로 빠르게 방출하는 데 유리하다.

02 **다음은 동물의 질소 노폐물 배출에 대한 설명이다.**

> 암모니아는 독성이 있기 때문에 육상 동물은 질소 노폐물을 독성이 적은 요소의 형태로 전환시켜 배설한다. 조류, 곤충류, 대부분의 파충류 등은 물에 잘 녹지 않고 작은 결정체 모양의 요산의 형태로 배설하여 요소를 배설할 때 소모되는 수분의 손실을 최대한 막는다.
>
> 물이 많은 곳에 사는 동물은 주로 암모니아의 형태로 질소 노폐물을 배설한다. 암모니아는 물에 잘 녹고 세포막을 통해 빠르게 확산되기 때문에 수중 동물은 질소 노폐물을 암모니아의 형태로 주위의 물속으로 확산시켜 빠르게 배설한다.

이것과 관련이 깊은 환경 요인은 무엇인가?

① 빛 ② 온도 ③ 수분 ④ 토양 ⑤ 일조 시간

03 **다음은 단일 식물인 코스모스를 실험군 5가지로 분류하여 재배하면서 그림과 같이 명기와 암기의 길이를 다르게 처리한 실험이다.**

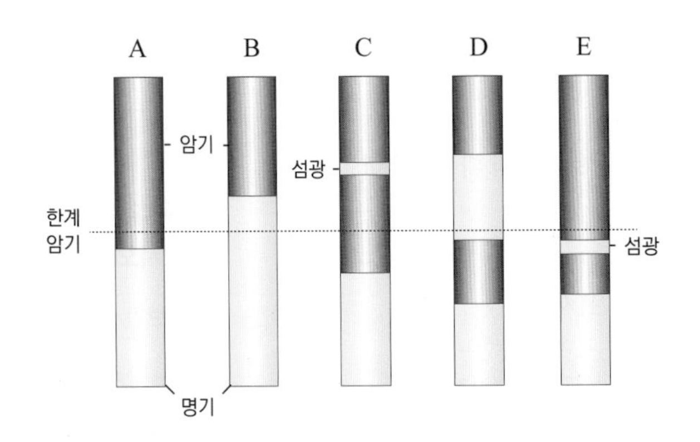

이 그림에서 개화하는 실험군을 옳게 짝지은 것은?

① A, E ② B, D ③ C, E ④ A, B, D ⑤ C, D, E

04 다음 그림은 사철나무의 연간 삼투압 변화를 나타낸 그래프이다.

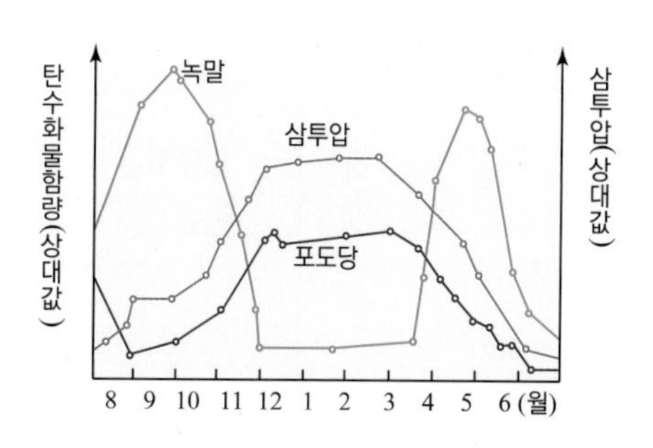

위와 같은 요인의 영향을 받은 것은?

① 봄이 다가올 때 토끼풀이 개화한다.
② 수심에 따른 해조류의 분포가 다르다.
③ 옥수수는 약한 산성 토양에서 더 잘 자란다.
④ 철새는 계절에 따라 적합한 환경을 찾아 이동한다.
⑤ 개구리밥은 뿌리가 거의 발달해 있지 않고 통기 조직이 발달되어 있다.

05 다음은 라운키에르의 겨울눈의 위치에 따른 식물의 생활형 분류이다.

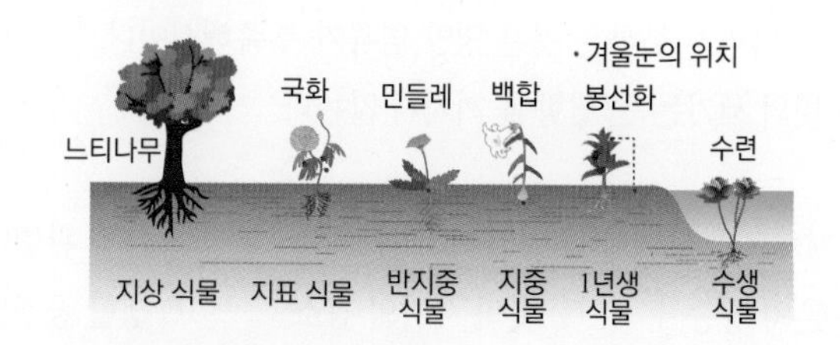

위에 대한 설명으로 옳은 것만을 〈보기〉에서 있는 대로 고르시오.

보기
ㄱ. 지상 식물이 많은 곳은 따뜻할 가능성이 높다. ㄴ. 한대 지역에서는 지중 식물과 반지중 식물이 우세하게 나타난다. ㄷ. 식물의 생활형을 알아봄으로써 지역의 기후 조건을 추측할 수 있다.

06 그림은 계절에 따라 몸의 크기, 형태, 색이 달라지는 호랑나비에 대한 그림이다.

위에 대한 설명으로 옳은 것만을 〈보기〉에서 있는 대로 고르시오.

보기
ㄱ. 번데기 시절의 빛의 세기와 관련이 있다. ㄴ. 봄형이 여름형보다 색이 옅고 크기가 작다. ㄷ. 물벼룩도 같은 이유로 여름형이 크고 겨울형이 작다.

07 다음은 온대 지방의 어느 호수에서 계절별 환경 요인의 변화에 따른 돌말 개체군의 변동을 나타낸 것이다.

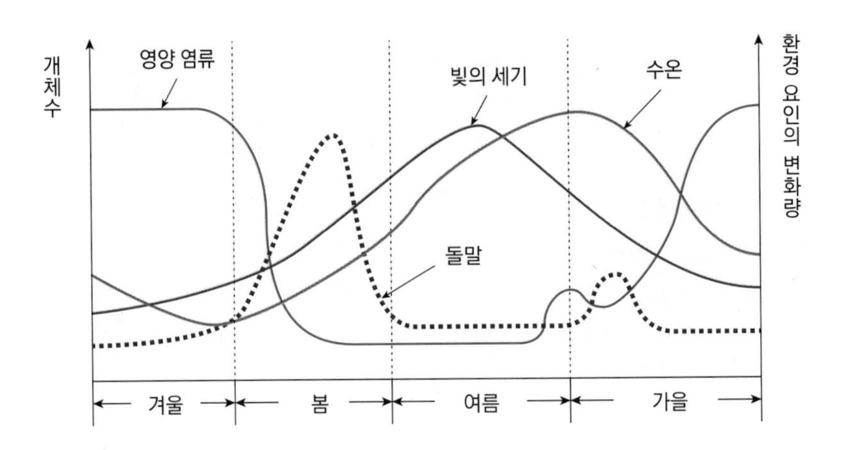

(1) 이에 대한 설명으로 옳은 것은 ○표, 옳지 않은 것은 ×표 하시오.

① 돌말 개체군이 여름에 잘 자라지 못하는 것은 영양 염류가 부족해서이다. (　　　)

② 돌말 개체군의 생장에 빛의 세기는 큰 영향을 끼치지 않는다. (　　　)

(2) 봄이 되어 증가한 돌말 개체군의 크기가 다시 급격히 감소하는 현상과 가장 관련이 깊은 것은?

① 천적의 증가　② 수온의 상승　③ 빛의 세기의 감소　④ 생활 공간의 부족　⑤ 영양 염류의 감소

08 그림은 생태계의 구성 요소간의 관계를 나타낸 것이다.

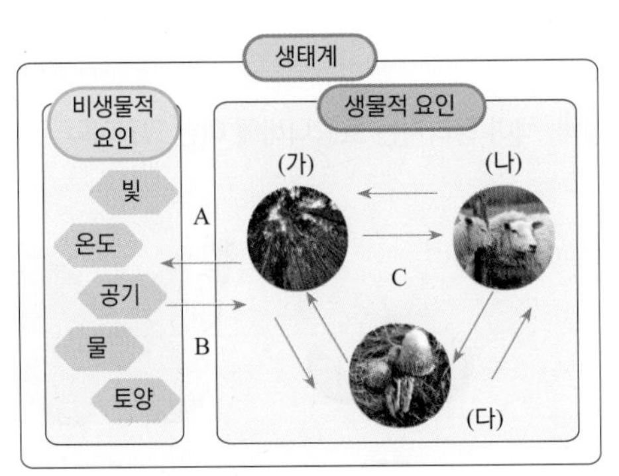

위에 대한 설명으로 옳은 것만을 〈보기〉에서 있는 대로 고르시오.

보기
ㄱ. 지의류에 의해 바위의 토양화가 촉진되는 것은 A에 해당한다. ㄴ. 지렁이에 의해 토양의 통기성이 높아지는 것은 C에 해당한다. ㄷ. 흐린 날이 이어져 식물이 성장하지 못하는 것은 B에 해당한다.

09

다음 그림은 남아메리카의 다양한 펭귄의 크기와 무게, 서식 분포도이다. 이에 대한 설명으로 옳은 것만을 〈보기〉에서 있는 대로 고르시오.

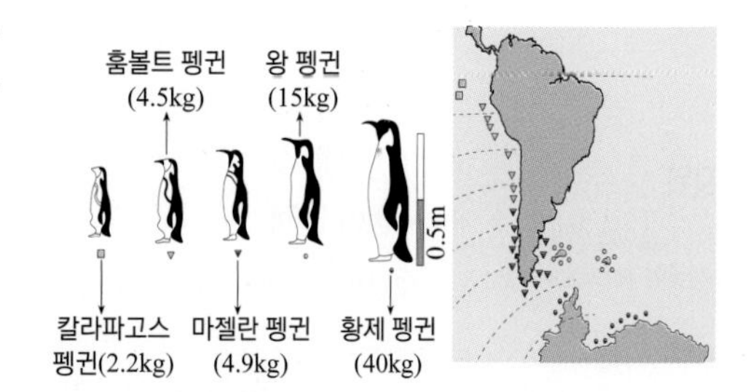

보기

ㄱ. 펭귄의 크기 차이는 온도에 대한 적응의 결과이다.
ㄴ. 부피에 대한 표면적의 비가 클수록 추위에 유리하다.
ㄷ. 낙엽수가 낙엽을 떨어뜨리는 것은 위와 같은 환경 요인에 적응한 결과이다.

10

표는 빛의 세기에 따른 식물의 광합성량을 단위 시간당 CO_2 출입량으로 나타낸 것이다. 이에 대한 설명으로 옳은 것만을 있는 대로 고르시오.

빛의 세기($\times 10^3$lx)

빛의 세기	0	0.5	1	2	3
CO_2 출입량	+15	0	- 10	- 20	- 20

+ : CO_2 방출　- : CO_2 흡수

① 이 식물의 호흡량은 15 이다.
② 이 식물의 보상점은 500 lx 이다.
③ 빛의 세기가 커질수록 광합성량이 커진다.
④ 500 lx 일 때 식물에서 광합성이 일어나지 않는다.
⑤ 4000 lx 일 때 광합성량은 3000 lx 일 때 광합성량과 같다.

11

다음은 어느 지역에서 초원의 생산량과 사슴의 개체수 및 그 포식자의 개체수 변화를 장기간에 걸쳐 조사한 결과를 상대적으로 나타낸 것이다.

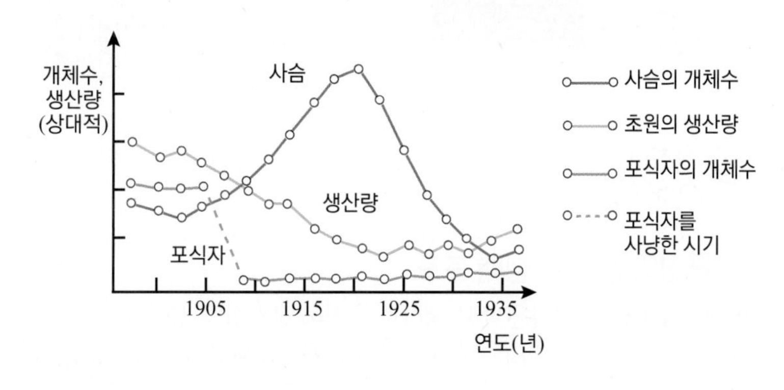

이에 대한 설명으로 옳은 것만을 〈보기〉에서 있는 대로 고르시오.

보기

ㄱ. 포식자의 인위적 제거는 생태계의 안정성에 도움이 된다.
ㄴ. 1920 년 이후 사슴의 개체수가 급격히 감소한 것은 먹이가 부족해졌기 때문이다.
ㄷ. 1905 년 ~ 1920 년에 초원의 생산량이 감소한 직접적인 원인은 사슴의 개체수가 증가했기 때문이다.

3. 군집

(1) 군집의 구성

① **먹이 사슬(먹이 연쇄)** : 개체군 사이의 먹고 먹히는 관계를 직선형으로 나타낸 것이다.

• **영양 단계** : 먹이 사슬에서의 각 단계이다.

② **먹이 그물** : 여러 개의 먹이 사슬이 서로 얽혀서 복잡한 그물 모양을 이루는 것이다. 먹이 그물이 복잡할수록 환경 변화에 잘 대응할 수 있는 안정한 생태계가 된다.

③ **생태적 지위**[1] : 먹이 지위와 공간 지위를 합한 것이다.

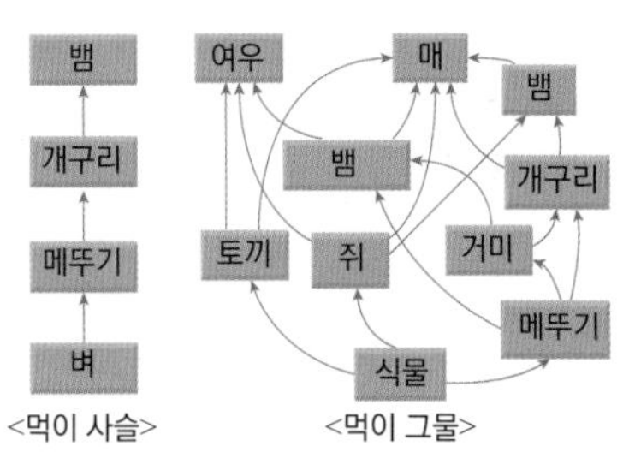

▲ 먹이 사슬과 먹이 그물

❶ 생태적 지위
- 먹이 지위 : 먹이 사슬이나 먹이 그물에서 각 개체군이 차지하는 위치이다.
- 공간 지위 : 개체군이 생활하는 공간이다.
- 같은 지역에 살고(공간 지위) 비슷한 먹이를 먹는(먹이 지위) 생물일수록 생태적 지위가 비슷하다.

(2) 군집의 구조

① **군집의 종 구성**

우점종	군집의 성질을 결정하는데 가장 크게 기여하는 중요도가 가장 높은 종이다.
희소종	우점종보다 개체수가 극히 적은 종이다.
지표종[2]	특정한 지역이나 환경에서만 볼 수 있는 종이다. 특정 환경을 구별하는 지표가 된다.

② **삼림의 층상 구도**

• **층상 구도** : 삼림과 같이 많은 식물 개체군들로 구성된 군락에서 군집이 수직으로 층이 뚜렷하게 나뉘는 것을 말한다. 높이에 따라 빛의 세기가 다르기 때문에 서로 다른 동식물 군집이 분포한다.

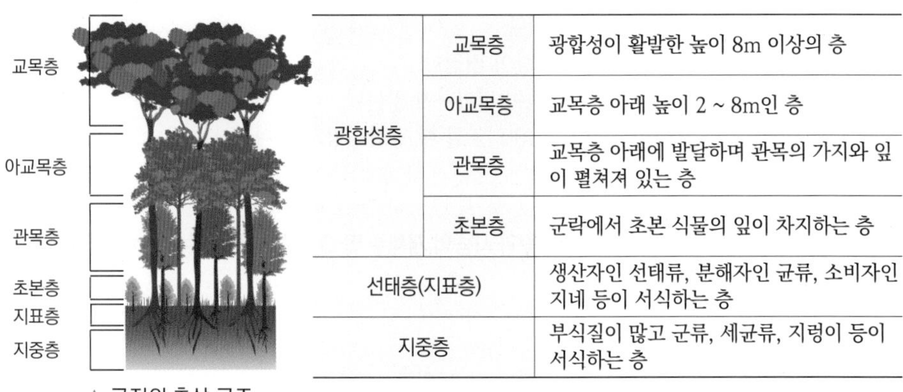

▲ 군집의 층상 구조

광합성층	교목층	광합성이 활발한 높이 8m 이상의 층
	아교목층	교목층 아래 높이 2 ~ 8m인 층
	관목층	교목층 아래에 발달하며 관목의 가지와 잎이 펼쳐져 있는 층
	초본층	군락에서 초본 식물의 잎이 차지하는 층
선태층(지표층)		생산자인 선태류, 분해자인 균류, 소비자인 지네 등이 서식하는 층
지중층		부식질이 많고 균류, 세균류, 지렁이 등이 서식하는 층

❷ 대표적인 지표종
- 지의류 : 이산화 황의 오염 정도를 예측할 수 있다.
- 에델바이스 : 고도와 온도의 범위를 예측할 수 있다.

▲ 에델바이스

p. 51

Q7 군집의 층상 구조에서 부식질이 많고 균류나 세균류, 두더지, 지렁이 등이 서식하는 층은 무엇인가?

(3) 군집의 종류와 생태 분포

① **군집의 종류**[2] : 군집은 주로 생산자인 식물 군집의 특성에 따라 구분하는데, 식물의 분포에 영향을 미치는 온도와 강수량에 따라서 크게 4가지(삼림, 초원, 황원, 수계)로 구분된다.

구분	군집	특징
육상 군집	삼림	강수량 많고 기온 높은 목본 식물 중심의 대표적 식물 군집 (예) 열대 우림, 상록 활엽수림, 낙엽 활엽수림, 침엽수림
	초원	강수량 적고 건조한 초본 식물 중심 군집 (예) 열대 초원(사바나), 온대 초원(프레리)
	황원	강수량이 적고 바람이 강하고 온도가 매우 낮아 식물이 살기 어려운 군집 (예) 열대 사막, 온대 사막, 툰드라, 해안이나 하구의 사구
수상 군집		물속, 물가 등 물이 풍부한 지역에서 발달하는 군집 (예) 강, 호수, 늪, 바다

미니사전

교목 높이가 8m를 넘는 나무

관목 높이 2m 이내의 밑동에서부터 줄기가 갈라져 나는 나무

초본 목질을 이루지 않는 식물

선태 관다발 조직이 발달되지 않은 식물

② **생태 분포** : 환경 요인의 영향을 받아 형성된 군집의 분포이다.

수평 분포(위도)	위도에 따른 기온과 강수량의 차이에 의해 위도마다 다른 군집이 나타난다.
수직 분포(고도)	특정 지역에서 고도에 따른 기온의 차이에 의해 수직적으로 다른 군집이 나타난다.

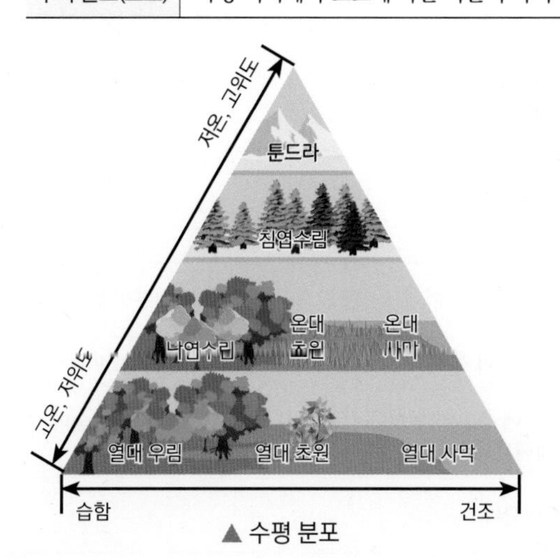

▲ 수평 분포

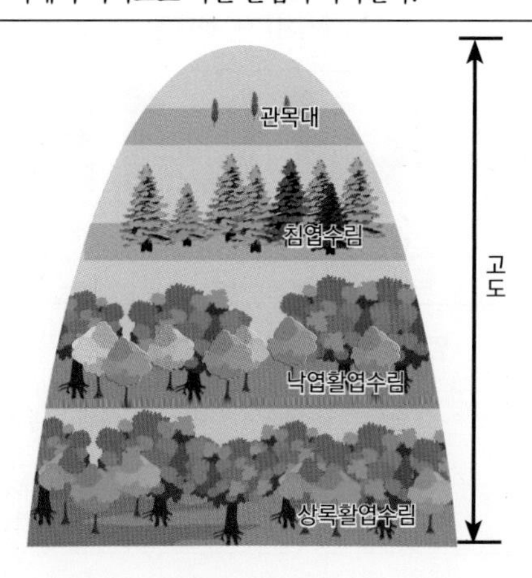

▲ 수직 분포

Q8 다음 괄호 안에 들어갈 알맞은 단어를 적으시오. p. 51

(1) 군집은 주로 (　　　　　)와(과) (　　　　　)에 따라서 크게 4가지로 분류된다.

(2) 환경 요인의 영향에 따라 형성된 군집의 분포를 (　　　　　)라 하며, (　　　　　)와 수직 분포가 있다.

(5) 군집 내의 상호 작용 및 군집의 천이

① 군집 내의 상호 작용

경쟁	생태적 지위가 비슷한 개체군이 먹이나 서식지를 두고 싸우는 것이다. • 경쟁 배타 원리 : 경쟁이 심해지면 한 개체군만 살아남고 다른 개체군은 함께 살 수 없게 된다.
분서 (나눠살기)[3]	생태적 지위가 비슷한 개체군이 생활 공간이나 먹이, 활동 시간 등을 달리하여 경쟁을 피하는 것이다. • 서식지 분리 : 같은 장소에서 부분적으로 생활 공간을 달리한다. • 먹이 분리 : 먹이를 다르게 먹는다.
포식과 피식	먹이 연쇄를 형성하여 서로의 개체수 변동에 영향을 미친다. 피식자가 증가하면 포식자(천적)도 증가하고, 포식자가 증가하면 피식자가 감소하여 다시 포식자도 감소하는 과정이 주기적으로 반복된다.
공생	두 종류의 개체군이 서로 밀접한 관계를 맺고 함께 살아가는 경우를 말한다. • 상리 공생 : 두 종이 모두 이익을 얻는다. • 편리 공생 : 한 종은 이익을 얻지만 다른 한 종은 이익도 손해도 없는 경우를 말한다.
기생	한 생물이 다른 생물에 붙어살며 피해를 주는 경우를 말한다. • 숙주 : 양분을 빼앗기거나 살아가는 공간을 내주는 등의 피해를 보는 생물을 뜻한다.

② **군집의 천이** 군집에 살고 있는 우점종 식물의 시간에 따른 변화 과정을 천이라 한다.

- **극상** : 가장 안정된 군집을 말한다. 모든 천이는 극상 상태를 향해 천이한다.
- **1차 천이** : 토양이 형성되지 않은 맨땅이나 호수(빈영양호)에서 천이가 시작되는 경우를 말한다.

건성 천이	용암이나 암석으로 된 맨땅으로 이루어져, 처음부터 생물이 살지 않았던 지역에서 시작된다. 양분과 수분이 부족하기 때문에 지의류가 개척자[4]로 먼저 나타나고, 이들이 정착하면 바위 등의 풍화를 촉진시키고 토양이 형성되며 수분 함량을 증가시킴으로써 다양한 생물들이 자라난다.
습성 천이	연못이나 호수에 퇴적물이 쌓여 육지화가 일어난 후 나타나며, 습생 식물이 개척자로 먼저 나타나면 흙과 모래가 쌓이고 유기물이 퇴적되어 습원이 형성되고, 다양한 생물들이 나타나게 된다.

- **2차 천이** : 이미 형성된 군집이 산불이나 산사태 등과 같은 요인에 의해 파괴된 후 다시 시작되는 경우를 말한다. 토양에 양분이나 수분이 충분히 포함되어 있어 1차 천이에 비해 매우 빠르게 진행되며, 개척자도 지의류가 아니라 초본인 경우가 대부분이다.

③ 솔새의 분서
생태적 지위가 비슷한 여러 종류의 솔새들은 한 가문비나무에서 서식지를 분리함으로써 불필요한 경쟁을 피한다.

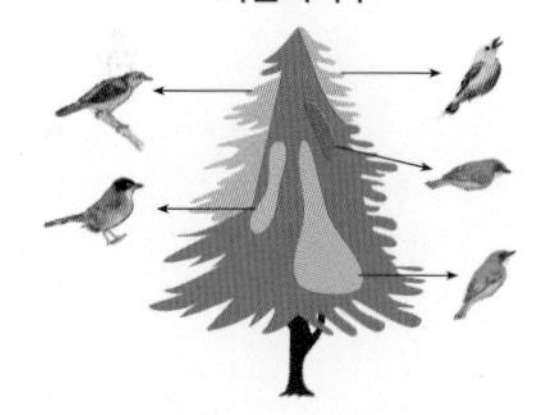

텃세와 분서 구분하기
둘 다 활동 공간을 나누는 활동이기 때문에 혼동하기 쉽다.
텃세는 같은 종의 개체군 내에서 일어나는 개체 간의 상호 작용이고, 분서는 군집 내에서 다른 종으로 이루어진 개체군 간의 상호 작용이다.

④ 개척자
수분이 부족한 환경에서도 살 수 있는 지의류가 황무지에서 건성 천이의 개척자로 처음 나타나며, 지의류가 정착하면 이들이 붙어 있는 바위 등의 풍화가 촉진된다.

미니사전

위도 지구상에서 적도를 기준으로 북쪽 또는 남쪽으로 얼마나 떨어져 있는지 나타내는 기준

고도 평균 해수면을 0으로 하여 측정한 물체의 높이

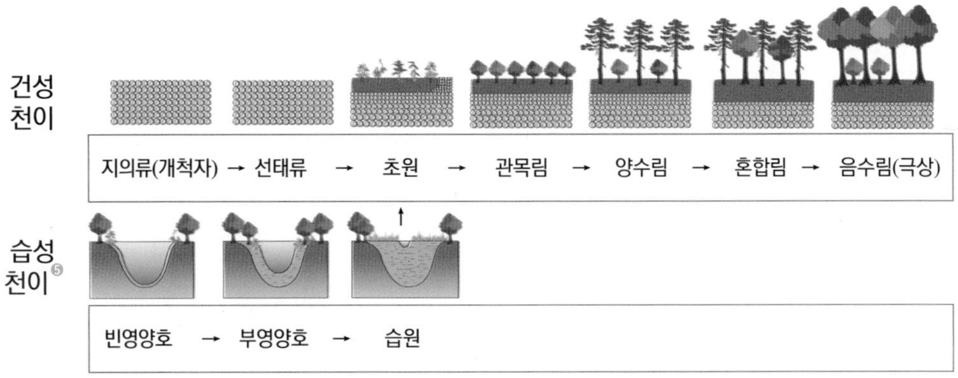

건성 천이

지의류(개척자) → 선태류 → 초원 → 관목림 → 양수림 → 혼합림 → 음수림(극상)

습성 천이[5]

빈영양호 → 부영양호 → 습원

양수림	생장이 빠르고, 어린 나무가 빛 조건이 좋은 환경에서만 잘 자라는 양수로 이루어진 숲이다.
음수림	생장이 느리지만, 어린 나무가 빛 조건이 좋지 않은 그늘에서도 잘 자라는 음수로 이루어진 숲이다. 음수는 빛이 적어도 잘 자라기 때문에 충분히 번성한 삼림의 그늘에서도 성장하여, 숲이 무성해질수록 양수보다 음수가 우세해진다.
빈영양호	축적된 영양 염류가 적은 호수를 말한다.
부영양호	물속에 축적된 영양 염류가 많아 플랑크톤 등의 생물이 잘 자라는 호수를 말한다.
습원	습기가 많은 초원으로, 토양이 저온 다습하여 퇴적된 유기물이 느리게 분해된다.

▲ 1 차 천이의 과정

p. 51

Q9 어떤 지역의 군집이 시간이 지남에 따라 달라지는 현상은 무엇인가?

4. 에너지 흐름과 물질 순환

(1) 물질의 생산과 소비[1] 생태계가 유지되는 가장 근원적인 에너지는 태양 에너지이다. 생산자는 태양 에너지를 이용하여 무기물을 유기물로 만들고, 소비자와 분해자는 유기물을 무기물로 분해하며 방출되는 에너지를 이용하여 생활한다.

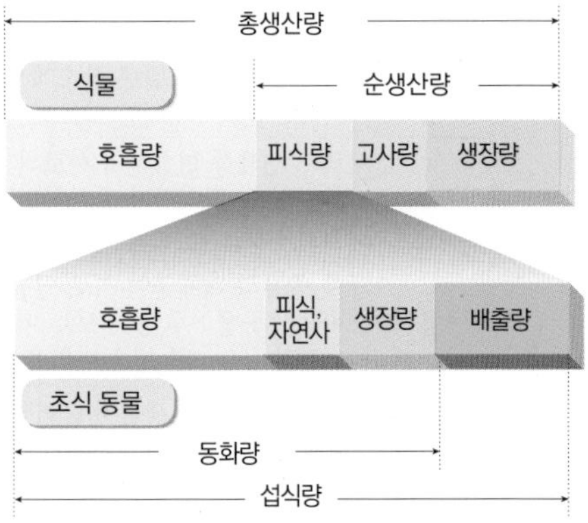

총생산량
식물
순생산량
호흡량 | 피식량 | 고사량 | 생장량
호흡량 | 피식, 자연사 | 생장량 | 배출량
초식 동물
동화량
섭식량

▲ 생태계에서 물질의 생산과 소비

(2) 탄소의 순환 탄소는 이산화 탄소(CO_2) 형태로 대기 중에 존재하거나 물에 녹아 있으며, 이것이 식물의 광합성에 이용되어 유기물로 합성된다.

① 생산자인 식물이 대기 중의 이산화 탄소를 흡수하여 광합성으로 유기물을 합성한다.
② 생산한 유기물의 일부는 생산자의 몸을 구성하거나, 먹이 사슬을 따라 소비자로 이동한다.
③ 생물의 사체나 배설물 속의 유기물은 분해자에 의해 분해되어 이산화 탄소로 배출된다.
④ 생물이 섭식한 유기물이 호흡 과정에서 분해되어 이산화 탄소로 배출된다.
⑤ **화석 연료** : 일부 유기물은 땅이나 바닷속에 쌓여 석탄이나 석유가 되기도 하는데, 이것은 인간에 의해 연소되어 이산화 탄소 형태로 대기 중으로 돌아간다.

p. 51

Q10 다음 중 생태계에서 탄소가 존재하는 형태가 아닌 것은?

① 석유 ② 철광석 ③ 식물의 잎 ④ 이산화 탄소 ⑤ 동물의 배설물

---

⑤ 습성 천이의 과정

호수 바닥에 흙이 쌓이고 물풀이 성장한다. → 흙이 더 쌓이면서 호수 기슭에 큰 나무들이 자란다. → 호숫가에서부터 갈대나 나뭇잎들이 흙과 함께 쌓여 층을 형성한다. → 호수가 모두 메워지고 키가 작은 풀이나 갈대 등이 자란다. → 호숫가의 주변 지역으로부터 큰 나무들이 자라나 점점 안쪽으로 퍼진다.

2차 천이의 과정

산불, 산사태 → 초원 → 관목림 → 양수림 → 혼합림 → 음수림(극상)

① 생태계에서 물질의 생산과 소비

- 식물
  - 현존량 : 한 식물 군집이 현재 가지고 있는 유기물의 총량을 현존량이라 한다.
  - 총생산량 : 생산자에 의해 빛에너지를 이용하여 만들어진 유기물의 총량
  - 호흡량 : 호흡으로 소비한 양
  - 순생산량 : 총생산량에서 호흡량을 제외한 양
  - 생장량 : 순생산량에서 피식량, 고사량, 낙엽량을 제외하고 식물체에 남아 있는 유기물의 양
- 동물 : 섭식량 중 소화되지 않고 배출되는 양을 제외한 것이 실제 동화량이다.

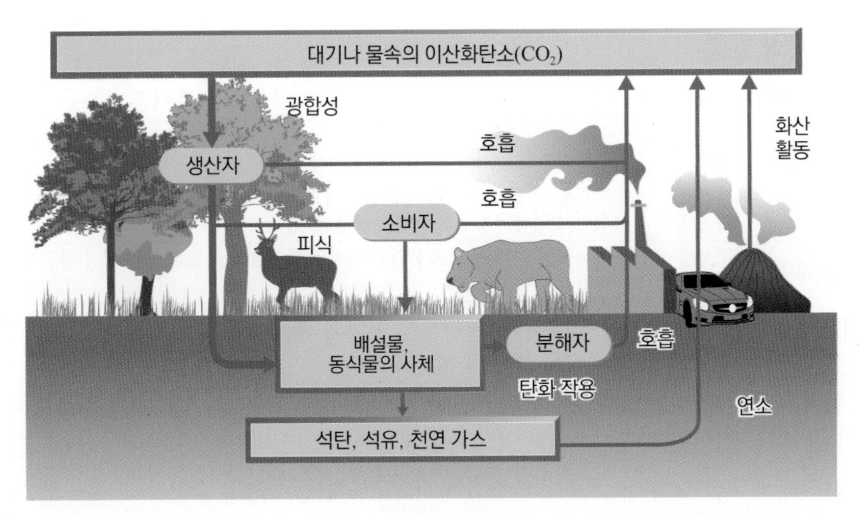

▲ 탄소의 순환

(3) 질소의 순환

대기 중의 78% 를 차지하는 질소이지만 기체 상태의 질소는 식물이 이용할 수 없기 때문에 이용할 수 있는 형태로 바뀌어야 한다.

① 공기 중의 질소를 식물이 쓸 수 있는 이온 형태로 만든다.

- **질소 고정**($N_2 \rightarrow NH_4^+$) : 공기 중의 질소가 질소 고정 세균(뿌리혹박테리아, 아조토박터 등)에 의해 암모늄 이온(NH_4^+)으로 전환된다.
- **공중 방전**($N_2 \rightarrow NO_3^-$) : 번개에 의해 공기 중의 질소가 질산 이온(NO_3^-)으로 전환된다.
- **질화 작용**($NH_4^+ \rightarrow NO_3^-$) : 암모늄 이온이 질화 세균(아질산균, 질산균)에 의해 질산 이온으로 바뀐다.

② 식물이 암모늄 이온, 질산 이온을 흡수하여 질소 화합물로 만든다.

- **질소 동화 작용** : 식물이 뿌리를 통해 흡수한 암모늄 이온(NH_4^+)이나 질산 이온(NO_3^-)의 저분자 물질을 이용하여 고분자 물질인 질소 화합물(단백질, 핵산)로 합성한다. 생성된 질소 화합물은 동물에게 섭취되어 먹이 사슬을 따라 이동한다.

③ 동식물의 질소 화합물이 다시 분해되어 공기 중으로 되돌아간다.

- **탈질소 작용** : 동식물의 사체나 배설물의 질소 화합물은 분해자에 의해 암모늄 이온(NH_4^+)으로 분해되어 식물에게 다시 이용되거나 질산 이온(NO_3^-)으로 전환된다. 이 질산 이온은 토양 속 탈질소 세균에 의해 질소 기체(N_2)가 되는 탈질소 작용이 나타난다.

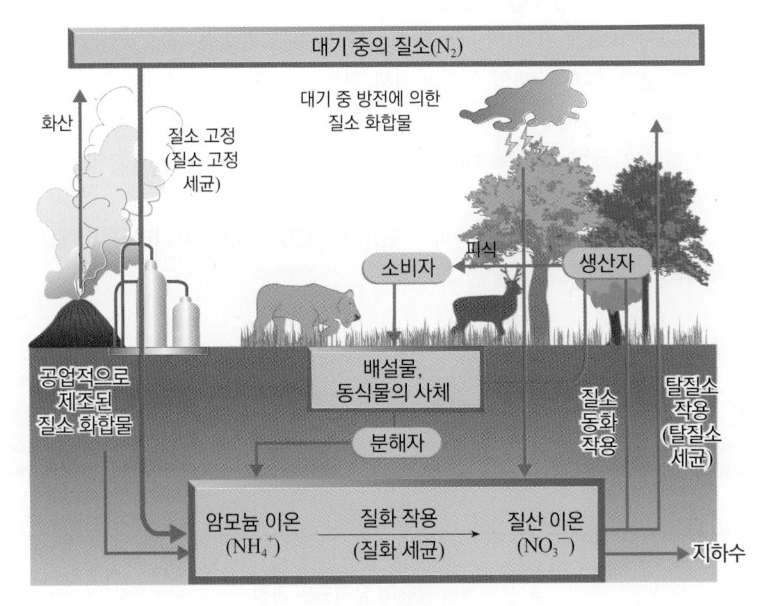

▲질소의 순환

(4) 에너지의 흐름

① **생태계에서의 에너지 흐름** : 에너지는 순환하지 않고 한쪽 방향으로 흐른다.

생산자	식물은 광합성을 통해 태양의 빛에너지를 화학 에너지로 전환한다. 일부는 호흡에 사용하여 열에너지로 전환시켜 방출되고, 일부는 유기물에 저장한다.
소비자	생산자에 의한 유기물 중 일부가 먹이 사슬을 따라 이동하고, 각 영양 단계에서 호흡을 통해 생명 활동에 사용되거나 열에너지로 전환되어 방출된다.
분해자	고사된 식물이나 동물의 사체 등에 포함된 에너지는 분해자의 호흡을 통해 생명 활동에 사용되거나 열에너지로 전환되어 방출된다.

② **에너지 효율** : 한 영양 단계에서 다음 영양 단계로 전달된 에너지의 비율을 에너지 효율이라 한다. 영양 단계가 올라갈수록 에너지 효율은 증가한다.
- 영양 단계가 올라갈 수록 영양가가 높은 동물성 먹이를 많이 먹는다. → 고기가 채소보다 소화, 흡수가 잘 되고 같은 부피에서 더 많은 에너지를 낼 수 있다.
- 상위 단계로 갈수록 몸집이 커진다. → 몸집이 커질수록 단위 무게당 소모하는 에너지양이 감소한다.

③ **생태 피라미드** : 영양 사슬의 각 영양 단계에 있는 생물의 개체수, 생물량, 에너지양을 생산자부터 1 차, 2 차, 3 차 소비자 순서로 쌓아올린 것이다.
- 상위 영양 단계로 갈수록 개체수, 생물량, 에너지량이 감소한다. → 피라미드 모양이 된다.
- 유기물과 그 속에 저장된 에너지가 각 영양 단계를 거치면서 그 단계 생물의 생장과 호흡 등에 소비되고, 일부만이 다음 단계로 이동한다.

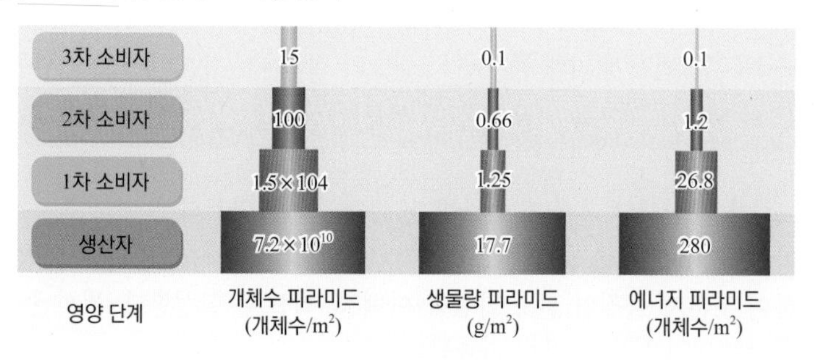

▲ 생태 피라미드

(5) 생태계 평형

① **생태계의 평형**[2] : 생물 군집의 종류나 개체수, 물질의 양, 에너지의 흐름이 거의 변하지 않고 안정하게 유지되는 생태계의 상태를 말한다.
- 안정한 생태계는 외적 요인에 의해 평형이 깨지고 회복되는 과정을 끊임없이 반복한다.
- 천이 초기의 생태계보다 후기 단계의 생태계에서 평형을 더 잘 유지한다.

② **생태계 평형의 파괴**
- **자연 재해** : 자연 재해로 깨진 평형은 자기 조절 능력이 있어 다시 회복한다. ㉠ 지진, 홍수, 산사태, 화산 폭발 등
- **인간의 간섭**[3] : 인간의 영향으로 인한 파괴는 평형을 깨뜨릴 뿐만 아니라 생태계의 회복 능력도 약화시킨다. ㉠ 환경 오염, 귀화 생물 등

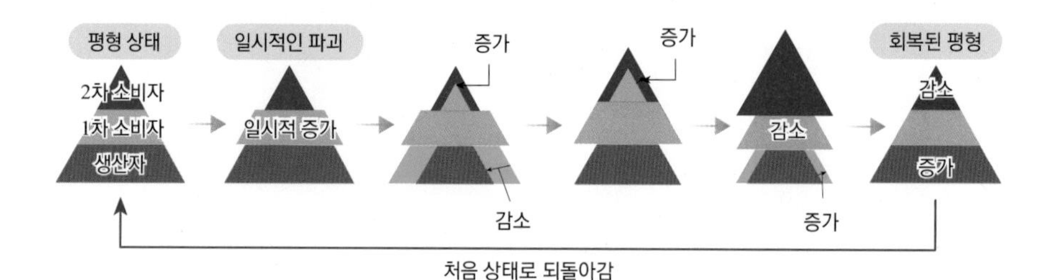

▲ 생태계의 평형이 유지되는 과정

❷ 생태계에서의 에너지 전환

빛에너지
↓
화학 에너지
↓
열에너지

태양의 빛에너지를 공급받아 최종적으로 열에너지로 방출되므로, 생태계가 유지되기 위해서는 태양 에너지가 계속 유입되어야 한다.

❷ 생태계 평형의 유지
- 종 수가 많을수록 평형을 더 잘 유지한다.
- 먹이 그물이 복잡할수록 평형을 더 잘 유지한다.
- 급격한 환경 변화가 없을수록 평형을 더 잘 유지한다.
- 물질 순환과 에너지 흐름이 원활할수록 평형을 더 잘 유지한다.

❸ 인간의 생태계 파괴
- 환경 오염 : 급격한 인구 증가와 산업화, 지나친 개발, 화석 연료 소비의 증가 등이 있다.
- 귀화 생물 : 외국에서 들여온 외래종은 포식자가 없고 토종 생물들을 잡아먹어 빠르게 먹이 사슬을 붕괴시킨다.

▲ 황소개구리

▲ 블루길

미니사전

귀화 생물 원래 살던 곳에서 다른 지역으로 옮겨 와 잘 적응하여 자라는 생물

외래종 외국에서 들어온 씨나 품종

정답 및 해설 51쪽

군집

26 다음 중 군집의 구성에 대한 설명으로 옳은 것만을 〈보기〉에서 있는 대로 고르시오.

보기

ㄱ. 먹이그물이 단순할수록 안정한 생태계이다.
ㄴ. 개체군의 생태적 지위는 먹이 지위와 공간 지위를 합한 것이다.
ㄷ. 군집의 성질을 결정하는데 가장 크게 지여하는 개체군(종)을 지표종이라 한다.

27 군집의 수직 생태 분포가 나타나는 원인은 무엇인가?

( )

28 다음 중 물질의 생산과 소비에 대한 설명으로 옳지 않은 것은?

① 생산자는 태양 에너지를 이용하여 무기물을 유기물로 만든다.
② 생산자의 생장량은 순생산량에서 고사량과 피식량을 뺀 것이다.
③ 생산자는 총생산량 중 일부를 호흡에 이용하고 나머지를 저장한다.
④ 생태계 내에서 에너지는 순환하지만, 물질은 한쪽 방향으로 흐른다.
⑤ 한 식물 군집이 현재 가지고 있는 유기물의 총량을 현존량이라 한다.

29 군집 내에서 필요한 에너지와 서식 공간을 나타내는 척도로, 군집 내에서 한 개체군이 차지하는 공간적 위치와 먹이 사슬에서 차지하는 위치를 고려한 개념을 ( )라고 한다.

30 각 설명에 해당하는 군집의 층을 〈보기〉에서 고르시오.

보기

ㄱ. 교목층 ㄴ. 아교목층 ㄷ. 관목층
ㄹ. 초본층 ㅁ. 지표층 ㅂ. 지중층

(1) 8m 이상의 나무들이 점유하고 있는 층이다. ( )

(2) 초본 식물의 군집이 차지하는 층 ( )

31 다음 중 개체군 사이의 상호 작용에 대한 설명으로 옳은 것만을 〈보기〉에서 있는 대로 고르시오.

보기

ㄱ. 상리 공생 관계에 있는 두 종을 함께 두면 두 개체군의 크기는 모두 감소한다.
ㄴ. 편리 공생 관계에 있는 두 종을 함께 두면 두 개체군의 크기는 모두 증가한다.
ㄷ. 기생 관계에 있는 두 종을 함께 두면 한 개체군의 크기는 증가하고 다른 개체군의 크기는 감소한다.

32 다음은 어떤 지역의 식물 군집에서 산불이 난 후의 천이 과정을 나타낸 것이다. A ~ C 는 각각 양수림, 음수림, 관목림 중 하나이다.

이에 대한 설명으로 옳은 것만을 〈보기〉에서 있는 대로 고르시오.

보기

ㄱ. B 는 음수림이다.
ㄴ. 2차 천이를 나타낸 것이다.
ㄷ. 초원의 우점종은 지의류이다.

33 다음은 어떤 군집에서 피식과 포식 관계인 두 개체군의 시간에 따른 개체수를 나타낸 그래프이다.

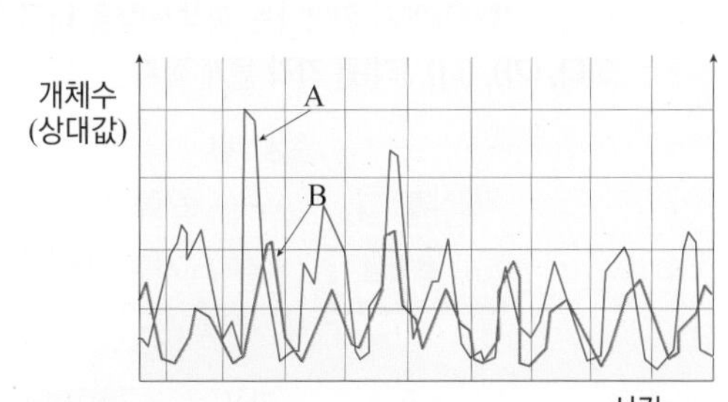

이에 대한 설명으로 옳은 것만을 〈보기〉에서 있는 대로 고르시오.

보기

ㄱ. A가 피식자, B가 포식자이다.
ㄴ. 두 개체군은 포식과 피식에 의해 크기가 주기적으로 변동한다.
ㄷ. 임의로 사람이 포식자를 사냥하면 피식자의 수가 늘어날 것이다.

에너지 흐름과 물질 순환

34 다음 중 물질의 생산과 소비에 대한 설명으로 옳은 것만을 〈보기〉에서 있는 대로 고르시오.

보기

ㄱ. 순생산량은 생산자에 의해 만들어진 유기물의 총량이다.
ㄴ. 생태계를 유지할 수 있는 가장 근원적인 에너지는 열에너지이다.
ㄷ. 동물의 섭식량 중 소화되지 않고 배출되는 양을 제외한 것을 동화량이라 한다.

35 식물이 뿌리를 통해 흡수한 저분자 물질을 이용하여 고분자 질소 화합물을 합성하는 작용은 무엇인가?

(　　　　　)

36 다음 괄호 안에 들어갈 알맞은 단어를 고르시오.

(1) 에너지가 먹이 사슬을 따라 이동할 때 (상위 , 하위) 영양 단계로 갈수록 에너지 효율은 증가하고 생물량은 (증가 , 감소) 한다.
(2) 각 단계에서 흡수한 에너지는 일부가 호흡에 의해 (열 , 화학) 에너지로 방출된다.

37 다음 중 생태계 평형 파괴의 요인이 아닌 것은?

① 지진　② 홍수　③ 농약
④ 화력 발전　⑤ 계절 변화

38 다음은 생태계에서 일어나는 총생산량을 나타낸 모식도이다. (가), (나), (다)를 각각 옳게 짝지은 것은?

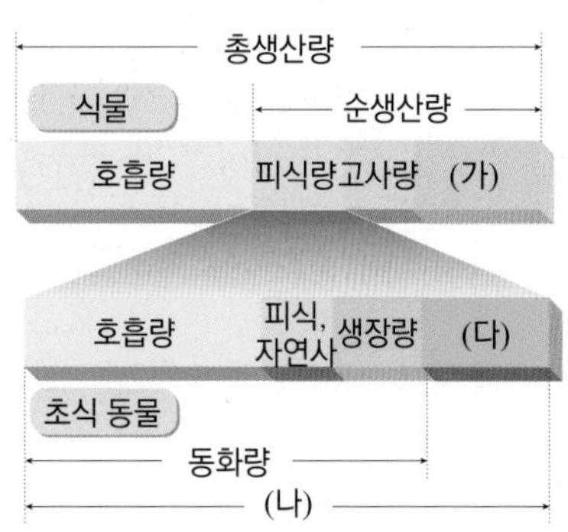

(가)	(나)	(다)
① 생장량	섭식량	생산력
② 생장량	섭식량	배출량
③ 동화량	생산량	배출량
④ 생산력	고사량	총생산량
⑤ 생산력	생산량	총생산량

39 그림 (가)와 (나)는 각각 서로 다른 생태계에서 생산자, 1차 소비자, 2차 소비자의 에너지양을 상댓값으로 나타낸 생태 피라미드이다. 이에 대한 설명으로 옳은 것만을 〈보기〉에서 있는 대로 고르시오.

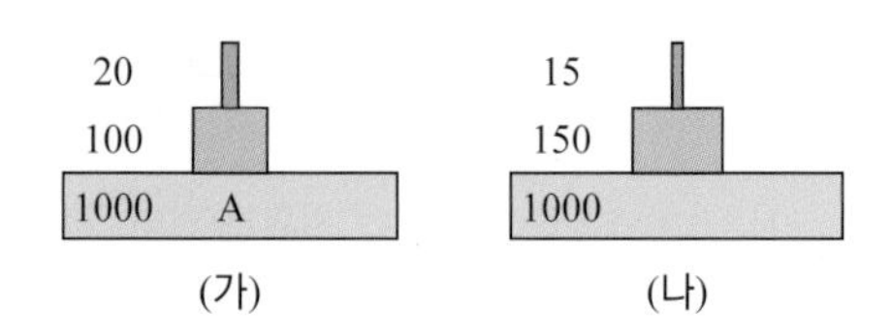

보기

ㄱ. (가)에서 A는 1차 소비자이다.
ㄴ. 2차 소비자의 에너지 효율은 (가)가 (나)보다 높다.
ㄷ. (가)와 (나)는 모두 상위 영양 단계로 갈수록 에너지양이 감소한다.

40 다음 중 에너지의 흐름에 대한 설명으로 옳은 것만을 〈보기〉에서 있는 대로 고르시오.

보기

ㄱ. 열에너지는 다시 생태계 내에 흡수되어 사용된다.
ㄴ. 영양 단계가 높아질수록 전달되는 에너지의 양은 감소한다.
ㄷ. 생태계가 유지되려면 태양 에너지가 계속 공급되어야 한다.

41 다음은 어떤 생태계에 서식하는 생산자의 물질 생산을 나타낸 것이다. 이에 대한 설명으로 옳은 것만을 〈보기〉에서 있는 대로 고르시오.

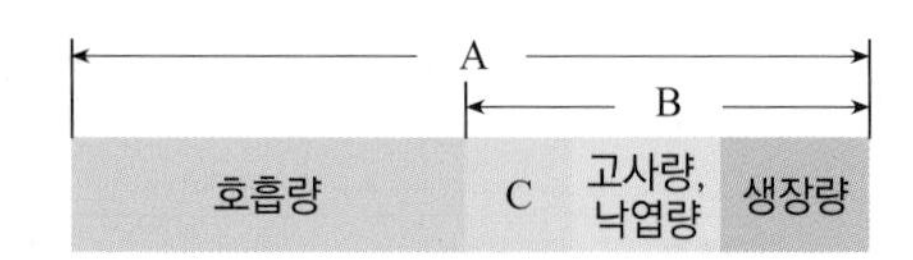

보기

ㄱ. A는 생태계에 입사된 태양 에너지의 총량이다.
ㄴ. B는 순생산량이다.
ㄷ. C는 초식동물의 동화량이다.

42 다음은 어떤 식물 군집 A 에서 시간에 따른 총생산량과 순생산량을 나타낸 것이다. 이에 대한 설명으로 옳은 것만을 〈보기〉에서 있는 대로 고르시오.

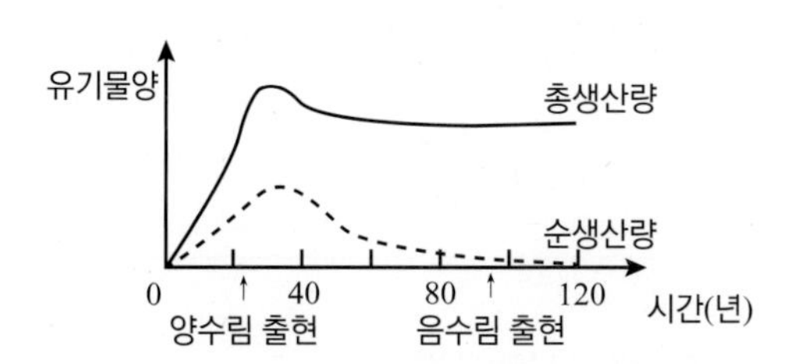

보기

ㄱ. 군집 A 는 천이가 진행되었다.
ㄴ. 천이가 진행될수록 총생산량이 높아진다.
ㄷ. 양수림에서보다 음수림에서 순생산량이 높다.

43 다음은 생태계에서 일어나는 탄소의 순환 과정을 나타낸 것이다. (단, A ~ D 는 생태계의 생물적 요인에 속한다.)

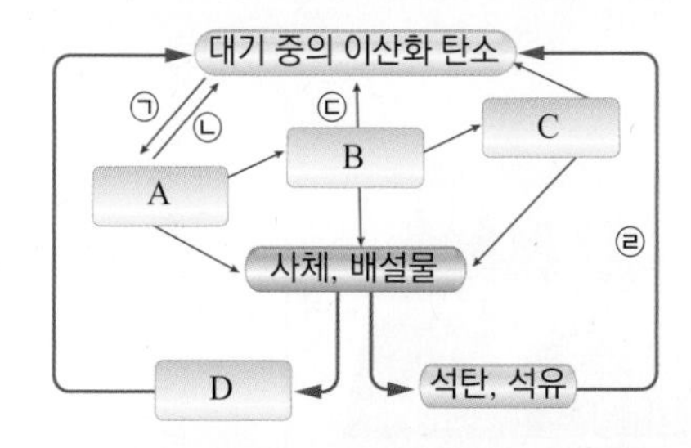

이에 대한 설명으로 옳은 것만을 〈보기〉에서 있는 대로 고르시오.

보기

ㄱ. ㉠과정을 통해 이산화 탄소가 유기물로 전환된다.
ㄴ. ㉡, ㉣과정은 모든 생물에서 공통적으로 일어난다.
ㄷ. D 는 유기물을 무기물로 전환시킨다.

44 다음은 질소 순환을 나타낸 그림이다. 이에 대한 설명으로 옳은 것만을 〈보기〉에서 있는 대로 고르시오.

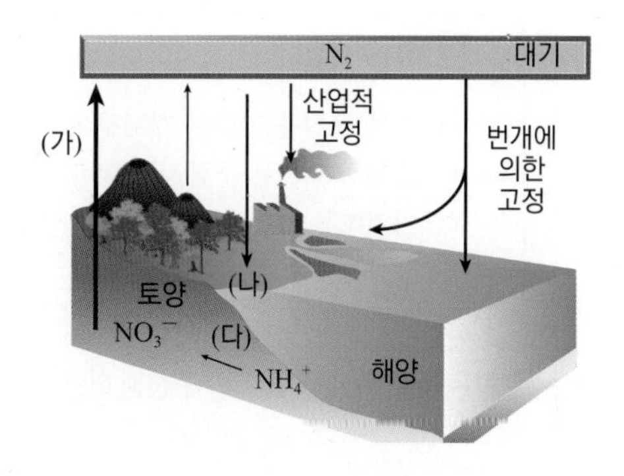

보기

ㄱ. (가)는 탈질소 작용을 나타낸다.
ㄴ. (나)는 뿌리혹박테리아나 아조토박터에 의해 일어난다.
ㄷ. (다)는 질화 세균에 의해 일어난다.

45 그림은 안정된 생태계의 개체수 피라미드를 나타낸 것이다. 다음 중 1차 소비자의 개체수가 일시적으로 증가하였다가 다시 회복되는 과정을 〈보기〉에서 골라 순서대로 나열한 것은?

보기

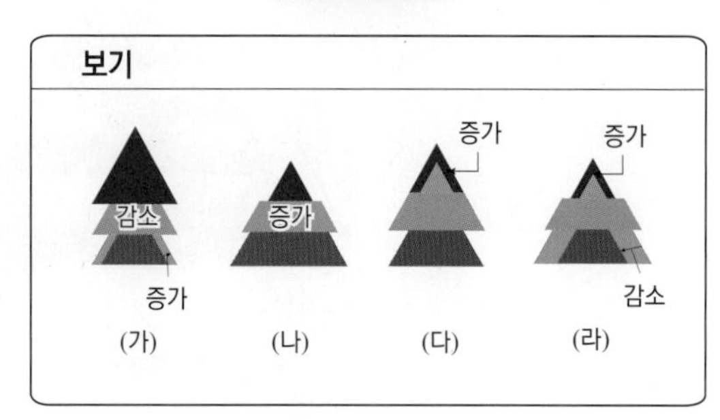

① (가) → (나) → (다) → (라)
② (가) → (다) → (라) → (나)
③ (나) → (라) → (가) → (다)
④ (나) → (라) → (다) → (가)
⑤ (다) → (나) → (라) → (가)

개념 심화 문제

12

다음 〈보기〉는 군집에 대한 설명이다. 옳은 것만을 〈보기〉에서 있는 대로 고르시오.

보기

ㄱ. 생물 군집을 이루는 개체군 사이의 서로 먹고 먹히는 관계를 먹이 사슬이라 한다.
ㄴ. 생태적 지위는 군집 내 에너지 필요량과 서식 공간을 나타내는 척도로 사용된다.
ㄷ. 차지하는 넓이나 공간이 큰 생물의 개체군을 그 군집을 대표하는 지표종이라 한다.

13

그림은 생물 종 A ~ H 로만 구성된 어떤 안정된 육상 생태계에서의 먹이 그물을 나타낸 것이다.

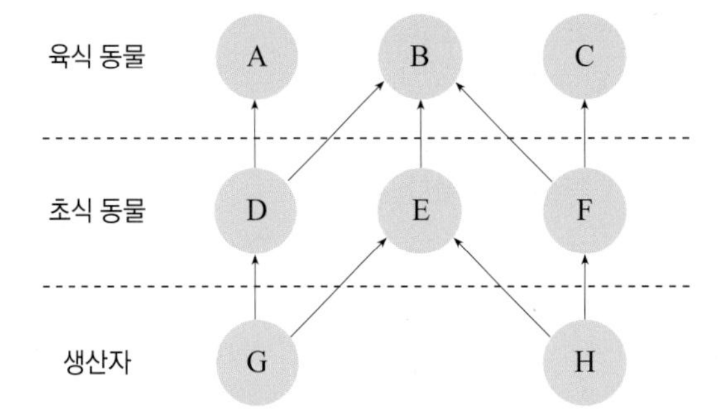

이 생태계에 대한 설명으로 옳지 않은 것은? (단, 이 생태계는 →로 제시된 방향의 포식과 피식만 일어난다.)

① A 는 G 가 생산한 에너지를 얻는다.
② 멸종되었을 때 생태계의 평형을 가장 빨리 되찾을 수 있는 종은 E 이다.
③ F 의 개체수가 갑자기 줄어들면 C 의 개체수도 줄어들 것이다.
④ 생산자 중 한 종이 사라지면 적어도 두 종의 동물이 사라질 것이다.
⑤ 초식동물 중 한 종이 사라지면 반드시 한 종 이상의 동물이 함께 사라진다.

14

다음은 환경 요인의 영향을 받아 형성된 군집의 생태 분포를 나타낸 것이다.

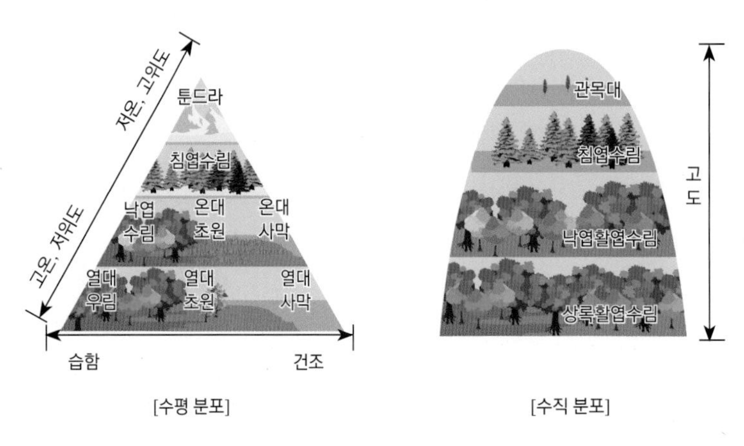

[수평 분포] [수직 분포]

(1) 수평 분포와 수직 분포의 영향을 주는 환경 요인은 각각 무엇인가?

(2) 이러한 생태 분포를 설명할 때 주로 식물을 예로 드는 이유는 무엇인가?

15 **그림은 생물 간의 상호 작용 4 가지를 분류하는 과정을 나타낸 것이다.**

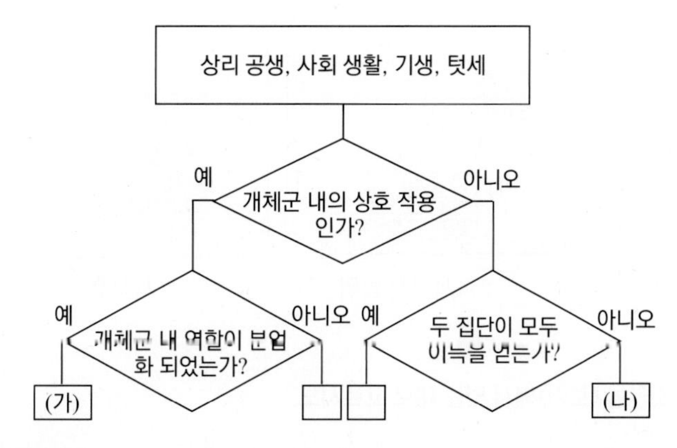

(가)와 (나)를 옳게 짝지은 것은?

	(가)	(나)
①	텃세	사회 생활
②	기생	텃세
③	사회 생활	기생
④	상리 공생	기생
⑤	사회 생활	상리 공생

16 **(가) 그래프는 생물 A ~ C 종을 단독 배양했을 때, (나)는 A 종과 B 종을 혼합 배양했을 때, (다)는 A 종과 C 종을 혼합 배양했을 때의 시간에 따른 개체수 변화를 나타낸 것이다. A 종과 B 종을 혼합 배양했을 때 A 는 시험관 위쪽에, B 는 시험관 아래쪽에 서식하였으며, A 종과 C 종을 혼합 배양했을 때는 A 와 C 가 시험관 전체에 서식하였다.**

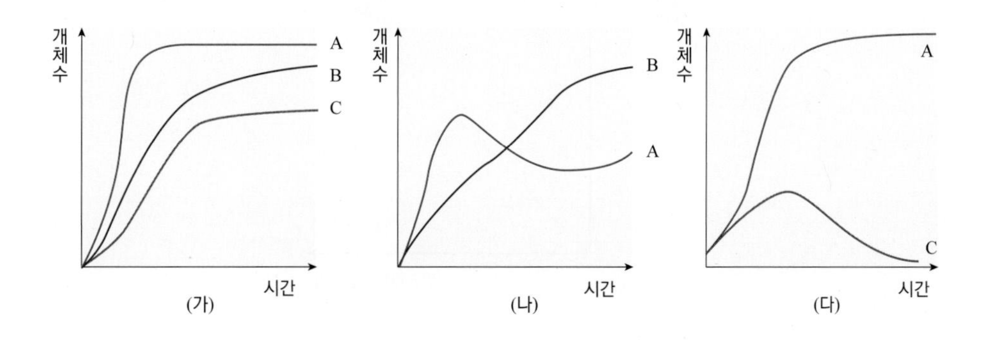

이에 대한 설명으로 옳은 것만을 〈보기〉에서 있는 대로 고르시오.

보기

ㄱ. A 와 B 사이에는 경쟁 배타 원리가 적용된다.
ㄴ. 단독 배양 시 A, B, C 모두 S 자형 성장 곡선을 나타낸다.
ㄷ. A 와 B 보다 A 와 C 사이에서 생태적 지위가 더 많이 중복된다.

17 다음 그림은 개체군의 크기가 비슷한 종 A ~ D의 생태적 지위를 나타낸 것이다.

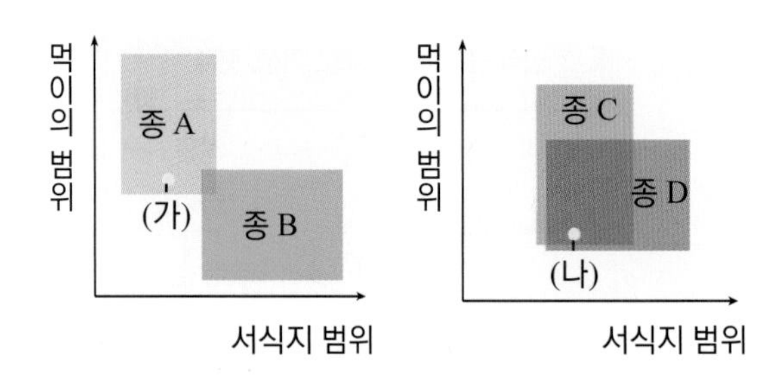

이에 대한 설명으로 옳은 것만을 〈보기〉에서 있는 대로 고르시오.

보기
ㄱ. 조건 (가)에서 종 A와 종 B는 먹이로 경쟁한다. ㄴ. 조건 (나)에서 종 C와 종 D는 경쟁 관계이다. ㄷ. 종 A와 종 B보다 종 C와 종 D의 생태적 지위가 더 멀다.

18 그림은 생태계 A ~ C에서의 총생산량과 호흡량을 조사한 결과를 상대량으로 그래프에 나타낸 것이다. A ~ C는 각각 안정된 음수림, 초원 생태계, 유기물로 오염된 생태계 중 하나이다.

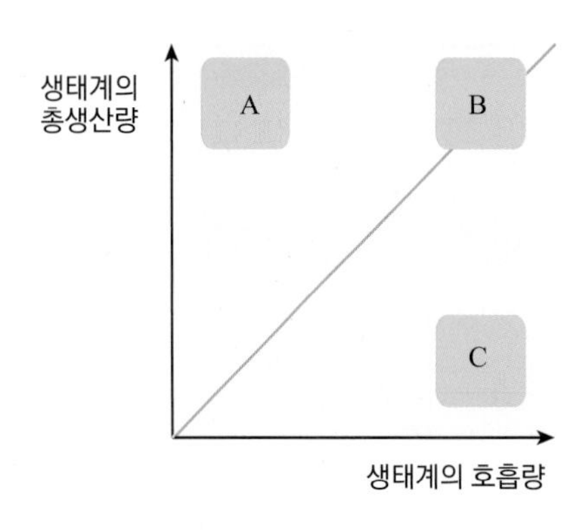

이에 대한 설명으로 옳은 것만을 〈보기〉에서 있는 대로 고르시오.

보기
ㄱ. 군집의 천이가 극상에 도달한 생태계는 A 이다. ㄴ. 순생산량이 가장 많은 생태계는 B 이다. ㄷ. C는 유기물로 오염된 생태계이다.

정답 및 해설 53쪽

19 다음은 어떤 안정된 생태계에서 영양 단계에 따른 에너지의 이동량을 상댓값으로 나타낸 것이다.

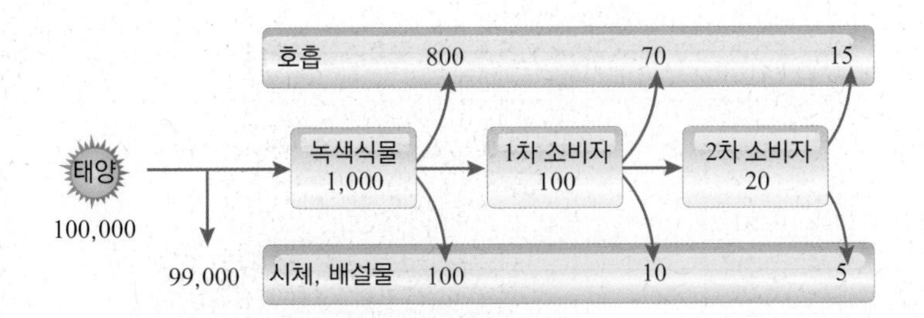

이 생태계에 대한 설명으로 옳은 것만을 〈보기〉에서 있는 대로 고른 것은?

보기

ㄱ. 호흡으로 소비되는 화학 에너지는 열에너지 형태로 방출된다.
ㄴ. 녹색 식물은 생태계로 입사된 태양 에너지를 모두 이용한다.
ㄷ. 영양 단계가 높아질수록 전달되는 에너지의 효율은 감소한다.

20 다음 그림은 생태계에서 일어나는 질소 순환 과정의 일부를 나타낸 것이다.

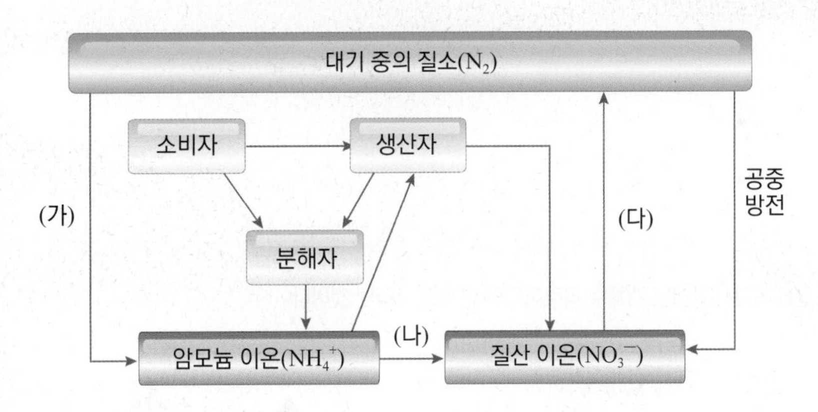

(1) 이에 대한 설명으로 옳은 것은 ○표, 옳지 않은 것은 ×표 하시오.

① (가)는 식물에 의해 직접 이루어지는 작용이다. (　　　)

② 과정 (다)에서 탈질소 세균이 영향을 미친다. (　　　)

(2) 다음 중 질소의 순환에 대한 설명으로 옳은 것만을 〈보기〉에서 있는 대로 고르시오.

보기

ㄱ. 번개와 같은 공중 방전에 의해 질소 기체에서 질산 이온이 생성되기도 한다.
ㄴ. 식물은 직접 질소 기체를 이용할 수 없어 뿌리혹박테리아 등의 질소 고정 세균의 도움을 받는다.
ㄷ. 동식물의 사체나 배설물의 질소 화합물은 분해자에 의해 암모늄 이온으로 분해된 후 전부 식물에 의해 재사용된다.

개념 심화 문제

21 그림은 안정된 어떤 생태계의 구성 요소와 이 생태계에서 일어나는 에너지의 흐름을 나타낸 것이다.

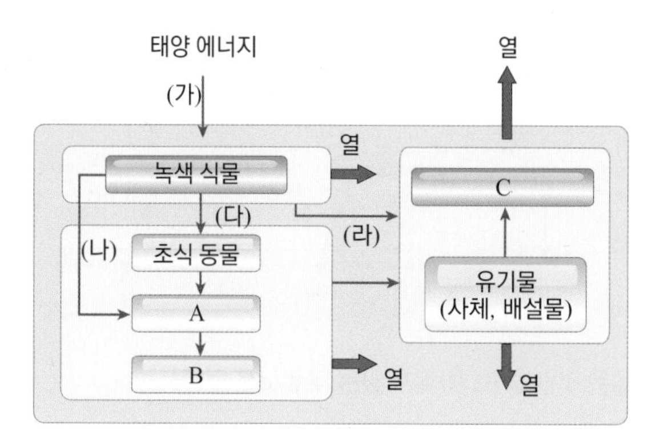

이에 대한 설명으로 옳은 것은?

① A, B, C 는 소비자이다.
② C 로부터 녹색 식물로 에너지가 전달된다.
③ (가)의 양은 '(나) + (다) + (라)'의 양보다 크다.
④ C 가 사라지면 이 생태계는 오랫동안 안정적으로 유지될 것이다.
⑤ B 가 사라지면 초식 동물 개체수의 증가가 감소보다 먼저 나타날 것이다.

22 다음은 어떤 생태계에서 일어난 개체수 피라미드의 변화를 나타낸 것이다.

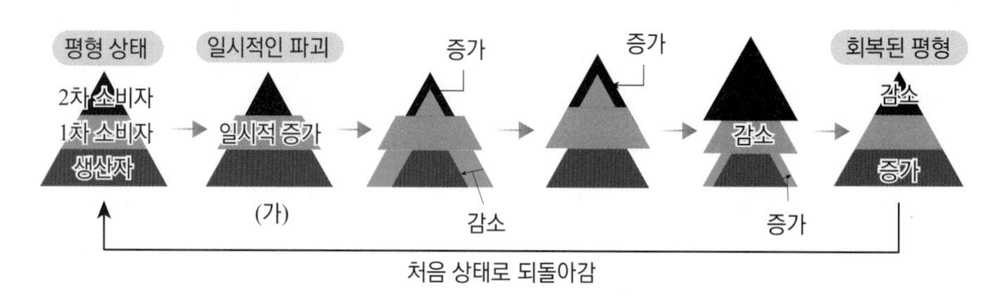

(가)에 해당하는 생태계의 현상으로 옳은 것은?

① 먹이의 수가 줄어 굶주리는 늑대가 늘었다.
② 번식기를 맞아 토끼의 수가 빠르게 증가했다.
③ 사람들이 도로를 닦기 위해 풀밭을 밀어버렸다.
④ 사냥철을 맞아 사람들이 늑대 사냥 대회를 열었다.
⑤ 작은 불이 나서 생태계 내의 초본 식물의 수가 줄었다.

정답 및 해설 54쪽

단계적 문제 해결형

01 **다음 그림은 식물이 빛 쪽으로 굽어 자라는 성질을 확인하기 위해 귀리의 자엽초를 이용한 실험이다.**

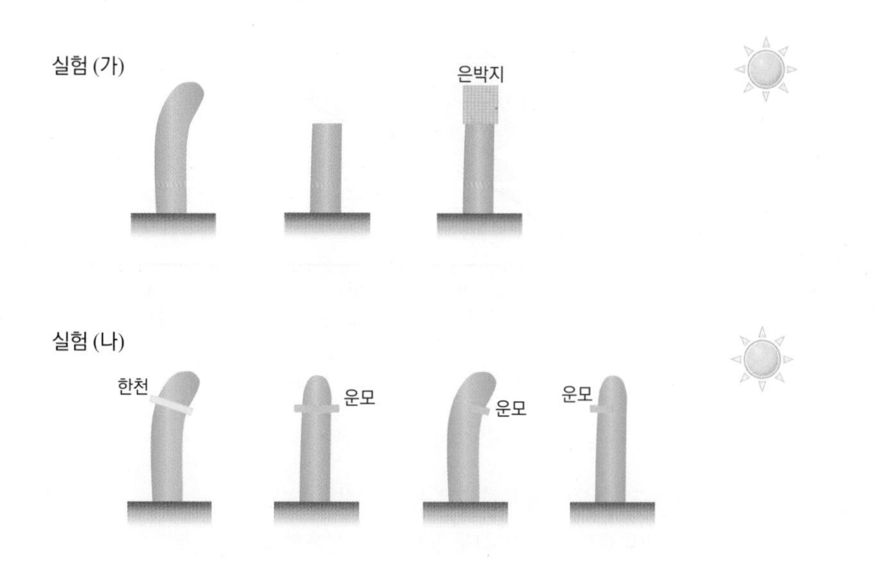

(1) 이것은 식물 생장 촉진 호르몬 중 옥신이라는 물질에 대한 실험이다. (가) 실험에서 유추할 수 있는 옥신의 성질을 서술하시오.

(2) 한천은 우뭇가사리라는 해조류를 주재료로 만든 것으로 액체를 통과시킬 수 있으나 운모는 광물의 한 종류로 액체를 통과시킬 수 없다. 이때 (나) 실험에서 유추할 수 있는 옥신의 특성에 대해 서술하시오.

귀리

중앙아시아 아르메니아 지방이 원산지인 벼목 회본과의 두해살이풀로 오트밀의 원료이다. 겨울에 따뜻하고 여름에 서늘한 기후에서 잘 자라기 때문에 우리나라에서는 생장이 적합하지 않아 찾아보기 어렵다. 귀리는 쌀보다 2배 많은 단백질을 함유하였으며, 지방질과 섬유소는 현미보다도 많아 섭취 시 소화가 쉽고 베타글루칸 성분이 동맥경화와 같은 심혈관계 질환 예방에도 도움을 주는 것은 물론 지질대사를 개선하여 체지방 축적을 막아준다.

자엽초

외떡잎식물의 벼과 등속에서 보이는 특유의 기관으로, 발아하여 가장 먼저 땅위로 드러나는 부분을 가리킨다. 배아가 나올 때 이것을 감싸고 있는 잎으로 제1 엽으로도 알려져 있다. 생장점과 밀접한 부위로서, 식물의 길이 생장을 가속화시키는 호르몬인 옥신의 영향에 민감하게 반응한다. 생장점이 있는 자엽초의 윗부분을 잘라 아래 부분과 절반 정도로만 맞닿아 놓으면, 옥신이 하단부로 내려가 줄기의 다른 부분의 생장을 돕는다.

논리 서술형

02 다음은 지구 생태계에서 연평균기온과 강수량에 따른 생물들의 분포를 나타낸 그래프이다.

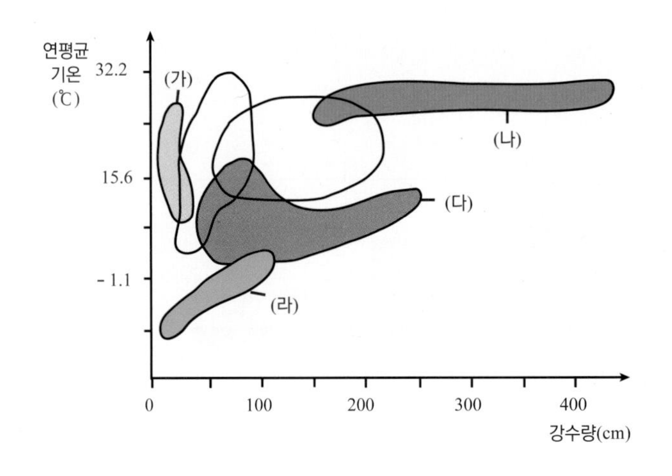

(1) (가) ~ (라) 중 다음 설명에 해당하는 것을 골라 보시오.

① 온도가 높고 수분이 풍부하므로 농업에 적합하다. (　　　　)

② 저수 조직이 발달한 다육 식물 등이 주로 분포한다. (　　　　)

③ 침엽수림이 발달하고 두꺼운 털을 가진 포유류가 서식한다. (　　　　)

(2) (가) ~ (라) 중 다음 사진 속 여우들의 서식지로 가장 적합한 곳을 골라 순서대로 쓰고, 그 이유에 대해 서술하시오.

(　　　　)　　　　(　　　　)

정답 및 해설 54쪽

추리 단답형

03 다음 그림은 단일 식물과 장일 식물의 개화를 나타낸 그림이다.

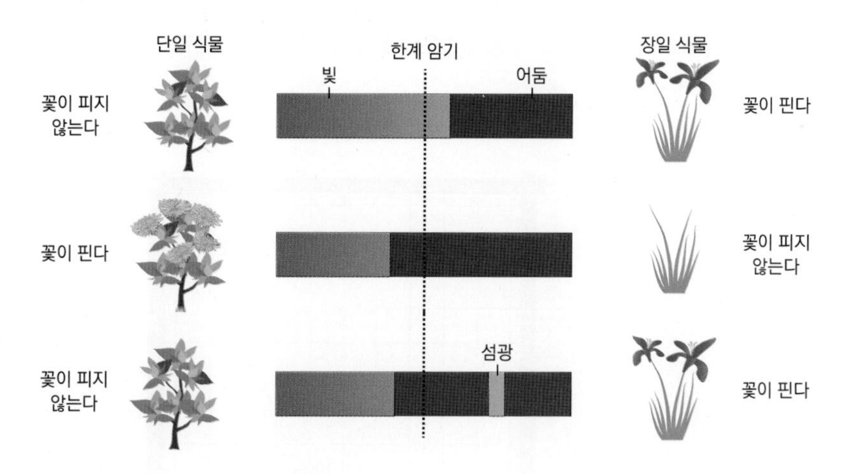

(1) 단일 식물이 꽃이 피는 조건을 설명하시오.

(2) 장일 식물이 꽃이 피는 조건을 설명하시오.

(3) 이 실험에서 식물의 개화에 영향을 끼치는 조건은 무엇인가?

단일 식물 장일 식물

- 장일 식물 : 하루의 일조 시간이 일정 시간 이상 길어지면 꽃눈을 형성하는 식물. 낮의 길이가 길어질 때 꽃눈이 생기므로 주로 봄에 꽃이 피고, 온도의 영향을 받기 쉽다.
- 단일 식물 : 하루의 일조 시간이 일정 시간 이하로 짧아지면 꽃눈을 형성하는 식물. 낮의 길이가 짧아질 때 꽃눈이 생기므로 주로 가을에 꽃이 피고, 일정한 암기가 오래 지속되어야 하기 때문에 중간에 빛이 들어오면 꽃눈이 생기지 않는다.

논리 서술형

04 다음 그래프는 개체군 크기를 나타내주는 지표에 따른 멧종다리새 개체군의 동태를 나타낸 것이다.

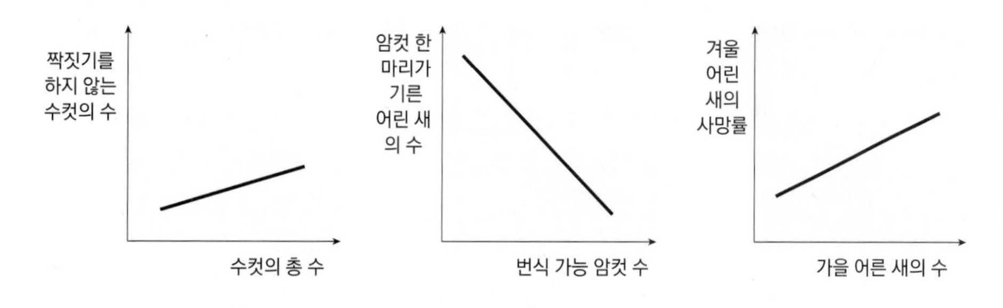

(1) 이 그래프를 근거로 하여 가을에 어른 새의 밀도와 겨울에 어린 새의 생존률 간의 관계에 대해 서술하고, 그 이유를 설명해 보시오.

(2) 멧종다리 개체군의 생장 곡선을 그리면 어떤 모양이 될 지, 그 근거는 무엇인지 서술하시오.

멧종다리

전장 18cm. 머리는 암갈색이며, 눈에 띄는 황갈색 눈썹선이 있다. 배는 황갈색이며, 옆구리에는 밤색의 세로무늬가 있다. 시베리아 산악 등지의 아시아 동부에 분포하며, 한국, 중국, 중국 동북 지방 남부 등지에서 월동한다. 산악의 고산대 및 북극 가까운 툰드라에서 번식하는데 수목의 아래부분이나 그루터기에 마른 풀과 작은 나뭇가지로 밥그릇 모양의 둥지를 틀며, 녹청색 알을 4~6 개 낳는다. 짧고 우아한 소리로 지저귀며, 낮에는 휘파람과 같은 소리로 운다.

⬡ 방형구법을 이용한 우점종 조사

- 방형구 : 군집을 조사하기 위하여 친 특정한 테두리 안의 식물 군락 표본. 보통은 사각형이지만 원형도 있다.
- 방형구 내에 존재하는 종과 개체수를 조사한다.
- 밀도(개체/m^2) $= \frac{\text{개체수}}{\text{단위 면적}(m^2)}$
- 빈도(%) $= \frac{\text{특정 종이 출현한 방형구 수}}{\text{조사한 방형구 수}} \times 100$
- 피도 $= \frac{\text{특정 종이 점유하는 면적}(m^2)}{\text{총 면적}}$
- 상대 밀도(%) $= \frac{\text{특정 종의 개체수}}{\text{조사한 모든 종의 개체수}} \times 100$
- 상대 빈도(%) $= \frac{\text{특정 종의 빈도}}{\text{조사한 모든 종의 빈도}} \times 100$
- 상대 피도(%) $= \frac{\text{특정 종의 피도}}{\text{조사한 모든 종의 피도}} \times 100$
- 중요도 = 상대 밀도 + 상대 빈도 + 상대 피도

⇒ 중요도가 제일 높으면 그 지역의 우점종이다.

추리 단답형

05 **다음 그림은 어떤 지역의 우점종을 알아보기 위해 총 100개의 방형구를 설치하였을 때 각 방형구에 분포한 식물을 조사한 것이다. 자료는 우점종을 구하기 위해 필요한 내용과 그 조사 결과이다. 중요도는 상대 밀도와 상대 빈도와 상대 피도를 더한 값으로, 중요도가 가장 높은 종이 우점종이다.**

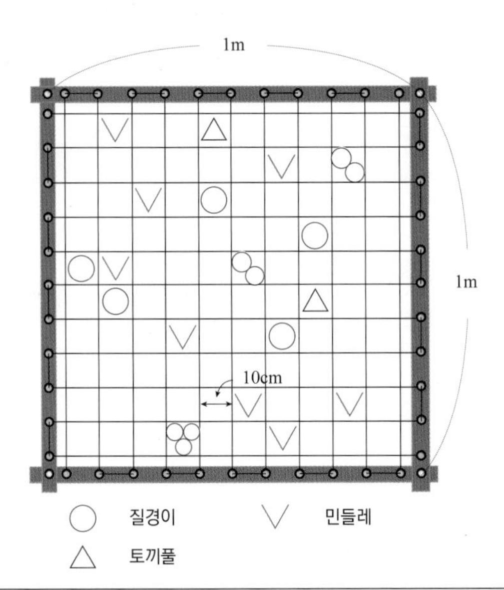

- 밀도(개체/m^2) $= \frac{\text{개체수}}{\text{단위 면적}(m^2)}$
- 빈도(%) $= \frac{\text{특정 종이 출현한 방형구 수}}{\text{조사한 방형구 수}} \times 100$
- 피도 $= \frac{\text{특정 종이 점유하는 면적}(m^2)}{\text{총 면적}} \times 100$

식물	밀도	빈도	피도 계급	상대 밀도(%)	상대 빈도(%)	상대 피도(%)
질경이	12	8	4	54.5	44.4	50.0
민들레	8	8	3	36.3	44.4	37.5
토끼풀	2	2	1	9.0	11.1	12.5

(1) 이 지역의 우점종은 무엇인가?

(2) 식물 군집의 우점종을 조사하는 데 방형구법을 사용하는 이유는 무엇인가?

추리 단답형

06

그림은 자연 생태계(진딧물의 포식자 있음)에서 개미가 있을 때와 개미를 인위적으로 제거했을 때 진딧물의 생존율을 조사하여 그래프로 나타낸 것이고, 표는 포식자가 없는 인위적 환경에서 개미가 있을 때와 개미가 없을 때 진딧물의 평균 몸통 크기(뒷다리 대퇴부 길이)를 조사하여 평균을 나타낸 것이다. (단, 진딧물은 개미에게 당분이 풍부한 단물을 제공한다.)

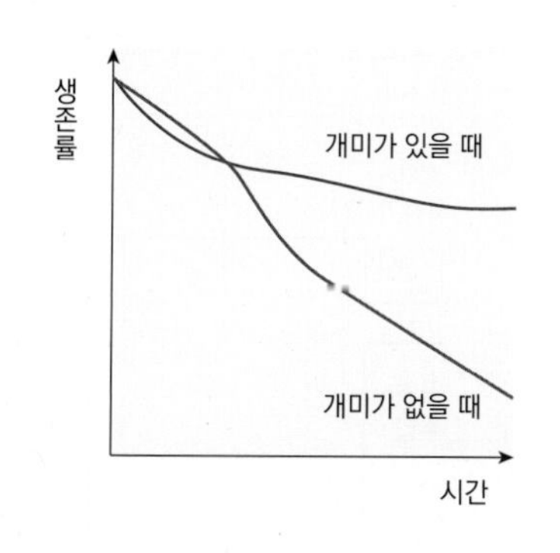

구분	개미가 없을 때	개미가 있을 때
조사 1	0.46	0.49
조사 2	0.44	0.45

단위(mm)

(1) 개미와 진딧물은 무슨 상호 관계를 이루고 있는가?

(2) 자연 생태계에서 개미와 진드기의 관계와 비슷한 관계에는 또 무엇이 있는지 예를 들어 보시오.

개미와 진딧물의 공생

진딧물은 아무런 방어 수단이 없어 자신보다 작은 기생벌에게 당할 정도로 매우 약한 곤충이다. 그러나 진딧물의 배 속에는 식물의 즙을 완전히 소화할 수 있는 힘이 없기 때문에 과다섭취되는 당분을 배설하게 되는데, 개미는 이것을 먹이로 삼기 위해 무당벌레와 같은 천적으로부터 진딧물을 보호한다. 진딧물은 천적으로부터 보호받을 수 있고, 개미는 달콤한 당분을 먹이로 얻을 수 있기 때문에 자주 공생 관계를 이루게 된다.

논리 서술형

07

다음은 최초로 인공적인 질소 비료를 합성해 내는 데 성공한 하버-보슈법에 대한 설명이다. 물음에 답하시오.

> 19세기 말 세계 인구가 급격하게 증가함에 따라 식량 부족에 대한 걱정이 크게 부각되었다. 계속된 작황으로 인해 농토의 질소 함량이 고갈됨에 따라 질소 비료에 대한 수요가 점점 늘어나고 있었다. 이 문제가 해결되지 않으면 세계적인 기아 사태가 예측되었다.
>
> 따라서 공기 중의 질소를 이용하여 비료에 사용되는 질소 화합물을 생산하는 것이 급선무였다. 해결 방법은 1908년 독일로부터 나왔는데, 화학자 프리츠 하버가 암모니아 합성 원리를 발견한 것이었다. 암모니아 합성은 철 촉매 작용 하에 고온과 고압의 조건에서 이루어진다. 화학자인 카를 보슈는 1913년에 최첨단 산업 생산 수준으로 하버 공정을 상업화하여 질소 비료를 생산했다. 이 산업 공정으로 20세기에 농업 생산의 증대와 인구의 팽창을 가져왔다.

(1) 암모니아의 인공적인 합성이 어째서 농업 생산을 팽창시켰는지 서술하시오.

(2) 하버-보슈법이 발명되고, 질소 비료의 사용이 많아지면서 동시에 많은 부작용들이 생겨나고 있다. 그 이유에 대해 서술하시오.

추리 단답형

08 다음은 어떤 초원 생태계의 CO_2 순환량을 측정하기 위한 실험이다.

<실험 과정>

(가) 초원 생태계의 일부를 채취하여 실험 설비 A에는 초원 생태계 상태 그대로, B에는 초원 생태계에서 식물만을 제거한 토양을 넣는다.

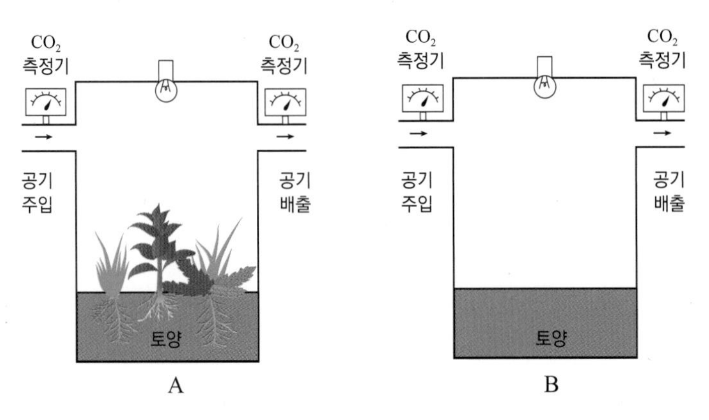

(나) 일정 속도로 A와 B에 공기를 주입하고 배출시키면서, 빛이 있는 조건과 빛이 없는 조건에서의 CO_2 유입량과 배출량을 측정한다.

<실험 결과>

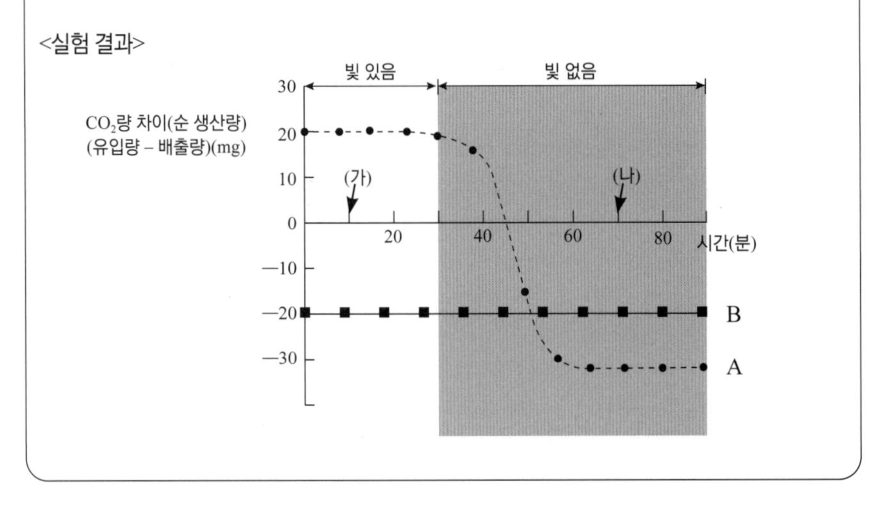

(1) 〈실험 결과〉 그래프의 시점 (나)에서 식물의 순생산량은 얼마인가?

(2) 빛이 충분히 주어질 때 〈실험 결과〉 그래프의 시점 (가)에서 식물 총생산량은 얼마인지 그래프를 근거로 서술하시오.

토양 속 미생물

토양 속에 존재하는 미생물을 말한다. 기름진 토양에는 토양 1g 당 세균수가 수십억, 사상균의 균사의 총 길이가 수백 m, 미생물의 생체 무게가 토양 유기물 양의 수 %에 달하기도 한다.

세균은 에너지를 유기물로부터 얻는 종속영양세균과, 에너지는 무기물의 산화나 빛에너지로부터, 탄소원은 이산화 탄소에서 얻는 독립영양세균으로 나누어진다.

세균은 유기물의 분해에 관여하고 질소 고정 및 탈질작용을 일으키는 중요한 역할을 하는데, 무기영양세균은 질산생성작용과 황·철·망간 등 무기 원소의 산화에 관여하며 토양의 물질 순환의 중요한 담당자이다.

01 **그림은 생태계를 구성하는 요소 사이의 상호 관계를 나타낸 것이다.**

[수능 기출 유형]

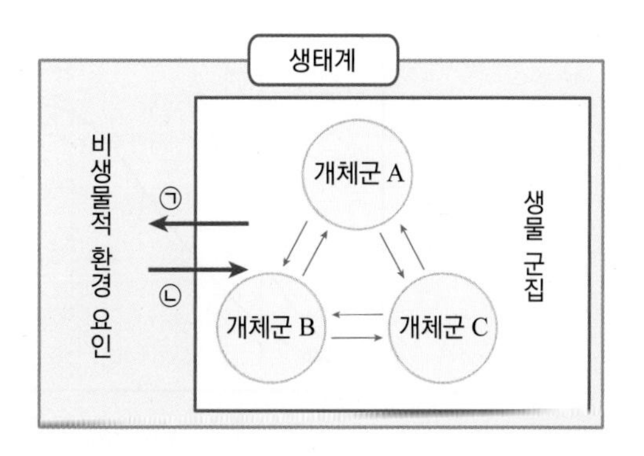

이에 대한 설명으로 옳은 것만을 〈보기〉에서 있는 대로 고르시오.

보기

ㄱ. 일조 시간이 식물의 개화에 영향을 주는 것은 ㉡에 해당한다.
ㄴ. 분해자는 비생물적 환경 요인에 해당한다.
ㄷ. 개체군 A 는 여러 종으로 구성되어 있다.

02 **일조 시간이 식물의 개화에 미치는 영향을 알아보기 위하여, A 종의 식물을 빛 조건을 달리하여 개화 여부를 관찰하였다. 그림은 조건 Ⅰ~Ⅲ 을, 표는 Ⅰ~Ⅲ 에서 식물의 개화 여부를 나타낸 것이다. ⓐ 는 이 식물이 개화하는 데 필요한 최소한의 '연속적인 빛 없음' 기간이다.**

[수능 기출 유형]

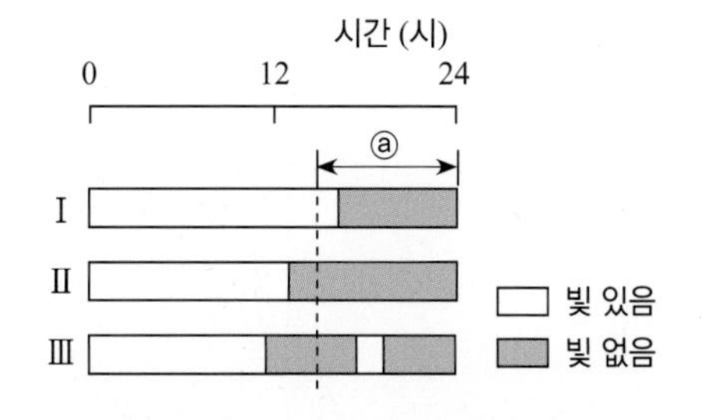

조건	개화 여부
Ⅰ	개화 안함
Ⅱ	개화함
Ⅲ	개화 안함

이에 대한 설명으로 옳은 것만을 〈보기〉에서 있는 대로 고르시오. (단, 제시된 조건 이외는 고려하지 않는다.)

보기

ㄱ. A 종의 식물은 '연속적인 빛 없음' 기간이 ⓐ 보다 길 때 개화한다.
ㄴ. Ⅲ 에서 '연속적인 빛 없음' 기간은 ⓐ 보다 길다.
ㄷ. 비생물적 환경 요인이 생물에 영향을 주는 예이다.

03 그림의 A와 B는 각각 어떤 개체군의 이론적인 생장 곡선과 실제 생장 곡선 중 하나를 나타낸 것이다.

[수능 기출 유형]

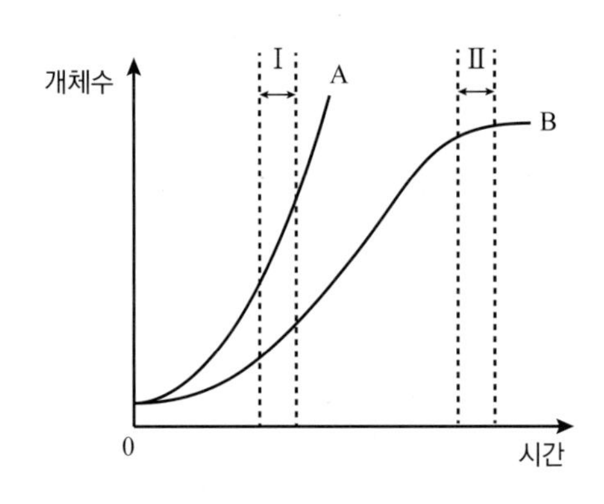

이에 대한 설명으로 옳은 것만을 〈보기〉에서 있는 대로 고른 것은? (단, 이 개체군에서 이입과 이출은 없다.)

보기

ㄱ. A 는 이론적인 생장 곡선이다.
ㄴ. B 에서 환경 저항은 구간 Ⅰ 에서보다 구간 Ⅱ 에서 크다.
ㄷ. 구간 Ⅰ 에서 개체수 증가율은 A 에서보다 B 에서 크다.

04 그림 (가)는 상호 작용하는 개체군 A와 B의 시간에 따른 개체수를, (나)는 (가)에서 나타나는 개체수의 변화를 구간 Ⅰ ~ Ⅳ로 구분하여 나타낸 것이다.

[수능 기출 유형]

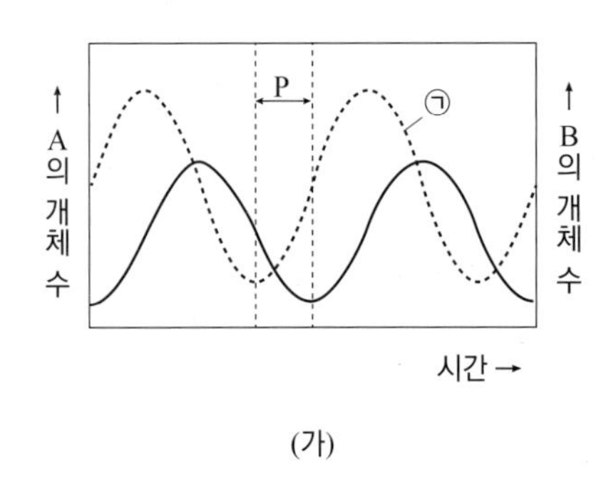

(가)

Ⅰ	→	Ⅱ
A 감소 B 증가		A 감소 B 감소
↑		↓
Ⅳ	←	Ⅲ
A 증가 B 증가		A 증가 B 감소

(나)

그림에 대한 설명으로 옳은 것을 〈보기〉에서 있는 대로 고르시오.

보기

ㄱ. (가)의 P 구간은 (나)의 Ⅲ에 해당한다.
ㄴ. ㉠은 B의 개체수 변화를 나타낸 것이다.
ㄷ. 두 개체군 사이에는 경쟁 배타 원리가 적용된다.

05 그림은 어떤 해안가에 서식하는 두 종의 따개비 A와 B의 분포를, 표는 A와 B의 특성을 나타낸 것이다.

[수능 기출 유형]

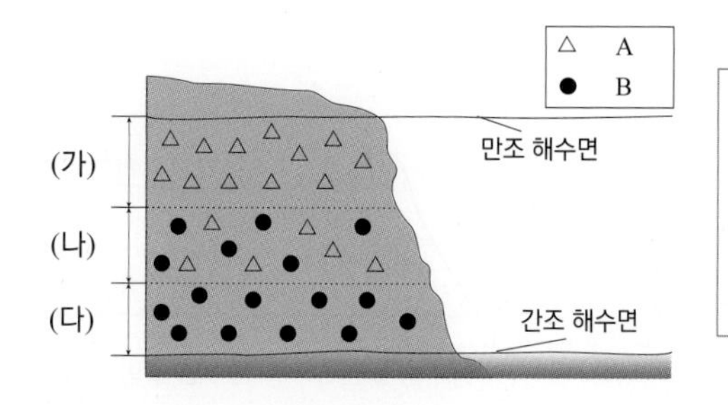

· B는 A보다 건조에 약하다.
· A를 제거해도 B의 서식 범위는 변하지 않는다.
· B를 제거하면 A는 (다)에도 서식한다.

이에 대한 설명으로 옳은 것만을 〈보기〉에서 있는 대로 고르시오.

보기

ㄱ. B가 (가)에 서식하지 않는 것은 경쟁 배타의 결과이다.
ㄴ. (나)에서 B는 환경 저항을 받는다.
ㄷ. B를 모두 제거하면 (다)에서 A의 개체군 밀도가 증가한다.

06 그림은 서로 다른 지역에 동일한 크기의 방형구 A와 B를 설치하여 조사한 식물 종의 분포를 나타낸 것이며, 표는 상대 밀도에 대한 자료이다.

[수능 기출 유형]

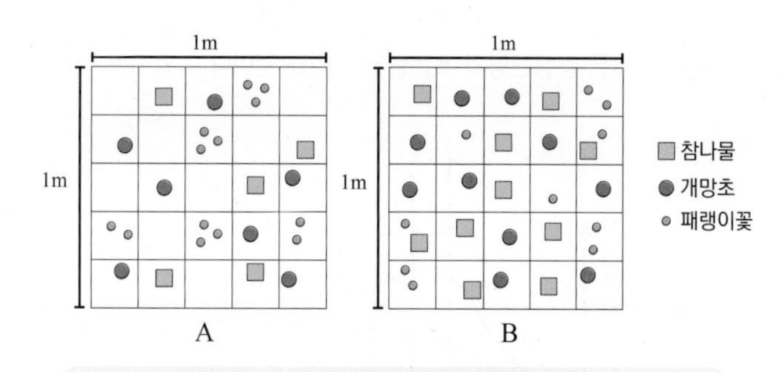

$$상대\ 밀도(\%) = \frac{특정한\ 종의\ 개체수}{조사한\ 모든\ 종의\ 개체수} \times 100$$

이에 대한 설명으로 옳은 것만을 〈보기〉에서 있는 대로 고르시오. (단, 방형구에 나타낸 각 도형은 식물 1개체를 의미하며, 제시된 종 이외의 종은 고려하지 않는다.)

보기

ㄱ. A에서 참나물의 상대 밀도는 20 % 이다.
ㄴ. B에서 개망초의 개체군 밀도와 패랭이꽃의 개체군 밀도는 같다.
ㄷ. 식물의 종 수는 A보다 B에서 많다.

07 그림 (가)는 어떤 식물 군집에서 총생산량, 순생산량, 생장량의 관계를, (나)는 이 식물 군집에서 시간에 따른 총생산량과 순생산량을 나타낸 것이다.

[수능 기출 유형]

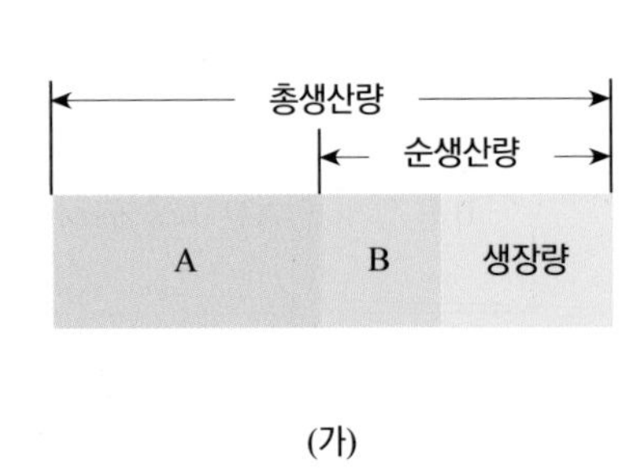

(가)

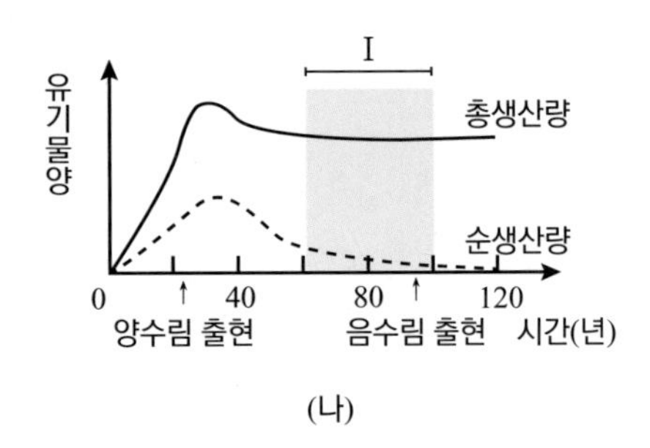

(나)

이에 대한 설명으로 옳은 것을 <보기>에서 있는 대로 고르시오.

보기

ㄱ. 초식 동물의 호흡량은 A에 포함된다.
ㄴ. 낙엽의 유기물량은 B에 포함된다.
ㄷ. 천이가 진행됨에 따라 구간 Ⅰ 에서 $\frac{\text{A}}{\text{순생산량}}$ 는 증가한다.

08 그림은 어떤 식물 군집의 시간에 따른 총생산량과 호흡량을 나타낸 것이다. A와 B는 각각 총생산량과 호흡량 중 하나이다.

[수능 기출 유형]

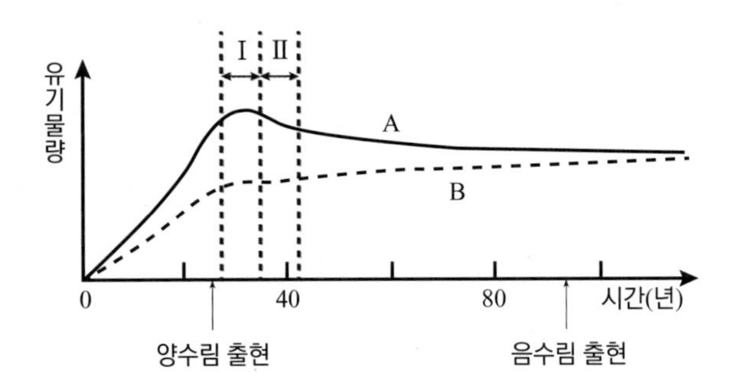

이 자료에 대한 설명으로 옳은 것만을 <보기>에서 있는 대로 고르시오.

보기

ㄱ. A 는 총생산량이다.
ㄴ. 구간 Ⅰ 에서 이 식물 군집은 극상을 이룬다.
ㄷ. 구간 Ⅱ 에서 $\frac{\text{B}}{\text{순생산량}}$ 는 시간에 따라 증가한다.

09

표는 동일한 면적을 차지하고 있는 식물 군집 Ⅰ과 Ⅱ에서 1년 동안 조사한 총생산량에 대한 호흡량, 고사량, 낙엽량, 생장량, 피식량의 백분율을 나타낸 것이다. Ⅰ의 총생산량은 Ⅱ의 총생산량의 2배이다.

[수능 기출 유형]

(단위: %)

구분	식물 군집	
	Ⅰ	Ⅱ
호흡량	74.0	67.1
고사량, 낙엽량	19.7	24.7
생장량	6.0	8.0
피식량	0.3	0.2
합계	100.0	100.0

이 자료에 대한 설명으로 옳은 것만을 〈보기〉에서 있는 대로 고르시오.

보기

ㄱ. Ⅰ과 Ⅱ의 호흡량에는 초식 동물의 호흡량이 포함된다.
ㄴ. Ⅱ에서 총생산량에 대한 순생산량의 백분율은 32.9 % 이다.
ㄷ. 생장량은 Ⅰ에서가 Ⅱ에서보다 크다.

10

그림은 생태계에서 일어나는 질소 순환 과정의 일부를 나타낸 것이다. A와 B는 분해자와 생산자를 순서 없이 나타낸 것이다.

[수능 기출 유형]

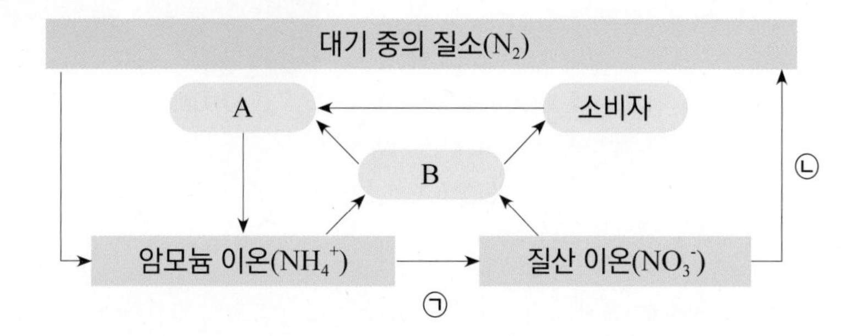

이에 대한 설명으로 옳은 것만을 〈보기〉에서 있는 대로 고르시오.

보기

ㄱ. A는 생산자이다.
ㄴ. 질산균(질화 세균)은 과정 ㉠에 관여한다.
ㄷ. 탈질소 세균(질산 분해 세균)은 과정 ㉡에 관여한다.

공생 관계도 비즈니스. 주고 받기는 철저하게!

공생은 서로 도우며 함께 사는 것을 말한다. 꽁무니로 단물을 주는 진딧물과 진딧물을 지켜주는 개미, 질소고정을 해 주는 뿌리혹박테리아와 산소와 영양분을 주는 콩과 식물처럼 서로 이익을 주고받는 관계를 의미하는 것이다. 이런 공생 관계는 한번 맺어지면 끈끈한 우정처럼 변함없을 것 같아 보이지만, 이 관계도 생각보다 아슬아슬하고 변하기 쉽다고 한다.

아카시아와 개미의 주고 받기

아프리카의 아카시아와 크레마토가스터 미모시 개미는 서로 공생하는 사이이다. 아카시아는 속이 빈 커다란 가시를 만드는데, 개미의 집이 된다. 또 아카시아는 꿀을 만들어 개미들에게 먹이도 준다. 대신 개미들은 아카시아 잎을 뜯어먹는 동물들로부터 아카시아를 지켜 준다. 개미들의 극성에 기린 같은 큰 동물들도 잎을 뜯어먹기 힘들 정도이다.

▲ 아카시아 나무의 속이 빈 가시 안에 개미가 살면서 공생한다.

그런데 잎을 뜯어먹는 동물들이 없다면 어떻게 될까?
실제로 미국 플로리다대 동물학과 토드 팔머 교수팀이 이런 실험을 해 보았다. 아카시아 주변에 전기 울타리를 쳐서 잎을 먹는 동물들이 가까이 오지 못하게 한 것이다. 팔머 교수는 이렇게 하면 아카시아가 더 풍성한 잎을 가지게 될 것이라고 예상했다. 하지만 10여년이 지나자 이상한 일이 생겼다. 오히려 아카시아들은 약해지고 말라 죽는 경우도 늘어난 것이다.

그 이유는 바로 아카시아가 개미에게 소홀해졌기 때문이다. 잎을 먹는 동물들이 없어지자 아카시아 나무는 개미의 집터가 되는 두툼한 가시를 만들지 않고 당분이 많은 꿀도 내주지 않았다. 코끼리 등의 초식동물로부터 스스로를 보호해야 할 필요가 없어지자 개미들에게 내주던 꿀을 자신을 위해 사용하기 시작했기 때문이었다. 그러자 개미들도 점차 나태해져 아카시아를 해치려는 곤충이 찾아들어도 방어해주지 않게 됐다.
문제는 그 후에 일어났다. 아카시아를 지켜주던 개미들이 사라지자 딱정벌레들이 몰려와 줄기와 가지에 구멍을 뚫었고, 거기에 나무를 보호하지 않는 개미들이 둥지를 튼 것이다. 진딧물처럼 아카시아에게는 해충이지만 개미에게는 달콤한 즙을 만들어 주는 벌레들을 불러들이기도 했다. 결국 아카시아는 개미들에게 버림받아 약해지고 말라 죽는 경우가 전보다 더 많아지고 말았다.

Imagine Infinitely

▲ 콩과 식물은 산소와 유기 양분을, 뿌리혹박테리아는 질소 화합물을 서로 주고 받는다.

콩과식물과 뿌리혹박테리아의 준만큼 받기

미국 캘리포니아대 연구팀이 콩과식물 한 개체의 뿌리 가닥을 둘로 나누고 한쪽의 뿌리혹박테리아에게는 보통의 공기를, 다른 한쪽에게는 질소가 적게 든 공기를 줬다. 한쪽 뿌리의 뿌리혹박테리아는 질소 고정을 잘 할 수 없게 만든 것이다.

그러자 콩과식물이 질소를 잘 주지 않는 뿌리혹박테리아에게는 산소와 영양분을 적게 주는 걸로 나타났다. 콩과식물이 뿌리혹박테리아가 질소를 얼마나 주는지 알고 또 거기에 따라 자신이 주는 것도 조절한다는 의미이다.

필요하다면 기생에서 공생으로

기생에서 공생으로 빠르게 진화할 수 있다는 연구 결과도 있다. 호주 멜번대의 앤드류 위크스 교수팀이 초파리를 '월바키아'라는 박테리아에게 감염되게 했다. 그러자 처음에는 초파리의 번식력이 15 ~ 20% 떨어졌지만 20년이 지난 뒤에는 번식력이 10% 증가했다. '월바키아' 박테리아가 번식력을 떨어뜨리는 기생 관계에서 번식력을 높여 주는 공생 관계로 진화한 것이다. 월바키아가 어떻게 숙주의 번식력을 증가시키는지는 아직 확실치 않지만 과학자들은 모종의 영양소를 공급하는 것이 아닌가 추측하고 있다.
월바키아 박테리아가 이처럼 급속히 진화한다는 사실을 알고, 병균들이 다양한 방식으로 숙주에게 영향을 미치는 이유를 설명할 수도 있을 것이라는 고찰도 나왔다.

공생에서 진화까지

오늘날 진핵 세포 내에 세포 소기관으로서 들어있는 미토콘드리아 역시 진핵 세포의 초기 조상에게 잡아먹힌 박테리아의 원형에서 유래했을 것으로 추정된다. 이 이론은 세포내 공생설이라고 하며, 오랜 옛날 세포의 산소 호흡을 도와주고 대가로 영양분과 산소를 공급받는 공생 관계로부터 시작되었을 것이라 한다.
또 곤충에 의해 수분을 하는 충매화는 자신의 화분을 운반해 주는 곤충이 더 많은 화분을 묻혀가도록 진화하고, 곤충 역시 꽃의 꿀을 더 효율적으로 빨 수 있도록 진화한다. 공생 관계를 보다 효율적으로 이루기 위해 함께 진화해 가는 것이다.

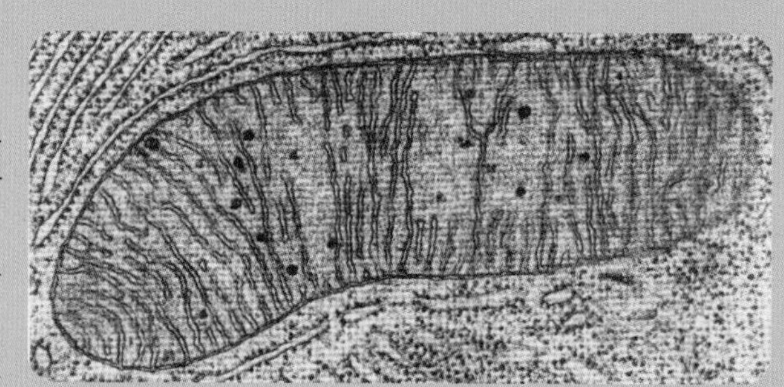

▲ 진핵 세포의 세포 소기관인 미토콘드리아는 진핵 세포의 초기 조상에게 잡아먹힌 박테리아가 공생 관계를 가지게 된 계기로 만들어졌다.

Q1. 사람의 몸 안과 피부 위에도 많은 세균들이 공생 관계를 유지하고 있다. 피부 위에 사는 세균들이 인간으로부터 어떤 이득을 얻고, 인간은 세균으로부터 어떤 이득을 얻는지 서술해 보시오.

MEMO

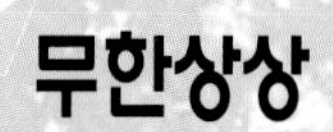
무한상상

무엇부터 할까?
친구들 안뇽!

무한상상

세상은 재미난 일로
가득 차 있지요!

세페이드 동산에 잘 오셨어요!
잠 좀 깨우지 않기!

창·의·력·과·학

아이 앤 아이

I&I

윤찬섭 저

생명과학(하)

개정2판

정답 및 해설

무한상상

아이앤아이

창·의·력·수·학/과·학

영재학교·과학고	영재교육원·영재성검사	과학대회 준비
아이앤아이 물리학 (상,하)	아이앤아이 영재들의 수학여행 수학 32권 (5단계)	아이앤아이 꾸러미 과학대회 초등 – 각종 대회, 과학 논술/서술
아이앤아이 화학 (상,하)	아이앤아이 꾸러미 48제 모의고사 수학 3권, 과학 3권	아이앤아이 꾸러미 과학대회 중고등 – 각종 대회, 과학 논술/서술
아이앤아이 생명과학 (상,하)	아이앤아이 꾸러미 120제 수학 3권, 과학 3권	
아이앤아이 지구과학 (상,하)	아이앤아이 꾸러미 시리즈 (전4권) 수학, 과학 영재교육원 대비 종합서	
	아이앤아이 초등과학 시리즈 (전4권) 과학 (초 3,4,5,6) – 창의적문제해결력	

창·의·력·과·학

I&I 아이앤아이

개정2판

생명과학(하)

정답 및 해설

무한상상

V. 호흡과 배설 (1)

개념 보기

Q1 폐　Q2 ㉠ : 갈비뼈(가로막) ㉡ 가로막(갈비뼈)
Q3 ㉠ 외호흡 ㉡ 내호흡　Q4 ㉠ : 에너지 ㉡ 체온 유지

개념 확인 문제

정답 16 ~ 19쪽

01 ④　02 ①, ②, ⑤
03 (가) : 기관 (나) : 폐 (다) : 폐포
04 ②　05 ④　06 ①　07 ③　08 ③
09 ㄴ, ㄷ, ㄹ　10 ②　11 ④
12 이산화 탄소　13 C, 이산화 탄소
14 ④　15 ③
16 (1) X (2) X (3) O (4) O (5) X
17 (1) (가) : 이산화 탄소 (나) : 산소 (2) 폐포
18 ②　19 ②　20 (1) O (2) O (3) X
21 ㄴ, ㄷ, ㄹ　22 ⑤　23 ②

01 ④
해설 | 생물이 호흡을 하는 궁극적인 목적은 조직 세포에서 영양소를 분해하여 에너지를 얻기 위한 것이다.

02 ①, ②, ⑤
해설 | A는 코, B는 기관, C는 폐, D는 가로막이다.
① 코로 숨을 들이마신다.
② 공기는 코, 기관, 기관지를 거쳐 폐에 도달한다.
③ 폐는 흉강 내에 있으며, 좌우 1쌍이 있다.
④ 호흡 운동은 갈비뼈와 가로막의 상하 운동에 의해 일어난다.
⑤ B는 기관으로 끈끈한 점액이 있고, 섬모가 있다. 공기 속에 섞여 들어온 먼지나 세균, 이물질을 걸러낸다.

03 (가) : 기관 (나) : 폐 (다) : 폐포
해설 | (가)는 기관, (나)는 폐, (다)는 폐포를 나타낸 것이다.

04 ②
해설 | 코에서 공기가 처음 들어가기 때문에 콧속의 비강을 거치게 되고 기관을 통해 기관지로 나누어져 양쪽의 폐로 들어가게 된다.

05 ④
해설 | 폐는 수많은 폐포로 이루어져 있어 공기와 접촉할 수 있는 표면적을 넓게 하여 기체 교환이 효율적으로 일어나도록 한다.

06 ①
해설 | 폐는 근육이 없기 때문에 스스로 운동하지 못하여 폐에 의한 호흡 운동은 폐를 둘러싸고 있는 갈비뼈와 가로막의 상하 운동에 의해 일어난다.

07 ③
해설 | 들숨의 경우 갈비뼈는 올라가고 가로막은 내려가서 흉강의 부피가 증가하여 흉강 내 압력은 낮아진다. 반대로 날숨의 경우 갈비뼈은 내려가고 가로막은 올라가서 흉강의 부피가 감소하여 흉강 내 압력은 높아진다.

08 ③
해설 | 횡격막이 상승하면 폐의 부피가 작아지고 압력이 높아져, 폐에서 외부로 공기가 나간다.
① 갈비뼈는 내려간다.
② 흉강 내 압력이 높아지므로 폐 속의 부피는 작아지게 된다.
③ 가로막이 상승하면 폐의 부피가 작아지고 압력이 높아져, 폐에서 외부로 공기가 나간다.
④ 폐 속의 압력이 높으므로 폐 속의 공기가 밖으로 이동한다.
⑤ 폐는 근육이 없어 스스로 운동을 하지 못하므로 폐를 둘러싸고 있는 갈비뼈와 가로막의 상하 운동에 의해 운동한다.

09 ㄴ, ㄷ, ㄹ
해설 | ㄱ. 들숨이 일어날 때는 갈비뼈가 올라가고 가로막은 내려간다. 갈비뼈를 올라가게 하기 위해서는 외늑간근은 수축하고, 내늑간근인 이완해야 한다.
ㄴ. 흉강 내 압력이 낮아지는 때는 들숨이 일어날 때이다. 따라서 내늑간근이 이완한다.
ㄷ. 날숨이 일어나기 위해서는 갈비뼈는 내려오고 가로막은 위로 올라가야 한다.
ㄹ. 공기는 압력이 높은 곳에서 낮은 곳으로 흐른다. 따라서 압력이 높은 대기압에서 압력이 낮은 몸 안으로 공기가 들어온다.

10 ②
해설 | ① (가)에서는 갈비뼈가 상승한다.
② 외늑간근이 수축하면 갈비뼈가 상승하며, 흉강 내 부피가 증가하여 압력은 낮아지게 되고 몸 밖의 공기가 폐로 들어오는 들숨이 일어나게 된다.
③ (가)는 외늑간근이 수축한 상태이다.
④ (나)는 내늑간근이 수축한 상태이다.
⑤ (나)에서 갈비뼈가이 내려가기 때문에 흉강 내 부피는 감소한다.

11 ④
해설 | 고무 풍선에 해당하는 것은 폐로, 근육이 없기 때문에 폐에 의한 호흡 운동은 폐를 둘러싸고 있는 갈비뼈와 가로막의 상하 운동에 의해 일어난다.

12 이산화 탄소
해설 | 날숨에는 조직 세포의 호흡 결과 생성된 이산화 탄소가 모세

혈관을 통해 이동하여 폐포에서 산소와 교환된 후 몸 밖으로 배출되기 때문에 이산화 탄소의 양이 많다.

13 C, 이산화 탄소

해설 | 이 실험에서 석회수가 뿌옇게 흐려지는 이유는 석회수에 이산화 탄소가 들어가서 반응하여 탄산칼슘을 형성하기 때문이다. 따라서 날숨에 많은 양의 이산화 탄소가 들어 있다는 사실을 알 수 있다. 제시된 표에서 들숨에 비해 날숨에서 크게 증가한 기체를 찾으면 C 이므로 C 가 이산화 탄소이다.

14 ④

해설 | 기체 교환은 기체의 분압이 높은 곳에서 낮은 곳으로 기체가 이동하는 확산 현상에 의해 일어난다.

15 ③

해설 | ① (가)는 외호흡 과정으로 폐포와 모세 혈관 사이에서 기체 교환이 일어난다.

② (나)는 내호흡 과정으로 조직 세포와 모세혈관 사이에서 기체 교환이 일어난다.

③ 폐로부터 전달받은 산소를 많이 포함한 혈액이기 때문에 A, B는 동맥혈이다.

④ 몸 밖에서 들어온 산소는 폐포에서 모세혈관으로 이동하며 심장을 거쳐 조직 세포로 전달된다.

⑤ 산소를 전달 받은 조직 세포는 세포 호흡을 통해 필요한 에너지를 만들고 생성된 이산화 탄소를 다시 모세 혈관으로 이동시키므로 C, D쪽으로 이동하는 기체는 이산화 탄소이다.

16 (1) X (2) X (3) O (4) O (5) X

해설 | (1) 외호흡은 폐포와 모세혈관 사이에서 일어나는 기체 교환 과정이다.

(2) 내호흡 결과 모세혈관에서 조직 세포로 산소가 이동하고, 조직 세포에서 모세혈관으로 이산화 탄소가 이동한다.

(3) 내호흡은 모세 혈관과 조직 세포 사이에서 일어나는 기체 교환 과정이다.

(4) 외호흡 결과 폐포에서 모세혈관으로 산소가 이동하게 되고 이 산소는 혈액 속의 적혈구에 의해 조직 세포로 이동한다. 모세혈관에 있던 이산화 탄소는 폐포로 이동하게 된다.

(5) 외호흡은 폐에서 기체를 교환하는 과정이고, 내호흡은 전달받은 산소를 이용해 조직에서 에너지를 만드는 과정이다.

17 (1) (가) : 이산화 탄소 (나) : 산소 (2) 폐포

해설 | (1) 모세혈관에서 폐포 쪽으로 이동하는 (가) 기체는 조직 세포에서 세포 호흡 결과 생성된 기체를 밖으로 배출하기 위해서 일어나는 과정이므로 이산화 탄소이다. 폐포에서 모세혈관으로 이동하는 (나) 기체는 외부에서 들어온 공기로 모세혈관으로 이동하여 조직 세포에게 전해지므로 산소에 해당한다.

(2) 기체의 분압이 높은 곳에서 낮은 곳으로 이동하기 때문에 (나) 산소의 분압은 폐포 쪽이 높고, 모세혈관 쪽이 낮다.

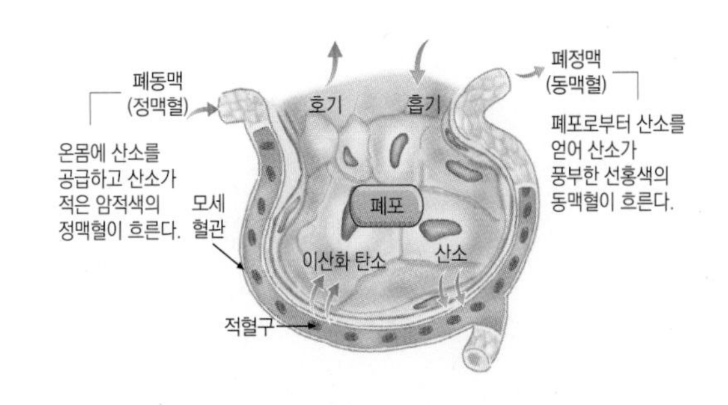

18 ②

해설 | ① 산소 분압이 높을 때 산소 포화도는 100 % 에 가까이 다가간다.

② pH가 낮을수록 산소 해리도는 증가한다.

③, ④, ⑤ 온도가 낮을수록, 산소 분압이 높을수록, 이산화 탄소 분압이 낮을수록 산소와 잘 결합하므로 산소 포화도는 증가한다. 산소해리도는 적혈구가 산소와 분리는 정도를 나타내는 것으로 산소 포화도가 증가하는 조건과 반대이다.

19 ②

해설 | 산소 분압이 40mmHg 이고 이산화 탄소 분압이 40mmHg 인 환경에서 헤모글로빈의 산소 포화도는 80 % 이다.

20 (1) O (2) O (3) X

해설 | (1) 세포 호흡 과정은 미토콘드리아에서 일어난다.

(2) 세포 호흡에 이용되는 산소는 폐로 들어온 산소가 모세혈관을 타고 이동하여 모세혈관과 조직 세포 사이에서의 기체 교환(내호흡) 에 의해 조직 세포로 전달된다.

(3) 영양소가 산소와 결합하여 산화 작용이 일어나면 영양소 분해 과정을 거치면서 에너지가 발생한다.

20 ㄴ, ㄷ, ㄹ

해설 | 세포 호흡은 조직 세포가 혈액으로부터 전달받은 산소를 이용하여 영양소를 산화시켜 에너지를 얻는 과정으로 반응 결과 이산화 탄소와 물, 에너지가 생성된다.

22 ⑤

해설 | 세포 호흡을 통해 얻는 에너지의 대부분은 열에너지로 방출되어 체온 유지에 쓰이고, 나머지는 근육 운동, 발성, 생장, 물질 운반 등 여러 가지 생명 활동에 쓰인다.

23 ②

해설 | ①, ④ 호흡과 연소 모두다 산소를 이용하여 산화반응을 하면서 에너지를 방출하고, 이산화탄소와 물을 부산물로 내놓는다.

② 세포 호흡은 효소의 작용에 의해 소량의 에너지를 단계적으로 천천히 방출하지만 연소는 짧은 시간에 에너지를 열과 빛의 형태로 한꺼번에 방출한다.

③ 연소는 발화점 이상의 온도가 되어야 일어난다.

⑤ 호흡 과정은 매우 느린 속도로 일어나므로 효소(촉매)의 작용이 필요하다.

개념 심화 문제

정답 20 ~ 31쪽

01 (1) (나) : B (다) : C (2) ㄱ, ㅁ (3) ㄱ, ㄷ, ㄹ, ㅂ
02 (1) ④ (2) ⑤ 03 (1) ② (2) ㄱ, ㄷ
04 ㄱ, ㄴ, ㅁ 05 ㄴ, ㄹ, ㅁ, ㅂ
06 (1) ㄱ, ㄴ, ㅁ, ㅂ (2) ㄴ, ㄷ 07 (1) ① O ② X ③ O (2) ㉠ : 3.5 L ㉡ : 1.5 L (3) ㄱ, ㄴ, ㄷ, ㄹ
08 4 L 09 (1) ㄷ, ㄹ, ㅁ (2) C
10 (1) C (2) (가) : 폐포 (나) : 조직 (3) ㄱ, ㄴ
11 (1) ㉠ : 60 ㉡ : 7.2 ㉢ : 40 (2) ㄱ, ㄹ, ㅁ
12 ⑥ 13 (1) 산화 반응에 의해 산소가 소비되었기 때문에 (2) A > B > C (3) (해설 참조)
14 (1) 세포 호흡 : B 연소 : A (2) ③ (3) (해설 참조)
15 (1) 플라스크 B (2) 들숨 시 a (3) (해설 참조)

01 (1) (나) : B (다) : C (2) ㄱ, ㅁ (3) ㄱ, ㄷ, ㄹ, ㅂ
해설 | (1) A는 코, B는 기관, C는 폐포, D는 가로막이다.
(2) ㄱ, ㅁ. 기관과 기관지 내벽의 상피 세포는 섬모와 점액으로 덮여 있어 들숨 속에 들어 있던 이물질이나 세균을 걸러주고, 섬모 운동에 의해 먼지가 묻은 점액을 위로 올려 가래를 만든다. 기침과 가래는 걸러진 이물질을 기관 및 기관지에서 배출하는 수단이다.
ㄴ. 외부 충격으로부터 내부를 보호하는 기능을 하는 것은 갈비뼈이며, 이 밖에도 피부 밑에 저장되는 지방(피하 지방)에 의해서도 우리 몸은 보호받고 있다.
ㄷ. 폐의 표면적을 넓히는 역할을 하는 것은 폐포이다.
ㄹ. 공기가 드나들 수 있도록 도와주는 기관은 연구개와 후두개로, 음식을 먹을 때 연구개가 비강을 닫고, 후두개가 기관을 닫아 음식물이 식도로 이동하게 한다. 호흡을 할 때에는 연구개와 후두개가 모두 열려 비강을 통과한 공기가 기관으로 들어가게 한다.

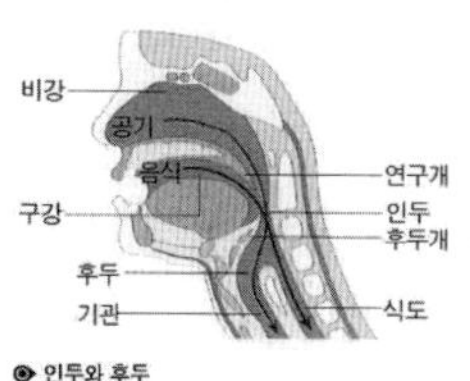

인두와 후두

(3) 폐가 무수히 많은 폐포로 이루어져 있는 것은 공기와의 접촉 면적을 증가시키기 위한 것이다.
ㄱ, ㄷ, ㄹ, ㅂ은 모두 표면적과 관련있는 보기이다.
ㄴ. 추운 겨울날 창문의 안쪽에 성에가 생기는 것은 온도 차에 의한 상태 변화 현상(승화)이다.
ㅁ. 반투과성 막을 경계로 저농도의 물이 고농도로 이동하는 현상은 삼투압 현상이다.

02 (1) ④ (2) ⑤
해설 | (1) 들숨 시에는 늑간근이 수축하여 갈비뼈가 상승하고, 가로막이 수축하여 하강하므로 흉강의 부피는 증가한다. 그 결과 흉강 내 압력이 감소하여 폐의 부피가 팽창하면서 폐의 압력이 대기압보다 낮아지게 되고 외부 공기가 폐로 들어온다.
(2) (가)에서 고무막을 잡아당기면 병 속의 공간, 즉 흉강이 커지므로 고무막을 잡아당기는 것은 호흡 상태 중 들숨에 해당한다. (나)에서 고무줄 A 는 내늑간근, 고무줄 B 는 외늑간근에, 나무막대는 갈비뼈에 해당한다. 내늑간근(고무줄 A)가 수축하면 나무 막대로 둘러싸인 공간, 즉 흉강이 작아지므로 결국 날숨에 해당된다.

03 (1) ② (2) ㄱ, ㄷ
해설 | (1) 기체는 기체의 분압이 높은 곳(고기압)에서 낮은 곳(저기압)으로 이동하므로, 들숨 때에는 폐포의 내압이 대기압보다 낮게 되고, 날숨 때에는 폐포의 내압이 대기압보다 높다. 흉강의 내압은 대기압보다 항상 낮은 상태를 유지한다.
(2) ㄱ. 흉강 내압은 대기압보다 항상 낮으며, 폐포의 내압이 대기압과 비교해 높은 경우에는 날숨 상태, 낮을 경우에는 들숨 상태가 된다.
ㄴ. A 시기는 흉강 및 폐포의 내압이 감소하고, 특히 폐포의 내압이 대기압보다 낮은 상태이므로 외부에서 공기가 몸 안으로 들어오게되어 들숨 상태가 된다.
ㄷ. B 시기에는 흉강과 폐포의 내압이 증가하고, 특히 폐포의 내압이 대기압보다 높은 상태이므로 몸 안의 공기가 몸 밖으로 빠져나가게 되어 날숨 상태가 된다. 따라서 이때 갈비뼈는 하강하고, 가로막은 상승한다.
ㄹ. A 시기는 들숨으로 공기가 폐로 들어오며, B시기는 날숨으로 폐 안의 공기가 외부로 빠져나간다.

04 ㄱ, ㄴ, ㅁ
해설 | ㄱ. (나)는 폐포의 압력이 대기압보다 작으므로 외부의 공기가 폐 속으로 들어오는 들숨이 일어나며, (다)는 폐포의 압력이 대기압보다 높으므로 폐 속의 공기가 외부로 빠져나가는 날숨이 일어난다.
ㄴ. 흉강의 부피가 변하여 압력이 변하면 흉강 압력은 폐포 압력에 영향을 주어 부피 변화를 유도한다.
ㄷ. 폐포 내의 압력이 대기압보다 낮아지면 외부의 공기가 폐 속으로 들어오는 들숨이 일어난다.
ㄹ. 흉강의 압력 변화가 폐포의 압력 변화에 영향을 준다. 따라서 (나)에서 (다)로 될 때 흉강의 내압의 증가로 인해 폐포의 내압이 높아지게 된다.
ㅁ. (가)에서 (나)로 될 때는 들숨 상태이므로 이때 갈비뼈는 외늑간근이 수축하고, 내늑간근이 이완하여 상승하게 되며, 가로막은 수축 작용에 의해 하강한다.
ㅂ. (다)에서 (가)로 될 때 폐포 내 압력이 대기압보다 커서 공기가 밖으로 이동하는 것이며, 폐포의 부피는 감소하지 않는다.

05 ㄴ, ㄹ, ㅁ, ㅂ
해설 | ㄱ. A 는 폐로 들어가는 혈액이므로 심장의 우심실과 연결되어 있는 혈관인 폐동맥과 연결되어 있으며, B는 폐에서 나가는 혈액이므로 좌심방과 연결된 혈관인 폐정맥과 연결되어 있다.
ㄴ. 산소 분압이 A 지점에서는 40mmHg이고 B 지점에서는 100mmHg 이므로 모세 혈관 B 는 A 에 비해 산소 분압이 높다.

ㄷ. A 는 온몸을 돌고 폐로 들어가는 혈액이므로 조직 세포로부터 이산화탄소를 받았기 때문에 정맥혈이 흐르고, B 에는 폐로부터 산소를 받았으므로 산소의 농도가 높은 동맥혈이 흐른다.
ㄹ. 폐포와 모세 혈관 사이의 기체 교환은 기체 분압이 높은 곳에서 낮은 곳으로 확산되어 이루어진다.
ㅁ. 주어진 그래프에서 A 에서의 CO_2 분압은 A 에서는 50mmHg이고, B 에서는 40mmHg 이므로 A에서 B로 갈수록 10mmHg 정도 감소된다.
ㅂ. A 에서 B로 이동하는 동안 산소 분압은 60mmHg(100mmHg-40mmHg) 증가하고, 이산화탄소분압은 10mmHg(50mmHg-40mmHg) 감소하였으므로 이동하는 기체의 양은 산소가 이산화 탄소보다 많다는 것을 알 수 있다.

06 (1) ㄱ, ㄴ, ㅁ, ㅂ (2) ㄴ, ㄷ
해설 | (1) ㄱ. 혈액이 (가)에서 (나)로 가면서 조직 세포에 산소를 주고 이산화 탄소를 받으므로, (가)에서 (나)로 갈수록 혈액의 산소 분압은 낮아지고 이산화 탄소 분압은 높아진다. 따라서 기체 분압이 증가하는 A 는 이산화 탄소이고 기체 분압이 감소하는 B는 산소이다.
(가)와 (나) 지점에서의 기체 A 와 B 의 분압 변화를 비교해 보면, 이산화 탄소인 A의 분압이 증가한 양은 산소인 B의 분압이 감소한 양보다 더 적음을 알 수 있다.
ㄴ. (가)의 혈액에서 분압이 높은 기체는 산소이며, 이 산소는 모세혈관에서 조직 세포로 이동하기 때문에 기체 C 와 기체 B 는 산소로 같은 종류의 기체이다.
ㄷ. 혈액이 (가)에서 (나)로 갈수록 산소 분압이 크게 감소하므로 헤모글로빈의 산소 포화도는 감소한다.
ㄹ. 기체는 기체의 분압이 높은 곳에서 낮은 곳으로 이동한다. 기체 C 산소는 모세혈관에서 조직 세포 쪽으로 이동하였기 때문에 모세혈관에서의 기체 C 분압이 조직 세포보다 크다는 것을 알 수 있다.
ㅁ. 조직 세포는 모세 혈관으로부터 산소를 받아 에너지를 생성하는데 산소를 소비하고 그 결과 생성된 이산화 탄소를 모세혈관으로 내보낸다. 따라서 조직 세포에서 모세혈관으로 이동하는 기체 D는 이산화 탄소이다.
ㅂ. 운동을 격렬하게 하면 조직 세포에서의 세포 호흡이 증가하므로 조직으로 공급되는 산소의 양이 증가하게 된다.
ㅅ. 모세혈관에서 조직 세포로 이동하는 기체는 산소이므로 (가)에 흐르는 혈액에는 산소의 분압이 매우 높다. 따라서 선홍색의 동맥혈이 흐른다. 이 혈액이 조직 세포들에게 산소를 건네주고 이산화 탄소를 받게 되면 이산화 탄소의 농도가 높아지게 되어 검붉은 색의 정맥혈이 흐른다.
(2) 폐포와 모세혈관, 조직 세포와 모세혈관 사이에서 기체가 교환되는 원리는 분압차에 의한 확산 현상이다. 따라서 보기 중 확산의 원리로 일어나는 현상을 찾으면 된다.
ㄱ. 눈은 공기 중의 수증기가 얼음으로 승화하는 과정이므로, 이때 승화열을 방출하게 되어 날씨가 포근하게 된다.
ㄴ. 공기 중에서 연기가 퍼지는 것은 연기 입자들이 공기 중으로 흩어져 나가는 확산 현상이다.
ㄷ. 물에 떨어진 잉크가 퍼져나가는 것은 잉크 분자들이 물 분자 사이로 퍼져 나가는 확산 현상이다.
ㄹ. 알코올을 손에 바르면 시원한 것은 알코올이 기화할 때 피부의 열을 흡수하여 증발하기 때문에 손의 온도가 낮아지는 것이다.
ㅁ. 짠 음식을 먹고 갈증이 나는 것은 체내 삼투압을 조절하기 위한 우리 몸의 항상성 유지와 관련이 있다.
ㅂ. 스케이트날의 압력에 의해 빙판(얼음)의 녹는점이 낮아지게 되어 얼음이 물로 바뀌기 때문에 잘 미끄러지게 된다.

07 (1) ① O ② X ③ O (2) ㉠ : 3.5 L ㉡ : 1.5 L (3) ㄱ, ㄴ, ㄷ, ㄹ
해설 | (1) ② 평상 시(휴식 시)에는 폐의 부피 변화가 0.5 L 정도이다.
③ 최대 흡입과 최대 배출되는 공기 양의 차이는 3.5 L 정도이다.
(2) 폐활량이란 최대로 숨을 들이마셨다가 내쉬었을 때 출입하는 공기의 양이므로, 최대 흡입하는 공기의 부피인 4 L 에서 최대 방출할 때 공기의 부피인 약 0.5 L 를 뺀 값이다. 따라서 3.5 L 가 폐활량에 해당한다. 또한 제시된 그래프에서 평상 시 호흡할 때 폐의 부피는 약 1.5 L ~ 2 L사이를 왔다갔다 반복하므로 평상 시에 숨을 내쉬어도 약 1.5 L의 공기가 폐에 남는다는 것을 알 수 있다.
(3) ㄱ. 쉬고 있을 때 호흡량은 쉬고 있을 때 들숨 상태에서 폐의 부피 2 L와 날숨 상태에서 폐의 부피 1.5 L의 차에 해당하므로 0.5 L 이다.
ㄴ. 최대로 숨을 내쉬었을 때, 즉 최대 공기를 방출했을 때(날숨 상태) 폐의 부피가 0.5 L 정도이므로, 약 0.5 L의 공기가 폐 속에 남아 있는 것으로 볼 수 있다.
ㄷ. 폐로 들어가는 공기의 양이 증가하게 되면 폐의 부피도 증가하게 되고, 공기의 양이 줄어들면 폐의 부피도 감소하게 되므로 폐의 부피 변화를 통해 공기의 양을 측정할 수 있다.
ㄹ. 최대 들이마셨을 때 폐의 총 부피는 4 L 정도이고, 쉬고 있을 때 들숨 상태에서 폐의 총 부피는 2 L 정도이므로, 두 부피의 차이는 2 L 정도이다.

08 4 L
해설 | 폐활량은 최대로 숨을 들이마셨을 때의 공기의 양에서 최대로 내쉬었을 때의 공기의 양을 뺀 값이므로 들숨의 양이 가장 큰 4.5 L에서 가장 많이 공기를 방출했을 때 폐에 들어있는 공기의 양인 0.5 L를 빼면 된다.

09 (1) ㄷ, ㄹ, ㅁ (2) C
해설 | ㄱ. 제시된 그래프에서 호흡 속도가 빨라지면 폐활량이 증가하므로 호흡 속도가 빨라지면 숨을 깊이 쉰다고 할 수 있다.
ㄴ. 호흡 속도가 빨라지게 되면 폐활량이 증가하게 된다. 산소의 농도가 100% → 21% → 92% 로 변하면서 폐활량(호흡 속도)이 증가하므로 산소의 농도가 증가함에 따라 호흡 속도나 폐활량의 변화는 관계가 없다고 할 수 있다.
ㄷ. 호흡 속도가 빨라지면 폐활량이 증가한다. 폐활량(호흡 속도)이 증가하는 순서에 따라 이산화 탄소의 농도를 나열하면 0% → 0.03% → 8% 이므로 이산화 탄소가 증가함에 따라 폐활량(호흡 속도)가 증가한다고 볼 수 있다.
ㄹ. 호흡 속도는 산소의 농도에 비례하는 것이 아니라, 이산화 탄소 농도에 비례하므로 호흡 속도 또는 폐활량 증가는 산소보다 이산화 탄소의 영향을 많이 받는다고 할 수 있다.

ㅁ. 이산화 탄소의 농도가 증가하면 호흡 속도가 증가하게 되고 결국 폐활량도 증가하게 된다. 따라서 혈액 내 CO_2 의 농도가 높아지면 1회 호흡 시 드나드는 공기의 양이 증가한다는 사실을 알 수 있다.
(2) 스쿠버 탱크 속 공기를 산소 100% 로 채우면 그래프에서 보듯이 호흡 속도와 폐활량이 저하되므로 숨을 제대로 쉬지 못하여 호흡 곤란을 겪게 된다. 또한 스쿠버탱크 B 처럼 이산화 탄소의 농도를 높이면 호흡 속도와 폐활량이 증가하기 때문에 산소 탱크의 공기를 빨리 소모하게 되어 오랜 시간을 물속에 있을 수 없다. 따라서 가장 안정적인 호흡을 하기 위해서는 호흡 속도나 폐활량이 저하되지도 않고, 빨라지지도 않는 공기의 비율을 찾아야 한다. 제시된 그래프에서는 21% O_2 와 0.03% CO_2 의 공기에서 가장 안정적인 호흡 속도와 폐활량을 보였으므로 이 공기의 조성 비율과 가장 비슷한 스쿠버탱크 C 가 적당할 것이다.

10 (1) C (2) (가) : 폐포 (나) : 조직 (3) ㄱ, ㄴ
해설 | 산소 분압이 같을 때 산소 포화도는 A가 가장 높고, C가 가장 낮다. 산소 해리도는 산소 포화도와 반대이므로 산소 분압이 같을 때 산소 해리도는 A가 가장 낮고, C가 가장 높다. 산소 해리 곡선에서 그래프가 오른쪽으로 이동할수록 (A → C) 산소 해리도는 증가한다.
(2) (가)쪽은 산소 분압이 높으므로 폐포에 해당하며, 이 곳에서 헤모글로빈은 산소와 쉽게 결합하여 산소헤모글로빈이 된다. (나)쪽은 산소 분압이 낮으므로 조직에 해당하며, 이 곳에서 산소헤모글로빈은 헤모글로빈과 산소로 쉽게 분리된다.
(3) ㄱ, ㄴ, ㄷ, ㄹ. 산소 해리 곡선의 그래프가 A → B → C로 이동한다는 것은 산소 해리도가 증가하는 것을 나타낸다. 따라서 헤모글로빈과 산소가 쉽게 분리될 수 있는 조건들을 찾으면 된다. 헤모글로빈은 산소(O_2) 분압이 낮고, 이산화 탄소(CO_2) 분압이 높을 때 쉽게 분리되며, pH가 낮을 때와 온도가 높을 때 쉽게 분리된다.
ㅁ, ㅂ. 혈관의 두께와 혈관 내 수분의 양은 산소 해리도와 상관없다.

11 (1) ㉠ : 60 ㉡ 7.2 ㉢ : 40 (2) ㄱ, ㄹ, ㅁ
해설 | (1) 심한 운동을 하면 에너지를 많이 발생시켜야 하기 때문에 조직에서는 많은 양의 산소를 필요로 한다. 따라서 산소헤모글로빈이 산소와 많이 해리되어야 하므로 산소 해리도가 높은 조건이어야 한다. 따라서 산소 해리 곡선에서 산소해리도가 증가하는 경우인 CO_2 분압이 높고, pH 가 낮고, 온도가 높을 때를 찾아준다.
(2) ㄱ. (가)에서 대사 활동이 활발할수록 방출하는 CO_2 양이 많아진다. 그런데 혈액 내 녹아 있는 CO_2 의 양이 많아지게 되면 혈액 내 산성도는 높아진다. 즉 pH 는 낮아진다.
ㄴ. 심한 운동 이후 대사 활동이 활발해지고 생성된 에너지의 일부가 열에너지로 전환되어 체온이 증가하게 되는데 온도가 증가할수록 산소헤모글로빈의 비율은 낮아진다. 따라서 산소 포화도는 감소한다는 사실을 알 수 있다.
ㄷ. 대사 활동이 활발하면 CO_2 가 많아지고, 혈액의 pH 는 낮아지게 되며, 대사 활동 결과 발생되는 에너지의 일부가 열에너지로 전환되기 때문에 체온이 증가하게 된다. 따라서 산소 해리도는 증가하므로 산소해리 곡선은 전체적으로 오른쪽으로 이동한다.
ㄹ. 산소 분압이 40mmHg 일 때 pH 가 높을수록 산소 헤모글로빈의 비율이 증가하므로 산소 포화도는 높아지고 산소 해리도는 낮아진다는 사실을 알 수 있다.
ㅁ. 심한 운동을 하게 되면 조직 세포에서의 대사활동이 활발해지게 되고, 그 결과 CO_2 의 방출량은 증가하여 혈액 내 산성도가 높아지고 pH 가 낮아진다. 그런데 pH에 따른 산소 해리 곡선을 보면 pH 가 낮아질수록 산소 포화도가 낮아지는 것을 알 수 있다.

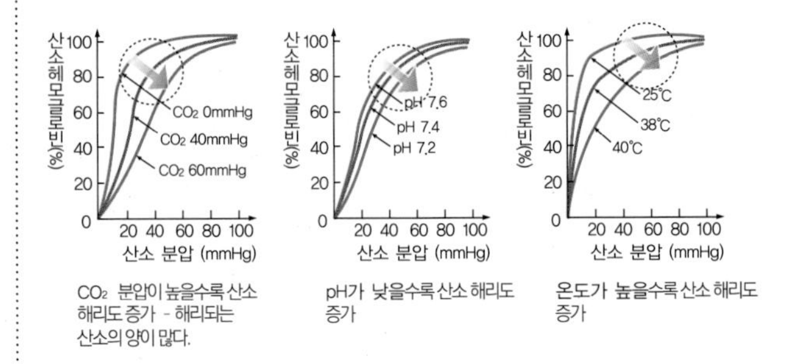

CO2 분압이 높을수록 산소 해리도 증가 - 해리되는 산소의 양이 많다. / pH가 낮을수록 산소 해리도 증가 / 온도가 높을수록 산소 해리도 증가

12 ⑥
해설 | ① (나) 그래프에서 동일한 산소 분압 20mmHg 에서 모체의 산소포화도는 40%, 태아는 약 60% 로서 태아의 산소 포화도가 크다. 즉 태아의 헤모글로빈의 산소 결합력이 모체에 비해 크다는 것이다. 따라서 모체에 있던 산소는 태아의 헤모글로빈에게 전달된다.
② (가) 그래프에서 산소 분압이 같을 때 미오글로빈이 헤모글로빈보다 산소 포화도가 높다. 그러므로 미오글로빈이 헤모글로빈보다 산소 결합력이 더 강하다는 것을 알 수 있다. 따라서 폐포에서 헤모글로빈이 운반해 온 산소는 근육 조직에 있는 미오글로빈 쪽으로 이동하게 된다.
③ (나) 그래프에서 모체와 태아의 산소 해리 곡선을 비교해 보면, 같은 산소 분압에서 태아의 산소 포화도가 더 높으므로, 태아의 헤모글로빈이 모체보다 O_2와의 결합력이 더 크다는 것을 알 수 있다.
④ (나) 그래프에서 라마는 동일한 산소 분압에서 인간보다 산소 포화도가 더 크므로 라마의 헤모글로빈은 사람보다 산소와 더 잘 결합할 수 있다. 따라서 산소가 희박한 고산 지대에서 더 잘 살아갈 수 있다.
⑤ 산소 분압이 낮아지면 미오글로빈의 산소 포화도는 크게 감소한다. 따라서 심한 운동 등으로 근육 내 산소 분압이 크게 낮아지면 미오글로빈에 저장되어 있던 산소가 대량으로 해리되어 이용된다.
⑥ 산소 분압이 높아질수록 모체와 태아 헤모글로빈의 산소 포화도의 차이가 증가하다가 감소하는 것을 확인할 수 있다.

13 (1) 산화 반응에 의해 산소가 소비되었기 때문에 (2) A > B > C
(3) 연소는 빠른 산화 반응이며, 호흡은 느린 산화 반응이다. 이 실험을 통해 연소와 호흡의 산화 속도를 비교할 수 있다. 시험관 내 수면이 상승하는 것은 산화 반응에 산소가 소비되어 줄어들기 때문이므로 수면의 상승 속도를 비교하여 산화 반응이 얼마나 빠르게 일어나고 있는지 비교할 수 있다.
해설 | (1) 초의 연소는 빠른 산화 반응, 싹튼 콩에 의해 일어나는 호흡과 물에 젖은 쇳가루가 녹스는 것은 느린 산화 반응이다. 산화 반응에는 산소가 이용되며 그 결과 이산화 탄소가 생성된다. 생성된 이산화 탄소는 수산화칼슘 용액에 녹아 들어가기 때문에 산화 반응에 의해 소비된 산소의 양만큼 시험관의 수면은 상승하게 된다.
(2) 세 시험관의 산화되는 속도를 비교하면 된다. 연소는 빠른 산화이

기 때문에 짧은 시간에 많은 양의 산소를 소비하게 되어 빠른 속도로 시험관 내부의 수면이 상승하게 된다. 그리고 같은 느린 산화이지만 싹튼 콩의 호흡에 의한 산화 반응이 철이 녹스는 산화 반응보다 더 빨리 일어나므로 같은 시간 동안 시험관 B 의 산소 소모량이 시험관 C 보다 많아진다. 따라서 싹튼 콩이 들어 있는 시험관 B 의 수면 상승 속도가 시험관 C 보다 더 빨라지게 된다.

14 (1) 세포 호흡 : B 연소 : A (2) ③ (3) 산소를 이용하여 땅콩을 분해(산화)시켜 에너지를 얻고, 그 결과 이산화 탄소와 물이 생성된다.

해설 | (1) 연소시 반응물은 포도당과 O_2 이며, 세포 호흡시 반응물은 포도당, O_2, H_2O 이다. 그리고 두 반응 모두 생성물은 CO_2 와 H_2O 이다.

(2) ①, ④ 연소 과정에서는 에너지가 빛과 열에너지의 형태로 한꺼번에 방출되지만, 세포 호흡 과정에서는 에너지가 단계적으로 방출되기 때문에 조직 세포를 손상시키지 않는 것이다. 따라서 연소 반응이 세포 호흡 보다 빠르게 일어난다.

② 세포 호흡은 효소(촉매)에 의해 일어나기 때문에, 체온과 같이 낮은 온도에서도 반응이 일어난다.

⑤ 연소와 세포 호흡 모두 산소가 필요한 산화 반응이며, 에너지가 방출되는 발열 반응이다.

15 (1) 플라스크 B (2) 들숨 시 A (3) 아래 표

들숨 상태	압력의 크기 비교	A 플라스크 내부 기압 (<) 외부 대기압
	공기의 이동 방향	A 플라스크 내부 (←) 외부 대기
날숨 상태	압력의 크기 비교	B 플라스크 내부 기압 (>) 외부 대기압
	공기의 이동 방향	B 플라스크 내부 (→) 외부 대기

해설 | (1) 숨을 들이마시면 플라스크 A 에 외부의 공기가 유입되고, 숨을 내쉬면 플라스크 B로 폐에 있던 공기가 방출되어 나간다. 들숨으로 외부에서 들어오는 공기에 들어 있는 CO_2 의 함량보다 날숨에서 나오는 공기의 CO_2 함량이 더 높다. 날숨을 통해 빠져나오는 CO_2 가 플라스크 B를 거치면서 석회수와 앙금을 형성하기 때문에 플라스크 B의 석회수가 더 빨리 뿌옇게 흐려진다.

(2) 플라스크 A 의 석회수를 통과한 외부 공기는 CO_2 가 제거되기 때문에 A 내부 공기의 산소 분압은 높다. 반면 폐에서 산소와 이산화 탄소의 기체 교환에 의해 날숨에는 CO_2 의 함량이 높아지고 O_2 의 함량은 낮아지기 때문에 B 내부 공기의 산소 분압은 낮다. 따라서 들숨 시 A 의 내부는 날숨 시 B 의 내부보다 산소 분압이 높다.

(3) 숨을 들이마시면 플라스크 A 내부의 공기가 폐로 이동하므로 플라스크 A 내부 기압은 대기압보다 낮아진다. 따라서 대기압이 높은 외부의 공기가 기압이 낮은 플라스크 A 내부로 이동하여 들어오게 된다. 숨을 내쉬면 폐 속에 있던 공기가 b 를 통해 이동하여 플라스크 B 의 내부 압력이 높아지게 되므로 외부 대기압보다 높아지게 된다. 따라서 기압이 높은 플라스크 B 의 공기가 기압이 낮은 외부로 이동하여 빠져나가게 된다.

V. 호흡과 배설 (2)

개념 보기

Q5 ㉠ : 암모니아 ㉡ 간 ㉢ : 요소 Q6 사구체, 보먼 주머니, 세뇨관 Q7 사구체 Q8 노폐물 배설, 체온 조절

개념 확인 문제

정답 36 ~ 38쪽

24 ③ 25 ③ 26 ④ 27 ④
28 (1) O (2) X (3) O (4) X (5) O 29 (가) : 이산화 탄소 (나) : 물 (다) : 암모니아 (라) : 요소
30 ③ 31 ⑤ 32 ① 33 ⑤ 34 ㉠ 겉질 ㉡ 사구체(보먼 주머니) ㉢ 보먼 주머니(사구체)
35 B(사구체), C(보먼 주머니), D(세뇨관)
36 ㄱ, ㅂ 37 ①
38 (1) A → B (2) C → D (3) D → C
39 (1) ㄱ, ㄴ, ㅁ, ㅂ, ㅅ (2) ㄱ, ㄴ, ㅁ, ㅂ, ㅅ(ㅅ은 일부 흡수) (3) ㅅ 40 ⑤ 41 ⑤ 42 ⑤ 43 ⑤

24 ③

해설 | 배설은 세포 호흡 결과 생긴 노폐물(물, 이산화 탄소, 암모니아 등)을 몸 밖으로 내보내는 작용이다. 체내에 노폐물을 제거함으로써 인체 내 생리 작용이 원활하게 일어나게 되고, 체내 항상성(체온 유지, 수분의 양을 일정하게 함)을 유지시킬 수 있다.

25 ③

해설 | 3대 영양소인 탄수화물, 단백질, 지방은 공통적으로 탄소(C), 산소(O), 수소(H)를 포함하고 있기 때문에 노폐물은 공통적으로 물(H_2O), 이산화탄소(CO_2)를 생성하게 된다.

26 ④

해설 | ①, ②, ③ 엿당, 녹말은 모두 탄수화물에 포함되는 것으로 질소를 포함하지 않기 때문에 암모니아를 생성하지 않는다.

④ 단백질은 질소(N)을 포함하므로 분해되면서 질소성 노폐물인 암모니아(NH_3)를 생성한다.

⑤ 지방은 질소를 포함하지 않기 때문에 암모니아를 생성하지 않는다.

27 ④

해설 | 단백질의 산화 결과 생성된 질소성 노폐물인 암모니아는 독성이 매우 강하기 때문에 간에서 독성이 적은 요소로 전환한 후 배설한다.

28 (1) O (2) X (3) O (4) X (5) O

해설 | (1) 암모니아는 간에서 요소로 전환된 후 땀이나 오줌으로 배

설된다.
(2) 물은 땀샘을 거쳐 땀으로 배설되거나 콩팥을 거쳐 오줌으로 배설되기도 하고 폐를 통해 날숨으로도 배설된다.
(3) 이산화 탄소는 폐를 통해 날숨으로 몸밖으로 나간다.
(4) 항문을 통해 몸 밖으로 빠져나가는 것은 소화 과정 결과 소화되지 않은 찌꺼기 같은 물질들이 빠져나가므로 배출이라고 한다. 노폐물은 오줌이나 땀으로 배설된다.
(5) 단백질에 의해 생성된 질소성 노폐물인 암모니아는 독성이 매우 강하기 때문에 간에서 독성이 거의 없는 요소로 전환하여 배설한다.

29 (가) : 이산화 탄소 (나) : 물 (다) : 암모니아 (라) : 요소
해설 | 탄수화물과 지방은 산화 결과 물과 이산화 탄소가 발생하고, 단백질은 물과 이산화 탄소 외에도 질소성 노폐물인 암모니아가 발생한다. 물은 신장과 땀샘을 통해 배설되고, 일부는 수증기 형태로 폐를 통해 배설되기도 한다. 이산화 탄소는 폐에서 날숨을 통해 배설된다.

30 ③
해설 | B는 오줌관으로 신장에서 형성된 오줌이 방광으로 이동하는 통로이다. 세뇨관은 보먼 주머니와 연결된 관으로 재흡수와 분비 작용이 일어난다.

31 ⑤
해설 | 콩팥은 혈액 속에 있는 노폐물을 걸러 오줌을 생성하는 기관이다.

32 ①
해설 | 체내의 삼투압, 산성도 등을 일정하게 유지하는 것을 항상성이라고 한다. 콩팥은 배설을 통해 물과 무기염류, 노폐물을 적절하게 배출하여 체액에 포함된 물과 무기염류의 농도를 일정하게 함으로써 삼투압을 일정하게 유지하며, 이 과정에서 체액의 수분량도 조절한다.

33 ⑤
해설 | A는 겉질, B는 속질, C는 콩팥 깔때기이다.
①, ② A는 겉질로 네프론이 몰려있다. 네프론은 콩팥 동맥을 통해 들어온 노폐물을 여과하는 기능을 담당한다.
③ B는 속질로 세뇨관과 집합관이 있는데 이곳에서는 영양소를 재흡수하거나 노폐불을 재분비하는 과정이 진행된다.
④ C는 콩팥 깔때기로 집합관을 통해 운반되어 온 오줌이 일시적으로 저장된다.
⑤ 콩팥 동맥으로 들어오는 혈액은 영양소의 산화 결과 생긴 노폐물을 가득 싣고 콩팥으로 들어가 노폐물을 걸러내고 깨끗한 혈액이 되어 콩팥 정맥을 통해 빠져나간다.

34 ㉠ : 겉질 ㉡ 사구체(보먼 주머니) ㉢ 보먼 주머니(사구체)
해설 | 사람의 신장은 겉질, 속질, 콩팥 깔대기로 구성되어 있다. 겉질은 사구체와 보먼 주머니로 된 말피기소체가 주로 분포하고, 속질은 세뇨관과 세뇨관이 모여 이루어진 집합관이 분포한다.

35 B(사구체), C(보먼 주머니), D(세뇨관)
해설 | 네프론은 오줌을 생성하는 구조적·기능적 기본 단위로 말피기소체(사구체 + 보먼주머니)와 세뇨관으로 구성된다.

36 ㄱ, ㅂ
해설 | ㄱ. 사구체(B) 내의 혈압이 보먼주머니(C)보다 높기 때문에 압력이 낮은 보먼주머니로 물질이 이동하게 된다.
ㄴ. 말피기소체는 사구체(B)와 보먼주머니(C)로 이루어져 있다.
ㄷ. 네프론에서 걸러진 오줌은 집합관(E)을 거쳐 콩팥 깔대기로 모이므로 콩팥 정맥(F)에서보다 (E)집합관의 요소의 농도가 더 높다.
ㄹ. D(세뇨관)에서 모세혈관으로 몸에 필요한 물질인 물, 포도당, 아미노산 등이 재흡수된다. E는 집합관이다.
ㅁ. 콩팥 동맥(A)의 혈액은 신장으로 들어와 걸러진 후 깨끗한 혈액이 되어 콩팥 정맥(F)를 통해 신장을 빠져나간다.
ㅂ. 혈액 속에 있는 분자량이 작은 크기의 물질들은 혈압 차에 의해 B에서 C 로 여과가 일어난다.

37 ①
해설 | 사구체에서 보먼주머니로 여과된 원뇨는 세뇨관을 거치면서 몸에 필요한 물질은 다시 모세혈관으로 재흡수되고, 미처 여과되지 못한 모세혈관 속의 노폐물은 분비된다. 이 과정을 거쳐 생성된 오줌은 일시적으로 콩팥 깔대기에 저장이 되었다가 오줌관을 거쳐 방광으로 이동하게 되고 요도를 통해 몸 밖으로 배설된다.

38 (1) A → B (2) C → D (3) D → C
해설 | 여과는 사구체(A)에서 보먼 주머니(B) 로 혈압 차에 의해 일어난다. 재흡수는 세뇨관(C)에서 모세혈관(D)으로 몸에 필요한 물질이 다시 흡수되는 과정이다. 분비는 모세혈관(D)에 남아 있는 몸에 불필요한 물질을 세뇨관(C)로 이동시키는 과정이다.

39 (1) ㄱ, ㄴ, ㅁ, ㅂ, ㅅ (2) ㄱ, ㄴ, ㅁ, ㅂ, ㅅ(ㅅ은 일부 흡수) (3) ㅅ
해설 | (1) 혈액 내 입자의 크기가 큰(분자량이 큰) 물질은 여과되지 않는다. 따라서 단백질, 지방은 여과될 수 없다.
(2) 포도당, 아미노산은 100% 재흡수되며, 물과 무기염류는 거의 재흡수되고, 요소는 일부분만 재흡수된다.

40 ⑤
해설 | 정상인의 경우 포도당은 모세혈관으로 100% 재흡수되기 때문에 오줌에는 포도당이 들어있지 않다. 정상인보다 혈당량이 높아 포도당이 모두 재흡수되지 못하고 오줌과 함께 배설되는 증상을 당뇨병이라고 한다.

41 ⑤
해설 | 혈구나 단백질, 지방 등은 분자의 크기가 매우 크기 때문에 혈관 벽을 통과할 수 없다. 따라서 사구체에서 보먼주머니로 여과되지 못하므로 혈액 속에 그대로 남아 있게 된다.

42 ⑤
해설 | ① 땀샘은 우리 몸의 이마, 손바닥, 겨드랑이 등에 많이 분포한다.

② 땀샘 주변에는 모세혈관이 있어 모세혈관의 노폐물이 땀샘으로 여과되어진다.
③, ④ 땀샘에서는 여과 작용만 일어나며, 콩팥에서와 같은 재흡수 과정이 일어나지 않기 때문에 물의 함량이 높고, 요소의 함량이 낮다. 따라서 땀의 주된 성분은 물이다.
⑤ A는 땀샘으로 피부의 살아있는 세포층인 진피층에 분포되어 있다.

43 ⑤
해설 | 땀샘에서는 여과 작용만 일어나며, 신장에서와 같은 재흡수 과정이 일어나지 않기 때문에 물의 함량이 높고, 요소의 함량이 낮다. 따라서 땀의 주된 성분은 물이다.

개념 심화 문제

정답 39 ~ 49쪽

16 ㄹ, ㅁ 17 ③ 18 (1), (2) (해설 참조)
19 (해설 참조) 20 (1) ⑤ (2) C, D
21 (1) ① : A, B, C ② : A, C ③ : A, C (2) ①
22 (1) 125mL (2) 60mL (3) 150분
23 (1) ㄱ, ㄹ (2) ① : ㄴ ② : ㄷ ③ : ㄱ ④ : ㄹ
(3) (가) : 요소 (나) : 단백질 (다) : 포도당, 아미노산
(라) : 무기염류
24 (1) 그래프 (가) : B 그래프 (나) : A (2) B (3) ①
(4) (해설 참조) 25 (1) 10 mmHg (2) ⑤
26 (1) (해설 참조) (2) ⑤
27 (가) : 단백질 (나) : 요소, 물 (다) : 포도당, 아미노산
28 (1) ①, ②, ③ (2) ① : D ② : A 29 ㄱ
30 ㄱ, ㄷ, ㄹ, ㅇ

16 ㄹ, ㅁ
해설 | (가)는 암죽관, (나)는 모세혈관, A는 이산화 탄소, B는 물, C는 요소이다.
ㄱ. (가)는 지방산, 글리세롤 등의 지용성 영양소가 흡수되는 암죽관이고, (나)는 포도당, 아미노산 등의 수용성 영양소가 흡수되는 모세혈관이다.
ㄴ. 이산화 탄소(A)는 모세혈관을 통해 폐로 들어가 폐포와 기체 교환이 일어난다. 따라서 이산화 탄소는 외호흡에 의해서 폐를 통해 몸 밖으로 배설된다.
ㄷ. A는 이산화 탄소로 이산화 탄소가 과도하게 생성되면 세포액에 녹아 탄산이 되므로 산성이 되어 pH 가 낮아지게 된다.
ㄹ. 물(B)과 요소(C)는 피부와 신장을 통해 땀과 오줌으로 배출된다. 물의 일부는 수증기 형태로 폐를 통해 날숨과 함께 배설되기도 한다.
ㅁ. 암모니아는 간에서 요소(C)로 전환된다. C를 생성하는 기관인 간은 쓸개즙을 생성하여 지방의 소화를 돕는다.

17 ③
해설 | ① 수중 생활을 하는 붕어, 올챙이가 배설하는 질소 노폐물은 주로 암모니아이다. 따라서 암모니아가 수중 생활에 알맞은 질소 노폐물의 종류라고 할 수 있다. 실제 암모니아는 물에 잘 녹기 때문에 수중 생활을 하는 생물 몸속에 있는 암모니아가 몸 밖으로 쉽게 확산될 수 있다.
② 질소 노폐물을 결정 형태의 요산으로 배출하면 수분 손실량이 최소로 줄어들기 때문에 건조한 환경에 사는 동물은 요산 형태로 질소 노폐물을 배출하는 것이 생존에 유리하다.
③ 질소 노폐물을 배출하기 위해 필요한 수분량을 비교하면 암모니아 > 요소 > 요산 순이다. 암모니아 형태로 배출하기 위해서는 많은 양의 물이 필요하다. 따라서 암모니아 형태로 배출할 때는 체내 수분 손실량이 증가하게 된다.
④ 수중 생물의 경우 질소성 노폐물을 암모니아 형태로 배출하고, 껍질이 있는 알을 낳는 조류나 파충류의 경우에는 요산의 형태로, 껍질이 없는 알을 낳는 양서류나 포유류의 경우에는 요소의 형태로 질소 노폐물을 배설한다. 이는 질소 노폐물의 종류가 생활 환경과 밀접한 관련이 있으며, 생물들은 생활 환경에 적응하기 위해 질소성 노폐물을 각기 다른 종류의 형태로 배출하는 것이다.
⑤ 요산은 불용성이며, 배설시 필요한 수분량도 10mL 로 매우 적기 때문에 요산으로 배설하는 파충류나 조류는 다른 동물에 비해 질소 노폐물의 배설 과정에서 수분 손실이 적다.

18 (1)

	암모니아 농도	요소의 농도
쥐 A	증가	감소
쥐 B	감소	증가

(2) 간은 독성이 강한 암모니아를 독성이 적은 요소로 전환시킨다. 따라서 간이 제거 되면 더 이상 혈액 속의 암모니아를 요소로 전환시키지 못하기 때문에 혈액 내 암모니아의 양은 증가하게 되고, 요소의 농도는 낮아지게 된다. 배설은 혈액 속의 요소 및 노폐물을 콩팥을 통해 몸 밖으로 배설하는 것이다. 따라서 콩팥이 제거되면 혈액 속의 요소 및 노폐물을 배설하기가 어려워지므로 혈액 속 요소의 농도는 증가하게 된다. 하지만 암모니아를 요소로 전환시켜주는 간은 정상적인 기능을 하기 때문에 암모니아의 농도는 감소한다.

19 여과된 대부분의 물이 재흡수되기 때문이다.
해설 | 세뇨관에서 모세혈관으로 물은 99% 정도 재흡수된다. 따라서 집합관에 모인 오줌의 요소의 농도는 더욱 높아지게 된다.

20 (1) ⑤ (2) C, D
해설 | ① 상상이와 알탐이의 오줌의 요소 농도는 주어진 자료를 가지고 비교할 수 없다.
② 알탐이의 오줌에는 단백질이 함유되어 있으므로 뷰렛 반응이 나타난다.
③ (가)는 사구체로, 염증이 있어 혈장 단백질이 여과되었다면 상상이의 (나) 보먼주머니에서 단백질이 검출되었을 것이다.
④ 상상이는 (가) ~ (라) 전체에서 포도당이 검출되는데, 이것은 여과된 포도당이 (다)세뇨관에서 모세혈관으로 모두 재흡수되지 않았기 때문이다.

⑤ 알탐이의 경우 (라)에서 포도당이 검출되지 않은 것은 (다)에서 포도당이 100% 재흡수되었기 때문이다. 상상이는 오줌으로 포도당이 배출되므로 포도당의 재흡수율은 100% 보다 작다. 따라서 알탐이가 상상이보다 재흡수율이 더 높다.
(2) (가) : 사구체로 혈액이 걸러지기 전이므로 단백질, 지방, 포도당, 아미노산 등이 모두 들어 있다.
(나) : 보먼주머니로 사구체에서 보면 주머니로 여과된 물질들만 들어 있기 때문에 분자의 크기가 작은 포도당과 아미노산이 여과된다.
(다) : 세뇨관으로 재흡수와 분비가 일어나는데 정상인의 경우 포도당과 아미노산은 100% 재흡수된다.
(라) : 집합관으로 최종적인 오줌이 형성되어 콩팥 깔대기로 전달되는 통로이다. 따라서 A와 B는 정상적인 반응이고, C 는 세뇨관에서 단백질이 검출되었으므로 사구체의 이상으로 인해 고분자인 단백질이 여과되었음을 알 수 있다. 또한 D 는 집합관에서 포도당과 아미노산이 검출되므로 세뇨관에서 100% 재흡수되지 않았음을 알 수 있다.

21 (1) ① : A, B, C ② : A, C ③ : A, C (2) ①
해설 | (1) A는 콩팥 동맥, B는 세뇨관, C는 콩팥 정맥, D는 집합관이다. 베네딕트 반응은 포도당 검출 반응, 뷰렛 반응은 단백질 검출 반응, 수단 Ⅲ 반응은 지방 검출 반응이다. A(콩팥 동맥) 혈액 중 포도당은 여과되어 B에 존재하며, 세뇨관의 포도당은 모세혈관으로 모두 재흡수되어 C(콩팥 정맥)에 합류된다. 따라서 포도당은 세뇨관에서 모세혈관으로 모두 재흡수되기 때문에 D(집합관)의 오줌 속에는 포도당이 없다. 단백질과 지방은 여과되지 않기 때문에 (콩팥 동맥)와 C(콩팥 정맥)의 혈액에만 존재한다.
(2) 여과는 사구체로 들어가는 혈관의 굵기가 사구체에서 나오는 혈관의 굵기보다 굵어서 사구체 내부의 압력이 높기 때문에 일어난다. 포도당과 아미노산의 재흡수는 에너지를 소비하여 저농도에서 고농도로 물질을 이동시키는 능동 수송에 의해 일어난다. 물과 요소의 재흡수는 각각 삼투와 확산 현상에 의해 일어난다. 모세 혈관에서 세뇨관으로 물질이 이동하는 분비 과정은 에너지를 소비하는 능동 수송에 의해 일어난다.

22 (1) 125mL (2) 60mL (3) 150분
해설 | (1) (가) 지점의 콩팥 동맥을 지난 혈액이 사구체를 지나면서 여과가 일어나게 되고 (나) 지점을 지나게 된다. 이때 사구체에서 보먼주머니로 빠져나가 걸러진 물질이 원뇨이므로 (가) 지점의 혈액량에서 (나) 지점의 혈액량을 빼면 여과되어 원뇨가 된 물질의 양을 알 수 있다. 따라서 (가) 지점 혈액량 - (나) 지점 혈액량 (1200mL/분 - 1075mL/분) = 125mL/분 이다.
(2) (나) 지점의 혈액량이 1075mL/분 인데, (다) 지점을 지날 때는 혈액량이 1199mL/분 으로 늘어난다. 이것은 세뇨관에서 몸에 필요한 물질이 재흡수되는 과정을 거치기 때문이며 이로 인해 혈액량이 증가하게 된다. 따라서 세뇨관에서 재흡수량은 1199 - 1075 = 124mL/분 이므로 실제로 여관된 원뇨의 양 125mL/분 에서 124(mL/분)가 재흡수되어 1mL/분 만이 오줌이 된다. 1 분 동안에 만들어지는 오줌의 양이 1mL 이므로 1시간(60분) 동안 생성된 오줌의 양은 1mL × 60분 이므로 60mL 이다.
(3) 1분 동안 생성되는 오줌의 양이 1mL 였으므로, 150mL 의 오줌이 모이려면 150분이 걸린다.

23 (1) ㄱ, ㄹ (2) ① : ㄴ ② : ㄷ ③ : ㄱ ④ : ㄹ (3) (가) : 요소 (나) : 단백질 (다) : 포도당, 아미노산 (라) : 무기염류
해설 | (1) ㄱ. A에서 (가) 요소가 여과될 때는 혈액 내 압력차에 의해 이동하므로 에너지가 소비되지 않는다.
ㄴ. (나)는 분자량이 매우 커서 여과되지 않으므로 단백질임을 알 수 있다.
ㄷ. (다)는 포도당으로 세뇨관에서 모세혈관으로 100% 재흡수가 일어나며, 이때 에너지를 소비하는 능동수송에 의해 일어난다. 포도당을 분비하지 않으며, 오줌에 포도당이 검출되는 경우는 신장에 이상이 있을 것이라고 추정한다.
ㄹ. (라)는 A, B, C에서 채취한 물질인 혈장, 원뇨, 오줌에서의 농도가 0.90% 로 일정하다. 오줌이 만들어지는 과정에서 물은 여과된 후 약 99% 재흡수되는데, (라)의 농도가 일정하다는 것은 네프론을 거치는 동안 물이 재흡수되는 똑같은 비율로 재흡수가 되었다는 것을 의미한다.
(2) ① 사구체에서 보먼주머니로 여과되는 것은 분자량이 작은 것으로 단백질이나 지방 같은 분자량이 큰 물질은 여과될 수 없기 때문에 보먼주머니에서 검출되지 않는다.
② (다)와 같은 포도당은 정상인이라면 세뇨관을 통해 이동하는 동안 모세혈관으로 100% 재흡수되기 때문에 오줌에서 검출되지 않는다.
③ (가)는 요소로 보먼주머니에서 검출된 농도에 비해 세뇨관을 거쳐 집합관에 모인 오줌의 농도가 더 높다. 이것은 세뇨관을 이동하는 동안 대부분의 물이 재흡수되기 때문에 상대적으로 요소의 농도가 진해지는 것이다.
④ (라)는 무기염류로 보먼주머니에서 물과 같은 비율로 여과되었다가 세뇨관을 통과하면서 물과 같은 비율로 재흡수된다. 따라서 세뇨관 속의 물에 들어있는 무기염류의 농도는 항상 일정하게 유지된다.

24 (1) 그래프 (가) : B 그래프 (나) : A (2) B (3) ① (4) 사구체에서 보먼주머니로 포도당이 여과되는 것은 에너지 생성 여부와 관계없이 압력 차에 의해 일어나기 때문에
해설 | (1) 세뇨관에서 포도당과 아미노산은 모세혈관으로 100% 재흡수가 일어난다. 이때 물질의 이동은 에너지 소비가 필요한 능동 수송에 의해 일어난다. 따라서 에너지 생성이 억제된 쥐 B는 세뇨관에서 포도당이 재흡수되지 않기 때문에 보먼주머니에서 여과된 포도당량을 그대로 유지한 채 집합관까지 이동하게 된다(그래프(가)). 반면에 에너지가 생성되는 쥐 A는 능동 수송에 의해 세뇨관에서 모세혈관으로 포도당의 재흡수가 100% 일어나기 때문에 집합관에 모인 오줌에서 포도당을 관찰할 수 없다(그래프(나)).
(2) 베네딕트 검출 반응은 포도당의 여부를 확인하는 반응으로 오줌에 포도당이 들어 있는 경우 베네딕트 반응이 일어난다. 따라서 포도당이 모세혈관으로 재흡수되지 않고 보먼주머니에서의 포도량을 그대로 유지하는 그래프 (가) 즉 쥐 B의 오줌에 포도당이 들어 있어 베네딕트 반응을 나타낸다.
(3) 쥐 A 는 그대로 두고, 쥐 B 만 에너지 생성을 억제하는 물질을 투여한 후 포도당의 변화량을 측정하였으므로, 에너지의 공급 여부가 포도당의 재흡수에 어떤 영향을 주는지를 알아보기 위한 실험이다.

에너지 공급이 억제된 쥐 B 에서는 포도당이 재흡수되지 않아 집합관의 오줌에서 포도당량이 보면주머니에 여과된 원뇨일 때 포도당량과 같다. 따라서 포도당의 재흡수 과정에서는 반드시 에너지의 공급이 필요하다는 사실을 알 수 있다. 포도당 뿐 아니라 아미노산과 무기염류도 능동수송에 의해 저농도(세뇨관)에서 고농도(모세혈관)로 이동한다.

(4) 사구체에서 보면주머니로 여과되는 과정은 혈액의 압력 차이에 의해 일어나기 때문에 쥐 A와 쥐 B 모두 여과된 포도당량은 같다.

25 (1) 10 mmHg (2) ⑤

해설 | (1) 사구체의 여과 압력은 사구체의 혈압, 사구체의 삼투압, 보면 주머니의 압력에 의해 결정된다. 사구체에서 보면 주머니로 물질이 이동하기 위해서는 사구체에서 보면주머니로 작용하는 압력의 크기에서 보면 주머니에서 사구체로 작용하는 압력(사구체의 삼투압 + 보면 주머니의 압력)을 빼야 한다. 따라서 순여과 압력은 사구체의 혈압 - (사구체의 삼투압 + 보면 주머니의 압력)으로 나타낼 수 있다.

그러므로 55mmHg - (15mmHg + 30mmHg) = 10mmHg 이다.

(2) ① 사구체의 삼투압이 낮아질수록 사구체의 순여과 압력은 커지기 때문에 여과량이 증가한다.

② 사구체로 들어가는 혈관보다 나오는 혈관의 굵기가 가늘어 사구체 내부의 혈압이 형성되는 것이므로 사구체로 들어가는 혈관의 굵기가 얇아지면 사구체로 들어가는 혈관과 나오는 혈관의 굵기 차이가 작아져 사구체 내부의 혈압은 낮게 형성되어 여과량은 감소한다.

③ 사구체의 혈압이 높고 보면주머니의 압력이 낮을수록 사구체의 순여과압력이 커지기 때문에 여과량이 증가하게 된다.

④ 사구체의 혈액 속에 들어있는 물질 중 분자량이 큰 단백질이나 크기가 큰 혈구 등은 여과되지 않는다.

⑤ 여과가 일어나더라도 세뇨관에서 100% 재흡수되면 오줌으로 배출되지 않는다. 즉, 여과되는 포도당의 양과 재흡수되는 포도당의 양이 같으면 오줌에서 포도당이 검출되지 않는다.

26 (1) 더운 날에는 체온을 낮추어 주기 위하여 땀 분비량이 증가하므로, 오줌의 양을 감소시켜 체내에서 손실되는 수분의 양을 보충한다. 반대로 추운 날에는 땀 분비량이 감소하기 때문에 대신 오줌의 양을 증가시켜 항상 체내의 일정한 수분량을 유지할 수 있다. (2) ⑤

해설 | (2) ① 온도에 상관없이 추운 날이나 더운 날 모두 체외로 배설되는 염분의 양은 1.95mg 으로 일정하다.

② 추운 날에는 오줌의 양이 증가하므로 신장에서 물을 재흡수하는 과정이 억제되어 재흡수량이 감소한다는 사실을 알 수 있다.

③ 더운 날에도 오줌으로 배설되는 염분의 양이 1.35mg 으로 땀으로 배설되는 양 0.6mg 보다 많음을 알 수 있다.

④ 기온이 높으면 땀을 많이 흘리기 때문에 땀을 통해 배설되는 염분의 양은 기온이 높아지면 증가한다.

⑤ 신체는 주변 환경의 기온의 변화에 따라 오줌의 양을 조절하여 체내 삼투압이 항상 일정하도록 유지하는 항상성을 가진다.

⑥ 땀 분비량이 많아지게 되면 오줌량이 감소되어 체내 수분량을 항상 일정하게 유지시킨다.

27 (가) : 단백질 (나) : 요소, 물 (다) : 포도당, 아미노산

해설 | (가) : 단백질은 분자량이 매우 크기 때문에 사구체에서 보면주머니로 여과되지 않기 때문에 혈액 속에 그대로 남아 이동한다.

(나) : 물은 거의 99%가 재흡수되며, 요소 역시 50% 정도 재흡수된다. 요소의 경우 세뇨관을 거치는 동안 물이 재흡수되어 여과액의 요소 농도가 높아짐에 따라 농도차에 의해 모세혈관으로 확산되어 50% 정도가 재흡수된다.

(다) 포도당과 아미노산은 배설량이 없으므로 100% 재흡수되었음을 알 수 있다.

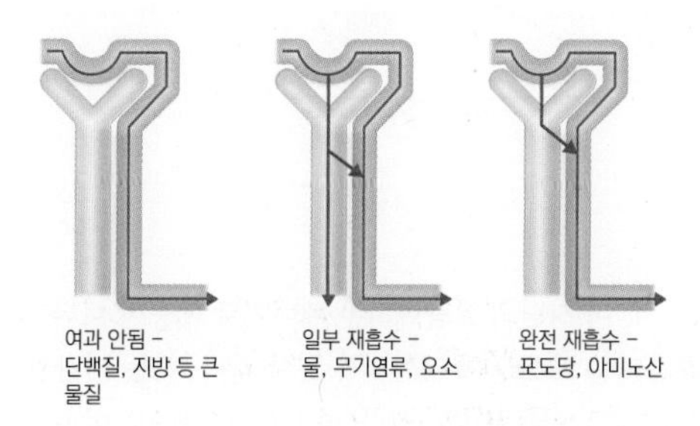

28 (1) ①, ②, ③ (2) ① : D ② : A

해설 | (1) ① 여과된 포도당이 재흡수되지 못하고 남는 양이 배설되므로 여과량에서 재흡수량을 뺀 값이 배설량이다.

② 정상인의 세뇨관에서 포도당이 100% 재흡수되므로 오줌으로 배설되는 포도당은 없다. 이는 여과된 포도당량과 재흡수된 포도당량이 같을 때이므로 혈당량이 100mg/100mL 인 경우 정상이라고 할 수 있다.

③ 포도당이 오줌으로 배설되는 증상을 당뇨병이라고 하는데 혈당량이 약 200mg/100mL 이상에서는 여과량보다 재흡수량이 적게 나타난다. 따라서 재흡수되지 못하고 남은 포도당이 오줌으로 배설되므로 혈당량이 300mg/100mL 인 사람은 당뇨 증상을 보일 것이다.

④ 정상인의 경우 여과된 포도당이 100% 재흡수되기 때문에 배설된 오줌에서 포도당이 검출되지 않는다.

⑤ 혈당량이 높을수록 포도당의 재흡수량은 증가하지만 일정 수준 이상에서는 포도당의 재흡수가 일어나지 않게 되므로 오줌으로 배설된다.

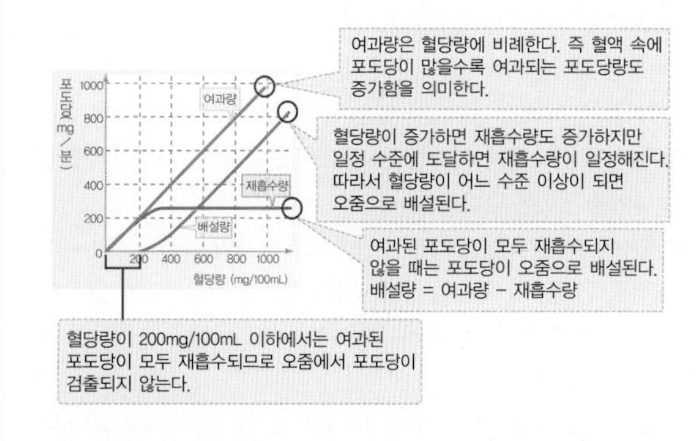

(2) 그래프 (나)에서 물질 X 가 분비될 때 X 의 배설량은 여과량 + 분비량이다. 따라서 물질 X 는 여과 과정과 분비 과정이 모두 나타난 D 의 경로로 이동하게 된다. 그러나 물질 X 의 분비가 일어나지 않으면 물질 X의 배설량은 여과량과 같으므로 물질 X 의 이동 방식은 A 와 같을 것이다. 이동 경로 B 와 C 모식도는 모두 재흡수 과정이 나타나 있어 물질 X 가 이동하는 경로와는 다르다.

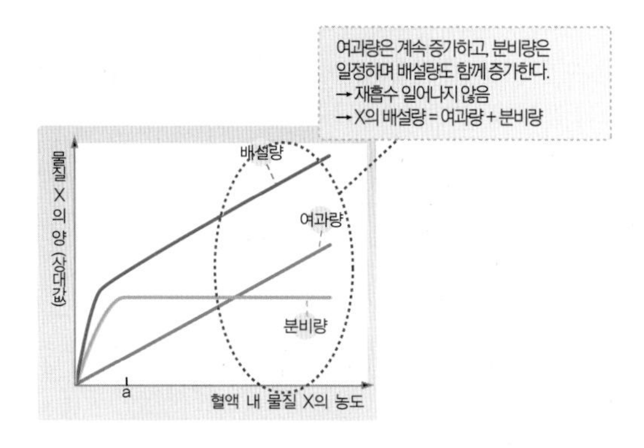

29 ㄱ

해설 | ㄱ. 이 사람의 오줌에서는 베네딕트 반응이 나타나지 않았으므로 오줌에는 포도당이 포함되어 있지 않다. 이는 여과된 포도당이 100% 재흡수되었음을 의미한다. 따라서 이 사람은 여과량과 재흡수량의 그래프가 일치하는 구간에서의 혈당량을 보일 것이다. 즉 이 사람의 혈당량은 200mg/100mL 이하일 것이라고 추리할 수 있다.

ㄴ, ㄹ. 이 사람의 혈당량이 300mg/100mL 로 높아지게 되면 포도당의 재흡수량은 한계점에 도달하여 더 이상 재흡수가 일어나지 않게 되므로 오줌에 포도당이 포함되기 때문에 베네딕트 반응을 보일 것이다. 하지만 녹말은 소화 과정이 끝나지 않은 상태의 고분자 물질이기 혈액에 포함되어 있지 않다. 따라서 사구체에서의 여과 작용은 일어날 수 없으며, 아이오딘 반응(녹말 검출 반응)은 나타나지 않는다.

ㄷ. 녹말은 분자량이 크기 때문에 녹말 상태로 혈액에 의해 운반되지 않는다. 즉 혈액 속에는 녹말이 포함되어 있지 않다. 녹말은 혈액에 의해 운반되어 콩팥으로 이동할 수조차 없다.

30 ㄱ, ㄷ, ㄹ, ㅇ

해설 | ㄱ. 투석막은 반투과성 막으로 되어 있어 단백질이나 적혈구 같은 큰 물질은 통과시키지 않고 포도당이나 노폐물 같은 작은 물질만 통과시킨다.

ㄴ. 요소는 반투과성막을 통과할 수 있기 때문에 투석 장치를 통해 혈액 속의 요소를 걸러주어 혈액내 요소의 농도를 낮추어 줄 수 있다.

ㄷ. 단백질은 분자량이 크기 때문에 반투과성 막을 통해 여과되지 않는다. 따라서 투석액에 단백질을 넣어 혈액 속의 농도와 같도록 맞추어주지 않아도 단백질은 여과될 수 없기 때문에 신선한 투석액에 단백질을 넣어줄 필요는 없다.

ㄹ. A 기능에 이상이 있는 경우 사구체로부터 보먼주머니로의 여과 작용이 원활하지 않아 오줌의 생성이 정상적으로 이루어지지 않는다. 이런 경우 투석 장치를 이용하여 혈액에 있는 요소 등의 노폐물을 제거한다.

ㅁ. 투석 장치의 투석막은 반투과성막이므로 혈구와 단백질과 같은 고분자 물질은 통과시키지 못한다. 따라서 혈액 투석 장치를 이용하더라도 환자의 혈구들이 투석액으로 여과되지는 않는다.

ㅂ. 투석 장치의 원리는 반투과성 막을 통해 저분자 물질이 확산되는 것이지만, 세뇨관에서의 포도당의 재흡수 과정은 에너지를 이용한 능동수송에 의해 일어나므로 원리는 서로 다르다.

ㅅ. 사용된 투석액에는 환자의 혈액으로부터 이동한 요소가 함유되어 있고, 네프론의 B는 집합관으로 네프론을 거치며 생성된 오줌이 있으므로 역시 요소가 들어 있다.

ㅇ. 신선한 투석액은 요소가 포함되어 있지 않고 그 외의 성분은 혈액과 같은 농도로 맞춰주어야 한다. 그 이유는 요소 이외의 물질들이 농도 차에 의해 혈액에서 빠져나오는 것을 방지하기 위해서이다.

ㅈ. 투석막을 통해 환자의 혈액에 있던 요소가 투석 장치를 통해 걸러져 외부로 빠져나가기 때문에 요소의 농도는 동맥에서 나온 혈액에서 높게 나타나고, 투석 장치를 통과하여 정맥으로 들어가는 혈액에서는 낮게 나타난다.

창의력을 키우는 문제

50 ~ 62쪽

01. 단계적 문제 해결형

(1) [자료 2]의 안정 상태일 때 동맥혈의 산소와 이산화 탄소의 분압을 이용하여 [자료 1]에서 산소 포화도를 찾으면 97% 이고, 정맥혈의 산소 포화도는 71% 이므로, 97% - 71% = 26%, 즉 폐에서 운반된 산소량의 약 26% 가 조직 세포에 공급된다.

(2)

	증가	감소	변화 없음	이유
산소 분압		○		조직 세포에서 산소 소모량이 증가하기 때문에
이산화 탄소 분압	○			세포 호흡량이 증가함에 따라 이산화 탄소량이 증가하기 때문에
혈액의 pH		○		혈액에 이산화 탄소가 녹아 산성을 띠게 되므로
체온	○			호흡 결과 생성된 에너지의 일부분이 열에너지로 방출되기 때문에

(3) 동맥혈의 산소 포화도는 97% 이고 정맥혈의 산소 포화도는 15% 이므로 폐에서 운반된 산소 중 약 82% 가 조직 세포로 공급될 것이다.

(4) 산소 분압이 약 40mmHg 이상에서는 고산 지대에 올라갔을 때 낮아지는 산소 분압의 차이(100 - 67mmHg)에 비해 헤모글로빈의 산소 포화도는 매우 완만하게 낮아지기 때문에 호흡을 통한 조직 세포로의 산소 공급이 가능하다. 이는 산소해리 곡선이 S자를 나타내는 것과 관련이 있다. S자형 곡선은 산소 분압이 높은 상태에서 낮은 상태로 조건이 바뀌더라도 헤모글로빈의 산소 포화도는 크게 달라지지 않는 특징이 나타난다.

해설 | (4) 〈산소 해리 곡선〉

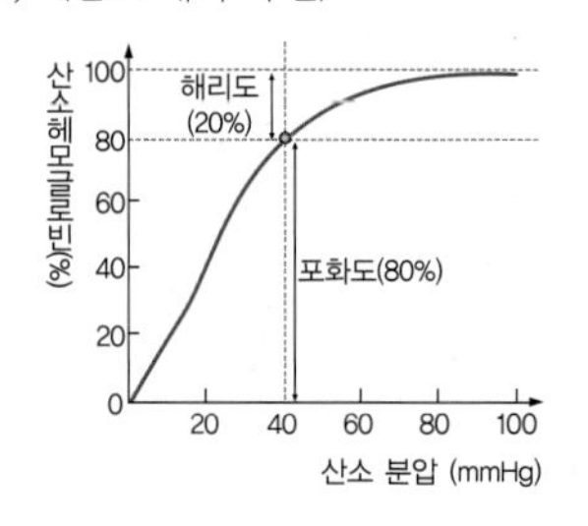

02. 단계적 문제 해결형

(1) 처치자가 입을 통해 숨을 불어넣을 때 공기가 코를 통해 빠져나가지 않고 완전히 폐로 들어가도록 하기 위해서이다.
(2) • 날숨 시에는 정상적인 호흡과 인공 호흡의 순서는 같다.
• 들숨 시 정상적인 호흡이 이루어질 때 : 흉강 확대 → 흉강 내 압력 낮아짐 → 폐포 확대 → 폐포 내 압력 낮아짐 → 들숨
• 들숨 시 인공 호흡이 이루어질 때 : 처치자가 높은 기압의 숨을 불어 넣어줌 → 폐포의 압력이 높아짐 → 폐포 확대 → 흉강의 압력 높아짐 → 흉강 확대
(3) 사고로 호흡을 멈춘 사람은 스스로 늑간근과 가로막의 수축, 이완 작용이 일어나지 않기 때문에 대기압과의 압력 차이를 만들 수 없다. 따라서 인공 호흡을 통해서 인위적으로 대기압과의 압력 차이를 만들어 줌으로써 조직 세포로 산소를 공급하고, 호흡 운동을 부활시키기 위해서이다.

03. 창의적 문제 해결형

원자력 발전이나 원자 폭탄은 핵분열 반응을 일으켜서 방출되는 핵에너지를 이용한다는 공통점이 있다. 그러나 원자력 발전의 경우에는 에너지를 장기간 조금씩 발생시켜 유용한 전기 에너지로 전환하여 활용하는 데 비해, 원자 폭탄은 연쇄적으로 확산되는 핵분열 반응의 원리를 이용하여 한꺼번에 많은 에너지를 방출하는 차이점이 있다. 세포 호흡이 에너지를 천천히 발생시켜 유용하게 활용한다는 점에서 원자력 발전에 비유될 수 있고, 한꺼번에 많은 에너지가 방출되는 연소는 원자 폭탄에 비유될 수 있다.

04. 논리 서술형

(1) 헤모글로빈의 변형 구조인 메트헤모글로빈의 수치가 혈액 속에서 높아질수록 헤모글로빈과 산소와의 결합이 어려워지므로 산소 포화도가 낮아진다.
(2) 헤모글로빈의 비정상적인 구조 변형에 의해 동맥혈의 산소가 부족해져 동맥 혈액의 색깔이 갈색을 띠게 되고 백인에게 이 증상이 나타나게 되면 푸른색 피부를 띠게 된다.
(3) • 뇌로 산소 공급이 제대로 이루어지 않아 나타나는 증상 : 어지러움, 호흡 곤란, 현기증, 집중력 부족
• 세포에 원활한 산소 공급을 하지 못하여 세포 호흡에 어려움을 나타낸 경우 : 소화 불량, 배변 장애

05. 논리 서술형

(1) 밤에는 빛이 없기 때문에 식물은 호흡을 통해 이산화 탄소를 공기 중에 배출한다. 따라서 밀폐된 방안의 공기 중 이산화 탄소의 농도가 높아지게 되고 산소가 부족한 상태가 된다. 산소가 체내로 유입이 되지 않으면 산소 없이 체내의 글리코젠을 분해하여 에너지를 생성하기 때문에 그 결과 피로 물질인 젖산이 축적되어 자고 난 후에도 피로감을 느끼는 것이다.
(2) • 식물 근처에 스탠드를 켜 놓아 광합성이 일어날 수 있도록 한다.
• 산소가 들어 있는 공기 통을 실내에 가져다 놓고 조금씩 새어 나오도록 조작한다.
• 밤에 광합성 작용을 하는 선인장, 알로에, 산세베리아 같은 다육 식물을 함께 둔다.(건조한 사막 지역에서 자란 식물들은 낮에 기공을 열면 수분이 날아가므로 밤에 기공을 열어 이산화탄소를 흡수하여 포도당을 합성하고 산소를 배출한다. 이 식물은 낮 동안에 햇볕을 충분히 쬐어야 밤에 더 많은 이산화탄소를 흡수할 수 있다.)

06. 논리 서술형

(1) 담배 연기는 주류연과 부류연이 있는데, 주류연은 담배를 필 때 입으로 빨아들였다가 내뿜는 성분이고 부류연은 담배의 끝에서 나오는 연기와 종이를 통해 확산되어 공기 중으로 직접 나오는 물질이다. 주류연은 담배를 피우는 사람이 뿜어낸 연기로 담배의 필터를 통해 한번 여과된 후 흡연자의 폐를 거친 후 공기 중으로 나오기 때문에 담배 끝 연기 속의 모든 독성 물질이나 발암 물질이 포함되어 있는 부류연에 비해 독성 성분이 적다.
(2) 남편이 흡연을 할 때 부인의 폐암 발생 비율이 높아지는 이유는 간접 흡연 때문이다. 부인이 담배를 피는 남편 주위에 있게 되면 오히려 남편(흡연자)이 마시는 주류연보다 더 독성 물질이 많이 포함되어 있는 부류연을 흡입하기 때문에 남편의 흡연 기간이 길수록 부인의 폐암 발병 비율이 높아진다.

07. 논리 서술형

이론적으로는 정밀한 저울로 측정했을 때 먹은 음식물이 소화, 흡수되어 호흡으로 분해되고 나면 그 무게는 줄어들어야 한다. 그 이유는 호흡으로 영양소가 분해되어 발생한 이산화탄소 및 에너지 일부가 열에너지로 전화되어 방출되기 때문에 공기가 드나드는 틈을 통해 대기로 날아가 버리기 때문이다.
하지만 실제 실험을 했을 때는 대기 중으로 날아가는 CO_2와 열에너지의 양이 매우 작기 때문에 그 차이를 눈으로 직접 확인하기는 어렵다.

08. 추리 단답형

구분	변화
혈액의 양	감소
체액의 농도	증가
여과량(A → B)	감소
재흡수량(C)	증가
오줌의 양	감소

사막에서 물을 오랫동안 마시지 못하여 수분을 제대로 공급받지 못하였기 때문에 주성분이 물인 혈액의 양이 줄어든다. 체내 수분량이 감소하므로 체액의 농도는 증가한다. 사구체(A)에서 보먼주머니(B)로 체액 이동이 일어나는 여과 작용에서는 수분 감소로 인한 체액 감소로 인해 여과량이 감소하게 된다. 체내 수분이 부족한 상태이므로 체내 수분량을 증가시키기 위해 세뇨관(C)에서 모세혈관으로 재흡수되는 수분량은 증가하게 되고 결국 오줌의 양은 감소하게 된다.

09. 논리 서술형

(1) 이뇨제는 세뇨관에서 모세혈관으로 재흡수되는 물의 양을 감소시킴으로써 오줌의 양이 많아지게 한다. 이때 오줌을 통해 체내의 노폐물이 모두 빠져나가게 된다.
이뇨제는 체내에서 많은 양의 수분 · 염류 · 독소 · 요소와 같은 축적된 대사산물의 배설을 촉진시킨다. 또한 병적 상태에서는 조직 내에 축적된 많은 양의 수분(부종)을 배설시킨다. 이뇨제에는 여러 종류가 있지만 대부분 콩팥의 세뇨관에서 혈액으로 재흡수되는 액체의 양을 줄임으로써 그 약효를 나타낸다. 이뇨제는 체내에 쌓인 물을 소변으로 배출한다. 아무래도 몸에서 물이 빠져나가다 보니 이 약을 먹고 몸무게를 측정하면 몸무게가 덜 나가게 된다. 이러한 이유로 많은 여성들이 살 빼는 약으로 잘못 알고 오 · 남용하였으며 운동 선수들도 계체량에 통과하기 위해 이 약을 종종 복용했다.
(2) 염분이 없는 달걀만 먹게 되면 체내 삼투압이 낮아져 세뇨관에서 모세혈관으로 재흡수되는 수분의 양이 감소하게 된다. 따라서 체내 수분량이 줄어들면서 체중 감소 효과를 가져온다. 하지만 일반식을 통해 체내에 염분과 탄수화물의 양이 늘어나게 되면 체내 삼투압이 증가하게 되어 세뇨관에서 모세혈관으로 재흡수되는 수분의 양은 다시 증가하기 때문에 체중이 증가하게 된다.

10. 단계적 문제 해결형

(1)

관찰 대상	변화 내용	이유
비닐 장갑 내부	비닐 봉지 내부의 표면은 뿌옇게 흐려지고 물방울이 생긴다.	손에서 분비된 땀이 증발하여 비닐 봉지에 작은 물방울로 응결하기 때문이다.
비닐 장갑 내부 온도	비닐 장갑으로 둘러싸인 공간의 온도는 올라간다.	손에서 땀이 증발되면서 발생한 수증기는 비닐 봉지의 표면에 닿아 작은 물방울로 액화하면서 열을 방출하여 내부의 온도를 올린다.

(2) 비닐 봉지를 빼면 갑자기 시원한 느낌이 든다. 땀이 증발할 때 피부로부터 열을 빼앗아 가기 때문이다.
(3) 땀샘이 없기 때문에 체온 조절이 어렵기 때문이다. 특히 체온을 낮추는데 큰 어려움을 겪는다.
(4) • 알코올을 신체 표면에 수시로 발라주어 알코올이 증발하면서 체온을 낮추어 줄 수 있도록 한다.
• 얼음 주머니를 가지고 다닌다.

11. 논리 서술형

(1) 과도한 땀 분비로 인해 다량의 물과 어느 정도의 염분을 잃게 된다. 체액의 수분량 부족으로 체액의 농도가 높아져서 삼투압이 증가하게 되는데 이때 체내의 조직 세포가 정상 기능을 하지 못하기 때문에 건강에 해롭다.
(2) 이온 음료는 물과 함께 무기염류를 포함하고 있어 땀으로 배출되는 수분과 무기염류를 모두 공급해 줄 수 있다. 또한 탄수화물(포도당)이 포함되어 있어 운동에 필요한 에너지원을 공급해 주기도 한다.

12. 단계적 문제 해결형

(1) 호흡 결과 나오는 이산화 탄소를 흡수한다.
(2) 흡수한 산소의 양
(3) 호흡률 = $\frac{CO_2\text{의 발생량}}{O_2\text{의 소모량}}$ 이므로, $\frac{4mL}{5mL} = 0.8$
(4) 단백질
(5) A시험관의 잉크 방울은 사용된 산소 부피만큼 왼쪽으로 이동하지만 B 시험관의 잉크 방울은 움직이지 않는다.

해설 | 호흡률 = $\frac{CO_2\text{의 발생량}}{O_2\text{의 소모량}}$ 으로 구한다.
KOH 는 CO_2 를 흡수한다. 싹튼 콩은 호흡 시 산소를 소모하며, 호흡 결과로 이산화탄소를 배출한다. 먼저 CO_2 가 KOH에 의해 제거되는 A 플라스크에서는 공기의 부피가 5mL 감소하였는데, 이것은 호흡에 사용된 산소의 양이다. CO_2가 제거되지 않은 B 플라스크에서는 공기의 부피가 1mL 감소하였는데 이것은 소모된 산소의 양이 배출된 CO_2의 양보다 1mL 더 많다는 의미이다. 그러므로 싹튼 콩은 5ml의 산소를 흡수하여 4ml의 이산화 탄소를 배출한다. 그러므로 호흡률 ≒ 0.8이고 단백질이 호흡 기질임을 알 수 있다. 탄수화물의 호흡률은 1 이므로 흡수되는 산소와 방출되는 이산화탄소의 양이 같다. 따라서 호흡 기질을 포도당으로 한다면 B 시험관의 잉크 방울은 움직이지 않는다.

13. 논리 서술형

(1) 포도당은 투석액 속의 농도와 혈액의 농도가 같아야 한다. 투석액 속에는 요소가 없어야 한다.
(2) 확산
(3) 농도의 차이에 의해 확산이 일어나야 하므로 혈액과 투석액의 흐르는 방향을 반대로 하면 농도 차이가 생기는 구간이 길어져서 노폐물이 혈액에서 투석액 쪽으로 효과적으로 확산되어 나갈 수 있기 때문이다.

해설 | 혈액 투석은 반투과성 막의 여과 장치(인공 신장기)를 이용하여 몸 안의 혈액을 체외로 끌어낸 후 반투과성 막으로 이루어진 관으로는 혈액을, 바깥쪽에는 투석액을 통과시켜 혈액과 투석액 간의 농도 차를 이용하여 혈액 내의 노폐물과 과다한 수분을 제거 시킨 후 깨끗해진 혈액을 다시 넣어주는 과정이다. 그러므로 혈액 속에서 배출되면 안되는 포도당이나 무기염류는 혈액과 같은 농도로 하고 요소는 농도 차를 이용해 투석액 쪽으로 확산되도록 한다.

14. 단계적 문제 해결형

(1) 솜마개를 빼면 산소가 공급되어 유기 호흡이 일어난다.
$C_6H_{12}O_6 + 6O_2 + 6H_2O \rightarrow 6CO_2 + 12H_2O +$ 에너지
(2) 이산화 탄소 (3) 흰색 앙금이 생긴다.
(4) 알코올 냄새(술냄새)가 난다.
(5) 산소의 공급을 차단하기 위하여
(6) 산소가 공급되면 (가)와 (마)과정을 거쳐 포도당이 물과 이산화 탄소로 완전 분해되지만, 산소가 없을 때 효모에 의한 발효과정이므로 (가)와 (나)과정이 진행되어 포도당이 완전 분해되지 못해 알코올(에탄올)이 생성되는 발효가 진행된다.

해설 | (2), (3) 시간이 지남에 따라 맹관부에 축적되는 기체의 양은 증가한다. 산소가 차단되어 효모에 의해 무기 호흡이 진행되었기 때문에 CO_2가 발생하였고 수산화칼륨(KOH) 용액을 첨가하여 흔들면 흰색 앙금(K_2CO_3)이 생기는 것으로 이산화 탄소를 확인할 수 있다.
(5) 실험에서 발효관 입구를 솜으로 막은 주된 이유는 알코올 발효는 산소가 없는 조건에서 일어나기 때문에 산소의 공급을 차단하기 위해서이다. 효모에 의해 일어나는 무기 호흡은 중간 산물로 알코올(에탄올)이 생성된다.
(6) 효모는 산소가 있을 때는 포도당을 이산화 탄소와 물로 분해하여 많은 에너지를 만들어 내지만 산소가 없으면 포도당을 에탄올(C_2H_5OH)과 이산화 탄소(CO_2)로 분해하는데 이것을 알코올 발효라고 한다.

15. 논리 서술형

• 옳은 것 : ㄱ, ㄴ • 옳지 않은 것 : ㄷ
ㄱ. A는 고산 지대로 이주한 뒤 고산 환경에 대한 적응으로 혈액 헤모글로빈의 양이 증가하여 낮은 산소 분압에서도 이주 전과 동일한 혈액 내 총 산소량을 유지했을 것이다.
ㄴ. 고산 지대는 대기압이 낮은 지대로, 동맥혈에 녹은 산소량이 감소되므로 산소 분압 역시 감소한다.
ㄷ. 산소 분압이 낮아져 헤모글로빈의 증가로 산소를 보완할 수 없어 심장 박동이 증가하여 산소 부족을 보완하게 된다. 따라서 심장 박동 증가에 필요한 에너지 공급을 위해 심장 근육 세포의 미토콘드리아의 수는 증가한다.

대회 기출 문제

정답 63 ~ 73쪽

01 ㄴ, ㅁ 02 ②, ③, ④ 03 ①, ⑤
04 ④, ⑤ 05 ㄱ, ㄹ, ㅁ 06 ② 07 ①
08 ①, ②, ③, ⑤ 09 ①, ④, ⑤ 10 ②
11 ④ 12 ㄴ, ㅁ
13 (1) O (2) X (3) O (2) X 14 ㄱ, ㄷ, ㄹ
15 ㄱ, ㄴ, ㄷ 16 ㄷ, ㄹ 17 ①, ②, ⑤
18 ㄹ 19 ④ 20 (해설 참조)
21 ㄱ, ㅁ 22 ~ 23 (해설 참조) 24 ㄴ

01 ㄴ, ㅁ
해설 | ㄱ. 그래프의 동일 산소 포화량에서 태아 혈액의 산소 분압은 모체 혈액의 산소 분압보다 낮으므로 태반에서 산소가 모체에게서 태아쪽으로 원할하게 전달될 수 있다.
ㄴ, ㅁ. 산소 분압이 같을 때 헤모글로빈의 산소 포화량은 태아가 모체보다 더 크다. 따라서 태아의 헤모글로빈은 모체의 헤모글로빈보다 산소에 대한 친화력이 더 높다는 사실을 알 수 있다.
사람은 태아 시절에 특정 헤모글로빈 유전자에 의해서 산소에 대한 친화력이 성인보다 크다.
ㄷ. 적혈구 1개에 들어있는 헤모글로빈 수는 태아와 모체에서 각각 같다.
ㄹ. 태아의 헤모글로빈은 성인과 동일하게 헤모글로빈 1분자가 최대 4분자의 산소와 결합하여 운반한다. 단지 성인의 헤모글로빈과는 다르게 헤모글로빈의 산소에 대한 결합력이 더 강하다는 것이 차이점이다.

02 ②, ③, ④
해설 | 들숨이 일어날 때 $P_{폐포}$는 0 에서 음의 값인 -4(mmHg) 까지 낮아진다. 그러면 대기압에 비해 폐포 내 압력이 낮으므로 외부의 공기가 폐 안으로 이동하게 된다. 반대로 날숨이 일어날 때 $P_{폐포}$의 압력은 음의 값 -4(mmHg) 에서 다시 0 으로 상승하게 된다. 그리고 $P_{폐포}$ 가 0 이 되면 외부 대기압과 압력 차이가 나지 않으므로 더 이상

의 공기의 이동이 일어나지 않는다.
① 들숨이 일어날 때 $P_{폐포}$가 -4mmHg 에서 점점 상승하여 0mmHg 가 되면 외부 대기압과 같아지면서 공기의 이동이 멈추어 들숨이 끝나게 된다. 따라서 들숨이 끝날 때 $P_{폐포}$는 압력이 증가한 상태가 된다.
② 폐포 안의 공기 압력은 들숨이 진행되는 동안 음의 값(-4mmHg)에서 증가하여 0mmHg에서 마치게 된다.
③ 숨을 들이쉴 때 가로막이 내려가고 갈비뼈가 올라가므로 흉강의 부피는 증가하고 그 결과 $P_{공간}$과 $P_{폐포}$는 더욱 낮아진다.
④ 들숨과 날숨에서 공기의 이동은 $P_{폐포}$와 $P_{대기}$ 사이의 차이에 의해 결정된다.
⑤ 숨을 내쉴 때는 외늑간근이 이완하고 내늑간근이 수축하며 가로막이 이완을 해서 흉강의 부피가 감소하고 $P_{폐포}$는 양의 값으로 증가하게 된다.

03 ①, ⑤
해설 | 물속에 사는 어류는 아가미로 호흡하는데 이는 산소를 포함한 물이 아가미를 거치면서 아가미 주변의 모세혈관으로 산소가 전달되어 이동하는 과정에 의해 일어난다.
① 제시된 그림에서 아가미 쪽으로 들어오는 혈액은 온몸을 돌고 들어오는 혈액이기 때문에 이산화 탄소의 분압은 높고, 산소의 분압은 낮다. 따라서 D 에서 C 로 혈액이 이동할 때 물에 녹아 있던 산소가 혈관으로 이동하여 점차 산소의 분압이 높아지게 되고 결국 아가미를 거쳐 나가는 혈액은 산소의 분압이 매우 높다.
② 어류는 생활 환경이 물속이기 때문에 호흡 기관인 아가미의 표면은 항상 물에 젖어 있으므로 호흡 기관 표면의 수분을 유지하는데 에너지는 거의 쓰이지 않는다.
③ 물속에 녹아 있는 산소는 매개체인 물을 통해 모세혈관으로 확산되므로 이동 시 많은 에너지가 소비되지 않는다.
④ 건조한 환경에서는 아가미 표면의 수분이 모두 증발하게 된다. 매개체인 물이 없으므로 물속에 녹아 있는 산소를 더 이상 받아들일 수 없어 호흡을 하지 못하게 된다.
⑤ 모세혈관 내의 혈액이 흐르는 방향과 아가미 내에서 물이 흐르는 방향이 같으면 물에 녹아 있는 산소의 농도와 모세혈관 내 산소의 농도가 같아질 때 산소는 더 이상 이동하지 않게 된다. 따라서 최대 산소 농도 50% 까지만 이동할 수 있다. 하지만 혈액의 이동과 물의 이동 방향이 반대이면 속도가 상대적으로 증가하여 압력차가 발생하므로 물에서 모세 혈관으로 이동해 가는 산소의 양을 산소 농도 50% 이상으로 늘릴 수 있다.

04 ④, ⑤
해설 | 고산 산맥을 넘기 위해서는 산소가 부족한 고도가 높은 부분을 날아서 통과할 수 있어야 한다. 철새 거위는 기낭이 있어서 여분의 산소를 보관할 수 있다. 또한 공기가 한 방향으로만 폐를 통과하므로 허파의 효율성이 높아져 효율적으로 산소를 얻을 수 있다. 또한 헤모글로빈의 산소 친화력이 사람보다 높으며 날개 근육으로 모세혈관이 많이 분포해 산소 공급이 원활하고 날개 근육에는 미오글로빈이 많이 존재한다. 이런 생리적 특성들 때문에 히말라야 산맥을 날아 넘을 수 있다.

05 ㄱ, ㄹ, ㅁ
해설 | 바다표범과 같은 해양 포유류는 해수보다 삼투압이 낮은 저삼투성 혈액을 가지고 있으므로 피부를 통해 체액의 물이 해양으로 빠져 나갈 위험이 있다.
ㄱ, ㄹ. 물의 손실을 줄이기 위해 매우 농축되어 삼투압이 높은 오줌을 배설하며, 피하 지방층을 두껍게 하여 체액의 물이 해양으로 빠져나가는 것을 방지한다.
ㄴ, ㄷ. 물을 얻기 위해서는 해수의 농도보다 낮은 체액을 가진 먹이를 선호한다.
ㅁ. $\frac{표면적}{부피}$의 비율을 낮추어 줌으로써 신체 표면과 해수 사이의 접촉 면적을 줄여 물질 교환이 최소한으로 이루어지도록 하기 위해 체구를 늘리도록 진화하였다. 부피가 클수록 $\frac{표면적}{부피}$은 감소한다.

06 ②
해설 | 혈액 속에 있던 단백질은 분자의 크기가 매우 크기 때문에 사구체에서 보먼주머니로 여과가 되지 않는다. 따라서 세뇨관의 오줌에는 단백질이 포함되어 있지 않다. 세뇨관의 오줌에 포함되어 있는 물질 중 포도당과 아미노산은 100% 모세혈관으로 재흡수되며, 물과 무기염류 또한 혈액의 농도에 따라 필요한 만큼 재흡수가 된다. 요소 또한 일부분이 재흡수된다. 하지만 원뇨에서 오줌으로 갈수록 요소의 농도가 높아지는 것은 모세혈관에서 요소를 분비하기도 하고, 세뇨관을 이동하면서 대부분의 물이 모세혈관으로 재흡수되기 때문이다.

07 ①
해설 | 유기물을 분해할 때 산소를 이용하면 유기 호흡, 산소를 이용하지 않으면 무기 호흡이라고 한다. 유기 호흡의 예는 세포 호흡이 있으며 무기 호흡의 예로는 발효, 부패, 근육에서의 젖산 발생 등이 있다. 발효는 미생물의 무산소 호흡에 의해 유기물이 분해되어 인간에게 필요한 물질이 생성되는 현상으로 술을 만드는 알코올(에탄올)발효, 젖산 발효(김치, 요구르트), 아세트산 발효(식초)등이 있다.

구분	산소 필요 여부	유기물 분해 정도	생성 물질	발생되는 에너지량
유기 호흡	필요	완전 분해	이산화 탄소, 물	많음
무기 호흡	불필요	불완전 분해	중간 산물 (에탄올, 젖산, 아세트산), 이산화 탄소	적음

08 ①, ②, ③, ⑤
해설 | 사구체에서 보먼주머니로 여과가 되는 물질은 분자의 크기가 작은 물질들이다. 따라서 요소, 포도당, 아미노산, 무기염류 등이 여과되며, 단백질의 경우 분자의 크기가 매우 커서 사구체에서 여과가 되지 않고 혈액 속에 그대로 남아 있게 된다.

09 ①, ④, ⑤
해설 | X 물질의 여과율 그래프를 보면 일정한 기울기를 보이고 있기 때문에 사구체에서 물질 X의 여과율은 혈중 X의 농도에 비례하여

증가한다는 사실을 알 수 있다.

①, ② X의 여과율 그래프가 일정한 기울기로 증가하므로 혈중 X 농도에 비례한다는 사실을 알 수 있다.

③ 혈중 농도가 낮을 때에는 물질 X의 재흡수율(R)이 배설률(E ; 오줌이 되는 비율)보다 크므로 원뇨(보먼주머니로 여과된 물질)에서의 물질 X의 비율이 오줌보다 더 큰 반면, 혈중 농도가 어느 정도 이상이 되면 재흡수율은 감소하지만 배설률(오줌이 되는 비율)은 급격히 증가하므로 처음의 X의 농도보다 오줌 속의 X 농도가 더 높다고 할 수 있다.

④ 배설률은 혈액 속의 X 의 농도가 증가함에 따라 서서히 증가하다가 일정 수준이 되면 기울기가 급해지며 급격히 증가한다.

⑤ X의 재흡수율 그래프를 보면 혈중 농도가 증가함에 따라 다소 증가하다가 다시 감소한다. 따라서 X의 재흡수는 혈중 X 농도에 영향을 받는다고 할 수 있다.

10 ②

해설 | 온도가 높아질수록 물에 녹아 있는 산소의 양이 줄어든다. 따라서 물속의 동물들이 아가미로 호흡을 하기 위해서는 산소의 양이 부족해짐에 따라 산소를 운반할 수 있는 헤모글로빈의 양을 증가시킴으로써 보다 많은 산소를 조직 세포로 운반해야 한다. 따라서 온도에 따른 헤모글로빈의 양은 점차 증가해야 한다.

11 ④

해설 | 헤모글로빈은 산소 분압이 높은 곳에서는 산소와 쉽게 결합하여 산소 헤모글로빈이 되고, 산소 분압이 낮은 곳에서는 산소 헤모글로빈이 산소를 해리시켜 다시 헤모글로빈으로 되는 성질이 있다. 따라서 헤모글로빈은 산소 분압이 높을 때, 이산화 탄소 분압이 낮을 때, pH 가 높을 때, 온도가 낮을 때 산소와 잘 결합한다. 결국 헤모글로빈과 산소의 해리 조건은 이와 반대가 되므로 낮은 산소 분압, 낮은 pH, 높은 온도일 때 헤모글로빈과 산소의 분리가 촉진된다.

12 ㄴ, ㅁ

해설 | ㄱ. 숨을 내쉴 때 외늑간근은 이완하고, 가로막은 이완되어 상승한다.

ㄴ. 숨을 들이마실 때 외늑간근은 수축하고 내늑간근은 이완하여 갈비뼈가 상승하게 되고 가로막은 내려가 흉강의 부피가 커진다.

ㄷ. 숨을 들이마실 때 외늑간근이 수축하고 가로막은 수축 작용에 의해 하강한다.

ㄹ. 외늑간근은 갈비뼈가 상승할 때, 내늑간근은 갈비뼈가 하강할 때 주로 작용한다. 가로막은 갈비뼈와 함께 상하 운동을 통해 호흡(숨을 들이 마시고 내쉬는 작용)이 일어나도록 도와준다.

ㅁ. 숨을 내쉴 때 내늑간근의 수축으로 갈비뼈는 하강하고 가로막은 상승하므로 흉강 내 부피가 작아진다. 그 결과 흉강 내 압력이 증가하게 된다.

ㅂ. 숨을 들이마실 때 내늑간근의 이완으로 갈비뼈가 상승하고 가로막은 하강함으로써 흉강 내 부피가 커지게 된다.

13 (1) O (2) X (3) O (2) X

해설 | (1) 공기 중에 산소가 적은 곳은 산소 분압이 낮은 곳으로 혈액 속의 산소 포화량이 급격히 감소하게 된다. 산소와 결합한 헤모글로빈의 양이 감소하는 것이기 때문에 조직 세포에 필요로 하는 충분한 양의 산소가 공급되지 않으므로 호흡의 수를 늘림으로써 최대한 많은 양의 산소를 조직 세포에 공급해 주게 된다. 이 과정이 숨이 가빠지는 현상이다.

(2) 혈액의 산소 포화도는 산소 분압에 영향을 받지만 산소 분압과 산소포화도는 비례 관계에 있지는 않다.

(3) 혈액이 산소 분압이 높은 폐를 지나게 되면 산소와 헤모글로빈이 많이 결합하게 되어 산소 포화도가 증가하게 된다.

(4) 높은 분압의 산소를 가진 혈액이 산소 분압이 낮은 조직 세포를 지나가게 되면 산소 분압이 낮은 환경에서는 산소 포화량이 감소하므로 많은 헤모글로빈이 산소와 분리되게 된다. 이렇게 분리된 산소는 조직 세포로 이동하게 되고 결국 혈액은 산소의 농도가 낮아지므로 산소 포화도는 줄어들게 된다.

14 ㄱ, ㄷ, ㄹ

해설 | ㄱ. 냉수욕을 하는 동시에 체온이 낮아지는 반면에 운동 이후에는 10분이 경과한 이후에서야 지속적으로 체온이 증가한다. 따라서 냉수욕이 운동에 비하여 체온 변화에 주는 영향이 더 크고 빠르다는 사실을 알 수 있다.

ㄴ. 냉수욕을 했을 때 온도는 36.5 ℃ 로 낮아진다. 또한 운동을 했을 때는 체온이 37.5℃ 로 증가한다. 하지만 두 경우 모두 원래 상태 체온인 37℃ 로 회복되므로 체온 변화의 폭은 0.5℃ 라고 할 수 있다.

ㄷ. 냉수욕이나 운동을 마치면 원래 체온인 37℃ 를 회복한다.

ㄹ. 운동에 의해 체온이 올라가는 시간은 10분 동안 계속 이루어지며, 체온이 다시 정상 체온을 회복하는데 20분 이상이 소요된다.

15 ㄱ, ㄴ, ㄷ

해설 | ㄱ. 캥거루쥐의 수분 손실 중 가장 큰 비율을 차지하는 것은 증발이다. 털이 달린 동물은 땀샘이 없기 때문에 거의 땀을 흘리지 않음에도 불구하고 증발량이 많다는 것은 호흡을 통해서 수증기 형태로 배출하는 양이 많다는 것을 의미한다. 따라서 캥거루쥐의 대부분의 수분 손실은 숨을 쉬면서 일어난다고 할 수 있다.

ㄴ. 캥거루쥐가 오줌으로 수분을 배출하는 양이 매우 적기 때문에 수분 손실량을 최소한으로 줄이고 있음을 알 수 있다 .따라서 캥거루쥐의 서식지가 매우 건조한 환경임을 추리할 수 있다.

ㄷ. 캥거루쥐의 배설되는 오줌의 비율이 인간에 비해 매우 적은 것은 배설 기관인 콩팥에서 물을 최대한 재흡수하고 있다는 것을 의미한다.

ㄹ. 캥거루쥐의 경우는 먹이를 통해 수분 섭취하는 양이 적으므로 인간이 먹는 먹이와 비교했을 때 먹이의 수분 함량이 낮음을 알 수 있다.

16 ㄷ, ㄹ

해설 | 과식을 하게 되면 복강내 음식물로 인해 부피가 팽창하게 된다. 그러면 복강과 흉강을 가로지르는 가로막의 상하 운동이 제대로 이루어지지 않게 된다. 특히 날숨 상태에서 가로막은 이완하여 복강 쪽으로 움직여야 하는데 복강의 부피 팽창으로 인하여 움직이기 어려우므로 호흡에 어려움을 느끼게 된다. 숨을 들이마실 때에도 같은 이

유로 호흡 곤란을 겪게 된다. 가로막의 운동이 제대로 일어나지 않아 흉강내 부피 변화의 폭이 작아지게 되고, 결국 흉강 내 압력 변화의 폭도 작아지게 된다.

17 ①, ②, ⑤

해설 | ① 운동하는 동안에는 조직 세포에서 많은 양의 에너지를 생성해야 하기 때문에 영양분을 산화시켜 물과 이산화 탄소로 변화시키는 세포 호흡 과정이 활발하게 일어난다. 따라서 일시적으로 체중이 감소하는 효과를 보인다.

② 운동하는 동안 체온의 증가량을 비교하면 운동량이 많을 때가 운동량이 적을 때보다 같은 시간 동안 체온이 많이 상승한다.

③ 운동이 끝난 후 체온은 바로 떨어지는 것이 아니라 지속적으로 상승하게 된다. 이때 가장 높은 체온이 되기까지는 운동량이 많을 때가 운동량이 적을 때보다 다소 시간이 더 많이 걸리는 것을 그래프를 통해 확인할 수 있다.

④ 운동 후 원래 체온으로 돌아오는데 걸리는 시간은 운동량에 따라 큰 차이를 보이지 않고 서로 비슷하다.

⑤ 운동을 할 때는 체온이 비교적 짧은 시간에 상승하는 것에 비해 정상 체온을 회복하는 데는 체온이 상승할 때보다 더 많은 시간이 소요됨을 알 수 있다.

18 ㄹ

해설 | ㄱ. 흡연자 수 증가 그래프와 폐암 사망자 수 변화 그래프는 대체로 같은 모양을 나타낸다. 이는 흡연자 수와 폐암 사망자 수 사이의 연관이 있음을 의미한다.

ㄴ. 제시된 그래프를 통해서는 흡연자가 담배를 끊었을 때 폐암 발생률이 어떻게 변화하는지 제시되지 않았다.

ㄷ. 흡연이 여러 암 중에서 폐암에만 영향을 주는지 아니면 그 밖에 다른 암에도 영향을 주는지 자료가 제시되지 않았으므로 흡연이 폐암만 유발시킨다는 사실은 알 수 없다.

ㄹ. 흡연자 수가 증가한 이후 20 ~ 30년 이후에 폐암 사망자 수가 증가하는 것으로 보아 흡연을 하고 난 이후 시간이 경과한 뒤에 폐암이 발병한다는 사실을 추리할 수 있다.

19 ④

해설 | ①, ③ 포도당은 신장에서 여과된 후 재흡수되기 때문에 오줌에서 검출되지 않는다. 오줌에서 포도당이 검출되면 당뇨병 환자일 경우가 크다.

② 무기염류의 경우에는 혈액이나 콩팥 여과액, 오줌에서 모두 같은 비율로 측정이 되기 때문에 분자의 크기가 매우 작아서 혈관과 세뇨관 사이의 물질 이동이 원활하게 이루어짐을 추리할 수 있다.

④ 단백질은 분자의 크기가 매우 크기 때문에 사구체에서 보먼주머니로 여과가 일어나지 못하므로 신장 여과액 (보먼주머니의 원뇨)에 포함되지 않는다.

⑤ 요소가 콩팥 여과액에서보다 오줌에서 그 양이 많은 이유는 모세혈관으로부터 세뇨관으로 요소가 분비되며 물은 재흡수되기 때문에 상대적으로 요소의 양이 증가하게 된다.

20 (1) 평상시 호흡과 얕게 숨을 쉰 경우 한번 호흡 시 호흡량은 각각 500mL, 200mL 이고, 1분당 호흡횟수 12회, 30회 총 호흡량은 6000mL 이다. 하지만 한번 호흡 시 항상 사강에는 150mL 의 공기가 남아 있으므로 500mL 를 호흡하는 경우는 폐로 가는 공기의 양은 350mL 이고, 200mL 를 호흡하는 경우에는 50mL 가 폐로 이동하므로 1분간 폐에 공급된 공기의 양은 각각 4200mL 와 1500mL 이다. 기체의 교환의 원리는 분압차에 의한 확산 현상이므로 더 많은 공기가 폐에 들어가는 것이 더 효율적이다. 따라서 평상시 호흡이 더 효율적이다.

(2) A : 폐포를 발달시켰다. → 성인의 폐는 약 3억 개의 폐포로 구성되었으며, 총 표면적은 약 $100m^2$ 정도이다.

B : 폐는 두꺼운 근육층으로 구성되어 있지 않다. 폐포와 모세혈관은 단층편평상피로 구성되어 있어 얇다. 공기와 혈액 사이의 기체교환은 혈액-공기관문을 통해 이루어지는데, 이는 기체의 확산 거리를 짧게 하여 가스교환이 쉽게 이루어지게 한다.

C : 폐는 숨을 들이마시면 부풀어 올라 면적이 2배 정도 더 넓어진다. → 들숨 시 들어오는 공기의 양이 증가하여 기체 분압을 높여준다. 즉, 얕고 빠르게 숨을 쉬는 것보다 분압차가 큰 평상시 호흡이 현재와 같은 호흡으로 진화하였다.

(3) 제주도 해녀들은 자맥질 이후 수면에 올라 빠르게 숨을 내뱉는데, 이때 숨비소리가 나게 된다. 이때 깊은숨을 쉬지 않고 짧게 숨을 쉬는데 평상시 호흡에서 30% 정도만 호흡량을 늘릴 뿐 제주도 해녀들을 과호흡을 하지 않는다. 과호흡을 하지 않으므로 체내에 일정량의 이산화 탄소를 유지하게 되고, 뇌에서 빠른 호흡을 유도해 오래도록 잠수하지 않도록 조절을 해준다. 제주해녀의 자맥질 시간은 1분 정도이다. 그러므로 제주도 해녀들은 과호흡에 의한 저산소증을 미연에 방지할 수 있는 것이다.

해설 | (3) 과호흡을 하는 경우 몸 안의 산소의 양과 분압은 증가하지만 상대적으로 이산화 탄소의 양은 많이 감소한다. 사람의 호흡은 체내 산소의 양이 아닌 이산화 탄소의 양에 의해 결정이 되는데 과호흡을 하고 바다로 들어 갈 경우 체내 산소 분압이 높고 이산화 탄소 분압이 작기 때문에 오래 바다 속에 머무를 수 있게 된다. 하지만 뇌에서는 숨을 쉬라고 명령을 내릴 만큼의 이산화 탄소 분압이 오르지 않는 상태에서 수중에 머무르는 동안 산소 분압은 꾸준히 감소하게 된다. 이로 인해 인체 내부에는 저산소증이 나타나게 되는데, 저산소증에 의해 뇌기능이 상실되고 이로 인해 인사로 이르게 된다.

21 ㄱ, ㅁ

해설 | 투석액 (가)는 신선한 투석액이며, 투석액 (나)는 교환된 투석액이다. 신선한 투석액에는 노폐물이 들어 있지 않아 노폐물 농도가 높은 혈액에서 노폐물 농도가 낮은 투석액 쪽으로 노폐물이 확산된다.

ㄱ. 네프론은 콩팥의 구조와 기능의 기본 단위로서, 사구체 + 보먼주머니 + 세뇨관으로 구성되며, 인공 신장(콩팥)인 투석기는 신장의 네프론 역할을 한다.

ㄴ, ㅁ. 요소 농도는 혈액 (A)가 혈액 (B)보다 높고, 투석액 (가)보다 투석액 (나)에서 높다.

ㄷ. 분자량이 큰 단백질은 미세한 막을 통과하지 못한다.

ㄹ. 포도당은 콩팥에서 100% 흡수된다. 따라서 인공 투석시 포도당

의 농도는 혈액 (A)와 (B)에서 같아야 하므로 (A)와 투석액 (가)의 포도당 농도를 같게 하여 혈액 (A)로부터 투석액으로 확산이 일어나지 않아야 한다.

22 중력이 작용하는 환경의 지구에서는 머리에서 발끝까지 혈압(다리 > 심장 > 머리)이 다르지만, 우주에서는 중력이 작용하지 않기 때문에 몸 안의 혈액이 균등하게 분포(심장의 혈압과 동일)하게 되어 유지된다. 따라서 머리의 혈압이 높아져 얼굴은 부풀어 오르며, 허리의 혈액이 가슴으로 이동함에 따라 허리둘레는 줄어들고, 양쪽 다리의 혈액도 줄어든다. 이처럼 혈액이 상체로 몰리게 되면 심장은 과다한 혈액 속 수분을 오줌으로 배출하려는 시도를 하지만 콩팥의 혈액을 이동할 수 있도록 도와주는 압력이 줄기 때문에 실제 오줌양은 오히려 줄어들게 된다.

해설 | 중력이 작용하는 환경의 지구에서는 머리에서 발끝까지 혈압이 다르다. 보통 머리는 70mmHg, 심장은 약 100mmHg, 다리는 심장의 두 배인 약 200mmHg이다. 그러나 우주에서는 아래로 당기는 중력이 없기 때문에 몸 안의 혈액이 균등하게 분포하게 되어 혈압이 모두 약 100mmHg로 유지된다. 그래서 머리의 혈압이 높아져 얼굴은 부풀어 오르며, 허리의 혈액이 가슴으로 이동함에 따라 허리둘레는 약 6 ~ 10cm 줄어들게 된다. 또한 양쪽 다리의 혈액도 각각 $\frac{1}{10}$ 정도인 1 L 가 줄어든다. 이렇게 혈액이 상체로 몰리게 되면 심장은 과다한 혈액 속 수분(물)을 오줌으로 배출하려는 시도를 하지만 콩팥의 혈액을 이동할 수 있도록 도와주는 압력이 줄기 때문에 실제 오줌양은 오히려 20 ~ 70%로 줄어들게 된다.

23 정상인의 경우 흉막강은 폐와 연결되지 않은 막힌 구조이기 때문에 호흡 시 흉막강의 압력은 폐의 압력보다 낮게 유지되어야 하지만, 무한이는 폐와 흉막강 압력이 같으므로 폐 한쪽에 구멍이 나 있는 상태이다. 이를 기흉이라하며, 기흉은 숨을 쉬려고 해도 폐에 공기가 들어가는 것이 아니라 흉막강에 공기가 들어차므로 호흡이 어렵다.

해설 | 〈정상인의 호흡 시 대기압, 폐, 흉막강의 압력〉

	들숨시(mmHg)	날숨시(mmHg)
대기압	760	760
폐의 압력	759	761
흉막강의 압력	754	756

무한이의 들숨, 날숨 시 대기압, 한쪽 폐, 흉막강의 압력을 나타낸 표에서 폐의 압력과 흉막강의 압력이 같다. 이것은 흉막강이 폐와 연결되어 공기가 빠져나가 압력 차이가 생기지 않는다는 것을 의미한다. 따라서 무한이의 한쪽 폐에 구멍이 생겼다는 것을 추리할 수 있다.
이와 같이 폐에 구멍이 생기는 현상을 기흉이라고 한다. 정상인은 흉막강에 체액이 차 있지만 기흉 환자의 경우 공기가 차게 되며, 늘어나는 공기의 압력에 의해 폐가 찌부러지게 되어 흉곽이 팽창 또는 수축하더라도 호흡 운동이 제대로 일어나지 못해 호흡곤란이 발생한다. 기흉을 치료할 때는 '흉관'이라는 특수한 관을 흉강 속에 삽입하여 공기를 빼내고, 찌부러진 폐를 펴는 치료를 해야 한다.

24 ㄴ

해설 | ㄱ. A는 여과량보다 배설량이 적은 것으로 재흡수가 능동적으로 일어나는 물질이고, B는 여과량보다 배설량이 큰 것을 보아 분비가 일어나는 물질이다. 따라서 B가 A보다 배설이 더 잘 일어난다.
ㄴ. 사구체 여과율은 분당 여과량을 혈장 농도로 나눈 값에 해당한다. A와 B의 사구체 여과율은 모두 125mL/분 으로 같다.
ㄷ. A는 분당 여과량이 적을 때에는 모두 재흡수되어 분당 배설량이 0 이지만, 여과량이 커지면 최대 재흡수량인 350mg/분을 뺀 만큼 배설되므로 A의 최대 재흡수량은 350mg/분이다. B는 분당 여과량이 적을 때에는 -50mg/분을 뺀 만큼 배설되고, 여과량이 커지면 최대 재흡수량인 -80mg/분을 뺀 만큼 배설되므로 B의 최저 재흡수량은 -80mg/분이다. (B의 재흡수량 범위는 -50 ~ -80mg/분 이므로 최저 재흡수량은 -80mg/분 이다.) 이것은 최대 분비량이 80mg/분이라는 것과 같은 의미이다.

imagine infinitely

74 ~ 75쪽

Q1. 산소가 부족한 중생대 초기인 트라이스기에서도 산소 확보를 할 수 있었다. 또한, 먹이도 쉽게 구할 수 있는 순발력과 지구력을 향상시킬 수 있었다.

Ⅵ. 생식과 발생 (1)

개념 보기

Q1 n = 4	Q2 ① 46 ② 44 ③ 2
Q3 중기	Q4 (1) 23개 (2) 46개
Q5 (1) 체 (2) 체 (3) 생 (4) 생	Q6 ㉠ 4 ㉡ 1
Q7 ① 무성 ② 유성	Q8 중복 수정
Q9 ① 증가 ② 작아진다	Q10 d

개념 확인 문제

정답 88~93쪽

01 ①, ③　02 ㄱ, ㄹ
03 A 염색분체, B 동원체, C 염색체　04 ①
05 2n = 6　06 ④　07 ②, ③
08 라-다-나-가-마　09 ②　10 (라) 간기
11 ⑤　12 ①　13 (다)-(나)-(가)-(라)-(마)
14 ②　15 ⑤　16 ⑤　17 ③
18 ②, ④, ⑥　19 ③　20 ⑤, ⑥
21 (가), (나), (다)　22 ④　23 ①
24 (1) O (2) O (3) X (4) X　25 ④
26 ③, ④, ⑤　27 (1) 난세포 (2) A
28 ①　29 ①, ②, ④　30 ④
31 A 휘묻이, B 접붙이기　32 ㄱ, ㄴ, ㄷ
33 ⑤　34 ①, ②, ⑤　35 ③
36 (해설 참조)　37 ⑤　38 ㄷ, ㅁ
39 ⑤　40 ④　41 (1) C (2) B (3) A
42 ㅁ-ㄴ-ㄷ-ㄱ-ㄹ　43 ⑤
44 다-가-라-나-마　45 (나) 상실기
46 ①, ②, ④, ⑥

01 ①, ③
해설 | ② 체세포 분열은 모세포와 딸세포의 염색체가 항상 같으며, 감수 분열의 경우 딸세포가 모세포의 염색체의 절반으로 줄어든다.
④ 염색사가 응축되어 막대 모양의 염색체가 된다.
⑤ 몸의 크기는 세포 수와 관련이 있으며 무조건 고등한 생물이라고 해서 염색체 수가 많은 것은 아니다.

02 ㄱ, ㄹ
해설 | ㄴ. 암 · 수가 공통적으로 갖는 염색체는 상염색체라고 한다. 사람의 경우 22 쌍의 상염색체를 가지고 있다. 성염색체 X 와 Y 는 모양이 다르다.
ㄷ. 암 · 수의 성을 결정하는 염색체를 성염색체라고 한다. 여자는 XX, 남자는 XY 성염색체를 가진다.

03 A 염색분체, B 동원체, C 염색체
해설 | 염색체는 유전적으로 동일한 염색분체 두 가닥이 동원체에 붙어 있는 형태이다.

04 ①
해설 | 성염색체는 암, 수 다르게 존재하는 한 쌍의 염색체이다. 나머지 염색체 쌍들과는 달리 A, B 형태가 다르므로, 수컷임을 알 수 있다. 제시된 염색체의 모식도에서 염색체가 성염색체를 제외한 상염색체가 6 개이므로 이는 초파리의 염색체 수와 같아 초파리 종임을 알 수 있다.

05 2n = 6
해설 | 양쪽 부모로부터 한 벌씩 받아 상동 염색체가 3 쌍으로 구성된 세포로 염색체 수는 총 6 개이다. 따라서 2n = 6 으로 표현할 수 있다.

06 ④
해설 | ① 감자와 초파리의 염색체 수를 비교하면 감자가 식물임에도 동물인 초파리보다 염색체 수가 많은 것을 알 수 있다.
② 염색체 수가 많다고 해서 무조건 고등한 생물은 아니다.
③ 모든 생물의 체세포에는 상동 염색체가 쌍으로 존재하므로 염색체 수가 2 의 배수이다.
④ 감자와 침팬지의 염색체 수를 비교하면 다른 종임에도 서로 염색체 수가 같다는 사실을 알 수 있다.
⑤ 같은 종의 생물은 염색체 수가 일정하다. 하지만 염색체 수가 같다고 해서 무조건 같은 종의 생물은 아니다.

07 ②, ③
해설 | ① (가)의 성염색체는 XY 이므로 남자이며, (나)의 성염색체는 XX 이므로 여자이다.
② 성염색체가 XX 로 모양이 동일하기 때문에 여자 체세포의 염색체는 모두 상동 염색체로 쌍을 이루고 있다. 따라서 상동염색체는 23 쌍이다.
③ 사람의 체세포에는 상염색체 22 쌍과 성염색체 1 쌍이 있으므로 총 46 개의 염색체를 가지고 있다.
④ 1 번부터 22 번까지 같은 번호를 가진 염색체끼리 상동 염색체이다.
⑤ (가)의 생식 세포는 성염색체가 X 일 수도 있고, Y 일 수도 있다.
⑥ 생식 세포에는 체세포의 염색체 수의 절반만 가지고 있으므로 생식 세포 안의 상염색체는 22 개이다.
⑦ 상동 염색체 중 한 개는 어머니로부터, 다른 한 개는 아버지로부터 물려 받는다. 사람의 염색체는 모두 23 쌍이므로 어머니로부터 물려받은 염색체 수는 23 개이다. 남자의 성염색체 XY 는 X 는 어머니로부터, Y 는 아버지로부터 물려받은 것이다.

09 ②
해설 | (가) 후기, (나) 중기, (다) 전기, (라) 간기, (마) 말기
①, ④ 분열을 준비하는 시기인 (라) 시기는 간기이며, 세포 분열기 중 가장 길다.

②, ③ 분열기 중에서 전기 (다)의 세포가 가장 많이 관찰되며 이 시기에는 염색체가 보이기 시작한다. 중기 (나) 시기에 염색체가 중앙에 배열되기 때문에 염색체 관찰이 매우 용이하다. 하지만 그 기간은 매우 짧다.
후기 (가) 시기에는 염색체가 방추사에 이끌려 양극으로 이동한다.
⑤ 말기 (마) 시기에는 세포 중앙에 세포판이 형성되기 시작하여 세포질 분열이 일어난다.

10 (라) 간기
해설 | 간기는 유전자의 양이 일반 세포의 2 배 정도 된다. 따라서 핵의 크기가 일반 세포에 비해 큰 편이다.

11 ⑤
해설 | 전기 때 염색사가 응축하여 형성된 염색체가 최초로 관찰이 되며, 중기 때는 염색체가 세포의 중앙에 배열된다.
후기에는 염색체가 분리되어 방추사에 의해 양극으로 이동하고 말기에는 염색체가 염색사로 풀어지며 2 개의 핵이 만들어지고 세포질 분열이 일어난다. 따라서 이 모든 과정은 염색체의 모양이나 이동 모습에 의해 구분하는 것이다.
[참고] 세포질의 분열 방법을 통해 동물 세포와 식물 세포로 구분할 수 있다. 세포질이 원형질 함입으로 밖에서 안으로 밀려 들어오며 나누어지면 동물 세포이며, 세포판의 형성으로 안에서 밖으로 나누어지면 식물 세포이다.

12 ①
해설 | 세포 분열 준비 시기인 간기에는 핵막과 인이 관찰되며, 염색체가 풀어진 염색사가 관찰된다. 이때 세포 분열을 준비하여 DNA 량을 2 배로 늘리게 된다. 간기는 세포 분열기 과정 중 가장 시간이 길다.

13 (다)-(나)-(가)-(라)-(마)
해설 | 체세포 분열의 각 시기를 관찰하기 위한 실험 과정은 고정 → 해리 → 염색 → 분리 → 압착 → 관찰순이다.

14 ②
해설 | (나)는 해리 단계로 세포 사이의 물질의 녹여 조직을 연하게 하는 과정이다.

15 ⑤
해설 | 체세포 분열 결과 생긴 딸세포는 모세포의 염색체 수와 같기 때문에 모세포와 동일한 염색체를 나타내는 모식도를 찾는다.

16 ⑤
해설 | 1 회 체세포 분열 결과 1 개의 모세포에서 2 개의 딸세포가 형성된다. 따라서 3 번의 체세포 분열을 거치게 되면 총 8 개의 딸세포가 형성된다. 체세포 분열은 모세포와 딸세포의 염색체 수가 같기 때문에 분열 결과 형성된 딸세포의 염색체 수 역시 모세포와 동일한 48 개이다.

17 ③
해설 | (가)는 식물 세포로 세포판이 형성되어 세포질이 세포 안에서부터 바깥으로 분리가 일어나며, (나)는 동물 세포로 세포의 밖에서 안으로 나누어지는 세포질 함입이 일어난다. 염색체를 관찰하기 쉬운 때는 핵분열의 중기이다.

18 ②, ④, ⑥
해설 | ① 상대 생장은 동물 생장의 특징이다.
③ 어릴 때 생장이 빠르고, 자라면서 점차 느려지는 S 자형 생장 곡선은 동물 생장의 특징이다.
⑤ 몸 전체에서 생장이 일어나는 것은 동물 생장의 특징이다.
⑦ 몸의 부위에 따라 생장 속도 및 시기가 다른 것은 상대 생장을 의미하며 이는 동물 생장의 특징이다.

19 ③
해설 | A 의 계단형 생장 곡선은 탈피와 변태를 거치는 동물, 즉 갑각류나 곤충류에서 나타나는 생장 곡선이다. B 의 S 자형 생장 곡선은 척추 동물의 생장 곡선이다.

20 ⑤, ⑥
해설 | ①, ② 감수 분열 결과 생식 세포가 만들어진다. 생장은 체세포 분열이 해당된다.
③ 감수 분열은 연속 2 회 분열로 4 개의 딸세포 즉 생식 세포가 만들어진다.
④ 염색체 수는 감수 제 1 분열 과정을 거치면서 반으로 줄어들고, 감수 제 2 분열 과정에서는 염색체 수가 변하지 않는다.
⑤ 생식 세포(n)끼리 수정하면 부모(2n)와 염색체 수가 같아진다.

21 (가), (나), (다)
해설 | (다) → (라)는 감수 제 1 분열, (라) → (마)는 감수 제 2 분열이므로 (가), (나), (다)의 염색체 수는 2n 이고 (라), (마)의 염색체 수는 n 이다.

22 ④
해설 | 생식 세포 분열은 식물의 경우 수술의 꽃밥과 암술의 밑씨에서 일어나며 동물의 경우 정소와 난소에서 일어난다.

23 ①
해설 | 생식 세포는 체세포 염색체 수의 반을 가지며, 상동 염색체 중 하나만 가지고 있어야 한다.

24 (1) O (2) O (3) X (4) X
해설 | (3) 감수 제 1 분열 때 염색체 수가 절반으로 줄어든다.
(4) 감수 제 2 분열 때 염색체 수에 변화가 없다.

25 ④
해설 | 체세포 분열은 1 회 분열하기 때문에 1 개의 모세포에서 2 개의 딸세포가 형성되며, 감수 분열은 연속 2 회 분열하기 때문에 1 개

의 모세포에서 4 개의 딸세포가 형성된다.

26 ③, ④, ⑤
해설 | ① 정세포는 세포질이 감소되면서 정자로 변한다.
② 생식 세포 형성 과정에서 DNA 복제는 감수 제 1 분열 전 간기에 한번 일어나고 감수 제 2 분열 전에는 일어나지 않는다. 따라서 1 회의 DNA 복제와 2 회의 세포 분열이 연속적으로 일어나 DNA 량이 반감된다.

27 (1) 난세포 (2) A
해설 | 제 1 난모 세포에서 제 2 난모 세포로 되는 단계에서 염색체 수가 반감된다. 따라서 2n 인 세포는 제 1 난모 세포(A)이다.

28 ①
해설 | 생물이 종족을 유지하기 위해 자신과 닮은 새로운 개체를 만들어 내는 과정을 생식이라고 한다. 이 과정을 통해 자손의 수를 늘리며 종족을 유지할 수 있다.

29 ①, ②, ④
해설 | ①, ②, ④ 제시된 생물은 아메바와 짚신벌레로 이분법을 통해 생식을 하며 세포분열이 곧 생식이다.
③ 유전적으로 동일한 자손만 나타나게 되므로 급격한 환경 변화에 잘 적응하지 못한다.
⑤ 암수의 생식세포의 결합에 의해 새로운 개체가 되는 생식 방법은 유성 생식이다.
⑥ 번식하기 좋은 환경이 되었을 때 이분법에 의한 번식이 빠르게 이루어진다.

30 ④
해설 | 제시된 그림은 버섯으로 버섯은 포자법으로 번식하므로 이와 같은 번식법을 하는 것은 곰팡이가 있다.

31 A 휘묻이, B 접붙이기
해설 | 뽕나무나 포도 등은 휘묻이를 이용하여 번식시킨다.
단풍나무, 목련, 사과나무는 접붙이기를 이용한다.

32 ㄱ, ㄴ, ㄷ
해설 | ㄱ, ㄴ, ㄷ. 영양 생식은 식물의 영양 기관(뿌리, 줄기, 잎)으로 번식하기 때문에 자손의 형질은 모체와 동일하므로 모체의 우수한 형질이 자손에게 전달되어 좋은 품종을 대량으로 번식시키는데 이용된다.
ㄹ. 유성 생식의 설명이다.
ㅁ. 무성 생식은 씨로 번식하는 유성 생식에 비해 개화와 결실에 걸리는 시간이 짧다.

33 ⑤
해설 | 유성 생식의 장점은 감수 분열로 생성된 암·수의 생식 세포가 결합하여 자손이 형성되기 때문에 유전적으로 다양한 자손이 나타나 환경 변화에 잘 적응할 수 있다.

34 ①, ②, ⑤
해설 | ③ 정핵은 극핵과 수정하여 배젖이 된다.
④ 화분이 암술머리에 달라 붙는 현상을 수분이라고 한다.

35 ③
해설 | C 는 극핵, D 는 난세포이다.
⑤ A(n ; 정핵)중 하나와 D(n ; 난세포)가 수정하여 F(2n ; 배)가 된다.

36

	염색체 수	결합 부분 기호 (두 가지)
E (배젖)	3n	A + C
F (배)	2n	A + D

해설 | 배젖(E)은 정핵과 2 개의 극핵이 수정되어 3n 의 염색체를 가지며 배(F)는 정핵과 난세포가 수정되어 2n 의 염색체를 가지게 된다.

37 ⑤
해설 | 강낭콩의 배젖은 씨가 생성되는 과정에서 퇴화되어 양분을 떡잎에 저장한다.

38 ㄷ, ㅁ
해설 | D 는 떡잎으로 콩과 식물과 밤에서 주로 관찰할 수 있다.

39 ⑤
해설 | 벌과 나비 같은 곤충에 의해 수분이 일어나는 꽃은 충매화라고 하며, 진달래, 무궁화, 민들레, 복숭아 나무 등이 있다.
바람에 의해 수분이 일어나는 꽃은 풍매화라고 하며, 벼, 옥수수, 소나무 등이 있다.
물에 의해 수분이 일어나는 꽃은 수매화라고 하며, 물풀, 검정말, 물수세미 등이 있다.
새에 의해 수분이 일어나는 꽃은 조매화라고 하며, 동백나무, 선인장 등이 있다.

40 ④
해설 | 난자는 발생에 필요한 양분을 가지고 있어서 크기가 크며, 운동성이 없다. 정자는 크기가 매우 작으며, 편모가 있어서 이동할 수 있다.

41 (1) C (2) B (3) A
해설 | (1) 중편(C)에는 미토콘드리아가 들어 있어 정자의 운동에 필요한 에너지를 공급한다.
(2) 유전 물질은 머리 부분(B)의 핵 속에 들어 있다.
(3) 첨체(A)에는 난자의 투명대를 녹이는 효소가 들어 있다.

42 ㅁ-ㄴ-ㄷ-ㄱ-ㄹ
해설 | 정자가 난자에서 분비되는 화학 물질에 유도되어 난자에 도달하게 되면 수정돌기를 통해 난자 속으로 들어가게 된다. 난자 내로 정자가 들어간 직후 난자의 표면에는 수정막이 형성되어 다른 정자의 침입을 막고, 난자 내로 들어간 정자의 핵은 난자의 핵과 결합하여 수정란이 형성된다.

43 ⑤
해설 | ① 암 · 수의 생식 세포가 결합하는 과정은 수정이라고 한다.
② 체세포가 분열하여 몸이 자라는 과정은 생장이라고 한다.
③ 발생은 생물의 조직 기관을 형성하는 것은 아니다.
④ 개체가 자라면서 몸의 형태나 기능이 변하는 과정은 변태라고 한다.

44 다-가-라-나-마
해설 | 2 세포기 - 4 세포기 - 8 세포기 - 상실기 - 포배기 - 낭배기 과정을 거치며 할구의 크기가 작아지며 발생이 진행된다.

46 ①, ②, ④, ⑥
해설 | ③ 난할 결과 만들어진 각 할구의 염색체 수는 모두 2n 으로 같다.
⑤ 난할은 생장기 없이 계속적으로 분열이 일어나기 때문에 난할이 진행될수록 할구의 세포질의 양은 줄어든다.

개념 심화 문제

정답 94~101쪽

01 (1) ④ (2) E, B, D
02 (1) 2n = 44 + XY (2) E (3) D
03 (1) 48개 (2) 24개 (3) 24개
04 (1) (해설 참조) (2) ㄷ, ㄹ
05 (1) (해설 참조) (2) C 06 32 개
07 ① 08 ③
09 (1) ④ (2) 100 개, 400 개 (3) ⑤
10 ㄴ, ㄹ 11 ㄱ, ㄹ
12 (1) A-출아법 B-이분법 C-이분법 D-출아법 E-영양생식법 F-포자법 (2) E, (해설 참조)
13 (해설 참조) 14 ④
15 A : 12개, B : 12개, C : 12개, D : 12개, E : 36개
16 (해설 참조) 17 (해설 참조)

01 (1) ④ (2) E, B, D
해설 | (1) A 구간에서는 DNA 량이 반감되고 있다. 따라서 이때는 염색체가 염색분체로 나누어져 복제되었던 DNA 량이 다시 원래의 상태로 되는 단계를 찾으면 된다.
(2) ㄱ. 감수 분열이 끝난 딸세포의 염색체 모습이다.(E)
ㄴ. 상동 염색체가 접합한 2 가 염색체로 감수 제 1 분열 전기에서 나타난다.(B)
ㄷ. 염색 분체가 분리되고 있는 감수 제 2 분열 후기 단계이므로, 이를 그래프에서 찾으면 D 단계에 해당된다.

02 (1) 2n = 44 + XY (2) E (3) D
해설 | (1) 상동 염색체가 배열되어 있으므로 2n 으로 표시한다. 그 다음으로, 상동염색체가 22 쌍 있으므로 총 염색체수는 44 개이다. 여기에다 성염색체로 보이는 D (X)와 E (Y)를 표시하면 염색체수를 정확히 표현한 것이다.
(2) A, B, C 는 상염색체이므로 남녀가 공통으로 가지는 염색체이고, D (X 염색체)와 E (Y 염색체)는 성 염색체로 남녀의 성을 결정하지만, 사람의 경우 Y 염색체의 유무로 남녀가 결정된다.
(3) 상염색체의 경우 한 벌은 아버지로부터, 한 벌은 어머니로부터 받으므로 어떤 것이 어머니로부터 받았는지 알 수 없다. 하지만 성염색체의 경우 아버지는 아들에게 X, Y 염색체를 모두 줄 수 있지만, 어머니는 X 염색체만 줄 수 있다.

03 (1) 48개 (2) 24개 (3) 24개
해설 | 침팬지의 염색체 수는 2n = 48 이다. 침팬지의 입안 상피 세포는 체세포이므로 체세포 분열 결과 모세포와 딸세포의 염색체 수는 변하지 않기 때문에 48 개이다.
정소에서 제 1 정모 세포가 감수 제 1 분열을 마치면 제 2 정모 세포가 되는데 이때 염색체 수가 반감하므로 24 개가 된다. 제 2 정모 세포가 감수 제 2 분열을 마치게 되면 비로소 변태 과정을 거쳐 정자가 된다. 이 과정에서는 염색체 수가 변하지 않으므로 제 2 정모 세포와 같은 염색체 수인 24 개를 가진다.

04 (1) (2) ㄷ, ㄹ

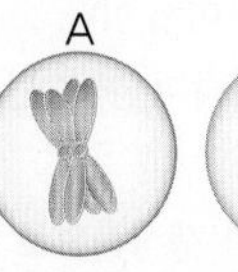

해설 | (1) 하나의 세포에서 4 개의 딸세포가 만들어지므로 감수분열이라는 것을 알 수 있다. A 단계는 감수 제 1 분열 전기이므로 상동 염색체가 서로 접합한 상태이며 B 단계는 감수 제 1 분열의 말기이므로 상동 염색체가 서로 분리된 염색체가 각각 나타난다.
(2) 문제에서 제시된 세포 분열은 2 회 분열에 의해 4 개의 딸세포가 형성되므로 감수 분열이 일어난 결과로 생식이 일어날 때 나타난다. 감수 분열은 생식 기관에서 생식 세포를 만들 때 일어난다.

05 (1) 식물은 생장점이 있는 특정 부위에서만 생장이 일어난다. 따라서 뿌리 끝 생장점에서는 체세포 분열이 일어나며 세포 수의 증가로 인하여 길이의 생장이 일어난다. (2) C
해설 | (2) 식물의 뿌리에는 생장점이 존재하는데, 이 생장점에서만 분열이 일어나 뿌리가 길어지게 된다. 즉 생장점이 있는 부위가 세포 분열이 일어나는 곳이다.

06 32 개
해설 | 하나의 염색체는 유전적으로 동일한 염색 분체 2 개로 이루어져 있다.
양파의 체세포의 염색체 수는 16 개이다. 간기에 DNA 량이 2 배로 늘어나게 되며, 전기에는 염색 분체 2 개가 염색체를 이루게 된다. 따라서 16 개의 염색체의 염색 분체는 총 32 개가 된다.

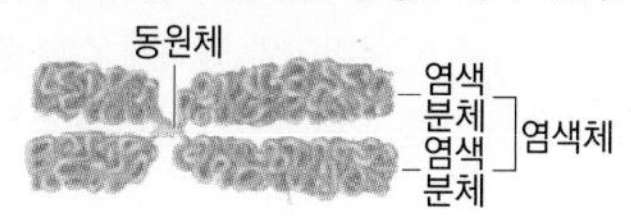

07 ①

해설 | 감수 분열에서는 제 1 분열에서 상동 염색체가 접합하여 2가 염색체를 형성하였다가 상동 염색체가 분리된다. 따라서 감수 제 2 분열에서는 상동 염색체가 나타날 수 없다.

08 ③

해설 | 난원 세포가 감수 분열 간기에서 DNA 가 복제되어 제 1 난모 세포는 2 개의 염색 분체를 지닌 염색체를 가진다. 감수 제 1 분열 결과 형성된 제 2 난모 세포와 제 1 극체가 형성되며 이때 상동 염색체가 분리되어 염색체 수는 반감한다. 제 2 난모 세포가 감수 제 2 분열을 한 결과 제 2 난모 세포와 제 2 극체를 형성하며, 이때 염색 분체가 분리되므로 염색체수는 변하지 않은 채 DNA 량만 반감하게 된다.

09 (1) ④ (2) 100 개, 400 개 (3) ⑤

해설 | (1) ① 정원 세포와 난원 세포는 체세포 분열을 통해 증식한다.
② (나) 과정에서 DNA 는 복제되므로 DNA 량이 2 배로 늘어난다.
③ (다) 과정에서는 염색체 수와 DNA 량이 모두 반감되지만, (라) 과정에서는 염색 분체가 분리되므로 염색체수는 같고 DNA 량만 반감된다.
④ 제 2 정모 세포, 제 2 난모 세포, 제 1 극체는 모두 감수 제 1 분열 과정을 거치면서 상동 염색체가 분리되어 핵상이 n 이다.
⑤ 제 1 정모 세포 1 개는 4 개의 정자를 형성하며, 제 1 난모 세포 1 개는 1 개의 난자와 3 개의 극체를 형성한다.
(2) 1 개의 제 1 정모 세포에서 4 개의 정자가 생성되므로 400 개의 정자를 만들기 위해서는 100 개의 제 1 정모 세포가 필요하며, 1 개의 제 1 난모세포에서는 1 개의 난자가 생성되므로 400 개의 난자를 만들기 위해서는 400 개의 제 1 난모 세포가 필요하다.
(3) 난자 형성 과정에서 극체는 세포질이 불균등하게 분열되어 생성된다.

10 ㄴ, ㄹ

해설 | ㄱ. 제 1 극체와 제 2 극체의 염색체 수는 n 으로 같다.
ㄴ. 감수 제 1 분열 시기에 상동 염색체가 분리되어 염색체 수가 반감된다.
ㄷ. Ⅲ 단계에 해당하는 세포에는 제 2 난모 세포와 제 1 극체가 있다.
ㄹ. 제 1 난모 세포가 제 2 극체가 되는 과정에서 상동 염색체의 분리가 1 번 일어나 염색체 수가 반감된다.

11 ㄱ, ㄹ

해설 | ㄱ. 무성 생식의 번식 속도는 유성 생식보다 빠르다.
ㄴ. 유성 생식 결과 다양한 형질의 자손이 만들어지기 때문에 환경 변화에 잘 적응할 수 있다.
ㄷ. 유성 생식은 암·수의 생식 세포의 결합이다.
ㄹ. 무성 생식은 유전적 다양성이 부족하지만 유성 생식은 유전적으로 다양한 형질을 가진 자손이 만들어진다.
ㅁ. 생식 세포의 염색체 수는 어버이의 절반만 들어 있지만, 생식 세포가 결합하여 만들어진 자손은 어버이와 염색체 수가 같다. 따라서 무성 생식과 유성 생식 모두 자손과 어버이의 염색체 수는 같다.

12 (1) A-출아법 B-이분법 C-이분법 D-출아법 E-영양생식법 F-포자법 (2) E, 해설참조

해설 | (2) E 영양생색법은 개화의 결실이 빠르고, 모체의 우수한 형질이 자손에게 그대로 전달되어 우수 품종을 대량으로 생산할 수 있기 때문이다. 인공 영양 생식은 무성 생식 방법이므로 모체와 유전적으로 동일한 자손이 나타난다. 따라서 영양 생식법으로 번식시키면 꽃이 빨리 피고, 과실이 빨리 열리게 된다.

13 다양한 형질의 자손을 만들어 환경 변화에 적응하여 종족을 유지하기 위해서이다.

해설 | 다른 개체에서 다른 유전자를 받으면 다양한 형질의 자손을 만들 수 있고, 이는 환경 변화에 적응하여 종족을 유지하는데 유리하다.

14 ④

해설 | D 는 핵분열이 연속 3 회 일어난 결과 총 8 개의 핵이 만들어진다.

15 A : 12개, B : 12개, C : 12개, D : 12개, E : 36개

해설 | A 화분관핵, B 정핵, C 극핵, D 난세포, E 배젖이다.
정핵, 화분관핵, 극핵, 난세포는 감수 분열 결과 만들어진 것이므로 체세포의 절반의 염색체를 가진다. 배젖은 2 개의 극핵(n)과 정핵(n)이 결합하여 만들어진 것이므로 3n 으로 36 개를 가진다.

16 국화의 화분에 작은 돌기들이 많이 관찰되는 것으로 보아 이는 곤충의 몸에 잘 달라붙어 암술머리까지 잘 이동하기 위한 것이다. 이러한 생김새를 통해 국화는 충매화임을 알 수 있다.

17 꽃이 일찍 피고 과실이 빨리 열리는 등 생장 기간을 단축시킬 수 있다. 어버이의 좋은 형질이 자손에게 그대로 전달되어 맛있는 감자를 계속 생산할 수 있다.

해설 | 영양 생식은 무성 생식의 일종으로 모체의 유전자를 그대로 물려받을 수 있어 좋은 품종을 그대로 보존할 수 있다.

Ⅵ. 생식과 발생 (2)

개념 보기

Q11 난소　　Q12 배란
Q13 ① 태아 ② 모체　　Q14 (1) O (2) X

개념 확인 문제

정답 108~110쪽

47 ㄹ　48 ②, ⑤　49 ⑤　50 ⑤　51 ②
52 ③　53 ①　54 ㄷ-ㅁ-ㄴ-ㄱ-ㄹ-ㅂ　55 ②
56 LH(황체형성호르몬), 프로게스테론　57 ③
58 ㄴ　59 ㄴ, ㄹ　60 ㄱ, ㄴ
61 (1) ㄱ, ㄴ, ㄷ, ㅁ (2) ㄹ, ㅇ　62 ⑤
63 ③, ④　64 ㄱ, ㄴ　65 ③　66 ⑤

47 ㄹ
해설 | ㄱ. 정자는 정소의 세정관의 내벽에서 형성된다.
ㄴ. 정액의 대부분은 정낭에서 형성된다.
ㄷ. 정자를 일시적으로 저장해 두는 곳은 부정소이다.

48 ②, ⑤
해설 | A 는 수정관, B 는 정낭, C 는 전립선, D 는 부정소, E 는 정소이다.
① A 는 수정관으로 정자가 이동하는 통로이다.
② B 정낭에서 정액의 성분이 되는 영양 물질과 완충 물질을 분비한다.
③ C 는 전립선으로 정액이 염기성을 띠도록 하는 우윳빛 액체를 분비한다. 테스토스테론은 남성 호르몬이며, 정소에서 분비된다.
④ 정소에서 만들어진 정자는 운동성이 없는 상태이다. 이 정자가 부정소(D)로 옮겨진 후 정자가 운동 능력을 갖추며 성숙하게 된다.
⑤ E 정소에서 감수 분열이 일어나 정자를 형성한다.

49 ⑤
해설 | 정자는 정소에서 생성되어 부정소로 들어가 성숙하여 운동 능력을 갖추고, 수정관을 통해 요도를 거쳐 체외로 배출된다.

50 ⑤
해설 | 제 2 난모 세포 상태로 배란된 난자는 정자가 침투하는 자극에 의해 감수 제 2 분열을 완료하고 난할을 거듭하여 배 상태로 수란관 내부를 이동한다(성숙한 난자 상태가 아니다). 수정되지 않은 난자는 감수 제 2 분열이 진행되지 않은 미성숙한 상태로 자궁으로 이동하게 된다.

51 ②
해설 | A 는 난소, B 는 자궁, C 는 수란관, D 는 나팔관, E 는 질이다.
① 난소(A)는 난자를 형성하며 여성 호르몬인 에스트로젠과 프로게스테론을 분비하여 여성의 1 차 성징이 나타나게 한다.
② 자궁(B)은 수정란이 착상하여 태아가 생장하는 장소이다.
③ 수란관(C)는 난소와 자궁을 연결하는 관으로 수란관의 상단부에서 정자와 난자가 만나 수정이 일어난다.
④ 나팔관(D)는 난소를 감싸고 있어 배란된 난자를 수란관으로 보내주는 역할을 한다.
⑤ 질(E) 내부는 산성이지만 정액에는 염기성 물질이 함유되어 있어 정자가 질을 통과하여 자궁으로 들어갈 수 있다.

52 ③
해설 | 여성은 사춘기에서 폐경기까지 약 28 일을 주기로 난자가 하나씩 성숙하여 배란되는데, 이를 생식 주기라고 한다. 여성의 생식 주기는 여포기 → 배란기 → 황체기 → 월경기 순으로 진행된다.

53 ①
해설 | 생식 주기는 뇌하수체 전엽에서 분비되는 FSH 에 의해 시작된다. FSH 가 분비되면 난소의 여포에서 에스트로젠의 분비가 촉진되고, 에스트로젠은 FSH 의 분비를 억제하며 LH 의 분비를 촉진시킨다. LH 는 황체에서 프로게스테론의 분비를 촉진시키며, 프로게스테론은 FSH 와 LH 의 분비를 억제한다. 따라서 생식 주기 동안 FSH → 에스트로젠 → LH → 프로게스테론 순으로 호르몬이 분비된다.

54 ㄷ-ㅁ-ㄴ-ㄱ-ㄹ-ㅂ
해설 | 뇌하수체 전엽에서 FSH 가 분비되면 여포가 성숙하게 되고, 프로게스테론의 분비가 급격히 감소함으로써 월경이 진행되면서 생식 주기가 완료된다.

55 ②
해설 | 배란이 일어나 황체가 형성되어 프로게스테론 분비가 증가하면 기초 체온이 상승하고 황체의 퇴화로 프로게스테론 분비가 감소하여 월경이 일어날 때 기초 체온이 내려간다.

56 LH (황체 형성 호르몬), 프로게스테론
해설 | 황체 형성 호르몬의 분비량이 증가하게 되면 성숙한 여포가 파열되어 여포 안에 있던 난자가 배출된다. 프로게스테론은 자궁의 벽을 두텁게 유지시켜주는 기능을 하는데 정자와 난자의 수정이 이루어지지 않은 경우 프로게스테론의 분비량이 감소하여 자궁 내벽이 파열되면서 월경이 이루어진다.

57 ③
해설 | 황체는 여포가 변화하여 형성된 것으로, 여포 호르몬인 에스트로젠의 양이 감소하고, 황체에서 분비되는 프로게스테론의 양이 증가하는 지점에서 여포가 황체로 변화했을 것이라고 추리할 수 있다.

58 ㄴ
해설 | ㄱ. 수정은 수란관의 상단부에서 일어난다.
ㄴ. 난자는 감수 제 1 분열을 마친 제 2 난모 세포 상태로 배란된다.
ㄷ. 자궁 내벽에 파묻혀 착상이 일어날 때의 배의 상태는 포배기이다.

포배기에는 안쪽에 빈 공간이 생긴다.
ㄹ. 수정란은 난할을 하면서 수란관을 따라 자궁으로 이동한다.

59 ㄴ, ㄹ
해설 | ㄱ. FSH 는 여포의 성숙을 촉진하고, 여포에서 분비된 에스트로젠이 LH 의 분비를 촉진하며, LH 에 의해 배란이 이루어지면 프로게스테론이 분비되므로 오히려 FSH 는 간접적으로 프로게스테론의 분비를 촉진하는 효과가 있다.
ㄴ. LH 의 분비가 증가한 직후에 배란이 일어나고 파열된 여포가 황체로 된다.
ㄷ. 배란이 되면 프로게스테론의 분비가 증가한다.
ㄹ. 수정란이 착상되면 프로게스테론이 계속 분비되어 LH 와 FSH 의 분비가 억제된다.

60 ㄱ, ㄴ
해설 | ㄱ, ㄴ. 수정 후 약 1 주일이 지나면 수정란은 포배 상태로 되어 자궁에 착상한다.
ㄷ. 난할을 세포의 생장기 없이 일어나므로 착상될 때의 배의 크기는 수정란의 크기와 거의 동일하다.
ㄹ. 수정란은 스스로 운동하지 못하고 수란관의 섬모 운동에 의해 자궁 쪽으로 이동한다.

61 (1) ㄱ, ㄴ, ㄷ, ㅁ (2) ㄹ, ㅇ
해설 | 태반을 통해 모체에서 태아로 영양분(포도당, 아미노산 등)과 산소, 바이러스가 이동하고, 태아에서 모체로 노폐물과 이산화 탄소가 이동한다. 단, 세균과 혈구 등은 분자의 크기가 커서 태반을 통과할 수 없다.

62 ⑤
해설 | ① 팔, 다리, 심장은 가장 먼저 완성되는 기관이다.
② 중추 신경계, 치아, 눈 등은 출생 후에도 계속 발달한다.
③ 기관이 발달하는 시기와 완성되는 시기는 다르다.
④ 가장 먼저 발달하기 시작하는 것은 중추 신경계이다.
⑤ 외부 생식기는 수정 후 7 주 정도부터 형성되기 시작한다.

63 ③, ④
해설 | ① 출산은 수정 후 약 266 일 , 임신 전 마지막 월경 시작일로부터 약 280 일 경에 일어난다.
② 분만시 태아가 먼저 나오고 태반과 탯줄이 나오는 후산이 일어난다.
③ 양막이 파열되어 양수가 터지면서 분만이 시작되고 태아가 나오게 된다.
④ 옥시토신은 뇌하수체 후엽에서 분비되어 자궁 근육의 수축을 촉진하는 호르몬이다. 분만이 가까워지면 옥시토신의 분비량이 증가한다.
⑤ 젖 분비 자극 호르몬(프로락틴)은 뇌하수체 전엽에서 분비된다.

64 ㄱ, ㄴ
해설 | ㄱ. 먹는 피임약의 주성분은 프로게스테론이며, 프로게스테론에 의해 배란이 억제되므로 임신이 되지 않는다.
ㄴ. 루프는 수정란이 자궁에 착상되는 것을 막는 장치이다.
ㄷ. 콘돔은 정자의 배출을 막아 정자와 난자의 수정을 방지한다.

65 ③
해설 | ① 세균은 태반을 통과하지 못하므로 태아의 혈액에 유입되지 않는다.
② 혈구는 태반을 통과하지 못하므로 모체와 태아의 혈액형이 달라도 혈액 응고가 일어나지 않는다.
④ 양분과 산소는 태아 쪽으로, 노폐물은 모체 쪽으로 이동한다.
⑤ 태반은 태아 조직의 일부가 모체의 자궁 내벽과 일부 융합되어 형성되는 것으로 태아와 모체의 혈관은 태반에서 매우 가까이 분포되어 있지만 직접적으로 연결되어 있지는 않다.

66 ⑤
해설 | 정자와 난자가 결합하여 수정란을 형성하는 과정을 수정이라고 한다. 먼저 정자가 편모 운동으로 난자의 표면에 접근한 뒤, 난자에 침입한다. 정자가 침입하면 난자의 투명대의 성분이 변해 다른 정자는 침입하지 못한다. 그 후 침입한 정자의 핵이 난자의 핵 쪽으로 이동한 뒤 서로 융합하여 수정란을 형성한다.

개념 심화 문제

정답 111~118쪽

18 (해설 참조) 19 (1) (나) 정자의 머리 끝에 있는 첨체에서 난자의 투명대를 녹이는 효소가 분비된다. (2) 또 다른 정자의 침입을 막기 위해서
20 ㄱ, ㄴ, ㅁ 21 (1) ㄹ, ㅁ (2) ①
22 (가) : B (나) : F (다) : G
23 (1) ④ (2) (해설 참조) 24 ㄱ, ㄷ 25 ㄱ
26 (1) ① (다) ② (나) ③ (가) ④ (라) (2) ②
27 (1) 6 주 (2) ㄹ, ㅂ 28 ㄱ, ㄷ 29 ㄷ, ㄹ
30 ㄷ 31 ㄴ, ㅁ

18 (1) 감수 분열 과정을 거쳐 염색체 수가 23 개로 동일하다. 염색체 수는 n = 23 이다. 핵상이 n 이다.
(2) 난자는 수정 후 초기 발생에 필요한 양분을 세포질에 다량 가지고 있기 때문이다.
해설 | (2) 수정란이 자궁에 착상하여 태반을 형성하기 까지 시간이 걸린다. 이 과정에서 발생이 진행되는데 필요한 양분이 생식 세포 안에 들어 있어야 한다. 난자는 세포질에 난황이라는 영양 물질을 가지고 있어 정자보다 크기가 크다.

19 (1) (나) 정자의 머리 끝에 있는 첨체에서 난자의 투명대를 녹이는 효소가 분비된다. (2) 또 다른 정자의 침입을 막기 위해서
해설 | (1) 첨체는 정자의 머리끝에 있다.
(2) 수정된 직후에는 다른 정자의 수정을 막기 위해 난자의 투명대의 성질이 변한다. 만일 여러 마리의 정자가 수정되면 염색체 수 이상으로 발생이 중지된다.

20 ㄱ, ㄴ, ㅁ

해설 | ㄱ. 수정은 배란된 후 수란관 상단부에서 이루어진다.
ㄴ. 난할은 할구가 생장할 수 있는 시간이 없기 때문에 분열이 일어날수록 할구의 크기는 점점 작아진다.
ㄷ. 난할은 수정된 후 바로 진행된다.
ㄹ. 수정란의 착상이 이루어지면 황체는 퇴화하지 않고 프로게스테론을 계속 분비하여 두터운 자궁벽을 유지한다.
ㅁ. 수정란은 난할을 진행하며 자궁으로 이동한다. 수정 후 1주일이 지나면 수정란은 포배 상태가 되어 자궁 벽에 착상한다.
ㅂ. 배란은 여포에서 난자가 빠져나오는 현상을 말한다.
ㅅ. 수정란의 세포 분열 (난할)은 체세포 분열이므로 염색체 수는 항상 같게 유지된다.

21 (1) ㄹ, ㅁ (2) ①

해설 | (1) ㄱ. 수정란의 발생에 필요한 초기 영양분을 저장하고 있는 것은 난자다. 따라서 난자는 정자보다 크기가 크다.
ㄴ. 정자 A 와 난자 B 는 감수 분열에 의해 형성된다.
ㄷ. 정자의 머리만 난자 안으로 들어가 수정란이 형성되므로 수정란의 크기와 난자의 크기는 크게 다르지 않다.
ㄹ. D → F 로 되는 과정은 수정란의 세포 분열인 난할로 세포의 생장 없이 이루어지므로 세포 하나의 크기는 점점 작아지게 된다.
ㅁ. 체세포 분열이므로 F 의 세포 하나에 들어 있는 염색체 수나 수정란의 염색체 수는 같다.
(2) 수정 전의 정자와 난자는 각각 n 의 염색체를 가지고 있으며 세포질의 양은 난자가 정자보다 훨씬 많다. 수정 후 수정란에서 태아로 발생하는 난할 과정에서는 체세포 분열이 일어나므로 모든 세포의 염색체 수는 2n 으로 같다. 따라서 세포의 수가 늘어날수록 총 DNA 량도 많아진다. 그러나 난할 과정에서는 세포질의 생장이 일어나지 않기 때문에 분열할 때마다 각 세포 하나의 크기가 작아지고, 총 세포질의 양은 수정란과 같게 된다.

22 (가) : B (나) : F (다) : G

해설 | A : 정소, B : 부정소, C : 정낭, D : 전립선, E : 난소, F : 수란관, G : 자궁이다. 수정은 수란관(F)에서 일어나고, 수정란의 착상은 자궁(G)에서 일어난다. 정자의 성숙은 부정소(B)에서 일어난다.

23 (1) ④ (2) 배아 줄기세포는 더 이상 분화는 일어나지 않지만, 분화할 수 있는 능력은 여전히 가지고 있는 상태로, 특정 조건 하에 배양하면 특정한 조직이나 기관으로 분화할 수 있다는 특징을 가지고 있다.

해설 | ① 정자는 운동성을 확보하기 위해서 세포질이 거의 없다. 하지만 난자는 초기 발생 과정에서 필요한 양분을 가지고 있기 때문에 세포질의 양이 많다. 수정란은 난자가 정자의 핵만 받아들인 것이기 때문에 수정란이 가지는 세포질의 양이 정자보다 많다.
② 난자는 감수 분열에 의해 형성된 것이므로 염색체 수는 n 이다. 하지만 줄기 세포는 정자(n)와 난자(n)가 수정한 수정란(2n)의 체세포 분열로 만들어진 것이므로 염색체 수가 2n 이다.
③ 수정란의 분열 시 염색체 수 뿐만 아니라 DNA 량도 변하지 않는다. 즉, 줄기 세포는 수정란이 가지는 유전자와 같은 유전자를 갖는다.
④ 수정란 2n 은 난할 과정을 거치는데 이 과정은 체세포 분열이므로 분열이 거듭되어도 염색체 수는 변하지 않는다. 따라서 포배 안쪽 세포와 줄기 세포는 각각 수정란과 같은 2n 의 염색체 수를 갖는다.
⑤ 난할은 세포 생장기 없이 빠르게 일어나므로 난할이 진행됨에 따라 딸세포(할구) 1 개당 세포질의 양은 감소한다. 그러나 DNA 량은 변하지 않고 수정란과 같다.

24 ㄱ, ㄷ

해설 | ㄱ. 프로게스테론은 황체에서 분비되는 호르몬이므로 황체가 퇴화하면 프로게스테론의 분비가 감소하게 된다.
ㄴ. 여포에서 분비되는 에스트로젠은 여포 자극 호르몬의 분비를 억제하지만 황체 형성 호르몬의 분비를 촉진하여 배란이 촉진되도록 한다.
ㄷ. 황체에서 분비된 프로게스테론은 여포 자극 호르몬의 분비를 억제하여 여포의 성숙을 방지하며, 자궁 벽을 두텁게 유지하는 기능을 한다.

25 ㄱ

해설 | ㄱ. 여성 (가)는 배란 이후 형성된 황체가 퇴화하지 않는 것으로 보아 임신이 된 상태이며, (나)는 황체가 퇴화하고 있기 때문에 임신이 되지 않았다는 사실을 알 수 있다. 28 일쯤에 (가) 여성의 황체는 유지되며, (나) 여성의 황체는 퇴화하였으므로 황체에서 분비되는 프로게스테론의 혈중 농도는 (가)가 (나)보다 높게 나타난다.
ㄴ. 배란이 일어날 때 급격히 증가하는 호르몬 X 는 LH (황체 형성 호르몬)이다. LH 는 성숙한 여포를 파열시켜 배란이 일어나도록 돕는다. LH 는 난소가 아닌 뇌하수체 전엽에서 분비되는 호르몬이다.
ㄷ. 먹는 피임약의 주성분은 프로게스테론과 에스트로젠이다. 이들은 난자의 성숙과 배란을 막는다.

26 (1) ① (다) ② (나) ③ (가) ④ (라) (2) ②

해설 | (1) (가)는 월경기, (나)는 여포기, (다)는 배란기, (라)는 황체기이다.
(2) 에스트로젠과 프로게스테론이 주성분인 피임약을 먹게 되면 에스트로젠에 의해 FSH 의 분비가 억제 되어 새로운 여포가 성숙되지 않는다. 또한 프로게스테론은 황체 형성 호르몬(LH)의 분비를 억제하여 배란을 막는다. 따라서 월경이 끝난 직후부터 피임약을 복용하면 난소 내 여포는 성숙하지 못한 A 상태를 유지하게 된다. 그리고 에스트로젠은 자궁 내벽을 두껍게 만들며, 프로게스테론은 자궁 내벽이 두터운 상태를 유지할 수 있도록 하기 때문에 3 주째 피임약을 복용했을 때는 자궁 내벽이 최대로 두터워져 있을 시기이다.

27 (1) 6 주 (2) ㄹ, ㅂ

해설 | (1) 이 여성은 생식 주기가 4 주이며, 6 주 쯤에 배란이 일어났고, 그 이후 프로게스테론의 농도가 높게 유지되므로 수정되어 임신되었다는 사실을 알 수 있다.
(2) (가)는 LH, (나)는 에스트로젠, (다)는 프로게스테론이다.
ㄱ. 배란은 LH 의 농도가 높을 때 일어나므로, 2 주와 6 주에 각각 일어나 총 2 번 배란이 일어난 것을 알 수 있다.
ㄴ. 프로게스테론(다)는 FSH 와 LH (가)의 분비를 억제한다.
ㄷ. 월경은 프로게스테론의 농도가 감소하여 자궁 내벽이 허물어지면

서 일어나는 현상이다.
ㄹ. 자궁 내벽의 두께를 두껍게 유지하는 프로게스테론의 농도가 감소하면 자궁 내벽이 허물어지는 월경이 일어난다.
ㅁ. 8 주쯤은 임신 초기 상태이므로 여포의 성숙은 억제되고, 황체에서 에스트로젠과 프로게스테론을 모두 분비한다.
ㅂ. 에스트로젠(나)은 황체형성 호르몬의 분비를 촉진시켜 배란을 유도한다. 제시된 그래프에서 에스트로젠의 농도가 감소하는 시기에 황체형성 호르몬의 농도가 최대가 되어 배란이 일어나고 있다.

28 ㄱ, ㄷ
해설 | ㄱ, ㄷ. 고온기는 배란 후 자궁벽이 발달하는 황체기에 해당하므로 임신 가능성이 크다.
ㄴ. 기초 체온은 프로게스테론이 분비되는 동안 높게 유지된다. 그러다 프로게스테론의 분비량이 감소하게 되면 다시 체온은 낮아진다.

29 ㄷ, ㄹ
해설 | ㄱ. 태아의 기관 형성 과정에서 가장 먼저 발달이 시작되는 기관은 중추 신경계이고, 가장 먼저 완성되는 기관은 심장이다.
ㄴ. 태아의 외부 생식기는 임신 7 주경부터 형성되기 시작한다. 따라서 임신 6 주에는 태아의 성별을 구별하기 어렵다. 임신 9 주부터 태아의 성별의 구별이 가능하다.
ㄷ. 임신 3 개월 이내에 태아의 대부분의 기관이 형성되기 시작한다.
ㄹ. 임신 2 개월에는 태아의 대부분의 기관이 형성되기 시작하므로 이 시기에 약물을 복용하면 태아에게 영향을 주어 기형아를 출산할 위험이 높다. 특히 임신 5 ~ 6주 사이에 기형을 유발하는 물질에 노출이 되면 특히 이시기에 발달이 집중적으로 일어나고 있는 눈, 귀, 손, 발의 기형이 나타날 확률이 높다.

30 ㄷ
해설 | ㄷ. 세균과 혈구는 태반을 통하여 태아 쪽으로 이동할 수 없다.
ㄱ. 혈액형은 유전자에 의해 결정된다. 따라서 모체와 태아의 유전자 조성은 다르므로 모체와 태아의 혈액형은 다를 수 있다.
ㄴ. 모체 혈액에 존재하는 항체는 태반을 통하여 태아 쪽으로 이동된다. 따라서 태아가 태어나더라도 이 항체가 몸에 존재하므로 특정 병에 대해 일정 기간 면역성을 가질 수 있다.
ㄹ. 영양소와 산소는 태반을 통해 모체로부터 태아쪽으로 확산된다. 이산화탄소와 노폐물은 태아로부터 모체 쪽으로 확산되어 빠져나온다.
ㅁ. 모체의 항체는 태반을 통해 태아 쪽으로 이동한다. 따라서 태아의 체내에서 모체의 항체를 통해 면역력을 얻는다.

31 ㄴ, ㅁ
해설 | ㄱ. (가) 단계에서 FSH 를 주사하여 여러 개의 난자를 성숙시키고 LH 를 주사하여 과배란을 유도한다.
ㄴ. (다) 단계에서 정자와 난자를 체외 수정시키는 것에서 이 시술법의 '시험관 아기'라는 호칭이 유래하였다.
ㄷ. 정상적으로 임신이 일어날 때는 수정란이 포배 상태가 되어 착상이 이루어진다.
ㄹ. (마)에서 배아를 착상시키기 위해서는 자궁벽이 충분히 두껍게 발달되어 있어야 한다. 따라서 자궁벽을 두껍게 만들기 위해서 프로게스테론을 주사하며, 이 호르몬은 새로운 여포의 성숙을 억제하고 배란을 막는다.
ㅁ. 착상이 되면 태반에서 HCG 가 분비되어 황체의 퇴화가 방지된다. 따라서 프로게스테론의 분비량은 계속 유지된다.

창의력을 키우는 문제 119 ~ 128쪽

01. 단계적 문제 해결형

(1)

구분	1 란성 쌍생아	2 란성 쌍생아
남녀 성별	같다	다를 수 있다.
생김새	같다	다르다
난자의 수	1 개	2 개
정자의 수	1 개	2 개

(2) 1 란성 쌍생아 : 하나의 수정란이 2 세포기에 분리되어 독립된 개체로 발생한다.
2 란성 쌍생아 : 배란 이상으로 독립된 2 개의 난자가 배란되어 생긴 수정란이 각각 자궁에 착상하여 발생한다.
(3) 1 란성 쌍생아 : 하나의 수정란에서 출발하였기 때문에 유전적 특성이 같다.
2 란성 쌍생아 : 다른 수정란에서 발생하므로 유전적 특성이 다르다.

해설 | 쌍생아는 하나의 난자와 하나의 정자가 결합하여 그것이 두 개로 분리되어 성장하는 1 란성과, 보통 난자가 두 개 배란되어 각각 별도의 정자와 수정하여 발육하는 2 란성이 있다. 1 란성 쌍생아는 두 명 모두 남자가 되거나 여자가 되며, 서로 많이 닮지만 태반이 하나밖에 없는 경우 발육에는 조금 차이가 있다. 지문과 손금은 예외다. 2 란성 쌍생아는 한쪽은 남자 아이가 되고, 한쪽은 여자 아이가 되는 경우도 있으며, 태반이 각각 있어 발육의 차이는 그다지 없다.

02. 추리 단답형

(1) 14 일　　(2) 11 일 ~ 15 일

해설 | (1) 배란일은 다음 월경 예정일로부터 14 일 전 쯤으로, 체온을 측정했을 때 체온이 급격히 올라가기 직전에 가장 낮은 체온을 보일 때이다.
여성의 체온은 월경과 배란에 따라 조금씩 변하는데 배란 전에는 체온이 낮고 배란이 된 후에는 체온이 오른다. 보통 배란기에는 0.3 ~ 0.5 도 정도 체온이 상승한다. 이를 응용하여 배란일을 추측하는 것이 기초 체온법이다. 방법은 아침에 눈을 뜨자마자 누운 채로 입안에 온도계를 넣고 체온(혀 밑의 온도를 잰다) 수치를 기록한다.
월경 시작일을 월경 주기의 1 일로 하고 지속적으로 체온을 기록해 보면 체온이 상승하는 시점이 있는데 체온이 상승하기 전 1 ~ 2 일 사이 체온이 최하점에서 상승하는 중간 상태일 때 배란이 일어난다. 따라서 월경 시작일로부터 배란 전의 앞부분과 기초 체온이 상승한 후 3 일 정도까지가 임신이 될 가능성이 높은 시기다. 그러나 온도는 환경 변화에 따라 얼마든지 달라질 수 있기 때문에 정확도가 떨어진다.
(2) 정자가 여성의 몸 안에서 3 일 정도를 살 수 있고, 난자가 하루 정도 살 수 있다는 점을 감안하면, 배란 3 일 전부터, 약 1 일 후까지는 임신이 가능한 기간이 된다.

03. 추리 단답형

(1) 분만 예정일은 최종 월경 시작일로부터 280 일 째이므로 12 월 17 일이다.
•3 월 + 9 월 = 12 월
•10 일 + 7 일 = 17 일
(2) 최종 월경 시작일로부터 14 일 후에 배란되므로 3 월 24 일이다.
(3) 최종 월경 개시일로부터 배란일까지의 기간이 14 일이므로 280 일에서 14 일을 뺀 약 266 일만에 태어난다.

04. 논리 서술형

영양 생식법 - 꺾꽂이(고구마 줄기)
•특징 : 개화와 결실이 빠르다. 모체의 형질이 자손에게 그대로 전달된다.

해설 | 영양 생식법은 식물의 영양기관으로 번식하는 방법으로 우수한 품종을 그대로 보존할 수 있고 씨로 번식하는 것보다 생장 및 개화, 결실이 빠르다.

05. 논리 서술형

(1) 효모는 생식 세포가 만들어지지 않고 몸의 일부에서 돌기가 자란 후 떨어져 나와 개체가 생성되는 무성생식에 의해 자손이 형성된다. 따라서 번식 속도가 매우 빠르기 때문에 짧은 시간에도 몇 마리의 효모만으로도 수억 마리로 늘어날 수 있다.
(2) 수억 마리의 효모가 거의 모두 죽어버릴 것이다.
무성 생식에 의해 자손이 번식하는 경우는 모체와 자손이 유전적으로 동일하다. 따라서 유전적 다양성이 부족하므로 급격한 환경 변화 (식초에 의해 환경이 산성으로 변하였음)에 잘 적응하지 못하고 죽기 때문이다.

06. 논리 서술형

(1) 생식 세포의 형성 과정에서 염색체 수가 반으로 줄어든다 ($2n \rightarrow n$). 하지만 생식 세포는 수정을 통하여 다시 체세포의 염색체 수와 같아진다.($n+n \rightarrow 2n$) 이로 인해 부모와 자손의 염색체 수가 같게 유지되어 정상적인 생식이 계속될 수 있으며, 어버이의 유전 형질이 자손에게 고루 유전될 수 있다.
(2) 정원 세포가 체세포 분열을 거치면서 적정한 수의 세포로 늘어난다. 체세포 분열 과정으로 수를 늘린 정원 세포는 제 1 정모 세포가 되고, 제 1 정모 세포는 2 단계로 연속되는 감수 분열을 통하여 4 개 씩의 정자를 생산한다. 하지만 난자는 1 차 감수 분열 결과 형성된 제 1 극체와 제 2 감수 분열에 의해 생성된 제 2 극체 (2 개) 모두 3 개의 극체가 1 개의 난자에게 발생에 필요한 양분과 세포질을 넘겨준 채 퇴화하게 된다. 따라서 난자는 1 개의 난모 세포에서 1 개의 난자만 형성된다. 또한 정자는 계속해서 새로운 정원 세포로부터 정자가 생산되는 반면에 난자는 태아 시기에 만들어진 제 1 난모 세포만을 가지고 성숙시켜 사용하기 때문에 더욱 갯수에 차이가 나게 된다.

07. 추리 단답형

(1) Y 염색체의 유무
(2) 사람 A : 남성 - 성을 구분하는 Y 염색체가 있으므로
사람 B : 여성 - 성을 구분짓는 Y 염색체가 없으므로

해설 | (1) XX 염색체를 가지고 있으면 여성, XY 염색체를 가지고 있으면 남성의 특징이 나타난다. Y 염색체가 없으면 여성이 되고, 있으면 남성이 되므로 성을 구분짓는 염색체는 Y 염색체라고 할 수 있다.
(2) 성을 구분하는 Y 염색체가 사람 A 의 성염색체를 구성하기 때문에 사람 A 는 남성일 것이다. 사람 B 의 성염색체는 1 개의 X 염색체만 존재하기 때문에 Y 염색체의 부재로 여성성을 띨 것이다.
하지만 두 사람 모두 성염색체가 모두 완전하지 않기 때문에 남성과 여성성을 정상적으로 띠지 못한다.
•터너 증후군은 염색체 이상의 하나로 X 염색체가 하나밖에 없기 때문에 발생하는 증후군이다. 생식기는 여성의 형질이 나타나지만, 난소의 발육이 완전하지 않아 2 차 성징이 나타나지 않는다. 키가 작으며, 지능에 문제가 있는 경우도 있다.
•클라인펠터 증후군은 성염색체 비분리에 의해 인간에게 발생하는 유전병의 일종이다. 성염색체를 XXY, XXYY, XXXXY 등의 비정상적인 형태를 가지고 있어, 남성이지만 생식 능력이 불완전하다. 외형상으로는 정상적인 경우가 대부분이다. 지능 저하 등의 증상이 나타날 수 있다.

08. 논리 서술형

(1) 1 란성 쌍생아
(2) 정자와 난자가 수정되어 만들어진 수정란은 세포 분열을 하며 2 개 → 4 개 → 8 개 → 16 개의 세포로 분열되는 난할기를 거치면서 배엽이 만들어지고 신체의 각 기관이 만들어져 새 생명이 태어나게 된다. 이때 하나의 수정란에서 2 개로 분열된 세포(난할구)가 완전하게 분리된 채 따로따로 독자적인 발생 과정을 거쳐서 생명이 자라게 되면 1 란성 쌍생아가 태어난다. 그런데 이 발생 과정에서 간혹 하나의 수정란에서 2 개의 세포로 분리될 때 난할구가 불완전하게 분리된 채로 발생 과정을 거치게 되면 신체의 일부분이 붙어 있는 샴쌍생아가 된다.

09. 추리 단답형

임신 2 ~ 3 개월에 약을 먹었을 경우 심각한 부작용을 일으키기 쉽다.
• 이유 : 임신 2 ~ 3 개월은 태아의 대부분의 기관이 형성되기 시작하는 시기이기 때문에

해설 | 약물은 태반을 통해 모체에서 태아로 전달된다. 이러한 약물은 태아에게 영향을 주어 기형아가 태어나거나 조산될 가능성이 있다.

10. 단계적 문제 해결형

(1) 아내의 수란관이 막힌 경우
(2) FSH 와 LH 를 처리하여 과배란을 유도한다.
(3) 자궁벽이 충분히 두꺼워야 하므로 프로게스테론의 농도를 계속 높게 유지시켜야 한다.

해설 | 나팔관이 폐쇄되면 정자가 난자를 향해 이동할 수 없어서 수정이 불가능하다. 따라서 임신을 원할 경우 인공 수정 방법을 이용해야 한다. 이 경우 인공 수정 방법은 먼저, 부부의 정자와 난자를 채취하고, 이를 체외에서 인공적으로 수정시킨 다음, 수정란을 4 ~ 5 일 정도 배양한 후 산모의 자궁에 이식(자궁벽 비후)하게 된다.

11. 단계적 문제 해결형

(1) (가)에서는 수정란이 2 세포기일 때 분리하여 각각 발생하였고, (나)에서는 A 의 체세포 핵을 B 의 난자에 이식하여(체세포 복제) 발생시켰다.
(2) 수정란이 2 세포기 일 때 분리되어 각각 개체로 발생한 것으로 (가) 과정과 유사하다.
(3) (가)와 같은 방식으로 태어난 새끼는 부모의 유전자를 골고루 물려받지만, 돌리나 영롱이는 체세포 핵을 제공한 개체의 유전자만을 물려받게 된다.

해설 | (1) (가)는 수소의 정자와 암소의 난자가 수정하여 수정란이 된 후 2 세포기 때 할구를 분리시켜 각각 새끼소로 발생시킨다. (나)는 A의 체세포 핵을 B 의 난자에 이식하여(체세포 복제) 발생시켰다.
(2) 일란성 쌍생아는 하나의 난자와 정자가 수정한 후, 수정란이 2 세포기가 되었을 때 두 할구가 분리되어 각각 발생하여 생기므로 (가)와 유사하다.
(3) (가)에서 새로 태어나는 새끼소 두 마리의 유전적 구성이 동일하며, 각각 수소와 암소로부터 염색체를 반씩 물려받는다. (나)에서 태어나는 새끼의 유전적 구성은 핵을 제공한 개체와 동일하다.

12. 단계적 문제 해결형

(1) A : n = 23, B : n = 23, C : 2n = 46, D : 2n = 46, E : 2n = 46
(2)

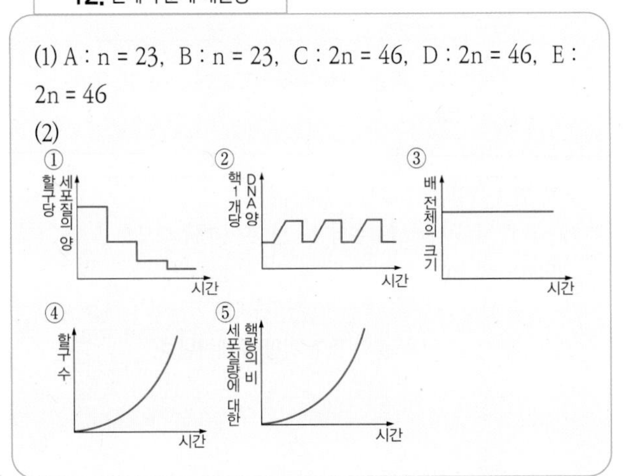

해설 | (1) 감수 분열 결과 만들어진 정자와 난자에는 체세포의 절반만큼의 염색체가 들어있고, 두 개의 생식세포가 결합한 수정란은 본래의 염색체 수를 유지하게 된다. 난할이 일어나는 과정에서도 DNA 복제는 일어나므로 각 할구의 염색체 수는 수정란과 같다.
(2) 난할은 체세포 분열과 유사하여 DNA 복제는 반복되나 세포가 분열한 후 세포질이 증가할 성장기가 없어서 난할이 진행될수록 세포의 수는 증가하지만 할구의 크기는 점점 작아진다(각 할구의 DNA량은 복제로 인한 증가와 분리로 인한 감소가 반복된다). 또한 배 전체의 크기는 수정란의 크기와 동일하다. 1 개의 수정란이 난할 1 회 하면 2 개의 세포가, 2 회 하면 4 개, 3 회 하면 8 개의 세포가 생기므로 그래프를 그릴 때에는 곡선 형태로 증가하게 그려야 한다. 반대로 세포질의 양은 $\frac{1}{2}$, $\frac{1}{4}$, $\frac{1}{8}$ 배로 줄어드는데 핵의 양은 일정하므로 세포질에 대한 핵량의 비는 2, 4, 8… 배로 증가하는 그래프로 그린다.

13. 단계적 문제 해결형

(1) 제 2 난모 세포, n = 23
(2) 황체가 퇴화되면 프로게스테론의 양이 감소하여 자궁벽이 파열된다.
(3) 배란된 난자가 수정되지 않으면 황체가 퇴화하지만, 수정이 일어나 임신이 되는 경우에는 황체가 퇴화되지 않고 유지된다. 황체가 유지되면 프로게스테론과 에스트로겐의 분비가 계속되므로, 두 호르몬의 농도는 높게 유지된다. 프로게스테론은 FSH 와 LH 의 분비를 억제하므로, 두 호르몬의 농도는 낮게 유지된다.

해설 | 정자와 달리 난자는 감수 제 1 분열만 마치고 배란되었다가 수정 직후 감수 제 2 분열이 진행된다. 여포로부터 배란될 때의 상태는 제 2 난모 세포이며 감수 1 분열 과정에서 염색체의 수가 반으로 감소되므로 핵상은 n = 23 이다.
프로게스테론은 FSH 와 LH 분비를 억제하므로 새로운 난자의 성숙을 막아 피임약의 성분이 될 수 있다.

14. 단계적 문제 해결형

(가) 는 난자의 생성을 막는다.
(나) 는 수정란이 자궁벽에 착상하는 것을 막는다.
(다) 난관 수술은 정자의 이동과 난자의 이동을 막는다.
(라) 콘돔은 정자가 여성의 체내에 들어오는 것을 막는다.
(마) 기초 체온법은 생식 주기를 이용하여 정자와 난자의 수정 가능 시기를 피한다.

해설 | 먹는 피임약 (가)의 주성분은 에스트로겐과 프로게스테론이다. 에스트로겐은 여포 자극 호르몬의 분비를 억제하고, 황체 형성 호르몬의 분비를 촉진한다. 프로게스테론은 여포 자극 호르몬과 황체 형성 호르몬의 분비를 모두 억제한다. 따라서 피임약을 복용하면 여포 자극 호르몬의 분비가 억제되기 때문에 여포가 성숙되지 않는 상태가 된다. 자궁 내 장치 (나)는 자궁벽의 발달을 억제하여 수정란의 착상을 방해한다. 난관 수술 (다)은 수란관을 자르거나 묶어 정자와 난자의 수정을 방지한다. 콘돔 (라)은 정자가 자궁 내로 들어오는 것을 막고, 기초 체온법 (마)은 생식 주기를 이용하는 것으로 배란기 때 기초 체온이 올라가므로 배란기를 피하는 방법이다.

대회 기출 문제

정답 129 ~ 137쪽

01 ②, ④ 02 (해설 참조) 03 ㄷ, ㄹ, ㅁ
04 ①, ②, ③ 05 ㄱ, ㄷ, ㅁ
06 ①, ⑤ 07 ㄹ, ㅁ
08 (1) 분열기와 분열기 사이에 생장기(간기)가 없기 때문 (2) ⑤ (3) 초기 발생에 필요한 영양분을 난자가 공급하기 때문 09 (1) 배젖은 퇴화되고 떡잎에 영양분이 저장되기 때문이다. (2) 4 회
10 (1) 8 개 (2) (해설 참조) 11 ① 12 감수 분열을 하여 염색체 수가 반으로 줄어든 정자와 난자가 서로 결합하기 때문이다. 13 ③ 14 ②
15 (1) ⑤ (2) 22 + X 와 22 + Y 두 종류의 정자가 만들어지기 때문에 16 (1) ③ (2), (3) (해설 참조)
17 ④ 18 ㄱ, ㄹ 19 (1) 28 (2) 45
20 ㄴ, ㄷ 21 ㄱ 22 (해설 참조)

01 ②, ④
해설 | ① 복제 생명체의 경우 유전자 자체는 모생명체와 완전히 일치한다.
② 일란성 쌍생아는 한 개의 정자와 난자가 결합하여 만들어진 수정란에서 두 개의 개체로 발생이 각각 일어난 것이기 때문에 유전적으로 동일하다. 따라서 장기 이식이 가능하다.
③ 유전자가 완전히 일치하지 않아도 거부 반응을 일으키지 않을 수 있다.
④ 유전 물질은 핵에 들어 있기 때문에 A 생물체의 세포 핵을 이식하게 되면 유전자가 그대로 수정란에 옮겨져 A 생물체와 똑같은 생물체가 탄생하게 된다.
⑤ 수정란이 발생하는 조건을 최적으로 맞추어 주기만 한다면 두 개로 분리된 수정란에서 각각의 개체를 발생시킬 수 있다.

02 생물의 세포가 작을수록 한 개의 세포 부피당 표면적이 크기 때문에 세포와 외부 환경(세포와 세포 간)의 물질 교환이 매우 용이하여 물질 대사와 생체 활동이 활발하게 유지될 수 있다.

03 ㄷ, ㄹ, ㅁ
해설 | ㄱ, ㄴ. 화분 안의 핵이 생식 세포 분열하여 화분관핵과 생식핵을 만들고 생식핵은 다시 분열하여 2 개의 정핵을 만든다. 이때 만들어진 화분관핵과 생식핵은 각각 염색체수가 n 이므로 정핵과 화분의 염색체 수는 다르다. 또한 화분관핵과 화분의 염색체 수도 다르다.
ㄷ, ㄹ. 2개의 정핵 중 하나는 밑씨에서 만들어진 난세포(n)와, 또 다른 정핵은 2개의 극핵(n)과 수정하여 각각 배(2n)와 배젖(3n)을 만든다. 따라서 속씨 식물에서는 2개의 정핵에 의해 수정이 두 번 일어나게 된다.
ㅁ. 식물의 난세포는 동물의 생식 세포 중 난자에 해당되며, 식물의 정핵은 동물의 생식 세포 중 정자에 해당된다.

04 ①, ②, ③
해설 | 정자와 난자에 들어있는 염색체 수는 각각 n이다. 정자와 난자가 수정하여 비로소 2n이 된다. 이렇게 수정된 수정란은 체세포 분열 과정을 거치며 세포 수를 늘리고 점차 조직과 기관을 형성하면서 하나의 완전한 개체로 완성된다. 이렇게 태어난 아기는 체세포 분열 과정을 통해 세포 수를 늘리며 몸집을 크게 하며 성장하게 된다.
④ 아기는 아버지의 염색체 수 절반과 어머니의 염색체 수 절반을 물려받았기 때문에 아버지와 염색체 구성이 동일하지 않다.
⑤ 수정란이 초기 세포 분열을 난할이라고 하며, 난할은 체세포 분열 과정에 의해 염색체 수 변화 없이 세포의 수만 늘린다.

05 ㄱ, ㄷ, ㅁ
해설 | ㄱ. 줄기세포를 만들 때 제공된 난자에 다른 사람의 체세포의 핵을 이식하기 때문에 정자가 별도록 필요하지 않다.
ㄴ. 줄기 세포는 난자의 핵을 제거한 후 다른 사람의 체세포 핵을 이식하여 만들기 때문에 체세포 안의 핵에 들어 있는 유전 물질에 의해서 체세포를 기증한 사람과 똑같은 유전자를 갖게 된다.
ㄷ. 줄기 세포는 다양한 기관이나 조직 세포로 분화될 가능성을 가지

고 있다.
ㄹ. 줄기세포는 수정을 하지 않았지만 체세포에는 염색체수가 2n 으로 체세포의 핵을 그대로 이식받았기 때문에 체세포의 염색체수와 같다.
ㅁ. 체세포 핵을 제공한 사람과 줄기세포의 염색체수와 유전자는 서로 같기 때문에 체세포를 제공한 사람에게 줄기세포를 이식해도 면역 거부 반응을 거의 일으키지 않는다.

06 ①, ⑤
해설 | ①, ⑤ 여성의 몸에 들어온 정자는 스스로 운동을 하여 수란관 쪽으로 향한다. 배란된 난자가 수란관에서 정자와 수정된 후 수정란이 형성되며, 이후 수정란은 계속적인 세포 분열을 거듭하며, 수란관을 따라 내려오며 포배기 후기 상태가 되어 자궁벽에 착상된다.
② 난자의 이동은 수란관 내벽의 섬모와 근육의 수축에 의해 자궁 쪽으로 이동한다.
③ 제시된 자료를 통해서 정자와 난자의 수정은 수란관 상부에서 일어난다는 사실을 알 수 있다.
④ 한 개의 난자에는 오로지 한 개의 정자만 결합할 수 있다. 일란성 쌍생아의 경우는 수정란의 세포 분열 과정에서 세포들이 두 개로 분리되어 두 개의 개체로 발생이 일어나 똑같이 생긴 자손이 만들어지게 된다.

07 ㄹ, ㅁ
해설 | ㄱ, ㄴ. 이 여성에서는 단지 난자가 이동하는 길만 막았을 뿐이므로 체내에서 일어나는 호르몬의 분비나 황체 형성 등이 모두 정상인과 똑같이 일어난다.
ㄷ. 이 수술은 정자와 난자의 이동 통로를 차단함으로써 수정을 방지하는 것이므로 정자의 운동성이 상실되지는 않는다.
ㄹ. 난관 수술은 난자가 이동하는 통로인 수란관을 막는 수술로, 난소에서 배란된 난자가 자궁으로 이동하지 못하도록 막으며, 또한 정자가 수란관을 타고 이동하는 것을 막는다. 따라서 정자가 난자와 만날 수 없어 수정이 일어나지 않도록 한다. 그러므로 수술 이후 호르몬 주기는 정상적으로 나타나게 된다.
ㅁ. 여성의 자궁과 난자 등은 이상이 없기 때문에 이 여성이 임신을 하고자 할 때는 시험관 아기 시술을 통해 임신이 충분히 가능하다.

08 (1) 분열기와 분열기 사이에 생장기(간기)가 없기 때문 (2) ⑤ (3) 초기 발생에 필요한 영양분을 난자가 공급하기 때문
해설 | (1) 일반 체세포 분열은 분열 후 각각의 딸세포가 생장하여 세포질의 양이 늘어나는 간기를 거치지만 난할이 진행될 때의 체세포 분열에서는 세포질의 생장이 일어나지 않고 DNA만 복제되어 세포 분열을 일으키기 때문에 각 할구의 크기가 작아지는 대신 분열이 훨씬 빠르게 일어난다. (2) 생식소를 구성하는 모든 세포가 감수 분열하는 것이 아니라 정원 세포나 난원 세포가 성숙하여 제 1 정모 혹은 난모 세포가 되어야 감수 분열할 수 있다.

09 (1) 배젖은 퇴화되고 떡잎에 영양분이 저장되기 때문이다.
(2) 4 회
해설 | DNA 복제란 염색체를 구성하는 DNA 물질이 2 배로 증가하는 것을 의미한다. 따라서 제시된 그래프에서 DNA 량이 2 배로 증가하는 구간을 찾으면 총 4 군데이다. 따라서 4 회의 DNA 복제가 일어났음을 알 수 있다.

10 (1) 8 개 (2) 감수 제 1 분열 중기 때 2 가 염색체가 서로 접합한 상동염색체가 일렬로 배열하게 된다. 이때 한 쌍의 상동 염색체는 각각 양극으로 나뉘어져 이동하여 딸세포를 형성하기 때문이다.
해설 | (1), (2) 문제에서 제시된 것은 체세포의 염색체이다. 체세포는 모계와 부계에서 온 염색체가 서로 쌍(2n)을 이루고 있다. 하지만 감수 분열에 의해 생성되는 생식 세포는 모계 또는 부계에서 온 염색체(n)로만 구성이 된다. 따라서 모계나 부계에서 온 염색체들이 쌍을 이루지 않은 채 조합되어 만들 수 있는 경우의 수는 총 8 개가 있다.
→ 체세포 염색체(a, a', b, b', c, c')인 경우 생식세포는 각 상동 염색체가 나뉘어져 들어가므로 (a, b, c)(a, b', c')(a, b', c)(a, b, c')(a', b', c)(a', b, c')(a', b, c)(a', b', c')의 8 개의 조합이 있을 수 있다.

11 ①
해설 | ① 분열 결과로 생식 세포(화분, 난세포, 정자, 난자)가 만들어진다.
② 정자와 난자가 만들어질 때 일어난다.
③ 제시된 세포 분열 과정은 감수분열이므로, 이 과정을 통해 생성된 딸세포는 모세포의 염색체 수의 절반만 들어 있다.
④ 생장하기 위한 분열은 체세포 분열이다. 그림은 감수분열 그림이다.
⑤ 염색체 수가 줄어드는 시기는 (다)이다.

12 감수 분열을 하여 염색체 수가 반으로 줄어든 정자와 난자가 서로 결합하기 때문이다.
해설 | 생식 세포가 만들어질 때 감수 분열이 일어나서 염색체 수가 46 개의 반인 23 개로 줄어든다. 이 정자와 난자가 결합하면 다시 46 개의 염색체를 가진 수정란이 되므로 사람의 염색체 수는 대를 거듭해도 변함없이 일정하게 유지된다.

13 ③
해설 | A : 정핵 B : 화분관핵 C : 난세포 D : 극핵 E : 배
속씨식물의 종자는 A + C = 배, A + D = 배젖 중복 수정을 통해 만들어진다.

14 ②
해설 | ②, ④ 난할하는 동안 세포질의 양은 늘어나지 않고 할구의 수만 늘어나므로 각 할구 당 세포질의 양은 점점 줄어들게 된다.
① 난할은 세포성장기가 없어 분열 속도가 빠르다.
③ 난할은 체세포 분열이므로 염색체수 변화 없다.
⑤ 수정란은 두번 세로로 분열하여 4 세포기가 된 다음 가로로 분열하여 8 세포기가 된다.

15 (1) ⑤ (2) 22 + X 와 22 + Y 두 종류의 정자가 만들어지기 때문에
해설 | 남자의 정소에서 생성되는 정자는 남성이 가지고 있는 성염색체 X 와 Y 가 나누어져 들어가기 때문에 22 + X 와 22 + Y 가 만들어진다.

16 (1) ③ (2) 해설참조 (3) 해설참조

해설 | (1) 식물의 뿌리끝과 줄기끝에 존재하는 생장점에서는 체세포 분열이 일어난다. 체세포 분열을 관찰하기 위해서는 세포를 고정하여야 한다. 고정은 세포의 상태를 살아있을 때와 같이 정지시키기 위한 과정이다. 식물의 체세포 분열 관찰을 위해서 에탄올과 아세트산을 3 : 1 로 혼합한 용액에 넣어둔다.
(2)

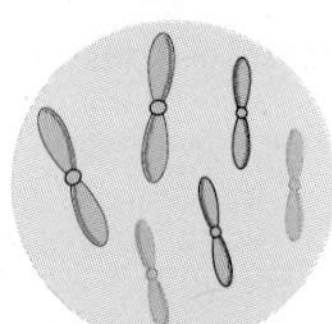

DNA의 상대량 : 2

체세포 분열 전기에는 2 분 염색체(2n = 6), DNA 량이 4 인 상태이다. 체세포 분열이 끝나면 핵상은 변함이 없으나 염색체는 1 분 염색체의 모습을 하게 되고 DNA 량은 반으로 줄게 된다.
(3) 속씨식물의 배낭 형성 과정에서 배낭모 세포(2n)는 감수분열을 통하여 배낭세포를 형성하고 1 개의 핵을 가진 배낭 세포는 연속적인 3 번의 핵분열을 통하여 8 개의 핵을 가진 배낭을 형성한다.
그림에서 A 는 제 1 감수 분열을 통하여 형성된 제 2 배낭모 세포(n)이며, B 는 제 2 감수 분열 결과 형성된 배낭 세포(n)이다. C 는 핵상이 n 인 핵이 2 개, D 는 n 인 핵이 4 개, 배낭은 n 인 핵이 8 개이므로 그래프는 다음과 같다.

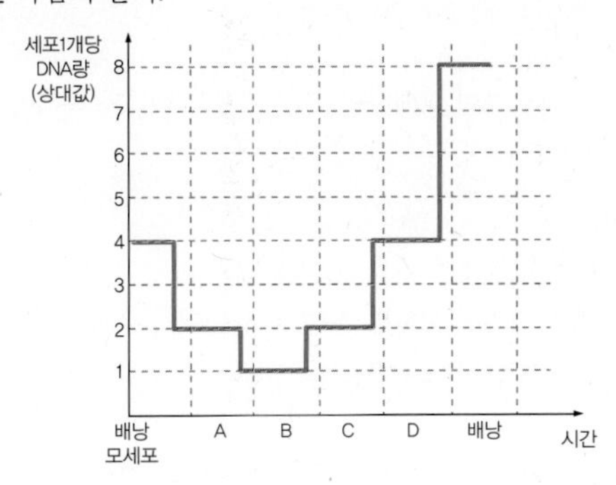

17 ④
해설 | ①, ② (가)는 체내 인공 수정으로, 남성의 정자 수가 부족하거나 정자의 활동성이 떨어져 난자에 도달하지 못할 경우 등 남성에게 불임의 원인이 있는 경우에 시술한다. 이때 여성은 정상적으로 난소에서 난자를 생성할 수 있어야 한다.
③ (나)는 체외 인공 수정으로, 주로 여성의 난소와 자궁은 정상이나 수란관에 이상이 있어 임신이 불가능한 경우에 시술한다. 만일 여성의 자궁에 이상이 있으면 다른 여성의 자궁으로 옮겨 임신시켜야 하므로 대리모가 필요하다.
④ 난관 절제 수술을 해도 난소에서 인위적으로 난자를 추출하여 체외 수정할 수 있으므로 (나)방법을 이용할 수 있다.
⑤ (나)의 체외 인공 수정 시술에서 난자를 채취하려면, 배란 촉진제인 FSH 를 10 일 정도 계속 주사하여 여포를 성숙시키고, 여러 개의 여포가 성숙되면 배란을 유도하는 호르몬인 LH 를 주사하여 과배란을 일으켜 여러 개의 난자를 채취한다.

18 ㄱ, ㄹ
해설 | A : 정소로 정소 내부의 세정관에서 감수 분열에 의해 정자가 만들어진다. 또한 정소는 남성 호르몬인 테스토스테론을 생성, 분비한다.
B : 부정소로, 정자가 임시로 저장되는 곳으로 정자의 운동성과 수정 능력을 갖추는 곳이다.
C : 전립샘이며, 이곳에서 분비된 물질을 정액의 약 30%를 차지하고, 염기성으로 질내의 산성을 중화시켜 정자가 살아남을 수 있도록 해준다.
D : 정낭으로, 정자의 운동에 필요한 영양 물질과 완충 물질을 분비하여 정액의 대부분을 만든다.

19 (1) 28 (2) 45
해설 | (2) 수정란의 DNA 양이 7 이므로, 4개의 할구로 늘어나면 DNA 의 총량은 28 이 된다.
(1) 수정란이 2 개의 할구로 나누어지는 2 세포기가 되면 할구의 세포 질량은 절반이 줄어 180 이 되며, 4 세포기가 되면 질량은 2 세포기의 절반으로 줄어들어 90 이 된다. 이와 같이 8 세포기가 되면 각 할구의 질량은 4 세포기의 절반이 되어 45 이 된다.

20 ㄴ, ㄷ
해설 | ㄱ. A시기에는 뇌하수체에서 분비되는 황체 형성 호르몬(LH)에 의해 성숙한 여포가 터지면서 배란이 일어난다.
ㄴ. B시기에는 배란 후 여포가 황체로 변하고 황체에서 프로게스테론의 분비가 증가한다. 프로게스테론에 의해 경로 D 조절이 이루어져 뇌하수체에서 FSH와 LH의 분비는 억제된다.
ㄷ. 프로게스테론은 배란 이후 황체로부터 분비량이 증가하므로, 여포가 성숙하는 여포기에는 프로게스테론의 분비량이 증가하지 않는다.

21 ㄱ
해설 | (가)의 구간 I은 간기의 초기, 구간 II는 감수 2 분열 중기에서 후기이다.
ㄱ. (나)는 상동 염색체가 접합한 2가 염색체가 적도면에 배열되어 있으므로 감수 1분열 중기의 세포이고, 상동 염색체가 쌍으로 존재하므로 핵상이 2n이다.
ㄴ. (나)는 2가 염색체가 적도면에 배열되어 있는 시기이므로 감수 1 분열 중기에 관찰된다.
ㄷ. 세포 분열 시 방추사가 나타나는 시기는 분열기의 전기이다.

22 (1) ① 자궁 내벽이 충분이 두꺼워야 착상이 가능하다. ② 에스트로젠이 작용한 후에 프로게스테론을 투여했을 때 자궁 내벽이 두꺼워지는 효과가 더 커진다.
(2) 에스트로젠을 먼저 투여한 후 프로게스테론을 투여하여 자궁 내벽을 두껍게 만든 후 인공 수정시킨 배아를 주입시킨다.
해설 | 실험군 C의 결과로 에스트로젠을 먼저 투여하여 자궁 내벽이 두꺼워진 다음 프로게스테론을 투여하여 자궁 내벽을 두껍게 유지시킬 때 배아가 착상할 수 있다.

imagine infinitely

138 ~ 139쪽

Q1. 온도, 몸의 크기, 주변 환경 등

Ⅶ. 유전과 진화 (1)

개념 보기

Q1 대립 유전자	Q2 둥글고 황색 완두	
Q3 중간 유전	Q4 ㉠ 다인자 유전 ㉡ 다면 발현	
Q5 유전의 영향	Q6 BO	Q7 $\frac{1}{4}$
Q8 제 1 감수분열 중기 때 염색체 비분리 현상		
Q9 A : 염색체 B : DNA C : 유전자		Q10 23개

Q7 해설 | 무한이의 어머니는 보인자(외할아버지가 색맹이므로 어머니는 X′을 갖는다.)로 유전자형이 XX′ 이고 아버지는 XY 이다. 그러므로 X′가 나올 확률은 $\frac{1}{2}$, 남동생이어야 하므로 Y가 나올 확률은 $\frac{1}{2}$ 이다. 따라서 무한이의 남동생이 색맹이 될 확률은 $\frac{1}{4}$ 이다.

개념 확인 문제

정답 151 ~ 154쪽

01 ⑤	02 ④	03 ②	04 ㄱ, ㄷ	05 ⑤
06 60개		07 Yy, yy		08 ③
09 ②, ⑤		10 1200개		11 ③
12 9 : 3 : 1 : 3		13 독립의 법칙		
14 ㄱ, ㄹ		15 ⑤	16 우열의 법칙	
17 RW, WW		18 50%	19 ②	20 ③
21 50%	22 (나), (라)		23 ②	
24 우성	25 4번	26 50%	27 ⑤	28 ④

01 ⑤

해설 | ② 대립 유전자는 상동 염색체의 같은 자리에 1쌍이 존재한다.
③ 서로 같은 형질을 가진 경우, 즉 예를 들어 둥근 모양의 표현형을 가진 완두는 유전자형이 RR 또는 Rr 을 가질 수 있다.
④ 염색체 속에 있는 DNA 염기서열을 해독하면 유전자가 된다.
⑤ 중간유전, 복대립 유전, 반성 유전 등은 멘델의 유전 법칙에 따르지 않는다.

02 ④

해설 | 유전자형이 Ttyy 일 때 yy 는 열성 동형 접합(호모)이지만 Tt 는 우성과 열성이 만나 이형 접합(헤테로)이므로 Ttyy 는 T 유전자의 잡종으로 인해 순종이 될 수 없다.

03 ②

해설 | 완두는 염색체의 수가 14개로 적은 편이고 대립 형질이 7가지로 뚜렷하게 나타난다. 그리고 재배하기 쉽고 한 세대가 짧아서 많은 자손을 얻어 통계적 연구가 가능한 재료였다.

04 ㄱ, ㄷ

해설 | ㄱ. 하나의 형질을 결정하는 유전자는 대립 유전자로 1쌍(2개)이 존재한다.
ㄴ. 부모의 유전 인자의 $\frac{1}{2}$ 씩 생식 세포를 형성하여 생식 세포의 결합으로 자손의 유전 인자가 나타난다.
ㄷ. 한 쌍의 대립형질 중 우열 관계에 따라 우성 유전자만 표현된다.

05 ⑤

해설 | ① 완두의 씨 색깔은 두 가지 황색과 녹색이 있다.
② 줄기의 키는 큰 것이 더 많이 나타나는 것으로 보아 큰 것이 우성이다.
③ 다른 형질은 각각 독립적으로 유전한다.
④ 분리의 법칙에 의해 우성과 열성형질이 3 : 1로 분리되어 나타난다.
⑤ 환경 적응력과 우성 열성의 꽃 색깔은 상관없다.

06 60개

해설 | 잡종 2대의 자손은 RR : Rr : rr = 1 : 2 : 1 로 나타난다. 이 중 RR이 순종의 둥근 완두이므로 전체의 $\frac{1}{4}$ 이다. 따라서 전체 240 개의 $\frac{1}{4}$ 인 60개이다.

07 Yy, yy

해설 | Yy × yy 하여 교배하면 자손에게서 황색과 녹색이 1 : 1 로 나타난다.

08 ③

해설 | 우열의 법칙에 의하면 잡종 제 1 대에서 우성 형질이 나타나고 열성 형질은 표현되지 않는다.

09 ②, ⑤

해설 | ① (나)는 YY와 Yy가 있고, 이중 YY와 (다)의 yy는 순종이다.
② 어버이가 순종이므로 (가)는 이형 접합(잡종)이다. 이때 표현되는 유전자가 우성이므로 표현형과 유전자형을 비교하면 알 수 있다.
③ (나)의 완두는 모두 표현형이 동일하다. 그러나 유전자형은 YY 와 Yy 가 같이 존재한다.
④ (가)와 (다)를 교배하면 황색과 녹색 완두의 비가 1 : 1 로 나타나는 검정교배 유전이 될 것이다.
⑤ (나)와 (다)가 우성 : 열성 = 3 : 1 로 나타난 것은 멘델의 분리의 법칙을 따르기 때문이다.

10 1200개

해설 | (나)는 유전형이 YY, Yy 두 종류이고, YY 개체수 : Yy 개체수 = 1 : 2 이므로 (가)와 같은 유전형 Yy은 (나) 개체수의 $\frac{2}{3}$ 이다. 따라서 1800 × $\frac{2}{3}$ = 1200개

11 ③

해설 | 교차가 일어나지 않고 둥글고(R)의 황색(Y)인 생식 세포와 주름지고(r) 녹색(y)인 생식 세포가 형성되어야 하므로 모양과 색깔 유전자는 다른 염색체에 존재하여 연관되어 있지 않다.

12 9 : 3 : 1 : 3

해설 | 퍼넷 사각형을 그리면 다음과 같다.

♂ 화분 / ♀ 밑씨	RY	Ry	rY	ry
RY	RRYY	RRYy	RrYY	RrYy
Ry	RRYy	RRyy	RrYy	Rryy
rY	RrYY	RrYy	rrYY	rrYy
ry	RrYy	Rryy	rrYy	rryy

따라서 둥황 : 주황 : 주녹 : 둥녹 = 9 : 3 : 1 : 3 비율로 표현형이 나타난다.

13 독립의 법칙

해설 | 독립의 법칙은 멘델의 법칙 중 2 개 이상의 대립 유전자가 같이 유전될 때 성립하는 법칙으로 유전자가 연관되어 있지 않을 때 서로 영향을 미치지 않고 독립적으로 유전된다는 것이다.

14 ㄱ, ㄹ

해설 | ㄱ. 12번 해설의 퍼넷 사각형의 잡종 제 2 대의 유전형과 표현형을 비교해 보면 순종에 해당하는 개체는 $\frac{1}{4}$ = 25% 이다.

♂ 화분 / ♀ 밑씨	RY	Ry	rY	ry
RY	RRYY	RRYy	RrYY	RrYy
Ry	RRYy	RRyy	RrYy	Rryy
rY	RrYY	RrYy	rrYY	rrYy
ry	RrYy	Rryy	rrYy	rryy

ㄴ. 둥근 완두(R___)가 나타날 확률은 $\frac{3}{4}$ = 75% 이다.

ㄷ. 씨 색과 모양 모두 열성 유전자(rryy)가 표현 될 확률은 $\frac{1}{16}$ 이다.

ㄹ. 잡종 제 1 대(RrYy)와 유전자형이 같은 것이 나타날 확률은 $\frac{1}{4}$ = 25% 이다.

♂ 화분 / ♀ 밑씨	RY	Ry	rY	ry
RY	RRYY	RRYy	RrYY	RrYy
Ry	RRYy	RRyy	RrYy	Rryy
rY	RrYY	RrYy	rrYY	rrYy
ry	RrYy	Rryy	rrYy	rryy

15 ⑤

해설 | ① 불완전 우성이다.

② 분꽃의 꽃 색은 유전자에 의해 결정된다.

③ 분꽃의 꽃 색을 결정하는 유전자는 붉은색이 불완전 우성이라서 흰색 유전자와 섞이면 중간 형질을 나타내는 것이며, 세가지 종류의 유전자가 아니다.

④ 분꽃의 꽃 색이 유전자의 지배를 받는다.

⑤ 분꽃의 꽃 색은 대립 유전자 사이의 우열 관계가 불완전한 중간 유전을 나타낸다.

16 우열의 법칙

해설 | 어버이에게 없던 형질인 중간색의 꽃이 나왔기 때문에 멘델의 우열의 법칙에 어긋난다.

17 RW, WW

해설 | 원하는 자손의 유전자형이 RW(분홍) 과 WW(흰색) 이다. 이들이 나오려면 어버이가 둘 다 W 을 가져야 하고 어버이 한쪽은 R 도 가져야 한다. 즉 RW × WW 교배를 시켜야 한다.

18 50 %

해설 |

RR × WW … P(어버이)

↓

RW … F_1(잡종 제 1 대)

↓

RW × RW … (자가 수분)

↓

RR : RW : RW : WW … F_2(잡종 제 2 대)

따라서 어버이(P) 와 같은 형질(RR, WW)이 나올 확률은 50% 이다.

19 ②

해설 | 사람의 경우 유전자가 3만 개 이상 되고 이들 유전자 간에 대립 형질이 뚜렷하지 않아서 연구 대상으로 적절하지 못하다. 또한, 환경의 영향을 많이 받고 자유로운 교배가 불가능하며 한 세대가 길어 결과 분석하는데 시간이 많이 걸리고 자손의 수가 적어 통계 처리가 어렵다.

20 ③

해설 | 일란성 쌍생아는 유전적으로 동일하므로 다른 환경에서 키웠을 때 후천적 환경 영향을 알아볼 수 있고, 이란성 쌍생아는 동일한 환경에서 키웠을 때 유전적 요인의 영향을 알아볼 수 있다.

21 50%

해설 | A의 형제 중 미맹(tt)이 있으므로 A의 아버지는 Tt, 어머니는 tt이다. 그러므로 정상인 A는 모계로부터 미맹 유전자를 받은 보인자이다(유전자형 Tt). 이 Tt 가 미맹 남성(tt)과 결혼하여 자녀를 낳았을 때 Tt, tt 만 나타난다. 즉, Tt는 정상(보인자), tt는 미맹이므로 미맹일 확률은 50% 이다.

22 (나), (라)

해설 | 혀를 말 수 없는 유전자는 상염색체 열성 유전이다. 이때 Rr 은 정상(보인자), rr 은 혀를 말 수 없는 경우가 된다.

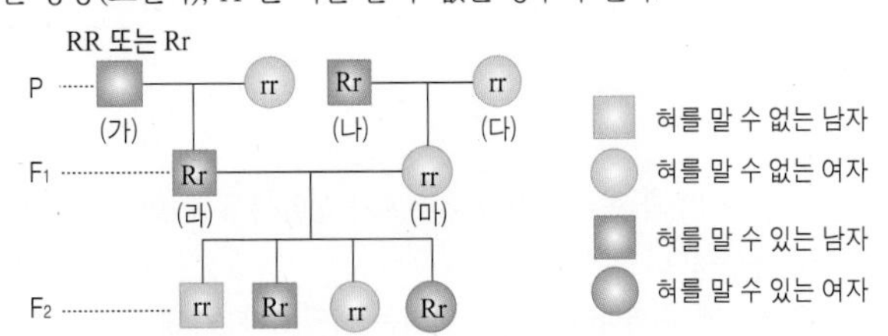

(가) : (가)와 혀를 말지 못하는 배우자(rr) 사이에서 태어난 자손 (라)의 유전자형이 Rr이므로 (가)는 반드시 R 유전자를 가진다. 이 경우

유전자형은 RR 또는 Rr이므로 (가)의 유전자형을 확신할 수 없다.
(나) : (다)와 (마)가 혀를 말수 없기 때문(rr)에 (나)는 보인자(Rr)이다.
(라) : (라)의 자손에서 혀를 말 수 없는 사람(rr)이 나오기 때문에 (라)는 보인자(Rr)이다.

23 ②

해설 | AO × AB → AA, AB, AO, BO이 가능하다. 이때 혈액형 유전자 A, B, O는 복대립 유전자로 상동 염색체의 같은 자리에 마주 보고 위치한다. ①은 BB이며, B와 B, B와 O는 서로 연관되어 있지 않다.

24 우성

해설 | 자손 1대에서 부모가 모두 특정 형질(Ss ; 초록색)을 나타내는데 그들의 자손(자손 2대)중 일부는 특정 형질을 나타내지 않았다(ss ; 주황색). 만약 자손 1대 부모가 모두 특정 형질을 나타내지 않으면 (ss) 자손 2대는 전부 특정 형질을 나타내지 못할 (ss) 것이다. 결론적으로 유전자(S ; 초록색)는 우성(S > s)임을 알 수 있다.

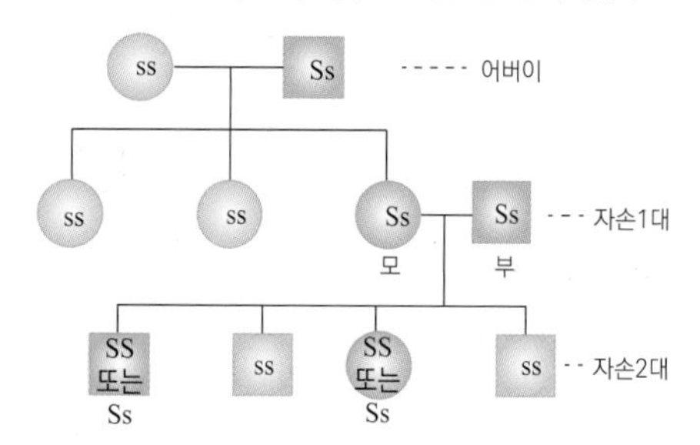

25 4번

해설 | 적록 색맹은 성염색체 X 위에 있으며 열성 유전이다. 9번은 X'Y, 10번은 XY, 11번은 X'X'이고, 6번은 X'Y이므로 자손에 X와 X'이 모두 나타나기 위해서 7번은 보인자로 XX'이다. 따라서 3대의 9번의 X'Y 중 X'는 교배에 의한 것이므로 어머니(7번)로부터 물려받은 것이 된다. 마찬가지로 7번은 4번에게서 색맹 유전자를 물려받았다.

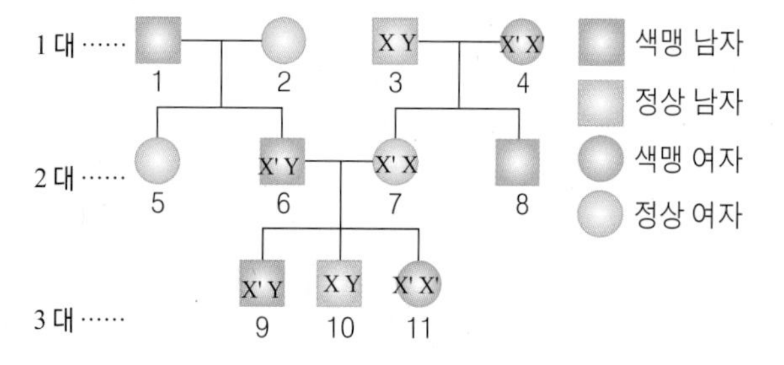

26 50%

해설 | 6번(X'Y) × 7번(X'X) → 자손 중 여자의 경우 X'X'(색맹) 또는 X'X(정상 ; 보인자)이 같은 확률로 가능하다. 따라서 색맹일 확률은 $\frac{1}{2}$ (50%)이다.

27 ⑤

해설 | ① 색맹과 혈우병 모두 유전자가 성염색체 X 위에 존재하므로 반성 유전이다.
② X 염색체에 존재하기 때문에 여성은 색맹 X가 두 개 있어야 색맹이고, 남성은 색맹 X 한 개만 있어도 색맹이 되므로 남자에게 더 흔하다. 혈우병도 똑같은 방식으로 유전되므로 남자에게 더 흔하다.
③ 색맹과 혈우병은 정상에 대하여 열성 유전자이다.
④ 형질을 결정하는 유전자가 X 염색체 위에 있다.
⑤ 여성이 보인자인 경우 혈우병과 색맹이 모두 나타나지 않는다.

28 ④

해설 | 이 사람의 염색체는 복제가 일어난 상태이며, 21번 상염색체는 비분리로 인해 3개가 되었다.
① 이 사람의 염색체 수는 47개이다.
② 21번 상염색체의 비분리로 나타난다.
③ 이 변이는 성별 빈도의 차이가 없이 나타난다.
④ 이 남자는 다운증후군으로 45 + XY 의 47개 염색체를 갖는다.
⑤ 위와 같은 염색체 구성을 다운 증후군으로 외모의 고유한 특징이 나타나고 정신 지체가 나타난다.

개념 심화 문제

정답 155 ~ 165쪽

01 (1) 순종을 얻을 때 (2) 9 종류 (3) 1개 (4) Rryy, $\frac{1}{4}$
(5) RrYy, 우열의 법칙 (6) ② 02 ③
03 (1) 갈색 : 우성 흰색 : 열성 (2) 상염색체 (3) ①
04 (1) ② (2) ① 05 ㄱ, ㄹ 06 ㄱ, ㅁ
07 (1) 우성 (2) X 염색체 (3) ㄴ, ㄷ, ㄹ
08 (1) (해설 참조) (2) 7명 09 ⑤
10 ② 11 (1) ② (2) 50% (3) ⑤ 12 ②
13 ㄱ, ㄴ, ㄷ 14 ㄱ, ㄴ 15 ⑤
16 (1) 항상 같이 이동한다. (2) ㉠ 4종류 ㉡ 2종류
(3) ② 17 ㉠ : ③ ㉡ : ⑤ 18 ③
19 (1) ④ (2) B 와 L, b 와 l 이 연관되어 있다.
(3) 교차가 일어났기 때문에
(4) 잡종 제 1 대의 (BbLl)를 열성 개체(bbll)과 검정 교배시킨다.
20 (1) ㉠ : 20% ㉡ : 12% (2) (해설 참조)
21 ② 22 ④ 23 ④ 24 ③

01 (1) 순종을 얻을 때 (2) 9 종류 (3) 1개 (4) Rryy, $\frac{1}{8}$
(5) RrYy, 우열의 법칙 (6) ②

해설 | (1) 자가 수분시키는 이유는 자신과 똑같은 유전형과 교배를 시켜 순종을 얻기 위한 과정이다. 실제로 멘델은 순종을 얻기 위해 인공적으로 자가 수분을 세대를 거듭하여 시도하였다.
(2) 잡종 제 2 대를 종류별로 표시하면 다음과 같다.

♂ 화분 / ♀ 밑씨	RY	Ry	rY	ry
RY	① RRYY	② RRYy	③ RrYY	④ RrYy
Ry	② RRYy	⑤ RRyy	④ RrYy	⑥ Rryy
rY	③ RrYY	④ RrYy	⑦ rrYY	⑧ rrYy
ry	④ RrYy	⑥ Rryy	⑧ rrYy	⑨ rryy

(3) (가)의 유전자형 RRYY는 1개 나온다.

(4) 주름지고 녹색인 완두와 교배시켜 1 : 1 이 나온 것은 검정교배를 시킨 것으로 어버이의 유전형을 찾을 수 있다. (마)는 녹색이므로 yy 유전자를 가지며, 둥근 유전자가 RR인지, Rr인지만 구별하면 된다. 다음 그림처럼 검정 교배를 시키면 F_1 에서 둥근 완두와 주름진 완두가 1 : 1 의 비율로 나온다.

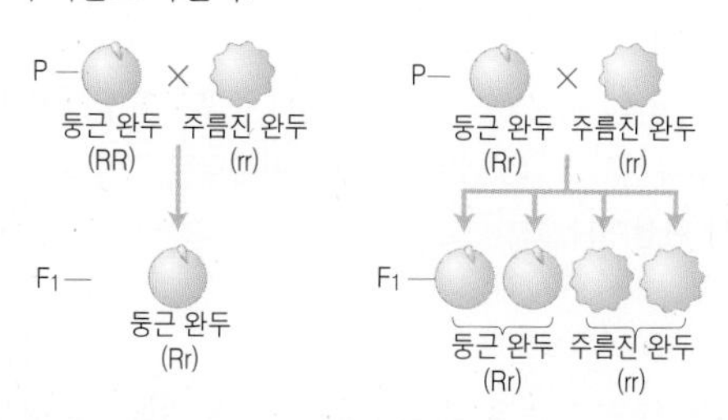

위의 결과 (마)는 Rryy 유전자형을 갖는다. 이 유전자형이 잡종 2대 중에 나타날 확률은 $\frac{2}{16}=\frac{1}{8}$ 이다.

(5) 우열의 법칙에 의해 우성과 열성의 형질이 같이 존재하면 우성 형질이 표현형으로 나타난다. 즉, (다)는 RrYy 를 나타낸다.

(6) 잡종 제 2 대에서 씨 모양과 색깔의 비율은 각각 3 : 1 로 분리의 법칙을 따르고 있다. 어버이에게서 나타나지 않았던 열성의 형질이 같은 확률로 분리되어 나타나므로 ②가 된다.

02 ③

해설 | 꽃의 색은 붉은색 : 분홍색 : 흰색 = 1 : 2 : 1 이므로 중간 유전을 하며, 씨의 색은 황색 : 녹색 = 3 : 1 이므로 황색이 우성이다.
꽃의 색과 씨의 색을 나타내는 유전자는 서로 연관되지 않는다.

RRYY × rryy … P(어버이)
↓
RrYy × RrYy … F_1(잡종 제 1 대)
↓
RR : Rr : rr = 1 : 2 : 1(중간 유전) … F_2(잡종 제 2 대)
붉 분 흰
(YY , Yy) : yy = 3 : 1(우열의 법칙) … F_2(잡종 제 2 대)
황 녹

03 (1) 갈색 : 우성 흰색 : 열성 (2) 상염색체 (3) ①

해설 | 갈색 털 유전자를 B, 흰색 털 유전자를 r이라고 할 때, BB 와 Br 은 갈색, rr 은 흰색이다.

(1), (2) Ⅰ 에서 수컷 갈색 × 암컷 흰색(rr)의 교배 결과 갈색 : 흰색 자손이 1 : 1 로 나왔으므로 수컷 갈색은 Br 이다.
Ⅱ 에서 갈색 × 갈색의 교배 결과 갈색 자손(BB, Br) : 흰색(rr) 자손이 3 : 1 로 나왔으므로 우열의 법칙이 성립하고, 암수 모두 유전형이 Br이다. 또한 부모에게는 없던 흰색이 나왔으므로 흰색이 열성이다.
Ⅲ 에서 흰색 × 흰색의 교배 결과 자손은 모두 흰색이다.
Ⅳ 에서 수컷 갈색 × 암컷 흰색(rr)의 교배 결과 자손은 모두 갈색이므로 수컷 갈색의 유전형은 BB 이다.
털 유전자는 상염색체에 존재하며, 갈색 털 유전자(B)는 우성, 흰색 털 유전자(r)는 열성이다.

(3) Ⅱ 의 암컷 갈색(Br)과 Ⅳ 의 수컷 갈색(BB)을 교배하면 모두 갈색(BB, Br)이다.

04 (1) ② (2) ①

해설 | (1) 민후는 BOX'Y, 어머니는 OOXX', 아버지는 BOXY, 외할머니는 BOXX', 외할아버지는 AOXY이다.

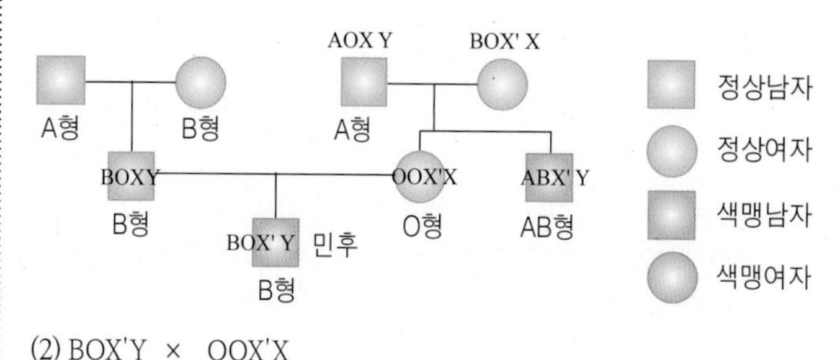

(2) BOX'Y × OOX'X
↓
혈액형 : BO, BO, OO, OO
색맹 : X'X', X'X, X'Y, XY

O형일 확률 $\frac{1}{2}$, 색맹(X'X', X'Y)일 확률 $\frac{1}{2}$ 이므로 O형이고 색맹인 사람이 나올 확률은 $\frac{1}{4}$ (25%)이다.

05 ㄱ, ㄹ

해설 | ㄱ, ㄹ. 유전 형질인 혈액형이 같은 사람이 일란성이다. 자녀가 O형과 B형이므로 부모의 혈액형 유전형은 AO 와 BO 이다.
ㄴ. 자녀는 부모의 유전 형질을 각각 반반씩 물려받는다.
ㄷ. 지능 지수는 일란성 쌍생아 산, 들이 중 산이가 더 높으므로 지능 지수는 유전보다 환경 영향이 더 크다.

06 ㄱ, ㅁ

해설 | ㄱ, ㄹ. 부모(3, 4)에게는 없던 유전병이 나타났으므로 유전병 유전자는 열성이고 상염색체에 존재하며, 부모(3, 4)는 모두 유전병 유전자를 1개씩 가지고 있다.
ㄴ, ㅁ. 9번이 유전병일 확률은 알 수 없으나 7번이 열성 동형 접합이므로 10번 여자가 유전병 유전자를 반드시 가진다.
ㄷ. 유전병 유전자가 성염색체에 있다면, 3번이 X'Y(유전병)이어야 7번이 유전병(X'X')이다.
ㅂ. 정상인 6번이 보인자인지 아닌지 알 수 없으므로 자식의 유전병 확률을 알 수 없다.

07 (1) 우성 (2) X 염색체 (3) ㄴ, ㄷ, ㄹ

해설 |

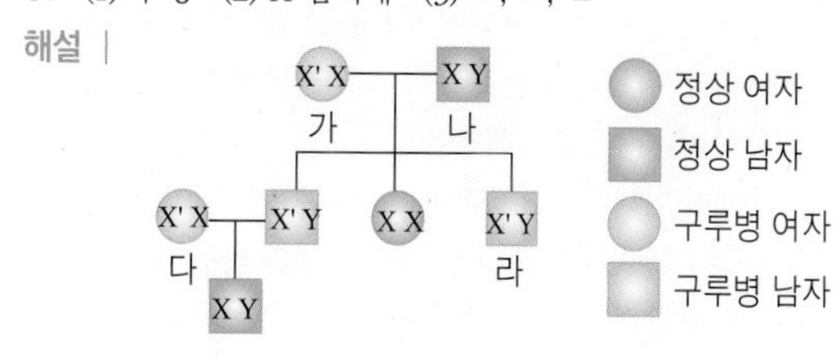

(1) (다)의 남편과 자손의 표현형을 보고 구루병 유전자가 우성 유전임을 알 수 있다.

(2) 구루병은 성염색체에 존재하는데 남성, 여성 모두 나타나므로 X 염색체 위에 있다. 따라서 구루병은 우성 반성 유전을 한다.

(3) ㄱ. (다)는 XX'이므로 동형 접합(순종)이 아니다.
ㄴ. (라)는 X'Y이며 X'은 어머니 (가)로부터 온 것이다.

ㄷ. (가)는 X'X (자녀 중에 정상 여자(XX)가 있다.), (나)는 XY이므로 자녀의 유전형에 X'(우성 구루병 유전자)가 들어갈 확률은 50%이다.
ㄹ. (라)가 정상인과 결혼하면 (라)(X'Y) × 정상인(XX) → 딸은 100% 구루병, 아들은 모두 정상이다.

08 미맹 유전자는 상염색체 열성 유전자로 나타나며 남녀 구별없이 tt인 경우 미맹이 나타난다.
(1) A의 부모는 모두 Tt 유전형을 갖고 있다(보인자). 이때 미맹 유전자 t 가 정상 유전자에 대해 열성이기 때문에 부모는 정상으로 표현된다. 특히, 아버지의 t 는 친할머니로부터 온 것이다. (2) 7명

해설 |

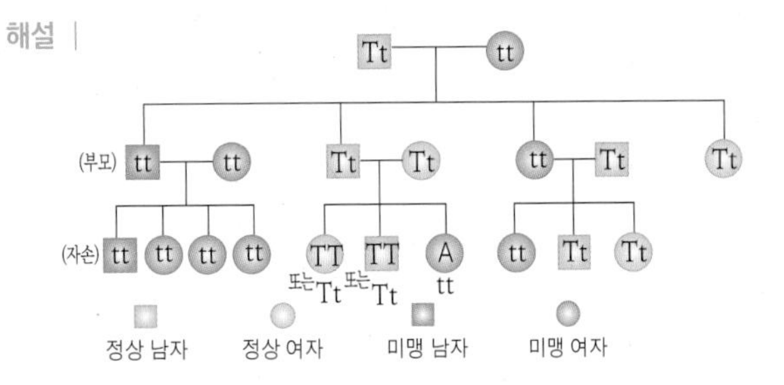

09 ⑤
해설 | ① 흰색 털이 불완전 우성이라고 할지라도 흰색과 검은색 교배에서 모두 회색이 나오지는 않는다.
②, ④ 흰색 털이 검은색 털에 대해 우성이면 흰색끼리 교배시킨 경우 모두 흰색이 나오지 않고, 검은색끼리 교배시킨 경우 흰색과 검은색이 1 : 1로 나오지 않는다.
③, ⑤ 흰색 털이 검은색 털에 대해 열성이라면 흰색끼리의 교배에서는 모두 흰색만 나오게 된다.

10 ②
해설 | 다지증이 우성이고 상염색체에 존재한다. 다지증 유전자가 M 인 경우 다지증이 나타나는 경우는 MM, Mm 이고, 정상인 경우 mm 이다. 자녀가 mm 이 나타났으므로 부모는 모두 유전자형이 Mm 이며, 생식 세포 교배를 시키면 자녀에게는 MM : Mm : mm = 1 : 2 : 1 로 나타나므로 다지증(MM, Mm)이 나타날 확률은 $\frac{3}{4}$ = 75 % 이다.

11 (1) ② (2) 50 % (3) ⑤
해설 | 색맹은 반성 유전으로 색맹 유전자는 X 염색체 위에 있다.
(1) 외할아버지의 X' 염색체가 존재해야 이모가 색맹이 나타날 수 있다. 따라서 외할아버니는 X'Y로 색맹이다.
(2) 어머니는 색맹이 아니더라도 외할아버지의 X'염색체로 인해 보인자(X'X)이다. 아버지는 X'Y로 색맹이므로, 그 결과 아들 승준이(X'Y 또는 XY)는 50% 색맹 가능성이 있다.
(3) 아버지 정상(XY) × 어머니 보인자 (X'X) 일 때 아들은 50% 가 색맹이고 딸은 모두 정상이다.

12 ②
해설 | 혈우병과 색맹 유전자는 X 염색체 열성 유전이다. A는 혈우병과 색맹을 가진 아들이 있기 때문에 혈우병과 색맹의 열성 유전자 X를 모두 갖고 있으면서 보인자이다. 그러므로 혈우병 유전자 h 와 정상유전자 H 가 대립 유전자로 같은 자리에 존재하고 색맹 유전자 b 와 정상 유전자 B 도 역시 같은 자리에 대립 유전자로 존재하여 상동 염색체 분리 시 서로 다른 생식 세포로 나누어질 수 있어야 한다.

13 ㄱ, ㄴ, ㄷ
해설 | ㄱ. 어머니로부터 온 X' 가 존재하므로 어머니는 정상이지만 보인자이다.
ㄴ. A 는 2n = 44 + X'XY 는 클라인펠터 증후군의 남성이다.
ㄷ. 혈우병 유전자 X' 은 어머니로부터 비분리된 X'X 를 받았기 때문에 나타난 현상이다.

14 ㄱ, ㄴ
해설 | 근친결혼의 경우 열성 유전자가 동형 접합으로 형성될 수 있기 때문에 유전병에 걸릴 확률이 상당히 높아진다. 그래서 대부분의 국가에서 근친결혼을 금하고 있다.

15 ⑤
해설 | A_B_ : A_bb : aaB_ : aabb 의 비율은 다음과 같다.
①, ④ 3 : 0 : 0 : 1 ((A, B)와 (a, b)는 같이 움직임→연관됨)

(가) \ (가)	AB	ab
AB	AABB	AaBb
ab	AaBb	aabb

②, ⑤ 2 : 1 : 1 : 0 ((A, b)와 (a, B)가 연관됨)

(나) \ (나)	Ab	aB
Ab	AAbb	AaBb
aB	AaBb	aaBB

③ 9 : 3 : 3 : 1 (유전자 4개가 연관되지 않음)

(다) \ (다)	AB	Ab	aB	ab
AB	AABB	AABb	AaBB	AaBb
Ab	AABb	AAbb	AaBb	Aabb
aB	AaBB	AaBb	aaBB	aaBb
ab	AaBb	Aabb	aaBb	aabb

16 (1) 항상 같이 이동한다. (2) ㉠ 4종류 ㉡ 2종류 (3) ②
해설 | (1), (2) 유전자가 연관되어 있을 경우 생식 세포로 항상 같이 이동하기 때문에 생식 세포의 종류가 감소한다.
(3) 유전자가 연관되어 있으면 멘델의 독립의 법칙이 성립하지 않는다.

17 ㉠ : ③ ㉡ : ⑤
해설 | 생식 세포의 개수는 ① : 8가지, ② : 8가지, ③ : 4가지, ④ : 8가지, ⑤ : 2가지이다.
감수 분열 결과 상동 염색체가 분리되어 각각의 생식 세포로 들어가므로 생식 세포의 유전자 수는 절반이 된다. 교차율이 10%라는 것은 유전자가 바뀐 것이 전체 중 10% 라는 뜻이고, 교차한 경우와 교차

하지 않은 경우의 생식 세포의 종류는 서로 다르므로, 교차한 경우의 생식 세포의 종류와 교차가 일어나지 않은 경우의 생식 세포의 종류를 모두 포함시켜야 한다.

① 생식 세포는 (A, B, D), (a, B, D), (A, b, D), (A, B, d), (a, b, D), (A, b, d), (a, B, d), (a, b, d) 총 8가지

② • 교차하지 않은 경우 : B와 D 연관, b와 d 연관 → 생식 세포 : (A, B, D), (a, B, D), (A, b, d), (a, b, d)

• 교차한 경우 : B와 d 연관, b와 D 연관 → 생식 세포 : (A, B, d), (A, b, D), (a, B, d), (a, b, D) 따라서 생식 세포는 총 8가지

③ 교차가 일어나지 않았고, B와 D가 연관, b와 d가 연관되었으므로 총 4가지의 생식 세포(A, B, D), (a, B, D), (A, b, d), (a, b, d)가 있다.

④는 ②와 마찬가지로 8가지의 생식 세포가 생긴다.(교차율의 대소는 중요하지 않다.)

⑤은 A, B, D가 연관 a, b, d가 연관되어 있으므로 생식 세포의 종류는 2가지(A, B, D), (a, b, d) 밖에 나타나지 않는다.

18 ③

해설 | 우성 유전자가 결실되는 경우 가까이 있을수록 함께 결실될 가능성이 높아진다. 즉, 표에서 발현된 열성 유전자가 의미하는 것은 결국 각각 대립 유전자가 가까이 붙어 있었다는 뜻이다.

구분	a	b	c	d	가까이 붙어 있는 유전자
Ⅰ	+	+	-	-	a, b
Ⅱ	+	-	+	+	a, c, d
Ⅲ	+	-	+	-	a, c
Ⅳ	-	-	-	+	d

열성 발현된 그룹이 가까이 있다는 뜻이므로 Ⅰ ~ Ⅳ 조합을 해보면 b - a - c - d 로 나타나게 된다.

19 (1) ④

(2) B 와 L, b 와 l 이 연관되어 있다.

(3) 교차가 일어났기 때문에

(4) 잡종 제 1 대의 (BbLl)를 열성 개체(bbll)과 검정 교배시킨다.

해설 | (1) 독립유전을 했다면 9 : 3 : 3 : 1 이 나와야 하나 실제로 보라색 긴 화분, 붉은색 둥근 화분의 개체가 많이 나왔다.

(2) 실험 결과로 보아 염색체 상에 B와 L, b와 l 서로 연관되어 있어 감수분열 시 이 유전자들은 항상 같이 움직여 같은 생식 세포로 들어감을 알 수 있다.

(3) B-L , b-l 의 연관 관계가 완전하다면 F_2 에서는 보라색 둥근 화분(Bl), 붉은색 긴 화분(bL)은 나올 수가 없다. 그러나 적은 수의 개체가 나온 것으로 보아 연관된 두 유전자 사이에서 교차가 일어난 것으로 볼 수 있다. 교차는 일부 생식 세포에서만 일어나므로 교차에 의해 생긴 개체의 수는 원래 연관된 유전자의 형질을 갖는 개체수보다 적다.

(4) B-L , b-l 의 연관 관계인 F_1를 검정 교배를 시키면(BbLl × bbll) 자손의 표현형 분리비(보라색 긴 화분 : 붉은색 둥근 화분 = 1 : 1)는 F_1 의 배우자 유전자형 분리비(BbLl : bbll = 1 : 1)와 같아야 하나, 그렇지 않은 경우를 구하면 전체 배우자 중에서 교차에 의해 생긴 배우자의 비율을 구할 수 있다.

20 (1) ㉠ : 20% ㉡ : 12% (2) A ← 20% → B ← 12% → C

해설 | 유전자 A, B, C가 한 염색체 위에 있으므로 서로 연관되었고, 따라서 a, b, c도 서로 연관되었다. 그런데 완전 연관된 개체는 343+ 337 = 680 개체로 나머지는 교차가 일어난 것이다. ABC/abc = AaBbCc, aBC/abc = aaBbCc를 나타낸다. 교차율(%)는 검정 교배로 얻은 자손 중 교차로 인해 생긴 자손의 비율로 나타낸다.

• A 와 B 의 교차율 (Ab 또는 aB 가 같이 움직인다.)

$$\text{교차율(\%)} = \frac{Ab^* + aB^*}{\text{전체 자손의 수}} \times 100 = \frac{102 + 98}{1000} \times 100 = 20\%$$

• B 와 C 의 교차율 (Bc 또는 bC 가 같이 움직인다.)

$$\text{교차율(\%)} = \frac{Bc^* + bC^*}{\text{전체 자손의 수}} \times 100 = \frac{63 + 57}{1000} \times 100 = 12\%$$

A 와 C 의 교차율은 32% 로 주어졌으므로 지도를 그리면 다음과 같다.

A ← 20% → B ← 12% → C

21 ②

해설 | 결실, 중복, 역위, 전좌의 염색체 구조 이상을 나타낸 것이다.

22 ④

해설 | ① , ② (가)의 핵형은 45 + XY로 총 염색체 수는 47개이다 (21번 염색체가 3개이다).

③ (가)의 생식 세포는 정상일 수도 비정상적일 수도 있다.

④ 감수분열 시 염색체의 비분리로 염색체의 수적 이상이 나타난다.

23 ④

해설 | ① (가) 과정은 염색 분체 분리에 의해 생식 세포가 만들어지는 감수 제 2분열이다.

② 상동 염색체가 분리되어 4개의 염색체이므로 분리되기 전 체세포의 염색체 수는 8개이다.

③ 정자는 비정상적인 염색체 수를 가진다.

④ 비분리 결과 A : n-1 B : n+1 이다. 비분리 결과 생성된 정자 A는 n-1 이므로 정상적인 난자와 수정이 되면 2n-1로 이수성 돌연변이이다.

⑤ B는 염색체 수가 n+1이므로 정상적인 난자(n)와 수정이 되면 수정란의 염색체 수는 2n+1이다.

24 ③

해설 | ①, ② (가)는 염색체 비분리 현상이 감수 제 1분열 시에 나타나는 경우이며, (나)는 감수 제 2분열 시에 나타나는 경우를 모식화한 것이다.

③ a 는 XY 이므로 정상인 난자 X 와 만나면 성염색체가 XXY 인 클라인펠트 증후군이 된다.

④ XYY 가 나타나기 위해서는 정자가 YY 를 가져야 하므로 (나)에서와 같이 감수 제 2 분열 시 염색체 비분리 현상이 일어나야 한다.

⑤ (나)에서 감수 제 2 분열시에 염색체 비분리 현상에 의해 XX 인 정자도 나올 수 있으므로 이 경우 정상인 난자와 만나면 XXX형의 아이가 태어날 수 있다.

Ⅶ. 유전과 진화 (2)

개념 보기

Q11 상동 기관　Q12 유전자는 변하지 않기 때문에
Q13 돌연변이설, 자연선택설, 격리설
Q14 • Rh^+ 순종(동형 접합) 비율 : 81%　• Rh^+ 잡종(이형 접합) 비율 : 18%　Q15 유전적 부동

Q14 해설 | Rh^+가 우성이며, 열성인 Rh^-형(Rh^- 동형 접합)의 개체 비율이 1% 이므로, 우성 대립 유전자 빈도를 p, 열성 대립 유전자 빈도를 q 라고 할 때, $q^2 = 0.01$ → q 는 0.1 이 되며, $p = 1-q = 0.9$ 이다. 따라서 Rh^+ 형(동형 접합) 순종 개체 비율은 $p^2 = 0.9^2 = 0.81$(81%) 잡종(이형 접합) 개체 비율은 $2pq = 2 \times 0.9 \times 0.1 = 0.18$(18%), 나머지 1%가 Rh^- 형의 순종(동형 접합)이다.

개념 확인 문제

정답　171 ~ 173쪽

29 ②　30 (1) ㉠ : 조류 ㉡ : 파충류 (2) ㉢ : 조상 (3) ㉣ : 포유류 ㉤ : 조류
31 척추동물이 하나의 공통 조상으로부터 진화하였다는 발생학상의 증거
32 ㉠ : 상사 기관 ㉡ : (해설 참조)　33 ②
34 (해설 참조)　35 흔적 기관　36 ③
37 ⑤　38 ③　39 ④　40 ④　41 ④

29 ②
해설 | 발생 기원은 같으나 모양과 기능이 다른 기관으로, 상동기관이라고 한다. 이 기관은 다른 환경에 적응하면서 각각 다른 방향으로 진화되었음을 보여 준다.

30 (1) ㉠ : 조류 ㉡ : 파충류 (2) ㉢ : 조상
(3) ㉣ : 포유류 ㉤ : 조류
해설 | 시조새, 유글레나, 오리너구리는 2개 종의 특징을 같이 갖고 있는 생물체로 진화 방향을 알 수 있는 화석상의 증거이다. 단, 유글레나와 오리너구리는 현재 종이 유지되고 있다.

31 척추동물이 하나의 공통 조상으로부터 진화하였다는 발생학상의 증거
해설 | 발생 초기 단계에는 모두 아가미 틈과 꼬리가 있는 모습을 하고 있으나, 발생이 진행될수록 달라져 발생이 끝나면 각각 고유의 모습을 나타낸다.

32 ㉠ : 상사 기관 ㉡ : 발생 기원은 다르지만 형태나 기능이 같은 기관으로 같은 환경에 적응하면서 비슷한 형태와 기능으로 진화되었다.
해설 | 〈 상사 기관의 예 〉
- 곤충의 날개(표피) - 새의 날개(앞다리)
- 장미의 가시(줄기) - 선인장의 가시(잎)
- 상어(어류 지느러미) - 돌고래(포유류 앞다리)

33 ②
해설 | (가) 생존경쟁에서 적자생존으로 인해 목이 긴 기린이 등장했다는 다윈의 진화론(자연선택설)
(나) 자주 쓰는 기관은 발달하고 안 쓰는 기관은 퇴화한다는 라마르크의 용불용설
(다) 특정 유전 돌연변이가 우연히 발생하여 목이 긴 기린이 등장했다는 드브리스의 돌연변이설

34 노력에 의한 획득형질은 다음 세대로 유전되지 않는다. 그 이유는 세포의 유전 정보가 변한 것이 아니기 때문에 생식 세포 형성 시 원래 가지고 있던 유전 정보가 그대로 전해지기 때문이다.

35 흔적 기관
해설 | 과거에는 사용하였으나 현재는 퇴화되어 흔적만 남은 기관이다.

36 ③
해설 | 포식자의 눈에 잘 띄지 않는 개체들은 그렇지 못한 개체들보다 많이 살아남아 자손을 남길 수 있다. 이는 다윈의 진화론에서 적자생존이 해당된다.

37 ⑤
해설 | 드브리스가 주장한 돌연변이설로 우연히 또는 인공적으로 유전적 변이가 일어나면 그 변이가 자손 대대로 전해질 수 있고 그 과정에서 진화가 일어났다는 주장이다.

38 ③
해설 | 다윈은 과잉 생산으로 인해 개체의 집단이 늘어나면 집단 내부에서 일부 개체변이가 나타난다. 변이 개체와 기존 개체가 생존 경쟁을 통해 좀 더 환경에 적응을 잘하는 개체가 적자생존으로 살아 남아 자손을 퍼트릴 수 있다. 이때 자연선택된 개체변이 형질로 인해 진화가 일어난다고 보았다.
※ 다윈의 진화설에 대한 비판점 : 개체변이는 유전되지 않는다.

39 ④
해설 | 갈라파고스 군도는 남미 대륙과 떨어져 있는 화산섬으로 된 곳이다. 생태 환경이 주변 다른 대륙과 교류가 없이 독자적으로 구성되어 있고, 그 속에서 핀치 새는 먹이와 서식지에 적응하여 부리의 모양이 진화하게 되었다. 그 결과 남미 대륙과 같은 종이지만 부리의 모양이 전혀 다르게 나타나게 되었다.

40 ④
해설 | 다른 환경에 살면서 그에 적응하여 변이가 일어난 예를 찾으면 된다.

41 ④

해설 | 현대의 진화설은 돌연변이, 자연선택, 격리설을 모두 적용하고 있다. 품종 개량의 경우 인위적인 선택이므로 자연선택설에 포함된다. 그러나 용불용설의 경우 획득형질은 유전되지 않기 때문에 현대 사회에서 인정받지 못하고 있다.

개념 심화 문제

정답 174 ~ 176쪽

25 (1) B-A-C-D (2) (해설 참조) (3) ④ 26 ④
27 (1) 검은색 나방 (2) (해설 참조) (3) 자연선택설
28 ③ 29 ㄴ 30 ⑤

25 (1) B-A-C-D
(2) 개와 유연관계가 깊은 동물일수록 단백질의 구성이 비슷하므로 항원-항체 반응이 잘 일어나 토끼의 혈청이 침전되는 정도가 크다. (혈청은 혈액에서 혈액 응고 인자를 제거한 물질이다.)
(3) ④

26 ④

해설 | 특정 항생제에 내성이 있는 일부 결핵균이 자연선택되어 자손을 남기게 되는 현상이 반복된다.

27 (1) 검은색 나방
(2) 지의류가 다시 늘어나면서 흰색 나방이 생존에 더 유리해졌다.
(3) 자연선택설

해설 | 환경과 비슷한 색의 나방이 자연선택된다.

28 ③

해설 | ① PTC 용액 0.20 % 의 맛을 느끼지 못하는 사람은 4명이므로 미맹은 4명이다.
② 미맹을 유전병이지만 표를 통해서는 유전병인지 아닌지 알 수 없다.
③ 미맹 유전자의 빈도를 q라 할 때, 이 반의 미맹의 수는 $\frac{4}{49}$ 이므로 $q^2 = \frac{4}{49}$ 이다. 따라서 $q = \frac{2}{7}$ 가 된다.
④ 미맹은 열성이지만 표를 통해서는 알 수 없다.
⑤ 49명 모두 PTC 용액의 맛을 느끼지 못하는 농도가 있다.

29 ㄴ

해설 | ㄱ. 새로 생겨난 B 와 C 는 종분화로 인해 유전자 구성이 일부 다르다.
ㄴ. B 와 C 종은 자연선택되었다.
ㄷ. 토끼의 진화는 격리 → 돌연변이 → 자연선택 순으로 일어났다.

30 ⑤

해설 | 유전적 부동 상태에서 병목 효과를 나타낸 것이다. 유전적 부동은 자연 재해, 질병, 먹이 부족 등으로 인해 집단의 수가 갑자기 줄어들어 남은 집단의 유전자 빈도가 원래 집단과 달라지게 되는 현상이다.

창의력을 키우는 문제

177 ~ 190쪽

01. 추리 단답형

(1) A 의 슈거글라이더와 날다람쥐는 비슷한 환경에서 적응하여 생활이 비슷해지면서 비슷한 모습으로 진화하였다. B 의 핀치새는 각기 다른 먹이와 서식지에 적응하여 종이 분화되어 각각 다른 종으로 진화하였다.
(2) 다른, 비슷한, 같은, 다른

02. 단세석 문세 해설형

(1) $p = 1 - q = 1 - 0.01 = 0.99$
(2) 198명
(3) 근친결혼의 경우 열성 유전자의 동형 접합 비율이 급격하게 늘어날 수 있기 때문에 유전병이 많이 발생하여 PKU 환자가 급격히 늘어날 수 있다.

해설 | 보인자(이형 접합) 빈도는 $2pq = 2 \times 0.99 \times 0.01 = 0.0198$ (집단의 약 2%)이므로 집단의 크기가 1만 명(10,000)일 때 PKU 보인자인 사람은 $0.0198 \times 10,000 = 198$명이다.

03. 논리 서술형

(1) 빅토리아 여왕
(2) 혈우병은 X 염색체 위에 존재하며 열성 유전이다. 그 결과 여성의 경우 이형 접합 (X'X)이면 보인자로, 표현형은 정상으로 나타난다. 그러나 남성의 경우 혈우병 유전자를 가진 X'가 하나만 있어도 표현형으로 나타나게 된다. 그리고 여성의 경우 동형 접합(X'X')이면 태아 때 사산되는 경우가 많아 태어난 사람들 중에는 남성의 혈우병 빈도가 높게 나타난다.
(3) 근친 결혼은 열성 유전자의 동형 접합 빈도를 증가시킨다. 따라서 근친 결혼이 빈번하게 일어났다면 혈우병 표현형이 훨씬 증가할 것이다. 따라서 혈우병 남성이 많아진다.

04. 논리 서술형

(1) 말라리아 병원충에 대해 살아남기 유리하기 때문이다.
(2) 개체 변이로 인해 겸형 적혈구 등장 → 말라리아 병원충에 대한 생존 경쟁에서 적자생존 → 겸형 적혈구 유전자가 계속해서 자손으로 전달 → 개체 수 많아짐
(3) 말라리아 병원충이 적고, 겸형 적혈구 유전자가 자연선택에 불리하기 때문이다. (생활 속에서 불리하게 작용하기 때문)

해설 | (1) 말라리아 병원충이 많은 아프리카에 사는 정상 적혈구를 가진 사람은 말라리아 병원충에 감염되어 죽지만, 겸형 적혈구를 가진 사람은 말라리아 병원충에 감염되지 않아 죽지 않으므로 아프리카에는 겸형 적혈구 빈혈증의 이형 접합자를 가진 사람이 많이 존재한다.

05. 단계적 문제 해결형

(1) C 대립 유전자가 B 대립 유전자보다 상위에 있어서 C 조합에 의해 B 발현이 결정된다.
(2) 독립의 법칙
(3) 모두 검은색 쥐가 나온다.

해설 | 순종의 흰색 쥐의 유전자형은 BBcc, bbcc이며, 순종의 검은색 쥐의 유전자형은 BBCC이다. 따라서 BBcc × BBCC → BBCc 또는 bbcc × BBCC → BbCc 이므로 모두 검은색 쥐가 나온다.

06. 추리 단답형

(1) 상염색체
(2) 열성이다. • 이유 : 부모에게 없는 형질이 나타났기 때문에
(3) 약 67 %

해설 | (1) 정상인 부모 사이에서 백색증 자녀가 남자 아이, 여자 아이 모두에게 나타났으므로 백색증 유전자는 Y 염색체에 존재하지 않으며, 만약 백색증 유전자가 X 염색체에 존재한다면 정상인 엄마(보인자)와 정상 아빠 사이에서 태어난 자녀 중 남자 아이만 백색증이 나타나야 하기 때문이다. 따라서 백색증 유전자는 상염색체 위에 있을 것이다.
(3) 백색증 유전자가 열성이고, 자녀에게 나타났으며, 정상의 부모이므로, 두 부모 모두 백색증 보인자이다. 두 부모로부터 태어난 자녀는 정상(보인자 아님) : 정상(보인자) : 백색증 = 1 : 2 : 1 로 나타나므로 정상 중 보인자인 가능성은 $\frac{2}{3}$ (≒ 67 %)이다.

07. 단계적 문제 해결형

(1) 독립의 법칙에 적용이 될 것이다. 즉, 9 : 3 : 3 : 1
(2) 각 초파리는 생식 세포를 두 가지 밖에 못 만든다.(b^+vg^+와 bvg) 그 결과 F_2 의 비율은 야생형(회색 몸 - 정상 날개)과 돌연변이형(검은 몸 - 흔적 날개)이 1 : 1 로 나타날 것이다.
(3) 17 %
(4)

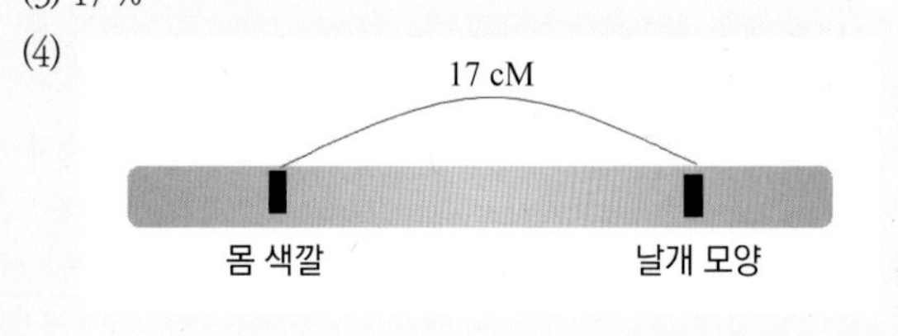

해설 | (3) 재조합(교차)가 일어나지 않고, b^+, b, vg^+, vg 가 서로 다른 염색체에 있어서 서로 연관되지 않았다면 검정 교배를 했을 때 자손의 개체 수는 b^+vg^+ : bvg : b^+vg : bvg^+ = 1 : 1 : 1 : 1 이 나올 것이다. 그러나 생식 세포를 만드는 과정에서 b^+vg(회색 몸 흔적 날개)와 bvg^+ (검은 몸 정상 날개)사이에 교차가 일어나 b^+vg에서는 b^+vg와 b^+vg^+가 만들어지고, bvg^+에서는 bvg^+와 bvg가 만들어졌다. 그 결과 원래 있던 b^+vg^+(회색 몸 정상 날개)와 bvg(검은 몸 흔적 날개)의 개체 수가 많아진 것이다.
b^+vg (; 회색 몸 흔적 날개)와 bvg^+ (; 검은 몸 정상 날개)가 재조합(교차)되었으므로

재조합 빈도(교차율) = $\frac{206 + 185}{965 + 944 + 206 + 185} \times 100 = 17\,\%$ 이다.

08. 추리 단답형

(1) 전좌
(2) 감수 1 분열 전기
(3) 전좌가 일어나는 경우 환자의 생식 세포 형성 시 전좌되어 있는 상태의 염색체가 들어갈 수 있다. 그러나 정상적인 생식 세포 역시 만들어질 수 있기 때문에 백혈병이 100 % 유전된다고 볼 수는 없다.

해설 | (2) 교차는 감수 1 분열 전기에 형성되는 2가 염색체(상동 염색체끼리 결합)에서 일어날 확률이 가장 높다.

09. 논리 서술형

(1) 약물과 같은 하나의 환경적 요인이 약물 저항성이라는 새로운 형질을 창조하는 것이 아니라 그 집단 안에 이미 존재하던 형질들 가운데서 약물 저항성을 가진 개체가 선택되는 것이다.
(2) 바이러스의 과잉 생산으로 집단 내 개체변이가 나타난다. 즉, 집단 내 일부는 약물에 대한 저항성을 갖고 있다. 이때 이 저항성을 가진 개체가 생존경쟁에서 살아남고(적자생존) 이 개체의 자손 증가로 인해 집단 내 개체가 전체적으로 약물에 대한 내성을 갖게 되는 진화가 일어난다.
(3) 서로 다른 기작의 약물을 병용하여 내성이 생기는 것을 최소화시킨다.

해설 | 백뉴클레오사이드 역전사 효소 억제제(NRTI), 비뉴클레오사이드역전사 효소 억제제(NNRTI), 단백분해 효소 억제제(PI) 등 세 계열의 억제제를 두 종류 이상 병용하는 칵테일 요법을 시킨다. 이 방법은 서로 다른 기작의 약물을 병용하여 내성이 생기는 것을 최소화시키는 방법이다.

10. 추리 단답형

(1) 방향성 선택, 흑곰의 경우 몸집이 클수록 체적 대비 표면적 비율이 작기 때문에 빙하기에 체온을 보존하여 생존하기가 더 유리하다.
(2) 분단성 선택, 중간 크기의 부리는 부드러운 씨앗 또는 딱딱한 씨앗을 먹을 때 모두 비효율적이어서 상대적으로 적응도가 낮아 생존에 불리하다.
(3) 안정화 선택, 양 극단의 표현형을 제거하는 쪽으로 작용하고 중간형이 생존에 유리하다.
(4) 분단성 선택 • 이유 : 양극단의 표현형을 갖기 때문에 유전적 변이가 가장 높은 편이다. 반면에 방향성 선택과 안정화 선택은 유전적 변이가 줄어든다.

해설 | (1) 방향성 선택은 한 집단의 환경이 변할 때나 집단의 구성원들이 다른 환경 조건을 가진 새로운 서식지로 이주하는 경우 나타난다.
(2) 분단성 선택은 환경 조건들이 표현형 분포의 양 극단에 해당하는 개체들을 중간형의 개체들에 비해서 더 선호하는 경우 나타난다.
(3) 안정화 선택은 변이를 줄이고 특정 표현형의 현재 상태를 그대로 유지하는 경향이 있다.

11. 논리 서술형

(1) 지놈 프로젝트에 의해 유전자 지도가 완성이 되면 개인별 유전자 치료를 이용한 난치병 해결이 가능하다. 또한 유전병 및 기타 질병, 노화 등 인간의 생로병사에 관련된 문제도 해결할 수 있다.
(2) 23개
(3) 1번 염색체에 질병 관련 유전자가 많이 존재하지만 그 많은 유전자들이 모두 표현형으로 나타나는 것은 아니다. • 이유 : 만약 열성 유전 질환의 경우 열성 동형 접합을 이뤄야 하고 또한 동시에 질병이 나타나려면 생식 세포 형성 시 교차가 거의 일어나지 않아야 하기 때문이다. 따라서 사람의 생식 세포 형성 시 이렇게 될 확률은 대단히 낮다.

해설 | (2) 연관군의 수는 생식 세포의 염색체 수(n)와 같다. 사람의 상동 염색체는 23쌍(n = 23)이므로 사람의 연관군은 23개이다.

12. 단계적 문제 해결형

(1) 퍼넷 사각형에 표시를 해보면, 암컷은 모두 거북무늬가 나타나고 수컷은 모두 주황색이 나타난다.

♀ \ ♂	X^B	Y
X^b	X^BX^b 거북무늬 암컷	X^bY 주황색 수컷
X^b	X^BX^b 거북무늬 암컷	X^bY 주황색 수컷

(2) 거북무늬 수컷의 경우 X^BX^bY 이므로 클라인펠터 증후군을 나타낼 것이다.
(3) X 염색체의 양이 2배가 되는 여성(XX)에서 X 염색체 불활성화 현상이 나타난다. 그 결과 세포 안에 X 염색체 1 개가 뭉쳐 있는 바소체가 나타난다. 이 바소체는 생식 세포 형성 시에는 응축이 다시 풀려 정상적으로 감수분열을 한다. 만약 X 염색체의 불활성화가 나타나지 않으면 여성은 남성에 비해 X 염색체에 의한 유전산물이 2배가 되어 여러 가지 문제를 일으킬 것이다.

13. 단계적 문제 해결형

(1) 21번 염색체가 3개 나타났으므로 다운 증후군이다.
(2) 핵형 분석은 단순히 염색체의 수와 크기만을 비교할 수 있다. 혈우병의 경우 X 염색체 위에 있는 혈우병 유전자 여부를 판별해야 하므로, 이는 X 염색체의 DNA 분석을 통해 알아낼 수 있다.
(3) 초음파 검사, 태동 검사, 임신성 당뇨 검사 등 여러 종류의 산전 검사가 있다.

14. 논리 서술형

(1) DNA를 비교하는 것이 목적이다. 보통 크기를 측정할 때 같은 눈금의 자를 갖고 물체를 측정해 비교하는 것처럼 기준을 통일시킬 필요가 있다. DNA 분석의 경우 자에 해당하는 DNA 제한 효소를 동일하게 사용해 DNA 조각을 만들어 전기 영동시켜 분석한다.
(2) 용의자의 옷에서 나온 혈흔의 DNA 밴드 검은 줄무늬 위치와 피해자의 DNA 밴드 검은 줄무늬가 수평적으로 같다. 이것은 동일한 제한 효소로 잘랐을 때 똑같은 조각이 나타났다는 결과이다. 즉, 동일한 DNA 임을 증명하는 것이다.

대회 기출 문제

정답	191 ~ 199쪽

01 ①, ② 02 ①, ⑤ 03 ①, ④, ⑤
04 ② 05 ④ 06 ⑤ 07 ③, ④, ⑤
08 ① 09 (1) $\frac{1}{3}$ (2) 0 % 10 ②
11 (1) 50% (2) 유전자 각인 (3) (해설 참조)
12 $\frac{1}{202}$ 13 ③ 14 $\frac{1}{8}$ 15 ③
16 25 % 17 ① 18 (1) 3, 8, 9 (2) 50 %
19 ①, ⑤ 20 $\frac{1}{16}$ 21 (1) ㅁ, ㅇ, ㅈ (2) $\frac{1}{128}$

01 ①, ②

해설 |

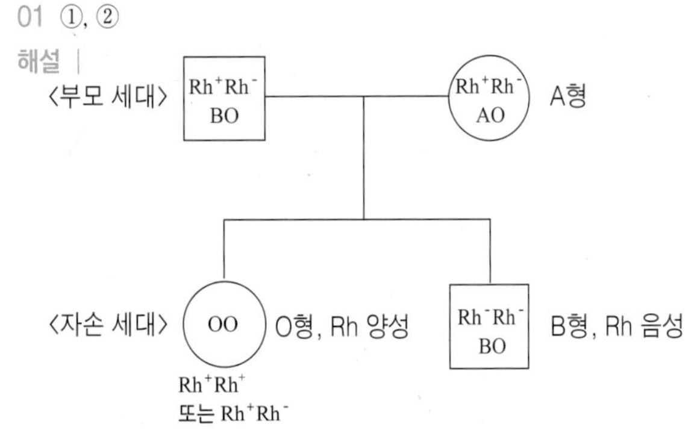

①, ② 딸과 아들의 혈액형이 각각 O형과 B형이며, 엄마가 A형이므로 아빠는 B형이다. A형 엄마와 B형 아빠 사이에서 태어날 수 있는 자손의 유전자형은 다음 표와 같다.

아빠 \ 엄마	A	O
B	AB (AB형)	BO (B형)
O	AO (A형)	OO (O형)

Rh의 경우 $^+$ 가 $^-$ 에 대해 우성이며, 아빠가 Rh 양성일 때 Rh 양성, Rh 음성 자손이 모두 나왔으므로 엄마와 아빠는 모두 Rh 이성 동형 접합(Rh^+Rh^-)이다. 따라서 유전자형이 각각 Rh^+Rh^- 인 엄마, 아빠 사이에서 태어날 수 있는 자손의 유전자형은 다음 표와 같다.

아빠 \ 엄마	Rh^+	Rh^-
Rh^+	Rh^+Rh^+	Rh^+Rh^-
Rh^-	Rh^+Rh^-	Rh^-Rh^-

③ 아들이 Rh^-Rh^-로 Rh 음성을 나타내기 때문에 아빠와 엄마는 Rh 양성 이형 접합(헤테로) 유전형 즉, Rh^+Rh^- 을 갖는다.
④ 딸의 Rh 양성의 유전자형은 Rh^+Rh^+(동형 접합)이거나 Rh^+Rh^-(이형접합 ; 헤테로) 유전형을 나타낼 수 있다.
⑤ 자녀를 한명 더 낳을 경우 O 형일 확률은 $\frac{1}{4}$, Rh 음성일 확률은 $\frac{1}{4}$, 아들을 얻을 확률은 $\frac{1}{2}$ 이므로 모든 조건이 충족될 확률은 $\frac{1}{4} \times \frac{1}{4} \times \frac{1}{2} = \frac{1}{32}$ 이다.

02 ①, ⑤

해설 | ① 발병 시기가 이미 자손을 낳은 뒤일 가능성이 높아 자손에게 물려져 빈도가 늘어날 가능성이 매우 높다.
② 국제결혼이 증가로 헌팅턴 유전병의 원인인 유전인자가 이입될 가능성이 있지만 기존 유전자 풀의 변동이 거의 없기 때문에 한 세대가 지난 뒤 유전자 빈도가 급격하게 증가할 정도의 효과는 보기 어렵다.
③ 진화 과정과 유전 빈도는 관계가 없다.
④ 우성 유전의 경우 이형 접합의 경우에도 나타나지만 유전자 풀 내에서 이 유전자의 빈도가 낮아서 전체 인구의 $\frac{3}{4}$ 까지 이 유전병을 나타내기는 어렵다.
⑤ 헌팅턴무도병은 유전자 변이로 인해 나타나는 질병으로 염색체 및 DNA 분석을 통해 미리 검사 가능하며, 검사를 통해 조치하므로 발병 빈도가 줄어들 수 있다.

03 ①, ④, ⑤

해설 | ① 문제에 제시된 것처럼 한국인이 유전 질환에 걸릴 확률은 $\frac{1}{10000}$ $(= q^2)$ 이다. 즉, 하디-바인베르크 법칙에 의해 $q = \frac{1}{100}$ 이고, 보인자인 경우는 $2pq = 2 \times \frac{99}{100} \times \frac{1}{100} ≒ \frac{1}{50} = 0.02$ (2%)이다.
② 8번과 11번이 결혼을 하면 4번과 5번이 이형 접합이기 때문에 8번과 11번이 이형 접합일 가능성은 각각 $\frac{1}{2}$ 이며, 이후 Ⅳ 대에 열성 동형 접합 유전 질환이 일어날 확률은 $\frac{1}{4}$ 이다.
따라서 $\frac{1}{2} \times \frac{1}{2} \times \frac{1}{4} = \frac{1}{16}$ 의 확률로 질병에 걸릴 가능성이 있다.
③, ⑤ 유전 질환에 걸린 남성이 호흡과 정자 이상으로 불임을 나타내기 때문에 호흡 기관과 정자의 공통점인 섬모와 편모에 이상으로 인한 질환일 가능성이 높다. 정자에는 리소좀이 없기 때문에 섬모와 편모의 효소 ATPase 의 특성에 문제가 있는 것으로 보인다.
④ 12번이 보인자(이형접합)를 가질 확률은 $\frac{1}{2}$ 이다.
이때 배우자(♀)는 보인자(이형접합)를 가질 확률이 $\frac{1}{50}$ (① 해설)이다.
두 보인자에 의해 유전 질환에 걸린 자손을 낳을 확률은 $\frac{1}{4}$ 이다.
따라서 두 사람이 결혼하여 유전 질환에 걸린 자손을 낳을 확률은 $\frac{1}{2} \times \frac{1}{50} \times \frac{1}{4} = \frac{1}{400}$ 이다.

04 ②

해설 | 용의자의 셔츠와 외투에 묻은 피에서 얻은 유전자 지문이 희생자의 유전자 지문과 대부분 일치하고 용의자와 희생자의 유전자 지문은 전혀 다르기 때문에 용의자 옷에서 나온 것은 희생자의 혈액이라고 볼 수 있다.

05 ④

해설 | 유전자 지도에서 두 유전자 사이에 교차가 일어날 확률은 유

전자 사이의 거리와 비례한다. (염색체 상 유전자 사이의 거리가 가까울수록 연관되어 교차가 일어나기 어렵다.) 그러므로 특정 염색체와 거리가 멀수록 교차로 인한 생식 세포가 형성되기 쉽다. 가장 높은 빈도로 관찰될 수 있는 형질은 교차가 거의 일어나지 않고 연관되어 있는 것을 뜻한다.

① 퇴화된 날개, 갈색눈
→ 거리가 멀어 오히려 교차가 나타날 가능성이 높다.
② 빨간색 눈(R), 회색몸체, 짧은가시꼴 돌기
→ 짧은 가시꼴 돌기와 회색몸체, 또는 짧은 가시꼴 돌기와 빨간색 눈(R)이 교차될 가능성이 높다.
③ 긴 가시꼴돌기, 검은색 몸체
→ 위 두 유전자 사이 거리가 멀어 교차가 일어날 가능성 높다.
④ 빨간색 눈(C), 회색 몸체
→ 빨간색 눈(C)과 회색 몸체는 거리가 가까워 교차가 거의 일어나지 않고 연관되어 항상 같이 유전자가 이동할 가능성이 높다.
⑤ 짧은 가시꼴 돌기, 검은색 몸체
→ 이 두 유전자는 생식 세포의 일부에서 교차가 일어나 짧은 가시꼴 돌기와 회색 몸체로 나타날 가능성이 높다.

06 ⑤

해설 | ① 영장류의 발은 사람에 비해 도구를 조작하기 쉬운 구조이다.
② 발가락을 자유자재로 움직일 수 있는 것으로 지능을 판별하기는 어렵다.
③ 네 발 보행에서 직립 보행으로 진화할수록 발의 모양은 점차 손과 다르게 발가락 길이가 짧아지고 지지를 잘 할 수 있는 구조로 변한다.
④ 발의 길이에 비해 폭이 좁을수록, 발가락이 짧을수록 두발로 걷기에 유리하다.
⑤ 엄지발가락과 뒤꿈치 사이의 움푹 파인 구조는 땅과 닿는 면적을 줄여 주어 쉽게 발을 뗄 수 있다.

07 ③, ④, ⑤

해설 | ① 아미노산 서열의 차이는 유전 암호가 달라서 다르게 나타난다.
② 고릴라, 침팬지, 긴팔원숭이, 오랑우탄 모두 영장류로 사람과 유전적 차이가 대부분 6 % 이하이다. 즉, 같은 조상으로 볼 수 있다.
③ 침팬지는 사람과 아미노산 서열 차이가 1.8 로 가장 적다. 그러므로 가장 최근에 종 분화된 것으로 보인다.
④ 아미노산 서열의 차이가 가장 큰 것은 진화 과정에서 가장 빨리 갈라져 각자 진화해 온 결과이다.
⑤ 세포를 구성하는 단백질이 달라지면 세포의 기능과 형태가 모두 달라진다.

08 ①

해설 | 콩은 광합성으로 포도당 등의 당을 합성하여 녹말로 전환하여 저장한다. 이 과정에서 유전자 rr 인 완두는 당을 녹말로 전환하는 효소를 합성하지 못한다. 따라서 rr 인 완두는 포도당 등의 당을 많이 가지게 되어 삼투압이 높아져 많은 양의 수분을 흡수하게 된다. 많은 수분을 가진 이 완두를 건조시키면 많은 양의 수분을 잃게 되어 주름진 모양으로 나타나게 된다.
(나)의 염색체에 R 이 존재하므로 정상 둥근 유전자만큼은 아니지만 적은 양의 효소는 합성 가능하다. 그러므로 둥근 유전자가 겉으로 표현된다.

09 (1) $\frac{1}{3}$ (2) 0 %

해설 | (1) 고른 두 개의 콩은 둥근 우성 형질을 나타내기 때문에 유전자형은 RR 또는 Rr 이다. 이것는 어버이 둥근 콩의 교배로 인해 주름진 콩이 나온다는 힌트로 추정할 수 있다.

어버이 …… Rr × Rr

자손 …… RR , Rr, Rr, rr

위 자손에서 둥근 콩 두 개를 골랐을 때 나머지 하나도 순종일 확률은 전체 둥근 콩 3개 중에 1개 이므로 $\frac{1}{3}$ 이다.
(2) 둥근 콩끼리 교배하였는데 그 중 한 개가 순종이므로 RR × Rr 또는 RR × RR 관계에서 나온 자손은 주름진 콩이 나타날 수 없다.

10 ②

해설 |

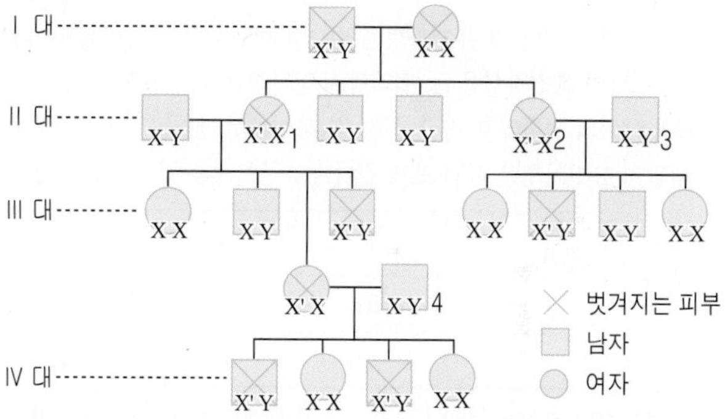

Ⅰ 대 X'Y X'X
Ⅱ 대 XY X'X 1 XY XY X'X 2 XY 3
Ⅲ 대 XX XY X'Y XX X'Y XY XX
X'X XY 4
Ⅳ 대 X'Y XX X'Y XX
벗겨지는 피부
남자
여자

① 1 과 2 는 자손에서 정상의 남자가 나왔으므로 X'X 헤테로(잡종)이다.(X'와 X 는 서로 다른 유전자이다.)
② 자손에서 정상인 남자가 나오므로 벗겨지는 피부 유전자는 X 염색체로 유전된다.
② X 염색체로 유전되므로 3(남자)은 벗겨지는 피부 유전자에 대해 보인자가 될 수 없다.
④ 1 대에서 부모의 형질이 자손에게서 나타나지 않는 것도 있는 것으로 보아 벗겨지는 피부 유전자는 정상에 대해 우성 유전자이다.
⑤ Y 염색체 유전이라면 4 대 자손의 아버지도 벗겨지는 피부가 나타나야 한다. 그러나 아버지의 피부는 정상이다.

11 (1) 50 % (2) 유전자 각인 (3) 모계가 FF(왼) 유전자형일 때 부터 유전자형에 관계없이 자손을 모두 왼쪽 꼬임을 갖는다.

해설 | (1) EF(오) × FF(왼) 교배할 때 만약 FF(왼)♀ × EF(오)♂일 경우 자손은 모두 왼쪽 꼬임이고, EF(오)♀ × FF(왼)♂ 일 경우는 자손이 모두 오른쪽 꼬임이 나타나므로 50 % 확률이다.
(2) 달팽이 등껍질과 같이 모계 표현형에 각인을 받아 유전형에 상관없이 모계 표현형으로 자손이 모두 나오는 것을 유전자 각인이라 한다.

12 $\frac{1}{202}$

해설 | A 의 어머니가 백색증이므로 A 는 백색증 보인자이다. B 가 백색증 유전자를 가질 확률은 백색증이 10,000 명 당 1명으로 나타나므로 $q^2 = \frac{1}{10000}$ 이며, $q = \frac{1}{100}$ 이다. $p + q = 1$ 에서 $p = \frac{99}{100}$ 이다.
따라서 $2pq = \frac{198}{10000}$ 이다. 그런데 B는 정상으로 표현되므로,
백색증 1명을 제외한 9,999명 중 198 명이 보인자이다. 따라서 B가 백색증 보인자가 될 확률은 $\frac{198}{9999}$ 이다.
백색증 보인자들끼리 결혼하여 백색증이 나올 확률은 $\frac{1}{4}$ 이므로
A 남자와 B 여자 사이에서 백색증이 태어날 수 있는 확률은
$\frac{198}{9999} \times \frac{1}{4} = \frac{1}{202}$ 이다.

13 ③

해설 | 자연선택에 의해 자연 환경에 잘 적응한 생물은 포식자로부터 피할 가능성이 높아 생존율이 높다. 그 결과 자연 환경에 잘 적응한 개체가 많이 살아남아 자손을 남겨 진화가 일어날 수 있다.

14 $\frac{1}{8}$

해설 | (가)의 혀말기 유전자형은 Rr, 혈액형 유전자형은 AO 이다. (나)의 혀말기 유전자형은 rr, 혈액형 유전자형는 AB 이다.
멘델의 독립의 법칙에 따라 (가)와 (나) 사이에서 태어날 수 있는 자손의 혀말기 유전자형은 다음 표와 같다.

(가) / (나)	R	r
r	Rr	rr
r	Rr	rr

멘델의 독립의 법칙에 따라 (가)와 (나) 사이에서 태어날 수 있는 자손의 혈액형 유전자형은 다음 표와 같다.

(가) / (나)	A	O
A	AA	AO
B	AB	BO

혀말기 되지 않을 확률 $\frac{1}{2}$, 혈액형 A 형일 확률 $\frac{1}{2}$, 아들과 딸 중 딸일 확률 $\frac{1}{2}$ 이다. 따라서 (가)와 (나)가 결혼하여 A형이며 혀말기가 되지 않는 딸을 낳을 수 있는 확률 $\frac{1}{2} \times \frac{1}{2} \times \frac{1}{2} = \frac{1}{8}$ 이다.

15 ③

해설 | 키 유전에서는 열성 형질이 표현형으로 나타나야 한다. 이 경우 부모에게서 각각 a 생식 세포가 형성되어야 하고, 부모는 각각 a 유전자를 갖고 있어야 한다. 또한, 씨 색깔 유전에서도 마찬가지로 열성 형질이 표현형이 되므로 이 경우 부모가 각각 b 유전자를 갖고 있어야 한다.그 결과 가능한 것은 AaBb × AaBb 이다.

16 25 %

해설 | 적록색맹 유전자는 X 염색체에 존재하며, 열성이다.
(가)의 어머니, 외할아버지가 모두 적록색맹이므로 성염색체 X 중 하나는 X'인 보인자(X'X)이며, (나)는 정상이므로 성염색체는 XY 이다. 이 두 사람이 결혼하였을 경우 자녀의 성염색체 유전형을 퍼넷 사각형에 그려보면 다음과 같다.

(가) / (나)	X'	X
X	X'X	XX
Y	X'Y	XY

즉, 자녀의 25 % 에서 색맹(남자)이 나타날 수 있다.

17 ①

해설 | 다윈이 주장한 자연선택설의 일부를 나타낸 것으로 과잉생산 속에서 개체 변이가 나타나 생존경쟁에 의해 적자생존이 일어난 과정으로 진화를 설명한다.
⑤ 생식질연속설은 1893년 독일의 생물학자인 바이스만이 제기한 이론으로 유전물질은 생식질(난자와 같은 생식 세포의 구성 요소로 한 생명체가 다음 세대로 전달하는 유전 물질)을 통해서 다음 세대로 전달되며, 획득형질의 유전은 일어나지 않는다는 주장이다.

18 (1) 3, 8, 9 (2) 50 %

해설 | (1) 색맹 유전자는 성염색체에 의해 유전된다. A 의 색맹 유전자는 부모 양쪽으로부터 물려받았다. 그러므로 8 번과 9 번은 반드시 색맹유전자를 갖고 있어야 한다. 9 번은 남성이므로 색맹유전자를 어머니로부터 받았을 것이므로 3 번은 여성으로 보인자(X'X)이다.
(2) 15 번 여성은 A 와 같은 부모에게서 태어났으므로 A와 같이 색맹이 될 수도 있고 보인자일 수도 있다. 확률은 50%이다.

8(♀) / 9(♂)	X'	X
X'	X'X'	XX'
Y	X'Y	XY

19 ①, ⑤

해설 | ①, ② 이 유전병 유전자는 상염색체에 위치한다. 반성유전은 유전자가 X 염색체 상에 있어서 X 염색체에 따라 형질이 발현되는 유전이며(성염색체에 위치함), 반성유전이기 위해서는 (가)의 외할아버지가 유전병이어야 한다(외할아버지의 아들과 딸에 유전병이 나타난다.). 한성유전은 유전자가 Y 염색체에 따라 형질이 발현되는 유전이므로 남성에게만 유전병이 나타나야 한다.
③ (가)의 외할머니 외할아버지에서 없던 형질이 이모에게 나타났으므로 이 유전병 유전자는 정상 유전자에 대해 열성이다.
④ (가)의 외할머니와 외할아버지 모두 이형접합자(Aa)이므로 유전병 유전자는 외할아버지 또는 외할머니로부터 유전되었다.
⑤ 이 유전자를 A로 표기할 경우 (가)의 어머니는 이형접합자(Aa)이고, 아버지는 동형접합자(aa)이다.

20 $\frac{1}{16}$

해설 | aa(가)가 Aa(어머니와 유전자형이 같은 여자)와 결혼했을 때, 자식의 유전자형 종류는 Aa 또는 aa 이며, 유전병을 갖는 딸을 두 번 연속 낳을 확률은 다음과 같다.
첫 번째 태어나는 아이가 딸일 확률 × 첫째 딸이 유전병일 확률 × 두 번째 태어나는 아이가 딸일 확률 × 둘째 딸이 유전병일 확률
$= \frac{1}{2} \times \frac{1}{2} \times \frac{1}{2} \times \frac{1}{2} = \frac{1}{16}$ 이다.

21 (1) ㅁ. ㅇ, ㅈ (2) $\frac{1}{128}$

해설 | (1) 유전 질환이 열성 유전자이면서 X 염색체에 있다면 열성 표현형 여자에게서 태어난 아들은 모두 열성 표현형을 갖고 있어야 한다. 그러나 1 의 아들 9 를 보면 우성이기 때문에 이 질환은 X 염색체에 있지 않음을 알 수 있다.
그리고 우성 표현형을 가진 2 의 자손에서 열성 표현형의 딸 7 이 나온 것은 이 질환이 X 염색체가 아닌 상염색체로 유전되었고 2 가 이형 접합임을 알 수 있다. 열성 유전형 7 의 자손 22 와 23 모두 우성 표현형인 것으로 보아 상염색체의 유전임을 더욱 확실하게 알 수 있다.
(2) 이 질환이 나타나는 유전자형을 열성 동형 접합 aa 라고 하면 28 번과 29 번 사이에 aa가 나타나려면 우성 표현형인 28 번과 29 번의 유전형은 모두 Aa이어야 한다. 29 번의 어머니 21 번의 경우 7 번이 aa 이어서 21 번은 Aa 가 확실하다. 6 번의 자녀에 aa 가 있으므로 6 번은 이형 접합(Aa)이다. 그 결과는 다음과 같다.
i. 18 번 이형 접합(Aa) 확률(5번 Aa, 6번 Aa) : $\frac{1}{2}$
ii. 18 번이 Aa 일 때 28 번이 Aa일 확률 : $\frac{1}{4}$
- 19 번이 AA라는 조건이므로 28번이 Aa일 확률은 $\frac{1}{4}$이다.
iii. 21번은 Aa이므로 29 번이 Aa 확률은 와 ii.와 같은 방법으로 $\frac{1}{4}$
iv. 28(Aa) 과 29(Aa) 의 자손 중 aa가 나올 확률 = $\frac{1}{4}$
28과 29 사이에 aa 의 자손이 나올 확률은 i.~ iv. 를 동시에 만족해야 하므로 $\frac{1}{2} \times \frac{1}{4} \times \frac{1}{4} \times \frac{1}{4} = \frac{1}{128}$ 의 확률이 나온다.

imagine infinitely

200 ~ 201쪽

Q1. 여성에게는 Y 염색체가 없기 때문에(Y 염색체는 아들을 통해서만 전달) Y 염색체는 대립 유전자로서의 역할을 하지 못하므로 인류의 조상 추적 과정에서 여성(XX)은 제외 대상이 된다.

Q2. 미토콘드리아의 DNA

해설 | 난자의 세포질에는 미토콘드리아가 존재하며, 정자의 미토콘드리아는 수정이 될 때 난자에 들어가지 않는다. 따라서 미토콘드리아 DNA은 어머니를 통해 아들과 딸 모두에게 전달된다. 또한 DNA의 돌연변이 발생 비율은 매우 작은 확률이며 교차가 일어나지 않는다.

Ⅷ. 생태계와 상호 작용 (1)

개념 보기

Q1 (1) 광주기성 (2) 광포화점 (3) 굴광성
Q2 옥신 Q3 (1) 저수조직, 증발 (2) 암모니아
Q4 (1) X (2) X (3) O Q5 쇠퇴형
Q6 (1) 리더제 (2) 가족생활 (3) 텃세

개념 확인 문제

정답 210~213쪽

01 ④, ⑤ 02 ② 03 (1) O (2) X 04 ③
05 ③ 06 광주기성 07 ④
08 홍조류 09 ②
10 (1) ㄱ, ㅂ (2) ㄴ (3) ㅁ (4) ㄹ
11 ㄴ, ㄷ 12 (1) 생산자 (2) 반작용 (3) 두껍다
13 (1) O (2) O 14 (1) O (2) X 15 ②
16 ⑤ 17 ① 18 ㄱ, ㄴ, ㄷ 19 ②
20 환경 수용력 21 ㄱ, ㄴ 22 ②
23 ㄴ, ㄷ 24 (1) X (2) O 25 ㄱ, ㄴ

01 ④, ⑤

해설 | ① 스스로 유기물을 생산할 수 있는 것은 생산자이다.
② 분해자가 분해한 무기물은 생산자가 흡수하여 다시 사용할 수 있다.
③ 생태계의 환경 요인에는 비생물적 요인과 생물적 요인 모두 포함된다.
④ 영국의 생물학자 탠슬리가 처음으로 사용한 용어이다.
⑤ 생산자는 유일하게 태양 에너지를 이용하여 무기물로부터 유기물을 합성할 수 있고, 소비자는 생산자를 먹음으로써 유기물을 공급한다.

02 ②

해설 | (가)는 생물이 비생물적 요인에 영향을 주므로 반작용이고, (나)는 생물들 간에 서로 영향을 주고받는 것이므로 상호 작용이다. (다)는 비생물적 요인이 생물에 영향을 미치는 것이므로 작용이다.
① (나)는 생물적 요소 사이의 관계이므로 상호 작용이다.
② 버섯은 사체, 배설물 등의 유기물을 무기물로 분해하므로 분해자에 속한다.
③ 비생물적 요소인 태양의 일조 시간이 생물인 식물의 개화에 영향을 미치는 것이므로 (다) 작용에 해당한다.
④ 생물인 지렁이가 비생물적 요소인 토양에 영향을 미치는 것이므로 (가) 반작용에 해당한다.
⑤ 고도가 높은 지역이라는 비생물적 요소에 생물인 사람이 영향을 받는 것이므로 (다) 작용에 해당한다.

03 (1) O (2) X

해설 | (1) 계절에 따라 몸의 크기, 형태, 색이 달라지는 것을 계절형이라 한다.
(2) 추운 지방에 사는 동물일수록 체온을 유지하기 위해 몸집이 커지고 신체 말단 부위가 작아지는 경향이 있다.

04 ③
해설 | 주어진 현상은 온도에 영향을 받는 생물의 적응 현상이다.
① 건생 식물은 물이 부족한 환경에서 저수 조직과 뿌리가 발달했다.
② 바다의 깊이에 따라 닿는 빛의 파장이 달라지기 때문에 해조류의 서식 범위가 달라지는 것이다.
④ 밤에 수면 가까이 떠오르고 낮에는 깊은 곳으로 내려가는 동물성 플랑크톤은 일조 시간에 따라 생물의 행동이 변하는 광주기성을 나타낸다.
⑤ 식물이 빛이 비추는 방향으로 굽어 자라는 것은 빛의 영향을 받는 굴광성이다.

05 ③
해설 | 보상점 이하의 빛이라도 광합성은 일어난다. 단지 식물이 살아가기 위한 호흡량이 광합성량보다 많아서 겉으로 보기에는 CO_2 를 흡수하지 못하는 것으로 보인다.

06 광주기성
해설 | 계절 변화에 따른 일조 시간의 변화나 낮, 밤의 변화에 의해 생물의 행동이 달라지는 현상은 광주기성이다. 일조 시간이 짧아지면 노루는 생식 활동을 하고, 낮이 길어지고 밤이 짧아지는 시기에 카네이션이 개화한다.

07 ④
해설 | 빛 에너지를 이용하여 무기물로부터 유기물을 합성하는 생산자는 풀이고, 풀을 섭취하여 살아가는 메뚜기는 1 차 소비자이다. 따라서 1 차 소비자인 메뚜기를 섭취하여 살아가는 개구리는 2 차 소비자에 해당한다.

08 홍조류
해설 | 파장이 짧은 청색광은 수심이 깊은 곳까지 투과할 수 있기 때문에 청색광을 이용하는 해조류는 수심이 깊은 곳에서도 서식할 수 있다. 따라서 40m 아래의 깊은 수심에서도 서식하는 홍조류가 청색광을 이용하는 해조류이다.

09 ②
해설 | 수심에 따라 해조류의 분포에 차이가 나는 것은 빛의 파장에 따른 수심의 투과량과 관련이 있다. 파장이 짧은 청색광은 수심이 깊은 곳까지 투과할 수 있으므로 청색광을 이용하여 광합성을 하는 홍조류는 깊은 수심까지 분포할 수 있고, 파장이 긴 적색광은 수심이 얕은 곳까지만 투과할 수 있으므로 적색광을 이용하여 광합성을 하는 녹조류는 얕은 수심까지만 분포할 수 있다. 따라서 해조류의 분포에 영향을 미친 환경 요인은 빛의 파장에 해당한다.

10 (1) ㄱ, ㅂ (2) ㄴ (3) ㅁ (4) ㄹ
해설 | (1) 생산자는 무기물에서 유기물을 합성할 수 있는 생물로 식물이 이에 해당한다.
(2) 1차 소비자는 생산자를 먹이로 섭취해 유기물을 얻는 생물로 초식동물 등이 이에 해당한다.
(3) 2차 소비자는 1차 소비자를 먹이로 섭취하므로 육식동물이 이에 해당한다.
(4) 분해자는 생물의 사체나 배설물 속의 유기물을 무기물로 분해하므로 세균, 곰팡이, 버섯 등이 여기에 해당한다.
ㄷ. 바닷물은 생물이 아니라 무기 환경에 속한다.

11 ㄴ, ㄷ
해설 | ㄱ. 토양의 산성도에 따라 식물의 성장에 영향을 미친다.
ㄴ. 온실 기체 농도가 높아지면 지구 밖으로 방출되는 열에너지가 줄어들어 지구 온난화가 가속된다.
ㄷ. 겨울눈이 땅속에 존재하는 것은 추위로부터 겨울눈이 얼지 않도록 보호하기 위함이므로, 겨울이 매우 추운 한대 지역일 가능성이 높다.

12 (1) 생산자 (2) 반작용 (3) 두껍다
해설 | (1) 이끼는 빛 에너지를 이용하여 무기물로부터 유기물을 합성하므로 생산자이다.
(2) 생물인 나무가 우거지는 것이 숲이라는 환경에 영향을 주는 것이므로 반작용이다.
(3) 밝은 곳은 일조량이 많아 광합성을 더 많이 할 수 있으므로 밝은 곳에 있는 식물은 어두운 곳에 있는 식물보다 잎이 두껍다.

13 (1) O (2) O
해설 | (1) 기온이 높고 강수량이 많은 열대 지방은 겨울에도 따뜻하므로 겨울눈을 땅속으로 숨길 필요가 없다. 따라서 겨울눈이 30cm 이상의 지상에 존재하는 지상 식물이 많다.
(2) 생활형은 비슷한 환경에서 비슷한 모습이나 생활 양식을 가지는 것이므로 겨울눈이 얼지 않도록 지표면이나 땅속에 겨울눈을 보호하는 식물이 많은 곳일 수록 추운 지역일 가능성이 높다.

14 (1) O (2) X
해설 | (1) 추운 지방에 사는 동물일수록 체온을 보존하기 위해 몸집이 크고 말단 부위가 작다. 따라서 더운 곳에 사는 사막 여우는 추운 곳에 사는 북극 여우보다 몸집이 더 작고 말단 부위가 더 크다.
(2) 음지 식물은 양지 식물보다 보상점과 광포화점이 낮아(높지 않고) 약한 빛에서도 잘 자란다.

15 ②
해설 | ① 몸집이 크고 수명이 긴 코끼리, 사람 등의 대형 포유류는 자손을 적게 낳고 어릴 때 부모가 보호하기 때문에 초기 사망률이 낮다.
② 이론적인 개체군 생장 곡선은 환경 저항이 없어 J자 모양이다.
③ 실제 지역에서는 환경 저항으로 인해 일정한 지역 내에 살 수 있는 개체수의 한계가 생기는데, 이를 환경 수용력이라 한다.
④ 일정한 지역에서 일정한 공간을 차지하고 함께 생활하는 동일한

종에 속하는 개체들의 모임을 개체군이라 한다.
⑤ 일정한 공간에 서식하는 개체군의 개체수는 출생과 이입에 의해 증가하고 사망과 이출에 의해 감소하는데, 이때 여러 요인에 의해 개체군의 개체수가 증가하는 것을 개체군의 생장이라 한다.

16 ⑤
해설 | ① (가)는 J자 모양의 이론적 생장 곡선이다.
② (나)는 S자 모양의 실제 생장 곡선이다.
③ 이론상으로 생장했을 때의 이론적 생장 곡선은 실제 환경에서는 적용되지 않는다. 서식지 내 먹이가 부족해지거나, 생활 공간이 부족해지거나, 노폐물이 증가하고 천적이나 질병이 출몰하는 등의 이유 때문으로, 이로 인해 나타나는 이론적 생장 곡선과 실제 생장 곡선의 차이를 환경 저항이라 한다.
④ B는 실제 생장 곡선을 따라 한 서식지에서 증가할 수 있는 개체수의 한계를 나타낸 것으로, 이를 환경 수용력이라 한다.
⑤ 실제 환경에서는 환경 저항이 있어 일정한 시점부터 개체수가 일정하게 유지된다.

17 ①
해설 | 큰뿔양은 뿔치기를 통해 개체군의 구성원 사이에서 힘의 서열을 나누는 순위제를 하고 있다. 보기 중에서 같은 순위제를 택하고 있는 것은 ①의 닭이다.
② 한 마리의 순록이 리더가 되어 무리를 이끄는 리더제이다.
③ 여러 역할에 계급과 업무를 분담하는 사회생활(분업)이다.
④ 서로 위치를 달리하여 생활하는 분서(나눠살기)이다.
⑤ 자기 세력권 내에 다른 개체를 들이지 않는 텃세(세력권)이다.

18 ㄱ, ㄴ, ㄷ
해설 | ㄱ. 식물성 플랑크톤인 돌말이 계절에 따라 1 년 주기로 개체수가 변동하는 것과 같이 개체군의 단기적 변동에는 외부 환경이 영향을 끼친다.
ㄴ. 포식자가 줄어들면 먹히는 피식자의 수가 줄어들고 살아남는 개체수가 늘어난다. 따라서 피식자의 수는 일시적으로 늘어날 것이다. 그러나 이후에는 먹이가 많아진 포식자의 수가 늘어나 먹히는 개체수가 늘어나기 때문에 다시 피식자의 수가 줄어든다.
ㄷ. 계절 변화에 따른 단기적 변동의 예시로는 돌말의 1 년 주기 변동이 있고, 피식 포식 관계에 따른 장기적 변동의 예시로는 캐나다의 눈신토끼와 스라소니의 수년 주기 변동이 있다.

19 ②
해설 | (가) 서열의 순위를 가르는 순위제이다. (나) 자신의 서식지를 정하고 타 개체의 침입을 막는 텃세이다.

20 환경 수용력
해설 | 개체군의 밀도가 높아지면 서식지 내 먹이가 부족해지거나 생활 공간이 부족해지는 등의 환경 저항도 증가하여 개체의 생식 활동이 점점 줄어들고 한계에 이르면 더 늘어나지 않는다. 이때 서식지 내에서 증가할 수 있는 개체수의 최댓값을 환경 수용력이라 한다.

21 ㄱ, ㄴ
해설 | ㄱ. 종 A는 자손을 적게 낳고 어릴 때는 부호의 보호를 받기 때문에 초기 사망률이 낮은데, 사람, 코끼리 등의 대형 포유류가 해당된다.
ㄴ. 종 B는 수명에 관계없이 사망률이 일정하여 개체수가 일정하게 감소하는데, 다람쥐, 야생 토끼, 히드라 등이 해당된다.
ㄷ. 종 C의 그래프는 몸집이 작고 수명이 짧은 굴, 알을 낳는 물고기 등에게서 주로 나타나는 그래프이다.

22 ②
해설 | 은어가 형성한 세력권은 개체군 내의 상호 작용 중 텃세이다.
① 스라소니와 눈신토끼는 상호 작용 중 피식과 포식이다.
③ 사자가 혈연 관계로 무리를 짓는 것은 가족 생활이다.
④ 우두머리 기러기가 무리의 이동 방향을 정하는 것은 리더제이다.
⑤ 다른 개체군인 피라니와 갈겨니 사이의 분서라는 상호 작용이다.

23 ㄴ, ㄷ
해설 | ㄱ. 눈신토끼의 개체수 변화에 스라소니의 개체수 변화가 따라가고 있으므로 눈신토끼가 피식자, 스라소니가 포식자이다.
ㄴ. 눈신토끼의 수가 늘어나면 눈신토끼를 먹이로 하는 스라소니의 수도 늘어난다.
ㄷ. 사람이 인위적으로 스라소니의 개체수를 줄이면 천적이 줄어든 눈신토끼의 수가 늘어날 것이다.

24 (1) X (2) O
해설 | (1) 자연 상태에서 개체군의 밀도는 계절에 따라 단기적, 또는 먹이 관계에 따라 장기적으로 주기적 변동을 한다.
(2) 피식자의 수가 증가하면 포식자에게는 먹이가 증가하는 것이기 때문에 포식자의 수도 따라서 증가한다.

25 ㄱ, ㄴ
해설 | ㄱ. (가)는 생식 전 연령층의 비율이 높으므로 이후 성장하여 생식할 수 있는 개체수가 많다는 것을 의미한다. 따라서 개체수가 증가할 것이다.
ㄴ. 생식을 더 지속할 수 없는 생식 후 연령층이 차지하는 비율이 낮을수록 안정된 개체군이다. (나)는 생식 연령층과 생식 전 연령층의 비율이 (다)보다 높으므로 더 안정적인 개체군을 형성하고 있다.
ㄷ. 연령 피라미드에서 중요시하는 것은 생식 전 연령층의 비율이다.

개념 심화 문제

정답 214~217쪽

01 ②	02 ③	03 ①	04 ④
05 ㄱ, ㄴ, ㄷ		06 ㄴ, ㄷ	
07 (1) ① O ② X (2) ⑤		08 ㄱ, ㄷ	
09 ㄱ, ㄷ	10 ①, ②, ⑤	11 ㄴ, ㄷ	

01 ②
해설 | ① (나)가 (가)보다 추운 지방에 서식한다.
② 베르그만의 법칙은 추운 지방으로 갈수록 몸집이 커진다는 것이

므로 (나)가 더 크다.
③ (가)와 (나)의 모습은 온도의 영향을 받아 적응한 것이다.
④ 온도의 영향을 받은 것으로 습도와는 상관없다.
⑤ (가)가 (나)보다 말단 부위의 크기가 크므로 열을 외부로 빠르게 방출하는 데 유리하다.

02 ③
해설 | 주어진 질소 노폐물 배출에 대한 설명은 서식 환경의 수분에 영향을 받은 적응이다. 육상 동물보다 상대적으로 수분이 적은 환경에서 사는 조류, 곤충류, 대부분의 파충류 등은 요산의 형태로 배설하는데, 물에 거의 녹지 않는 작은 결정의 고체이기 때문에 소변이 아닌 대변에 섞여 배설된다.

03 ①
해설 | 코스모스는 단일 식물로, 한계 암기 이상의 암기가 지속되어야 개화한다. 따라서 A와 E 실험군이 개화한다. B와 D 실험군은 한계 암기 이하의 암기를 가지므로 개화하지 않고, C의 경우에는 한계 암기 이상으로 암기를 가지지만 중간에 섬광으로 인해 한계 암기 이상으로 암기가 지속되지 않았기 때문에 개화하지 않는다.

04 ④
해설 | 주어진 그래프와 ④는 온도의 변화에 따른 생물의 적응 방식이다. ①은 일조 시간에 따른 적응, ②는 빛의 파장에 따른 적응, ③은 토양의 산성도에 따른 적응, ⑤는 물의 영향에 따른 적응이다.

05 ㄱ, ㄴ, ㄷ
해설 | 생활형은 비슷한 환경에서 사는 서로 다른 종류의 생물이 모습이나 생활 양식 등에서 나타내는 공통적인 특징을 말한다.
ㄱ. 겨울에도 따뜻한 열대 지방에서는 겨울눈을 추위로부터 보호할 필요가 비교적 적고, 따라서 겨울눈이 지상 30cm 이상에 존재하는 지상 식물이 많다.
ㄴ. 한대 지역에서는 겨울이 매우 추워 겨울눈이 얼어버릴 수 있으므로 지상보다 좀 더 따뜻한 땅속으로 겨울눈을 숨겨서 보관하는 지중 식물이 우세하게 나타난다.
ㄷ. 각 지역의 겨울눈 위치에 따른 생활형을 조사함으로써 그 지역의 기후 조건을 추측할 수 있다.

06 ㄴ, ㄷ
해설 | ㄱ. 호랑나비의 계절형은 번데기 시절의 온도와 관련이 있다.
ㄴ. 봄형은 번데기 시절 온도가 낮아 물질대사가 활발하지 못했기 때문에 색소 합성과 세포 분열이 느려 색이 연하고, 크기가 작다.
ㄷ. 물벼룩도 온도가 높은 여름에 더 물질대사가 활발하게 일어나기 때문에 여름형이 크고 겨울형이 작다.

07 (1) ① O ② X (2) ⑤
해설 | (1) ② 돌말 개체군의 생장에 영향을 미치는 요인은 빛의 세기, 수온, 영양 염류 3가지이다.
(2) 돌말 개체군은 수온과 영양 염류, 빛의 세기에 생장의 영향을 받는다. 영양 염류가 풍부하고 빛의 세기가 강하며 수온이 높아지는 봄에 개체수가 증가하나, 여름에는 빛의 세기가 강하고 수온이 높아도 영양 염류가 부족하여 개체수가 감소한다.

08 ㄱ, ㄷ
해설 | A는 생물이 비생물적 요소에 영향을 주는 것이므로 반작용, B는 비생물적 요인이 생물에 영향을 주는 것이므로 작용, C는 생물 간의 영향이므로 상호 작용이다. ㄱ과 ㄴ은 반작용. ㄷ은 작용이다.
ㄱ. 지의류의 생물이 바위의 무생물에 영향을 주는 것이므로 A 반작용이다.
ㄴ. 지렁이의 생물이 토양의 무생물에 영향을 주는 것이므로 A 반작용이다.
ㄷ. 구름의 무생물이 생물인 식물의 생장에 영향을 주는 것이므로 B 작용이다.

09 ㄱ, ㄷ
해설 | ㄱ. 온도가 낮은 고위도 지역으로 갈수록 펭귄의 크기가 커지는 것을 볼 수 있는데, 이는 온도에 대한 적응의 결과이다.
ㄴ. 부피에 대한 표면적의 비가 작을수록 체온을 더 보존할 수 있어 추위에 유리하다.
ㄷ. 낙엽수가 낙엽을 떨어뜨리는 것은 온도가 떨어져서 광합성의 효율이 낮아졌을 때 수분의 손실을 막기 위해 일어나는 과정으로, 펭귄의 크기 차이와 같은 온도의 변화에 따른 적응의 결과로 나타난 것이다.

10 ①, ②, ⑤
해설 | ① 광합성이 일어나지 않는 빛의 세기가 0 일 때 CO_2 의 출입량이 +15 이므로 이 식물의 호흡량은 15 이다.
② 광합성량과 호흡량이 같아 외부에서 보이는 CO_2 출입량이 0 이 되는 때의 빛의 세기가 보상점인데, 이 식물의 보상점은 500 lx 이다.
③ 광포화점을 넘으면 빛의 세기가 커져도 광합성량은 더 늘어나지 않는다.
④ 500lx 일 때 광합성량과 호흡량이 같아 겉으로 CO_2 출입량이 없어 보일 뿐 광합성은 계속 일어나고 있다.
⑤ 2000lx 일 때부터 CO_2 출입량이 변하지 않았으므로 2000lx 가 광포화점이다. 따라서 빛의 세기가 더 강해져도 광합성량은 더 커지지 않고 일정하다.

11 ㄴ, ㄷ
해설 | ㄱ. 포식자의 인위적 제거는 생태계의 안정성에 도움이 되지 않는다는 것을 그래프를 통해 알 수 있다.
ㄴ. 1920 년 이후 사슴의 개체수가 급격히 감소한 것은 너무 늘어난 사슴들이 초원을 지나치게 먹어치웠기 때문이다. 때문에 초원의 생산량이 줄어들고 먹이가 부족해져 사슴의 개체수가 감소하였다.
ㄷ. 1905 년 ~ 1920 년 동안 포식자를 사냥하여 풀을 먹는 사슴의 개체수가 매우 증가하였으므로 이것이 초원의 생산량이 감소한 직접적인 원인이다.

Ⅷ. 생태계와 상호 작용 (2)

개념 보기

Q7 지중층 Q8 (1) 온도, 강수량 (2) 생태 분포, 수평 분포
Q9 군집의 천이 Q10 ②

개념 확인 문제

정답 223~225쪽

26 ㄴ 27 고도에 따른 기온의 차이 28 ④
29 생태적 지위 30 (1) ㄱ (2) ㄹ 31 ㄷ
32 ㄴ 33 ㄱ, ㄴ, ㄷ 34 ㄷ
35 질소 동화 작용 36 (1) 상위, 감소 (2) 열
37 ⑤ 38 ② 39 ㄴ, ㄷ
40 ㄴ, ㄷ 41 ㄴ 42 ㄱ 43 ㄱ, ㄷ
44 ㄱ, ㄴ, ㄷ 45 ④

26 ㄴ
해설 | ㄱ. 먹이 그룹은 복잡할수록 안정한 생태계이다.
ㄴ. 개체군의 생태적 지위는 먹이 지위와 공간 지위를 합한 것으로, 생태적 지위가 비슷할수록 같은 지역에 살고 비슷한 먹이를 먹는 생물일 가능성이 높다.
ㄷ. 군집의 성질을 결정하는데 가장 크게 기여하는 개체군(종)은 우점종이다. 지표종은 특정한 지역이나 환경에서만 볼 수 있는 종으로, 특정 환경을 구별하는 지표가 된다.

27 고도에 따른 기온의 차이
해설 | 생태 분포는 환경 요인의 영향을 받아 형성되는 군집의 분포를 말한다. 수평 분포는 위도에 따른 기온과 강수량의 차이에 의해 지역마다 다른 군집이 나타나고, 수직 분포는 특정 지역에서 고도에 따른 기온의 차이에 의해 다른 군집이 나타난다.

28 ④
해설 | ① 생산자는 태양의 빛에너지를 이용하여 무기물로부터 유기물을 합성함으로써 화학 에너지로 전환시킨다.
② 생산자의 순생산량 중에서 피식량, 고사량, 낙엽량을 제외하고 식물체에 남아 있는 유기물의 양을 생장량이라 한다.
③ 생산자는 총생산량 중 일부를 호흡에 사용하여 물질대사를 하고, 나머지인 순생산량을 저장한다.
④ 생태계 내에서 순환하는 것은 물질이고, 에너지가 한쪽 방향으로 흐른다.
⑤ 한 식물 군집이 태양 에너지를 이용하여 유기물을 생산하기 전 현재 가지고 있는 유기물의 총량을 현존량이라 한다.

29 생태적 지위
해설 | 생태적 지위는 군집 내에서 필요한 에너지와 서식 공간을 나타내는 척도로, 군집 내에서 한 개체군이 차지하는 공간적 위치와 먹이 사슬에서 차지하는 위치를 고려한 개념을 말한다.

30 (1) ㄱ (2) ㄹ
해설 | (1) 높이 8m 이상의 교목들이 점유하고 있어 광합성이 활발하게 일어나는 층을 교목층이라 한다.
(2) 초본 식물의 군집이 차지하는 층을 초본층이라 한다.

31 ㄷ
해설 | ㄱ. 상리 공생 관계에 있는 두 종을 함께 두면 두 종 모두에게 이득이 되기 때문에 두 개체군 다 크기가 증가한다.
ㄴ. 편리 공생 관계에 있는 두 종을 함께 두면 한 종은 이득을 얻고 다른 종은 변화가 없으므로 한 개체군의 크기만 증가한다.
ㄷ. 기생 관계에 있는 두 종을 함께 두면 기생하는 종은 이득을 얻고 기생당하는 종은 피해를 입기 때문에 기생하는 종의 개체군 크기는 증가하고 기생당하는 종의 개체군 크기는 감소한다.

32 ㄴ
해설 | A. 관목림 B. 양수림 C. 음수림이다.
ㄱ. B는 양수림이다.
ㄴ. 산불이 난 후의 천이 과정을 나타내고 있으므로 2 차 천이 과정을 나타낸 것이다.
ㄷ. 초원의 우점종은 초본 식물이다. 지의류는 초원 이전의 맨땅에서 개척자로서 제일 먼저 나타난다.

33 ㄱ, ㄴ, ㄷ
해설 | ㄱ. A 종의 수가 늘어나면 B 종의 수도 늘어나므로 A 종이 피식자, B 종이 포식자이다.
ㄴ. 두 개체군은 피식자의 수가 늘어나면 포식자의 수도 뒤따라 늘어나고, 포식자의 수가 늘어나면 피식자의 수가 줄어들어 뒤따라 포식자의 수도 다시 줄어드는 주기적인 변동을 보인다.
ㄷ. 임의로 사람이 포식자를 사냥한다면 천적이 줄어든 피식자의 개체수가 늘어날 것이다.

34 ㄷ
해설 | ㄱ. 순생산량은 생산자에 의해 만들어진 유기물의 총량인 총생산량에서 호흡으로 소비한 호흡량을 제외한 양이다.
ㄴ. 생태계를 유지할 수 있는 가장 근원적인 힘은 태양 에너지이다.
ㄷ. 동물의 섭식량 중 소화되지 않고 배출되는 배출량을 제외한 것을 동화량이라 하며, 호흡과 피식, 자연사량을 제외하고 남아 있는 유기물의 양을 생장량이라 한다.

35 질소 동화 작용
해설 | 식물이 뿌리를 통해 흡수한 NH_4^+이나 NO_3^-의 저분자 물질을 이용하여 고분자 물질인 단백질, 핵산 등의 질소 화합물로 합성하는 것을 질소 동화 작용이라 한다. 이를 통해 생성된 질소 화합물은 동물에게 섭취되어 먹이 사슬을 따라 이동한다.

36 (1) 상위, 감소 (2) 열
해설 | (1) 에너지가 먹이 사슬을 따라 이동할 때 상위 영양 단계로

갈수록 에너지 효율은 증가하고 생물량은 감소한다.
(2) 생태계의 에너지는 각 단계에서 호흡에 의해 열에너지로 변환된다.

37 ⑤
해설 | ①, ② 지진과 홍수 등의 자연 재해로 인해 삼림이 파괴되고 동물이 죽어 생태계의 평형이 파괴된다. 그러나 자기 조절 능력이 있어 다시 회복될 수 있다.
③, ④ 농약과 화력 발전 등 인간의 간섭으로 인한 환경 오염은 생태계의 평형을 파괴시킬 뿐만 아니라 회복 능력도 악화시킨다.
⑤ 계절 변화는 자연 현상의 하나일 뿐으로 생태계의 평형을 파괴하지 않는다.

38 ②
해설 | (가) 식물의 순생산량에서 피식량과 고사량을 제외한 것은 생장량이다. (나) 식물의 피식량은 초식 동물의 섭식량과 같다. (다) 초식 동물의 섭식량에서 동화량을 제외한 것은 소화 흡수하지 못한 배출량이다.

39 ㄴ, ㄷ
해설 | ㄱ. (가)에서 A는 생산자이다.
ㄴ. (가)의 2 차 소비자의 에너지 효율은 $\frac{20}{100} \times 100 = 20\%$ 이고,
(나)의 2 차 소비자의 에너지 효율은 $\frac{15}{150} \times 100 = 10\%$ 이다. 따라서 (가)의 2 차 소비자의 에너지 효율이 더 높다.
ㄷ. 생산자, 1 차 소비자 2 차 소비자는 모두 생물로서 물질대사를 하기 위해 에너지를 호흡에 사용하기 때문에 상위 영양 단계로 갈수록 전달되는 에너지양이 감소한다.

40 ㄴ, ㄷ
해설 | ㄱ. 열에너지는 생태계에서 최종적으로 방출되는 에너지의 형태로 사용할 수 없는 에너지이기 때문에 다시 생태계 내에 흡수되지 않는다.
ㄴ. 영양 단계가 높아질수록 전달되는 에너지의 절대량은 감소하지만 에너지 효율은 증가한다.
ㄷ. 에너지의 흐름은 한 방향으로만 흐르기 때문에 근원 에너지인 태양 에너지가 계속 공급되어야 생태계가 유지될 수 있다.

41 ㄴ
해설 | ㄱ. A 는 생태계에 입사된 태양 에너지의 일부만을 식물이 광합성을 이용하여 화학 에너지로 전환시킨 총생산량이다.
ㄴ. B 는 총생산량에서 호흡량을 제외한 값으로 순생산량이다.
ㄷ. C 는 식물의 피식량으로 초식 동물에겐 섭식량이다. 섭식량에서 배출량을 제외하면 동화량이 된다.

42 ㄱ
해설 | ㄱ. 순생산량이 계속해서 줄어들고 있으므로 천이가 진행되었다.
ㄴ. 천이가 진행되는 초반에는 총생산량이 높아지다가 극상 상태인 음수림으로 천이되면서 총생산량이 일정하게 안정화되었다.
ㄷ. 극상 상태인 음수림에서는 더 이상 생장량을 늘리지 않고 호흡량과 총생산량을 비슷하게 하여 현재를 유지하려는 경향이 크므로 천이가 진행중인 양수림처럼 순생산량이 높지 않다.

43 ㄱ, ㄷ
해설 | 생물 A ~ D 중 대기 중의 이산화 탄소를 받아들이는 ㉠ 과정이 일어나는 곳은 A 뿐이므로 A가 생산자이고 ㉠ 과정은 광합성이다. 생산자의 상위 단계인 B 는 1 차 소비자, B 의 상위 단계인 C 는 2 차 소비자, 사체와 배설물을 분해하여 대기 중으로 탄소를 방출하는 D 는 분해자이다.
ㄱ. ㉠ 과정은 생산자가 이산화 탄소를 유기물로 전환시키는 광합성 과정이다.
ㄴ. ㉡ 은 호흡으로 모든 생물에서 공통적으로 일어나는 과정이 맞지만 ㉣ 은 석탄과 석유가 에너지로 태워져 이산화 탄소로 전환되는 연소 과정으로 생물에서는 일어나지 않는 작용이다.
ㄷ. D 는 사체와 배설물에 존재하는 유기물을 분해하여 에너지로 사용함으로써 유기물을 무기물로 전환시킨다.

44 ㄱ, ㄴ, ㄷ
해설 | ㄱ. (가)는 토양의 질소 이온을 대기 중의 질소 기체로 방출하는 것이므로 탈질소 작용을 나타낸다.
ㄴ. (나)는 대기 중의 질소 기체를 고정하여 토양 속의 질소 이온으로 변환시키는 질소 고정 과정으로, 뿌리혹박테리아나 아조토박터 등의 질소 고정 세균에 의해 일어난다.
ㄷ. (다)는 암모늄 이온(NH_4^+)이 아질산균, 질산균 등의 질화 세균에 의해 질산 이온(NO_3^-)으로 바뀌는 질화 작용을 나타낸다.

45 ④
해설 | 1 차 소비자의 수가 일시적으로 증가하여 생태계의 평형이 일시적으로 깨지는 경우로 (나)가 가장 먼저 나와야 한다. 1 차 소비자가 증가했으므로 1 차 소비자를 잡아먹고 사는 2 차 소비자의 수도 증가할 것이고, 1 차 소비자에게 잡아먹히는 생산자의 수는 감소할 것이므로 다음 순서는 (라)이다. 포식자인 2 차 소비자의 수는 계속 늘어나는데 먹이인 생산자의 수가 줄어들었으므로 1 차 소비자의 수가 더 늘어나지 못하는 (다)가 다음이고, 이어 일시적으로 늘어났던 1 차 소비자의 수가 다시 줄어드므로 마지막은 (가)이다. 따라서 (나) → (라) → (다) → (가)의 순서로 이루어진다.

개념 심화 문제

정답				226~230쪽
12 ㄱ, ㄴ	13 ⑤	14 (1) (해설 참조) (2) (해설 참조)		
15 ③	16 ㄴ, ㄷ	17 ㄴ	18 ㄷ	19 ㄱ
20 (1) ① X ② O (2) ㄱ, ㄴ			21 ③	22 ②

12 ㄱ, ㄴ

해설 | ㄱ. 생물 군집을 이루는 개체군 사이에 피식자와 포식자의 관계가 생기고, 이들의 먹고 먹히는 관계가 사슬처럼 연결되어 있다 해서 먹이 사슬 또는 먹이 연쇄라 한다.

ㄴ. 생태적 지위는 그 생물의 먹이 지위와 공간 지위를 합한 것이다.

ㄷ. 차지하는 넓이나 공간이 큰 생물의 개체군을 그 군집을 대표하는 우점종이라 한다. 지표종은 특정한 지역이나 환경에서만 볼 수 있어 특정 환경을 구별하는 지표가 되는 종을 말한다.

13 ⑤

해설 | ① 육식 동물 A 는 초식 동물 D 를 먹고, D 는 생산자 G 를 먹으므로 G 가 생산한 에너지를 B 를 통해 얻게 된다.

② 어떤 생물이 다른 생물의 유일한 먹이라면 그 생물이 멸종되었을 때 포식하는 생물도 함께 멸종하게 되지만 포식자가 다른 생물도 먹이로 삼고 있다면, 그 생물을 먹으면 되기 때문에 쉽게 멸종되지 않을 것이다. 이와 같이 다른 선택지가 있는 경우에 생태계의 평형을 빨리 되찾을 수 있게 되는데, E 종이 멸종했을 경우 E 종을 먹이로 삼는 B 종은 D 와 F 두 종을 먹어 생존할 수 있기 때문에 쉽게 멸종하지 않고 생태계의 평형을 가장 빨리 되찾을 수 있게 된다.

③ C 종은 F 종을 유일하게 포식하는 육식 동물이므로 먹이인 F 종의 개체수가 갑자기 줄어들면 먹이가 줄어든 C 종의 개체수도 줄어들 것이다.

④ 생산자 G, H 중 G 종이 멸종한다면 이를 유일하게 먹이로 삼는 D 종이 멸종하고, D 종을 유일하게 먹이로 삼는 A 종도 멸종할 것이다. 마찬가지로 H 종이 멸종한다면 초식 동물인 F 종, 육식 동물인 C 종도 차례대로 멸종한다.

⑤ 초식 동물 중에 E 의 경우에는 유일한 포식자인 B 가 E 말고 D 와 F 도 먹기 때문에 E 종이 사라진다고 해도 B 는 사라지지 않을 것이다.

14 (1) 수평 분포는 고위도로 갈수록 추워지는 기온의 변화와 줄어드는 강수량에 영향을 받고, 수직 분포는 고도가 올라갈수록 추워지는 기온의 변화에 영향을 받는다.

(2) 식물은 움직이지 않기 때문에 조사하기도 쉽고, 지역의 기후에 영향을 많이 받기 때문이다.

해설 | 동물은 철새와 같이 계절에 따라 서식지를 옮기거나 넓은 지역을 번갈아 돌아다니는 등 변수가 많아 생태 분포를 설명하기에 적합하지 않다.

15 ③

해설 | (가) 개체군 내의 상호 작용인 것은 텃세와 사회 생활이고, 그 중 개체군 내의 역할이 분업화된 것은 사회 생활이다. 텃세는 일정한 생활 공간을 차지하고 다른 개체의 침입을 적극적으로 막는 행동을 뜻한다. (나) 개체군 내의 상호 작용이 아닌 것은 상리 공생과 기생이고, 그 중 두 집단이 모두 이득을 얻는 것은 상리 공생이고 기생은 한쪽만 일방적으로 이득을 얻고 다른 한쪽은 피해를 입는 것이다.

16 ㄴ, ㄷ

해설 | ㄱ. (나)에서 A 와 B 는 후에 함께 성장하므로 경쟁 배타가 아닌 분서를 이루어냈으리라는 것을 짐작할 수 있다.

ㄴ. 단독 배양하는 (가)의 그래프에서는 A ~ C 모두 S 자형 성장 곡선을 나타낸다.

ㄷ. (나)의 A 와 B 종 사이에서는 분서를 통해 생태적 지위를 분리하여 공존하는데 비해 (다)의 A 와 C 종 사이에서는 A 종이 생장하고 C 종을 생장하지 못했으므로 두 종의 생태적 지위가 더 많이 중복되어 A 종이 C 종과의 경쟁에서 승리하였음을 알 수 있다.

17 ㄴ

해설 | ㄱ. 조건 (가)는 종 A 의 생태적 지위 구간에 속하지만 종 B 의 생태적 지위 구간에는 속하지 않으므로 먹이 경쟁이 일어나지 않는다.

ㄴ. 조건 (나)에서 종 C 와 종 D 의 생태적 지위가 겹치므로 경쟁 관계이다.

ㄷ. 종 A 와 종 B 보다 종 C 와 종 D 간의 생태적 지위에서 겹치는 구간이 더 많으므로 생태적 지위가 더 가깝다.

18 ㄷ

해설 | A 는 총생산량이 높고 호흡량이 적으므로 한창 천이가 진행되고 있는 초원 생태계이다. B 는 총생산량과 호흡량이 둘 다 높게 유지되고 있으므로 안정된 음수림이다. C 는 호흡량은 많지만 총생산량 자체는 많지 않은 것으로 보아 유기물로 오염된 생태계이다.

ㄱ. 군집의 천이가 극상에 도달한 생태계는 B 이다.

ㄴ. 순생산량이 가장 많은 생태계는 총생산량이 높지만 호흡량이 적은 A 이다.

ㄷ. C 는 생태계의 호흡량은 많으나 총생산량이 매우 낮으므로 유기물로 오염된 생태계이다.

19 ㄱ

해설 | ㄱ. 생물의 물질대사를 위해 호흡으로 화학 에너지를 소비한 후에는 열에너지 형태로 외부로 방출된다.

ㄴ. 녹색 식물은 생태계로 입사된 태양 에너지 100,000 중 일부인 1,000 을 이용한다.

ㄷ. 영양 단계가 높아질수록 전달되는 에너지의 전체 양은 감소하지만 효율은 증가한다.

20 (1) ① X ② O (2) ㄱ, ㄴ

해설 | (1) ① (가)는 대기 중의 질소를 식물이 이용할 수 있는 이온으로 고정시키는 질소 고정으로 뿌리혹박테리아 등의 질소 고정 세균이 이루는 작용이다.

(2) ㄷ. 동식물의 사체나 배설물의 질소 화합물은 분해자에 의해 암모늄 이온으로 분해된 후 일부는 식물에 재사용되고 일부는 탈질소 세균에 의해 공기 중 질소 기체가 되며 일부는 땅 속에 남아 석탄이나

석유 등의 화석 연료가 된다.

21 ③

해설 | ① A, B 는 소비자가 맞지만 C 는 분해자이다.
② C 는 분해자이므로 마지막 유기물의 에너지를 분해해 사용할 뿐 녹색 식물로 에너지를 전달하지 못한다.
④ C 가 사라지면 사체나 배설물을 처리할 분해자가 없으므로 오랫동안 생태계가 혼란에 빠질 것이다.
⑤ B 가 사라지면 초식동물을 잡아먹고 B 에게 잡아먹히는 A 의 수가 늘어나므로 초식 동물의 개체수는 감소가 먼저 일어날 것이다.

22 ②

해설 | (가)는 생태계의 개체들 중에서 1 차 소비자의 수가 일시적으로 증가하는 현상이다.
① 1 차 소비자의 수가 줄어 서서히 감소 단계를 향해가고 있는 2 차 소비자(늑대)이다.
② 1 차 소비자, 즉 생산자인 풀을 먹고 살아가는 초식 동물인 토끼가 일시적으로 빠르게 증가하므로 (가)에 해당한다.
③ 인간의 개입으로 인해 생산자인 풀이 감소한다.
④ 인간의 개입으로 인해 2 차 소비자인 늑대의 수가 감소한다.
⑤ 불이라는 외부 요인에 의해 생산자인 초본 식물의 수가 감소한다.

창의력을 키우는 문제

231 ~ 236쪽

01. 단계적 문제 해결형

(1) 귀리의 자엽초는 빛이 비추는 방향을 향해 굽어지는 굴광성이 있는데, 줄기 끝부분을 자르거나 은박지로 빛이 비추어지지 않게 가리자 굽어 자라지 않았다. 따라서 식물이 굽어자라게 만드는 옥신이 줄기 끝에서 빛을 받았을 때 생성되고 아래로 이동한다는 것을 알 수 있다.
(2) 한천은 액체를 통과시킬 수 있고 운모는 통과시킬 수 없다. (나)실험에서 한천을 끼워넣은 자엽초는 굽어자랐지만 운모를 전체적으로 끼워넣었거나 빛이 비추는 반대쪽에 끼워넣은 자엽초는 굽어자라지 않았고, 빛이 비추는 쪽에 끼워넣은 자엽초는 굽어자랐다. 따라서 식물을 자라게 하는 옥신은 빛이 비치는 반대 방향으로 이동한다는 것을 알 수 있다.

02. 논리 서술형

(1) ① (나) ② (가) ③ (다)
(2) (가), (라)
왼쪽의 여우는 몸집이 작고, 귀를 비롯한 말단 부위가 큰데 이것은 베르그만과 알렌의 법칙에 따라 더운 지방에 사는 정온 동물의 특징이다. 오른쪽의 여우는 반대로 몸집이 크고 귀를 비롯한 말단 부위가 작은데 이것은 추운 지방에 사는 정온 동물의 특징이며 따라서 각각 (가)와 (라) 지역에 살 가능성이 가장 높다.

해설 | (1) (가)는 기온이 높고 낮음이 뚜렷하고 강수량이 극도로 적으므로 사막 지대이고, (나)는 연평균 기온이 30도 내외를 고르게 오가고 강수량도 많으므로 열대 지방이다. (다)는 비교적 고르게 퍼져있지만 15 도를 넘지 않는 연평균 온도와 많지 않은 강수량을 가지고 있으므로 북방 침엽수림 지대이고, (라)는 마이너스에 가까운 낮은 기온과 낮은 강수량을 가지고 있으므로 한대 지역에 가깝다는 것을 알 수 있다.

03. 추리 단답형

(1) 한계 암기 이상의 어둠을 처리했으나 중간에 섬광을 처리한 세 번째 실험에서 개화가 일어나지 않는 것을 보았을 때 한계 암기 이상의 시간 동안 끊기지 않고 암기가 지속되어야 한다.
(2) 한계 암기 이상의 어둠을 처리했으나 중간에 섬광을 처리한 세 번째 실험에서 개화가 일어나는 것을 보았을 때 한계 암기 이하의 시간 동안만 암기가 끊기지 않고 지속되어야 한다.
(3) 단일 식물 장일 식물 모두 암기가 지속되는 시간에 의해 개화가 조절된다.

04. 논리 서술형

(1) 어른 새의 밀도가 높을수록 어린 새의 생존률이 낮아진다. 어린 새는 어른 새와 먹이와 서식지를 경쟁하는 데 불리하기 때문에, 어른 새가 많을수록 어린 새가 차지할 수 있는 먹이와 서식지가 줄어들기 때문이다.
(2) 실제적 생장 곡선의 모양인 S 자 모양이 될 것이다.

해설 | (1) 수컷의 총 수가 늘수록 짝짓기를 하지 않는 수컷의 수가 늘어나고, 또한 번식 가능한 암컷의 수가 늘어날수록 암컷 한 마리가 기르는 어린 새의 크기가 줄어든다. 더불어 어른 새의 수가 많을수록 어린 새의 사망률이 늘어나는 것을 포함해 어른 새의 수가 많을수록 어린 새의 생존률이 줄어든다는 것을 짐작할 수 있다. (2) 멧종다리 개체군에서 어른 새의 수가 많아질수록 어린 새의 생존률이 떨어지는 것은 개체군의 수가 늘어날수록 서식지 공간 부족과 먹이의 양이 줄어듦에 따라 환경 저항이 증가하기 때문이다. 따라서 실제적 생장 곡선인 S 자 모양으로 그려질 것이다.

05. 추리 단답형

(1) 질경이
(2) 식물 군집의 모든 개체수를 헤아릴 수 없기 때문에 일정한 구역을 표본으로 정하여 그 구역 내의 밀도, 빈도, 피도를 조사함으로써 구역의 군집을 유추할 수 있다.

해설 | (1) 중요도는 상대 밀도와 상대 빈도와 상대 피도를 합한 값이므로 질경이는 54.5 + 44.4 + 50.0 = 148.9, 민들레는 36.3 + 44.4 + 37.5 = 118.2, 토끼풀은 9.0 + 11.1 = 12.5 = 32.6 이다. 따라서 이 군집의 우점종은 중요도가 가장 큰 질경이이다.

06. 추리 단답형

(1) 상리 공생
(2) 〈예시 답안〉 피신처를 제공받는 대신 눈 역할을 대신해 주는 새우와 고비물고기, 강으로 회귀한 연어에게 알을 낳을 그늘을 제공해 주는 대신 알을 낳은 연어가 죽은 후 그 양분을 빨아들여 더 빨리 자라는 나무, 뿌리에 질소 고정 능력이 있는 뿌리혹박테리아를 두고 산소와 유기물을 제공하면서 박테리아가 고정시킨 유기 질소를 공급받는 콩과 식물 등

해설 | 자연 생태계에서 진드기는 개미에게 당분이 풍부한 단물을 먹이로써 제공하고, 그 대신으로 개미가 무당벌레 등의 포식자들에게서 진딧물 보호를 제공받는다. 이와 같이 두 생물이 공생할 때 둘 모두에게 이득이 되는 관계를 상리 공생이라 하는데, 자연에는 상어의 몸에 달라붙는 빨판물고기와 상어처럼 한쪽은 이익을 얻지만 다른 쪽은 이익도 해도 없는 편리 공생 관계도 존재한다.

07. 논리 서술형

(1) 식물의 세포 내 DNA 구성 성분으로 질소가 포함되기 때문에 질소가 반드시 필요한데, 식물은 공기 중의 질소를 직접 이용하지 못하고 이온화된 질소만 이용할 수 있다. 때문에 연속해서 농사를 지을 때 질소 고정 세균이나 공중 방전 등의 자연적인 방법으로 제공되는 질소 이온량으로는 수요를 맞추기 부족했다. 암모니아의 인공적인 합성으로 인위적으로 질소 화합물을 얻어 비료로 사용하면 다량의 질소를 식물에게 공급할 수 있으므로 농산물의 생산량이 대폭 증가하였다.
(2) 원래 질소 화합물이 부족한 것이 일반 생태계의 모습이었는데 인간의 개입으로 지나치게 많은 질소 화합물이 유입되어 농산물이 흡수하지 못한 여분의 질소 화합물이 생태계로 흘러감으로써 토양이 산성화되고 토양 미생물에 의해 질소 산화물이 분해되는 과정에서 강력한 온실가스인 아산화질소(N_2O)가 만들어 지거나 강의 부영양화 등의 부작용이 발생하였다.

08. 추리 단답형

(1) -10mg
(2) 충분히 빛이 주어질 때 식물 총생산량은 호흡량과 순생산량을 합한 것이므로 20mg 에서부터 -30mg 까지의 차이인 50mg 가 총생산량이다.

해설 | 식물이 제거된 대조군 B 의 토양 속에는 미생물이 살고 있어 호흡이 일어나므로 -20mg의 CO_2 가 계속 방출된다. (1) (나)의 시점은 빛이 전혀 없어 식물이 광합성을 하지 못하고 호흡은 계속 이루어지므로 CO_2 가 방출된 만큼 순생산량은 마이너스이다. (2) 본 실험의 대조군인 B 는 토양 속 미생물의 호흡량을 포함하고 있으므로 반드시 이산화 탄소를 흡수할 때에만 광합성을 하고 있다고 생각하면 안된다.

대회 기출 문제

정답 237 ~ 241쪽

01 ㄱ	02 ㄱ, ㄷ	03 ㄱ, ㄴ	04 ㄱ
05 ㄴ, ㄷ	06 ㄱ, ㄴ	07 ㄴ, ㄷ	08 ㄱ, ㄷ
09 ㄴ, ㄷ	10 ㄴ, ㄷ		

01 ㄱ
해설 | ㄱ. 일조 시간은 비생물적 환경 요인이고, 식물은 생물 군집에 속한다. 따라서 일조 시간이 식물의 개화에 영향을 주는 것은 비생물적 환경 요인이 생물 군집에 영향을 주는 ㉠ 작용에 해당한다.
ㄴ. 분해자는 생물 군집에 속한다.
ㄷ. 개체군은 같은 종의 생물로 구성되어 있다.

02 ㄱ, ㄷ
해설 | ㄱ. ㉠ 에서는 개화하지 않고, ㉡ 에서는 개화했으므로 A 종의 식물은 '연속적인 빛 없음' 기간이 ⓐ 보다 길 때 개화한다.
ㄴ. Ⅲ 에서 암기의 중간에 빛을 비춰 주었으므로 '연속적인 빛 없음' 기간은 ⓐ 보다 짧다.
ㄷ. 비생물적 환경 요인인 빛이 비치는 시간에 따라 A 의 개화 여부가 결정되므로 이는 비생물적 환경 요인이 생물에 영향을 주는 예이다.

03 ㄱ, ㄴ
해설 | ㄱ. 어떤 개체군의 이론적 생장 곡선은 J 자형을 나타낸다. 그러나 개체군의 밀도가 높아지면 서식 공간과 먹이가 부족해지고 경쟁이 증가하며 노폐물이 축적되고 환경 오염이 일어난다. 그 결과 개체군의 생장이 점차 둔화되어 개체수가 일정한 수를 유지하게 되는 S 자 모양의 생장 곡선을 나타낸다. 이를 실제 생장 곡선이라고 한다.
ㄴ. 개체군의 생장을 억제하는 서식 공간의 부족, 먹이 부족, 노폐물의 증가 등의 요인을 환경 저항이라고 하며 환경 저항이 커질수록 개체군의 출생률은 낮아지고 사망률은 높아진다.
ㄷ. 구간 Ⅰ 에서 A 그래프의 기울기가 더 크므로 개체수 증가율은 A 가 B 보다 크다.

04 ㄱ
해설 | 포식과 피식은 서로 다른 종류의 개체군 사이에서 먹고 먹히는 관계에 있는 것을 말한다. 잡아먹는 생물을 포식자라고 하고 잡아먹히는 생물을 피식자라고 하며 포식자는 피식자의 천적이라고 한다. 피식자의 개체수가 변동함에 따라 포식자의 개체수가 뒤따라 변한다. 개체군 A 가 증가하면 B 가 뒤따라 증가하고, A 가 감소하면 B 가 뒤따라 감소하므로, A 가 피식자, B 가 포식자이다.
ㄱ. ㉠ 은 피식자로 A 의 개체수를 나타낸 것이다. P 구간의 개체수 변화는 포식자(B) 감소, 피식자(A) 증가이므로, (나)의 Ⅲ 에 해당한다.
ㄴ. ㉠ 은 A 의 개체수 변화를 나타낸 것이다.
ㄷ. 두 개체군 중 한 개체군이 증가하면 다른 개체군도 따라 증가하므로 포식과 피식 관계이고, 경쟁 배타 원리가 적용되지 않는다. 경쟁 배타 원리는 경쟁 관계일 때 성립한다.

05 ㄴ, ㄷ

해설 | ㄱ. A 를 제거하여도 B 의 서식 범위는 변하지 않으므로 B 는 (가)에 서식할 수 없다. 그러므로 B 가 (가)에 서식하지 않는 것은 경쟁 배타의 결과가 아니라 B 가 건조한 환경에 살지 못하기 때문이다.
ㄴ. 환경 저항은 먹이의 부족, 서식지의 부족, 다른 종과의 경쟁 등으로 인해 개체군의 생장을 억제하는 요인을 말한다. (나)에 서식하는 B 는 다양한 요인으로 인한 환경 저항을 받는다.
ㄷ. B 를 제거하면 A 가 (다)에 서식하기 시작하면서 일정 수준의 개체군이 될 때까지 개체군의 밀도는 계속 증가한다.

06 ㄱ, ㄴ

해설 | ㄱ. A 에서 조사한 모든 종의 개체수는 25 이고, 참나물의 개체수는 5 이므로 참나물의 상대 밀도는 $\frac{5}{25}\times100 = 20(\%)$ 이다.
ㄴ. B 에서 개망초와 패랭이꽃의 개체수가 같으므로 개체군 밀도가 같다.
ㄷ. A 와 B 에서 식물의 종 수는 모두 3 이다.

07 ㄴ, ㄷ

해설 | A 는 총생산량에서 순생산량을 뺀 식물 군집의 호흡량이다. B는 순생산량에서 생장량을 뺀 양으로 피식량, 낙엽량, 고사량 등이 포함된다.
ㄱ. A 는 식물 군집의 호흡량이므로, 초식 동물의 호흡량은 A 에 포함되지 않는다.
ㄴ. 낙엽의 유기물량은 순생산량에서 생장량을 뺀 양에 포함된다.
ㄷ. 천이가 진행됨에 따라 구간 Ⅰ 에서 총생산량은 크게 변하지 않으면서 순생산량은 감소한다. A (호흡량)는 커지고 순생산량은 작아지므로 $\frac{A}{순생산량}$ 는 증가한다.

08 ㄱ, ㄷ

해설 | ㄱ. 일정 기간 동안 식물 군집이 광합성을 통해 생산한 유기물의 총량을 총생산량이라고 한다. 따라서 총생산량이 항상 호흡량보다 많으므로 A 는 총생산량, B 는 호흡량이다.
ㄴ. 천이의 마지막 단계에서 식물 군집이 안정적으로 유지되는 상태를 극상이라고 하며, 대부분 음수림이 극상을 이룬다. 구간 Ⅰ 은 아직 음수림이 출현하기 전이므로 구간 Ⅰ 에서 이 식물 군집은 극상을 이루지 않는다.
ㄷ. 총생산량(A)과 호흡량(B)의 차이가 순생산량이다. 구간 Ⅱ에서 시간에 따라 호흡량(B)은 약간 증가하고, 순생산량은 감소하므로 $\frac{B}{순생산량}$는 시간에 따라 증가한다.

09 ㄴ, ㄷ

해설 | ㄱ. Ⅰ 과 Ⅱ 의 호흡량은 식물 군집의 호흡량이므로 초식 동물의 호흡량은 포함되지 않는다.
ㄴ. 순생산량은 총생산량에서 호흡량을 뺀 유기물량이므로 Ⅱ 에서 모두 합친 총생산량이 100이고 순생산량은 100-67.1 = 32.9이므로 총생산량에 대한 순생산량의 백분율은 32.9 % 이다.
ㄷ. Ⅰ 의 총생산량이 Ⅱ 의 총생산량의 2 배이므로 Ⅰ 의 생장량은 6.0 × 2 = 12.0, Ⅱ 의 생장량은 8.0 × 1 = 8.0 이라고 할 수 있다. 따라서 생장량은 Ⅰ 에서가 Ⅱ 에서보다 크다.

10 ㄴ, ㄷ

해설 | A 는 B 와 소비자로부터 전달된 질소 화합물을 분해하여 암모늄 이온(NH_4^+)을 생성하는 분해자이다. B 는 암모늄 이온(NH_4^+)과 질산 이온(NO_3^-)을 흡수하여 질소 동화 작용을 통해 단백질과 같은 유기 질소 화합물을 생성하는 생산자이다.
ㄱ. A 는 분해자이다.
ㄴ. ㉠ 은 암모늄 이온(NH_4^+)을 질산 이온(NO_3^-)으로 산화시키는 과정으로, 질산균(질화 세균)에 의해 일어난다.
ㄷ. ㉡ 은 토양 속의 질산 이온(NO_3^-) 중 일부가 탈질소 세균(질산 분해 세균)에 의해 질소 기체(N_2)가 되어 대기 중으로 돌아가는 과정이다.

imagine infinitely

242 ~ 243쪽

Q1. 인간의 피부 위에 서식하는 세균들은 평상시에는 인체에 무해한 세균들로, 피부 위에서 세균들끼리 서로 텃세를 부리고 항생제까지 분비하면서 서식지 싸움을 한다. 이로 인해 인체에 해로운 세균들이 침투하지 못하도록 막아주는 역할을 하게 된다. 대신에 인간은 생활하면서 분비하는 유분이나 피부 각질, 요소나 지방산 등을 세균에게 먹이로 제공한다.